普通高等教育机电类系列教材

基于 Pro/E 的 CAD/CAM 技术

主　编　陈　英　李　伟

副主编　蔡卫国　刘景云

参　编　钟建琳　张俊雄　张晓东

主　审　王先逵

机　械　工　业　出　版　社

本书系统地介绍了CAD/CAM的基础知识、关键技术，以及基于Pro/E的CAD/CAM应用技术。全书分为理论篇和实践篇。理论篇介绍了现代CAD/CAM理论的主要技术要点和技术特征，包括CAD/CAM系统分析与处理技术、CAD/CAM建模技术、数控编程技术和CAD/CAM集成技术。实践篇基于Pro/E软件介绍了CAD/CAM技术功能的具体实现，包括Pro/E参数化二维草绘、零件设计、装配设计、工程图自动生成、数控加工等。

本书将CAD/CAM理论与实践紧密结合，力求构建CAD/CAM的知识和技能体系，达到“了解理论、掌握技能、促进应用”的目的。理论篇内容丰富、结构清晰；实践篇图文并茂、通俗易懂；全书要点提示明确，便于课堂讲授、上机训练和课外自学。

本书可作为高等院校机械类本科生、研究生的教材，也可作为工程技术人员学习CAD/CAM技术及Pro/E软件的参考书。

图书在版编目（CIP）数据

基于Pro/E的CAD/CAM技术/陈英，李伟主编.—北京：机械工业出版社，2008.11（2023.12重印）

普通高等教育机电类系列教材

ISBN 978-7-111-25634-2

Ⅰ.基… Ⅱ.①陈…②李… Ⅲ.①计算机辅助设计-高等学校-教材②计算机辅助制造-高等学校-教材 Ⅳ.TP391.7

中国版本图书馆CIP数据核字（2008）第185205号

机械工业出版社（北京市百万庄大街22号 邮政编码100037）

策划编辑：倪少秋 责任编辑：倪少秋 王勇哲 游焱兵

版式设计：霍永明 责任校对：李 婷

封面设计：姚 毅 责任印制：张 博

中煤（北京）印务有限公司印刷

2023年12月第1版第9次印刷

184mm×260mm · 22.5印张 · 551千字

标准书号：ISBN 978-7-111-25634-2

定价：59.80元

电话服务 网络服务

客服电话：010-88361066 机 工 官 网：www.cmpbook.com

010-88379833 机 工 官 博：weibo.com/cmp1952

010-68326294 金 书 网：www.golden-book.com

封底无防伪标均为盗版 机工教育服务网：www.cmpedu.com

前　言

CAD/CAM 作为电子信息技术的重要组成部分，其应用已遍及各个工程领域，是产品制造业的一场革命，是提高产品设计质量、缩短开发周期、降低生产成本的强有力手段。进入 21 世纪，CAD/CAM 技术的应用水平已成为衡量企业综合实力的重要标志，了解 CAD/CAM 技术、掌握 CAD/CAM 技术已成为企业对现代工程技术人员的基本要求。

Pro/E 是美国 PTC 公司于 1989 年推出的三维 CAD/CAM 系统，历经多年的发展与推广，已成为当今世界上最流行的高端 CAD/CAM 软件，其全新的设计理念已成为 CAD 领域的新标准。Pro/E 模块众多，功能强大，广泛应用于机械、电子、航空航天、汽车、模具、工业产品造型、家用电器、玩具等设计生产领域。熟练使用 Pro/E 已成为工科院校毕业生赢取职场竞争的有力保证。

近年来我国高校普遍在工科类本科生、研究生教学中开设了 CAD/CAM 相关课程，也出版了一些相关的教材及图书。这些书籍基本分为两类：一类是从不同侧面介绍 CAD/CAM 理论及其相关技术；另一类是介绍某一主流 CAD/CAM 软件的使用方法。本书则力求能够系统地将 CAD/CAM 理论与实践相结合，使学生在深入学习 CAD/CAM 理论的基础上掌握 CAD/CAM 的实战技能。在编写过程中，强调以下特色：

1. 理论与实践紧密结合，构建完整的知识和技能体系。本书分为上下两篇。上篇为“理论篇”，介绍现代 CAD/CAM 理论的主要技术要点和技术特征，包括 CAD/CAM 系统分析与处理技术、CAD/CAM 建模技术、数控编程技术、CAD/CAM 集成技术等，使学生从底层知识上了解 CAD/CAM 的技术精髓，建立起 Pro/E 软件学习的知识背景。下篇为“实践篇”，基于 Pro/E 软件介绍 CAD/CAM 技术功能的具体实现，包括 Pro/E 参数化二维草绘、零件设计、装配设计、工程图自动生成、数控加工等内容。全书力求做到“理论知识、软件操作技能、工程应用”的相互渗透、相互深化和相互提高，从而达到“了解理论、掌握技能、促进应用”的目的。

2. 突出工程概念。在理论知识部分突出 CAD/CAM 的工程内涵和工程功能；在 Pro/E 软件应用部分，贯穿大量工程实例，在介绍软件功能和使用步骤的基础上，突出基于 Pro/E 的机械产品设计、加工的具体实现，使学生掌握计算机辅助的现代工程设计、制造方法。

3. 好用易学，适于课堂讲授与学生自学并重的教学方式。理论篇以课堂讲授为主，给学生建立起系统的理论知识；实践篇以学生自学为主，课堂只需讲授关键操作与基本技巧。因此，在实践篇内容编排上将一系列精心安排、由浅入深的工程实例贯穿于软件的系统讲解中，并用大量的图示语言说明操作步骤，用精辟的操作提示说明软件使用要点和技巧，便于学生通过自学掌握软件应用的技能。

随书所配资源包中包含实践篇全部相关实例的源文件、设计结果文件和练习题文件，读者请在机械工业出版社教育服务网（www. cmpedu. com）中搜索本书，通过本书页面所示下载地址下载资源包。

本书由中国农业大学陈英、李伟任主编，大连水产学院蔡卫国、中国农业大学刘景云任副主编。各章分工如下：第 1 章由李伟、陈英、蔡卫国编写，第 2、3 章由蔡卫国编写，第 4 章由北京信息科技大学钟建琳编写，第 5 章由刘景云编写，第 6 ~9 章由陈英编写，第 10 章由广东工业大学张晓东编写，第 11 章由中国农业大学张俊雄编写。全书由陈英统稿。

本书承蒙清华大学王先逵教授主审，在审阅过程中，王先逵教授提出了很多宝贵的建议和意见，在此表示衷心感谢。

由于编者水平有限，书中错误和疏漏之处在所难免，敬请专家、读者批评指正。

编　者

资源包使用说明

随书所配资源包中包含实践篇全部相关实例，其中 example 目录下是各章实例的原始文件，finish 目录下是相应已完成的实例文件。所有文件按章进行分类，例如“example\ch8\ex16. prt”文件是书中第 8 章一个操作实例的原始文件，读者可以打开该文件，跟随书中的讲解进行训练；而“finish\ch8\ex16-ok. prt”是实例完成后的文件，如果读者在训练中遇到问题，可以打开该文件作为训练参考。

请直接将资源包内所有的文件夹和文件复制到硬盘的特定目录，如“E:\基于 ProE 的 CADCAM”下，去掉文件的只读属性，即可由 Pro/E 打开，跟随书中讲解进行学习。书中所述打开文件“ch8\ex16. prt”，是指打开文件“E:\基于 ProE 的 CADCAM\example\ch8\ex16. prt”。

资源包根目录下的“config. pro”和“chinese. dtl”两个文件是 Pro/E 环境变量和工程图环境变量的设置文件，初学者不必急于了解这两个文件的内容，可以待学习到相关章节（10.2 节）后，依照书中的讲解来处理这两个文件，这样将更有助于读者理解 Pro/E 环境变量设置的重要性和掌握设置环境变量的方法。

另外，部分章节后练习题的相关 Pro/E 源文件在资源包的 exercise 目录下。

目 录

下篇　实　践　篇

上篇　理　论　篇

第1章　绪　　论

1.1　CAD/CAM 技术概述

1.1.1　CAD/CAM 的基本概念

CAD/CAM 是将机械制造技术与计算机技术、自动控制技术等结合起来的综合性应用技术。CAD/CAM 技术的发展和应用，为企业产品设计开发和加工制造提供了先进的手段和工具，促进了企业的技术进步和管理水平，对国民经济的快速发展及科学技术的进步产生了深远的影响。

计算机辅助设计（Computer Aided Designed，简称 CAD），指工程技术人员以计算机为辅助工具来完成产品设计过程中的各项工作，对产品进行包括方案构思、总体设计、工程分析、图形编辑和技术文档整理等一切设计活动的总称。一般认为，CAD 系统具有几何建模、工程分析、模拟仿真、工程绘图等主要功能。就目前 CAD 技术可实现的功能而言，CAD 作业过程是在设计人员进行产品概念设计的基础上从事产品的几何造型，完成产品几何模型的建立，通过提取模型中的相关数据进行工程分析和计算（如有限元分析、仿真模拟等），最后根据计算结果对设计进行修改，满意后编辑全部设计文档，输出工程图的一个完整的过程。

计算机辅助制造（Computer Aided Manufacturing，简称 CAM），它有广义和狭义两种定义。广义 CAM 是指借助计算机来完成从生产准备到产品制造出来的过程中的各项活动，包括工艺过程设计（CAPP）、工装设计、计算机辅助数控加工编程、制造过程控制、质量检测与分析等。狭义 CAM 通常是指 NC 程序编制，包括刀具路径规划、刀位文件生成、刀具轨迹仿真及 NC 代码生成等。

CAD/CAM 集成技术，指的是 CAD、CAPP、CAM 各应用模块之间进行信息的自动传递和转换。集成化的 CAD/CAM 系统借助于工程数据库技术、网络通信技术以及标准格式的产品数据接口技术，把分散于不同计算机上的各个 CAD/CAM 模块高效、快捷地集成起来，实现软、硬件资源共享，保证整个系统内的信息流畅通无阻。随着网络技术、信息技术的不断发展和市场全球化进程的加快，出现了以信息集成为基础的更大范围的集成技术，包括信息集成、过程集成、资源集成、工作机制集成、技术集成、人机集成以及智能集成等，譬如将企业内经营管理信息、工程设计信息、加工制造信息、产品质量信息等融为一体的计算机集成制造系统 CIMS（Computer Integrated Manufacturing System）。而 CAD/CAM 集成技术则是计算机集成制造系统、并行工程、敏捷制造等新型集成系统中的一项核心技术。

1.1.2　CAD/CAM 系统与产品设计制造过程

产品的设计制造过程主要包括产品设计、工艺设计、生产管理及产品制造四个阶段。在实际生产过程中，各个阶段不是相互孤立的，如在设计产品时，就要考虑产品的可制造性、工艺结构的合理性等。

在产品设计阶段，首先根据需求确定产品的性能要求，建立总体设计方案，然后经过论证分析，包括结构方案优化、评估，几何参数、力学特性的分析计算等，最后将结构方案具体化，得到满意的设计结果。在工艺设计阶段，需对产品的几何形状和制造要求作进一步分析，设计产品的加工工艺规程、工艺装备（如刀具、卡具等）和毛坯等。在生产管理阶段，安排产品的生产作业计划，确定产品的加工进度，并对生产过程中的物料（如毛坯、成品、工辅具等）进行合理的计划、调度和控制，以保证生产的正常进行。在产品制造阶段，主要使用数控机床或普通机床按产品的设计进行零件的加工，对关键的工序、重要的尺寸和精度进行质量控制。

CAD/CAM 系统是设计、制造过程中的信息处理系统，它克服了传统手工设计的缺陷，充分利用计算机高速、准确、高效的计算功能，图形、文字处理功能，以及对大量数据的存储、传递、加工功能，在运行过程中，结合人的经验、知识及创造性，形成一个人机交互、紧密配合的系统。它主要研究对象的描述、系统的分析、方案的优化、计算分析、工艺设计、仿真模拟、NC 编程以及图形处理等理论和工程方法，输入的是系统的设计要求，输出的是制造加工信息。一个较为完整的 CAD/CAM 系统的工作过程如图 1-1 所示。

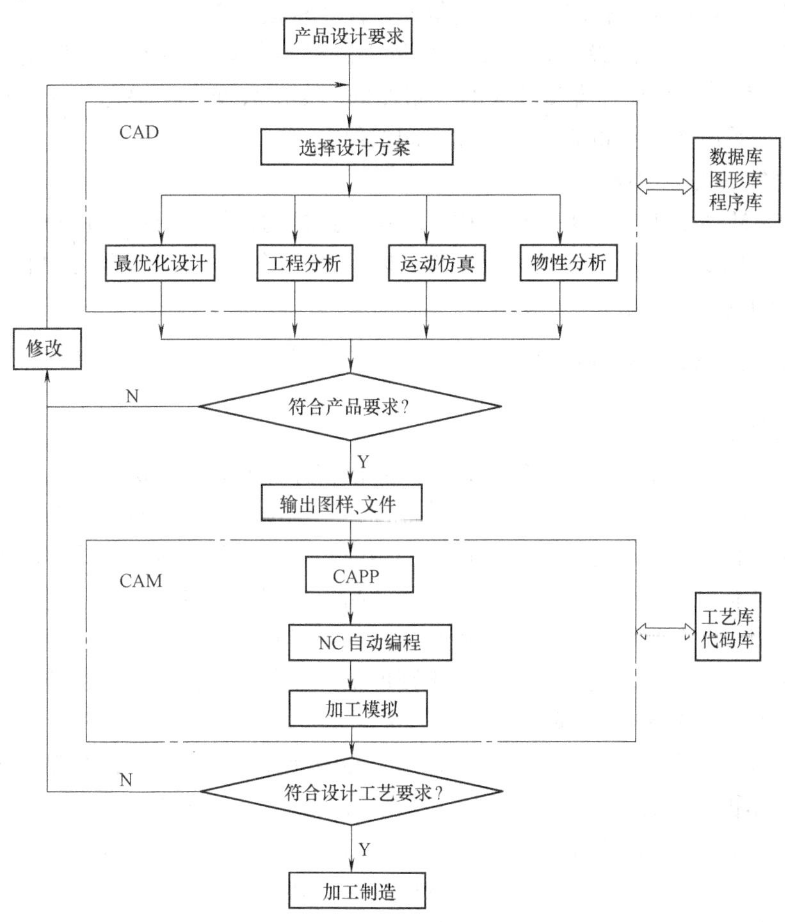

图 1-1　CAD/CAM 系统的工作过程

1.1.3 CAD/CAM 系统的基本功能

根据 CAD/CAM 系统所处理的对象、硬件的配置及所选择的支撑软件不同，系统总体与外界进行信息传递与交换的基本功能是靠硬件提供的，而系统所能解决的具体问题是由软件保证的，系统应具有以下基本功能。

1. 图形显示功能

CAD/CAM 是一个人机交互的过程，从产品的造型、构思、方案的确定、结构分析到加工过程的仿真，系统随时保证用户能够观察、修改中间结果，实时编辑处理。用户的每一次操作，都能从显示器上及时得到反馈，直到取得最佳的设计结果。图形显示功能不仅能够对二维平面图形进行显示控制，还应当包含三维实体的处理。

2. 输入/输出功能

在 CAD/CAM 系统运行中，用户需不断地将有关设计的要求、各步骤的具体数据等输入计算机内，通过计算机的处理，能够输出系统处理的结果，且输入输出的信息既可以是数值的，也可以是非数值的（如图形数据、文本、字符等）。

3. 存储功能

由于 CAD/CAM 系统运行时，数据量很大，往往有很多算法生成大量的中间数据，尤其是对图形的操作、交互式的设计以及结构分析中网格划分等。为了保证系统能够正常的运行，CAD/CAM 系统必须配置容量较大的存储设备，支持数据在模块运行时的正确流通。另外，工程数据库系统的运行也必须有存储空间的保障。

4. 交互功能（即人机接口）

在 CAD/CAM 系统中，人机接口是用户与系统连接的桥梁。友好的用户界面是保证用户直接而有效地完成复杂设计任务的必要条件，除软件的界面设计外，还必须有交互设备实现人与计算机之间的实时通信。

1.1.4 CAD/CAM 系统的主要任务

1. 产品几何建模

在产品设计构思阶段，系统能够描述基本几何实体及其相互间的关系，在计算机中构造每一个零件的三维几何模型；构造产品及其部件的三维结构模型，进行装配干涉分析，分析和评价产品的可装配性；对运动机构，进行机构内部零部件间以及与周围环境的干涉碰撞分析，避免各种可能存在的干涉问题；动态显示产品三维图形，进行消隐、色彩浓淡处理，提高图形的真实感。现有成熟的 CAD/CAM 系统，具备完善的实体造型和曲面造型功能，同时具备参数化特征造型功能，能够实现各种规则形状和复杂曲面或雕塑曲面造型。

2. 产品模型的工程分析处理

在产品几何模型的基础上，可以开展各种必要的计算和分析。产品模型的工程分析包括几何特征（如体积、表面积、质量、重心位置、转动惯量等）和物理特征（如应力、温度、位移等）的计算分析。如图形处理中变换矩阵的运算；几何造型中体素之间的交、并、差运算；工艺规程设计中工序尺寸、工艺参数的计算；结构分析中应力、温度、位移等物理量的计算等，为系统进行工程分析和数值计算提供必要的基本参数。因此，CAD/CAM 系统对各类计算分析的算法要正确、全面，而且要有较高的计算精度。

(1) 运动学、动力学分析　对运动机构的位移、速度、加速度以及受力状况进行分析，并形象直观地进行运动仿真，可全面了解机构的设计性能和运动情况，发现问题可及时对设计对象进行修改。

(2) 有限元分析　根据产品结构特征，自动生成有限元网格，对产品进行应力、应变、振动、热变形、温度场分析。分析计算完成之后，自动生成应力分布图、温度场分布图、位移变形曲线等图形文件，使用户方便、直观地看到分析结果。

(3) 优化设计　为了追求产品的高性能，不仅希望设计的产品是可行的，还希望设计的产品是最优的，如体积最小、重量最轻、寿命最合理等。优化设计包括产品总体方案优化、产品零件结构优化、工艺参数优化等。

3. 工程绘图

这是CAD系统的重要环节，是产品最终结果的表达方式。CAD/CAM系统有处理二维图形的能力，包括基本图元的生成，标注尺寸，图形编辑（如比例变换、平移、复制、删除等）。除此之外，系统还具备从几何造型的三维图形直接向二维图形转换的功能。

4. 计算机辅助工艺规程设计（CAPP）

设计的目的是为了加工制造，而工艺设计是为产品的加工制造提供指导性的文件。因此，CAPP是CAD与CAM的中间环节。CAPP系统应能根据建模后生成的产品信息及制造要求，人机交互或自动决策出加工该产品所采用的加工方法、加工步骤、加工设备及加工参数。CAPP的设计结果一方面能被生产实际应用，生成工艺卡片文件；另一方面能直接输出信息，为CAM中的NC自动编程系统所接收、识别，并能直接转换为刀位文件。

5. NC自动编程

根据CAD所建几何模型，以及CAPP所制定的加工规程，选择所需要的刀具和工艺参数，确定走刀方式，自动生成刀具轨迹，经后置处理，生成具体机床的NC控制代码。当前，CAD/CAM系统具备了3至5轴的联动加工的数控编程能力。

6. 模拟仿真

根据设计要求，在CAD/CAM系统内部建立一个工程设计的实际系统模型，如机构、机械手、机器人。通过对系统模型的试验运行，研究一个存在的或设计中的系统，预测产品的性能，模拟产品的制造过程和可制造性，减少制造投资等。通常包括有加工轨迹仿真，机构运动学仿真，机器人仿真，工件、机床、刀具、夹具的碰撞、干涉检验等。

7. 工程数据管理和信息传输与交换

由于CAD/CAM系统中数据量大、种类繁多，又不是孤立的系统，因此，CAD/CAM系统应能提供有效的管理手段，支持工程设计与制造全过程的信息传输与交换。随着并行工作方式的推广应用，存在着几个设计者或工作小组之间的信息交换问题，因此，CAD/CAM系统应具备良好的信息传输管理功能和信息交换功能。

1.2　CAD/CAM系统结构

一般认为CAD/CAM系统是由硬件、软件和设计者组成的人机一体化系统，如图1-2所示。硬件是CAD/CAM系统运行的基础，主要包括计算机主机、计算机外围设备以及网络通信设备以及生产设备等有形的设备。软件是CAD/CAM系统的核心，包括操作系统、各种支

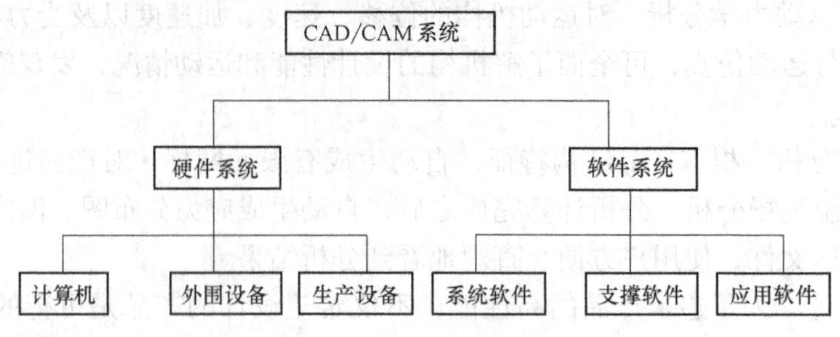

图 1-2　CAD/CAM 系统组成

撑软件和应用软件等。CAD/CAM 软件在系统中占据越来越重要的地位，软件配置的档次和水平决定了 CAD/CAM 系统性能的优劣，软件的成本已远远超过了硬件设备。软件的发展呼唤更新更快的计算机系统，而计算机硬件的更新为开发更好的 CAD/CAM 软件系统创造了物质条件。

1.2.1　CAD/CAM 系统的硬件

CAD/CAM 系统的硬件主要由计算机主机、输入设备、输出设备、存储器、生产设备以及计算机网络通信设备等几部分组成，如图 1-3 所示。

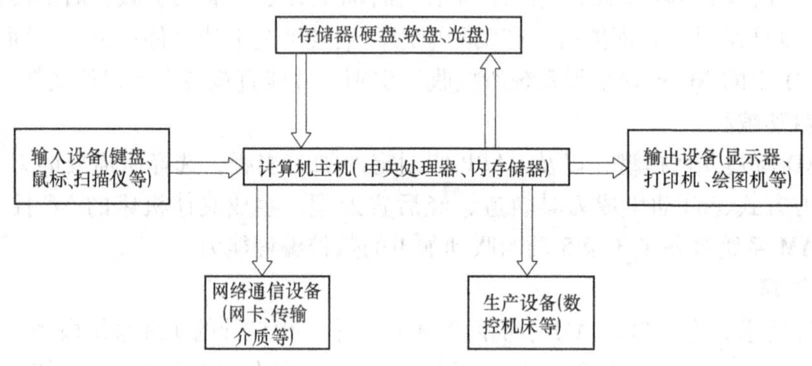

图 1-3　CAD/CAM 系统的硬件组成

为保证 CAD/CAM 系统的工作，其硬件系统应满足如下的要求：

（1）强大的图形功能　在机械 CAD/CAM 系统中，图形信息的处理所占比例较大，一般都配有高档的图形软件。为满足图形处理和显示的需要，系统要求具有大的内存容量、高的图形分辨率。

（2）较大的外存储容量　CAD/CAM 工作通常需要各种不同的支撑软件、用户开发的图形库和数据库、大量的应用软件、各类产品的图样和技术文档等，这就需要有足够大的硬盘存储容量。

（3）方便的人机交互功能　CAD/CAM 系统一般采用人机交互工作方式，要求硬件系统能够提供方便的人机交互工具和快速的交互响应速度。

（4）良好的通信联网功能　CAD/CAM 集成系统是一个综合化系统，涉及到产品的各种设计和制造活动，需要用计算机网络将位于不同地点、不同部门的各类异构计算机和控制装置连接起来，进行信息交换和协同工作，形成一个网络化的 CAD/CAM 系统。

1.2.2 CAD/CAM 系统的软件

计算机是按程序和数据进行工作的，相对于计算机及其外围设备而言，这些程序、数据及相关的文档就是软件。软件研究的是如何有效地使用和管理硬件，如何实现人们所希望的各种功能要求。因此，软件水平的高低直接影响到CAD/CAM系统的功能、工作效率及使用的方便程度。在CAD/CAM系统中，根据执行任务和处理对象的不同，可将软件分为系统软件、支撑软件及应用软件三个层次。

1. 系统软件

系统软件主要用于计算机的管理、维护、控制及运行，以及对计算机程序的翻译和执行，是用户与计算机硬件的连接纽带。系统软件具有两个特点：一个是通用性，不同领域的用户都可以使用，即多机通用和多用户通用；另一个是基础性，即系统软件是支撑软件和应用软件的基础，应用软件借助于系统软件编制和实现。

系统软件的组成主要包括三个部分：管理和操作程序、维护程序和用户服务程序，如图1-4所示。

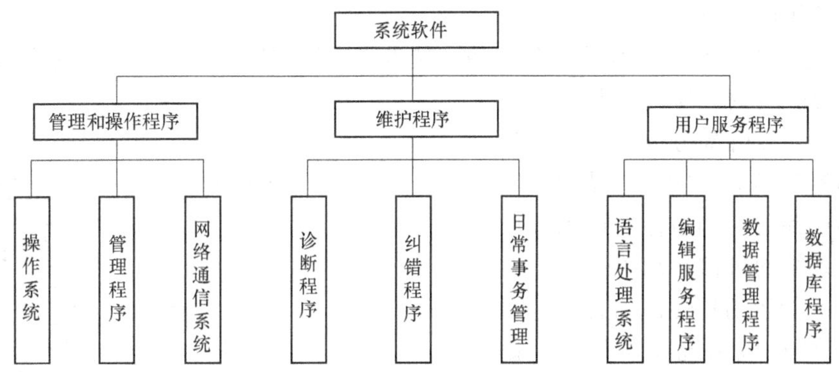

图1-4 CAD/CAM系统软件组成

操作系统是系统软件的核心，是对计算机系统硬件及软件资源进行全面控制和管理的程序集合。操作系统是最底层软件，其他软件都要在操作系统的支持下工作。

2. 支撑软件

支撑软件是CAD/CAM软件系统的核心，是进行应用软件开发的工具或环境，又称工具软件。支撑软件是商品化的软件，一般是由商业化的软件公司开发，它是在系统软件基础上所开发的满足共性需要的一些CAD/CAM通用性软件。从功能特征来分，CAD/CAM系统的支撑软件可概略地分为单一功能型软件和综合集成型软件两大类。单一功能型支撑软件只提供CAD/CAM系统中某些典型过程的功能，如二维绘图软件、三维造型软件、工程分析计算软件、数据库系统等。综合集成型CAD/CAM支撑软件提供了设计、分析、造型、数控编程以及加工控制等综合功能模块。综合集成支撑软件功能比较完备，综合提供了设计、造型、分析、数控编程等多种功能，如PTC公司的Pro/E软件、EDS公司的UG软件、DASSULT公司的CATIA软件等。下面简单介绍一下几种常用类型。

(1) 绘图软件　绘图软件是CAD/CAM系统最基本也是最常用的支撑软件。目前，计算机上广泛使用的典型绘图软件是Autodesk公司的AutoCAD软件，具有基本二维图形元素绘制、图形变换、编辑、存储、显示控制、人机交互、输入/输出设备驱动等功能。

（2）几何造型软件　几何造型软件也称三维造型软件，它的基本功能包括产品的几何建模、特征建模、二维和三维剖面图生成等。它可以为 CAD/CAM 系统建立完整的几何描述、特征描述，为产品的设计制造提供统一的产品信息模型，是实现 CAD/CAM 系统集成的基础。常用的几何造型软件有 Pro/E、UG、SolidWorks、Inventor 等。

（3）有限元分析及优化软件　有限元分析软件是利用有限元法进行结构分析的软件，可以进行静态、动态、热特性分析，通常包括前置处理（单元自动剖分、显示有限元网络）、计算分析和后置处理（将计算结果形象化为变形图、应力应变图及应力曲线等）三部分。目前，较常用的有限元分析软件有 ANSYS、SAP、NASTRAN 等。

优化软件运用数学优化理论和现代数值计算方法寻求最优解。在 CAD/CAM 系统中，常将分析软件与优化软件联合使用，以取得最佳效果。

（4）数据库管理软件　CAD/CAM 系统中有大量的数据需要进行存储、检索、编辑和维护，通过数据库管理系统建立数据库，并对其进行有效的管理和维护，因而它是用户与数据库间的接口。数据库管理系统一般有三种数据模型，即层次模型、网状模型和关系模型，其中关系模型使用最为普遍。

（5）系统运动学/动力学仿真软件　仿真技术是一种利用模型分析而不建立实际系统的技术。在产品设计时，实时、并行地模拟产品生产或各部分运行的全过程，以预测产品的性能、产品的制造过程和产品的可制造性。运动学模型根据系统的机械运动关系来仿真计算系统的运动特性；动力学模型分析计算机械系统在质量特性、力学特性作用下系统的运动和力的动态特性。常用的动力学仿真分析软件有 ADAMS。计算机的仿真过程如图 1-5 所示。

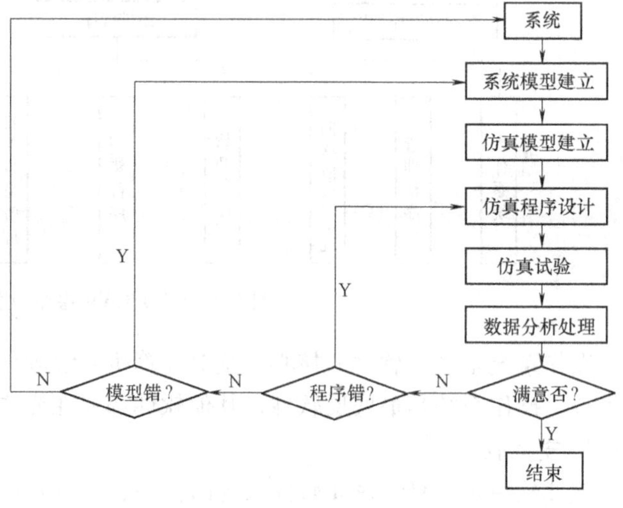

图 1-5　计算机的仿真过程

3. 应用软件

应用软件是在系统软件和支撑软件基础上，专门针对用户的需要而研制的软件系统，既可为一个用户使用，也可为多个用户使用。这类软件系统通常由用户结合当前设计工作需要自行开发，如机械零件设计 CAD 软件、模具设计 CAD 软件、组合机床设计 CAD 软件、汽车车身设计 CAD 软件等。

对 CAD 而言，按系统运行时设计人员介入的程度，以及系统的工作方式，可以将应用软件分为检索型、自动型、交互型及智能型等几种类型。检索型系统是指预先将已定型的产品资料（图样、图形文件等）存入计算机，并设计检索程序，系统工作时，根据用户输入的设计初始参数，选择标准产品图样及相关数据，计算相应的参数及绘制图形。自动型系统是设计者预先将待解决的问题，建立数学模型，找到目标函数，将其求解过程编程并输入计算机，系统运行时，根据输入的参数自动进行数学模型求解，不需人的介入。交互型系统是将人的创造性与计算机特性充分结合的系统，是利用输入/输出设备，通过人机对话的方式工作的，适合于新产品的设计、开发工作。智能型系统是在CAD/CAM系统中引入人工智能技术，首先搜索领域内专家的知识和经验，建立知识库，其次设置推理机模仿人类专家进行思维与决策。

1.2.3　现代CAD/CAM主流支撑软件简介

1. Pro/E

Pro/ENGINEER（简称Pro/E）是由美国参数技术公司（Parametric Technology Corporation，简称PTC）推出的一套博大精深CAD/CAM软件系统，其内容丰富、功能强大。Pro/E突破了CAD/CAM的传统观念，提出了单一数据库、参数化、基于特征、全相关的设计新理念，成为新一代CAD/CAM系统的代表和典范。这些新理念，也逐渐成为当今CAD/CAM领域的新标准。Pro/E自1988年问世以来迅速在世界范围内推广和普及，广泛应用于机械、电子、通信、航空航天、汽车、模具、工业设计等行业。

2. UG

UG软件是Unigraphics Solutions公司（简称UGS）的拳头产品。在UG中，优越的参数化和变量化技术与传统的实体、线框和曲面功能结合在一起，为用户提供一个全面的产品建模系统。从初始的概念设计，到产品设计、仿真和制造，UG能为企业提供一个完整的解决方案。企业能够在一个集成的数字化环境中模拟、验证产品及其生产过程。同时，UG兼容新一代低成本的Solidedge软件，由此形成了一个从低端到高端的企业级CAD/CAE/CAM/PDM集成系统。

目前，Pro/E和UG占据了CAD/CAM高端软件的大部分市场。

3. CATIA

CATIA是法国达索飞机公司的产品，它是在CADAM系统（美国洛克希德公司开发）的基础上扩充开发的。其特点有：

1）机械设计解决方案。从概念设计到详细设计甚至到图样生成，机械设计解决方案加速了产品设计的核心活动。

2）外形设计和风格设计解决方案。CATIA对设计零件提供了广泛的集成化工具，体现在零件创新化的形状和复杂的外形设计。

3）分析与模拟解决方案。CATIA为用户提供了高度自动化、透明的分析解决方案。

4）网络计算解决方案。可以帮助扩展型企业的所有用户同时浏览、分析产品的原始数据，便于协同合作。

4. SolidWorks

SolidWorks由生信国际有限公司推出。它是基于Windows平台的全参数化特征造型软件，可以十分方便地实现复杂的三维零件实体造型、复杂装配和生成工程图。软件界面友好，用户上手快。该软件可以应用于以规则几何形体为主的机械产品设计及生产准备工作中，其价位适中。

5. Cimatron

Cimatron软件是以色列Cimatron公司的CAD/CAM/PDM产品，是较早在计算机平台上实现三维CAD/CAM全功能的系统。该系统提供了比较灵活的用户界面，优良的三维造型、工程绘图，全面的数控加工，各种通用、专用数据接口以及集成化的产品数据管理。Cimatron 系统自从 20 世纪 80 年代问世以来，在模具制造业备受欢迎。

6. AutoCAD、MDT 及 Inventor

AutoCAD 是美国 Autodesk 公司为微软开发的一个交互式绘图软件，基本上是一个二维绘图软件，具有较强的绘图、编辑、尺寸标注及二次开发功能，也具有部分的三维造型功能，主要用来进行计算机辅助绘图工作。它是目前世界上应用最广泛的二维 CAD 软件。

MDT（Mechanical Desktop）是 Autodesk 公司在机械行业推出的基于参数化特征实体造型和曲面造型的计算机 CAD/CAM 软件，它以 AutoCAD 为基础构架，功能核心是 AutoCAD Designer 模块和 AutoSurf 模块。它可以帮助设计者把要设计的机械产品首先实现概念化，然后对其进行造型设计，最后生成产品文档。

Inventor 是 Autodesk 公司最新的基于 Microsoft Windows 的机械设计系统。除了支持现有的参数化设计方法外，使用的是基于参数化方法的“自适应装配”方式。它特有的以装配为中心的设计模型使用户可以智能地设计，比传统的参数化和变量化模型更加优越。

1.3 CAD/CAM 集成特征

1. CAD/CAM 集成的概念

自 20 世纪 60 年代开始，CAD 和 CAM 技术各自独立地发展，在国内外研究开发了一批性能优良的相互独立的商品化 CAD、CAPP、CAM 系统。这些独立的系统分别在产品设计自动化、工艺规程设计自动化和数控编程自动化方面起到了重要的作用。采用这些系统，无疑使企业生产提高了效率，缩短了产品设计与制造周期，使企业能够比过去以更快的速度更新自己的产品和响应市场的需求。然而，这些各自独立的系统不能实现系统之间信息的自动传递和交换。例如，CAD 系统设计的结果不能直接为 CAPP 所接受，在进行 CAPP 工作时，仍然需要设计者将 CAD 输出的图样文档转换成 CAPP 系统所需要的数据信息进行输入，这不仅影响了设计效率的提高，而且人为的转换难免发生错误。因而，随着计算机辅助技术日益广泛的应用，人们很快地认识到，只有当 CAD 系统一次性输入的信息可为后续环节（如 CAPP、CAM）直接应用，才能获得最大的经济效益。为此，人们提出了 CAD/CAPP/CAM 集成的概念，并首先致力于 CAD、CAPP 和 CAM 系统之间数据自动传递和转换的研究，以便将业已存在和使用的 CAD、CAPP、CAM 系统集成起来。目前，这一技术已达到实用化水平。

通常认为，CAD/CAM 系统集成就是把各种功能不同的软件如 CAD、CAPP、NCP、PDM 等按不同的用途有机地结合起来，用统一的执行控制程序组织各种信息的提取、传递、共享和处理，保证系统内信息畅通，并协调各个子系统有效地运行。CAD/CAM 集成包括数据信息和物理设备两方面的集成。

CAD/CAM 系统的集成是指信息集成、过程集成和功能集成等，集成的关键是通过有效的方法和手段，解决产品设计和制造的共享。目前的 CAD/CAM 系统的集成大多只停留在信息集成基础上，一般指的是把 CAD、CAE、CAPP、CAM 等各种功能软件有机地结合在一起，用统一的执行程序来控制和组织各个功能软件信息的提取、转换和共享，从而达到信息畅通和协调运行的目的。

传统的CAD系统的计算机内部模型主要是对几何体的整体描述，不能被CAPP、CAM系统自动地理解，因此，需要寻求建立一种既能有效地进行CAD，又能为CAPP、CAM系统所完全理解的计算机内部模型。目前，较普遍的方法是建立基于特征的、完整的、语义一致的产品信息模型。这种方式采用统一的集成产品数据模型，并采用统一的工程数据库以及数据库管理系统来管理产品数据，各个子系统之间可直接进行信息交换，而不是将产品信息转换成数据，再通过文件来交换。在这种方式中，集成产品模型是实现集成的核心，统一工程数据库是实现集成的基础，各个功能模块通过公共数据库及统一的数据库管理系统实现数据的交换与共享，保证了数据的一致性、安全性和可靠性，提高了系统的集成性。

2. CIMS集成系统

随着信息技术的不断发展，为使计算机辅助技术给企业带来更大的效益，人们又提出了要将企业内所有分散的信息系统进行集成，不仅包括生产信息，还包括生产管理过程所需的全部信息，从而构成一个计算机集成制造系统（Computer Integrated Manufacturing System，简称CIMS），而CAD/CAM集成技术是CIMS的一项核心技术。

CIMS系统包括产品设计、生产及经营等全部活动。图1-6所示为现阶段CIMS的一般构成形式，它由工程设计自动化系统（CAD）、制造自动化系统（CAM）、经营管理信息系统、质量保证系统、数据库系统和计算机网络系统组成。

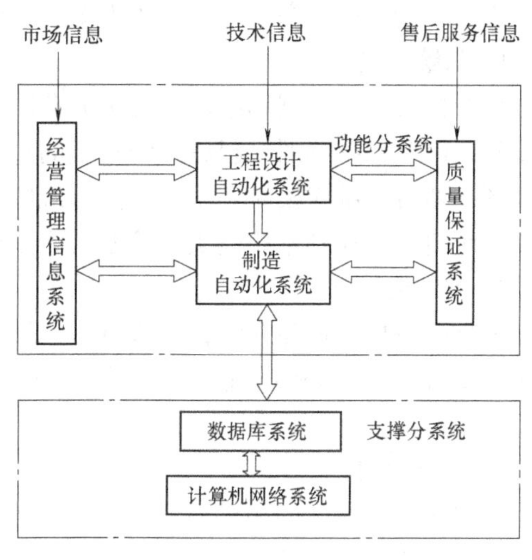

图1-6 CIMS的构成

如图1-6所示，CIMS系统是信息技术、制造技术、网络技术等多学科相互渗透而产生的集成系统。由于其技术覆盖面大，必然会出现多家厂商供货，技术标准不统一的问题，如数据库、CAD、CAPP、CAM等是按其应用领域独立发展起来的，这就带来不同软件之间的非标准化问题，标准化及相应的接口技术对信息的集成是至关重要的。其次，实现CIMS的关键技术在于数据模型、数据管理及网络通信等方面。如何保证数据的一致性及相互通信是一个至今都没有很好解决的问题，人们正在讨论用一个全局数据模型来统一描述这些数据，这是未来CIMS的重要理论和技术基础。最后，实现CIMS的关键技术在于系统技术和现代管理技术。对于复杂的系统如何描述、设计和控制，使系统在满意状态下运行，也是实现CIMS的关键技术之一。

1.4 CAD/CAM系统的技术发展

随着经济一体化时代的到来，世界各国、各地区的制造业都面临着市场全球化、制造国际化、品种需求多样化的新挑战。为了适应迅速变化的市场需求，提高竞争力，制造企业必须在产品的研发周期、创新、质量及价格等方面下功夫来满足不同的客户需求。

与此同时，信息技术的迅速发展，特别是计算机技术、网络技术、信息技术的突破性进展，为制造业的发展带来了前所未有的机遇。实践证明，将信息技术应用于制造业，是现代制造业发展的必由之路。20 世纪 80 年代初，先进制造技术以信息集成为核心的计算机集成制造系统开始得到实施。20 世纪 80 年代末，以过程集成为核心的并行工程（Concurrent Engineering，简称 CE）技术和产品数据管理（Product Data Management，简称 PDM）技术进一步提高了制造水平。进入 20 世纪 90 年代，先进制造技术向更高水平发展，出现了虚拟制造（Virtual Manufacturing，简称 VM）、精益生产（Lean Production，简称 LP）、敏捷制造（Agile Manufacturing，AM）、快速成形制造（Rapid Prototype Manufacturing，简称 RPM）等新技术。

1.5 Pro/E 软件系统

1.5.1 Pro/E 系统的功能

Pro/E 是一个庞大的 CAD/CAM 软件系统，其内容丰富、功能强大，目前共有 80 多个专用模块，每个模块都有自己独立的功能，涉及机械设计、工业设计、仿真分析、加工制造等多方面，能为用户提供全套解决方案。下面简单介绍 Pro/E 的基本模块及其功能。

1. 草绘模块

草绘模块用于绘制和编辑二维平面草图。三维模型往往要通过二维图形以一定的方式生成得到，因此二维草图绘制是三维建模的重要步骤。可以单独启动 Pro/E 的草绘模块绘制二维草图，留待三维建模时调用，但更常规的做法是在三维建模中，当需要进行二维草图绘制时，系统自动切换到草绘模块，绘制二维草图后直接生成三维模型。

2. 零件模块

零件模块用于创建和编辑三维模型，即进行三维零件设计。零件模块是 Pro/E 最核心最基本的部分，其中提供了非常丰富的三维建模方式，支撑设计者创建各种各样的三维零件模型。

3. 装配模块

通过定义零件间的相对位置关系，将各相关零件组装在一起，形成一个完整的产品。在装配模块，进行产品的虚拟装配是一件异常轻松的工作，同时可以通过爆炸、剖切等方式显示产品的装配效果，还可以通过装配分析和干涉检查等，查找产品设计缺陷，并能方便地在装配环境下对零件进行修改设计。

4. 工程图模块

二维工程图是工程师之间进行交流的语言，同时也是产品生产不可缺少的指导性文件。Pro/E 的工程图模块，可以将设计好的三维零件或装配模型快速生成工程图。系统提供了三视图、剖视图、局部放大图、向视图、轴测图等各种视图的生成方法，并能方便地将三维模型上的尺寸提取到工程图上。工程图和三维模型之间全相关，即修改模型后二维工程图将自动更新，反之亦然。

5. 曲面模块

曲面模块用于创建各种类型的曲面。曲面特征虽然没有厚度、体积、质量等物理属性，但可以通过灵活多变的操作方式生成复杂的自由曲面后，将曲面转化成实体模型，从而弥补了零件模块建模方式比较固定的不足，为追求外观美感的工业产品造型提供了强有力的支撑。

6. 数控（NC）加工模块

在NC加工模块，当用户设定了加工环境和加工参数之后，系统能够自动生成零件加工的刀位文件，并能在屏幕上模拟加工过程。所生成的刀位文件经后处理，生成加工代码，能够控制机床进行零件的数控加工。

7. 模具设计模块

在模具设计模块，Pro/E提供了一些常用的模具设计工具，如收缩率设置、拔模检测、分模面设置、浇口设计等，协助用户在最短的时间内完成模具设计。

8. 仿真分析模块

可以让工程师对结构、动力学、热传导和疲劳等性能进行虚拟测试，并据此优化设计。通过快速而精确地仿真分析某一设计的机械性能，可以大幅度缩减建立物理样机来测试产品性能的环节，能有效地缩短产品开发周期、降低开发成本。

1.5.2　Pro/E的特点

1. 全三维设计

以AutoCAD为代表的二维CAD系统以二维交互式绘图为特征，需要将工程师头脑中构思的产品通过投影描述为二维图形。如图1-7所示的是端盖零件的二维CAD图，从中看出，二维CAD是借助于工程制图的知识用一些二维线条来表达三维产品，也只有具备制图知识的人才能读懂图1-7是一个圆盘形的端盖零件。这样的CAD系统不是真正意义上的计算机辅助设计（Computer Aided Design），而只是计算机辅助绘图（Computer Aided Drawing），工程师依然需要投入很大精力进行繁琐的视图表达和线条绘制工作。

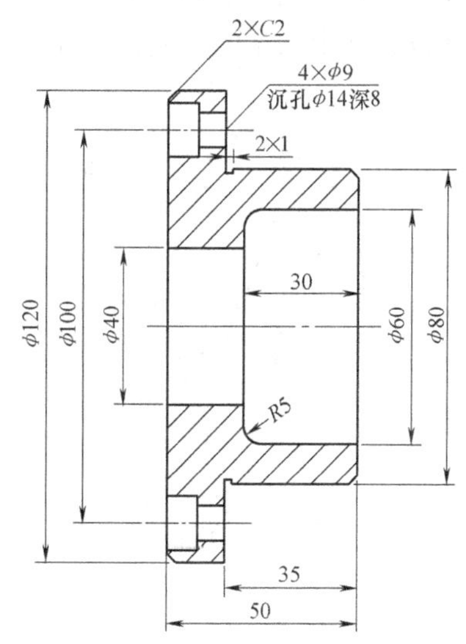

图1-7　端盖零件的二维CAD图

Pro/E系统采用全三维设计，如图1-8所示的是端盖零件的Pro/E三维模型。在Pro/E平台上，设计人员可以完全依照自己的三维设计构思在系统提供的三维虚拟环境下展开创作，所见即所得，直接而又直观。对于像图1-9所示的发动机排气管这类的复杂产品，如果不借助Pro/E提供的三维设计工具，在产品的设计构思、图形表达和设计交流中都会遇到很大困难。

同时，在Pro/E中设计的三维模型不仅仅具有逼真的三维视觉效果，更包含了产品完整的数学描述。因此，系统可以随时自动计算出模型的体积、表面积、质心、重量、惯性矩等物理属性。由于这种对产品完整的数学描述，才能在三维模型的基础上直接进行后续的仿真分析、数控加工等工作，实现CAD/CAM的真正集成。

2. 基于特征

Pro/E将特征作为最基本设计单元，它提供的如打孔、挖槽、倒角、拔模等特征完全符合设计者的思维方式和加工过程的加工方式，使得设计以一种自然的状态展开。Pro/E丰富

图 1-8　端盖零件的 Pro/E 三维图

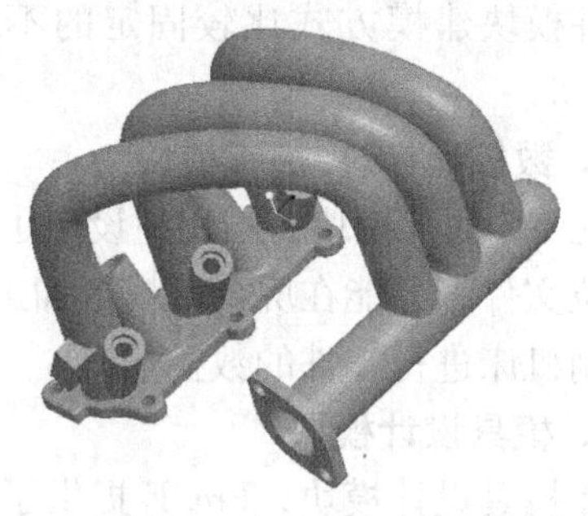

图 1-9　发动机排气管的 Pro/E 三维模型

的特征类型和简洁的特征创建过程使它成为一个强大而又好用的工具。

3. 参数化设计

Pro/E 软件是第一套将参数化设计理念应用于实际工程的软件，对传统 CAD 技术提出了挑战。尺寸驱动是参数化设计的重要特点，所谓尺寸驱动是指以模型的尺寸来决定模型的形状，尺寸一旦修改，模型自动更新，这一特点给产品开发中的反复修改设计带来了前所未有的便利。

如图 1-10 所示的模型，将尺寸 ϕ120 和 35 分别改为 ϕ180 和 25 后，模型自动变更为图 1-11 所示的模型。参数化设计的特点使得设计者可以随意勾划草图、轻易改变模型，避免了修改设计中大量的重复性工作。

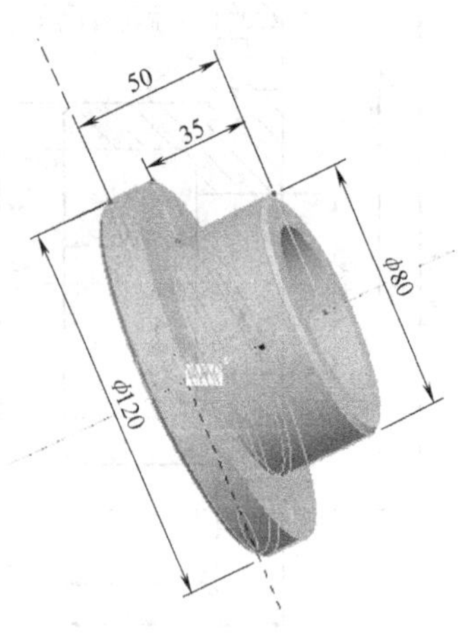

图 1-10　修改参数前的模型

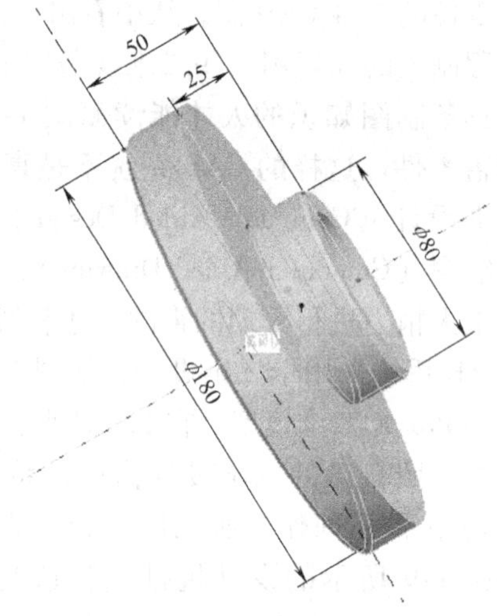

图 1-11　修改参数后的模型

4. 全相关的单一数据库

Pro/E 中的产品设计建立在内部单一的数据库上，改变了传统 CAD/CAM 系统建立在多个数据库上的模式。所谓单一数据库，是指一个项目的资料全部在一个数据库中，不同部门的用户可以为该项目独立工作，但是他们生成和调用的数据都指向同一个数据库，这样，就可以使不同部门的设计人员能够同时开发同一个产品而实现协同工作。在整个设计过程的任何一处发生改动，都可以自动反映在其他相关的环节上。从而保证了数据的一致性和正确性，避免多环节反复修改带来的混乱。

基于这一特点，就使得原来必须串行展开的设计工作可以并行进行，比如在产品零件设计初期就可以同时开始与该零件相关的装配设计、工程图设计、模具设计、NC加工设计等工作，随着零件设计的细化，其每一步改动都会自动反映到相关的所有环节；反之，如果在工程图中修改了零件的某一处尺寸，零件模型、装配、NC刀具路径等也都会随之自动更新。一旦零件设计结束，其他相关环节的工作都几乎可以同时完成。Pro/E数据全相关的特点恰好符合现代“并行工程”的理念。

1.6 复习思考题

1. 简述CAD/CAM系统的基本功能及主要任务。
2. 简述CAD/CAM系统的硬件组成及各组成部分的功能。
3. 列举CAD/CAM系统主流支撑软件及其主要特点。
4. 简述CIMS集成系统的原理及组成。
5. 列举几种CAD/CAM系统的新技术发展。
6. 通过对Pro/E软件的初步学习，体会Pro/E的特点。

参考文献

[1] 刘极峰. 计算机辅助设计与制造[M]. 北京：高等教育出版社，2004.
[2] 王先逵. 计算机辅助制造[M]. 北京：清华大学出版社，1998.
[3] 武良臣，李勇，郑友益. 先进制造技术[M]. 徐州：中国矿业大学出版社，2001.
[4] 宁汝新，赵汝佳，欧宗瑛. CAD/CAM技术[M]. 北京：机械工业出版社，2005.
[5] 蔡颖，薛庆. CAD/CAM原理与应用[M]. 北京：机械工业出版社，2001.
[6] 王隆太，朱灯林，戴国洪. 机械CAD/CAM技术[M]. 北京：机械工业出版社，2002.
[7] 孟富森，蒋忠理. 数控技术与CAM应用[M]. 重庆：重庆大学出版社，2003.
[8] 王贤坤，陈淑梅，陈亮. 机械CAD/CAM技术、应用与开发[M]. 北京：机械工业出版社，2002.
[9] 张宝忠，陈晓宇，汪秀敏. 现代机械制造技术基础试训教程[M]. 北京：清华大学出版社，2004.
[10] 杨岳，罗意平. CAD/CAM原理与实践[M]. 北京：中国铁道出版社，2002.
[11] 陈英. 轻松跟我学Pro/E Wildfire 2.0中文版[M]. 北京：电子工业出版社，2006.

第 2 章 CAD/CAM 系统分析与处理技术

2.1 CAD/CAM 系统常用数据结构

一般来说，用计算机解决一个具体问题时，首先要从具体问题抽象出适当的数学模型，然后设计一个解此数学模型的算法，最后编写程序、调试程序直至解决问题。寻求数学模型的实质是分析问题，从中提取操作的对象，并找出这些操作对象之间的关系，然后用数学的语言加以描述。描述这些非数值计算问题的数学模型不再是数学方程，而是诸如表、树、图之类的数据结构。在 CAD/CAM 系统中，图形设计和软件开发的整个过程都要用到各种数据结构（Data Structure）。本节将介绍有关的基本概念和一些常用的数据结构，说明这些数据结构内部的逻辑关系和存储表示，并列举在这些数据结构上进行各种运算的程序及其简要说明。

2.1.1 数据结构的概念

1. 数据

数据（Data）是对客观事物的符号表示，在计算机科学中是指所有能够输入到计算机中并被计算机程序处理的符号的总称。

数据元素（Data Element）是数据的基本单位，在计算机程序中通常作为一个整体进行考虑和处理。一个数据元素可由若干个数据项组成，数据项是最小的数据单位。有时也把数据元素称为节点或记录，把数据项称作域或字段。

2. 数据结构

数据结构（Data Structure）是指相互之间存在一种或多种特定关系的数据元素的集合。数据结构的结构形式分为四类，即线性结构、树形结构、图状结构和集合。数据结构的基本内容分为逻辑、存储和运算三部分，分别概括如下：

（1）数据的逻辑结构　数据的逻辑结构反映的是数据之间的逻辑关系，不涉及它们的存储表示。数据的逻辑结构分为线性结构和非线性结构。如果各数据元素之间的逻辑关系可以用一个线性数列简单地表示出来，则称之为线性结构，否则称之为非线性结构。

（2）数据的存储结构　数据结构在计算机中的表示（映象）称为数据的物理结构，又称存储结构。一个存储结构应包括数据元素自身值的表示和数据元素之间关系的表示两个方面。因此，存储在计算机中的数据结构在计算机中的存储域可分为两类：一类是存放自身值的自身数据域，可用标识符 data 表示这些域的全体；另一类是存放相互关系的连接指针域，可用标识符 link 表示这些域的全体。一般情况下，存储结构中的数据元素可表示为：

data	link

（3）数据的运算　数据的运算是在数据的逻辑结构上定义、在存储结构上实现的。每种逻辑结构上均可定义一个相应的运算集合。例如，一个运算集合可包含检索、插入、删

除、更新、排序等。

2.1.2　线性表

线性表（Linear List）是最常用且最简单的一种数据结构，其在逻辑结构上属于线性结构。一个线性表是由 n（$n \geqslant 0$ 整数）个数据元素组成的有限序列（a_1，a_2，…，a_n）。在复杂的线性表中，一个数据元素可由若干个数据项组成，含有大量数据元素（也称为记录）的线性表又称为文件。

线性表有多种表示形式，顺序表、链表、栈、队列以及串等都是线性表。顺序表指的是用一组地址连续的存储单元依次存储线性表的数据元素，即用顺序存储结构来存储的线性表。链表即用链式存储结构来存储的线性表。栈与队列是两种特殊的线性表，其对插入、删除运算可作位置限制。串是内部数据元素都是单个字符的线性表。

1. 单链表及其运算

单链表包括单线形链表和单循环链表。

（1）单线形链表　单线形链表是一种简单的单链表，内部每个节点含有一个指针域（用来指出其后继节点的位置），且最后一个节点无后继节点，指针域为空。

单线形链表运算操作的显著特征是在插入、删除运算过程中只需改变节点中指针域的值即可，无需移动节点位置。

1）插入。图 2-1 所示为单线形链表中插入一个新节点的指针 p 的变化情况。

插入运算的关键步骤为：

q- >link = p- >link;

p- >link =q;

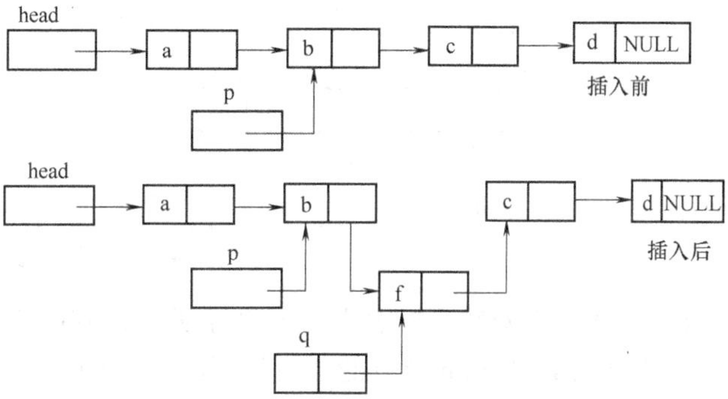

图 2-1　单线形链表的插入

2）删除。图 2-2 所示为单线形链表中删除一个新节点的指针 p 的变化情况。

删除运算的关键步骤为：

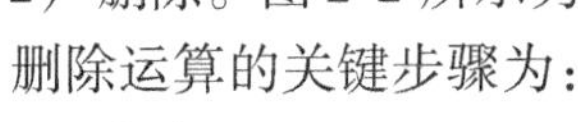

q- >link =p;

p- >link = q- >link;

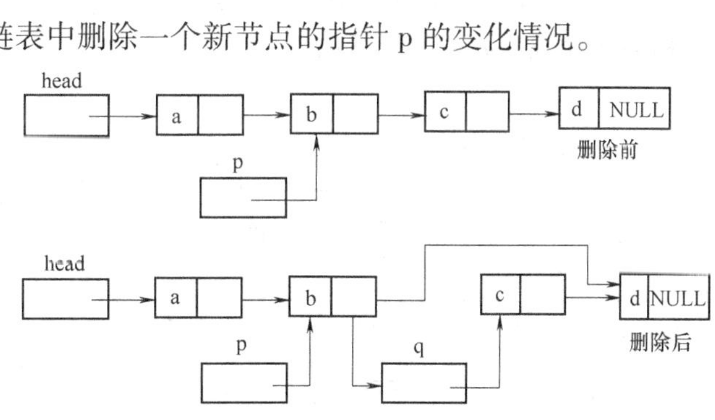

图 2-2　单线形链表的删除

注意：往第一个节点前面插入一个新的节点或者删除第一个节点将使表头指针 head 值变化，通常可以在第一个节点前加设一个头节点。头指针指向头节点，头节点上的数据域可不存储任何信息。

（2）单循环链表　单循环链表是另一种形式的链式存储结构。它的特点是表中最后一个节点的指针域指向头节点，整个链表形成一个环。在单循环链表中，指针从任一节点出发均能找到其他节点。

单循环链表的运算操作和单线形链表大致相同，单线形链表的最后一个节点的链接指针置为空，而单循环链表的最后一个节点的链接指针指向头节点，如图 2-3 所示。

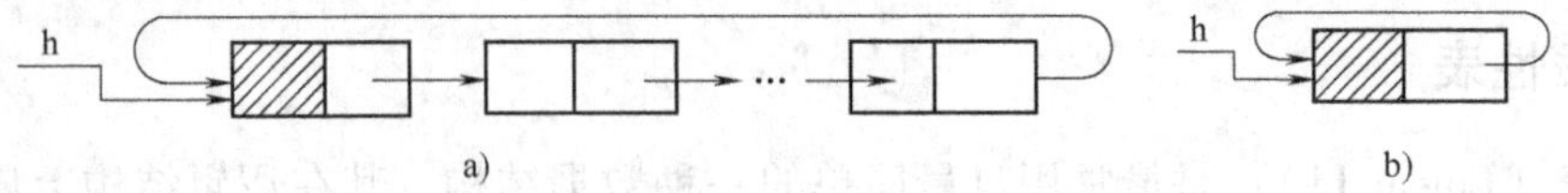

图 2-3　单循环链表

a) 非空表　b) 空表

2. 双链表及其运算

双链表包括双线形链表和双循环链表。

在单链表中，每个节点只有一个指针域，从任何一个节点均能通过 link 域找到它的后继，但不能找到它的前驱。而双链表中，每个节点有两个指针域，一个指向直接后继，一个指向直接前驱。

(1) 双线形链表　在双线形链表中，每个节点包含两个指针域，其中 rlink 指向节点的后继，llink 指向节点的前驱，向后与向前两个方向的查找便可很方便地进行。其最后节点的后继是 NULL，尾部（rear）指向最后节点的前驱，如图 2-4 所示。

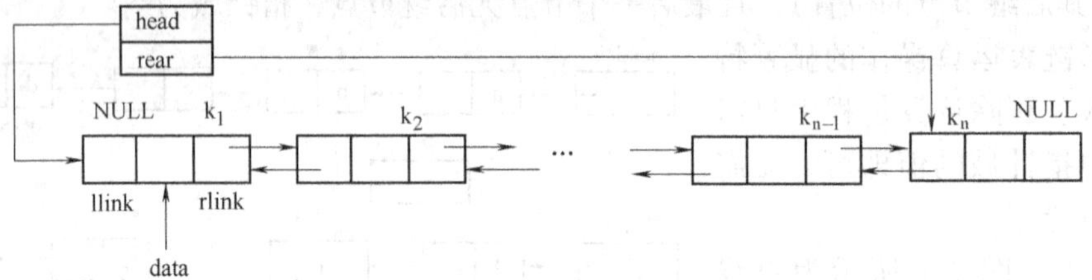

图 2-4　双线形链表

1) 插入。在双线形链表中，若将 q 所指新节点插入到 p 所指的节点后，需改变 p 所指节点的指针域 rlink 和 p 节点的原直接后继节点的指针域 llink，并置 q 所指节点的两个指针域。如图 2-5 所示为双线形链表的插入。

2) 删除。在双线形链表中，若要删除指针 p 所指的节点，只需修改该节点前、后两节点的相关指针域，如图 2-6 所示。

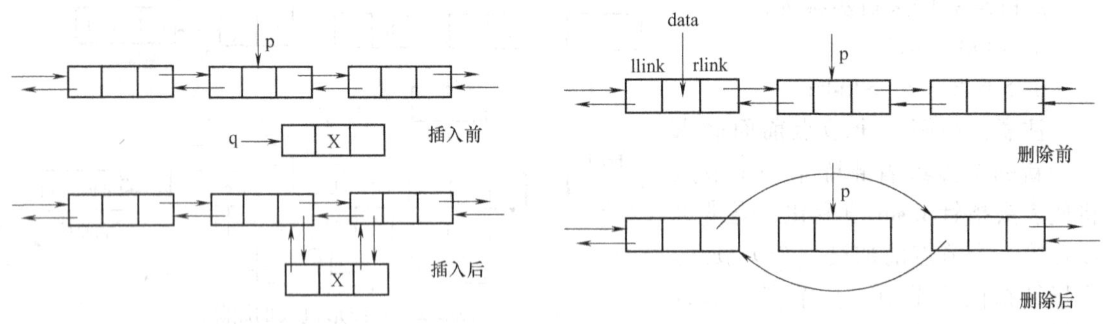

图 2-5　双线形链表的插入　　图 2-6　双线形链表的删除

(2) 双循环链表　与单链表的情形相似，双链表中的双线形链表与双环形链表的差异也在首尾节点上的变化，双循环链表只需将首尾节点对应的指针域相互置位。如图 2-7 所示为双循环链表的结构形式。

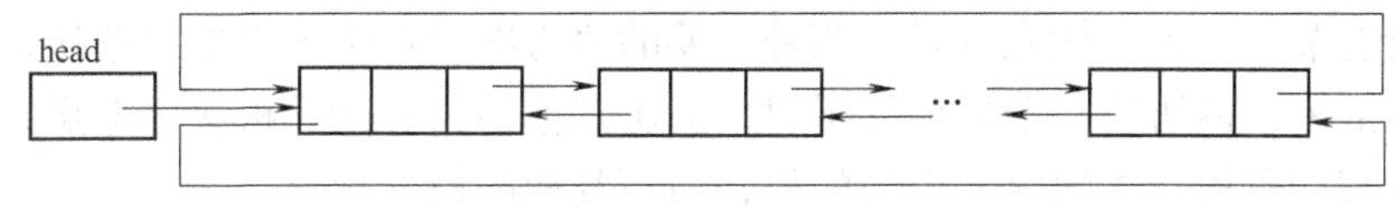

图 2-7　双循环链表

3. 串及其运算

串（String，或字符串），是由若干个字符组成的有限序列。一般记为 $S='a_1a_2\cdots a_n'(n\geqslant 0)$，其中 S 是串的名，用单引号括起来的字符序列是串的值，串中字符的数目 n 称为串的长度，零个字符的串称为空串，串中某字符 a_i（$1\leqslant i\leqslant n$）的序号 i 称为该字符在串中的位置。串中任意个连续的字符组成的子序列称为该串的子串。

2.1.3　树形结构

树形结构是一类重要的非线性结构，树和二叉树是最常见的树形结构。直观看来，树是以分支关系定义的层次结构。树结构在客观世界中广泛存在，如人类社会的族谱和各种社会组织机构都可以用树来形象表示。树在计算机领域得到广泛应用，在数据库系统中，树形结构也是信息的重要组织形式之一。

1. 树

树（Tree）是 n（$n\geqslant 0$）个节点的有限集合。在任意一个非空树中：有且仅有一个特定的称为根的节点；当 $n>1$ 时，其余节点可分为 m（$m>0$）个互不相交的有限集合 T_1，T_2，…，T_m，其中每一个集合本身又是一个树，称为这个根的子树。下面给出树结构的一些基本术语：

节点：一个数据元素及若干个指向其子树的分支。

度：节点拥有的子树数。

叶子：度为 0 的节点。叶子也称终端节点。

分支节点：度不为 0 的节点。分支节点也称内部节点。

孩子：子树的根节点。

双亲：各子树的交节点。

兄弟：同一个双亲的孩子。

节点的层次：从根开始起，根为 0 层（也有把根定为第 1 层），其孩子为第 1 层，第 1 层的孩子为第 2 层，依此类推。

森林：互不相交的树的集合。

如图 2-8a 所示，A 的度为 3，C 的度为 1，F 的度为 0；节点 K、L、F、G、M、N、J 都是树的叶子；D 是 A 的子树，D 是 A 的孩子，而 A 是 D 的双亲。图 2-8b 所示为只有根节点的树。

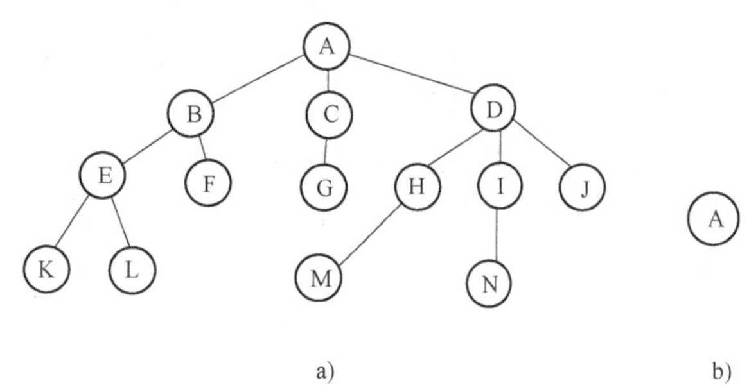

图 2-8　树的示例

a）一般的树　b）只有根节点的树

树的遍历有两种方式：广度优先方式和深度优先方式。广度优先方式是层次次序遍历，即先访问层数为 0 的节点，后访问层数为 1 的节点直到访问完最后一层的所有节点。深度优先方式有两种主要的遍历次序：①先根次序遍历，按先根次序访问第一个树的根，遍历第一个树根的子树，遍历其他的树；②后根次序遍历，按后根次序遍历第一个树根的子树，访问第一个树的根，遍历其他的树。

2. 二叉树

二叉树（Binary Tree）是另一种树形结构，它的特点是每个节点至多有两棵子树（即二叉树中不存在度大于 2 的节点），并且二叉树的子树有左右之分，其次序不能任意颠倒。

在二叉树的一些应用中，常常要求在树中查找具有某种特征的节点，或者对树中全部节点逐一进行某种处理。这就是二叉树的遍历问题，即如何按某条搜索路径寻访树中每个节点，使得每个节点均被访问一次，而且仅被访问一次。基于二叉树的递归定义，有三种遍历方式：先序遍历、中序遍历和后序遍历。先序遍历是指首先访问根节点的运算，中序遍历是指在中间访问根节点的运算，后序遍历是指最后访问根节点的运算。

（1）先序遍历二叉树的操作定义　若二叉树为空，则空操作；否则

1）访问根节点。

2）先序遍历左子树。

3）先序遍历右子树。

（2）中序遍历二叉树的操作定义　若二叉树为空，则空操作；否则

1）中序遍历左子树。

2）访问根节点。

3）中序遍历右子树。

（3）后序遍历二叉树的操作定义　若二叉树为空，则空操作；否则

1）中序遍历左子树。

2）中序遍历右子树。

3）访问根节点。

2.1.4　图结构

图（Graph）是一种较线性表和树更为复杂的数据结构。在线性表中，各数据元素之间只有线性关系，每个数据元素只有一个直接前驱和一个直接后继。在树形结构中，数据元素之间有明显的层次关系，并且每一层上的数据元素可能和下一层中多个元素相关。在图结构中，节点之间的关系可以是任意的，图中任意两个数据元素之间都有可能存在关系。图结构和树形结构在逻辑结构上均属于非线性结构。

1. 图的定义和术语

图是由 n 个数据元素以顶点和边构成的。图分为无向图（如图 2-9）和有向图（如图 2-10）。其中，顶点为图中的节点；带权的图是给定图的每一条边附加一个数字作为权的图；网络为带权的连通图。在有向图中用箭头表示边的方向，箭头从始点指向终点。

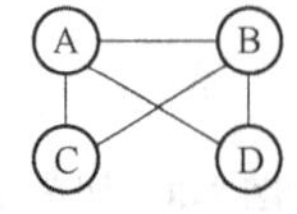

图 2-9　无向图

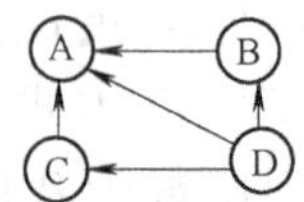

图 2-10　有向图

2. 图的遍历

图的遍历过程是指从图中的某一顶点出发访遍图中其余顶点，且使每一个顶点仅被访问一次的运算。常见的两条遍历路径有广度优先遍历（如图 2-11）和深度优先遍历（如图 2-12）。

（1）广度优先遍历　广度优先遍历与树的按层次遍历过程相似。具体如下：假设从图中某个顶点 V_0开始访问，然后依次访问 V_0的各个未曾访问过的邻接点，再分别从这些邻接点出发广度优先遍历，直至图中所有已被访问的顶点的邻接点都被访问到。图 2-11 中顶点的访问序列为：A-B-C-D-E-F-G-H-I。

（2）深度优先遍历　深度优先遍历与树的先根遍历相似，是树的先根遍历的推广。具体如下：假定图中所有顶点未曾被访问，可从图中某个顶点 V_0开始访问，然后依次从 V_0的未曾访问过的邻接点出发进行深度优先遍历，直至图中所有和 V_0路径相同的顶点都被访问到。图 2-12 中从顶点 A 出发得到的访问序列为：A-B-C-D-E-F-G。

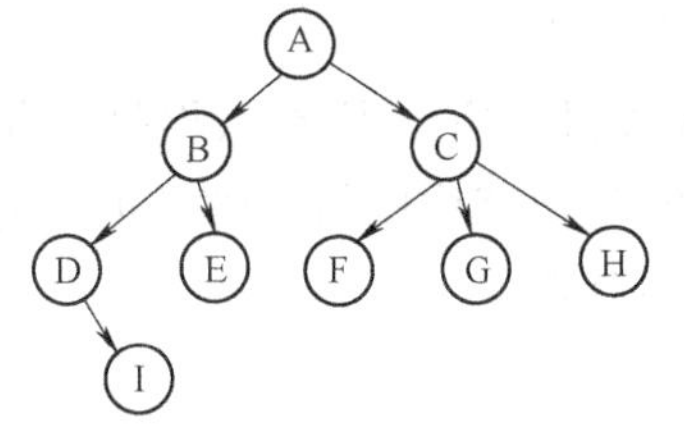

图 2-11　广度优先遍历图

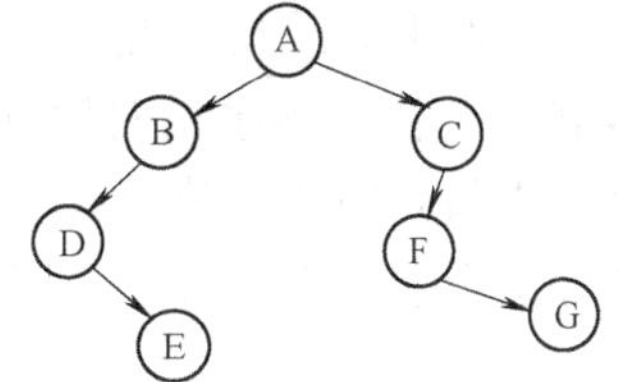

图 2-12　深度优先遍历

2.1.5　查找和排序

查找是从一个数组中寻找某一个数，或从一个文件中寻找某一个记录。排序是对一个数组中的数按数的递增或递减的顺序重新安排，或对一个文件中的记录按关键字值的递增或递减的顺序重新安排。

1. 查找

查找是数据处理中一种基本的、常用的运算。若能找到满足条件的节点，则查找成功；否则查找失败。常见的几种查找方式有顺序查找、折半查找、分块查找等。

（1）顺序查找　顺序查找的过程为：从表中第 1 个数据元素（或记录）开始，逐个进行记录的关键字和定值的比较，若某个记录的关键字和定值的比较相等，则查找成功；反之，若直至表中最后一个记录，其关键字和给定值比较都不相等，则表明表中没有所查记录，查找失败。

顺序查找的优点：对线性表的逻辑次序无要求，即不必按关键码值排序；对线性表的存储结构无要求，即顺序存储、链接存储都可。

（2）折半查找　折半查找又叫二分查找，它是一种效率很高的查找方法，但它只适用于有序的数组或文件。

（3）分块查找　在处理线性表时，如果既希望较快的查找，又需要动态变化（指插入、删除），则可采用分块查找的方法。凡满足下述条件的线性表称为分块有序表：①把线性表分成若干块，每个块中的节点不必有序；②块与块之间必须排序，并且要求将各种块中的最大关键码值组成一个有序的索引表。查找分块有序表先用顺序查找或折半查找方法确定所需要记录所在的块，然后从该块中用顺序查找方法找出所需要的记录。

2. 排序

排序也是数据处理中经常使用的一种重要运算。常用的排序方法有选择排序、冒泡排序、插入排序和快速排序等。

(1) 选择排序　选择排序的基本思想是：每次从待排序的记录中选择出关键码值最小（或最大）的记录，顺序放在已排序的记录序列的最后，直至全部排完。方法如下：①选出数组中最小（或最大）的数；②将选出的数与数组中第一个数的位置对调；③在从第二个数到最后一个数的数组中重复使用这一方法。

(2) 冒泡排序　冒泡排序的基本思想是：将待排序的记录顺序两两比较其关键码值，码值小的在前，大的在后的为顺序，反之为逆序，若为逆序则进行交换。将序列照此方法从头到尾处理一遍称作一趟起泡，一趟起泡的效果是将关键码值最大的记录交换到最后，即该记录的最终顺序。若某一趟排序过程中无交换，则排序结束。

(3) 插入排序　插入排序的基本思想是：每步将一个待排序记录按关键码值的大小插入到前面已排序的文件中的适当位置上，直到全部查完为止。

(4) 快速排序　快速排序是对冒泡排序的一种改进。它的基本思想是：通过一趟排序将待排记录分割成独立的两部分，其中一部分记录的关键字均比另一部分的关键字小，则可分别对这两部分记录继续进行排序，以达到整个序列有效。

2.2　工程手册数据的计算机处理技术

在机械产品的计算机辅助设计过程中，设计人员需要利用工程设计手册中的设计准则和设计规范。手册中大量的准则和规范是用数表和线图的形式给出的，只有少量的准则和规范是以公式的形式给出的。在 CAD 系统中，必须要将记录在手册上的数表和线图转换成计算机能处理的形式，以便在设计中通过应用程序交换数据或者引用该数据。

工程手册数据的处理和存储的基本方法有下列三种：

(1) 程序化　把数据直接编在应用程序中，在应用程序内部对这些数表和线图进行查表、处理或计算。具体处理方法有两种：第一种是将数表中的数据或线图经过离散化后存入一维、二维或三维数组，用查表、插值等方法检索所需要的数据；第二种是将数表或线图拟合成公式，编入程序计算出所需要的数据。第二种方法简单，初学者易于接受，缺点是所占内存空间大，而且数据是程序的一部分，即使变更一个数据，也要对程序作相应的修改，故这种方法适用于数表和数据较少以及数据变更少的情况。

(2) 建立数据文件　把数据和应用程序分开，建立一个独立于程序的数据文件，把它存放在外存储器中。当程序运行到一定时候，便可打开数据文件进行检索。其优点是应用程序简洁，所占内存量大大减少，数据更改也比前者方便。这种方法适合于表格数据比较多的情况。

(3) 建立数据库　将数表及线图（经过离散化）中的数据按数据库的规定进行文件结构化，存放到数据库中。它的特点是数据独立于应用程序，数据扩充和更改时不需要修改应用程序。

2.2.1　数表程序化

工程设计手册中的设计准则和设计规范常常以数表的形式表示。数表的程序化就是在应用程序中处理和利用数表中的数据。在计算机辅助设计中，数表的程序化通常是用数组、数据文件、拟合公式和插值公式的形式给出。

1. 用数组的形式表示或存放数表

一维数表可以存放一张一元列表函数，如从机械零件的小带轮包角查得包角系数。表 2-1 为包角系数表。

表 2-1　包角系数表

包角 α/(°)	100	110	120	130	140	150	160	170	180	190
包角系数 k	0.73	0.78	0.82	0.86	0.89	0.92	0.95	0.98	1.0	1.05

可以定义数组 a_i 和 k_i，下标从 1 到 10，分别存放包角 $\alpha(i)$ 和包角系数 $k(i)$。程序举例如下：

```
float fastsearch(a,ai,ki)
{
int i,n=10;
float a,ai[12],ki[12]; /* 所用下标范围从 1 到 11 */
ki[n+1]=0;
ai[n+1]=a;
for(i=1;i<n+1;i++)
if ((a==ai[i])&&(i<=n))return(ki[i]);
}
```

说明：n 为记录数，ai [n+1]、ki [n+1] 为增设的欲检索关键字和对应的空记录。二维数表可以存放在一个主参数和多个次参数的列表函数中。

2. 数据文件

将数表以数组的形式程序化的方法，对于数据量较少的情况是可行的，但当数表比较多而且数表比较大时，常建立数据文件，并将数据和程序分开。当程序需要数据时，就使用文件操作语句打开相应的数据文件，读入相应的数据。

3. 插值

用数表形式表示的列表函数，只给出列表节点上的函数值，而所要求的元素不在节点上，且精度要求比较低时，可以用附近节点上的函数值代替；当精度要求比较高时，则需要用插值的方法求得。

插值的方法是构造一个函数 $y=p(x)$，作为列表函数的近似表达式，然后计算 $p(x)$ 的值以求得 $f(x)$ 的值。

(1) 线性插值　线性插值常用来求两个数据点 (x_1, y_1) 和 (x_2, y_2) 之间的函数值。线性插值公式为

$$y=p(x)=\frac{x-x_2}{x_1-x_2}y_1+\frac{x-x_1}{x_1-x_2}y_2 \tag{2-1}$$

(2) 抛物线插值　抛物线插值给出 (x, y) 相邻三个节点 (x_1, y_1)、(x_2, y_2)、(x_3, y_3) 拟合区间上的值。其精度要比线性插值高。抛物线插值的公式为

$$y=p(x)=\frac{(x-x_2)(x-x_3)}{(x_1-x_2)(x_1-x_3)}y_1+\frac{(x-x_1)(x-x_3)}{(x_2-x_1)(x_2-x_3)}y_2+\frac{(x-x_1)(x-x_2)}{(x_3-x_1)(x_3-x_2)}y_3 \quad (2\text{-}2)$$

特别是给定互不相等的一元函数节点（x_i，y_i）（$i=0$，1，2，…，n），x_i为插值节点，y_i为对应的函数值，x_k，x_{k+1}，x_{k+2}和y_k，y_{k+1}，y_{k+2}分别表示三个最邻近（x，y）的插值节点和对应的函数值，抛物线插值的公式为

$$y = p(x) = \sum_{i=k}^{k+2}\prod_{\substack{j=k\\ j\neq i}}^{k+2}\frac{(x-x_j)}{(x_i-x_j)}y_i \quad (2\text{-}3)$$

（3）拉格朗日一元 n 点插值　适当提高插值公式的阶次可以改善插值精度，如用拉格朗日一元 n 点插值公式求（x，y）中插值自变量 x 所对应的函数值 y。但是，实际应用时，插值公式的阶次不宜太高，否则插值效果并不好。

给出互不相等的一元函数节点（x_i，y_i）（$i=0$，1，2，…，n），x_i 为插值节点，y_i 为对应的函数值，即插值结果。

拉格朗日插值公式为

$$y = \sum_{i=0}^{n}\prod_{\substack{j=0\\ j\neq i}}^{n}\frac{(x-x_i)}{(x_i-x_j)}y_i \quad (2\text{-}4)$$

（4）二元三点插值　二维数表可以存放一个主参数和多个次参数的列表函数。当所要求的元素不在节点上，且精度要求比较高时，则需要用插值的方法求得。

给出互不相等的二元函数插值节点值 $x_i(i=1$，2，…，$n)$，$y_j=$（$j=1$，2，…，m）和对应的函数值 $z_{ij}(i=1$，2，…，n；$j=1$，2，…，$m)$，用二元三点插值多项式可以求出插值自变量（x，y）所对应的函数值 z，即插值结果。

对于给定的插值自变量（x，y），求对应的函数值 z 的二元三点插值公式为

$$z = \sum_{i=p}^{p+2}\sum_{j=q}^{q+2}\prod_{\substack{k=p\\ k\neq i}}^{p+2}\frac{(x-x_k)}{(x_i-x_k)}\prod_{\substack{l=q\\ l\neq j}}^{q+2}\frac{(y-y_l)}{(y_i-y_l)}z_{ij} \quad (2\text{-}5)$$

其中 x_p，x_{p+1}，x_{p+2}和 y_q，y_{q+1}，y_{q+2}及 z_{ij}分别表示最临近（x，y）的三个插值节点和对应的函数值。

（5）拉格朗日二元 n 点插值　给出互不相等的二元函数插值节点值 $x_i(i=1$，2，…，$n)$，$y_j(j=1$，2，…，$m)$ 所构成的平面矩形网格及其网格节点上对应的函数值 $z_{ij}(i=1$，2，…，n；$j=1$，2，…，$m)$，用二元 n 点拉格朗日插值多项式，可以求出插值自变量（x，y）所对应的函数值 z，即插值结果。

对于给定的插值自变量（x，y），求对应的函数值 z 的二元 n 点插值公式为

$$z = \sum_{i=1}^{n}\sum_{j=1}^{m}\prod_{\substack{k=1\\ k\neq i}}^{n}\frac{(x-x_k)}{(x_i-x_k)}\prod_{\substack{l=1\\ l\neq j}}^{m}\frac{(y-y_l)}{(y_j-y_l)}z_{ij} \quad (2\text{-}6)$$

4. 数表拟合公式化

对于某些数表中的数据，在一定的允许误差范围内，可以用数学公式，即拟合公式来表示，在计算机辅助设计应用程序中就能利用该拟合公式。最常用的是最小二乘法拟合公式。

最小二乘法就是将离散经验数据（数表中的数据）近似地表示为一连续函数 $p_n(x)$，通过找出一条平滑的最佳拟合曲线来代替离散经验数据。

设最小二乘多项式为 $p_n(x)$，令

$$p_n(x) = a_0 + a_1x + a_2x^2 + \cdots + a_nx^n = \sum_{j=0}^{n} a_jx^j \tag{2-7}$$

或
$$p_n(\lg x) = a_0 + a_1\lg x + a_2\lg^2 x + \cdots + a_n\lg^n x \tag{2-8}$$

设互不相等的一元函数节点（x_i，y_i），（$i=1$，2，…，m），x_i 为自变量，y_i 为对应的函数值，最佳拟合曲线就是使各点的偏差的平方和 ss 为最小的最小二乘多项式 $p_n(x)$，即使下式为最小。

$$ss = \sum_{i=1}^{m}(y_i - p(x_i))^2 \tag{2-9}$$

令 ss 对 a_0，a_1，…，a_n的偏导数为零，可以得到下列方程组：

$$\begin{cases} a_0n + a_1\sum\limits_{i=1}^{n}x_i + a_2\sum\limits_{i=1}^{n}x_i^2 + \cdots + a_n\sum\limits_{i=1}^{n}x_n^n = \sum\limits_{i=1}^{n}y_i \\ a_0\sum\limits_{i=1}^{n}x_i + a_1\sum\limits_{i=1}^{n}x_i^2 + \cdots + a_n\sum\limits_{i=1}^{n}x_n^{n+1} = \sum\limits_{i=1}^{n}y_ix_i \\ \quad\vdots \\ a_0\sum\limits_{i=1}^{n}x_i^n + a_1\sum\limits_{i=1}^{n}x_i^{n+1} + \cdots + a_n\sum\limits_{i=1}^{n}x_n^{2n} = \sum\limits_{i=1}^{n}y_ix_i^n \end{cases} \tag{2-10}$$

求解联立方程组（2-10），即可解出 a_0，a_1，…，a_n。

拟合精度可用偏差的均方根 RMS 来判断：

$$RMS = \sqrt{\sum_{i=1}^{n}[y_i - p(x_i)]^2/n} \tag{2-11}$$

如要拟合最佳直线，只需取 $n=1$ 即可。

2.2.2 线图程序化

在设计手册中，有些函数关系是以线图的形式表示的，线型包括直线、折线和曲线。由于在计算机中直接存储和处理线图的程序相当复杂，所以，在计算机辅助设计时，应用程序在处理线图之前，先将线图转换为数表，然后用上述方法将数表程序化，也可以将上述数表用插值方法（如拉格朗日插值法）和最小二乘法将线图公式化。

2.2.3 数据文件的组织

数据可用文件的形式存储在计算机的外存储设备上，用户通过应用程序对文件中的数据进行操作，文件中的数据可以有多种组织形式，如顺序组织、随机组织和链形组织等。对于不同的应用系统应选取不同的文件组织方式，或将这些方式作不同的组合，以便提高应用系统的效率且便于用户使用。

2.3　计算机图形处理技术

计算机图形处理技术是CAD/CAM 技术的重要组成部分。构成图形的要素有两个：一是刻画形状的点、线、面、体等几何要素；二是反映物体表面属性或材料的明暗、灰度、色彩等非几何要素。计算机图形处理的任务就是利用计算机的高速运算能力和实时显示功能来处理各类图形信息，包括图形的存储、生成、显示、输出，以及图形的变换、组合、分解和运算等，并在计算机的控制下，将过去由人工完成的绘图工作改为绘图仪器等图形输出设备来完成。本节主要介绍有关图形几何变换的基本原理和方法。

2.3.1　窗口与视区

1. 坐标系统

（1）世界坐标系　世界坐标系（World Coordinate System，简称 WCS），是在实物物体所处的空间（二维或三维空间）中，用以协助用户定义图形所表达的物体几何尺寸的坐标系，也称用户坐标系，多采用右手直角坐标系。图 2-13a 所示为定义二维图形的直角坐标系，图 2-13b 所示为定义三维图形的直角坐标系。

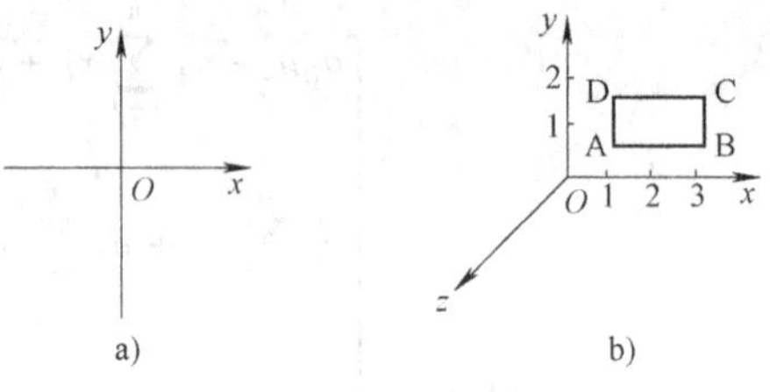

图 2-13　世界坐标系

（2）设备坐标系　设备坐标系（Device Coordinate System，简称 DCS）是与图形输出设备相关联的，是定义图形几何尺寸及位置的坐标系，也称物理坐标系。设备坐标系是二维平面坐标系，通常采用左手直角坐标系。它的度量单位是像素（显示器）或步长（绘图仪），例如显示器通常为 640 × 400 像素、1024 × 768 像素，绘图仪的步长为 1μm、10μm 等，可见设备坐标系的定义域为整数域，而且是有界的。

（3）规格化设备坐标系　规格化设备坐标系（Normalized Device Coordinate System，简称 NDCS）是与设备无关的坐标系，是人为规定的假想设备坐标系，其坐标轴方向及原点与设备坐标系相同，但其最大工作范围的坐标值则规范化为 1。当开发应用于不同分辨率设备的图形软件时，首先要将输出图形转换为规格化设备坐标系，以控制图形在设备显示范围内的相对位置。当转换到不同输出设备时，只需将图形的规格化坐标再乘以相应的设备分辨率即可。这样使图形软件与图形设备隔离开，增加了图形软件的可移植性。

2. 窗口与视区

（1）窗口　在工程设计中，有时为突出图形的某一部分，需要把该部分用局部视图单独画出来。在计算机图形学里，通过在整图中开“窗口”来实现把指定的局部图形从整体中分离出来。窗口通常是在用户坐标系中定义的，它是显示图形局部内容的一个矩形区域。如图 2-14 所示，用矩形的左下角点的坐标（x_{w1}，y_{w1}）和右上角点的坐标（x_{w2}，y_{w2}）来确定窗口的大小和位置，只有在这个区域内的图形才能在设

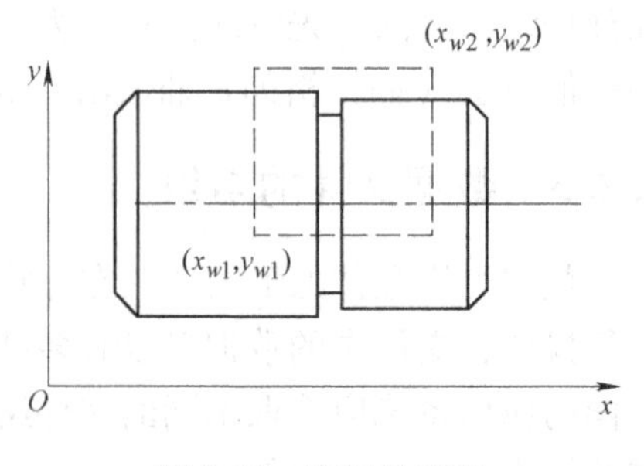

图 2-14　窗口的定义

备坐标系下输出，而窗口外的部分则被裁掉。通过改变窗口的大小、位置和比例，用户可以方便地观察局部图形，控制图形的大小。

（2）视区　视区是在设备坐标系中定义的矩形区域，用于输出所要显示的图形和文字。视区是一个有限的整数域，它应小于等于屏幕区域，而定义小于屏幕的视区是非常有用的，这样可以在同一屏幕上定义多个视区，同时显示不同的图形信息。

（3）窗口到视区的变换　由于窗口和视区是在不同的坐标系中定义的，在把窗口中的图形信息送到视区前需要进行坐标变换，即把用户坐标系中的坐标值转化为设备坐标系的坐标值，这个变换技术称为窗口-视区变换。如图 2-15 所示，设在用户坐标系中选定窗口的左下角坐标为（x_{w1}，y_{w1}），右上角坐标为（x_{w2}，y_{w2}）；在设备坐标系中，视区左下角坐标为（x_{v1}，y_{v1}），右上角坐标为（x_{v2}，y_{v2}）。窗口中某一点坐标为（x_w，y_w），映射到视区的坐标为（x_v，y_v）。

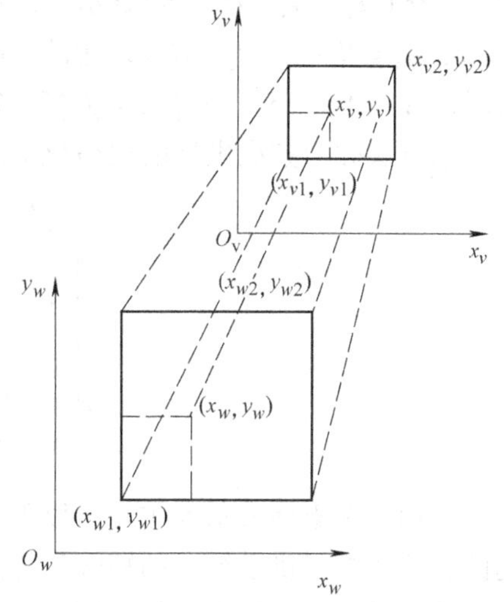

图 2-15　窗口到视区的变换

进行窗口到视区的变换时，视区的长宽比与窗口的长宽比应保持一致，这样才能避免由于图形的变换而引起的失真。

2.3.2　二维图形的几何变换

1. 点的向量表示

在进行工程设计时，需要用三视图、轴测图、透视图等把设计对象表示出来，有时还需要对图形进行旋转、平移、缩小、放大、投影、透视等变换。因为任何工程图形都可视为点的集合，这些变换实际上是改变组成图形的各个点的坐标。在讨论各种变换时，一般都是从讨论点的坐标变换开始，进行讨论整个图形的变换。

在二维空间里，点的坐标(x, y)可以表示为行向量$(x \quad y)$或列向量$(x \quad y)^T$。同样，在三维空间里也可以用行向量$(x \quad y \quad z)$或列向量$(x \quad y \quad z)^T$表示点(x, y, z)。向量$(x \quad y)$或$(x \quad y)^T$、$(x \quad y \quad z)$或$(x \quad y \quad z)^T$称为点的位置向量。一般习惯于用行向量表示一个点，如$(x \quad y)$、$(x \quad y \quad z)^T$。二维空间的图形或三维空间的立体可以用点的集合（简称点集）来表示，每个点对应一个行向量，则点集为 $n\times2$ 阶或 $n\times3$ 阶的矩阵：

$$\begin{pmatrix} x_1 & y_1 \\ x_2 & y_2 \\ \vdots & \vdots \\ x_n & y_n \end{pmatrix} \text{或} \begin{pmatrix} x_1 & y_1 & z_1 \\ x_2 & y_2 & z_2 \\ \vdots & \vdots & \vdots \\ x_n & y_n & z_n \end{pmatrix}$$

这样便建立了二维空间的图形或三维空间的立体的数学模型。在计算机内，表示点的坐标位置的矩形都是用数组形式定义和存储的。

2. 点的齐次坐标表示

齐次坐标是将一个 n 维空间的点用 $n+1$ 维坐标，即附加一个坐标来表示。如二维点

$(x \quad y)$的齐次坐标通常用三维坐标$(H_x \quad H_y \quad H)$表示，三维点$(x \quad y \quad z)$的齐次坐标通常用四维坐标$(H_x \quad H_y \quad H_z \quad H)$表示等。在齐次坐标系中，附加的坐标$H$称为比例因子，$H_x = H \times x$、$H_y = H \times y$、$H_z = H \times z$。由于$H$的取值是任意的，任何一个点可用许多组齐次坐标来表示，如二维点$(3 \quad 2)$可表示为$(3 \quad 2 \quad 1)$、$(6 \quad 4 \quad 2)$、$(9 \quad 6 \quad 3)$等。当取$H=1$时，点的表示方法称为齐次坐标的规格化形式。图 2-13 所示的四边形$ABCD$用齐次坐标可表示为

$$\begin{pmatrix} x_1 & y_1 & 1 \\ x_2 & y_2 & 1 \\ x_3 & y_3 & 1 \\ x_4 & y_4 & 1 \end{pmatrix} = \begin{pmatrix} 1 & 1 & 1 \\ 3 & 1 & 1 \\ 3 & 2 & 1 \\ 1 & 2 & 1 \end{pmatrix}$$

采用齐次坐标表示点主要有以下两个优点：①它为几何图形的二维、三维甚至更高维空间的坐标变换提供了统一的矩阵运算方法，并可以方便地将它们组合在一起进行组合变换；②对于无穷远点的处理比较方便。例如，对于二维的齐次坐标$(A \quad B \quad H)$，当$H \to 0$时，表示直线$Ax+By=0$上的连续点(x, y)逐渐趋近于无穷点。在三维情况下，可以利用齐次坐标表示点在世界坐标原点时的投影变换。

3. 变换矩阵

设一个几何图形的齐次坐标矩阵为$\boldsymbol{A}$，另有一个矩阵为$\boldsymbol{T}$，则由矩阵乘法运算可得新的矩阵$\boldsymbol{B}$：

$$\boldsymbol{B} = \boldsymbol{A} \cdot \boldsymbol{T}$$

矩阵$\boldsymbol{B}$是矩阵$\boldsymbol{A}$经变换后的图形矩阵，矩阵$\boldsymbol{T}$被称为变换矩阵，它是用来对原图形进行坐标变换的工具。根据矩阵运算原理可知，二维图形变换矩阵$\boldsymbol{T}$为3×3阶矩阵，而三维图形变换矩阵$\boldsymbol{T}$为4×4阶矩阵。通过这种矩阵的乘法可以对图形进行诸如比例、对称、旋转、平移、投影等各种变换。

4. 二维图形的基本几何变换

二维图形的几何变换主要有比例变换、对称变换、旋转变换、错切变换、平移变换等。下面简要介绍这些基本变换的过程。

（1）比例变换　图形中的每一个点以坐标原点为中心，按相同的比例变换进行放大或缩小所得到的变换称为比例变换。设图形在x、y两个坐标方向放大或缩小的比例分别为a和d，则坐标点的比例变换为

$$(x' \quad y' \quad 1) = (x \quad y \quad 1)\begin{pmatrix} a & 0 & 0 \\ 0 & d & 0 \\ 0 & 0 & 1 \end{pmatrix} = (ax \quad dy \quad 1)$$

1）若$a=d=1$，$(x' \quad y' \quad 1)=(x \quad y \quad 1)$，即变换后图形的坐标与原来的坐标相等。这是比例变换中的特殊变化，称为恒等变换，如图 2-16a 所示。

2）若$a=d \neq 1$，图形将在x、y方向按相同的比例放大（$a=d>0$）或缩小，称为等比例变换，如图 2-16b 所示。

3）若 $a \neq d$，图形将在 x、y 两个坐标方向以不同的比例变换，称为畸变，如图 2-16c 所示。

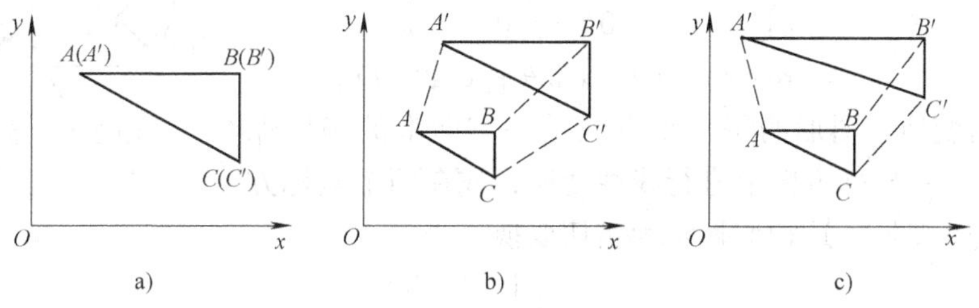

图 2-16　二维图形的比例变换

（2）对称变换　对称变换也称为反射变换，指变换前后的点对称于轴、某一直线或点：

$$(x' \quad y' \quad 1) = (x \quad y \quad 1)\begin{pmatrix} a & b & 0 \\ c & d & 0 \\ 0 & 0 & 1 \end{pmatrix} = (ax+cy \quad bx+dy \quad 1)$$

1）当 $b=c=0$，$a=1$，$d=-1$ 时，有 $(x' \quad y' \quad 1)=(x \quad -y \quad 1)$，产生与 x 轴对称的图形，如图 2-17a 所示。

2）当 $b=c=0$，$a=-1$，$d=1$ 时，有 $(x' \quad y' \quad 1)=(-x \quad y \quad 1)$，产生与 y 轴对称的图形，如图 2-17b 所示。

3）当 $b=c=0$，$a=d=-1$ 时，有 $(x' \quad y' \quad 1)=(-x \quad -y \quad 1)$，产生与原点对称的图形，如图 2-17c 所示。

4）当 $b=c=1$，$a=d=0$ 时，有 $(x' \quad y' \quad 1)=(y \quad x \quad 1)$，产生与 +45°线（即直线）对称的图形，如图 2-17d 所示。

5）当 $b=c=-1$，$a=d=0$ 时，有 $(x' \quad y' \quad 1)=(-y \quad -x \quad 1)$，产生与 −45°线（即直线）对称的图形，如图 2-17e 所示。

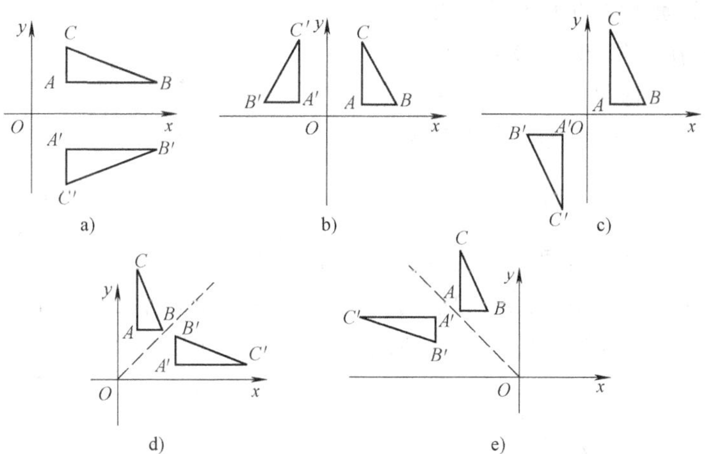

图 2-17　对称变换

a）x 轴对称　b）y 轴对称　c）原点对称　d）$y=x$ 对称　e）$y=-x$ 对称

（3）旋转变换　旋转变换是指图形绕坐标原点旋转 θ 角的变换，逆时针时为正，顺时针时为负，如图 2-18 所示。则对坐标原点的旋转变换可表示为

$$(x' \quad y' \quad 1) = (x \quad y \quad 1)\begin{pmatrix} \cos\theta & \sin\theta & 0 \\ -\sin\theta & \cos\theta & 0 \\ 0 & 0 & 1 \end{pmatrix}$$

$$= (x\cos\theta - y\sin\theta \quad x\sin\theta + y\cos\theta \quad 1)$$

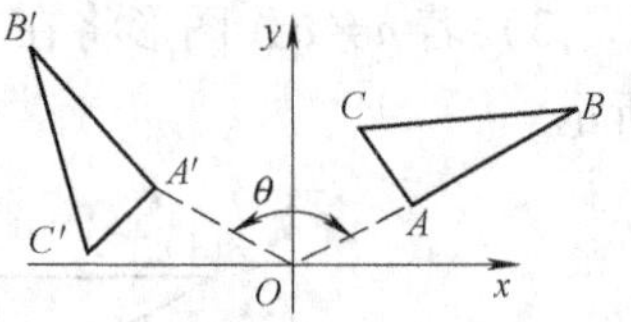

图 2-18　旋转变换

（4）错切变换　图形的每一个点在某一方向上的坐标保持不变，而在另一坐标方向上进行线性变换，或在两个坐标方向上都进行线性变换，这种变换称为错切变换。

$$(x' \quad y' \quad 1) = (x \quad y \quad 1)\begin{pmatrix} 1 & b & 0 \\ c & 1 & 0 \\ 0 & 0 & 1 \end{pmatrix} = (x + cy \quad bx + y \quad 1)$$

式中　c、b——坐标 x、y 的错切系数；

cy、bx——沿 x 坐标、y 坐标的错切位移量。

1）当 $b=0$ 和 $c \neq 0$ 时，$(x' \quad y' \quad 1) = (x + cy \quad y \quad 1)$，此时图形的 y 坐标不变。若 $c > 0$，图形沿 $+x$ 方向作错切位移，如图 2-19a所示；若 $c < 0$，图形沿 $-x$ 方向作错切位移，如图 2-19b 所示。

2）当 $c=0$ 和 $b \neq 0$ 时，$(x' \quad y' \quad 1) = (x \quad bx + y \quad 1)$，此时图形的 x 坐标不变。若 $b > 0$，图形沿方向 $+y$ 作错切位移，如图 2-19c 所示；若 $b < 0$，图形沿 $-y$ 方向作错切位移，如图 2-19d 所示。

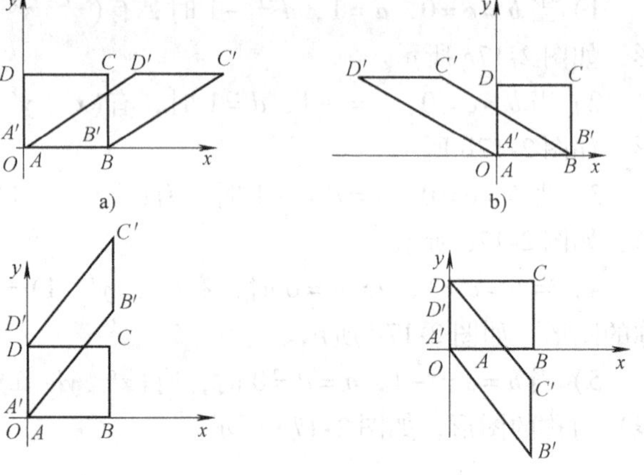

图 2-19　错切变换

（5）平移变换　图形的每一个点在给定的方向上移动相同的距离所得的变换称为平移变换。如图 2-20 所示，图形在 x 轴方向的平移量为 l，在 y 轴方向的平移量为 m，则坐标点的平移变换为

$$(x' \quad y' \quad 1) = (x \quad y \quad 1)\begin{pmatrix} 1 & 0 & 0 \\ 0 & 1 & 0 \\ l & m & 1 \end{pmatrix} = (x + l \quad y + m \quad 1)$$

从上述介绍的五种二维图形的基本几何变换可见，各种图形变换完全取决于变换矩阵中各元素的取值。按照变换矩阵中各元素的功能，可将二维变换矩阵的一般表达式按如下虚线分为四个子矩阵，即

$$\boldsymbol{T} = \begin{pmatrix} a & b & \vdots & p \\ c & d & \vdots & q \\ \cdots & \cdots & & \cdots \\ l & m & \vdots & s \end{pmatrix}$$

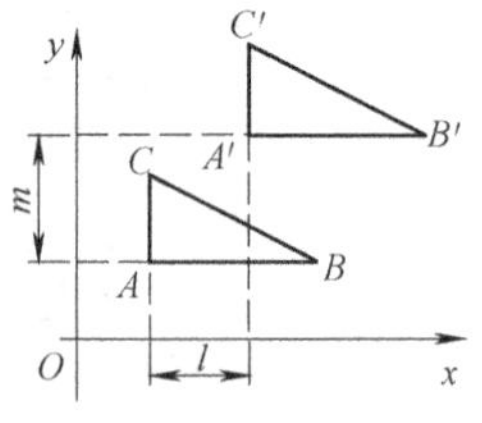

图 2-20　平移变换

2×2 阶矩阵$\begin{pmatrix} a & b \\ c & d \end{pmatrix}$可以实现图形的比例、对称、错切、旋转等基本变换。$1 \times 2$ 阶矩阵$(l \quad m)$可以实现图形的平移变换。2×1 阶矩阵$(p \quad q)^{\mathrm{T}}$可以实现图形的透视变换（一般用于三维图形的几何变换）。矩阵(s)可以实现图形的全比例变换。

当 $s>1$ 时，图形等比例缩小；当 $0<s<1$ 时，图形等比例放大；当 $s=1$ 时，图形大小保持不变。

5. 二维图形的复合变换

在 CAD/CAM 工作中的图形变换是复杂的，往往仅用上述一种基本变换是不能实现的，需经由两种或多种基本变换的组合才能得到所需的最终图形。这种由两个以上基本变换构成的变换称为复合变换或基本变换级联。设各次变换的矩阵分别为 $\boldsymbol{T}_1$，$\boldsymbol{T}_2$，…，$\boldsymbol{T}_n$，则复合变换的矩阵是各次变换矩阵的乘积，即

$$\boldsymbol{T}=\boldsymbol{T}_1\cdot\boldsymbol{T}_2\cdot\cdots\cdot\boldsymbol{T}_n$$

如图 2-21a 所示，现欲将某法兰盘图形上的小六边形绕法兰盘中心 $O_1(x_1, y_1)$点旋转 θ 角，该变换可以通过如下的基本变换实现：

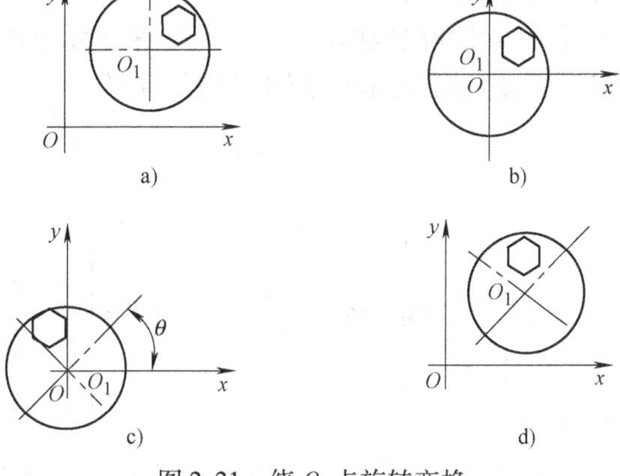

图 2-21　绕 O_1 点旋转变换

（1）平移　将法兰盘中心点平移至坐标原点，如图 2-21b 所示。基本变换矩阵为

$$\boldsymbol{T}_{t1}=\begin{pmatrix}1 & 0 & 0\\ 0 & 1 & 0\\ -x_1 & -y_1 & 1\end{pmatrix}$$

（2）旋转　将小六边形绕坐标原点旋转角，如图 2-21c 所示。基本变换矩阵为

$$T_{r2}=\begin{pmatrix}\cos\theta & \sin\theta & 0\\ -\sin\theta & \cos\theta & 0\\ 0 & 0 & 1\end{pmatrix}$$

（3）再平移　再将法兰盘中心点平移至原来位置，如图 2-21d 所示。基本变换矩阵为

$$\boldsymbol{T}_{t3}=\begin{pmatrix}1 & 0 & 0\\ 0 & 1 & 0\\ x_1 & y_1 & 1\end{pmatrix}$$

最后，复合变换的矩阵为

$$\boldsymbol{T}=\boldsymbol{T}_{t1}\cdot\boldsymbol{T}_{r2}\cdot\boldsymbol{T}_{t3}=\begin{pmatrix}1 & 0 & 0\\ 0 & 1 & 0\\ -x_1 & -y_1 & 1\end{pmatrix}\begin{pmatrix}\cos\theta & \sin\theta & 0\\ -\sin\theta & \cos\theta & 0\\ 0 & 0 & 1\end{pmatrix}\begin{pmatrix}1 & 0 & 0\\ 0 & 1 & 0\\ x_1 & y_1 & 1\end{pmatrix}$$

$$=\begin{pmatrix}\cos\theta & \sin\theta & 0\\ -\sin\theta & \cos\theta & 0\\ x_1(1-\cos\theta)+y_1\sin\theta & y_1(1-\cos\theta)-x_1\sin\theta & 1\end{pmatrix}$$

则

$$(x' \quad y' \quad 1)=(x \quad y \quad 1)\boldsymbol{T}$$

从上例可见，复合变换矩阵是由多个基本变换的矩阵相乘而得的，由于矩阵的乘法运算不符合交换律，矩阵相乘的顺序不同，其结果也不同。在复合变换中，需严格按照生成图形中变换的顺序组合变换矩阵。

2.3.3　三维图形的几何变换

1. 三维基本变换矩阵

三维图形的几何变换是二维图形几何变换的简单扩展。在进行二维图形的几何变换时，应用二维空间点的三维齐次坐标及其相应的变换矩阵。同样，在进行三维图形的几何变换时，可用四维齐次坐标$(x \quad y \quad z \quad 1)$来表示三维空间点$(x \quad y \quad z)$，其变换矩阵 $\boldsymbol{T}$ 为 4×4 阶方阵，通过变换得到新的齐次坐标点$(x' \quad y' \quad z' \quad 1)$，即

$$(x' \quad y' \quad z' \quad 1) = (x \quad y \quad z \quad 1)\cdot \boldsymbol{T}$$

三维基本变换矩阵

$$\boldsymbol{T} = \left(\begin{array}{ccc|c} a & b & c & p \\ d & e & f & q \\ h & i & j & r \\ \hline l & m & n & s \end{array}\right)$$

从上式可以看出，三维基本变换矩阵可分为四块，每个子矩阵对图形的变换作用如下：

$\begin{pmatrix} a & b & c \\ d & e & f \\ h & i & j \end{pmatrix}$可对图形进行比例、对称、错切、旋转等基本变换；

$(l \quad m \quad n)$可对图形进行平移变换；

$\begin{pmatrix} p \\ q \\ r \end{pmatrix}$可对图形进行透视变换；

(s)可对图形进行全比例变换。

2. 三维图形的基本变换

（1）比例变换　空间立体顶点的坐标按给定比例放大或缩小的变换称为三维比例变换。变换矩阵 $\boldsymbol{T}$ 主对角线上的元素 a、e、j、s 使图形产生比例变换：

1）令 $\boldsymbol{T}$ 中非主对角线元素为 0，$s=1$，则变换矩阵为

$$\boldsymbol{T}_s = \begin{pmatrix} a & 0 & 0 & 0 \\ 0 & e & 0 & 0 \\ 0 & 0 & j & 0 \\ 0 & 0 & 0 & 1 \end{pmatrix}$$

变换后点的坐标为

$$(x' \quad y' \quad z' \quad 1) = (x \quad y \quad z \quad 1)\boldsymbol{T}_s = (x \quad y \quad z \quad 1)\begin{pmatrix} a & 0 & 0 & 0 \\ 0 & e & 0 & 0 \\ 0 & 0 & j & 0 \\ 0 & 0 & 0 & 1 \end{pmatrix} = (ax \quad ey \quad jz \quad 1)$$

式中　a、e、j——沿 x、y、z 坐标方向的比例因子。

当 $a=e=j>1$ 时，图形将等比例放大；当 $a=e=j<1$ 时，图形将等比例缩小。

2）令 $\boldsymbol{T}$ 中主对角线元素 $a=e=j=1$，非对角线元素为 0，则变换矩阵为

$$T_s=\begin{pmatrix}1&0&0&0\\0&1&0&0\\0&0&1&0\\0&0&0&s\end{pmatrix}$$

变换后点的坐标为

$$(x'\quad y'\quad z'\quad 1)=(x\quad y\quad z\quad 1)T_s=(x\quad y\quad z\quad 1)\begin{pmatrix}1&0&0&0\\0&1&0&0\\0&0&1&0\\0&0&0&s\end{pmatrix}$$

$$=(x\quad y\quad z\quad s)=\left(\frac{x}{s}\quad \frac{y}{s}\quad \frac{z}{s}\quad 1\right)$$

由此可见，元素 s 可使整个图形按相同的比例放大或缩小。当 $s>1$ 时图形等比例缩小；当 $0<s<1$ 时图形等比例放大。

（2）对称变换　三维对称变换包括对原点、坐标轴和坐标平面的对称变换，在此仅讨论常用的对坐标平面的对称变换。

1）对 xOy 平面的对称变换。令 T 中非主对角线元素为 0，$a=1$，$e=1$，$j=-1$，$s=1$，则变换矩阵为

$$T_{m,xOy}=\begin{pmatrix}1&0&0&0\\0&1&0&0\\0&0&-1&0\\0&0&0&1\end{pmatrix}$$

变换后点的坐标为

$$(x'\quad y'\quad z'\quad 1)=(x\quad y\quad z\quad 1)\quad T_{m,xOy}=(x\quad y\quad z\quad 1)\quad\begin{pmatrix}1&0&0&0\\0&1&0&0\\0&0&-1&0\\0&0&0&1\end{pmatrix}=(x\quad y\quad -z\quad 1)$$

2）对 xOz 平面的对称变换。令 T 中非主对角线元素为 0，$a=1$，$e=-1$，$j=1$，$s=1$，则变换矩阵为

$$T_{m,xOz}=\begin{pmatrix}1&0&0&0\\0&-1&0&0\\0&0&1&0\\0&0&0&1\end{pmatrix}$$

变换后点的坐标为

$$(x'\quad y'\quad z'\quad 1)=(x\quad y\quad z\quad 1)T_{m,xOz}=(x\quad y\quad z\quad 1)\begin{pmatrix}1&0&0&0\\0&-1&0&0\\0&0&1&0\\0&0&0&1\end{pmatrix}=(x\quad -y\quad z\quad 1)$$

3）对 yOz 平面的对称变换。令 T 中非主对角线元素为 0，$a=-1$，$e=1$，$j=1$，$s=1$，则变换矩阵为

$$T_{m,yOz}=\begin{pmatrix}-1&0&0&0\\0&1&0&0\\0&0&1&0\\0&0&0&1\end{pmatrix}$$

变换后点的坐标为

$$(x'\quad y'\quad z'\quad 1)=(x\quad y\quad z\quad 1)T_{m,yOz}=(x\quad y\quad z\quad 1)\begin{pmatrix}-1&0&0&0\\0&1&0&0\\0&0&1&0\\0&0&0&1\end{pmatrix}=(-x\quad y\quad z\quad 1)$$

（3）错切变换　错切变换是指空间立体沿 x、y、z 三个方向都产生错切变形的变换。错切变形是画轴测图的基础，其变换矩阵为

$$T_{sh}=\begin{pmatrix}1&b&c&0\\d&1&f&0\\h&i&1&0\\0&0&0&1\end{pmatrix}$$

变换后点的坐标为

$$(x'\quad y'\quad z'\quad 1)=(x\quad y\quad z\quad 1)T_{sh}=(x\quad y\quad z\quad 1)\begin{pmatrix}1&b&c&0\\d&1&f&0\\h&i&1&0\\0&0&0&1\end{pmatrix}$$
$$=(x+dy+hz\quad bx+y+iz\quad cx+fy+z\quad 1)$$

式中　d、h——沿 x 方向的错切系数；
　　b、i——沿 y 方向的错切系数；
　　c、f——沿 z 方向的错切系数。

由变换结果可以看出，任何一个坐标方向的变化均受另外两个坐标方向变化的影响。

（4）平移变换　平移变换是使立体在三维空间移动位置而形状保持不变的变换，其变换矩阵为

$$T_t=\begin{pmatrix}1&0&0&0\\0&1&0&0\\0&0&1&0\\l&m&n&1\end{pmatrix}$$

$$(x'\quad y'\quad z'\quad 1)=(x\quad y\quad z\quad 1)T_t=(x\quad y\quad z\quad 1)\begin{pmatrix}1&0&0&0\\0&1&0&0\\0&0&1&0\\l&m&n&1\end{pmatrix}$$
$$=(x+l\quad y+m\quad z+n\quad 1)$$

式中　l、m、n——x、y、z 三个坐标方向的平移量。

（5）旋转变换　三维旋转变换是将空间立体绕坐标轴旋转角度 θ 的变换。θ 角的正负按右手定则确定：右手大拇指指向旋转轴的正向，其中四个手指的指向即为 θ 角的正向。

1）绕 x 轴旋转 θ 角。空间立体绕 x 轴旋转角 θ 角后，各顶点的 x 坐标不变，只是 y 和 z 坐标发生变化。其变换矩阵为

$$\boldsymbol{T}_{rx}=\begin{pmatrix}1 & 0 & 0 & 0\\ 0 & \cos\theta & \sin\theta & 0\\ 0 & -\sin\theta & \cos\theta & 0\\ 0 & 0 & 0 & 1\end{pmatrix}$$

2）绕 y 轴旋转 θ 角。空间立体绕 y 轴旋转 θ 角后，各顶点的 y 坐标不变，只是 x 和 z 坐标发生变化。其变换矩阵为

$$\boldsymbol{T}_{ry}=\begin{pmatrix}\cos\theta & 0 & -\sin\theta & 0\\ 0 & 1 & 0 & 0\\ \sin\theta & 0 & \cos\theta & 0\\ 0 & 0 & 0 & 1\end{pmatrix}$$

3）绕 z 轴旋转 θ 角。空间立体绕 z 轴旋转 θ 角后，各顶点的 z 坐标不变，只是 x 和 y 坐标发生变化，其变换矩阵为

$$\boldsymbol{T}_{rz}=\begin{pmatrix}\cos\theta & \sin\theta & 0 & 0\\ -\sin\theta & \cos\theta & 0 & 0\\ 0 & 0 & 1 & 0\\ 0 & 0 & 0 & 1\end{pmatrix}$$

2.4　复习思考题

1. 简述线性表、树形结构、图结构的结构特点及存储方式。

2. 试用 C 语言中的函数 quick（）对数组 a［8，10，20，12，7，4］进行快速排序。

3. 试述窗口与视区的区别与联系，并说明在 CAD/CAM 中为什么要进行窗口-视区变换。

4. 已知$\triangle P_1P_2P_3$的三个顶点坐标为（10，20）、（20，20）及（15，30），要求此三角形绕点 $Q(5，25)$ 作二维旋转变换，旋转角度为沿逆时针方向转 30°，求出用于该组合变换的矩阵。

5. 推导将二维平面上的任意一条直线 $p_1(x_1, y_1)$，$p_2(x_2, y_2)$ 变换成与 x 轴重合的变换矩阵。

6. 编写对三维点实现平移、旋转、变比例变换的子程序。

参 考 文 献

［1］　王贤坤，陈淑梅，陈亮．机械 CAD/CAM 技术、应用与开发［M］．北京：机械工业出版社，2002.
［2］　杨岳，罗意平．CAD/CAM 原理与实践［M］．北京：中国铁道出版社，2002.
［3］　王耀南，李树涛，毛建旭．计算机图像处理与识别技术［M］．北京：高等教育出版社，2001.

[4]　迟毅林，杨建明，刘康. 计算机辅助设计技术基础［M］. 重庆：重庆大学出版社，2000.
[5]　刘极峰. 计算机辅助设计与制造［M］. 北京：高等教育出版社，2004.
[6]　戴同. CAD/CAPP/CAM 基本教程［M］. 北京：机械工业出版社，1997.
[7]　杨雄飞，魏刚. 计算机辅助设计［M］. 北京：机械工业出版社，1998.
[8]　仲梁维，麦云飞，曾忠. 计算机辅助设计教程［M］. 上海：复旦大学出版社，1997.
[9]　潘云鹤，董金祥，陈德人. 计算机图形学-原理、方法及应用［M］. 北京：高等教育出版社，2004.
[10]　刘子建，黄红武，宗子安. 计算机辅助设计（CAD）原理与应用技术［M］. 长沙：湖南大学出版社，1998.

第3章　CAD/CAM 建模技术

3.1　建模技术

建模技术是20世纪70年代中期发展起来的一种通过计算机表示、控制、分析和输出几何实体的技术。在 CAD/CAM 中，建模技术是定义产品在计算机内部表示的数字模型、数字信息以及图形信息的工具，是产品信息化的源头。它为产品设计分析、工程图生成、数控加工编程与加工仿真、加工与装配过程中的干涉检查、生成过程管理等提供有关产品的信息描述与表达方法，是实现计算机辅助设计与制造的前提条件，也是实现 CAD/CAM 一体化的核心内容。

3.1.1　建模的概念

在机电产品的设计制造过程中，需要从不同的角度来描述和表达产品或零、部件的有关信息，如几何信息（形状、大小、空间位置、拓扑关系等）、物理信息（材质、力学特性等）、功能信息、工艺信息（精度要求、工艺路线、加工参数、定位关系等）、运动学信息等。在传统的机械设计与制造中，技术人员按照一定的规范和标准，通过工程图样、说明书、专用符号等来表达和传递设计思想及工程信息。在 CAD/CAM 中，计算机只能进行数字信息的处理、存储和管理，在屏幕或其他设备上看到的二维或三维图形，只是这种数字信息的一种表现形式。如何将现实世界中的产品及其相关信息转换为计算机内部能够处理、存储和管理的数字化表示方法，就是建模技术所要完成的任务。

任何产品的设计与制造都与产品几何造型密切相关，它为结构分析、工艺规程制定、加工制造等提供基本数据。在产品的设计过程中，通常用二维 CAD 图形来表达一个零件的大小和形状。因此，CAD 工程图成为描述和传递产品信息的有效工具。这种系统处理点、线的信息，能够快速、高效地绘制出高质量的图样，但是，它将由二维图形转换为三维实体的工作留给了用户。从产品设计的角度看，通常在设计人员思维中，首先建立起来的是产品的真实形状或实物模型，依据这个模型进行设计、分析和计算，最后以图样的形式表达设计思想。因此，仅有二维的 CAD 系统是不够的，人们迫切需要能够处理三维实体的 CAD 系统。通常，人们将对现实中实体的认识描述到计算机内部，让计算机理解，这个过程称为建模。

建模的过程依赖于计算机的软硬件环境和面向产品的创造性过程。建模技术应满足以下要求：①建模系统应具备信息描述的完整性；②建模技术应贯穿产品生命周期的整个过程；③建模技术应为企业信息集成创造条件。

3.1.2　几何建模与特征建模

在计算机辅助产品设计与制造过程中，产品或零件的几何信息、工艺信息的描述与表达包含几何和特征两个重要内容，所以 CAD/CAM 系统主要的建模技术包括几何建模和特征建模，主要的产品数据模型包括线框模型、实体模型、表面模型、特征模型、集成化产品模型及生物模型等。

1. 几何建模

所谓几何建模就是以计算机能够理解的方式，对实体进行确切的定义，赋予一定的数学描述，再以一定的数据结构形式对所定义的几何实体加以描述，从而在计算机内部构造一个实体的模型。

几何信息是指物体在欧式空间中的形状、位置和大小，最基本的几何元素是点、直线、面。例如：一个点可以用直角坐标系中的三个坐标分量定义；一条直线可用两个端点的空间坐标定义；平面可以用有序边棱线的集合定义，曲线边和曲面以解析函数、自由曲线或者曲面表达式定义。但单一用几何信息表达的实体常常会出现表示上的二义性，可能产生多种不同的理解。为了保证描述物体的完整性和数学的严密性，还需给出实体的拓扑信息。

拓扑信息指的是拓扑元素（如顶点、边棱线和表面）的数量及其相互之间的连接关系。拓扑元素之间有以下 9 种拓扑关系：

1）面与面的连接关系，即面与面的相邻性。

2）面与顶点的组成关系，即面与顶点的包含性。

3）面与边棱线的组成关系，即面与边棱线的包含性。

4）顶点与面的隶属关系，即顶点与面的相邻性。

5）顶点与顶点间的连接关系，即顶点与顶点的相邻性。

6）顶点与边棱线的隶属关系，即顶点与边棱线的相邻性。

7）边棱线与面的隶属关系，即边棱线与面的相邻性。

8）边棱线与顶点的组成关系，即边棱线与顶点的包含性。

9）边棱线与边棱线的连接关系，即边棱线与边棱线的相邻性。

在计算机处理中，常采用链表的数据结构记录几何信息和拓扑信息，即建立顶点表、边棱线表、面表和体表。顶点表仅记录顶点的序号及其坐标值，顶点表的数据反映了结构体的大小和空间位置，并在指针域存放该顶点的前一顶点的指针和后一顶点的指针。棱线表反映了结构体的棱线与顶点、棱线与面之间的邻接关系，它存放构成该棱线的顶点序号、相交生成该棱线的面的序号及指向前后棱线的指针。面表反映了结构体的面与边棱线、面与顶点之间的邻接关系，面表中存放定义每个面的顶点序号，因此，面表确定了面与定义该面的诸多顶点之间的关系。体表中存放各个面在面表中的首地址及其某些属性，体表可以采用双链结构。

2. 特征建模

几何建模技术推动了 CAD/CAM 的发展，随着制造业信息化的推进，对 CAD/CAM 系统提出了越来越高的要求，将产品的需求信息、设计开发、制造生产、质量检测、售后服务等产品整个生命周期各个环节的信息有效地集成起来是 CAD/CAM 系统发展的必然趋势。由于几何模型只是物体几何数据及拓扑关系的描述，没有功能、结构等工程含义，所以从这些信息中提取、识别工程信息是相当困难的，这就促成了特征建模技术的发展。

在 CAD/CAM 建模技术中，特征的概念源于对零件几何要素的归纳，将产品的零、部件设计中常用的几何体的集合定义为特征，特征与工艺过程设计、数控加工自动编程相结合，从而提出了面向制造的设计概念。目前，在诸如特征的数学定义、具有特征设计功能的 CAD 体系结构、特征的自我完善机制、产品全生命周期设计中的特征描述等方面取得了丰硕的成果，推动了 CAD 技术在制造业中的应用。

3.1.3　形体的定义和性质

通常几何建模应具有的功能是：

1）形体定义输入，即把形体从用户坐标系转化成计算机要求的格式。

2）存储形式和信息管理。

3）对形体作平移、变化、旋转等几何变形。

4）应用集合运算、欧拉运算、有理 B 样条操作及其交互手段对形体进行局部或整体的修改。

5）显示、输出形体的各种视图，控制形体表面的光色效应，使之更具有真实感。

6）询问形体的特性及其有关参数。

7）对物体进行物性分析等应用处理。

一个形体如果用指针把它的面、边、点连接起来，则在这种结构中只会含有两种信息。一种是指针定义的顶点、边、面之间的拓扑连接关系；另一种是定义顶点的坐标及其面、边的有关方程。形体在计算机内通常采用六层拓扑结构来定义，如图 3-1 所示。

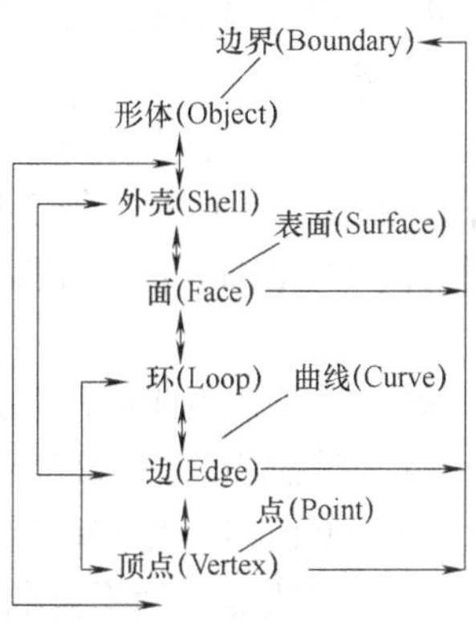

图 3-1　形体拓扑结构层次

规定下述的定义均在三维欧式空间 *R*3 中进行。

1. 体

体是由封闭表面围成的有效空间；一个形体 Q 是 *R*3 中非空、有界的封闭子集，其边界（记作 ∂Q）是有限个面的并集，而外壳是形体的最大边界。

2. 面

面是形体表面的一部分，且具有方向性，一般用外法矢量方向作为该面的正向。它由一个外环和若干个内环界定其有效范围，面可以无内环，但必须有外环。面 F 是 *R*3 中非空、连续、共面且封闭的子集，常用 Rf 表示含有 f 的唯一平面。在几何造型中常分平面、二次面、双三次参数曲面等形式。

3. 环

环是有序、有向边组成的封闭边界，环中各条边不能相交，相邻两条边共享一个端点。环有内外之分，确定面中内或凸台边界的环称为内环，其边按顺时针走向；确定面的最大外边界的环为外环，其边按逆时针走向。基于这种定义，在面上沿一条边前进，其左侧总是面内，右侧总是面外；一个单环是 *R*3 中具有下列性质的共面线，称 $\{e_1, e_2, \cdots, e_n\}$ 的集合：

1）两条不同线段 e_i，e_j的交集，或是空集，或是一个点，该点即是两条线段的端点。

2）环中每个点的度都是非负偶数，即都是偶数条线段的交点。

令 Q 是一形体，$F(Q) = \{f_1, f_2, \cdots, f_n\}$ 是形体面的集合，$E(Q)$ 是形体边的集合，$V(Q)$ 是形体顶点的集合，则其面和形体之间有如下性质：

• $\partial Q = \bigcup_{i=1}^{m} f_i$；

• $\bigcup_{i=1}^{m} E(f_i) \subseteq E(Q) \cup T$，$T$ 是形体所有线段组成的集合，这些线段是 $E(Q)$ 的边的并集；

• $\bigcup_{i=1}^{m} V(f_i) \subseteq V(Q)$。

4. 边

边是形体两个相邻面的交界，一条边只能有两个相邻的面。一条边由两个端点定界，分别称为该边的起止点。令 Q 是一个形体，Q 的边 $E(Q)$ 是在 ∂Q 中满足下述条件的所有线段的集合：

1）e 的端点属于 $V(Q)$。

2）e 没有内点属于 $V(Q)$。

3）对于 e 上的每个点，有两个不共面的面，f_i、$f_j \subseteq \partial Q$，则边 $e \in f_i \cap f_j$。

4）形体 Q 的边框线 $WF(Q)$ 是由有序对（$V(Q)$，$E(Q)$）所组成。

5. 点

点是边的端点，点不允许出现在边的内部，也不能孤立地存在于物体内、物体外或面内，顶点也是∂F 中两条不共线线段的交点。Q 是一个形体，Q 的顶点 $V(Q)$ 是所有顶点 P 的集合，P_f 是面 f 上的所有顶点，只要 f_1，f_2，$f_3 \subseteq \partial Q$，则一个点可以写成

$$\{p\} = f_1 \cap f_2 \cap f_3 = P_{f1} \cap P_{f2} \cap P_{f3}$$

此外，在自由曲面的描述中常用三种类型的点。

(1) 控制点　用来确定曲线和曲面的位置和形状，而相应曲线和曲面不一定经过的点。

(2) 型值点　用来确定曲线（面）的位置和形状，而相应曲线（面）一定经过的点。

(3) 插值点　为提高曲线和曲面的输出精度，在型值点之间插入一系列的点。

点是集合造型中最基本的元素。自由曲线（面）或其他形体均可用有序的点集表示。用计算机存储、管理、输出形体的实质就是对点集及其连接关系的处理。

6. 体素

体素是可以用有限个尺寸参数定位和定形的体，常有三种定义形式：

1）从实际形体中选择出来，可用一些确定的尺寸参数控制其最终位置和形状的一组单元实体，如长方体、圆柱体、圆锥体、圆环体、球体等。

2）由参数定义的一条（组）截面轮廓线沿一条（组）空间参数曲线作扫描运动而产生的形体。

3）用代数半空间定义的形体，在此半空间中点集可定义为：$\{(x,y,z) \mid f(x,y,z) \leqslant 0\}$。此处 $f(x, y, z)$ 应是不可约多项式。

从上述定义中可知，几何元素之间有两种重要信息。其一是几何信息，它表示几何元素性质和度量关系，如位置、方向、大小等。其二是拓扑信息，用以表示几何元素之间的连接关系。

3.2 线框建模

线框建模（Wireframe Modeling）是 CAD/CAM 系统发展过程中应用最早、也是最简单

的一种建模方法，又是表面建模和实体建模的基础。

3.2.1　二维建模

二维建模实质上是二维线框模型，它以二维平面的基本图形元素（如点、直线、圆弧等）为基础表达二维图形。图 3-2a 所示为以二维图形描述的零件图，在计算机内部通过图形的 5 个顶点和 6 条边线来表达线框模型，其数据逻辑结构如图 3-2b 所示。将图形分为组成图形的边和顶点，得到顶点表（如图 3-2c）和棱线表（如图 3-2d）。这样采用第 2 章介绍的数据逻辑结构和存储结构原理，便可实现上述图形在计算机内部的表达及相关数据的存储和处理。

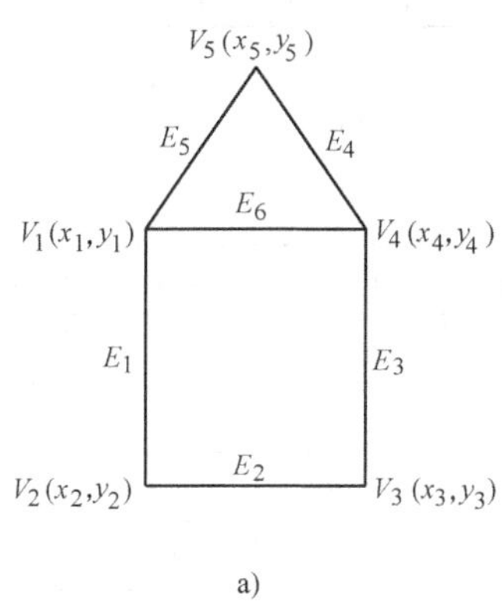

a)

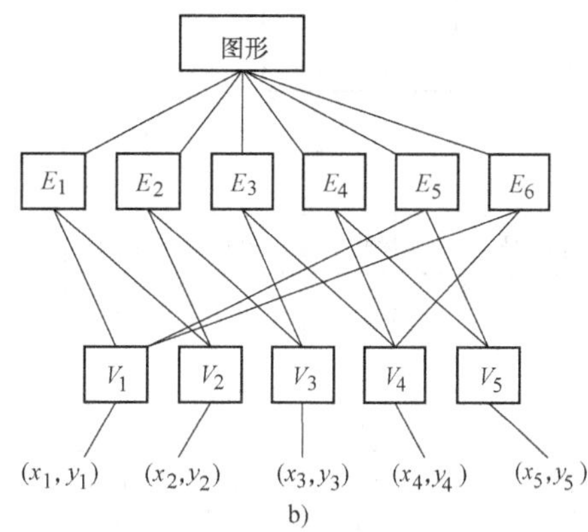

b)

顶点号	坐标值	*VFP*	*VAP*
V_1	$x_1\ y_1$	0	V_2
V_2	$x_2\ y_2$	V_1	V_3
V_3	$x_3\ y_3$	V_2	V_4
V_4	$x_4\ y_4$	V_3	V_5
V_5	$x_5\ y_5$	V_4	0

c)

棱线号	顶点号	*EFP*	*EAP*
E_1	$V_1\ V_2$	0	E_2
E_2	$V_2\ V_3$	E_1	E_3
E_3	$V_3\ V_4$	E_2	E_4
E_4	$V_4\ V_5$	E_3	E_5
E_5	$V_1\ V_5$	E_4	E_6
E_6	$V_1\ V_4$	E_5	0

d)

图 3-2　二维图形的建模原理（边式）

a）二维图形　b）数据逻辑结构　c）顶点表（几何关系）　d）棱线表（拓扑关系）

VFP—顶点循环链表的前指针　*VAP*—顶点循环链表的后指针

EFP—棱线循环链表的前指针　*EAP*—棱线循环链表的后指针

二维几何建模系统主要研究平面轮廓处理问题，可以分为边式和面式两类系统。边式系统只描述轮廓边，然后通过不同类型轮廓边的相互顺序实现绘图目的，如图 3-2 所示。由于它没有定义相互联系边的范围，因而不能实现自动画剖面线、复制和图形变换等功能；面式系统是将封闭轮廓边包围的范围定义成一个平面，并作为一个整体来处理。因而它不仅可以自动复制、变换图形，还可以相互任意拼凑成复杂的图形。面式系统的建模原理如图 3-3 所示，图 3-3a 所示为要表达的二维图形，图形上部分和下部分相似，可将其分解为 4 个实体，即 2 个三角形和 2 个矩形，下部的三角形和矩形可由上部的三角形和矩形经过坐标变换获得。定义如图 3-3b 所示的数据逻辑结构，三角形和矩形的顶点表和棱线表如图 3-3c、d、e、f 所示。

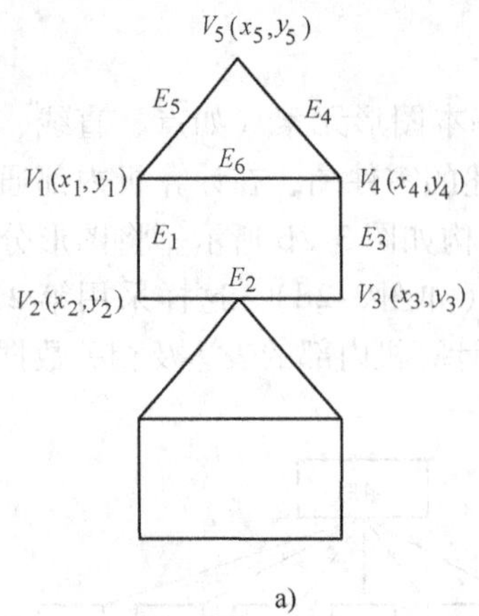

a)

图形
子图1　子图 2　子图 3　子图 4
三角形　矩形

b)

顶点号	坐标值	*VFP*	*VAP*
V_1	$x_1\ y_1$	0	2
V_2	$x_2\ y_2$	1	3
V_3	$x_3\ y_3$	2	4
V_4	$x_4\ y_4$	3	0

c)

棱线号	顶点号	*EFP*	*EAP*
E_1	$V_1\ V_2$	0	E_2
E_2	$V_2\ V_3$	E_1	E_3
E_3	$V_3\ V_4$	E_2	E_6
E_4	$V_4\ V_1$	E_3	0

d)

顶点号	坐标值	*VFP*	*VAP*
V_1	$x_1\ y_1$	0	V_4
V_4	$x_4\ y_4$	V_1	V_5
V_5	$x_5\ y_5$	V_4	0

e)

棱线号	顶点号	*EFP*	*EAP*
E_6	$V_1\ V_4$	0	E_4
E_4	$V_4\ V_5$	E_6	E_5
E_3	$V_5\ V_1$	E_5	0

f)

图 3-3　二维图形的建模原理（面式）

a）二维图形　b）数据逻辑结构　c）矩形的顶点表　d）矩形的棱线表　e）三角形的顶点表　f）三角形的棱线表

VFP—顶点循环链表的前指针　*VAP*—顶点循环链表的后指针

EFP—棱线循环链表的前指针　*EAP*—棱线循环链表的后指针

二维几何建模系统简单实用，大部分 CAD 系统都提供了方便的人机交互功能，比较符合设计人员的绘图工作方式。但在二维系统中，由于各视图及剖面图在计算机内部是独立产生的，因而不利于将不同的信息集成为一个整体，当其中一个视图发生变化时，其他视图不能自动改变，这是二维建模的最大弱点。

3.2.2　三维线框模型

三维线框模型是二维线框模型的直接拓展和延伸。三维线框模型用三维的基本图形元素（如点、直线、圆弧等）来描述和表达物体，同样仅限于点、直线和曲线的组成。

图 3-4a 所示为一个四面体的线框模型，它由 4 个顶点、6 条边棱线、4 个面组成，图中

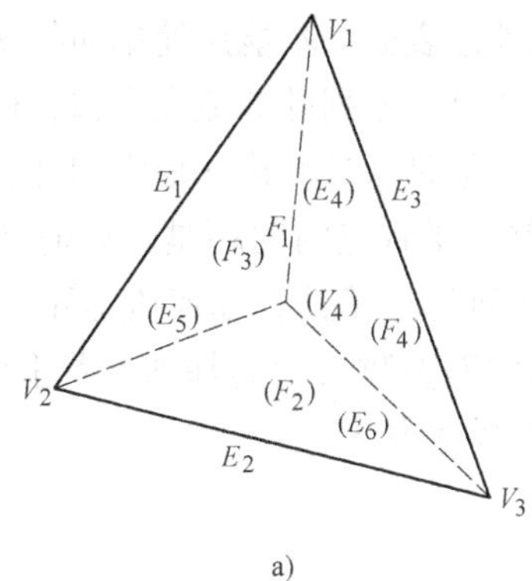

a)

b)

顶点号	坐标值	*VFP*	*VAP*
V_1	$x_1\ y_1\ z_1$	0	V_2
V_2	$x_2\ y_2\ z_2$	V_1	V_3
V_3	$x_3\ y_3\ z_3$	V_2	V_4
V_4	$x_4\ y_4\ z_4$	V_3	0

c)

棱线号	顶点号	*EFP*	*EAP*
E_1	$V_1\ V_2$	0	E_2
E_2	$V_2\ V_3$	E_1	E_3
E_3	$V_3\ V_1$	E_2	E_4
E_4	$V_4\ V_1$	E_3	E_5
E_5	$V_2\ V_4$	E_4	E_6
E_6	$V_3\ V_4$	E_5	0

d)

图 3-4　三维线框建模的数据结构

a）四面体　b）数据逻辑结构　c）顶点表　d）棱线表

VFP—顶点循环链表的前指针　*VAP*—顶点循环链表的后指针

EFP—棱线循环链表的前指针　*EAP*—棱线循环链表的后指针

V_i 表示顶点，E_i 表示边棱线，F_i 表示面，其中括号内表示的是被遮挡的顶点、边棱线或面。在计算机内存储的数据逻辑结构如图 3-4b 所示。图 3-4c、d 所示分别为顶点表和棱线表。由此可见，三维物体可用它的全部顶点和边的集合来描述。

线框建模在 CAD 系统中得到普遍采用，几乎所有的 CAD 系统都以线框模型作为基本建模工具。尽管线框建模数据结构简单、容易操作，但用线框模型来表示非平面体（如圆柱、球体等）就存在如下问题：

1）线框模型给出的不是连续的几何信息，不能明确地定义给定的点与形体之间的关系（点在形体内部、外部或表面上）。因此，不能用线框模型处理计算机图形学和 CAD/CAM 中的多数问题，如剖视图、消隐图、明暗图、加工处理等。

2）拓扑关系缺乏有效性，虽然可以根据线框要求定义顶点表和棱线表，但定义的对象可能不是一个有效结构体，在实际中这种结构体不可能制造，因而失去意义。

3）结构体的空间定义缺乏严密性。在参数化模型系统中，产品开发者通过输入参数的操作设定零件的具体尺寸，但输入的数据可能并非完全有效。例如，输入的内径尺寸可能大于外径尺寸，这时除非在定义参数模块时事先确定了约束关系，否则输入的数据可能无法生成零件几何体。

3.3　曲面建模

曲线和曲面是计算机图形学研究的重要内容之一，是 CAD 技术的基础，它们在工程实际中具有广泛的应用。在机械产品中会有很多复杂的外形表面，不能用简单的数学函数来描述。例如，汽车的车身、汽轮机叶片、塑料模具等要通过一系列的离散点来拟合构造，从而生成需要的曲线与曲面。构造曲线和曲面的方式很多，但是从计算机图形学和计算几何的角度看，参数表示较为合适。对于参数曲线和参数曲面所要研究的问题是：如何计算其切矢量、法矢量、曲率和挠度，如何保证曲线段和曲面片间的连续性，如何构造不同的调和函数，产生不同要求的曲线和曲面等。本节在介绍曲线曲面参数表示的基础上着重介绍 Bézier 曲线曲面、B 样条曲线曲面和 NURBS 曲线曲面的构造描述方法。

3.3.1 曲线曲面的参数表达

1. 曲线曲面的数学表示形式

在数学上，曲线曲面常采用显式、隐式和参数几种表示方式。

（1）显式表示　对于一条平面曲线，可显式地表示为：$y=f(x)$。例如，一条直线方程 $y=mx+b$，在此方程中，每一个 x 值只对应一个 y 值，所以用这种显式表达式，不能表示封闭或多值曲线，如圆等。

（2）隐式表示　用隐式方程表示曲线和曲面的形式为：$F(x,\ y,\ x)=0$。如二阶隐式方程的一般式可以写成 $ax^2+2bxy+cy^2+2dx+2ey+f=0$，它表示一个圆锥曲线。通过定义不同的方程系数 a、b、c、d、e、f，即可以得到不同的圆锥曲线，如抛物线、椭圆、双曲线等。

所有非参数方程（不论是显式还是隐式）都存在当曲线与坐标轴选取相关，会出现斜率为无穷大，不便于计算和编程等问题。为此，考虑用参数方程表示曲线和曲面。

（3）参数表示　所谓参数表示，就是将曲线或曲面上点的坐标表示为某参数的函数。例如，三维曲线上点的坐标可表示为参数的函数：$x=x(u)$，$y=y(u)$，$z=z(u)$。

实际上，任意曲线均可映射为参数空间中的一个参数域，曲线上的每一点都与参数域内的某点保持一一对应关系，即曲线上每一个点坐标（x，y，z）都可由一个参数 u 的函数来定义。相应地，任意曲面也总可映射为由（u，v）参数定义的参数空间中的一个矩形区域，曲面上每一个点与参数矩形域上的某点保持着一一对应的关系，则整张曲面就可由二维参数（u，v）的参数表达式来表示。这里参数的选择是任意的，因而某一曲线曲面的参数方程一般是不唯一的。

与曲线曲面显式和隐式表示法相比较，参数表示法具有如下的优越性：

1）可方便地表示三维曲线，并有更多的自由度来控制曲线曲面的形状。

2）参数表示的曲线曲面与坐标系的选择无关。因此，在几何变换过程中，不必对曲线曲面上的每个点进行变换，可直接对曲线曲面参数方程实施变换，从而节省计算工作量。

3）在参数表达式中使用切矢量来代替非参数方程中的斜率，便于处理斜率无穷大的问题，因而不会由此造成计算的中断。

4）参数表达式中一般都有明确的定义域，使其对应的几何量都是有界的，从而不必再进行边界的定义。

5）易于用矢量和矩阵表示几何量，从而便于计算机的计算与编程。

2. 参数曲线定义及其切矢量、法矢量和曲率

一条用参数表示的三维曲线是一个有界、连续的点集，可表示为

$$x = x(u),\ y = y(u),\ z = z(u) \quad (0 \leqslant u \leqslant 1)$$

如图 3-5 所示，曲线的端点在 $u = 0$，$u = 1$ 处，曲线上任一点的位置矢量（即其坐标）可用矢量 $P(u)$ 表示：

$$P(u) = [x(u) \quad y(u) \quad z(u)] \quad (0 \leqslant u \leqslant 1)$$

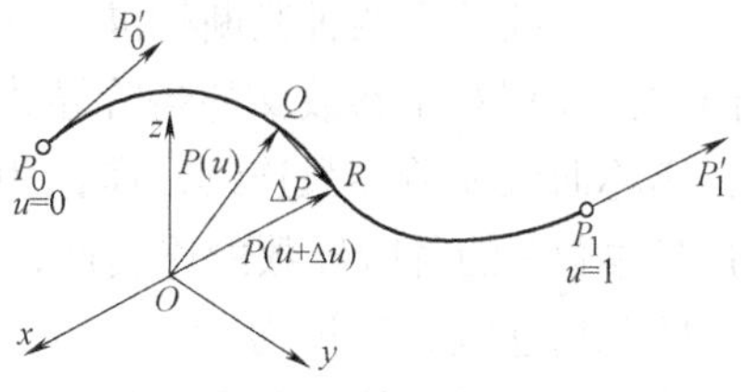

图 3-5　参数曲线上的相关矢量

设曲线上 Q，R 两点，其参数分别为 u，$u + \Delta u$，位置矢量分别为 $P(u)$、$P(u + \Delta u)$。矢量 $\Delta P = P(u + \Delta u) - P(u)$ 的大小表示连接 QR 的弦长，若使 R 点沿曲线逐渐靠近 Q 点，即当 $\Delta u \to 0$ 时，位置矢量 $P(u)$ 关于参数 u 的一阶导数矢量 $P(u) = \mathrm{d}P/\mathrm{d}u$ 称为曲线在该点处的切矢量，切矢量方向即为曲线在该点处的切线方向。如果曲线以弧长 s 为参数，则

$$\dot{P}(s) = \frac{\mathrm{d}P}{\mathrm{d}s} = \frac{\mathrm{d}P}{\mathrm{d}u} \bigg/ \frac{\mathrm{d}s}{\mathrm{d}u} = \dot{P}(u) / \dot{p}(u) = T(s)$$

其中，以弧长 s 为参数的切矢量 $T(s)$ 为单位切矢量，即 $|T(s)| = 1$。对于其他参数的切矢量可表示为 $\dot{P}(u) = |\dot{P}(u)| T(s)$。

对单位切矢量求导可得 $\dot{T}(s)$，可以证明 $\dot{T}(s) \perp T(s)$。在 $\dot{T}(s)$ 上取单位矢量 $N(s)$，则

$$N(s) = \dot{T}(s) / |\dot{T}(s)|$$

因此

$$\dot{T}(s) = |\dot{T}(s)| N(s) = k(s) N(s)$$

式中　$k(s)$——曲线曲率；

$N(s)$——曲线的主法线单位矢量，或称主法矢量。主法矢量 $N(s)$ 总是指向曲线凹入的方向，如图 3-6 所示。

曲率 $k(s)$ 是用以描述曲线在某点处的弯曲程度，是一个数值量。根据其定义有

$$k(s) = |T(s)| = \left| \frac{\mathrm{d}T}{\mathrm{d}s} \right| = \left| \frac{\mathrm{d}^2 P}{\mathrm{d}s^2} \right|$$

即

$$k(s) = \left[\left(\frac{\mathrm{d}^2 x}{\mathrm{d}s^2} \right)^2 + \left(\frac{\mathrm{d}^2 y}{\mathrm{d}s^2} \right)^2 + \left(\frac{\mathrm{d}^2 z}{\mathrm{d}s^2} \right)^2 \right]^{\frac{1}{2}}$$

曲线上某点的曲率越大，表示曲线在该点处的弯曲程度越厉害。曲率的倒数称为该点曲线的曲率半径。

令垂直于 $\boldsymbol{T}$ 和 $\boldsymbol{N}$ 的矢量 $\boldsymbol{B}$ 为副法线单位矢量，$\boldsymbol{T}$、$\boldsymbol{N}$、$\boldsymbol{B}$ 三个单位矢量是按右手系来建立的，有如下的公式关系：

$$\boldsymbol{B}(s) = \boldsymbol{T}(s) \times \boldsymbol{N}(s)$$

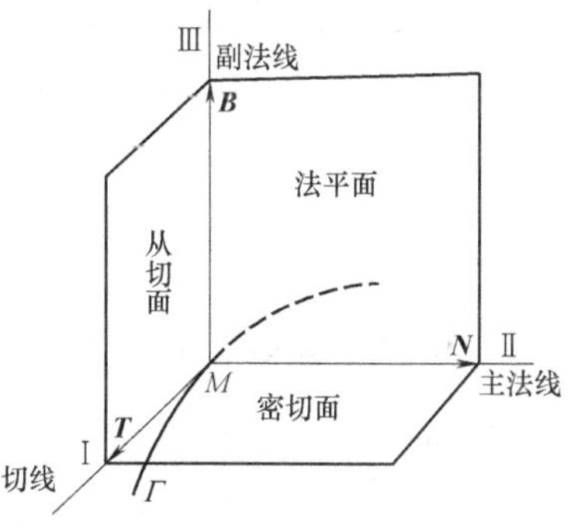

图 3-6　切矢量、法矢量、副法矢量之间的关系

由图 3-6 可见，由切线和主法线所决定的平面称为密切面，由主法线和副法线组成的平面称为法平面，而由切线和副法线组成的平面称为从切面（或称次切

面）。这三个面构成了曲线在 M 点处的基本三面形。

3. 曲线段间连续性定义

在实际应用中，曲线常常以分段形式定义，或由多段曲线拼合而成。关于各曲线段在连接点处的连续性有两种判断标准：一为参数连续，另一为几何连续。参数连续是判断连接点处曲线方程相对于参数 u 的各阶导数连续性，如果参数曲线在连接点处具有 n 阶连续导数矢量，则称曲线 n 阶参数连续，简记为 C^n。几何连续是判断曲线在连接点处曲线方程对相对于弧长参数 s 的各阶导数的连续性，若曲线具有关于弧长参数的 n 阶连续导数矢量，则称曲线 n 阶几何连续，简记为 G^n。

曲线的参数连续性与参数的选取有关，而几何连续性不依赖于参数的选取，而是反映出曲线的具体几何特性。

在曲线曲面造型中，一般仅讨论 C^0、C^1、C^2 和 G^0、G^1、G^2 连续。当曲线具有 C^0 连续时，表示曲线在连接点处位置矢量相同；C^1 连续时，表示前后两个曲线段在连接点处切矢量方向相同，大小相等；C^2 连续时，表示曲线在连接点的二阶导数矢量相同。从几何意义上讲，G^0 的含义同 C^0，G^1 表示曲线在连接点切矢量方向相同，但大小可能不等；G^2 表示曲线在连接点处具有相同的曲率。

4. 参数曲面的定义

任意一个曲面可以看做是由一个平面矩形经拉伸、弯曲及扭转等变形而成。在数学上，可将一般的曲面映射为由参数(u，v)定义的参数空间中的一个矩形区域。曲面上任一点 S 的位置矢量可表示为

$$S(u,v)=[x(u,v)\quad y(u,v)\quad z(u,v)]$$

上式即为参数曲面的一般定义形式。

在参数曲面上有两个参数轴，一个为参数轴 u，一个为参数轴 v，分别表示参数曲面中两个参数的变化方向。若保持参数曲面上 v 值不变，随参数 u 值的变化而形成的一条参数曲线，我们称该曲线为 u 向等参数线，即 u 向具有相同 v 值的曲线。同理，在曲面上固定参数 u 的值不变，随 v 参数值的变化而形成的一条参数曲线称为 v 向等参数线。

如图 3-7 所示，过曲面上的任一点 p_{ij} 处总存在一条 u 向等参数线和一条 v 向等参数线，u 向等参数线在该点处关于参数 u 的一阶偏导矢量 p_{ij}^{u} 称为 u 向切矢量，而 v 向等参数线在该点处关于参数 v 的一阶偏导矢量 p_{ij}^{v} 称为 v 向切矢量。与两个切矢量垂直的单位矢量称为曲面在该点处的单位法矢量，简记为 n_{ij}。

$$n_{ij}=\frac{p_{ij}^{u}\times p_{ij}^{v}}{|p_{ij}^{u}\times p_{ij}^{v}|}$$

3.3.2　Bézier 曲线曲面

Bézier 曲线曲面是法国雷诺汽车公司 Bézier 先生于 1962 年提出的一种曲线曲面构造方法。Bézier 曲线是通过特征多边形进行定义，曲线的起点和终点与该多边形的起点和终点重合，曲线的形状由特征多边形其余顶点控制，改变特征多边形顶点位置，可直观地看到曲线形状的变化，如图 3-8 所示。

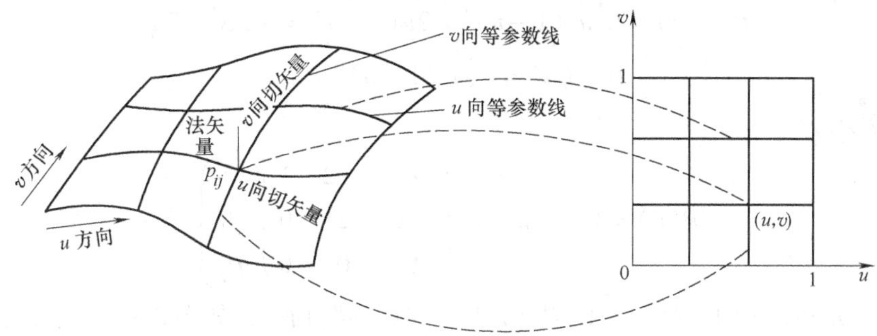

图 3-7　参数曲面上的等参数线及切矢量、法矢量

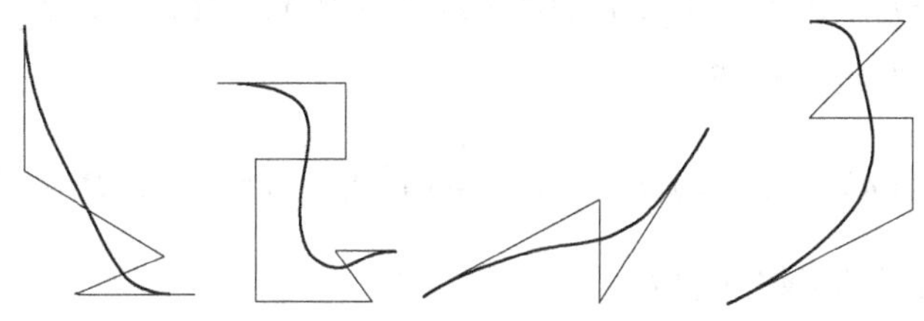

图 3-8　Bézier 曲线

1. Bézier 曲线的定义

给定 $n+1$ 个控制顶点 P_i（$i=0$，1，…，n），可定义一条 n 次 Bézier 曲线：

$$P(u)=\sum_{i=0}^{n}P_iB_{i,n}(u),\ (0\leqslant u\leqslant 1)$$

式中　$B_{i,n}(u)$——伯恩斯坦基函数。

$$B_{i,n}(u)=\frac{n!}{i!(n-i)!}u^i(1-u)^{n-i}=C_n^iu^i(1-u)^{n-i},\ (i=0,1,\cdots,n)$$

2. 常见的几种 Bézier 曲线

（1）一次 Bézier 曲线（$n=1$）

$$P(u)=\sum_{i=0}^{1}P_iB_{i,1}(u)=(1-u)P_0+uP_1,\ (0\leqslant u\leqslant 1)$$

其中两个伯恩斯坦基函数分别为

$$B_{0,1}=C_1^0u^0(1-u)^{1-0}=1-u$$

$$B_{1,1}=C_1^1u^1(1-u)^{1-1}=u$$

其矩阵表示为

$$P(u)=(u\quad 1)\begin{pmatrix}-1 & 1\\ 1 & 0\end{pmatrix}\begin{pmatrix}P_0\\ P_1\end{pmatrix}$$

显然，一次 Bézier 曲线是一条连接起点 P_0 和终点 P_1 的直线段，如图 3-9a 所示。

（2）二次 Bézier 曲线（$n=2$）

$$P(u)=\sum_{i=0}^{2}P_iB_{i,2}(u)=(u-1)^2P_0-2u(u-1)P_1+u^2P_2,\ (0\leqslant u\leqslant 1)$$

其中三个伯恩斯坦基函数分别为

$$B_{0,2}(u)=C_2^0u^0(1-u)^2=u^2-2u+1$$

$$B_{1,2}(u)=C_2^1u^1(1-u)^1=2u(1-u)=-2u^2+2u$$

$$B_{2,2}(u)=C_2^2u^2(1-u)^0=u^2$$

其矩阵表示为

$$P(u)=(u^2\quad u\quad 1)\begin{pmatrix}1 & -2 & 1\\ -2 & 2 & 0\\ 1 & 0 & 0\end{pmatrix}\begin{pmatrix}P_0\\ P_1\\ P_2\end{pmatrix}$$

可见，二次 Bézier 曲线是一条以 P_0 和 P_2 为端点的抛物线，如图 3-9b 所示，其端点特性包括：

$$P(0)=P_0,\ P(1)=P_2,\ P'(0)=2(P_1-P_0),\ P'(1)=2(P_2-P_1)$$

（3）三次 Bézier 曲线（$n=3$）

$$P(u)=\sum_{i=0}^{3}P_iB_{i,3}(u)=(u-1)^3P_0-3u(u-1)^2P_1+3u^2(u-1)P_2+u^3P_3,\ (0\leqslant u\leqslant 1)$$

其中四个伯恩斯坦基函数分别为

$$B_{0,3}(u)=C_3^0u^0(1-u)^3=-u^3+3u^2-3u+1$$

$$B_{1,3}(u)=C_3^1u^1(1-u)^2=3u(1-u)^2=3u^3-6u^2+3u$$

$$B_{2,3}(u)=C_3^2u^2(1-u)^1=3u^2(1-u)=-3u^3+3u^2$$

$$B_{3,3}(u)=C_3^3u^3(1-u)^0=u^3$$

其矩阵表示为

$$P(u)=(u^3\quad u^2\quad u\quad 1)\begin{pmatrix}-1 & 3 & -3 & 1\\ 3 & -6 & 3 & 0\\ -3 & 3 & 0 & 0\\ 1 & 0 & 0 & 0\end{pmatrix}\begin{pmatrix}P_0\\ P_1\\ P_2\\ P_3\end{pmatrix}$$

三次 Bézier 曲线如图 3-9c 所示。

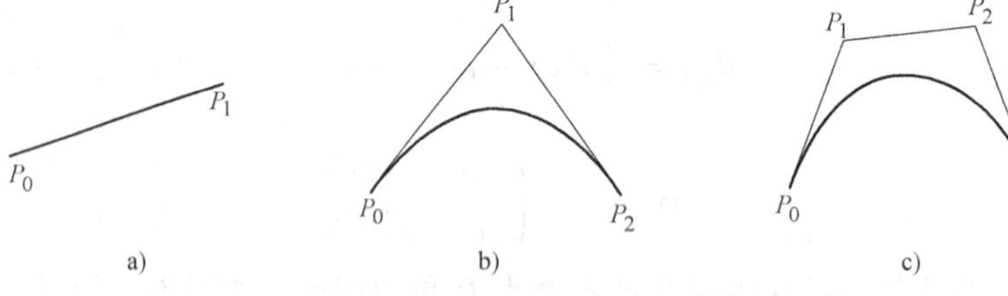

图 3-9　几种 Bézier 曲线

3. Bézier 曲线的几何特性

为了叙述方便，在此仅以三次 Bézier 曲线进行讨论。

（1）端点特性　根据三次 Bézier 曲线的参数表达式，有

$$P(0)=P_0,\quad P(1)=P_n,\quad P'(0)=3(P_1-P_0),\quad P'(1)=3(P_3-P_2)$$

可见，三次 Bézier 曲线过特征多边形的始点 P_0 和终点 P_3，曲线始点和终点处的切线方向分别与特征多边形的首、末两边重合，其大小为首、末两边长的3倍。

（2）凸包性　可以证明：

$$\sum_{i=0}^{n} B_{i,n}(u) \equiv 1, \ (0 \leqslant B_{i,n}(u) \leqslant 1)$$

从几何图形上可以看出，其凸包性意味着 Bézier 曲线落在由特征多边形控制顶点所构成的最小凸多边形内，如图3-10所示。

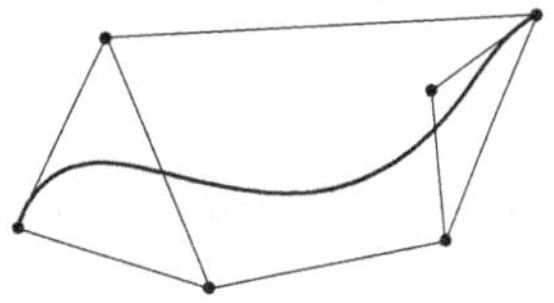

（3）几何不变性　Bézier 曲线的位置与形状仅与其特征多边形顶点的位置有关，而与坐标系的选择无关。在几何变换中，只要直接对特征多边形的顶点变换即可，而无需对曲线上的每一点进行变换。

图3-10　Bézier 曲线的凸包性

（4）全局控制性　由 Bézier 曲线表达式不难发现，当修改特征多边形中的任一顶点，均会对整条曲线产生影响，因此 Bézier 曲线缺乏局部修改能力。

4. Bézier 曲线的拼接

如图3-11所示，若给定两条三次 Bézier 曲线段 $P(u)$ 和 $Q(u)$，使 $P(u)$ 的终点 P_3 和 $Q(u)$ 的始点 Q_0 重合，现讨论这两条曲线段拼接的连续性条件。

（1）G^0 连续条件　由于 $P(u)$ 的终点已与 $Q(u)$ 的始点相连，因而这两条曲线在连接点处自然满足了 G^0 连续条件：$P(3)=Q(0)$。

（2）G^1 连续条件　要求曲线在拼接点处具有相同的单位切矢量，即 $P'(1)=\lambda Q'(0)$。根据 Bézier 曲线的端点特征有

$$P'(1)=3(P_3-P_2), \ Q'(0)=3(Q_1-Q_0)$$

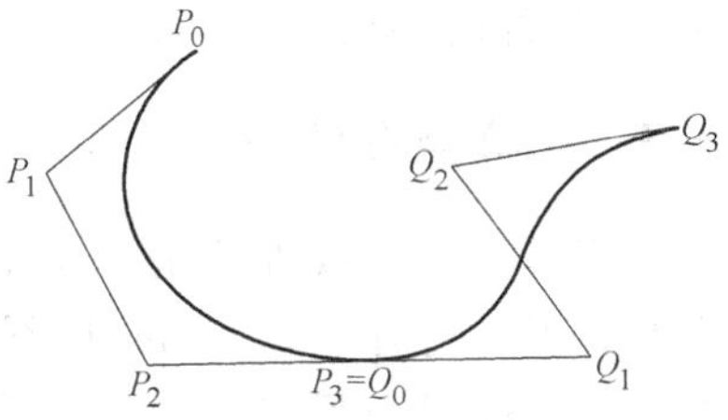

图3-11　Bézier 曲线的拼接

则　$3(P_3-P_2)=3\lambda(Q_1-Q_0)$。

上式表明，若保证三次 Bézier 曲线在连接点达到 G^1 连续，需要满足 P_2、$P_3(Q_0)$、Q_1 三点共线条件。

（3）G^2 连续条件　Bézier 曲线在连接点处 G^2 连续条件更为严格，要求特征多边形 P_1P_2、P_2P_3、Q_0Q_1、Q_1Q_2 四条特征边共面。

5. Bézier 曲面

基于 Bézier 曲线的讨论，可以很方便地将 Bézier 曲线方法扩展到 Bézier 曲面的情况。设有 P_{ij}（$i=0, 1, \cdots, m$；$j=0, 1, \cdots, n$）为 $(m+1)(n+1)$ 个空间点列，则可定义一张 $m \times n$ 次 Bézier 曲面：

$$S(u,v) = \sum_{i=0}^{m}\sum_{j=0}^{n} P_{ij}B_{i,m}(u)B_{j,n}(v) \quad (u,v \in [0,1])$$

式中　$B_{i,m}(u)$——伯恩斯坦基函数，$B_{i,m}(u)=C_m^i u^i(1-u)^{n-j}$。

依次用线段连接点列 P_{ij}（$i=0, 1, \cdots, m$；$j=0, 1, \cdots, n$）中相邻两点所形成的空

间网格，称为 Bézier 曲面的特征多边形网格。Bézier 曲面的矩阵表示为

$$S(u,v)=[B_{0,n}(u)\quad B_{1,n}(u)\quad \cdots\quad B_{m,n}(u)]\begin{pmatrix}P_{00} & P_{01} & \cdots & P_{0n}\\ P_{10} & P_{11} & \cdots & P_{1n}\\ \vdots & \vdots & & \vdots\\ P_{m0} & P_{m1} & \cdots & P_{mn}\end{pmatrix}\begin{pmatrix}B_{0,m}(v)\\ B_{1,m}(v)\\ \vdots\\ B_{n,m}(v)\end{pmatrix}$$

如图 3-12 所示，给定由 16 个控制点组成的特征网格，可定义一个双三次 Bézier 曲面片，其参数表达式为

$$S(u,v)=[(1-u)^3\quad 3u(1-u)^2\quad 3u^2(1-u)\quad u^3]\begin{pmatrix}P_{00} & P_{01} & P_{02} & P_{03}\\ P_{10} & P_{11} & P_{12} & P_{13}\\ P_{20} & P_{21} & P_{22} & P_{23}\\ P_{30} & P_{31} & P_{32} & P_{33}\end{pmatrix}\begin{pmatrix}(1-v)^3\\ 3v(1-v)^2\\ 3v^2(1-v)\\ v^3\end{pmatrix}$$

从图 3-12 可以看出，双三次 Bézier 曲面片的角点与对应的特征网格的四个角点 P_{00}、P_{03}、P_{30}、P_{33}重合；特征网格四边的 12 个控制点定义了四条 Bézier 曲线，即为曲面片的边界线，中央的 4 个控制点 P_{11}、P_{12}、P_{21}、P_{22}与边界曲线无关，但控制着 Bézier 曲面片的形状。

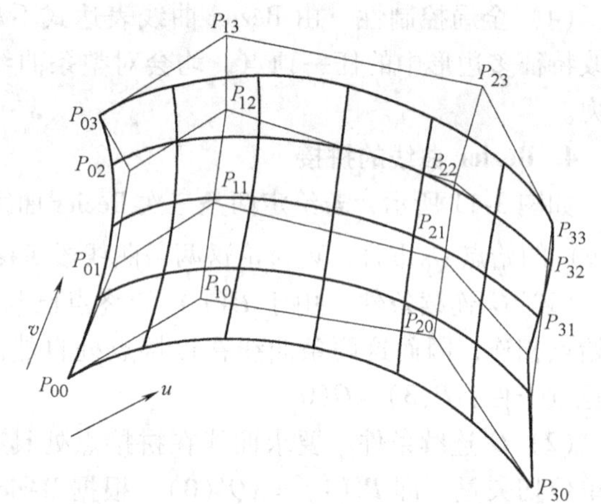

图 3-12　双三次 Bézier 曲面片

3.3.3　B 样条曲线曲面

尽管 Bézier 曲线曲面有许多优越性，但也有其不足之处。如 Bézier 曲线和定义它的特征多边形相距较远；由于局部控制性较差，导致改变一个控制点位置或控制点数量时，将会影响整条曲线，需重新对曲线进行计算。B 样条曲线曲面正是基于上述不足而提出的。

1. B 样条曲线的定义

已知 $n+1$ 个控制点 P_i（$i=0, 1, \cdots, n$），k 次 B 样条曲线表达式为

$$P(u)=\sum_{i=0}^{n}P_iN_{i,k}(u)$$

式中　$N_{i,k}(u)$——k 次 B 样条基函数。

可由以下递推关系得到

$$N_{i,0}(u)=\begin{cases}1 & u_i\leqslant u\leqslant u_{i+1}\\ 0 & \text{其他}\end{cases}$$

$$N_{i,k}(u)=\frac{u-u_i}{u_{i+k}-u_i}N_{i,k-1}(u)+\frac{u_{i+k+1}-u}{u_{i+k+1}-u_{i+1}}N_{i+1,k-1}(u)$$

2. B 样条曲线的节点矢量和定义域

与 Bézier 曲线比较，B 样条曲线的定义有两点明显的区别：其一，在基函数递推

公式中引入了节点矢量 $\boldsymbol{U}$；其二，由 $n+1$ 个控制点可生成 $n-k-1$ 段 k 次 B 样条曲线段。

B 样条曲线定义中所引用的节点矢量 $\boldsymbol{U}=[u_0 \quad u_1 \quad \cdots \quad u_{n+k+1}]$ 是一个具有 $n+k+2$ 个节点的非减序列矢量，节点矢量所包含节点数目由控制点 n 和 B 样条曲线次数 k 所确定。若 $n+k+2$ 个节点沿参数轴均匀等距分布，即 $u_{i+1}-u_i=$常数，则由控制点所构造的 B 样条曲线为均匀 B 样条曲线；若节点沿参数轴为非等距分布，即 $u_{i+1}-u_i \neq$常数，则所构造的曲线为非均匀 B 样条曲线。均匀 B 样条曲线和非均匀 B 样条曲线一般不通过特征多边形首末两点，如图 3-13 所示。

为了使所构造的 B 样条曲线具有较好的端点性质，实际应用中常引入准均匀 B 样条。所谓准均匀 B 样条，即在节点矢量 $\boldsymbol{U}$ 中，两端节点具有 $k+1$ 个重复度，即 $u_0=u_1=\cdots=u_k$，$u_{n+1}=u_{n+2}=\cdots=u_{n+k+1}$。这样构造的 B 样条曲线将通过特征多边形的首末两点。例如，控制点 $n=6$，次数 $k=2$ 所构造的准均匀 B 样条曲线的节点矢量共有 $n+k+2=10$ 个节点，其分布为 $\boldsymbol{U}=[0, 0, 0, 1, 2, 3, 4, 5, 5, 5]$；若 $n=6$，$k=3$ 的准均匀 B 样条曲线的节点矢量共有 $n+k+2=11$ 个节点，其分布为 $\boldsymbol{U}=[0, 0, 0, 0, 1, 2, 3, 4, 4, 4, 4]$；若 $n=3$ 的节点矢量为 $\boldsymbol{U}=[0, 0, 0, 0, 1, 1, 1, 1]$，此时三次准均匀 B 样条曲线即转化为三次 Bézier 曲线段（图 3-13）。

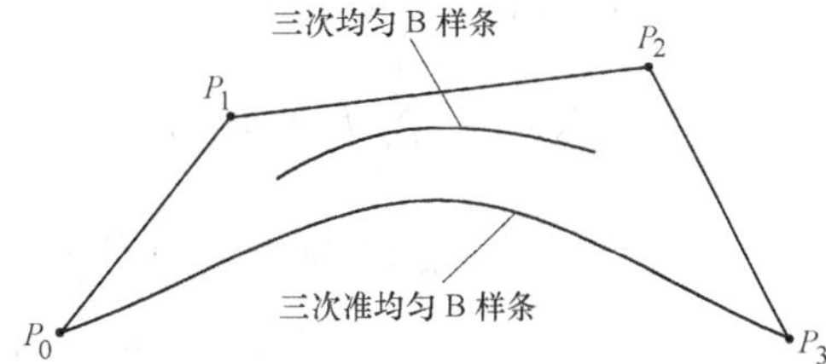

图 3-13　三次均匀 B 样条曲线和三次准均匀 B 样条曲线

由 B 样条曲线的定义可知，由 $n+1$ 个控制点生成的 k 次 B 样条曲线是由 $n-k+1$ 条 B 样条曲线段构成，每个曲线段的形状仅由控制点序列中 $k+1$ 个顺序排列的顶点所控制。对于 $u \in [u_i, u_{i+1}]$ 上的曲线段，因由 P_{i-k}，P_{i-k+1}，…，P_i共 $k+1$ 个控制点所控制，从而整个 B 样条曲线的定义域可推导为 $u \in [u_k, u_{n+1}]$。例如，当 $n=8$，$k=3$ 时，由 $n+1=9$ 个控制点生成的三次 B 样条曲线共有 $n-k+1=6$ 小条曲线段组成，整个 B 样条曲线定义区域为 $u \in [u_3, u_9]$。$u \in [u_6, u_7]$ 区域内的第 4 条小 B 样条曲线段形状受 P_3、P_4、P_5、P_6 四个控制点控制。

3. 均匀 B 样条曲线段

（1）一次均匀 B 样条曲线段

$$P(u)=\sum_{i=0}^{1} P_i,N_{i,1}(u)=(1-u)P_0+uP_1=(u \quad 1)\begin{pmatrix}-1 & 1\\ 1 & 0\end{pmatrix}\begin{pmatrix}P_0\\ P_1\end{pmatrix}$$

显然，一次均匀 B 样条曲线是连接两控制点的一条直线段，如图 3-14a 所示。

（2）二次均匀 B 样条曲线段

$$P(u)=\sum_{i=0}^{2} P_iN_{i,2}(u)$$
$$=\frac{1}{2}[(u^2-2u+1)P_0+(-2u^2+2u+1)P_1+u^2P_2]$$

$$=\frac{1}{2}(u^2\quad u\quad 1)\begin{pmatrix}1 & -2 & 1\\ -2 & 2 & 0\\ 1 & 1 & 0\end{pmatrix}\begin{pmatrix}P_0\\ P_1\\ P_2\end{pmatrix}$$

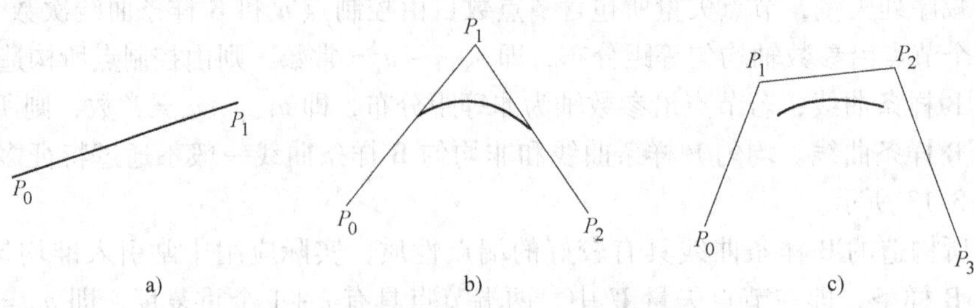

图 3-14　一次、二次、三次均匀 B 样条曲线

由上式可知，二次均匀 B 样条曲线段的端点特征为

$$P(0)=\frac{1}{2}(P_0+P_1),\quad P(1)=\frac{1}{2}(P_1+P_2),\quad P'(0)=P_1-P_0,\quad P'(1)=P_2-P_1$$

可见，二次均匀 B 样条曲线段为一条通过特征多边形中点，并与特征多边形相切的抛物线，如图 3-14b 所示。

（3）三次均匀 B 样条曲线段

$$\begin{aligned}P(u) &= \sum_{i=0}^{3} P_i N_{i,3}(u)\\ &=\frac{1}{6}[(P_0+4P_1+P_2)+(-3P_0+3P_2)u+(3P_0-6P_1+3P_2)u^2\\ &\quad +(-P_0+3P_1-3P_2+P_3)u^3]\\ &=\frac{1}{6}(u^3\quad u^2\quad u\quad 1)\begin{pmatrix}-1 & 3 & -3 & 1\\ 3 & -6 & 3 & 0\\ -3 & 0 & 3 & 0\\ 1 & 4 & 1 & 0\end{pmatrix}\begin{pmatrix}P_0\\ P_1\\ P_2\\ P_3\end{pmatrix}\end{aligned}$$

如图 3-15 所示，三次均匀 B 样条曲线段有如下的几何特征：

1）端点位置矢量

$$P(0)=\frac{1}{6}(P_0+4P_1+P_2),$$

$$P(1)=\frac{1}{6}(P_1+4P_2+P_3)$$

可见，三次均匀 B 样条曲线段起点与终点分别位于 $\triangle P_0P_1P_2$、$\triangle P_3P_1P_2$ 中线 $\frac{1}{3}$ 处。

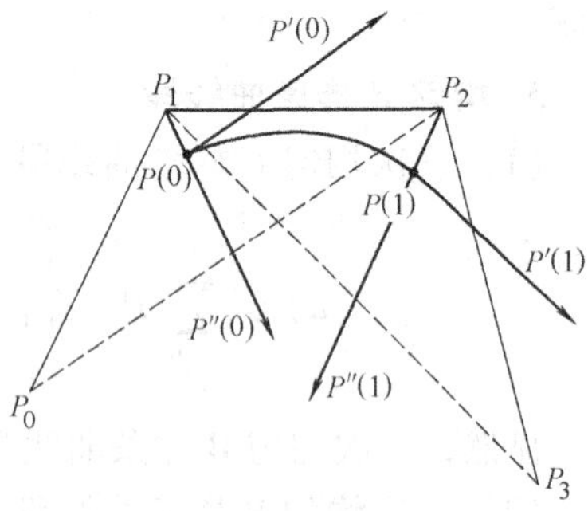

图 3-15　三次均匀 B 样条曲线段

2）端点切矢量

$$P'(0)=\frac{1}{2}(P_2-P_0),\quad P'(1)=\frac{1}{2}(P_3-P_1)$$

可见，曲线段起点与终点的切矢量分别平行于 P_0P_2，P_1P_3 边，其模长为该边长的一半。

3）端点的二阶导数矢量

$$P''(0)=P_0-2P_1+P_2,\quad P''(1)=P_1-2P_2+P_3$$

可见，曲线段起点和终点的二阶导数矢量等于相邻两直线边所构成的平行四边形的对角线。

4. B样条曲线的几何性质

（1）局部性　k 次 B 样条曲线上的一点只被相邻的 $k+1$ 个控制点所控制，而与其他控制点无关，当改变一个控制点的坐标位置，只对 $k+1$ 个曲线段产生影响，对整条曲线的其他部分没有影响。因而，B 样条曲线局部性好。

（2）连续性　一般来讲，k 次 B 样条曲线具有 $k-1$ 阶连续。

（3）几何不变性　B 样条曲线的形状和位置与坐标系的选择无关。

（4）凸包性　B 样条曲线比 Bézier 曲线具有更强的凸包性，比 Bézier 曲线更贴近于特征多边形。

（5）造型的灵活性　用 B 样条曲线可构造直线段、尖点、切线等特殊形式的曲线段。例如，对于三次 B 样条曲线，若要使某个曲线段成为直线段，只要使 P_i、P_{i+1}、P_{i+2} 和 P_{i+3} 四个控制点位于一条直线上；若要求曲线在 P_i 点处形成一个尖点，只要使 P_i、P_{i+1} 和 P_{i+2} 三个控制点重合；若要求 B 样条曲线与特征多边形某一条边相切，只要使 P_i、P_{i+1} 和 P_{i+2} 三个控制点，位于一条直线上。

5. B样条曲线控制点的反算

由控制点构造 B 样条曲线的方法称为正算。通过给定曲线上的型值点来构造 B 样条曲线的方法称为反算。实际上，这种通过给定曲线上的型值点来构造 B 样条曲线更适合设计者的意图。它先由给定的曲线上的型值点反算出曲线的控制点，再由控制点来构造 B 样条曲线。下面以三次均匀 B 样条曲线为例介绍 B 样条曲线的反算方法。

已知一组型值点 Q_i（$i=1, 2, \cdots, n$），要求出一条经过型值点 Q_i 的均匀三次 B 样条曲线。为此，首先由已知型值点求出特征多边形的控制点 P_j（$j=0, 1, \cdots, n+1$）。对于三次 B 样条曲线，其型值点和控制点之间的关系为

$$Q_i=\frac{1}{6}(P_{j-1}+4P_j+P_{j+1}),\quad j=1,2,\cdots,n$$

使 $P_1=Q_1$，$P_n=Q_n$，可构造出由 n 个方程组成的方程组，即

$$\begin{pmatrix} 6 & 0 & & & & \\ 1 & 4 & 1 & & & \\ & 1 & 4 & 1 & & \\ & & \ddots & \ddots & \ddots & \\ & & & 1 & 4 & 1 \\ & & & & 0 & 6 \end{pmatrix}\begin{pmatrix} P_1 \\ P_2 \\ P_3 \\ \vdots \\ P_{n-1} \\ P_n \end{pmatrix}=6\begin{pmatrix} Q_1 \\ Q_2 \\ Q_3 \\ \vdots \\ Q_{n-1} \\ Q_n \end{pmatrix}$$

采用追赶法便可求出 P_j（$j=0, 1, \cdots, n$）控制点。为保证曲线首末两点通过 Q_1 和 Q_2，需要增加两个附加控制点 P_0 和 P_{n+1}，且应满足：$P_0=2P_1-P_2$，$P_{n+1}=2P_n-P_{n-1}$。在此情况下，生成的 B 样条曲线两端点处的曲率为零，即曲线首末两端点分别与 P_1P_2 及 P_nP_{n-1} 相切。

6. B样条曲面

给定 $(m+1)(n+1)$ 个控制点 P_{ij}（$i=0, 1, \cdots, m$；$j=0, 1, \cdots, n$），则可定义

$k \times l$次 B 样条曲面：

$$P(u,v) = \sum_{i=0}^{m}\sum_{j=0}^{n} P_{ij}N_{i,k}(u)N_{j,l}(v)$$

式中　$N_{i,k}(u)$、$N_{j,l}(v)$——k 次和 l 次 B 样条基函数，由 P_{ij}组成的空间网格称为 B 样条曲面的特征网格。

由上式所定义的 B 样条曲面是由 $(m-k+1)(n-l+1)$ 个小 B 样条曲面片组成，每个小曲面片可写成以下的矩阵形式，即

$$P(u,v) = \boldsymbol{U}_k\boldsymbol{M}_k\boldsymbol{P}_{kl}\boldsymbol{M}_l^{\mathrm{T}}\boldsymbol{V}_l^{\mathrm{T}}$$

例如，对于 $k=l=3$ 的双三次 B 样条曲面片，如图 3-16 所示，上式中：

$$\boldsymbol{U}_k = (u^3 \quad u^2 \quad u \quad 1) \qquad \boldsymbol{V}_l^{\mathrm{T}} = (v^3 \quad v^2 \quad v \quad 1)^{\mathrm{T}}$$

$$\boldsymbol{M}_k = \boldsymbol{M}_l = \begin{pmatrix} 1 & 3 & -3 & 1 \\ 3 & -6 & 3 & 0 \\ -3 & 0 & 3 & 0 \\ 1 & 4 & 1 & 0 \end{pmatrix} \qquad \boldsymbol{P}_{kl} = \begin{pmatrix} P_{00} & P_{01} & P_{02} & P_{03} \\ P_{10} & P_{11} & P_{12} & P_{13} \\ P_{20} & P_{21} & P_{22} & P_{23} \\ P_{30} & P_{31} & P_{32} & P_{33} \end{pmatrix}$$

3.3.4　NURBS 曲线曲面

在如叶轮、塑料制品等零件的外形截面曲线中既包含有自由曲线，也包含有规则的二次曲线和直线。B 样条曲线曲面有较强的自由曲线曲面表示和设计功能，若精确表示如圆弧、抛物线等规则曲线曲面则较为困难。非均匀有理 B 样条（NURBS）正是为了解决既能表达与描述自由曲线曲面，又能精确表示规则曲线曲面的要求而提出的一种 B 样条数学处理方法。

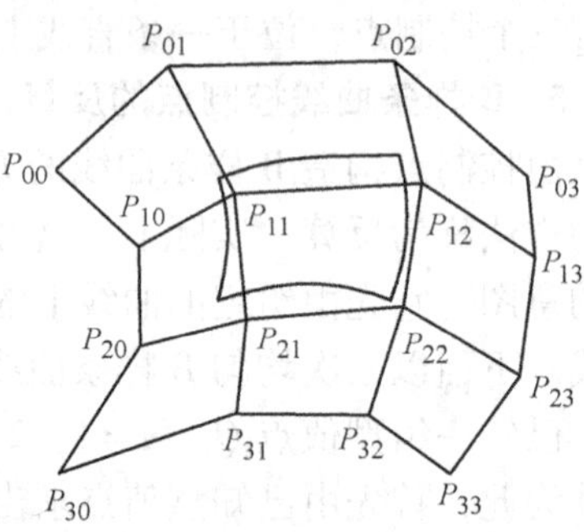

图 3-16　双三次 B 样条曲面片

1. NURBS 曲线的定义

一条 $n+1$ 个控制点 P_i（$i=1, 2, \cdots, n$）构成的 k 次 NURBS 曲线可以表示为如下分段有理多项式函数：

$$P(u) = \sum_{i=0}^{n} \omega_i P_i N_{i,k}(u) \Big/ \sum_{i=0}^{n} \omega_i N_{i,k}(u) = \sum_{i=0}^{n} P_i R_{i,k}(u)$$

式中　ω_i（$i=1, 2, \cdots, n$）——权因子，分别与控制点 P_i相关联；

$N_{i,k}(u)$——由节点矢量决定的 k 次 B 样条基函数；

$R_{i,k}(u) = \dfrac{\omega_i N_{i,k}(u)}{\sum_{i=0}^{n} \omega_i N_{i,k}(u)}$——NURBS 曲线有理基函数。

NURBS 曲线除了可通过控制点的位置坐标进行调整之外，还可通过各控制点所对应的权因子来改变曲线的形状，使曲线调整的自由度更大。

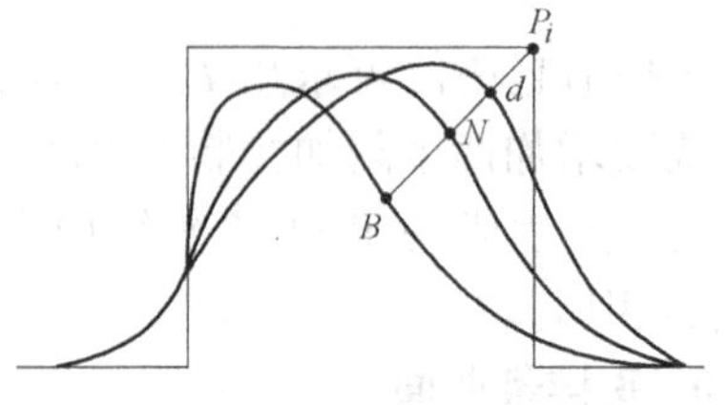

图 3-17　权因子对 NURBS 曲线形状的影响

权因子对 NURBS 曲线形状的影响如图 3-17 所示，每改变一次某个权因子的值，便可得到一条

NURBS 曲线。如果使 ω_i 在某个范围内变化，则得到一束曲线族。

对于确定参数值的 NURBS 曲线上一点 $P(u)$，若改变 ω_i，则该参数沿一条直线移动，即

当 $\omega_i \to \infty$ 时，$R_{i,k}(u,\omega_i \to \infty)=1$，表示 $P(u)$ 在 P_i 处；

当 $\omega_i=0$ 时，$R_{i,k}(u,\omega_i=0)=0$，表示 $P(u)$ 在 B 处；

当 $\omega_i=1$ 时，$R_{i,k}(u,\omega_i=1)$ 为一定值，表示 $P(u)$ 在 N 处；

当 $\omega_i \neq 0$，1，∞ 时，$P(u)$ 点为一动点 d。

从上述分析可知：

1）ω_i 改变，动点 d 沿一条直线移动，$\omega_i \to \infty$ 时动点 d 与控制点 P_i 重合。

2）随着 ω_i 的增大/减小，曲线被拉向/拉开控制点 P_i。

3）随着 ω_i 的增大/减小，在 ω_i 的影响范围内，曲线被拉开/拉向其余的控制点，ω_i 的影响区域为 $[u_i,\ u_{i+k+1}]$。

2. NURBS 曲面的定义

在 NURBS 曲线的基础上，NURBS 曲面可定义为

$$P(u,v)=\sum_{i=0}^{m}\sum_{j=0}^{n}\omega_{ij}p_{ij}N_{i,k}(u)N_{j,l}(v)\Big/\sum_{i=0}^{m}\sum_{j=0}^{n}\omega_{ij}N_{i,k}(u)N_{j,l}(v)$$

式中　$N_{i,k}$，$N_{j,l}$——k 次和 l 次 B 样条基函数；

ω_{ij}——与控制点相关联的权因子。与 B 样条曲面类似，NURBS 曲面是由 $(m-k+1)(n-l+1)$ 个小 NURBS 曲面片组成的。

3. NURBS 曲线曲面的特点

1）为规则曲线曲面（如二次曲线、二次曲面和平面等）和自由曲线曲面提供了统一的数学表示，便于工程数据库的统一存取和管理。

2）提供了控制点和权因子多种修改曲线曲面的手段，可灵活地改变曲线曲面的形状。

3）对节点插入、修改、分割、几何插值等处理比较方便。

4）具有透视投影变换和仿射变换的不变性。

5）Bézier 和非有理 B 样条曲线曲面可作为 NURBS 的特例来表示。

6）与其他曲线曲面表示方法比较，NURBS 曲线曲面更耗费存储空间和处理时间。

3.4　实体建模

3.4.1　实体建模的基本原理

实体建模是通过定义基本体素，利用体素的集合运算或基本变形操作来实现的，其特点是覆盖三维立体的表面与其实体同时生成。由于实体建模能够定义三维物体的内部结构形状，因此能够完整地描述物体的所有几何信息，是当前普遍采用的建模方法。

实体建模主要是明确地定义了表面的哪一侧存在实体，它可以在表面模型的基础上用三种方法来定义。第一种是在定义表面的同时，给出实体存在侧的一点 P（图 3-18a）；第二种是直接用表面的外法矢量来指明实体存在的一侧（图 3-18b）；第三种是用有向棱边隐含地表示表面的外法矢量方向（图 3-18c）。通常在定义表面时，有向棱按右手法则取向，沿

着闭合的棱边所得的方向与表面外法矢量的方向一致，用此法还可以检查形体的拓扑一致性。如图 3-18d 所示，拓扑合法的形体在相邻两个面的公共边界上，棱边的方向正好相反。

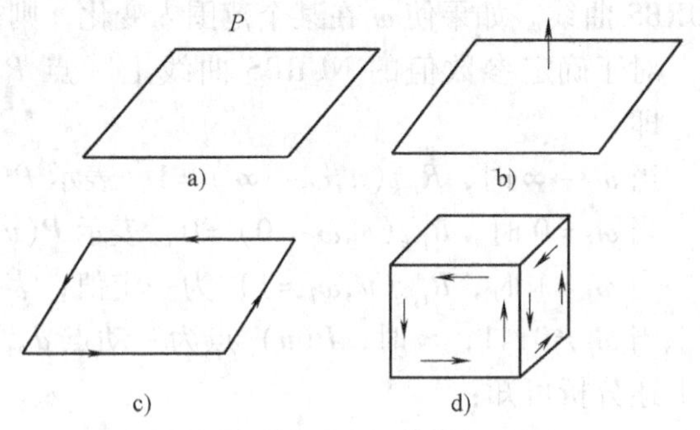

图 3-18　实体建模的定义

实体建模与表面建模的主要区别是定义了表面外环的棱边方向，一般按右手规则为序。实体建模的核心问题是采用什么方法来表示实体。由于实体建模相比于线框建模、表面建模有着明显的优势，因此目前各个 CAD/CAM 系统均采用实体建模方法。

3.4.2　体素及其布尔运算

1. 体素的定义

体素（Volume Primitive）是通过基本体素的集合运算来构造几何实体的建模方法。每一基本体素具有完整的几何信息，是真实而唯一的三维实体。体素实际上就是简单的实体，如长方体、圆柱（锥）体、棱柱（锥）体、圆台体等，常见的基本体素如图 3-19 所示。用户只要输入一些简单参数就可以确定这些体素的大小、形状、位置和方向。有些系统允许把扫描变换表示所产生的形体也作为一种体素。体素的种类并不是衡量几何造型系统的唯一指标，如有立方体和圆柱体的造型系统和具有立方体、圆柱体、楔体的几何造型系统，若它们具有相同的集合运算和几何变换操作，则它们所覆盖的域是一样的，即它们表示的形体具有相同的功能。

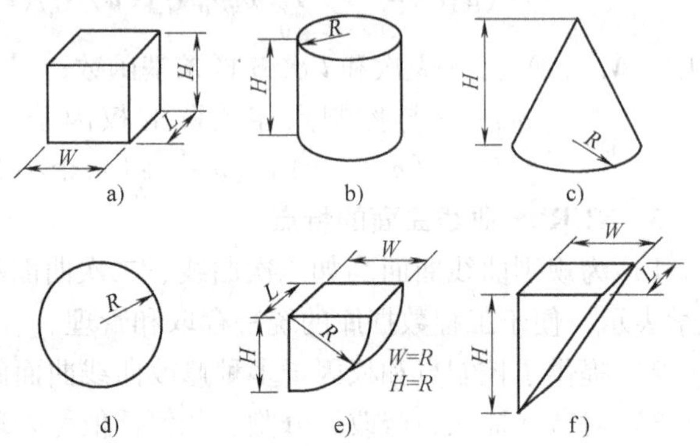

图 3-19　常见的基本体素
a）正方体　b）圆柱体　c）圆锥体　d）球体
e）1/4 圆柱体　f）楔体

2. 布尔运算

两个或两个以上体素经过集合运算得到新实体的表示称为布尔模型（Boolean Model），这种集合运算称为布尔运算。布尔运算包括“∪”（并）、“∩”（交）、“－”（差）等，布尔模型是过程模型，可直接以二叉树结构表示。

3. 实体建模的计算机内部表示

与线框建模、表面建模不同，三维实体建模在计算机内部存储的信息不是简单的边线或顶点的信息，而是比较完整地记录了生成物体的各个方面的数据。目前，计算机内部表示单位实体模型的方法很多，常见的有边界表示法、结构实体几何法及混合表示法（结构实体几何法与边界表示法结合）等。

（1）边界表示法　边界表示法（Boundary Representation，简称 B-Rep）的基本思想是：

一个实体可以通过包容它的面来表示，而每一个面又可以用构成此面的边描述，边通过点，点通过坐标来定义。

如图 3-20 所示的物体，将其按实体、面、边、顶点描述，在计算机内部就存储了这种网状的数据结构。

边界表示法强调实体外表的细节，详细记录了构成物体的所有几何元素的几何信息和相互之间的连接关系，即拓扑信息，将面、边界、顶点的信息分层记录，建立层与层之间的联系。无论实体是由什么面组成的，若要保证实体边界表示的合法性，必须满足下列条件：

1）每一条边必须有两个精确的端点。

2）每一条边必须有两个相邻的面，以保证实体的封闭性。

3）每一个面上的顶点必须精确地属于该面上的两条边，以保证面上的边构成环。

4）边与边要么分离，要么相交于一个公共顶点。

5）面与面之间要么分离，要么相交于一条边或一个公共顶点。

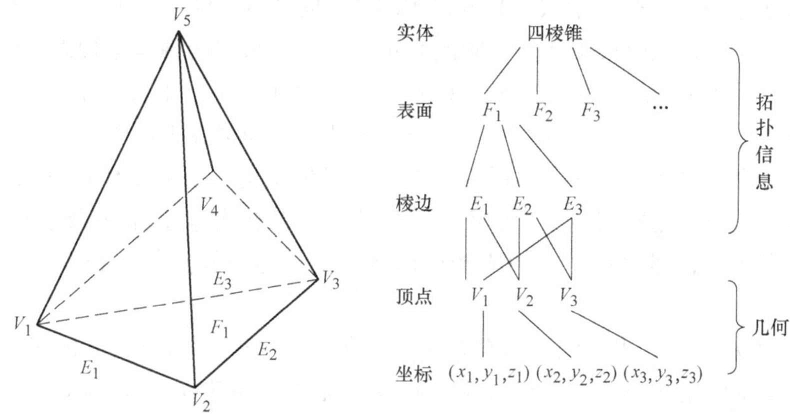

图 3-20　边界表示法建立的数据结构

在 CAD/CAM 集成环境下，采用边界表示法建立三维实体的数据模型，有利于绘制和生成线框图、投影图，有利于描述计算几何特性，有利于与二维绘图功能衔接生成工程图。边界表示法由于是以面为核心描述实体，因而对几何物体的整体描述能力相对较差，无法提供实体生成过程的信息，也无法记录组成几何体的基本体素的原始数据。

（2）结构实体几何法　结构实体几何法（Constructive Solid Geometry，简称 CSG）是一种用简单的体素拼合成复杂实体的描述方法。即任何复杂的实体都可由某些简单的体素加以组合来表示，通过描述基本体素和它们的集合运算构造实体，这种实体建模的方法称为体素法，这种方法的数据结构是树状结构。

结构实体几何法与边界表示法的主要区别在于，结构实体几何法对物体模型的描述与该物体的生成顺序密切相关。如图 3-21 所示，同一个实体完全可以通过定义不同的体素，经过不同的集合运算加以构造。结构实体几何法描述的实体可以看成是一棵有序的二叉树，其终端节点或是体素，或是刚性运动的变换参数；其非终端节点或是正则的集合操作，或是刚体的几何变换（平移或旋转），这种操作或变换只对其相邻的子节点（子形体）起作用。

与边界表示法相比，结构实体几何法描述的模型比较简单，每个基本体素无需再分解，只要将体素直接存储在数据结构中即可。CSG 树是无二义性的，但不是唯一的。

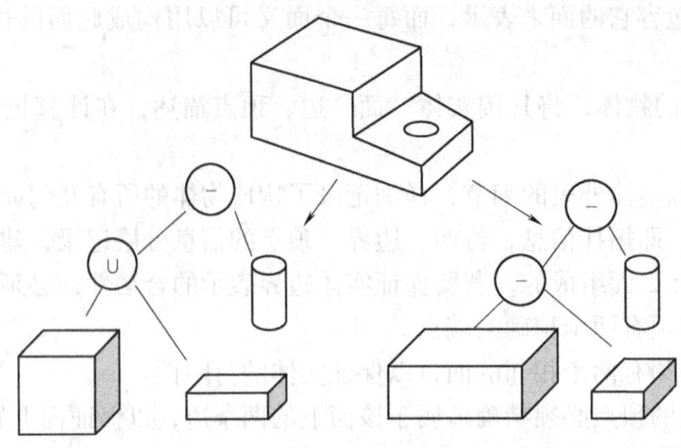

图 3-21　同一物体的两种 CSG 结构

（3）混合表示法　混合表示法（Hybird Model）是目前 CAD/CAM 系统中常用的方法之一。它是在一个建模系统中采用几种不同的表示方法，即采用两种或两种以上的数据结构形式，从而充分发挥各个表示方法的优势，相互补充，达到快速、准确、方便建模的目的。

在 CAD/CAM 系统中，应用最多的是结构实体几何法与边界表示法的混合。由于边界表示法侧重面、边界的描述，因此在图形处理上有明显的优势。研究实体的详细几何信息时，边界表示法可以快速地生成实体的线框模型或面模型；结构实体几何法强调过程，在整体形状定义方面具有优势，然而不具备构成物体的各个面、边界及点的拓扑关系，其数据结构简单。

如图 3-22 所示，混合表示法的基本方法是：在原有 CSG 树的节点上扩充一级 B-Rep 的边界数据结构。通常情况下，叶节点所表示的体素就是以 B-Rep 方式表示的，就不再扩充。若节点是体素布尔运算的结果，在 CSG 中则没有 B-Rep 表示的边界信息，就在混合表示法中要扩充 B-Rep 结构以便提供构成新实体的边界信息。

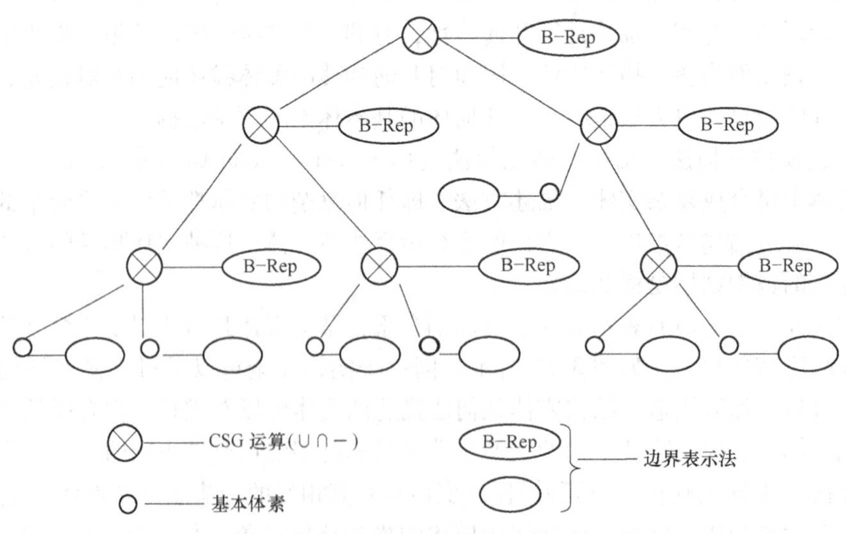

图 3-22　混合模式结构

在结构实体几何法与边界表示法的混合模式中，起主导作用的是 CSG 结构，B-Rep 的存在减少了中间环节的数据计算量，但由于是以 CSG 为主，因此 B-Rep 的某些优点（如局部修改等）在混合模式中无法发挥作用，而 CSG 的全部优点均可在混合模型中得以体现。

3.5　特征建模技术

3.5.1　特征的定义

1. 特征技术的提出

几何造型技术的发展促进了 CAD/CAM 技术的发展，以几何学为基础的三维几何建模，成功地解决了一些工程应用问题。但是，由于几何造型仅从几何的角度定义物体的形状、几何信息及相互之间的拓扑关系，从而使得几何造型所建立的实体模型存在如下缺点：

（1）零件定义不完整　工程技术人员在产品设计、制造过程中，不仅要关心产品的结构形状、尺寸大小，还要关心其尺寸公差、形位公差、表面粗糙度、材料性能、技术要求等一系列极为重要的非几何信息，而这些在实体建模的数据结构中，却难于像几何信息、拓扑信息那样得到充分的描述和表达。必然会影响到计算机辅助工艺规程设计（CAPP）和计算机辅助制造（CAM）系统直接使用 CAD 系统生成的产品信息，无法实现 CAD/CAM 的集成。

（2）信息定义的层次低　零件以点、线、面等较低层次的几何与拓扑信息描述，只有当这些信息作为图形显示出来时，人们才能理解其含义。

特征建模技术是几何建模技术的自然延伸，它是从工程的角度，对实体的各个组成部分及其特征进行定义，使所描述的实体信息更具有工程意义。如图 3-23 所示的零件就可以认为是由 4 个具有工程意义的特征构成。

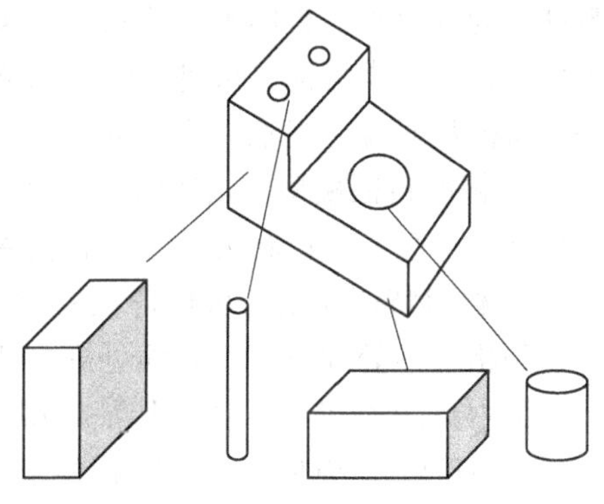
图 3-23　一个零件的特征

通过特征造型，可定义零件的形状特征、精度特征（尺寸公差、表面精度等）、材料特征和其他工艺特征（材料类型、材料性能、表面处理、工艺要求等），从而为有关设计和制造过程的各个环节提供充分的信息。特征造型技术是 CAD/CAM 发展的一个里程碑，被公认为是实现 CAD、CAM、CAPP、CAE 等系统集成最有希望的途径。

2. 特征的定义

特征模型是建立在实体模型的基础上，在已有几何信息上附加诸如形位公差、尺寸公差、表面粗糙度、材料性能等制造信息。特征可以定义为零件的一部分表面，包含以下含义：

1）特征不是体素，是某个或某几个加工表面。

2）特征不是完整的零件。

3）特征的分类与该表面加工工艺规程密切相关，例如，直径较小的孔可以通过一次加工而成；而直径较大的孔则需在毛坯上带有预铸孔，或经过多次加工，这就要定义两种不同的特征。

4）特征信息的描述中，除了表达诸如直径、长度、宽度等几何信息及约束关系信息外，还需包括材料、精度等制造信息。

5）通过定义简单的特征，还可以生成组合特征。

特征模型的建立可以通过不同的方法。一种是以人机交互的方式辅助识别特征，输入工艺信息，建立零件或产品描述的数据结构。这种方法易于实现，但效率低，且几何信息和非几何信息是分离的。另一种是利用实体建模信息，自动识别特征再交互输入工艺信息。这种方法应用面广，但识别能力有限，适用的零件范围小，有一定的局限性。第三种是利用零件特征进行设计，即预先定义好大量特征，放入特征库，在设计阶段就调入形状特征进行造型，再逐步输入几何信息、工艺信息，建立起零件的特征数据模型，并存入数据库。这种方法是目前CAD系统采用的主要方法。

3.5.2 特征建模的分类

由于特征与零件类型及工程应用相关，因此，在不同的应用中，特征具有不同的含义和表达形式，为了便于特征技术的研究与应用，需要对特征进行相应的分类。对特征分类具有如下几点好处：便于按类表达特征，使特征的表达规范化和结构化；可以建立某些通用的特征术语；可应用于零件数据交换的标准化。

从零件定义的角度考虑，一个零件一般包含以下几类特征：

（1）形状特征模型　形状特征模型主要包括几何信息和拓扑信息。通常将形状特征定义为具有一定拓扑关系的一组几何元素构成的形状实体，它对应零件上的一个或多个功能，能够被固定的加工方法加工成形。例如，根据零件的轮廓特点以及相应的总体加工特点，可将零件分为轴套类、箱体类、轮盘类、叉架类等。对于箱体类零件可以定义孔、槽、肋板、腔等特征，而孔类特征又可进一步分为光孔、阶梯孔、螺纹孔等。形状特征通过参数描述，每一个特征都对应一组唯一确定的控制参数，这样易于满足CAD/CAM集成的需要。

（2）精度特征模型　精度特征模型是描述零件几何形状、尺寸的许可变动量的信息集合，包括尺寸公差、形状公差、位置公差和表面粗糙度等。

（3）材料特征模型　材料特征模型是与零件材料和热处理有关的信息集合，如材料的牌号、规格、热处理方式、表面处理方式、硬度等。

（4）技术特征模型　技术特征模型是描述零件的性能和技术要求的信息集合。

（5）装配特征模型　装配特征模型是零件在装配过程中的装配关系、装配顺序、装配基准等方面的信息。

图3-24所示为对箱体类零件的形状特征所作的一种分类示例。

3.5.3 特征建模的表示及其数据结构

在特征定义和表示中，有关特征体素和面的信息都十分重要。特征体素是特征造型中进行布尔运算的单元，而特征面及拓扑信息是建立特征之间关系及工程属性的基础。因此，在特征表示中应同时表示特征体素和特征面的信息，一般特征的表示如图3-25所示，包括特征体素层、特征面关系层及特征几何元素定义层。

特征造型是几何造型的自然延伸，因此特征的表达与几何模型存在着必然的联系。目前，特征表达主要是基于B-Rep和CSG两种几何模型建立的。不同的应用目的，造成特征

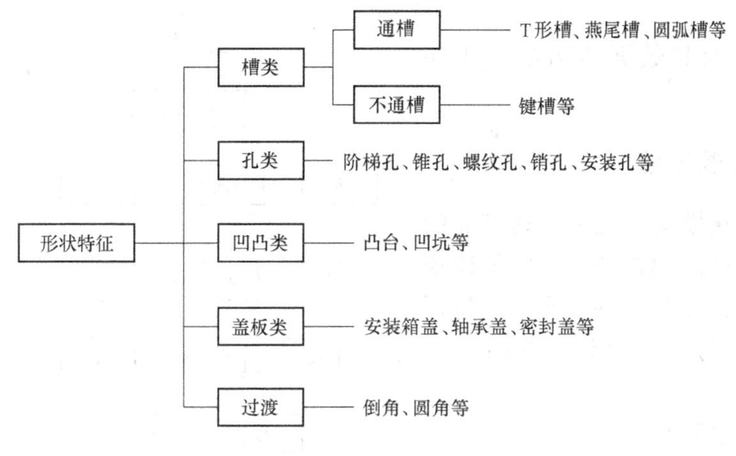

图 3-24 箱体类零件形状特征分类

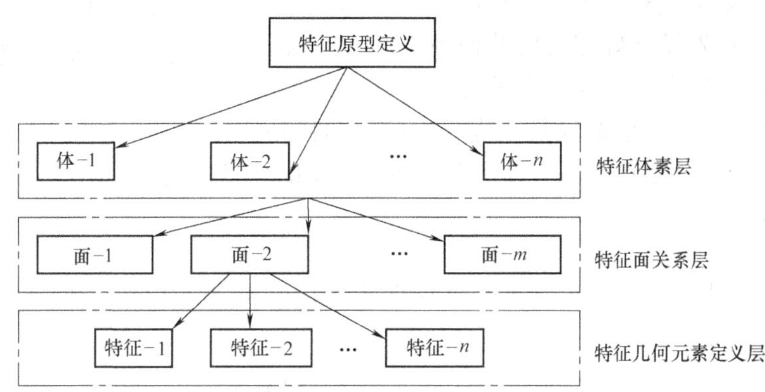

图 3-25 特征表达的三层次结构

的表达方法及其信息结构也有所不同。下面介绍三种典型的特征表达方法。

1. 基于 CSG 的特征表达

基于 CSG 的特征表达方法是将特征定义为体积元素，体积元素通过布尔操作构建实体。这种方法的优点是简洁、有效，易于编辑和操作体素，并提供 CSG 和特征体素之间有意义的联系；缺点是 CSG 方法的表示不具有唯一性，缺少对底层的构形元素的显式表达。

2. 基于 B-Rep 的特征表达

基于 B-Rep 的特征表达方法是将特征定义为相互联系的面的集合，也称为“面特征”。B-Rep 模型是基于图的，所有的几何、拓扑信息都能够表达在面、边、顶点表中，因此，B-Rep模型也被称为赋值的模型。这种方法的优点是技术人员可以得到充足的图形信息，B-Rep模型可以与表面粗糙度、材料、尺寸、公差等技术参数联系在一起；其缺点是它与特征体素和体积特征没有直接的联系，特征操作难以进行。

3. 基于混合 CSG/B-Rep 的特征表达

此方法将 CSG 和 B-Rep 表示结合在一个被称为形体图的图结构中。混合 CSG/B-Rep 的特征表达是设计系统中表示特征的较好方法，因为它同时兼有 CSG 和 B-Rep 表示的优点：CSG 模型易于对高层元素进行操作，B-Rep 模型易于对低层元素如附加尺寸、公差及其他属性进行操作。

特征的表达及其数据结构如图 3-26 所示。

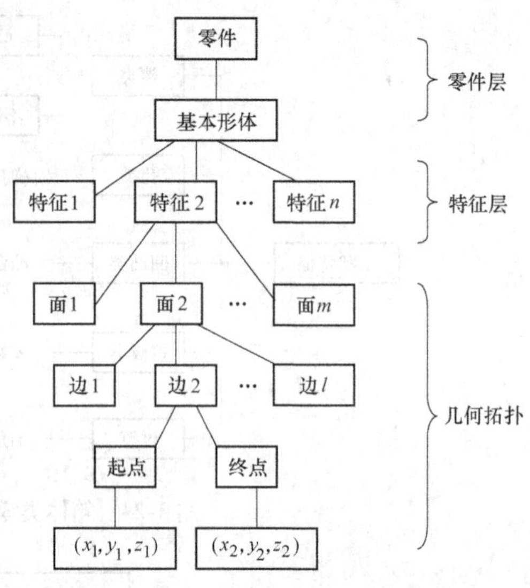

图 3-26 特征的表达及其数据结构

3.5.4 特征建模方法

以特征作为建模基本元素描述产品的方法叫做基于特征的建模技术。特征建模技术可分为三类：交互式特征定义、特征自动识别和基于特征的设计，如图 3-27 所示。

1. 交互式特征定义

如图 3-27a 所示，交互式特征定义是最简单的特征建模方法。设计人员利用现有的 CAD 系统，预先设计好零件的几何模型，并显示在图形终端上，然后由设计者利用特征定义系统，交互地选取某一特征所包含的拓扑实体（面、边等），添加尺寸公差、表面粗糙度等信息。其缺点是需要设计人员输入大量的信息，当零件结构复杂时，难以实现零件的特征建模。

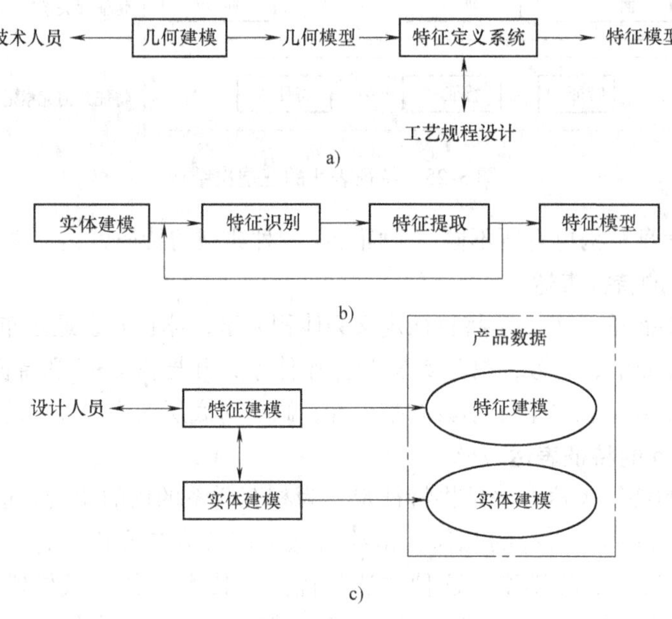

图 3-27 特征建模技术的方法
a）交互式特征定义 b）特征自动识别 c）基于特征设计

2. 特征自动识别

如图 3-27b 所示，特征自动识别的基本思想是通过事先开发的特征识别模块，将几何模型中的数据与预先定义在库中的类特征数据进行匹配，标识出零件特征，建立零件的特征模型，从而实现零件的特征建模。采用这种方法建立零件的特征模型存在几个方面的问题：不能有效地表达如尺寸公差、表面粗糙度等非几何信息；不能有效识别特征之间的关系；对于复杂的零件模型，基于特征识别的特征建模难以实现。

3. 基于特征的设计

如图 3-27c 所示，以这种方法进行设计，从一开始特征就体现在零件的模型中。设计通过调用特征库中的特征，经过增加、删除、修改等操作建立零件特征模型。由于设计者直接面向特征进行零件的造型，因此操作方便，能够较好地表达设计意图，这种方法建立的特征模型具有丰富的工程语义信息。

特征建模作为集成系统的核心，不仅可以使设计人员以一种全新的设计方法和设计思想进行产品开发，而且，特征作为产品生命周期中各个阶段信息的载体，为整个设计制造中的各个环节提供了统一的产品信息模型，使产品设计、工艺设计、卡具设计等阶段的信息提取更加方便、灵活、一致，避免了信息的重复输入，特征模型的建立过程如图 3-28 所示。因此，特征建模被公认是实现 CAD/CAM/CAPP 集成化的最有效的途径。

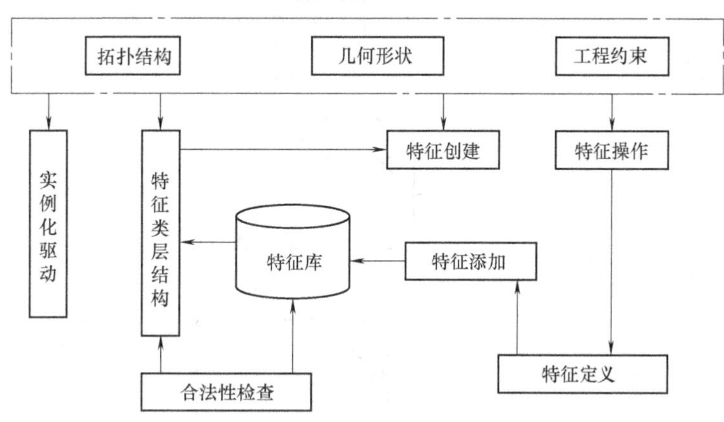

图 3-28 特征模型的建立过程

3.5.5 特征建模实例

以回转体中的轴类零件为例说明特征建模技术的实施过程。表 3-1 所示为根据轴类零件的设计要求归纳出来的基本特征，这些特征都是采用参数化方式进行形状、尺寸、位置定义的。表中第一列是特征名称，在 CAD 系统的操作中主要帮助设计者检索；第二列是特征代码，主要用于系统内部的链接匹配；第三列是特征简图，其中字母为该特征的参数，即调用该特征时这些变量必须实例化；第四列是对参数几何意义的声明。

表 3-1 轴类零件设计的基本特征

特征名称	特征代码	特征简图	参数
光滑圆柱	10	C2×A2° C1×A1° D L	直径 D 长度 L 左倒角 $C1$、$A1°$ 右倒角 $C2$、$A2°$

（续）

特征名称	特征代码	特征简图	参　数
矩形退刀槽	12	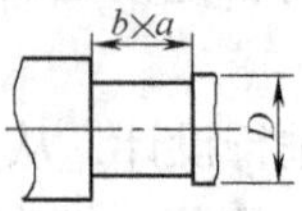	槽宽 b 槽深 a 直径 D
光滑圆孔	20	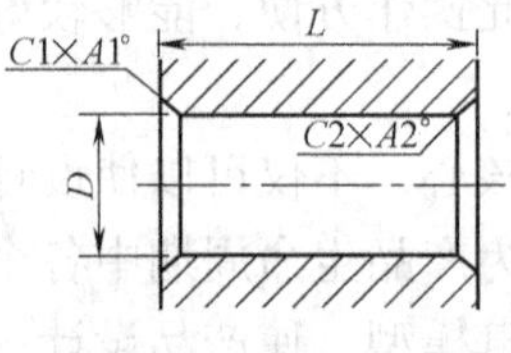	直径 D 长度 L 左倒角 $C1$、$A1°$ 右倒角 $C2$、$A2°$
锥底光滑不通孔	2A	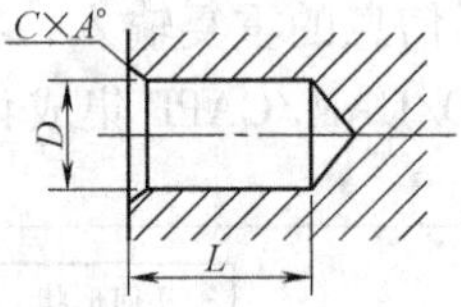	直径 D 长度 L 倒角 C、$A°$
轴上键槽	51	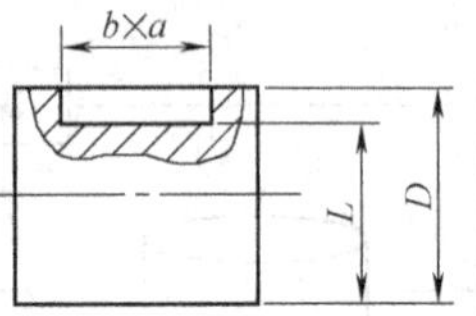	槽宽 b 槽深 a 槽深 L 直径 D
B 型中心孔	2B	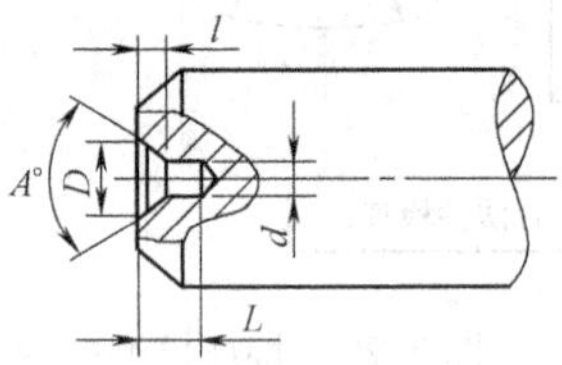	锥度 $A°$ 直径 D、d 孔深 L、l

有了这些特征之后，从事轴类零件开发的技术人员就可以方便地在 CAD 系统上组合出所需的方案，图 3-29 所示为由这些特征拼合而成的轴类零件的示例。从图中可以看出，最终的零件利用表中提供的四个简单特征就可以方便地组合起来。

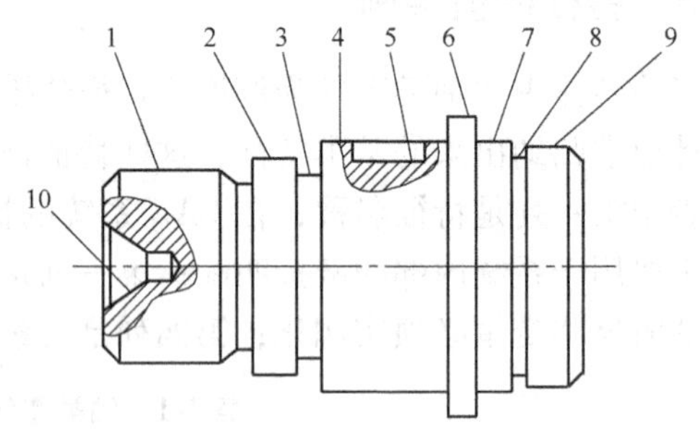

图 3-29　轴类零件特征设计

1、2、4、6、7、9—光滑圆柱（10）　3、8—矩形退刀槽（12）　5—轴上键槽　10—B 型中心孔（2B）（零件 = 10 + 10 + 12 + 10 + 51 + 10 + 10 + 12 + 10 + 2B）4—轴上键槽（51）　5—光滑圆柱（10）　6—光滑圆柱（10）　7—矩形空刀槽（12）　8—光滑圆柱（10）　9—B 型中心孔（2B）

总之，这种基于特征的设计扩大了建模体系的集合，给用户带来很大便利，同时也为产品设计实现高效率、标准化、系列化提供了条件。从加工的角度看，由于特征对应着一定的加工方法，所以工艺规程制定也比较容易进行。面向对象技术的应用，将特征与加工方法封装，实现了程序的结构化、模块化、柔性化。由于设计特征与制造特征的对应关系，在CAD设计完成后，CAPP、CAM可直接将特征设计的结果作为输入信息，自动生成工艺过程和NC加工程序，实现了具有统一数据库、统一界面的集成CAD/CAPP/CAM系统。

3.6　行为建模技术

3.6.1　行为建模技术的提出

现有CAD建模技术都是以图形设计为主体，提供了各种几何建模的工具，着重于几何建模的设计结果，而不能准确地说明零件的形状、结构、工艺的选择依据。现代产品设计不仅进行结构的静态设计，使产品结构可靠、稳定，满足强度、刚度要求，还要求对产品进行动应力、疲劳强度及动力学特性等方面的分析和研究。产品的行为建模技术着重体现在以下几个方面。

1. 强化静、动态性能的综合设计

通常，产品的性能设计以在静态情况下的强度和刚度为重点。这种设计方法往往对整个产品的刚度和强度把握不够，从而出现一些缺陷。目前，动态性能已是许多产品的评价指标，从传统的产品静态设计、可靠性评价转向动态设计、主动可靠性设计是现代制造业的技术革新。

2. 以系统动力学方法进行产品设计

对整个产品进行动应力的分析，特别是对于日趋高性能、高速度、大负荷的设备或系统来说，比通常针对某个部件进行性能设计要复杂很多。如何精确地建立系统的动态仿真模型并获得高效、可行的解已成为CAE领域的难点。

3. 柔性多体系统动力学

柔性多体系统动力学是研究物体变形与其整体运动相互耦合以及这种耦合所导致的独特动力学效应的学科，是分析力学、连续介质力学与现代数值分析方法及现代控制理论的有机结合。近20年来，柔性多体系统动力学作为一门多学科的、交叉的边缘性学科的发展，为建立产品整体模型，完成动态响应分析提供了理论基础，计算机技术的发展使得利用柔性多体系统动力学来建模和仿真成为可能。

4. 优化设计

20世纪80年代以来，人工智能技术的发展使基于知识的产品优化设计成为可能，从而使得对计算机辅助设计方案进行优化设计成为可能。进入90年代以来，产品的CAD建模技术、工程分析方法、优化方法在工程中获得了广泛应用，使得工程技术人员对产品从多工况、多角度进行优化设计成为可能。

3.6.2　行为建模特征技术

一个产品的性能包含功能和质量两个重要方面。产品功能是指能够实现用户需要的某种行为的能力。产品质量是指产品能够以最低的成本最大限度地满足用户需求的程度。CAD建模技术完成产品的总体设计、技术设计、零部件设计，有关零件的强度、刚度、热、电、磁的分析计算和图形绘制等工作，而计算机辅助工程分析（CAE）技术的发展，使产品在设计阶段就能模拟其在不同状况下的行为，获得产品如承载能力、抗疲劳能力等性能指标，通过重分析、重设计实现产品的优化，降低产品的成本，从而在产品的质量和功能上最大限度地满足用户要求。

行为特征建模技术就是将 CAE 技术与 CAD 建模技术融于一体，系统地确定产品的形状、结构、材料等技术因素，它采用工程分析评价方法将参数化技术和特征技术相关联，从根本上确定产品的优良品质。行为特征建模技术的特点如下：

1）在建模技术方面，不仅提供了创建几何模型的环境，而且提供了性能分析、评价、再设计的功能，通过设计分析导出几何模型。

2）在特征技术方面，不仅保留了构建几何集合的工具，为用户进行参数化、模块化、系列化设计创造条件，而且关联的智能模型为设计者提供了智能化设计。

3）在设计意图的表达方面，不仅具备设计参数及其关系的表示形式，同时具有目标驱动式的建模能力，可以用分析评价结果驱动几何参数。

3.7 装配建模技术

在零件设计完成后或者过程中，根据设计意图将不同零件组织在一起，形成与实际产品装配相一致的装配结构以供设计者分析评估，这种方法称为装配建模（Assembly Modeling）。装配建模是通过定义各种约束来建立零件之间的相互关系。通过参数化方法将零件组装成装配与用参数化方法将特征组装成零件的过程非常相似。

在 CAD/CAM 系统中，有以下两种不同的装配模式：

（1）多组件装配　该装配模式是复制零件的所有数据到装配中，装配中的零件与所引用的零件没有关联性。当零件修改时，不会反映到装配中。因此，这种装配属于非智能装配。同时，由于装配时要引用所有零件，须占较大的内存空间，从而影响装配工作速度。

（2）虚拟装配　该装配模式通过指针虚拟链接零件来建立装配。由于是链接零件而不是复制零件到装配，因此装配所占的内存空间少，工作速度快，而且零件和装配之间具有关联性。当组成装配的零件修改时，装配会自动更新。目前，主流的 CAD 软件都采用虚拟装配技术进行装配建模。

3.7.1 装配模型的表示

产品的计算机装配模型表示为一种层次描述，一个复杂的产品可以看成由多个部件组成，每个部件根据其复杂程度又可分为下一级子部件，如此类推，直至零件，如图 3-30 所示。

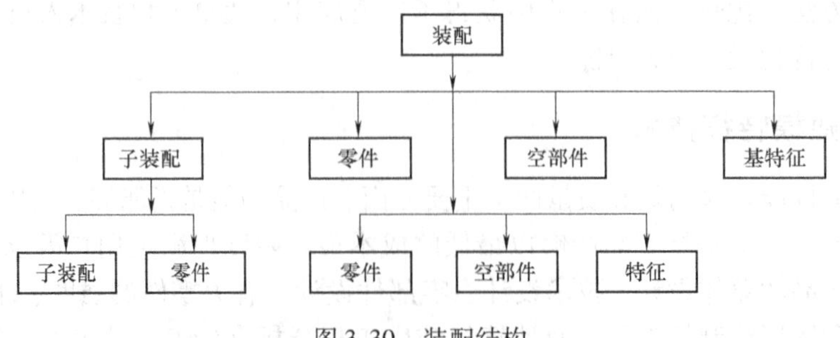

图 3-30　装配结构

1. 部件

组成装配的基本单元叫部件（Component）。一个装配是由一系列部件按照一定的约束关系组合在一起的。部件是一个包封的概念，一个部件可以包含一个零件或一个子装配，甚至什么都不包含，也就是空部件。部件可以任意嵌套。

2. 根部件

根部件（Root Component）是装配模型的最顶层结构。它不是一个具体零部件，而是一个装配体的总称。当创建一个新装配模型时，根部件就自动产生，此后引入该装配模型的任何零件都会跟在该根部件之后。

3. 基部件

基部件（Base Component）是放到装配中的第一个部件。基部件不能被删除或禁止，不能阵列，也不能变成附加部件。它是装配模型的最上层部件，其后引用的各个零部件在装配树中都要依次向后排列。基部件在装配模型中的自由度为零。

4. 子装配

子装配（Subassembly）本身也是装配。子装配是由一系列零件装配而形成的附属于大装配体的一种较小的装配体，它是装配模型中逻辑上附属于上层体系的一种零件组。在更高一层的装配中，它将作为一个部件被装配。合理地使用子装配，对于大型装配有重要意义。

5. 装配树

所有的部件添加在基部件上面，形成一个树状的结构叫做装配树。整个装配建模的过程可以看成是这棵装配树的生长过程，即从树根开始，生长出一个一个的树枝（部件），每个子树枝再生长出子树枝（子部件），直至最后长出叶子（零件）。这样，在一棵装配树中就记录了零部件之间的全部结构关系，以及零部件之间的装配约束关系。

3.7.2　装配约束技术

在装配建模过程中，通过在零部件之间施加配合约束以对零部件的自由度进行限制的技术称为装配约束技术。

1. 零部件自由度分析

零部件的自由度描述了零部件运动的灵活性，自由度越大，零部件运动越灵活。三维空间中一个零部件的自由度是6个，即3个绕坐标轴的转动自由度和3个沿坐标轴的移动自由度。给零部件的运动施加一系列约束限制后，零部件运动的自由度将减少。当某零部件的自由度为0时，则称为完全定位。

2. 装配约束分析

装配建模的过程可以看成是对零部件的自由度进行限制的过程。限制零部件自由度的主要方式是对零部件施加各种配合约束，通过配合约束来确定两个或多个零部件之间的几何关系。在装配建模中常用的配合约束类型主要有点、线、面的对齐关系、相切关系、平行关系、角度关系、距离关系等。

3. 装配约束规划

使用各种约束都将会减少零件的自由度，每当在两个零件之间添加一个装配约束时，它们之间的一个或多个自由度就被消除了。例如，对齐约束中的共点约束去除了3个移动自由度，共线约束去除了 2 个移动自由度和 2 个转动自由度，共面约束去除了 1 个移动自由度和 2 个旋转自由度。由装配约束的自由度分析可知，任意的单个约束形式都无法完全确定零件之间的关系，一般情况下，一个部件的定位往往需要添加几个约束。在添加约束的过程中，要注意以下问题：

1）先后添加的约束不能互相矛盾。

2）优先使用平面约束。

3）优先使用实体表面的约束。

4）对称的情况尽量参考对称面。

5）避免出现过约束状态。

3.7.3 装配建模方法

在进行产品装配建模时，有两种典型的方法，即“自底向上”的装配设计方法和“自顶向下”的装配设计方法。

“自底向上”的装配设计是一种模仿实际产品装配过程的方法，即事先创建好所有的零件模型，然后把创建好的零件装配成部件，再把零部件装配成完整的产品。这种方法由最底层的零件开始展开装配，并逐级逐层向上进行装配建模，最后得到的产品位于装配模型的最上层。

“自顶向下”的装配设计模仿产品的开发过程，首先从产品的总体设计开始，确定产品的总体设计原则和总体设计方案，考虑产品的构成，把产品分解为一系列的部件，并大致确定部件的结构和尺寸，然后进入部件设计，最后进行零件的详细设计。当零件设计完成后，产品的设计也基本完成。

自底向上设计的优点是零部件设计相对独立，零部件的相互关系及重建行为较为简单。

自顶向下设计的优点在于：可以首先申明各个子装配或零件的空间位置和体积，设定全局性的关键参数，这些参数将被装配中的子装配和零件所引用，这样当总体参数在随后的设计中逐步确定并发生改变时，各个零件和子装配将随之改变，这样更能发挥参数化设计的优越性，使各个装配部件之间的关系变得更加密切。在设计总体方案确定以后，所有承担设计任务的小组和个人就可以依据总装设计迅速开展工作，可以大大加快设计进程，做到高效、快捷和方便。

两种装配设计方法各有所长，并各有其应用场合。例如，在开发标准化、系列化产品时，产品的零部件结构相对稳定，零件设计基础较好，大部分的零件模型已经具备，只需要补充部分设计或修改部分零件模型，这时，采用自底向上的装配设计方法就比较恰当。

在产品创新设计中，零件结构细节事先不可能非常明确，设计时总是从比较抽象的装配模型开始，边设计、边修改，逐步求精，这时很难开展自底向上的设计，而必须采取自顶向下的设计方法。自顶向下的设计方法使设计人员能有效地把握产品整体的设计情况，一直着眼于零部件之间的关系，并且能够及时地发现、调整和修改设计中的问题。采取这种逐步求精的设计方法能实现设计的一次成功，提高设计效率和质量。

当然，两种方法不是截然分开的，完全可以根据实际情况综合应用这两种装配设计方法来开展产品设计，这就是所谓的混合装配设计方法。在实际设计中，混合装配方法有更大的灵活性和运用范围。

1. 自底向上的设计

采用自底向上设计方法的装配建模，其基本步骤如下：

1）零件设计。逐一构造装配体中所有的零件模型。

2）装配规划。对产品装配进行规划。对复杂产品，应采用按部件划分成多层次的装配方案，进行装配数据的组织和实施装配。特别是对一些变化很少的通用零部件，事先作成独立的子装配文件，需要时引入装配模型。当需要修改零部件时，可以打开相关文件，在较小规模的数据文件中进行修改。同时，考虑好产品的装配顺序，确定零部件的引入顺序，以及零部件之间的配合约束方法。

3）装配操作。在上述准备工作基础上，采用系统提供的装配命令，逐一把零部件装配成装配模型。

4）装配管理和修改。随时可对装配体及其零部件构成进行管理和各项修改操作。

5）装配分析。在完成了装配模型后，应进行装配干涉状态分析、零部件物理特性分析等，若发现干涉碰撞现象，物理特性不符合要求，需对装配模型进行修改。

6）其他图形表示。如需要可生成爆炸图、工程图。

2. 自顶向下的设计

采用自顶向下设计方法的装配建模，其基本步骤如下：

（1）明确设计要求和任务　确定诸如产品的设计目的、意图、产品功能要求、设计任务等方面的内容。

（2）定义大致的装配结构　这一步要把装配的各个子装配勾画出来，至少包括子装配的名称，形成装配树。每个部件可能来自一个已有的设计，或者仅仅包括定位基准面甚至为空部件，不过随后就可以进行细化。这些结构是产品总设计师设计并维护的，其结果将公布给所有其他参加设计的人员。这一步的具体内容包括以下几点：

1）划分装配体的层次结构，并为每一个子装配或部件取名。由于采用层次结构表达装配体，可以采取逐步划分的方法，逐步地扩充装配体的细节。

2）全局参数化方案设计。由于这种设计方法更加注重零部件之间关系的协调，设计过程中的修改更加频繁，因此，应该设计一个灵活的、易于修改的全局参数化方案。

3）规划零部件之间的装配约束方法。应该事先规划好零部件之间的装配约束方法。考虑到装配结构的层次关系，这种装配约束规划可以逐渐深入。

（3）设计骨架模型　每一个子装配都有一个骨架模型，用来在三维设计空间确定装配的空间位置和大小、部件与部件之间的关系及简单的机构运动模型。骨架模型包含整个装配的重要设计参数，这些参数可以被各个部件引用，所以骨架模型是装配设计的核心。

（4）部件级设计与装配　部件级设计与装配采取由粗到精的策略，首先设计零部件的轮廓，暂时不考虑细节。大致轮廓要求能基本反映零部件的结构，对于一些主要的配合部位，要尽量详细，同时注意全局设计变量的使用。在粗略的几何模型基础上，再按照装配规划，对初始轮廓模型加上正确的装配约束。采取同样的方法对部件中的子部件进行由粗到精的设计，直至出现零件的轮廓。

（5）零件级设计　零件级设计采取基于特征的参数化或变量化造型的方法细化零件结构，修改零件尺寸。随着零件级设计的深入，可以继续在零部件之间补充和完善装配约束。

（6）生成工程图　装配设计结束后，可以直接生成爆炸视图、二维装配工程图及零件材料表。

3.8 复习思考题

1. 什么是几何建模技术？几何建模技术为什么必须同时给出几何信息和拓扑信息？
2. 什么是体素？体素中的交、并、差运算是何含义？
3. 简述边界表示法的基本原理和建模过程。
4. 简述 CSG 表示法的基本原理和建模过程。
5. 试以回转体为例，说明特征建模的基本思想。
6. 举例说明特征建模的数据结构特点。
7. 试述 Bézier 曲线的几何特征和各曲线的拼接条件。
8. B 样条曲线表达式与 Bézier 曲线表达式有何异同？B 样条曲线由哪些控制量决定？
9. 试述一次、二次、三次均匀 B 样条曲线段的几何特征。
10. 为什么会提出 NURBS 曲线曲面？NURBS 曲线的权因子具有怎样的几何意义？它是如何影响曲线形状的？
11. 装配建模方法主要有哪两类，各自有什么优点，适用于什么场合？

参考文献

[1] 刘极峰. 计算机辅助设计与制造 [M]. 北京：高等教育出版社，2004.
[2] 王先逵. 计算机辅助制造 [M]. 北京：清华大学出版社，1998.
[3] 武良臣，李勇，郑友益. 先进制造技术 [M]. 徐州：中国矿业大学出版社，2001.
[4] 宁汝新，赵汝佳，欧宗瑛. CAD/CAM 技术 [M]. 北京：机械工业出版社，2005.
[5] 蔡颖，薛庆. CAD/CAM 原理与应用 [M]. 北京：机械工业出版社，2001.
[6] 王隆太，朱灯林，戴国洪. 机械 CAD/CAM 技术 [M]. 北京：机械工业出版社，2002.
[7] 王贤坤，陈淑梅，陈亮. 机械 CAD/CAM 技术、应用与开发 [M]. 北京：机械工业出版社，2002.
[8] 刘子建，黄红武，宗子安. 计算机辅助设计（CAD）原理与应用技术 [M]. 长沙：湖南大学出版社，1998.
[9] 姚英学，蔡颖. 计算机辅助设计与制造 [M]. 北京：高等教育出版社，2002.
[10] 杨岳，罗意平. CAD/CAM 原理与实践 [M]. 北京：中国铁道出版社，2002.
[11] 王定标，郭茶秀，向飒. CAD/CAE/CAM 技术与应用 [M]. 北京：化学工业出版社，2005.
[12] 肖祥芷，王义林. 模具 CAD/CAE/CAM [M]. 北京：电子工业出版社，2004.

第4章　计算机辅助制造（CAM）技术

4.1　概述

4.1.1　计算机辅助制造的基本概念

计算机辅助制造（Computer Aided Manufacturing，简称CAM）是指计算机在产品制造方面有关应用的总称。CAM有广义和狭义之分，广义CAM一般是指利用计算机辅助从毛坯到产品制造过程中的直接和间接的活动。包括工艺准备（计算机辅助工艺设计、计算机辅助工装设计与制造、NC（数字控制，简称数控，Numerical Control）自动编程、工时定额和材料定额编制等）、生产作业计划、制造过程控制、质量检测与分析等。狭义CAM通常仅指数控程序的编制，包括刀具路径的规划、刀位文件的生成、刀具轨迹仿真以及NC代码的生成等。

4.1.2　计算机辅助制造的基本功能

从狭义上说，计算机辅助制造是指计算机辅助机械加工，而且更明确地说是计算机辅助数控加工，其基本功能包括：

1）工艺分析和加工参数设置功能。根据所输入零件工艺过程设计的工艺文件，对各工序设定切削用量、刀具补偿、加工坐标原点（刀具起点）等参数，其所需原始数据均取自工艺文件，按实际所选数控机床的情况进行设置。

2）几何分析功能。分析零件的图形文件，得到图形的一些特征参数，并将这些参数传递给加工子程序，用以协助加工的自动完成。

3）刀位轨迹生成功能。其作用是设计刀具的运动轨迹，产生历史文件和刀位文件。根据加工工艺调用相应的加工子程序，自动产生该加工的详细描述，这些描述及零件的图形被记录为历史文件（类似数控APT语言的描述），同时也产生了刀位文件（二进制或ASCII格式）。加工子程序是各种加工方法的处理程序，它是对各种加工方法的具体描述，所提供的加工方法越多，软件应用的范围越广。

4）刀位仿真功能。其作用是检验刀位轨迹、避免刀具与工件被加工轮廓的干涉，优化刀具行程路径等。

5）后置处理功能。产生所用具体数控机床的数控程序。

6）加工过程仿真功能。进行刀具、夹具、机床、工件之间的运动仿真，以检查数控程序编制的正确性以及刀具、夹具、机床、工件之间是否存在干涉和碰撞。

4.1.3　计算机辅助制造的软件和硬件

CAM的运行环境是由软件、硬件和人三部分组成的。硬件设备是CAM运行环境的基础，软件系统是核心，人是关键。硬件系统的性能和 CAM 功能的实现必须通过软件系统实现，CAM 具有较高的技术含量，它需要在人的操纵下，以人机交互的方式工作。只有高素质的技术人才才能把 CAM 系统的先进性能充分发挥出来，为企业创造效益。

1. 计算机辅助制造的硬件

（1）高性能的计算机　计算机是硬件系统的核心，CAM 系统的所有计算、分析和控制都是由计算机完成的，计算机的类型和性能在很大程度上决定 CAM 系统的使用性能，而高性能计算机应具备较高的运算速度和大容量的内存。

（2）大容量的存储器　随着图形、图像、声音等多媒体数据在 CAM 系统中被广泛应用，CAM 系统的软件规模迅速扩大，所以 CAM 系统占用的存储及工作空间也越来越大。

内存储器用于存储 CPU 的工作程序、指令和数据。根据存储信息的功能，内存储器分为读写存储器（RAM）、只读存储器（ROM）以及高速缓冲存储器（Cache）。RAM 是 CPU 用于存取信息的随机存储器，可以随意、不按顺序地存取信息。但是如果断电，在 RAM 中的数据将丢失，停机前，应将当前处理过的有用信息存入外存储器，以被后用。ROM 主要用于存储启动引导程序和基本输入输出程序等，CPU 只能从中读出信息，不能写入信息，ROM 中的信息是事先固化好的，即使断电也不会丢失。随着高速处理器的出现，处理的速度大大提高，而 RAM 的存取速度却跟不上，两者之间出现了“等待”现象，为了弥补这种存取速度的不匹配，可在处理器或主板上分别加入小容量的高速存储器（如高速缓冲存储器 Cache），在运算处理时，CPU 先在 Cache 中读写数据，提高了读写速度，从而克服了内存读写速度比微处理器速度慢的缺陷。

内存的容量有限，造价高，内存中的信息断电后即消失，无法永久保存信息，因此要采用外存储器，而且，采用虚拟内存管理技术，外存储器可用于扩大逻辑工作内存容量。目前最常用的外存储器就是硬盘和光盘。

（3）灵活的人机交互能力　CAM 系统是一个人机交互系统。人机交互设备是 CAM 系统的重要硬件资源，其主要由输入设备和图形显示设备组成，如键盘、鼠标、数字化仪、数码相机、触摸屏、扫描仪等。

（4）逼真的图形输出能力　由于 CAM 系统的应用主要表现为图形图像的处理、显示和输出，因此，对输出设备的图形处理能力的要求也相应提高。目前，CAM 系统中普遍采用的输出设备主要包括显示器、打印机和绘图机等。

（5）良好的通信网络功能　为了实现系统集成，使位于不同地点的不同部门之间能够进行信息交换及协同工作，需要利用计算机网络将其连接，形成网络化的 CAM 系统。

构成 CAM 系统网络的硬件设备主要包括网络适配器（网卡）、传输介质（双绞线、同轴电缆和光缆）等。从应用上说，借助网卡、传输介质等就可以组建 CAM 系统的局域网。为了提高网络性能，保证在局域网内、局域网之间或不同网络之间能够有效地传输信息，在组建 CAM 系统的计算机网络时，一般还要根据具体情况选用中继器、集线器（HUB）、网关（Gateway）等互联设备。

2. 计算机辅助制造的软件

CAM 系统的软件可以分为三个层次：系统软件、支撑软件和应用软件。

（1）系统软件　系统软件主要负责管理硬件资源以及各种软件资源，是应用和开发

CAM 系统的软件平台，一般包括操作系统、网络系统、窗口系统。如目前微机上流行的窗口系统 Windows 2000 和 Windows NT，工作站上流行的 UNIX 操作系统，苹果机上运行的 Mac 操作系统等。

（2）支撑软件　CAM 系统的支撑软件是指那些直接支持用户进行 CAM 工作的通用性功能软件。按功能主要分为：三维绘图支撑软件，三维造型软件，分析及优化设计软件。按软件功能的多少，一般又可分为功能集成型软件和功能独立型软件。集成型比较齐全，是开展 CAM 的主要软件。目前市面上流行的 CAM 系统支撑软件主要有：Pro/Engineer、UG、MasterCAM、SolidWorks、CATIA、CAXA-ME 等。

CAM 系统的支撑软件是一类最重要的软件环境，它们的商品化程度很高，由一些著名的专业化公司开发，因此软件的规模很大，价格昂贵。

（3）专用应用软件　专业应用软件是指针对用户具体要求而专门开发的软件。在实际应用中，根据用户的一些特殊要求，需要在通用的 CAM 软件基础上进行二次开发，增加一系列特殊功能，或者是基于一些通用的开发环境（如 VC），开发全新的软件系统，这些软件就是专门的应用软件。由于专门应用软件和具体应用有关，所以它的形式不一，功能多样，应用领域较小，但数量较大。

4.1.4　计算机辅助制造技术的发展

CAM 技术始于 20 世纪 50 年代。1952 年美国帕森斯公司和麻省理工学院合作研制出全世界第一台数控机床（三坐标数控铣床），很好地完成了直升机叶片轮廓检查用样板的加工，1955 年美国麻省理工学院在通用计算机上研制成功自动编程系统（APT），实现了 NC 程序编程的自动化，这标志着柔性制造时代的开始，成为 CAM 软、硬件的开端。

1967 年，英国莫林公司首先建造了一条由计算机集中控制的自动化制造系统（称为莫林 24），紧接着，美国辛辛那提公司又研制了一条与莫林 24 类似的系统，并于 20 世纪 70 年代初定名为柔性制造系统（Flexible Manufacturing System，简称 FMS）。FMS 可同时完成不同零件，不同工序的制造任务，并且各制造设备之间通过物料的自动输送、自动存储系统实现柔性联系将整个物流过程置于计算机集中控制和集中监视之下，使之能在停机调整的情况下以最短的时间向另一种零件转换。

20 世纪 70 年代中期，随着大规模集成电路的出现，计算机的性能成倍提高，体积及成本大大下降，从而促进了柔性制造技术迅猛发展，各种计算机数控（CNC）技术获得了广泛的应用。

在软件方面，近年来，国内外的研究人员在 APT 的基础上，相继开发了许多适用于各种小型机、微型机的自动编程系统。数控编程与 CAD 和 CAPP 的集成，是近年来数控自动编程发展的一个重要的方向，数控编程与 CAD 的集成是指在 CAD 系统提供的图形信息基础上，直接进行编程。目前，这种集成方式主要有三种：第一种是集成数控编程，即把 NC 模块作为 CAD 系统的一个组成部分，可以对零件设计和加工中的信息进行集成处理；第二种是将 CAD 输出的数据以标准接口的方式传递给数控编程系统；第三种是通过 CAD 系统直接产生一个针对特定数控语言的专用零件源程序，然后由后置处理系统生成数控程序。数控编程与 CAPP 的集成主要有两种：一种是先生成 APT 类程序，然后通过后置处理系统将此 APT 程序翻译成数控程序；另一种方式是直接将刀具路径计算的结果（即刀位文件）转换成为特定的数控系统的指令代码，从而生成数控程序。

数控编程与 CAD、CAPP 的集成，不仅可以从根本上提高 NC 自动编程的效率，同时也为实现计算机集成制造（CIMS）奠定了坚实的基础。

CAM 技术的发展受众多因素的影响，下面从制造硬件、信息应用方式及 CAM 系统的网络化三方面来看 CAM 的发展。

1. 制造硬件对 CAM 技术的影响

CAM 技术的发展在很大程度上依赖于硬件技术的发展，其不仅依赖于计算机设备，而且与制造装备相关的硬件发展紧密联系。可以说，计算机网络设备、制造装备、检测与监控装置以及由它们所组成的制造执行系统是实施 CAM 技术的硬件基础，并决定着 CAM 技术的应用层次。

（1）制造装备对 CAM 技术的影响　自 20 世纪 50 年代数控加工装备诞生以来，高效地辅助数字化加工一直是 CAM 技术发展的目标。实现这一目标的途径之一就是数控编程的自动化。在制造硬件方面，为方便数控加工，制造装备的数字化控制经历了配置专用数控系统、计算机数控系统、开放式数控系统等多个发展阶段，数控指令的输入也从“卡片与纸带 + 读码机”、“磁带与磁盘 + 计算机”发展到“数据文件 + 局域网和广域网传输”。目前，新型的 CNC 机床包含了网络化接口、Web 服务接口等功能，这使得实现网络化的 CAM 技术有了制造装备方面的硬件保证。

自 20 世纪 90 年代以来，各种新概念制造装备的出现使得 CAM 技术在适应制造装备的变化方面有所拓展。典型的如以叠层相加为特征的零件快速成型制造装备（LOM、SLS、SLA 等类型的快速成型机）、基于机器人运动机理的多轴数控加工装备（并联机床）。虽然它们仍采用数控技术进行加工控制，但在数控轨迹生成逻辑、控制与调度、信息管理等方面的变化使得 CAM 技术有了新的内涵。

（2）检测、监控装置对 CAM 技术的影响　CAM 技术的另一个重要环节是制造属性数据、制造过程数据、制造故障数据等能实现双向流动，尤其是从设备向高层管理计算机的流动。这种流动依赖于检测、监控装置的配置，其中，传感器起关键作用。

一般而言，数控制造装备需要反馈的数据有位置信号、运动信号、动态力信号、多域能量信号等，其反映在制造装备上则体现为刀具磨损、主轴转速、进给负载、热变形、工件尺寸精度等。为了有效地处理上述数据，检测、监控装置必须通过 A/D 转换或直接的数字信号采集来对数据进行分析与综合。目前，基于虚拟仪器思想的检测装置常用于制造装备的检测与故障诊断。为适应网络化的需求，检测与监控装置普遍配备网络接口功能。此外，基于 IP 的传感器也已出现。这使得检测、监控装置可以一种基于 Web 的服务模式实现自底而上的数据传递。

（3）制造执行系统对 CAM 技术的影响　CAM 技术依赖于相应的制造模式，而不同的制造模式针对不同类型的制造执行系统所进行的加工过程控制、监测、处理、变换、管理技术亦不相同。

从演变过程来看，工业化时代的制造模式已经历了大批量刚性生产模式、柔性生产模式以及混合生产模式，并正在向批量客户化生产模式演化。其对应的制造系统有大批量刚性生产系统、柔性制造系统、大批量定制制造系统等。面向这些制造系统的 CAM 技术在底层的辅助数控编程、现场监控等基础技术方面相对来说变动较小，而在高层的过程控制、管理等方面变化则很大。造成这种现象的主要原因是制造执行工作流的变更和待制造产品的信息特性导致的制造活动组织的变更。例如，在大批量生产条件下，质量控制图对控制产品加工质量极为有效；而对于单件小批量柔性生产条件下，人们不得不采用新的质量控制法（如基于贝叶斯预测理论的动态质量控制方法）来实现对产品加工质量的控制。质量控制作为CAM技术的一个环节会因制造执行系统的不同而有所变化。

2. 信息应用方式对CAM技术的影响

在相关硬件的支持下，CAM技术通过软件来实现制造辅助功能，其实质就是以待制造的产品信息为输入，通过处理、变换、传递、存储、管理因使用制造执行系统所产生的属性与过程数据、故障数据、产品相关的派生数据，从提升制造信息附加值的角度达到应用CAM技术提高产品加工效率与质量的目的。简而言之，CAM技术的实质是对制造信息的应用与处理。

（1）不同的产品模型对CAM技术的影响　产品模型是CAM系统的输入，不同的产品模型表达方式影响着CAM软件系统的开发方法。以快速成形机为例，其用于加工的零件输入模型采用三角面片表示，并形成了一种称之为STL的工业事实标准文件格式，基于快速成形加工的CAM系统将围绕该种零件模型进行辅助加工处理。

直接利用三维CAD模型进行数控编程是近年来商用CAD/CAM系统常采用的方法。为实现相关编程工作，把诸如孔、平面、槽、型腔、凸台等加工特征当作基本要素，以实现数控代码的生成。当三维CAD模型不具备加工特征表达时，特征识别算法将用于加工特征的重构。这里，特征识别算法与三维CAD模型的几何描述机制有关。例如，针对B-Rep表达方法的常用加工特征识别算法有面邻接图法；针对CSG表达方法的则有CSG特征子树匹配与遍历算法等。

在需要通过图样实现数控编程的情况下，对于简单的待加工形状，可通过计算刀位路径直接编写数控代码。对于较为复杂的零件，则可通过先生成APT或EXAPT程序，然后再将其自动编译，用后置处理程序自动生成数控代码。

同样，产品信息模型也影响着后续加工活动的控制、调度与管理。

（2）数控编码形态对CAM技术的影响　数控编程的终极目标是产生数控代码。当前产品信息模型驱动的不同编程模式主要用于产生按ISO6983（DIN66025）标准定义的数控代码。CAM系统中用于产生数控代码的模块包括产品信息模型输入、特征识别、刀位与刀具偏置计算、后置处理等。当数控代码生成后，加工特征信息、工序信息再次失去。这给后续的加工控制、调度与管理带来了一定的难题。

为解决这方面的问题，一种新型的、含有高层语义信息的数控后置处理文件格式STEP-NC正由STEP标准的应用协议AP238所定义，它是CAM与CNC间的接口，其文件中的代码在量级上大致相当于传统数控文件中的G、M代码。AP238文件可由CAD/CAM系统自动产生，当AP238文件输入到CNC机床后，由STEP-NC控制器根据该文件直接驱动机床进行加工操作。其中，STEP-NC控制器包括STEP-NC解析器和底层NC内核。

STEP-NC出现的一种直接结果是CNC数控编程模块在实现逻辑上需做相应的调整。可见，数控编码形态对CAM系统数控编程模块的实现有很大的影响。

（3）制造信息处理模式对CAM技术的影响　CAM系统在支持数控编程、加工调度、监测与质量控制过程中，采用不同的制造信息处理模式会产生不同的CAM系统开发逻辑与应用流程。例如，在采用 CAM 系统辅助加工调度、监测与质量控制活动时，以制造设备为基点，制造信息处理模式有三种：单机模式、以制造设备作为客户端节点模式、以制造设备作为服务器端节点模式。其中，后两种信息处理模式与网络化密切相关，且能支持“边传输边加工”的数控加工模式。同理，数控编程也同样具备这三种模式。

3. CAM 系统的网络化

CAM 系统的网络化包含两方面的含义：CAM 制造硬件的网络化、CAM 软件的网络化。

（1）CAM 制造硬件的网络化

1）制造设备的网络化接口问题。由于制造装备是制造硬件的基本要素，因此，为达到支持 CAM 系统的制造硬件的网络化，首先应使制造装备具备网络化接口。

传统的数控设备一般采用 RS232 标准串口，这种标准串口常用来实现传统设备的互联，以便完成数控指令网上传输、加工工况数据反馈等功能。

当前，新型数控制造装备采用以太网接口，有些还带有不同类型的现场工业总线接口。因此，其实现 CAM 系统的网络化更为容易。

2）制造装备的网络互联协议问题。数控制造装备在互联的过程中，需要网络互联协议的支持。若需要实现远程操作功能，则网络互联协议还有实时性和抗干扰能力方面的要求。

目前，具有远程实时操作及抗干扰能力的网络包括早期用于制造系统互联的 MAP 网，以及现今广泛应用的工业现场总线、实时工业以太网等。其中，目前已得到应用且列为 IEC61158 国际标准的现场总线共有八种（FF 的 H1、FF-HSE、Profibus、INTERBUS、P-NET、WorldIFP、ControlNet、SwiftNet）；而工业实时以太网则有 EthernetIP、FF-HSE、Profi-Net、IDA 等。

应指出的是，不同的现场总线间存在互操作方面的障碍。由于在通信协议层面上与互联网兼容，利用实时工业以太网实现数控制造装备的网络互联更具优势。

（2）CAM 软件的网络化　CAM 软件的网络化可通过三种形式实现，即通过网络数据库集成单机版 CAM 软件、采用 C/S 结构实现 CAM 软件、采用 B/S 结构实现 CAM 软件。

1）基于网络数据库的 CAM 集成。这种 CAM 软件的网络化并不是真正意义上的网络化，而是有效利用已有单机版 CAM 软件并通过共享数据库实现制造数据分享的一种形式。由于涉及到制造数据的共享问题，因此必须给 CAM 软件附加若干辅助模块，如数据库文件远程读写模块、数据库操作权限管理模块、数据一致性维护模块等。

2）基于 C/S 结构的 CAM 软件。基于 C/S 结构的 CAM 软件是常用的一种网络化实现形式，其基本出发点是将 CAM 软件划分为服务器端软件和客户机端软件两部分。其中，服务器端软件主要实现 CAM 的各种功能，且常安装在管理层的计算机中；而客户机端软件则主要实现基于用户图形界面的输入/输出功能，其安装位置根据需要而定，包括安装在制造装备的前端计算机中。

基于 C/S 结构的 CAM 软件由于需要在客户端安装相关的软件，因此使用这种 CAM 软件受客户端地理位置的限定。

3）基于 B/S 结构的 CAM 软件。基于 B/S 结构的 CAM 软件是当前流行的一种网络化实现形式，其逻辑是将 CAM 软件全部安装在服务器端，而在客户机端则不安装任何 CAM 软件。CAM 软件的运行可在任意地点的客户端通过标准的 Web 浏览器完成。当使用者在任一客户端通过 Web 页面启动 CAM 软件后，相应的交互界面也是以 Web 页面、Java Applet 或

ActiveX控件等形式出现。

基于B/S结构的CAM软件既可安装在管理层的计算机中，亦可安装在底层的制造装备的前端计算机中。其中，前一种安装方式是指底层所产生的制造数据由高层（即管理层）采集、处理与发布；后一种安装方式是指制造装备所产生的制造数据是通过Web服务的方式直接向外发布。

4.2 计算机辅助数控加工的实现

4.2.1 数控编程基础

1. 数控编程的概念

数控加工工作过程，如图4-1所示。在数控机床上加工零件时，要预先根据零件加工图样的要求确定零件加工的工艺过程、工艺参数和走刀运动数据，然后编制加工程序，传输给数控系统，在数控装置内部的控制软件支持下，经过数据处理与计算，发出相应的进给运动指令信号，通过伺服系统使机床按预定的轨迹运动，进行零件的加工。

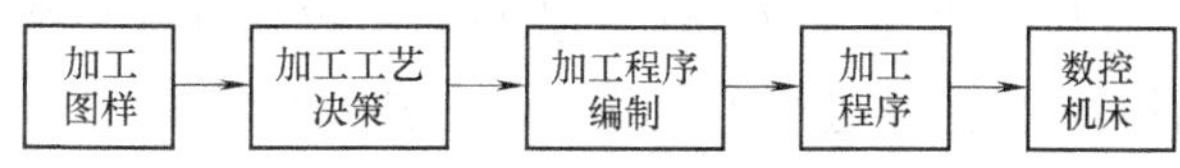

图4-1 数控加工工作过程

在数控机床上加工零件时，编写的零件加工程序清单称为数控加工程序。该程序用数字代码来描述被加工零件的工艺过程、零件尺寸和工艺参数（如主轴转速、进给速度等），将该程序输入数控机床的NC系统，控制机床的运动与辅助动作，完成零件的加工。

根据被加工零件的图样和技术要求、工艺要求等切削加工的必要信息，按数控系统所规定的指令和格式编制成加工程序文件，这个过程称为零件数控加工程序编制，简称数控编程。

2. 数控编程方法

数控程序编制的方法可以分为两种：手工编程和自动编程。

（1）手工编程方法 从分析零件图样、制订工艺规程、计算刀具运动轨迹、编写零件加工程序单、制备控制介质直到程序校核，整个过程都是由人工完成的，这种编程方法称作手工编程。

对于几何形状不太复杂的零件，计算较简单，加工程序不多，穿孔纸带不很长，采用手工编程较容易实现。但是，对于具有非圆曲线、列表曲线轮廓的形状复杂的零件，特别是对于具有列表曲面、组合曲面的零件或者虽然零件几何元素并不复杂，但程序量很大的零件（如一个零件上有数千个孔），以及当轮廓铣削时，数控装置不具备刀具半径自动偏移功能，而只能按刀具中心的运动轨迹进行编程等情况，计算相当繁琐，程序量非常大，手工编程难以胜任，甚至无法编出程序来。据国外统计以及我国的生产实践表明，用手工编程时，一个零件的编程时间与机床上加工时间之比约为30:1。而且数控机床往往由于零件加工程序编不出来而没有发挥其功能。

（2）自动编程方法 数控机床程序编制工作由计算机完成的方法称为自动编程的方法。

这种编程方法是由计算机进行工艺处理、数值计算、编写零件加工程序、自动输出零件加工程序单，并将程序自动记录到穿孔纸带或其他的控制介质上。其也可由通信接口将程序直接输入到数控系统，控制机床进行加工。

自动编程是采用计算机辅助数控编程技术实现的，需要一套专门的数控编程软件。现代数控编程软件主要分为以批处理命令方式为主的各种类型的语言编程系统和交互式 CAD/CAM 集成化编程系统。

自动编程工具（Automatically Programmed Tool，简称 APT），是对工件、刀具的几何形状及刀具相对于工件的运动等进行定义时所用的一种接近于英语的符号语言。APT 语言自动编程是指在编程时编程人员依据零件图样，以 APT 语言的形式表达出加工的全部内容，再把用 APT 语言编写的零件加工程序输入计算机，经 APT 语言编程系统编译产生刀位文件（CL Data file），最后通过后置处理生成数控系统能接受的零件数控加工程序。

采用 APT 语言自动编程时，计算机（或编程机）代替程序编制人员完成了繁琐的数值计算工作，并省去了编写程序单的工作量，因而可将编程效率提高数倍到数十倍，同时解决了手工编程中无法解决的许多复杂零件的编程难题。

交互式 CAD/CAM 集成系统自动编程是现代 CAD/CAM 集成系统中常用的方法，在编程时编程人员首先利用计算机辅助设计（CAD）或自动编程软件本身的零件造型功能，构建出零件几何形状，然后对零件图样进行工艺分析，确定加工方案，其后还需利用软件的计算机辅助制造（CAM）功能，完成工艺方案的制订、切削用量的选择、刀具及其参数的设定，自动计算并生成刀位轨迹文件，利用后置处理功能生成指定数控系统用的加工程序。因此我们把这种自动编程方式称为图形交互式自动编程。这种自动编程系统是一种 CAD 与 CAM 高度结合的自动编程系统。

集成化数控编程的主要特点：零件的几何形状可在零件设计阶段采用 CAD/CAM 集成系统的几何设计模块在图形交互方式下进行定义、显示和修改，最终得到零件的几何模型。编程操作都是在屏幕菜单及命令驱动等图形交互方式下完成的，具有形象、直观和高效等优点。

3. 数控编程的内容与步骤

正确的加工程序不仅要保证加工出符合图样要求的合格工件，同时要能使数控机床的功能得到合理的应用与充分的发挥，使数控机床能安全、可靠、高效地工作。数控加工程序的编制过程是一个比较复杂的工艺决策过程。一般来说，数控编程的主要内容包括：分析零件图样，进行工艺处理，确定工艺过程；数学处理，计算刀具中心运动轨迹，获得刀位数据；编制零件加工程序；制备控制介质；校核程序及首件试切。数控编程一般分为以下几个步骤（见图 4-2）：

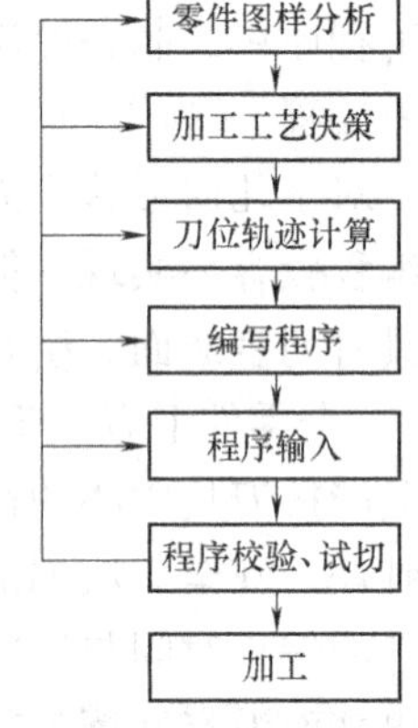

图 4-2　数控编程过程

（1）分析零件图样，进行工艺处理　编程人员首先需要对零件的图样及技术要求进行详细的分析，明确加工的内容及要求。然后，确定加工方案、加工工艺过程、加工路线，设计工装夹具，选择刀具以及合理的切削用量等。工艺处理涉及的问题很多，数控编程人员要注意以下几点：

1）确定加工方案。根据零件的几何形状特点及技术要求，选择加工设备。此时应考虑数控机床使用的合理性及经济性，并充分发挥数控机床的功能。

2）正确地确定零件的装夹方法及选择夹具。在数控加工中，应特别注意减少辅助时间，使用夹具要加快零件的定位和夹紧过程，夹具的结构应比较简单。使用组合夹具有很大的优越性，其生产准备周期短，标准件可以反复使用，经济效果好。另外，夹具本身应该便于在机床上安装，便于协调零件和机床坐标系的尺寸关系。

3）合理地选择走刀路线。应根据下面的要求选择走刀路线：①保证零件的加工精度及表面粗糙度；②选取最佳路线，即尽量缩短走刀路线，避免空行程，提高生产率，并保证安全可靠；③有利于数值计算，减少程序段和编程工作量。下面举例加以说明。

在精镗孔时，孔的位置精度要求较高，安排走刀路线时，必须避免将坐标轴的反向间隙误差带入而直接影响孔的位置精度。

切削外轮廓零件时，刀具应沿工件的切向切入切出，避免径向切入切出。如果刀具径向切入，当切入后转向轮廓加工时需要改变运动方向，此时切削力的大小和方向也将改变并且在工件表面有停留时间，工艺系统将产生弹性变形，使工件的工作表面产生刀痕。而切向切入切出则不会在工件表面产生刀痕，可得到良好的表面粗糙度。切削内、外圆时也应按照切向方向切入切出的原则安排走刀路线。

加工空间曲面时，走刀路线如果选择正确，可极大地提高生产率。例如：在加工半椭圆柱面时，如沿母线切削，即每次走直线，刀位点计算简单，程序段少。若不沿垂直于轴线方向切削，则走刀路线为一组椭圆，数控机床一般只具有直线和圆弧插补功能，因此椭圆需用小直线段逼近，刀位点计算复杂，且程序段多。

4）正确选择对刀点。数控编程时，正确选择对刀点是很重要的。“对刀点”就是在数控加工时，刀具相对工件运输的起点。编程时，应首先选择对刀点，其选择原则如下：①选择对刀的位置（如程序的起点）应使编程简单；②对刀点在机床上容易找正，方便加工；③加工过程便于检查；④引起的加工误差小。

对刀点可以设在加工零件上或夹具上或机床上，但必须与零件的定位基准有确定的关系。为了提高零件的加工精度，对刀点应尽量选在零件的设计基准或工艺基准上。对于以孔定位的零件，可以取孔的中心作为对刀点。对刀点不仅仅是程序的起点，而且往往又是程序的终点，因此在生产中要考虑对刀的重复精度。对刀时，应使对刀点与刀位点重合。所谓刀位点，是指刀具的定位基准点。对立铣刀来说是球头刀的球心、对于车刀是刀尖、对于钻头是钻尖，为了提高对刀精度可采用千分表或对刀仪进行找正对刀。

在工艺处理中必须正确选择切削深度和宽度、主轴转速、进给速度等。切削参数具体数值应根据数控机床使用说明书、切削原理中规定的方法并结合实践经验加以确定。

5）合理选择刀具。数控编程时还需合理正确选择刀具。根据工件的材料性能、机床的加工能力、数控加工工序的类型、切削参数以及其他与加工有关的因素来选择刀具。对刀具的总体要求是安装调整方便、刚性好、精度高、寿命长等。

（2）数学处理　根据零件的几何形状，确定走刀路线及数控系统的功能，计算出刀具运动的轨迹，得到刀位数据。数控系统一般都具有直线与圆弧插补功能。对于由直线、圆弧组成的较简单的平面零件，只需计算出零件轮廓的相邻几何元素的交点或切点的坐标值，得出各几何元素的起点、终点、圆弧的圆心坐标值。如果数控系统无刀具补偿功能，还应计算刀具运动的中心轨迹。对于复杂零件，计算十分复杂。例如：对非圆曲线（如渐开线、阿基米德螺旋线等)，需要用直线段或圆弧段逼近，在满足加工精度的情况下，计算出曲线各节点的坐标值；对于自由曲线、自由曲面、组合曲面的计算更为复杂，一般需用计算机计算，否则难以完成。

数控编程中误差处理也是一个重要问题，数控编程误差由以下三部分组成：

1）逼近误差。用近似的方法逼近零件轮廓时产生的误差，它出现在用直线段或圆弧段直接逼近轮廓的情况，以及由样条函数拟合曲线的情况，此时亦称拟合误差。拟合误差往往难以确定。

2）插补误差。用样条函数拟合零件轮廓进行加工时，必须用直线或圆弧段作两次逼近，此时产生的误差称为插补误差。其误差范围根据零件的加工精度要求确定。

3）圆整误差。编程中数据处理、脉冲当量转换、小数圆整时产生的误差，对圆整误差的处理要注意，否则会产生较大的累积误差，从而导致编程误差增大，应采用合理的圆整化方法。

(3）编写零件加工程序　在完成上述工艺处理及数值计算后即可编写零件加工程序，按照规定的程序格式和编程指令，逐段写出零件加工程序。

(4）制备控制介质及输入程序　传统的数控机床程序的输入是通过穿孔纸带控制介质实现的。现在也可通过直接通信的方法将程序输送到数控系统中。

(5）程序检验及首件试切　准备好的程序和纸带必须校验和试切削才能正式加工。一般说来，纸带首先通过穿孔机的复校功能，检查穿孔是否有误。然后，将穿孔纸带上的信息输入到数控系统中进行空走刀检验。过去有的数控机床上，检验时以笔代替刀具，坐标纸代替工件进行空运转画图，检查机床运动轨迹与动作的正确性。现在，在具有图形显示屏幕的数控机床上，用显示走刀轨迹或模拟刀具和工件的切削过程的方法进行检查更为方便。对于复杂的空间零件，则需使用石蜡、木件进行试切。首件试切不仅可以查出程序是否有错误，还可知道加工精度是否符合要求。当发现错误时，应分析错误的性质及其产生的原因，或修改程序单，或调整刀具补偿尺寸，直到符合图样规定的精度要求为止。随着计算机科学的不断发展，可采用先进的数控加工仿真系统，对数控程序进行检验。

4. 数控编程术语与标准

(1）字符编码标准与加工程序指令标准化　以前广泛采用数控穿孔纸带作为加工程序信息输入介质，常用的标准纸带有五单位和八单位两种，数控机床多用八单位纸带，其标准尺寸如图 4-3 所示。纸带上表示代码的字符及其穿孔编码标准有（美国电子工业协会 EIA）制定的 EIA RS-244 和（国际标准化协会 ISO）制定的 ISO-RS840 两种标准。国际上大都采用 ISO 标准，由于 EIA 标准发展较早，有些数控机床仍应用 EIA 标准，现在我国规定新产品一律采用 ISO 标准。有些数控机床具有两套译码功能，既可采用 ISO 标准代码也可采用 EIA 标准代码。目前绝大多数的数控系统采用通用计算机编码，并提供与通用微型计算机完全相同的文件格式，以保存、传送数控加工程序。因此，纸带已逐步被现代化的信息介质所取代。

除了字符编码标准外，更重要的是加工程序指令的标准化，主要包括准备功能码（G 代码)、辅助功能码（M 代码）及其他指令代码。我国原机械工业部制定了有关 G 代码和 M 代码的 JB 3202—1983 标准，它与国际上使用的 ISO 1056—1975E 标准基本一致。

(2）数控机床的坐标系定义　数控机床通过各个移动件的运动产生刀具与工件之间的相对运动来实现切削加工。为表示各移动件的移动方位和方向（机床坐标轴)，在 ISO 标准

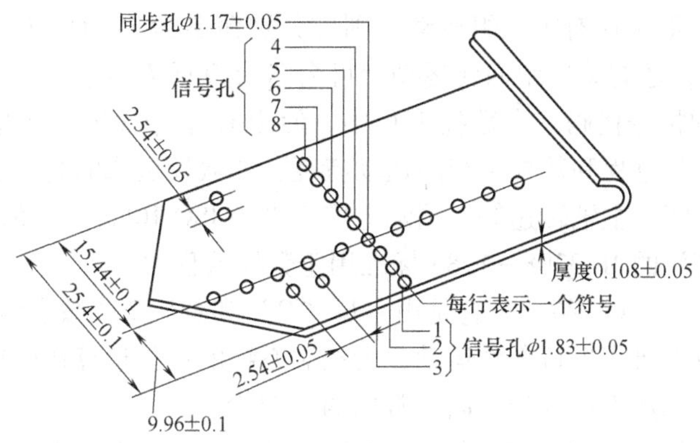

图 4-3　穿孔纸带

中统一规定采用右手直角笛卡儿坐标系对机床的坐标系进行命名，在这个坐标系下定义刀具位置及其运动的轨迹。

机床坐标的命名方法如图 4-4 所示。通常在坐标轴命名或编程时，不论在加工中是刀具移动，还是被加工工件移动，都一律假定工件相对静止不动而刀具在移动，并同时规定刀具远离工件的方向作为坐标轴的正方向。在坐标轴命名时，如果把刀具看做相对静止不动，工件移动，那么，在坐标轴的符号上应加注标记“′”，如 x'、y'、z'等。

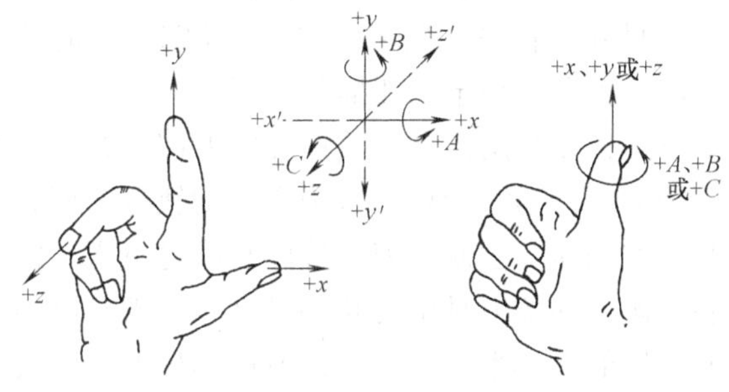

图 4-4　右手直角笛卡儿坐标系

确定机床坐标轴，一般是先确定 z 轴，再确定 x 轴和 y 轴。

1）确定 z 轴。对于有主轴的机床，如车床、铣床等则以机床主轴轴线方向作为 z 轴方向。对于没有主轴的机床，如刨床，则以与装卡工件的工作台相垂直的直线作为 z 轴方向。如果机床有几个主轴，则选择其中一个与机床工作台面相垂直的主轴作为主要主轴，并以它来确定 z 轴方向。

2）确定 x 轴。x 轴一般位于与工件安装面相平行的水平面内。对于机床主轴带动工件旋转的机床（如车床、磨床等），则在水平面内选定垂直于工件旋转轴线的方向为 x 轴，且刀具远离主轴轴线方向为 x 轴的正方向。对于机床主轴带动刀具旋转的机床，当主轴是水平时（如卧式铣床、卧式镗床等），则规定人面对主轴，选定主轴左侧方向为 x 轴正方向；当主轴是竖直时（如立式铣床、立式钻床等），则规定人面对主轴，选定主轴右侧方向为 x 轴正方向。对于无主轴的机床（如刨床），则选定切削方向为 x 轴正方向。

3）确定 y 轴。y 轴方向可以根据已选定的 z、x 轴方向，按右手直角坐标系来确定。

另外，如果机床除有 x、y、z 主要直线运动之外，还有平行于它们的坐标运动，则应分

别命名为 U、V、W。如果还有第三组运动，则应分别命名为 P、Q、R。如在第一组回转运动 A、B 和 C 的同时，还有第二组回转运动，可命名为 D 或 E 等。

（3）数控编程的指令代码　在数控编程中，使用 G 指令代码、M 指令代码及 F、S、T 指令代码描述加工工艺过程和数控系统的运动特征，如数控机床的起停、切削液开关等辅助功能以及给出进给速度、主轴转速等。国际上广泛采用 ISO 1056—1975E 标准，原国家机械工业部制定了与其等效的 JB 3208—1983 标准用于数控编程中。

准备功能指令也称“G”指令。它是由字母“G”和其后 2 位数字组成，从 G00 到 G99。该指令主要是命令数控机床进行各种运动，为控制系统的插补运算作好准备。所以，一般它们都位于程序段中坐标数字指令的前面。常用的 G 指令有：

G01——直线插补指令，使机床进行两坐标（或三坐标）联动的运动，在各个平面内切削出任意斜率的直线。

G00——快速点定位指令，它命令刀具以点位控制方式从刀具所在点快速移动到下一个目标位置。它只是快速定位，而无运动轨迹要求。

G17、G18、G19——坐标平面选择指令，G17 指定零件进行 xy 平面上的加工，G18、G19 分别为 yz、zx 平面上的加工。这些指令在进行圆弧插补、刀具补偿时使用。

G02、G03——圆弧插补指令，G02 为顺时针圆弧插补指令，G03 为逆时针圆弧插补指令。圆弧的顺、逆方向可按图 4-5 中给出的方向进行判断，即沿垂直于圆弧所在平面（xz 平面）的坐标轴的负方向（即 $-y$）看去，顺时针方向为 G02，逆时针方向为 G03。使用圆弧插补指令之前可应用平面选择指令，指定圆弧插补的平面。

G40、G41、G42——刀具半径补偿指令。数控装置大都具有刀具半径补偿功能，为编程提供了方便。当铣削零件轮廓时，不需计算刀具中心运动轨迹。而只需按零件轮廓编程，使用刀具半径补偿指令，并在控制面板上使用刀具拨码盘或键盘人工输入刀具半径，数控装置便自动地计算出刀具中心轨迹，并按刀具中心轨迹运动。当刀具磨损或刀具重磨后，刀具半径变小，只需手工输入改变后的刀具半径，而不修改已编好的程序或纸带。在用同一把刀具进行粗、精加工时，也可通过改变刀具半径补偿值来实现。

G41 为左偏刀具补偿指令，即沿刀具前进方向看（假设工件不动），刀具位于零件的左侧时刀具半径补偿，如图 4-6 所示。

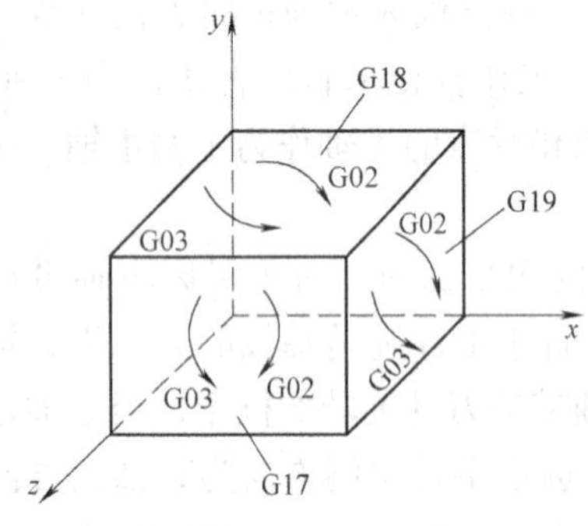

图 4-5　圆弧顺逆的区分

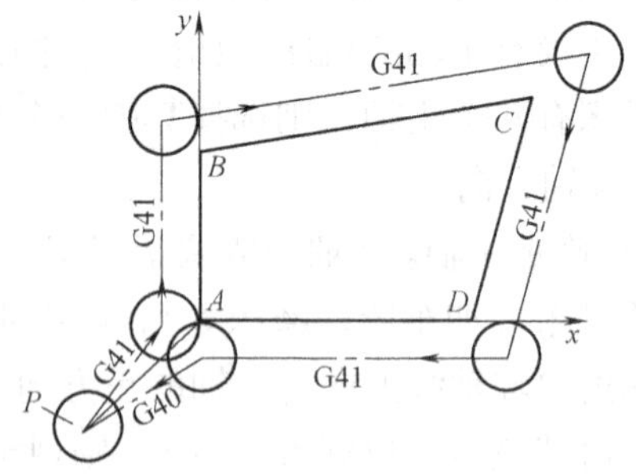

图 4-6　刀具半径补偿示例

G42 为右偏刀具补偿指令，即沿刀具前进方向看（假设工件不动），刀具位于零件的右侧时刀具半径补偿。

G40 为刀具半径补偿撤消指令。使用该指令后使 G41、G42 指令无效。

G90、G91——绝对坐标尺寸及增量坐标尺寸编程指令，G90 表示程序输入的坐标值按绝对坐标值取；G91 表示程序段的坐标值按增量坐标值取。

辅助功能指令也称“M 指令”。它是由字母“M”和其后的两位数字组成，从 M00 到 M99 共 100 种。这些指令与数控系统的插补运算无关，主要是为了数控加工、机床操作而设定的工艺性指令及辅助功能，是数控编程必不可少的，常用的辅助功能指令如下：

M00——程序停止，完成该程序段的其他功能后，主轴运动、进给运动、冷却液送进都停止。此时可执行某一手动操作，如工件调头、手动变速等。如果再重新按下控制面板上的循环启动按钮，则继续执行下一程序段。

M01——任选停止，该指令与 M00 相类似。所不同的是，必须在操作面板上预先按下“任选停止”按钮，才能使程序停止，否则 M01 将不起作用。当零件加工时间较长，或在加工过程中需要停机检查、测量关键部位以及交换班等情况时，使用该指令很方便。

M02——程序结束，当全部程序结束时使用该指令，它使主轴运动、进给运动、冷却液送进停止，并使机床复位。

M03、M04、M05——主轴顺时针旋转（正转）、主轴逆时针旋转（反转）及主轴停止旋转指令。所谓主轴正转是从主轴往正 z 方向看去，主轴顺时针方向旋转。主轴反转是从主轴往正 z 方向看去，主轴逆时针方向旋转。主轴停止旋转要在该程序段其他指令执行完后才能停止。

M06——换刀指令，用于具有刀库的加工中心数控机床换刀功能。

M08——切削液开。

M09——切削液关。

M30——程序结束并倒带，除了具有 M02 的功能外，该指令还使纸带倒回至起始位置。

M98——子程序调用指令。

M99——子程序返回到主程序指令。

(4) 数控加工程序的程序段格式　一个零件的加工程序是由许多按规定格式编写的程序段组成。每个程序段包含着各种指令和数据，它对应着零件的一段加工过程。常见的程序段格式有固定顺序格式、分隔符顺序格式及字地址格式三种。而目前常用的是字地址格式。

数控加工程序的程序段格式如图 4-7 所示。每个程序段的开头是程序段的序号，以字母 N 和四位数字表示；接着一般是准备功能指令，由字母 G 和两位数字组成，这是基本的数控指令；而后是机床运动的目标坐标值，如用 X、Y、Z 等指定运动坐标值；在工艺性指令中，F 代码为进给速度指令，S 代码为主轴转速指令，T 为刀具号指令，M 代码为辅助机能

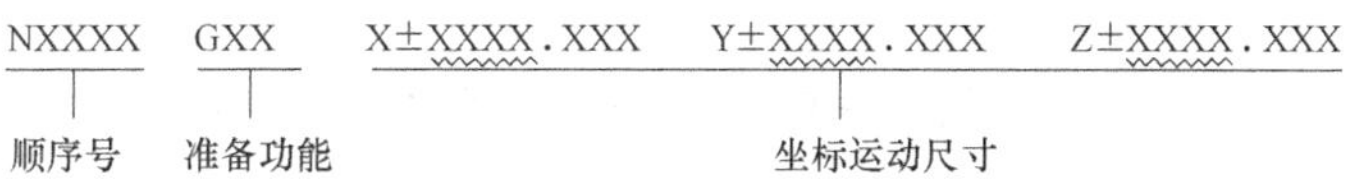

NXXXX
GXX
X±XXXX.XXX
Y±XXXX.XXX
Z±XXXX.XXX
顺序号
准备功能
坐标运动尺寸
其他坐标±XXXX.XXX
FXX
SXX
TXX
MXX
其他指令
LF(或CR)
其他坐标运动尺寸
工艺性指令
附加指令
结束符

图 4-7　数控加工程序的程序段格式

指令。LF 为 ISO 标准中的程序段结束符号（在 EIA 标准中为 CR，在某些数控系统中，程序段结束符用符号“＊”或“;”表示）。

程序段由若干个部分组成，各部分称为程序字。

每一个程序字均由一个英文字母和后面的数字串组成。英文字母称为地址码，其后的数字串称为数据，这种形式称为字地址格式。

字地址格式用地址码来指明指令数据的意义，因此程序段中的程序字数目是可变的，程序段的长度也是可变的，字地址格式也称为可变程序段格式。字地址格式的优点是程序段中所包含的信息可读性高，便于人工编辑修改，是目前使用最广泛的一种格式。字地址格式为数控系统解释执行数控加工程序提供了一种便捷的方式。

(5) 主程序与子程序结构　程序号程序段一般用 O 来设置；设定工件坐标系程序段应用 G92 指令建立工作坐标系；加工前准备程序段将刀具快速定位到切入点附近、切削液泵起动、主轴转速设定与起动等设置工作；切削程序段是加工程序的核心，一般包括刀具半径补偿设置、插补、进给速度设置等指令；系统复位包括加工程序中所有设置的状态复位、机械系统复位等工作；程序结束一般由 M02 或 M30 来实现。一般加工程序典型结构如图 4-8 所示。

在程序中，某一固定的程序部分反复出现时，则可以把它们作为子程序，事先储存在存储器中，这样可以简化加工程序。图 4-9 所示反映了子程序调用的执行过程。

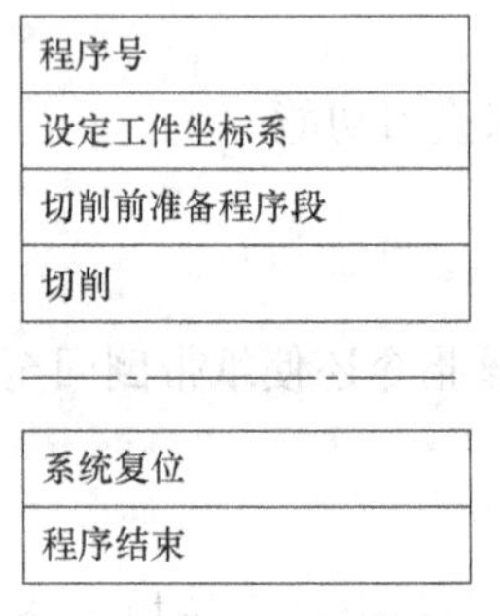

图 4-8　加工程序结构

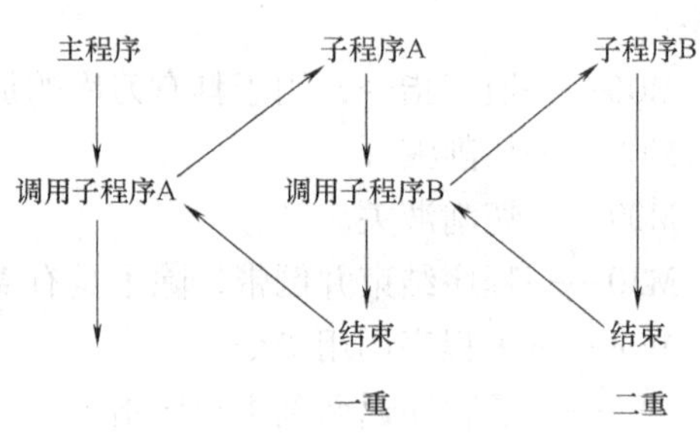

图 4-9　子程序调用

首先，子程序可以由主程序调用，也可由其他子程序调用。子程序结构与一般加工程序非常相似，只是程序结束指令用 M99 代替，例如：

O（或:）××××＊

……

……

M99＊

利用 M98 指令调用子程序，其程序段格式为：M98 P××××＊，其中××××是子程序号。

4.2.2　计算机辅助数控编程的一般原理

如图 4-10 所示，编程人员首先将被加工零件的几何图形及有关工艺过程用计算机能够识别的形式输入计算机，利用计算机内的数控系统程序对输入信息进行翻译，形成被加工零件拓扑数据；然后进行工艺处理（如刀具选择、走刀分配、工艺参数选择等）与刀具运动轨迹的计算，生成一系列的刀具位置数据（包括每次走刀运动的坐标数据和工艺参数），这一过程称为主信息处理（或前置处理）；然后按照NC代码规范和指定数控机床驱动控制系统的要求，将主信息处理后得到的刀位文件转换为NC代码，这一过程称之为后置处理。经过后置处理便能输出适应某一具体数控机床要求的零件数控加工程序（即NC加工程序），该加工程序可以通过控制介质（如磁带、磁盘等）或通信接口输入数控机床的控制系统。

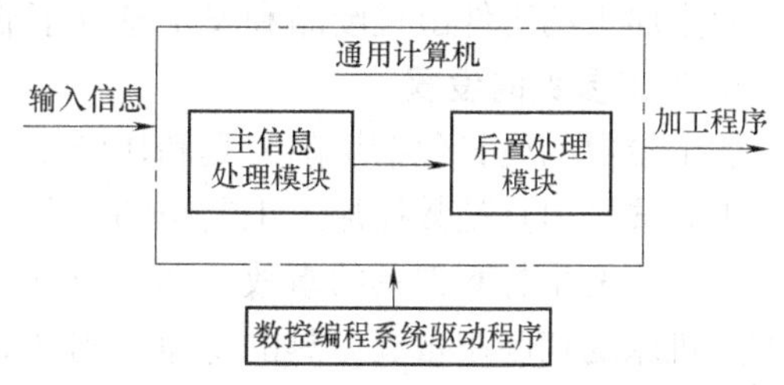

图4-10 计算机辅助数控编程的一般原理

整个计算机辅助数控编程的处理过程是在数控系统程序（又称系统软件或编译程序）的控制下进行的。数控系统程序包括前置处理程序和后置处理程序两大模块。每个模块又由多个子模块及子处理程序组成。计算机有了这套处理程序，才能识别、转换和处理数控编程的全过程，数控系统程序是系统的核心部分。

4.2.3 计算机辅助数控加工

目前，交互式自动编程已成为国内外流行的CAM软件普遍采用的计算机辅助数控编程方法。交互式自动编程系统采用图形输入方式，通过激活屏幕上的相应菜单，利用系统提供的图形生成和编辑功能，将零件的几何图形输入到计算机完成零件造型。同时以人机交互方式指定要加工的零件部位、加工方式和加工方向，输入相应的加工工艺参数，通过软件系统处理自动生成刀具轨迹和运动方式，并动态显示刀具运动的加工轨迹，生成适合指定数控系统的数控加工程序，最后通过通信接口，把数控加工程序输入机床数控系统。交互式自动编程系统的特点是交互性好，直观性强，运行速度快，便于数控加工程序的修改和检查，使用方便，容易掌握等。在交互式自动编程系统中，至少需要输入两种数据以产生数控加工程序，即零件几何模型数据和切削加工工艺数据。交互式自动编程系统实现了造型-刀具轨迹生成-加工程序自动生成的一体化。下面从其主要处理过程来讲述计算机辅助数控加工过程。

1. 制造模型的建立

制造模型的建立一般包括数控加工零件的几何造型、以及机床、刀具、夹具及毛坯的设置。交互式自动编程系统可通过三种方法获取和建立零件几何模型：

1）软件本身提供的CAD设计模块。

2）其他CAD/CAM系统生成的图形，通过标准图形转换接口（如STEP、DXF、IGES、STL、DWG、PARASLD、CADL、NFL等）转换成编程系统的图形格式。

3）三坐标测量机数据或三维多层扫描数据。

毛坯的设置主要是为后续的加工过程仿真中材料的去除服务，如果不涉及材料的去除，可以不定义毛坯。数控机床的类型可分为数控铣床（包括加工中心）、数控车床、线切割等。机床、刀具与夹具的设置与CAM系统的功能强弱有关。如在加工中心出现后，对刀具的管理不仅要对全部刀具进行自动识别、记忆其规格尺寸、存放位置、已切削时间和剩余切削时间等，而且需要管理刀具的更换、运送，刀具的刃磨和尺寸预调等。对于功能强大的CAM系统，应有刀具在线监控及尺寸补偿系统，以便在刀具损坏时能及时判断、识别并补偿，防止加工的工件出现废品和发生意外事故。

2. 加工参数的设置

加工参数的设置包括切削刀具和切削用量的选择。

正确选择刀具是数控加工工艺中的重要内容，不但影响生产效率和加工精度，而且还关系到会不会发生打断刀具的事故。选择刀具通常考虑机床的加工能力、工件的材料、加工面类型、机床的切削用量、刀具的寿命、刚度等。数控机床加工具有高速、高效的特点，所以数控机床刀具的选择比普通机床严格得多。选择刀具时要依据被加工工件的表面尺寸和形状选择刀具的参数。刀具的种类、规格很多。要考虑不同种类和规格刀具的不同加工特点。如就铣刀而言，端铣刀广泛用于加工平面类零件，端刃与侧刃均可铣削，而球头铣刀适用于加工空间曲面零件，鼓形铣刀则主要用于零件变斜角面的近似加工。

确定切削用量是工艺制定中重要的内容，尤其在采用自动编程时更是程序成功的关键因素。合理地选择切削用量，不但可以提高切削效率，还可以提高零件的加工质量，降低成本。数控铣削加工时的切削用量主要包括步长、行距、主轴转速（切削速度）、进给量（进给速度）、背吃刀量和侧吃刀量等。对于不同的加工方法、不同的设备、不同的工件、不同的刀具、不同的精度及表面质量要求，需要选择不同的切削加工参数。选择切削用量所遵循的一般原则是：粗加工时以提高生产率、降低成本为主；半精加工或精加工时应保证零件的加工精度和表面粗糙度，并兼顾切削效率。

3. 刀具路径及刀位文件的生成与修改

交互式自动编程系统产生刀具路径的基本过程为：首先确定加工类型（点位、轮廓、挖槽或曲面加工等），用光标选择加工部位，选择走刀路线或切削方式；其次选取或输入刀具类型、刀号、刀具直径、刀具补偿号、加工预留量、进给速度、主轴转速、退刀安全高度、粗精切削次数及余量、刀具半径长度补偿状况、进退刀延伸线值等加工所需的全部工艺切削参数；最后编程系统根据零件几何模型数据和这些切削加工工艺参数，经过计算、处理，生成刀具运动轨迹数据，即刀位文件（Cut Location File，简称 CLF），并动态显示刀具运动的加工轨迹。刀位文件与采用哪一种特定的数控系统无关，它是一种中性文件，因此通常称产生刀具路径的过程为前置处理。

刀具运动轨迹的编辑是指对已存在的刀具运动轨迹进行各种处理，以生成所需的刀具运动轨迹。下面介绍刀具运动轨迹编辑的方法。

（1）刀具运动轨迹的分段　刀具运动轨迹的分段是指把一个刀具运动轨迹在某一位置分解成两个刀具运动轨迹，而去掉其中的一个刀具运动轨迹。

（2）刀具运动轨迹的合成　刀具运动轨迹的合成是指把两个或两个以上的刀具运动轨迹合成为一个刀具运动轨迹的处理方法。该方法主要应用于这样一种场合：用同一规格的刀具生成数个刀具运动轨迹，为了便于数控加工，把这些刀具运动轨迹合成为一个更大的刀具运动轨迹。

（3）刀具运动轨迹的变换　刀具运动轨迹的变换是指对已有的刀具运动轨迹进行几何变换的处理方法，包括平移、旋转、缩放等。

1）刀具运动轨迹的平移。刀具运动轨迹的平移是指把刀具运动轨迹沿某一矢量方向移动一段距离的处理方法。该方法主要应用于加工同一形状、同一尺寸，但具有不同位置的几何表面。

2）刀具运动轨迹的旋转。刀具运动轨迹的旋转是指把已有的刀具运动轨迹绕某一点旋转至给定角度的处理方法。该方法主要应用于加工同一形状、同一尺寸、且具有同一圆心同一圆周分布的几何表面。

3）刀具运动轨迹的缩放。刀具运动轨迹的缩放是指把已有的刀具运动轨迹相对于某一基点进行放大、缩小的处理方法。如可将某刀具运动轨迹相对于坐标原点放大一倍。

（4）消除刀具运动轨迹的某一部分　消除刀具运动轨迹的某一部分是指把已有的刀具运动轨迹的某一部分去掉，它包括消除刀具运动轨迹中的某一点、某一段刀具运动轨迹或整个刀具运动轨迹。该处理方法主要应用于刀具运动轨迹中的过切点、啃刀点及异常刀具运动轨迹的消除。它在数控轨迹生成中得到了广泛的应用。

（5）刀具运动轨迹的修改　刀具运动轨迹的修改是指把已有的刀具运动轨迹的某些部分进行修改处理，它主要用于修改刀具运动轨迹点的位置坐标值。如在某一刀具运动轨迹上有一位置出现啃刀现象，为了消除啃刀点，可采用修改刀具运动轨迹的方法对啃刀点进行位置坐标值的修改，使啃刀点的某一坐标值向上移动一定的距离，从而避免啃刀。

（6）刀具运动轨迹的修剪　刀具运动轨迹的修剪是指按一定的要求，去掉原始刀具运动轨迹的某一部分，而剩下所需部分的刀具运动轨迹的处理方法。要对刀具运动轨迹进行修剪，必须有两种元素：其一是要修剪的刀具运动轨迹；其二是修剪几何元素，即其与刀具运动轨迹相交的曲线或曲面。

曲线修剪法是指修剪元素为线框曲线，修剪曲线一定要与修剪的刀具运动轨迹相交。该方法主要应用于曲面中间需要保护区域的刀具运动轨迹的生成。曲面修剪法是指修剪元素为曲面，修剪曲面应与要修剪的刀具运动轨迹相交。

对三维曲面刀具运动轨迹的生成方法的分析表明：三轴加工所需的刀具运动轨迹是由一系列直线段组成的，这样就把刀具运动轨迹的修剪问题转化成直线段与修剪曲线或曲面的求交问题。根据直线段与修剪曲线、曲面的交点的分布情况，可确定要去掉的刀具运动轨迹的范围，从而完成刀具运动轨迹的修剪处理。

4. 后置处理及数控加工程序的生成

后置处理就是生成针对某一特定数控系统的数控加工程序。由于各种机床使用的数控系统各不相同，例如有 FANUC、SIEMENS 等系统，每一种数控系统所规定的程序代码及编写格式不尽相同，为此，自动编程系统通常提供多种专用的或通用的后置处理文件，这些后置处理文件的作用是将已生成的刀位文件转变成合适的数控加工程序。

早期的后置处理文件是不开放的，使用者无法修改。目前绝大多数优秀的 CAM 软件提供开放式的通用后置处理文件。使用者可以根据自己的需要打开文件，按照希望输出的数控加工程序格式，修改文件中相关的内容。这种通用后置处理文件，只要稍加修改，就能满足多种数控系统的要求。

5. 零件的网络数控加工

系统在生成了刀位文件后模拟显示刀具运动的加工轨迹是非常必要的，它可以检查出编程过程中可能存在的错误。

通常，自动编程系统提供计算机与数控系统之间数控加工程序的通信传输。例如，通过 RS232 通信接口，可以实现计算机与数控系统之间数控加工程序的双向传输（接收、发送和终端模拟），可以设置数控加工程序格式（ASCII、EIA、BIN），通信接口（COM1、

COM2)，传输速度（波特率），奇偶校验，数据位数，停止位数及发送延时参数等有关的通信参数。

实际上，在开放式数控系统中安装网络通信设备以及相配套的软件，在国际上已经普遍采用。在我国，互联网进入制造业的工厂、车间也是一个必然趋势。

智能化网络提高了数控加工程序管理的效率，淘汰了穿孔纸带、穿孔卡片、磁盘等旧式存储介质。通过 TCP/IP 通信协议进行网络通信的以太网是目前最为普及的联网方式。智能化网络能够为制造商提供出整套且数据信息一致的生产方案，使不同的 CNC 控制程序、编程加工位置以及刀具定位点等数据信息得到统一。通过这样的网络通信，数据传递的速度得到了极大提高。例如，过去一个程序通过中介传输数据需要几个小时，而现在只需几秒钟就能完成。然而，更为高效的 CNC 网络通信功能远远不仅在于快速传递数据及信息。通过网络可以实现 CNC 机床的远程诊断。这样，在机床生产厂的技术人员可以通过远程诊断对远程的 CNC 机床进行实时问题诊断，及时排除机床故障。

4.3 计算机辅助制造过程仿真

在现代制造技术中，仿真作为一种技术和工具，得到了越来越广泛地应用，其地位也越来越重要。在制造系统中，仿真建模已成为不可缺少的重要建模方法，发挥了重要作用。通常，根据不同的作用和要求，将建模方法分为分析建模、物理建模和仿真建模三类。其中的仿真建模是指利用计算机进行仿真。

从试切环境的模型特点来看，目前数控加工过程仿真可分为几何仿真和力学仿真两个方面。几何仿真不考虑切削参数、切削力及其他物理因素的影响，只仿真刀具工件几何体的运动，以验证数控加工程序的正确性。它可以减少或消除因程序错误而导致的机床损伤、夹具破坏或刀具折断、零件报废等问题，也可以减少从产品设计到制造的时间，降低生产成本。切削过程的力学仿真属于物理仿真范畴，它通过仿真切削过程的动态力学特性来预测刀具破损、刀具振动、控制切削参数，从而达到优化切削过程的目的。

目前，几何仿真方面的研究理论比较全面和深入，出现了 UG、Pro/ENGINEER、MasterCAM、CAXA 等成熟的商业软件。相比之下，物理仿真由于其切削机理复杂、建模难度大等客观原因，研究还不够深入。

4.3.1 仿真的目的与意义

无论是采用语言自动编程方法还是采用图形自动编程方法生成的数控加工程序，在加工过程中是否发生过切，所选择的刀具、走刀路线、进退刀方式是否合理，零件与刀具、刀具与夹具、刀具与工作台是否有干涉和碰撞等情况，编程人员往往事先很难预料。这些情况一旦发生就会导致工件形状不符合要求，出现废品，甚至还会损坏机床、刀具。随着数控加工编程的复杂化，数控加工代码的错误率也越来越高。因此，零件的数控加工程序在投入实际的加工之前，如何有效地检验和验证数控加工程序的正确性、确保投入实际应用的数控加工程序正确，是数控加工编程中的重要环节。

目前数控加工程序检验方法主要有：试切、刀位轨迹仿真、三维动态切削仿真和虚拟加工仿真等方法。

试切法是数控加工程序检验的有效方法。传统的试切是采用塑模、蜡模或木模在专用设备上进行的，通过检验试切后的塑模、蜡模或木模零件尺寸的正确性来判断数控加工程序是否正确。但试切过程不仅占用了加工设备的工作时间，需要操作人员在整个加工周期内进行监控，而且加工中的各种危险同样难以避免。

用计算机仿真模拟系统，从软件上实现零件的试切过程，将数控加工程序的执行过程在计算机屏幕上显示出来，是数控加工程序检验的另一有效方法。在动态模拟时，刀具可以实时地在屏幕上移动，在刀具与工件接触之处，工件的形状就会按刀具移动的轨迹发生相应的变化。观察者在屏幕上看到的是连续的、逼真的加工过程。利用这种视觉检验装置，就可以很容易发现刀具和工件之间的碰撞或及错误的程序指令。

4.3.2　刀位轨迹仿真法

刀位轨迹仿真一般在后置处理之前进行，通过读取刀位文件检查刀具位置计算是否正确，加工过程中是否发生过切，所选刀具、走刀路线、进退刀方式是否合理，刀位轨迹是否正确，刀具与约束面是否发生干涉与碰撞。这种仿真一般可以采用动画显示的方法，效果逼真。由于该方法是在后置处理之前进行刀位轨迹仿真，可以脱离具体的数控系统环境进行。刀位轨迹仿真法主要有刀具轨迹显示验证、刀具轨迹截面法验证和刀具轨迹数值验证三种方式，是目前比较成熟有效的仿真方法，应用比较普遍。

下面先了解刀位轨迹的干涉检查与修正中的有关概念。

干涉又称过切，是指在切削被加工工件表面时，存在刀具切不到或切到了不应该切的加工表面的情况。干涉分为自身干涉和面间干涉。自身干涉是指被加工表面上存在刀具切削不到的部分而产生的过切现象。面间干涉是指在加工一个或一系列表面时，对其他表面产生过切的现象。

编程质量在很大程度上取决于过切问题如何处理，它直接影响产品的加工质量。如果处理不当，轻则造成零件制造缺陷，延长产品的生产制造周期；重则损坏零件、机床，造成重大经济损失。因此，解决数控加工的过切问题是具有重要实际意义的。

啃刀是指在加工某一曲面时，刀具沿曲面的法矢负方向突然切入工件表面，在工件表面造成凹坑损伤。啃刀是加工过切中的一种特殊情况。

在三维曲面的数控加工中，产生曲面加工干涉主要有以下三个原因：①生成曲面凹圆角处的曲率半径小于数控加工时所采用的刀具半径；②对曲面特性理解不透，选用了不合理的曲线或曲面类型使生成曲面偏离实际所需的曲面；③在两曲面的凹型交线处，对曲面的加工范围处理不当。

其中产生曲面加工干涉的第一个原因也是产生啃刀现象的原因。是否出现啃刀现象可以通过求被加工曲面偏移一个刀具半径值的包络面的方法来检验，如所生成包络面的形状分布合理，则原曲面不会产生啃刀现象；如所生成包络面的形状出现了异常的凸起、凹坑区域或局部区域相互重叠，则原曲面会产生啃刀现象。

解决两曲面凹型交线处加工过切的方法有以下几种：

1）曲面修剪法。如两曲面呈凹角，为了防止在两曲面交线处产生加工过切，应在两曲面相接处生成一个圆弧过渡面，该过渡面的圆弧半径应大于或等于刀具半径。把原始两曲面在圆弧型过渡面以下的部分去掉，从而消除了曲面间的过切区域。

2）定义加工边界法。求出一定半径的球与两原始曲面相切并沿着它们的交线方向滚动时，球与两曲面接触点形成的两条轨迹线。球的半径应等于数控加工时所采用的球刀半径。这两条轨迹线就决定了两原始曲面的加工范围。当刀具与曲面的接触点运动到加工边界线时，刀具的球头部分正好与另一相邻曲面相切，这样就方便地解决了加工过切问题。

3）定义干涉面法。在数控编程时，可定义一个干涉面来限制刀具运动的终止位置。这样，在零件面的区域加工中，当刀具碰到所定义的干涉面时，刀具就能自动返回，进行下一行的切削加工，从而解决了曲面加工过切问题。

1. 刀具轨迹显示验证

刀具轨迹显示验证的基本方法是：当待加工零件的刀具运动轨迹计算完成以后，将其在图形显示器上显示出来，从而判断刀具运动轨迹是否连续，检查刀位计算是否正确。图4-11所示为采用球形棒铣刀五坐标侧铣法加工透平压缩机叶轮叶片型面的显示验证图，从图中可看出刀具运动轨迹与叶型的相对位置是合理的。

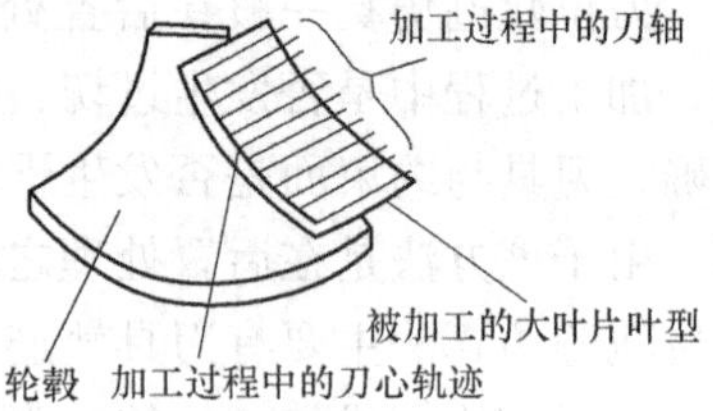

图 4-11　刀具轨迹显示验证示例

刀具轨迹显示验证是指把刀具运动轨迹的数据点以图形方式显示在计算机屏幕上，以检验刀具运动轨迹的准确性。刀具运动轨迹的显示方式有三种：

1）显示切削点。即显示被加工曲面与刀具的接触点轨迹。这种显示方法通常用于检验曲面的加工情况，也就是说，曲面的哪一部分被切削加工了，哪一部分没有被切削加工。刀具运动轨迹与被加工曲面在切削逼近误差内吻合。

2）显示刀具中心点。对三轴的曲面加工而言，一般采用球头刀进行数控加工。该方式下的刀具运动轨迹是刀具球心包络面的运动轨迹，即刀具运动轨迹所在的面与被加工曲面在法矢方向偏移一个刀具半径值。

3）显示刀具的尖点。该方式下的刀具运动轨迹是刀具球心包络面的运动轨迹沿刀轴负方向移动一个刀具半径值所得到的，这种显示方式常用于校验刀具运动轨迹是否出现加工过切或啃刀等，它是数控编程中用来校验刀具运动轨迹准确性的最常用的方法。

2. 刀具轨迹截面法验证

刀具轨迹截面法验证是先构造一个截面，然后求该截面与待验证的刀位点上的刀具外形表面、加工表面及其约束面的交线，构成一幅截面图显示在屏幕上，从而判断所选择的刀具是否合理，检查刀具与约束面是否发生干涉与碰撞，加工过程中是否存在过切。

截面法验证主要应用于侧铣加工、型腔加工及通道加工的刀具轨迹验证。截面形式有横截面、纵截面及曲截面等三种。

采用横截面验证时，构造一个与走刀路线上刀具的刀轴方向大致垂直的平面，然后用该平面去剖截待验证的刀位点上的刀具表面、加工表面及其约束面，从而得到一张所选刀位点上刀具与加工表面及其约束面的截面图。该截面图能反映出加工过程中刀杆与加工表面及其约束面的接触情况。图 4-12 所示是采用二坐标面铣加工型腔及二坐标侧铣加工轮廓时的横截面验证图。

纵截面验证不仅可以得到一张反映刀杆与加工表面、刀尖与导动面的接触情况的定性验证图，还可以得到一个定量的干涉分析结果表。如图 4-13 所示，在用球形刀加工自由曲面

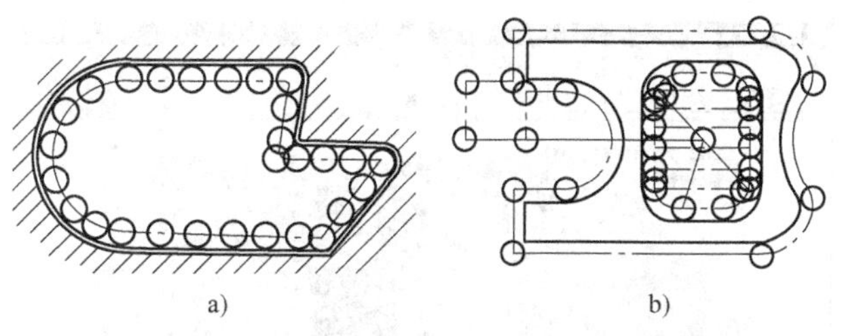

图4-12　横截面验证图
a）加工轮廓的横截面验证图　b）加工型腔的横截面验证图

时，若选择的刀具半径大于曲面的最小曲率半径，则可能出现过切干涉或加工不到位的情况。

3. 刀具轨迹数值验证

刀具轨迹数值验证也称为距离验证，是一种刀具轨迹的定量验证方法。它通过计算各刀位点上刀具表面与加工表面之间的距离进行判断，若此距离为正，则表示刀具离开加工表面一个距离；若距离为负，则表示刀具与加工表面过切。

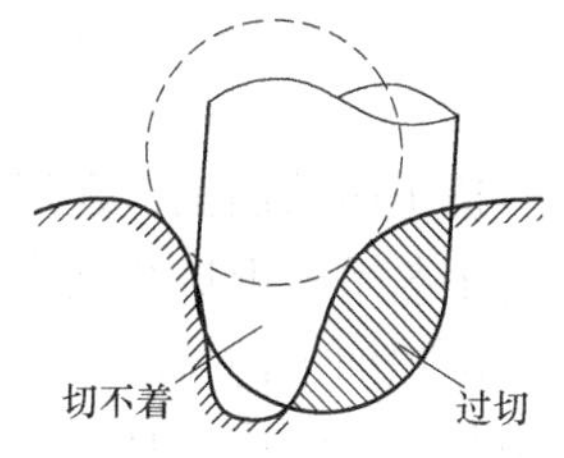

图4-13　纵截面验证

如图4-14所示，选取加工过程中某刀位点上的刀心，然后计算刀心到所加工表面的距离，则刀具表面到加工表面的距离为刀心到加工表面的距离减去球形刀刀具半径。设 C 表示加工刀具的刀心，d 表示刀心到加工表面的距离，R 表示刀具半径，则刀具表面到加工表面的距离：$\delta = d - R$。

4.3.3　三维动态切削仿真法

三维动态切削仿真法是采用实体造型技术建立加工零件毛坯、机床、夹具及刀具在加工过程中的实体几何模型，然后将加工零件毛坯及刀具的几何模型进行快速布尔运算（一般为减运算），最后采用图形显示技术，把加工过程中的零件模型、机床模型、夹具模型及刀具模型动态地显示出来，模拟零件的实际加工过程。

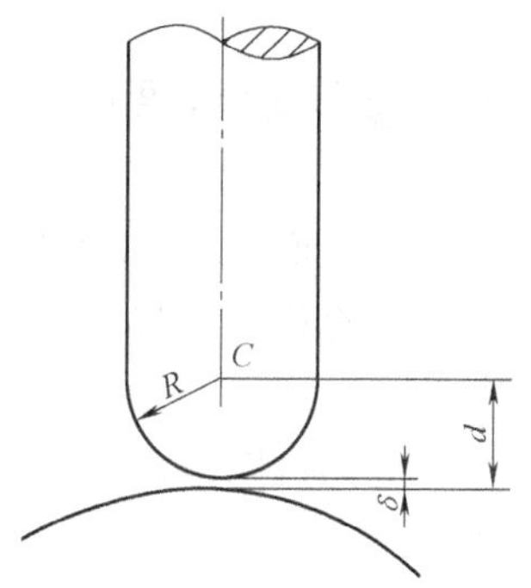

图4-14　球形刀加工的数值验证

三维动态切削仿真法的特点是仿真过程的真实感较强，基本上具有试切加工的验证效果。

现代数控加工过程的三维动态仿真的典型方法有两种：一种是只显示刀具模型和零件模型的加工过程动态仿真；另一种是同时动态显示刀具模型、零件模型、夹具模型和机床模型的机床仿真系统，如图4-15所示。

从仿真检验的内容看，三维动态切削仿真法可以仿真刀位文件，也可仿真数控加工代码。

4.3.4　虚拟加工仿真法

虚拟加工仿真法是应用虚拟现实技术实现加工过程的仿真技术。虚拟加工仿真法主要要解决加工过程和实际加工环境中，工艺系统间的干涉碰撞问题和运动关系。由于加工过程是一个动态的过程，刀具与工件、夹具、机床之间的相对位置是变化的，工件从毛坯开始经过

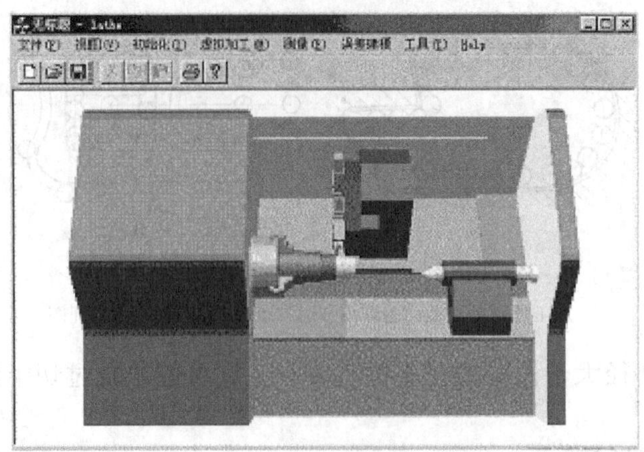

图 4-15　三维动态切削仿真法

若干道工序的加工，在形状和尺寸上均在不断变化，因此虚拟加工仿真法是在各组成环节确定的工艺系统上进行动态仿真的。

虚拟加工仿真法与刀位轨迹仿真法不同，虚拟加工仿真法不仅能够利用多媒体技术实现虚拟加工，解决刀具与工件之间的相对运动仿真，而且能实现对整个工艺系统的仿真。虚拟加工软件一般直接读取数控加工程序，模仿数控系统逐段翻译，并模拟执行，利用三维图形显示技术，模拟整个工艺系统的状态，可以在一定程度上模拟加工过程中的声音等，并且提供更加逼真的加工仿真效果。

4.4　复习思考题

1. 简要说明 CAM 系统的基本组成。

2. 计算机在 CAM 系统中的作用是什么？CAM 系统中常用的存储设备有哪些？各有什么特点？

3. 计算机网络在 CAM 系统中起什么作用？简要说明网络硬件设备和通讯协议的作用与特点。

4. 在建立 CAM 系统时应考虑哪些问题？

5. 简要叙述数控加工编程的基本过程及其主要内容。

6. 试分析比较常用的几种数控编程方法，简要说明其原理和特点。

7. 举例说明接触点、刀具轨迹和刀位文件的概念。

8. 什么是后置处理？在数控编程中，为什么要进行后置处理？

9. 什么是图形交互式自动编程？简述其基本工作过程。

10. 试分析比较常用的几种数控加工程序检验方法，简要说明其原理和特点。

11. 举例说明刀具轨迹仿真的基本原理，说明如何利用刀具轨迹仿真检验数控加工程序的正确性。

参 考 文 献

[1]　王先逵. 现代制造技术手册 [M]. 北京：国防工业出版社，2001.

［2］　刘极峰．计算机辅助设计与制造［M］．北京：高等教育出版社，2004.
［3］　宗志坚．CAD/CAM技术［M］．北京：机械工业出版社，2001.
［4］　江平宇．网络化计算机辅助设计与制造技术［M］．北京：机械工业出版社，2004.
［5］　赵长明，刘万菊．数控加工工艺及设备［M］．北京：高等教育出版社，2003.
［6］　王贤坤，陈淑梅，陈亮．机械CAD/CAM技术、应用与开发［M］．北京：机械工业出版社，2002.

第5章 CAD/CAM 集成技术

5.1 概述

5.1.1 CAD/CAM 系统集成的必要性

根据研究人员统计，每个工件占用数控机床的平均时间只占它在工厂停留时间的5%左右。由此可见，单纯地提高加工设备自动化程度，改善加工工艺方法，也仅仅是在这5%的时间上做文章，不能有效地缩短生产周期。所以，目前制造业中许多研究工作都与如何减少闲置时间有关。要达到这个目的，必须在生产中广泛地采用计算机辅助设计与辅助制造技术。

计算机辅助设计与辅助制造的全过程包括：①设计产品，将有关产品信息存放于数据库中；②依据产品设计信息，制定工艺规划和生产计划；③按照制定的生产计划组织制造活动，包括及时进行备料和采购物料，及时向机床提供毛坯或待制品等所需要的工夹量具；④利用计算机编写数控加工程序，并传输到数控机床；⑤将有关加工、装配和物料搬运中的数据反馈回计算机，以便进行监控和工艺过程的自动校正；⑥利用计算机的测量程序驱动测量机进行测量。

CAD、CAPP、CAM 技术的发展和应用，在各自的领域发挥了重要的作用，但它们彼此间的模型定义、数据结构、外部接口各不相同，从而在产品生产过程中形成了一个个“信息孤岛”，难以实现信息自动传递与交换。为了充分利用这些宝贵的计算机软硬件资源和企业产品信息资源，缩短产品开发周期，降低开发成本，消除“信息孤岛”，自20世纪80年代初便出现了 CAD/CAM 系统集成技术。CAD/CAM 集成系统借助于工程数据库技术、网络通信技术以及产品数据接口技术，把分散的机型各异的不同 CAD/CAM 模块高效、快捷地集成起来，实现软、硬件资源共享，保证系统内的信息流畅无阻。

5.1.2 CAD/CAM 系统集成的含义与信息集成方式

1. CAD/CAM 系统集成的含义

CAD/CAM 系统集成是指将 CAD、CAE、CAPP、CAFD、CAM 等系统以及企业其他计算机信息系统，如信息管理系统（MIS）、制造自动化系统（MAS）、质量保证系统（CAQ）等，通过软件有机地结合起来，用统一的执行控制程序来组织各种信息的提取、交换、共享和处理，以保证系统内信息流的畅通，并协调各个系统有效地运行。图5-1所示为一种典型的系统集成总体结构，整个系统可分为系统应用层、基本功能层和产品数据管理层三个层次。

CAD/CAM 系统的集成并非将各系统模块叠加式组合，而是通过不同数据结构的映射和数据交换，利用各种接口将 CAD/CAPP/CAM 的各应用程序和数据库连接成一个集成化的整体。CAD/CAM 的集成涉及到网络集成、功能集成和信息集成等诸多方面。其中，网络集成是要解决异构和分布环境下网内和网间的设备互连、传输介质互用、网络软件互操作和数据互通信等问题；功能集成是要保证各种应用互通互换、应用程序互操作以及系统界面一致性等；信息集成是要解决异构数据源和分布式环境下的数据互操作和数据共享等问题，是 CAD/CAM 系统集成的核心。

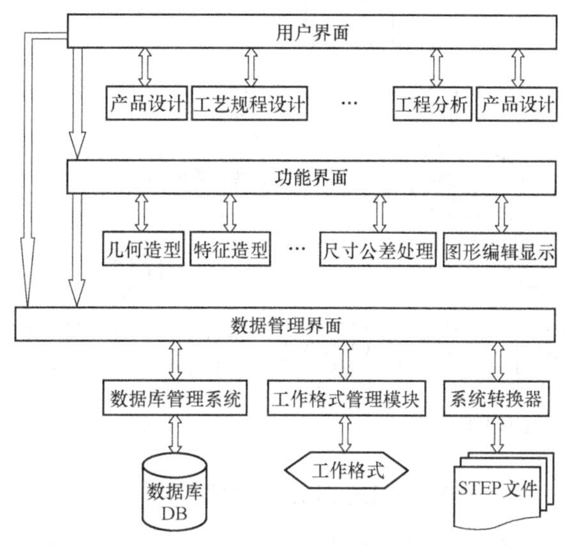

图 5-1　CAD/CAM 系统集成的总体结构

在 20 世纪 90 年代初出现了并行工程（CE）、敏捷制造（AM）、虚拟制造（VM）等众多新的生产模式。在这些新的生产模式中，CAD/CAM 集成的概念被赋予了更新的内容和功能。CAD/CAM 集成技术在这些新的生产模式中均占有重要的基础地位，它是产品技术数据的发生器，是新思想实施的保证。

2. CAD/CAM 系统信息集成方式

CAD/CAM 系统集成的关键是实现信息的交换和共享。根据信息交换方式和共享程度的不同，CAD/CAM 信息集成可通过以下四种方式实现。

（1）专用格式文件的集成方式　在两个应用系统之间，通过专用格式的数据文件进行系统信息的交换。在这种方式下，对于相同的开发和应用环境，各系统之间只要协调确定同一数据格式文件，便可实现系统间信息的互联；而在不同的开发应用环境下，则需要在各系统与专用数据文件之间开发专用的转换接口，进行前置或后置处理，以实现系统间的集成，如图 5-2 所示。

采用这种数据交换方式原理简单，转换接口程序易于实现，运行效率较高。但由于各应用程序所建立的产品模型不尽相同，且相互间的数据交换仅作用于两个系统之间，所以由多个子系统集成的 CAD/CAM 系统需要设计较多的专用格式处理程序，且编写接口时需要了解的数据结构也较多。当一个系统的数据结构发生变化时，引起的修改量也较多。若以双向传输为例，设系统内有 N 个子系统需要互相传输数据，则需要 $2N!$ 个前、后置处理程序。因此，这一集成方式无法实现广泛的数据共享，数据的安全性和可维护性较差。这种交换方式常用于小范围、简单的 CAD/CAM 系统的信息集成，是 CAD/CAM 系统发展初期所采用的集成方式。

（2）标准格式数据文件的集成方式　采用统一格式的中性数据文件作为系统集成的工具，各个应用子系统通过前置和后置数据转换接口进行系统间数据的交换，如图 5-3 所示。

在这种集成方法中，每个子系统只与标准格式的中性文件联系，无需知道其他系统的具体结构，从而减少了集成系统内的转换接口数，降低了接口维护难度，便于应用系统的开发

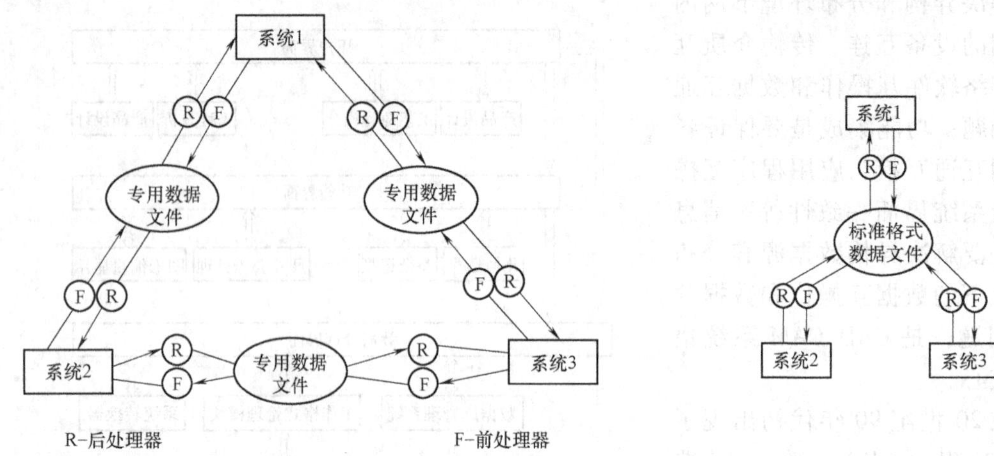

图 5-2　通过专用格式文件集成　　图 5-3　通过标准格式数据文件集成

和使用。若有 N 个子系统集成，其转换接口数仅为 $2N$ 个。因此，这一集成方法可以在较大范围内实现数据的共享。由于各系统不能直接从数据库中存取数据，必须通过各种接口来进行数据转换，降低了运行效率，也可能会影响数据的可靠性和一致性。然而，这种方法仍是目前 CAD/CAM 集成系统应用较多的有效方法之一。许多图形系统的数据转换都是采用中性的标准格式数据文件实现的，如 IGES、DXF 等。

（3）公用工程数据库的集成方式　这是一种较高层次的数据共享和集成方法，各子系统通过用户接口按工程数据库的要求直接存取或操作数据库，如图 5-4 所示。与用文件形式实现系统间集成的方法相比，通过公用工程数据库的集成方式由于不需要通过转换接口来进行数据交换，从而大大加快了集成系统的运行速度，提高了系统集成度，既可实现各子系统之间直接的信息交换，又可使集成系统达到真正的数据一致性、准确性、及时性和共享性。

近年来，随着高速信息网络应用的发展，并行环境的建立以及远程设计网络和多媒体数据库的出现，为工程数据库实现异地系统间信息资源的共享提供了更多的技术支持。

（4）统一的产品数据模型的集成方式　这种集成方式采用统一的产品数据模型，并采用统一的数据管理软件来管理产品数据，如图 5-5 所示。各子系统之间可直接进行信息交换，而不是将产品信息转换成数据，再通过文件来交换，大大地提高了系统的集成度。这种方式是 STEP 进行产品信息交换的基础。

图 5-4　通过工程数据库集成

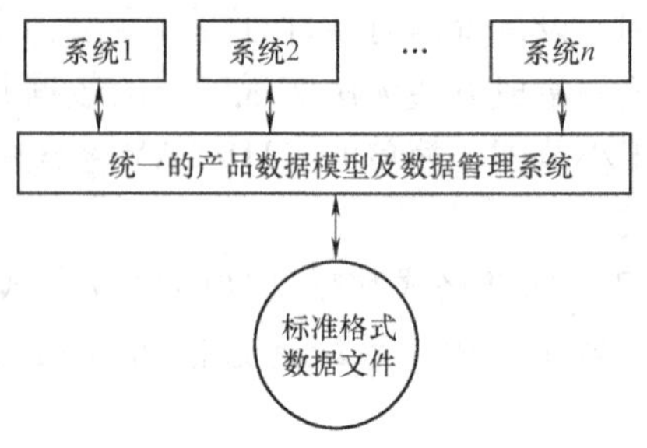

图 5-5　通过统一产品数据模型集成

5.1.3　CAD/CAM 系统集成的关键技术

CAD/CAM 系统集成的目的就是按照产品设计、工艺准备、工程分析、生产制造的实际过程，在计算机中实现各应用程序所需要的信息处理和交换，形成连续、协调和科学的信息流。因此，产生公用信息的产品建模技术、存储和处理公用信息的集成数据管理技术、产品数据交换接口技术和对系统资源进行统一管理以及对系统的运行统一组织的执行控制程序就构成了集成过程所必须研究和解决的关键技术。这些技术的实施水平是衡量 CAD/CAM 系统集成度高低的主要依据。

1. 产品建模技术

为了实现 CAD/CAM 系统信息的高度集成，产品建模是非常重要的。一个完善的产品设计模型是 CAD/CAM 系统进行信息集成的基础，也是 CAD/CAM 系统共享数据的核心。基于传统实体造型的 CAD/CAM 系统仅仅局限于对产品几何形状的描述，并不能充分反映设计意图和制造特征，难以满足从设计到制造各环节的信息要求。将具有工程语义的特征概念引入 CAD/CAM 系统，建立 CAD/CAM 系统范围内相对统一、基于特征的产品数据模型，使之成为 CAD/CAM 系统集成的纽带，形成新一代的 CAD/CAM 系统，是当前 CAD/CAM 系统集成技术研究的热点。Pro/E 是典型的以特征建模为主的实体建模 CAD 系统，其在设计过程中均以特征为最小单元存储数据，并通过改变特征参数来改变零件形状。就目前技术水平而言，基于特征的产品数据模型是解决产品建模关键技术的比较有效的途径。

2. 集成数据管理技术

随着 CAD/CAM 技术的自动化、集成化、智能化和柔性化程度不断提高，集成系统中的数据管理问题日益复杂。其主要表现在以下几个方面：

1）集成系统由多个工程应用程序组成，要求数据管理系统能支持应用程序之间数据的传递与共享，满足可扩充性要求。

2）工程数据类型复杂，不仅有矢量、动态数组，且常常要求处理具有复杂结构的工程数据对象。

3）工程对象在不同设计阶段可能有不同的定义模式，因此应能根据实际需要修改和扩充定义模式。

4）由于工程设计过程一般采用自上而下的工作方式，且有反复试探的特点，因此集成系统的数据管理必须提供适应于工程特点的管理手段。

传统的商用数据库已满足不了上述要求。CAD/CAM 系统的集成应努力建立能处理复杂数据的工程数据管理环境，使 CAD/CAM 各子系统能有效地进行数据交换，尽量避免数据文件和格式转化，清除数据冗余，保证数据的一致性、安全性和保密性。采用工程数据库管理方法将成为开发新一代 CAD/CAM 一体化系统的主流，也是系统进行集成的核心。

3. 产品数据交换接口技术

数据交换的任务是在不同的计算机、操作系统、数据库以及应用软件之间进行数据通信。由于最初的 CAD、CAPP、CAM 技术是独立发展起来的，各系统内的数据格式不统一，使不同系统之间的数据交换难以进行，影响了各系统应用软件的发展以及用户应用软件效益的发挥，不利于提高 CAD/CAM 系统的工作效率。解决数据交换这一关键技术的途径是制定国际性的数据交换规范和网络协议，采用计算机网络开发各类系统接口。数据交换标准规范的内容包括图形软件标准、数控编程标准、数据库软件标准和控制系统接口标准等。有了这种标准和规范，产品数据才能在各系统之间方便、流畅地传输。产品数据管理和数据交换标准是 CAD/CAM 集成的重要基础。

4. 执行控制程序

由于 CAD/CAM 一体化系统具有规模大、信息源多、传输路径不一、各模块的支撑环境和功能多样化等特点，因此对系统各模块进行组织和管理的执行控制程序是系统集成的最基本要素之一。它的任务是把相关的模块组织起来，按规定的运行方式完成规定的工作，并协调它们之间的信息传输，提供统一的用户界面，进行故障处理等。

5.2 产品定义数据模型

产品数据是指产品生命周期内各个阶段有关产品的数据总和。一个完整的产品定义数据模型不仅是产品数据的集合，还应反映出各类数据的表达方式及相互间的关系。只有建立在一定表达方式基础上的产品模型，才能有效地为各种应用系统所接受和处理。按照模型作用范围和复杂程度，产品定义数据模型可分为零件信息模型和产品信息模型。

5.2.1 零件信息模型

1. 零件信息模型的总体结构

零件信息模型是描述零件各类信息的数据集合。零件信息模型应能表达零件的各类特征信息，包括管理特征信息、形状特征信息、精度特征信息、材料热处理特征信息和技术特征信息等。

基于特征的零件信息模型总体结构是一个层次型结构，如图 5-6 所示。它包含有零件层、特征层和几何层三个不同的层次。零件层主要反映零件的总体信息，是关于零件子模型的索引或地址。特征层包含零件各类特征信息及其相互间关系。几何层记录了零件的点、线、面等几何信息和拓扑信息。零件的几何信息和拓扑信息是整个零件信息模型的基础，同时也是零件图绘制、有限元分析等应用系统所关心的对象。特征层则是零件信息模型的核心，特征层中各类特征之间的相互联系反映了特征间的语义关系，使特征成为构造零件的基本单元。这样的零件信息模型具有高层次的工程含义，可方便地提供高层次的产品信息，从而能支持面向制造的各类应用系统对产品数据的需求，如 CAPP、NC 编程、加工过程仿真等系统。

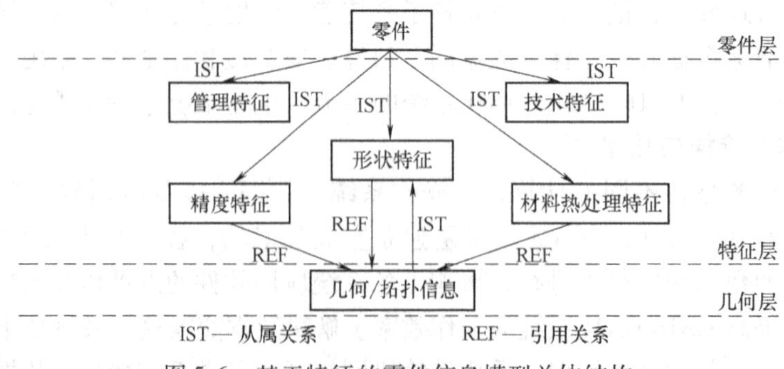

图 5-6 基于特征的零件信息模型总体结构

2. 零件信息模型的数据结构

零件类型不同，其相应信息模型的数据结构也有所不同。从图 5-6 可看出，基于特征的零件信息模型是由各类不同的特征组成，其数据结构也由各类特征的数据结构来体现。下面以回转体零件为例，说明零件信息模型的具体数据结构。

（1）管理特征的数据结构　管理特征主要描述零件的总体信息和标题栏信息，如零件名称、零件类型、图号、GT 码、件数、材料名称、设计者、设计日期等，其数据结构如表 5-1 所示，表中各符号含义如图 5-7 所示。

表 5-1　管理特征的数据结构

零件类型	零件名称	图号	GT 码	件数	材料名称	设计者	设计日期	其他
E	S	S	S	I	S	S	S	

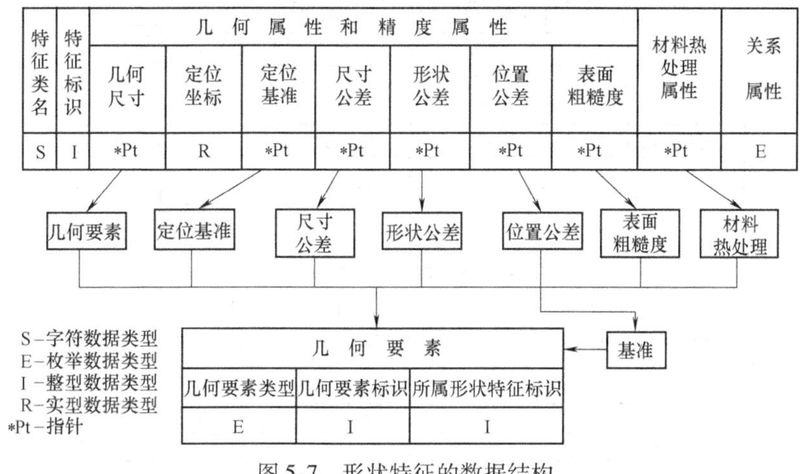

图 5-7　形状特征的数据结构

（2）形状特征的数据结构　形状特征数据结构如图 5-7 所示，它包括零件的几何属性、精度属性、材料热处理属性以及关系属性等。几何属性是指用来描述形状特征的公称几何体，包括形状特征本身的几何尺寸以及形状特征的定位坐标和定位基准。精度属性是指几何形体的尺寸公差、形状公差、位置公差和表面粗糙度等。材料热处理属性是指形状特征上具有某些特殊的热处理要求，如某一表面的局部热处理要求。关系属性是指形状特征之间的联系，是邻接关系还是从属关系，形状特征与精度特征、材料热处理特征之间是相互引用关系。

（3）精度特征的数据结构　精度特征的数据结构如图 5-8 所示。精度特征的信息内容大致分为三部分：①精度规范信息，包括公差类别、精度等级、公差值和表面粗糙度等。尺寸公差包括公差值、上偏差、下偏差、公差等级、基本偏差代号等。几何公差包括形状公差和位置公差；②实体状态信息，是指最大实体状态和最小实体状态；③基准信息，对于关联的几何实体必须具有的基准信息。

（4）材料热处理特征的数据结构　材料热处理特征的数据结构如图 5-9 所示。材料热处理特征包括材料信息和热处理信息，其中材料信息有材料名称、牌号和机械性能等参数；热处理信息有热处理方式、硬度单位和硬度值的上、下限等。

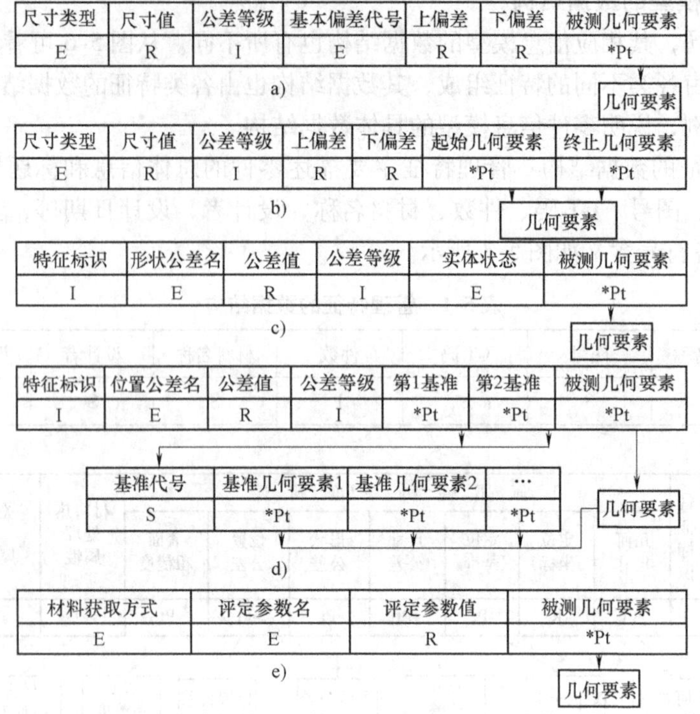

尺寸类型	尺寸值	公差等级	基本偏差代号	上偏差	下偏差	被测几何要素
E	R	I	E	R	R	*Pt

尺寸类型	尺寸值	公差等级	上偏差	下偏差	起始几何要素	终止几何要素
E	R	I	R	R	*Pt	*Pt

特征标识	形状公差名	公差值	公差等级	实体状态	被测几何要素
I	E	R	I	E	*Pt

特征标识	位置公差名	公差值	公差等级	第1基准	第2基准	被测几何要素
I	E	R	I	*Pt	*Pt	*Pt

基准代号	基准几何要素1	基准几何要素2	…
S	*Pt	*Pt	*Pt

材料获取方式	评定参数名	评定参数值	被测几何要素
E	E	R	*Pt

图 5-8　精度特征的数据结构

a）定形尺寸与公差的数据结构　b）定位尺寸与公差的数据结构

c）形状公差的数据结构　d）位置公差的数据结构　e）表面粗糙度的数据结构

材料名称	力学性能参数	性能上限值	性能下限值
S	E	R	R

热处理方式	热处理工艺名称	硬度单位	最高硬度值	最低硬度值	被测几何要素
E	E	E	I	I	*Pt

几何要素类

图 5-9　材料热处理特征的数据结构

（5）技术特征的数据结构　技术特征包括零件的技术要求和特性表等信息。由于技术特征信息没有固定的格式和内容，因而很难用统一的模型来描述。

3. 基于特征的零件信息模型的应用举例

根据上述零件信息模型的结构特点，可对如图 5-10 所示的轴类零件建立基于特征的零件信息模型，如图 5-11 所示。

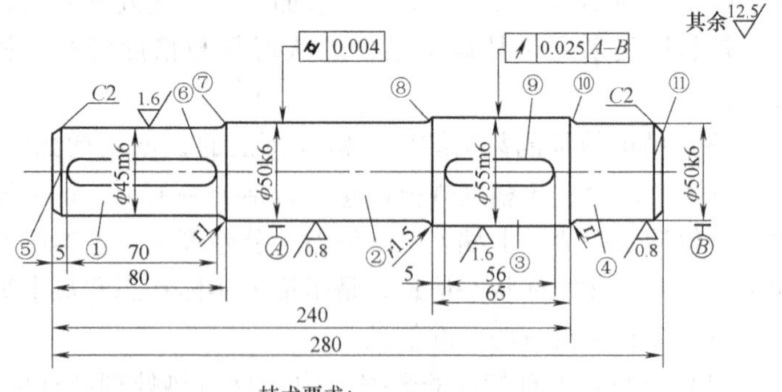

图 5-10　轴的零件图

5.2.2　产品信息模型

产品制造过程是将原材料

转变为产品的转换过程，零件信息模型仅限于单个零件的几何信息和工艺信息，而不能反映整个产品的结构组成、各零部件之间的装配关系、相互间的约束以及产品的装配工艺信息等，这就要求采用更高层次的产品信息模型进行描述。

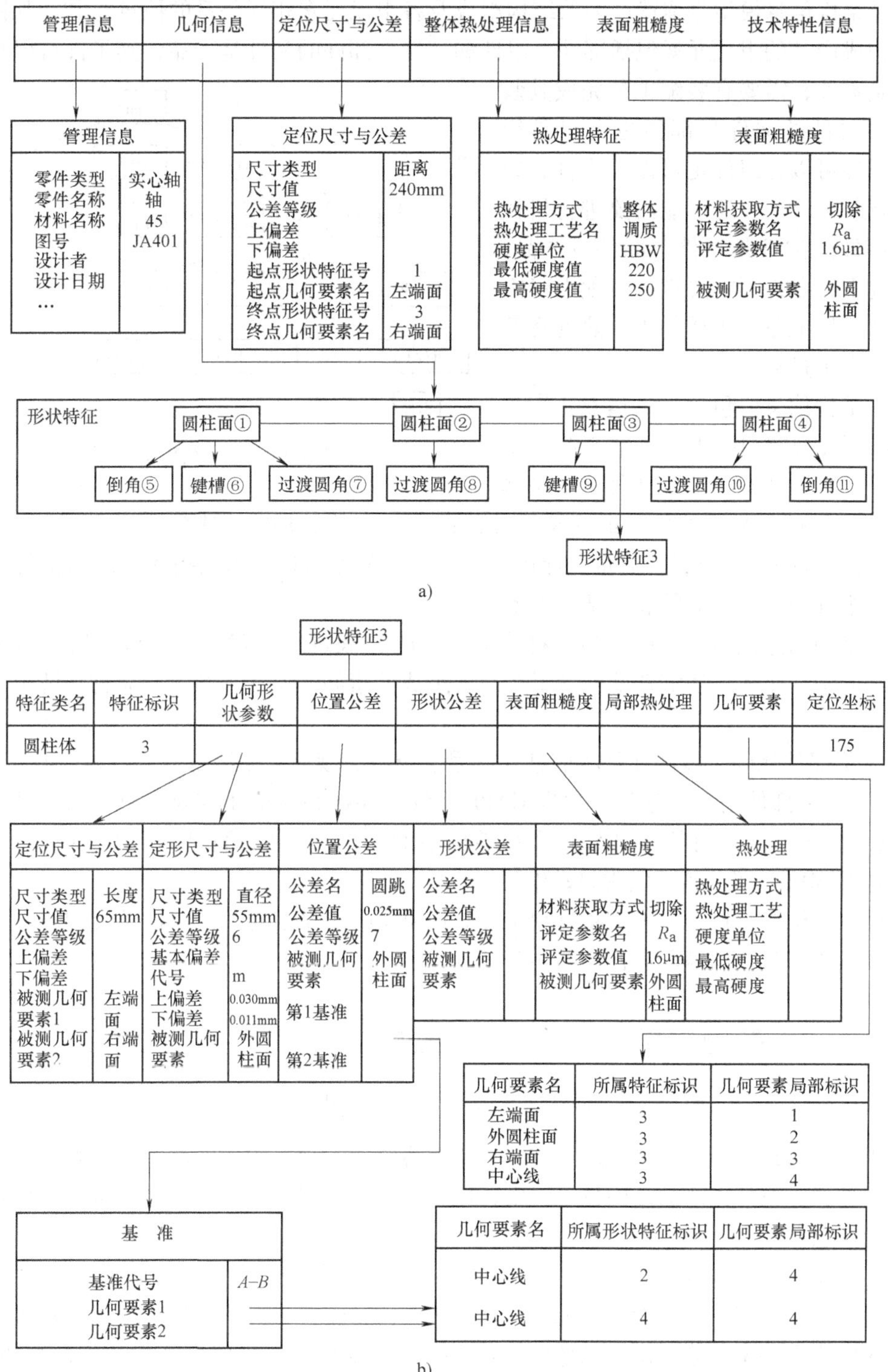

图 5-11　基于特征的零件信息模型的数据结构实例

产品信息模型是指从毛坯到产品的整个设计和制造过程所需要的信息总和，它是由产品结构信息模型和产品工艺信息模型组合而成的复合模型。

1. 产品结构信息模型

产品结构信息模型是描述产品的结构组成及各组成元素相互关系的信息总和。如图5-12所示。构成产品的组成元素包括部件、组件和零件。部件的父件是产品，其子件可以是组件也可以是零件，需要有装配工艺完成其装配工作。组件的父件是部件也可以是组件，其子件可以是组件也可以是零件，组件在进行装配以后，还可能需要进行机械加工。零件的父件是组件、部件或产品，一般情况下，零件不需要进行装配而仅需进行诸如毛坯准备、机械加工、热处理等各种机械加工过程。

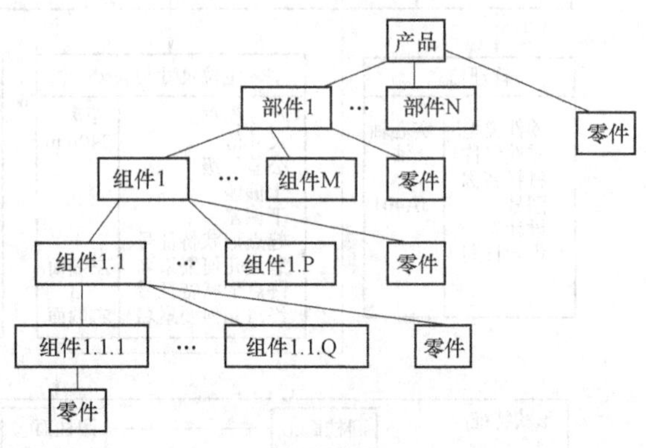

图 5-12　产品结构示意图

产品结构信息应包含三类信息：①工程图形信息，装配图对应的是产品、部件、组件，零件图对应的是零件；②基本属性信息，包括产品、部件、组件及零件的图号、名称、规格、来源（自制件、标准件、外协件、外购件等）、重量、数量、计量单位等；③装配信息，用以描述产品与部件、部件与组件、组件与零件之间的装配结构关系。

产品结构信息模型可以用产品材料清单（BOM）表进行描述。产品材料清单表不仅反映了产品的结构组成，还清楚地包含了产品各组成元素间的层次关系。产品材料清单表的结构形式为：

零部件代码　零部件基本信息（图号、材料、规格、来源等）　父件代码

其中，“零部件基本信息”是根据 CAPP 系统和 MIS 系统应用需要所包含的产品基本信息；“父件代码”字段标识零部件在产品结构中的层次，“零部件代码”可根据“父件代码”字段和 MIS 系统的需要实现自动编码。

对产品结构进行自动编码，将有利于 CAPP 和 MIS 等系统对产品层次及装配工艺信息进行识别和操作。其自动编码流程如图 5-13 所示。

图 5-13　产品零部件的自动编码

由于数字码具有结构简单、使用方便、排序容易等特点，因而产品结构一般采用层次数字码进行描述。在具体产品结构数字码中，应包含产品代号、零件在产品结构中的位置、零件来源等信息。

图 5-14 所示为某企业产品结构数字码的编码规则。每个数字码由 8 位数组成（根据企业具体情况而定），每一位数字范围为 0 ~ 9：第一、二位表示产品，若产品品种较多，也可以采用 3 位或更多位，第三位表示部件，若产品组成部件较多可以多考虑几位；第四、五、六位分别表示第一、二、三组件层上的组件，也可以根据具体情况进行扩充；第七位表示零

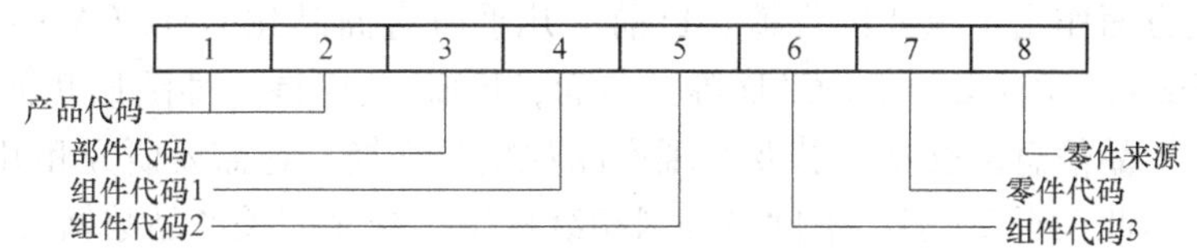

图 5-14　产品结构数字码编码规则

件；第八位表示零件来源。

将上述的编码规则描述为一系列的逻辑关系，便可实现对产品结构的自动编码。

产品结构的可视化处理是利用计算机对产品结构码进行分析，再现产品结构树的处理过程，从而可以使用户直观、方便、清晰地了解产品部件、组件和零件在整个产品结构中的位置。图 5-15 所示为根据上述讨论的产品结构码进行产品结构可视化处理的原理图。

图 5-15 中，× × 为产品的基本信息，@ 位代表了层次结构，且不为零；#位为顺序号，如####表示 0001 ~ 9999 的顺序号。

2. 产品工艺信息模型

产品工艺信息模型是表示构成产品的零部件从毛坯到成品的全部工艺过程信息，如图 5-16 所示。

产品工艺信息模型能够完整地反映产品制造全过程的工艺信息。该模型含有零部件工艺路线信息、加工车间路线信息（图中双箭头所示）、工艺规程信息和制造资源信息等。

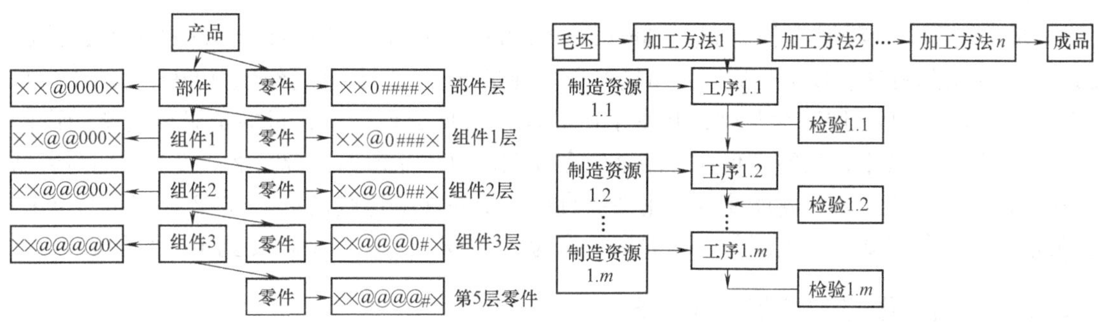

图 5-15　产品结构的可视化处理示意图

图 5-16　产品工艺信息模型

5.3　产品数据交换标准

5.3.1　产品数据交换标准的发展

产品数据交换接口技术是实现 CAD/CAM 系统集成的关键技术之一，也是实现制造业信息化的重要基础。为此，经过人们不断探索和研究，先后提出了众多相关的数据交换标准。

随着图形学和 CAD 技术的快速发展，需要在不同图形系统之间进行图形数据的交换和共享。早在 20 世纪 70 年代，美国国家标准和技术局（National Institute of Standards and Technology，简称 NIST）开始研究初始化图形交换标准（Initial Graphics Exchange Specification，简称 IGES），经过 10 多年的努力，到 1987 年底先后推出了 IGES1.0 ~ 5.0 多个版本。IGES 定义了产品图形数据交换的文件结构、语法格式以及几何要素与拓扑关系的表达方法，在图形数据交换方面作出了重要的贡献。目前，几乎所有商品化 CAD/CAM 系统都配有 IGES 接口，如 I-DEAS、Pro/E、AutoCAD 等。然而，IGES 仅仅是一种图形几何信息交换的标准，还不能用于产品信息的交换，若要实现产品数据的交换，还需要研究和开发针对产品数据的交换标准。为此在近 20 多年来世界各国相继推出了众多有关产品数据交换的标准。

（1）CAD * I 标准接口（CAD Interface） 该标准源于欧洲 ESPRIT 计划，于 1984 年设置的一项 CAD * I 开发项目，目的是在 CIMS 环境下有效地集成 CAD/CAM 系统，它采用人工智能的方法实现数据的共享与交换。

（2）产品数据定义接口（Product Data Definition Interface，简称 PDDI） 由美国麦道飞机公司于 1982 年 11 月开始实施。它是在 IGES1.0 的基础上开发的，目的在于传递设计和制造的产品定义数据，着重建立完整的产品定义数据的方法，设计产品模型与工艺、数控、质量控制、工具设计等生产过程之间的接口。该标准在 CAD/CAM 集成系统的应用过程中取得了较好的效果。

（3）产品数据交换规范（Product Data Exchange Specification，简称 PDES） 它源于美国国家标准和技术局（NIST）所属的 IGES/PDES 组织领导的 PDES 计划。NIST 于 1989 年 4 月公布了 PDES1.0 标准。PDES 为美国工业带来了可观的经济效益。

（4）数据交换规范（Standard d'Exchange et de Transfer，简称 SET） 这是法国宇航局开发的与 IGES 对应的规范，它作为法国的国家标准，其特点是文件结构紧凑，数据交换的效率高。

（5）产品模型数据交换标准（Standard for the Exchange of Product Model Data，简称 STEP） 在国际贸易、技术交流以及市场竞争的促进下，国际标准化组织（ISO）的 TC184/SC4/WG1 工作组以 PDES 为基础，开发了产品模型数据交换标准，目的是研究完整的产品模型数据的交换技术，最终实现在产品全生命周期内对产品数据进行完整一致的描述与数据交换，以便无需人工解释就能使各应用系统直接接受并共享这些信息。STEP 规定了与 IGES 类似的中性文件形式，以实现数据的共享。作为一个国际标准，STEP 受到了广泛的应用。

5.3.2 初始化图形交换标准 IGES

1. IGES 模型

IGES 模型是用于描述产品所有几何实体信息的集合，它通过实体对产品的形状、尺寸以及产品的特性信息进行描述。实体是 IGES 的基本信息单位，它可能是单个的几何元素，也可能是若干个实体的集合。实体可分为几何实体和非几何实体。在 IGES 标准中，每个实体都被赋予一个特定实体类型号。某些实体类型还包括一个作为属性的格式号，格式号用来进一步说明该实体类型内的实体。

几何实体是定义与物体形状有关的信息，包括点、线、面、体以及实体集合的关系。非几何实体提供了将有关实体组合成平面视图的手段，并用注释和尺寸标注来丰富完善平面视图模型。此外，它还向单个实体或一个实体组提供特有的属性或特征，以及组合实体的定义与实例。

2. IGES 文件结构

IGES 标准规定了作为图形交换的 IGES 中性文件的格式形式。IGES 文件格式分为 ASCII 码格式和二进制格式，ASCII 码格式便于阅读，二进制格式适于传送大容量文件。ASCII 码格式分为定长和压缩两种形式。定长 ASCII 码格式的 IGES 文件由若干行组成，每行有 80 列，1 ~ 64 列为具体内容描述，65 ~ 72 列为指针，73 ~ 80 列为标识。整个 IGES 文件由以下六个段组成：

（1）标志段　标志段用来指明 IGES 文件所采用的格式形式，对于传统的 ASCII 码格式可以不设标志段，二进制格式的标志段用字母 B 标识，压缩的 ASCII 码格式的标志段用 C 标识。

（2）开始段　开始段为人们提供阅读文件的序言，至少占有一个记录，该段用字母 S 标识。

（3）全局参数段　全局参数段包含描述前/后处理器的信息以及处理 IGES 文件的后处理器所需要的信息，该段用字母 G 标识。

（4）条目目录段　IGES 文件中的每个实体在条目目录段中都有一个目标条目，它起到一个索引作用，并含有各个实体的属性信息。条目目录段用字母 D 标识。

（5）参数数据段　参数数据段包含各实体参数，参数数据以自由格式存放，其第一个域存放实体类型号。参数数据段结构如表 5-2 所示。参数数据段用字母 P 标识。

表 5-2　参数数据段的结构

1 ~ 64	65 ~ 72	73 ~ 80
<实体类型号><参数分界符><参数><参数分界符><参数>…	DE 指针	P000001
…<参数><参数分界符><参数><参数分界符><指针参数值 1><指针参数值 2><记录分界符>	DE 指针	P000002
<实体类型号><参数分界符><参数>…	DE 指针	P000003

（6）结束段　结束段是文件的最后一行，并用字母 T 识别。结束段包含前述各段的标识字母（S、G、D、P）及其各自所占用的记录数。

3. IGES 的前、后置处理程序

IGES 是一种中性文件，通过该中性文件在不同 CAD/CAM 系统之间进行数据交换的原理如图 5-17 所示。将某系统的输出经前置处理程序处理转换成 IGES 文件，再经后置处理程序处理后被读入另一系统。因此，利用 IGES 文件传递产品的信息一般要求各种应用系统必须具备相应的前、后置处理器。前、后置处理器一般由四个模块组成：①输入模块，用于读入由 CAD/CAM 系统生成的 IGES 文件；②语法检查模块，对读入的文件数据进行语法检查并生成相应的内存表；③转换模块，该模块具有语义识别功能，能将一种模型的数据映射成另一模型；④输出模块，把转换后的模型转换成输出格式，即 IGES 文件格式或某个 CAD/CAM 系统的数据模型格式。

IGES 标准仅是一个对所交换的几何图形及相应尺寸的中性文件的标准和说明，而无法描述产品信息模型中的数据信息，因而它不能满足 CAD/CAM 系统信息集成的需要。此外，IGES 本身不够完善，如数据格式过于复杂，可读性差，标准定义不够严密等，因而常常会造成数据交换的不稳定，有时会发生数据丢失现象。

5.3.3　产品模型数据交换标准 STEP

STEP 标准是以一种中性文件机制提供的产品模型数据交换标准，它规定了产品设计、制造以至产品全生命周期内所需的有关产品形状、解析模型、材料、加工方法、装配顺序和检验测试等方面的信息，同时对产品数据交换进行了描述。

STEP 标准在制定过程中，广泛吸取了 PDES 和 IGES 等标准相关的经验和特点。它由一系列独立的标准文件组成，各标准文件可以独立地进行开发和发布。STEP 标准能够解决生产过程中产品信息的共享以及从根本上解决计算机集成制造系统信息的集成。因此，许多 CAD/CAM 软件系统已把 STEP 列为数据交换标准。

1. STEP 标准的组成

如图 5-18 所示，STEP 标准由六大部分组成，介绍、标准的描述语言、集成资源、应用协议、实现方法、一致性测试，被分为 0、10、20、30、40、100、200 共 7 个系列文件。

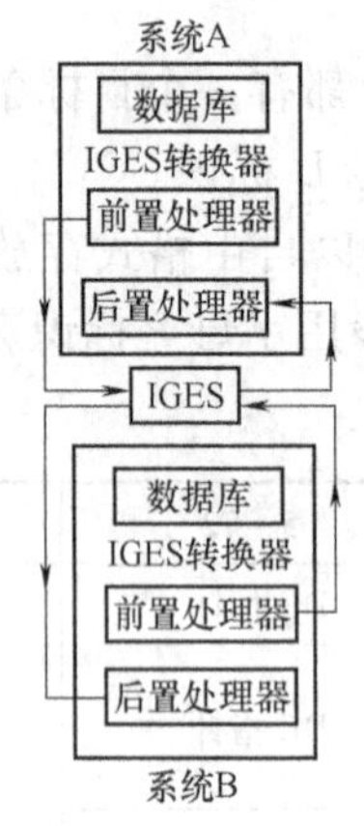

图 5-17　不同系统通过 IGES 的数据交换

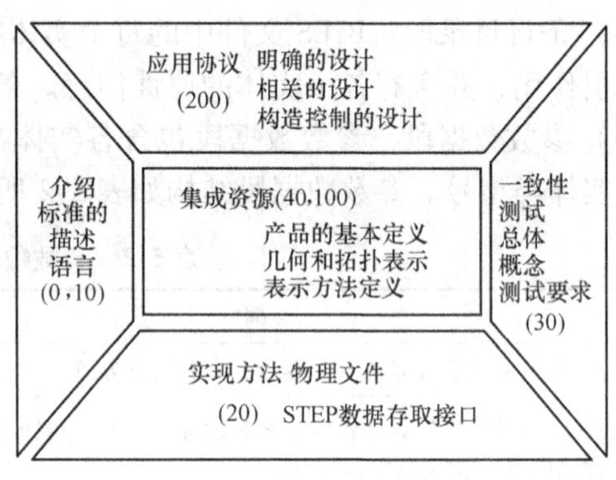

图 5-18　STEP 的标准体系

（1）介绍（0 系列文件）　介绍只包括 STEP 要素 1，介绍 STEP 的一些概念和基本原理。

（2）标准的描述语言（10 系列文件）　STEP 有自己专用的描述语言 EXPRESS。EXPRESS 语言参考 Ada、C、C + + 、Modula2、Pascal、PL/1、SQL 等多种语言的功能，有强大的描述信息模型的能力。开发 EXPRESS 语言的目的是使描述的模型既要能被计算机处理，又要易于被人所理解。EXPRESS 是一种信息建模语言，用于说明某领域的对象（Object）、对象所具有的信息单元、以及对象限制和操作的许可。

（3）集成资源（40，100 系列文件）　集成资源是 STEP 核心部分，采用 EXPRESS 语言描述。集成资源又分为通用集成资源（40 系列）与应用集成资源（100 系列）两大部分。通用集成资源独立于应用产品信息，而应用集成资源则描述某一应用领域的数据并依赖于通用集成资源的支持。图 5-19 和图 5-20 所示分别为通用集成资源和应用集成资源及其引用。

（4）应用协议（200 系列文件）　STEP 标准支持广泛的应用领域，具体的应用系统很难采用 STEP 标准的全部内容，一般只实现标准的一个子集。如果不同的应用系统实现的子集不一致，则在进行数据交换时会出现信息丢失或畸变现象。为避免这种情况，STEP 计划制定一系列应用协议。应用协议是一份文件，用以说明如何用标准的 STEP 集成资源制定各个应用领域的产品数据模型文本，以满足工业应用的需求。也就是说，根据不同的应用领域的实际需要，选定标准中合适的子集。作为标准，各应用系统在交换、传输和存储产品数据时应强制地要求符合应用协议的规定。

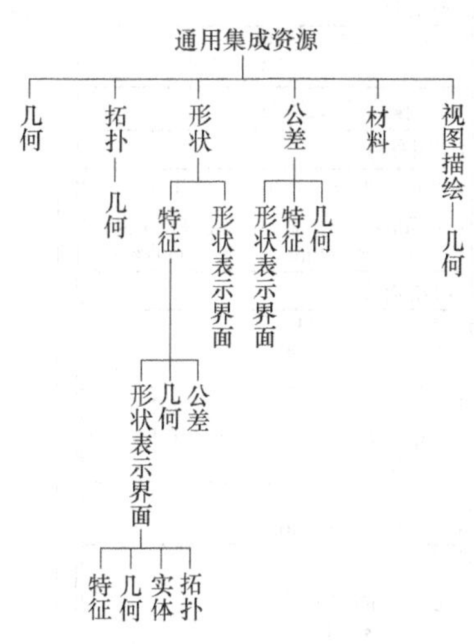

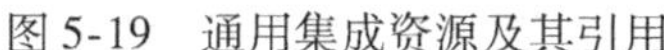
图 5-19 通用集成资源及其引用

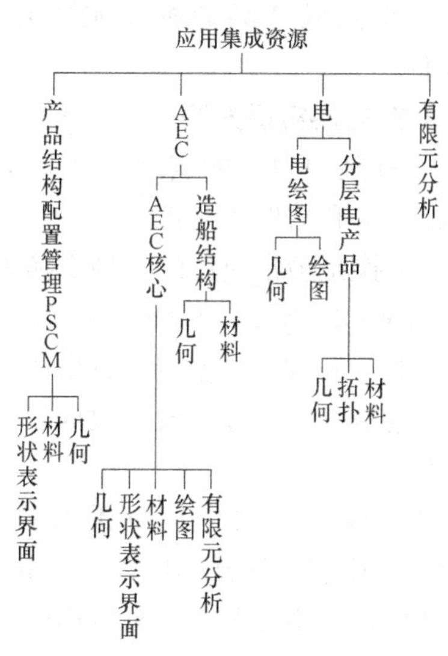

图 5-20 应用集成资源及其引用

（5）实现方法（20 系列文件） 实现方法是指形成符合 STEP 标准信息或数据的存取与交换方法或格式。STEP 的实现方法大致分为四级：第一级是文件交换，第二级是工作格式，第三级是数据库交换，第四级是知识库交换。由于不同的 CAD/CAM 集成系统对数据交换的要求不同，可以根据具体情况选择一级或多级交换方式。

中性文件交换是最低一级的产品数据交换形式。STEP 中性文件有专门的格式规定，它是以 ASCII 码顺序文件形式进行表达的。STEP 中性文件的前、后置处理程序与 IGES 的类似，但 STEP 有统一的产品数据模型，从模型到文件只是一种映射关系，比较起来更为简单。

工作格式交换是一种特殊的产品数据交换形式。工作格式是产品数据结构在内存中的表现形式，以求实现达到“实时”交换的效果。

数据库交换是为适应数据共享的要求而提出的交换方法。在 CIMS 环境下，经常需要在 CAD、CAPP、CAM、CAE 以及其他系统之间进行信息的传递。由于所传递的信息量大、数据结构复杂，采用文件交换的方式很难满足要求，加上并行设计技术的发展，更加强了对数据共享的要求，所以需要采用数据库交换技术，这就需要选用或开发有关的数据库和数据库管理技术。

知识库交换与数据库交换一级的内容基本相同，仅对数据库进行约束检查，这一级主要是考虑到发展的需要而设立的。

（6）一致性测试（30 系列文件） 即使资源模型定义得非常完善，但经过应用协议，在具体的应用程序中其数据交换是否符合原来意图尚需经过一致性测试。为此，STEP 标准制定了一致性测试过程、测试方法和测试评价标准。

STEP 标准是一个由应用层、逻辑层和物理层三层结构组成的标准，如图 5-21 所示。应用层主要描述应用领域的需求，建立需求模型，它可采用 IDEFIX 或 EXPRESS 建模语言来描述。逻辑层主要是根据需求模型进行分析、归类，找出共同点，协调冲突，形成统一的、不矛盾的集成信息模型（或称为集成资源），集成资源必须采用 EXPRESS 语言进行描述。

物理层主要完成产品数据交换的中性文件，即 STEP 文件。

2. 数据交换实现方法

STEP 标准中规定的实现方法有文件交换、应用编程接口法和数据库交换。

文件交换是最常应用的一种交换方法。它是通过 WSN（Wirth Syntax Notation）语言将 ESPRESS 语言描述的产品数据模型转换成易读的正文编码中性文件。这是一个由标题段和数据段两部分组成的顺序文件。

应用编程接口法也称标准数据访问接口法（SDAI），应用程序利用 STEP 提供的 SDAI 来读取和操作数据，而不必关心原有应用软件及其数据结构的定义形式。

数据库交换是通过共享数据库来实现的，数据库的内部格式与应用解释模型的格式一致，应用系统可以直接向数据库进行查询、存储数据。

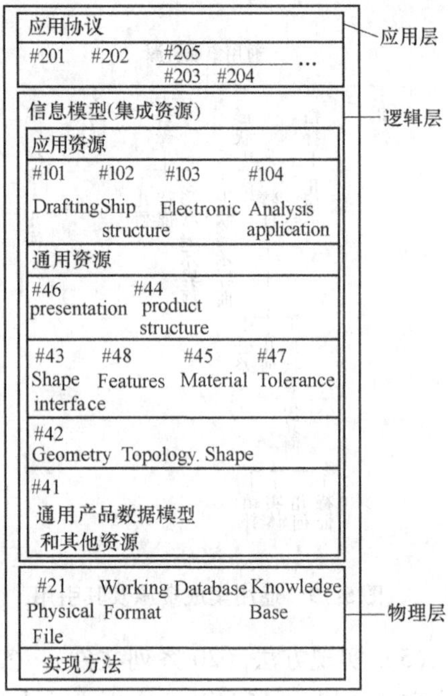

应用协议
#201 #202 #205 #203 #204 …
应用层
信息模型(集成资源)
逻辑层
应用资源
#101 #102 #103 #104
Drafting Ship structure Electronic Analysis application
通用资源
#46 presentation #44 product structure
#43 Shape interface #48 Features #45 Material #47 Tolerance
#42 Geometry Topology. Shape
#41 通用产品数据模型和其他资源
#21 Physical File Working Format Database Knowledge Base
物理层
实现方法

图 5-21　STEP 的三层结构

3. STEP 的应用

STEP 可广泛地应用于机械、电子、航空航天、汽车、船舶等各个工程领域。它的应用是为了满足市场竞争机制下工业发展的需求，具体的应用场合可分为两大类：①来自产品开发部门的需求，包括设计部门内群体的合作，多学科交叉，产品全生命周期设计，集成化产品的开发、分布及并行作业，产品数据的长期存档；②来自计算机辅助应用系统供应商和数据库管理系统（DBMS）供应商的需求，包括接口的标准化和产品概念模型的标准化。STEP 的应用使系统人员和供应商能把精力集中于存储技术、特定应用程序的算法以及数据的不同物理表示上，以解决跨企业、多平台、多种存储机制、多种网络结构的管理等方面的问题。

STEP 在 CAD/CAM 集成环境下的应用如图 5-22 所示。

CAD系统之间的信息传递
CAD系统A
CAD系统B
STEP
CAP
加工计划 装配计划 NC编程
CAM
制造 处理 传输 存放
PPS
生产计划 与控制
CAQ
质量控制 测试设备 及编程
制造活动之间的信息传递

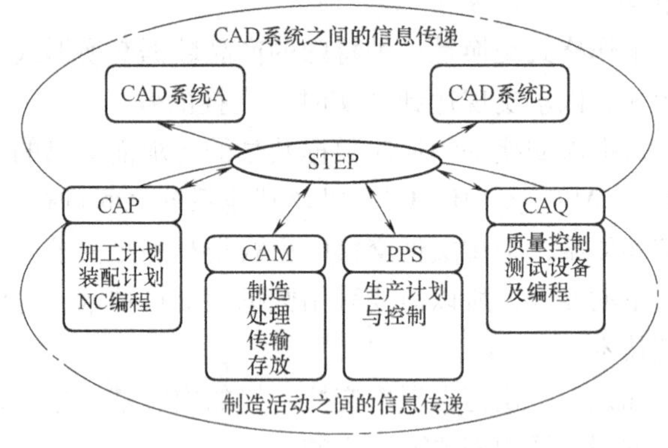

图 5-22　STEP 在 CAD/CAM 集成环境下的应用

5.4　PDM 技术集成方案

5.4.1　基于 PDM 构筑 CAD/CAM 集成平台

产品数据管理（Production Data Management，简称 PDM）技术最早产生于 20 世纪 80 年代初，是为了解决大量工程图样、技术文档管理的困境而出现的一项产品数据管理技术。

PDM 系统是建立在关系型数据库管理系统基础上的面向对象的产品数据管理应用系统。PDM 是一项管理所有与产品相关的信息和过程的技术，它是以软件技术为基础、以产品为核心，将产品设计、工艺规划、生产制造和质量管理等方面的信息集成在一起，对产品全生命周期内的数据进行统一管理。PDM 为实现企业信息的集成提供了信息传递的平台和桥梁，在这个平台上可以集成或封装 CAD/CAPP/CAM/CAE 等多种开发环境和工具，将产品不同阶段的信息作为全部产品数据信息的一个子集，按不同的用途和目的分门别类地进行信息集成管理，所有的信息传递与交换都通过 PDM 平台来完成，而 CAD/CAM 之间无须直接发生联系，从而实现真正意义上的 CAD/CAM 无缝集成，成为 CAD/CAM 集成不可缺少的关键技术之一。

PDM 平台的一个核心功能是支持产品工程设计自动化，对各个子系统实现集中的数据管理和访问控制，并通过过程管理提供工作流程控制。基于 PDM 系统集成的各功能单元可实现多用户的交互操作，并支持分布、异构环境下不同软件平台、不同网络和不同数据库的作业，可实现产品的异地设计，为企业的产品设计与制造建立了一个并行化的产品设计和制造的协调环境，能够使所有参与产品设计开发人员自由共享和传递与产品相关的所有数据。

5.4.2　基于 PDM 平台的 CAD/CAM 系统集成模式

基于 PDM 的 CAD/CAM 应用系统集成可以有多种不同的集成模式，若按集成的难易程度分，有应用封装、数据接口交换和紧密集成三种不同的集成层次。

1. 应用封装模式

基于 PDM 的应用封装与面向对象技术中的对象封装的概念有相似之处，被封装的内容包括应用工具本身以及由这些工具产生的文件。通过封装，一方面 PDM 系统能自动识别、存储并管理由应用工具产生的文件；另一方面当被存储的文件在 PDM 系统中激活时，可启动相应的应用工具，并在该应用工具中对原文件进行编辑修改。这样，可使应用工具与它们产生的文件在 PDM 环境下相互关联起来。

例如，当一个二维 CAD 系统被封装后，在 PDM 系统中可以查询并执行这个二维 CAD 系统，然后进行设计绘图。当设计结束后，所获得的图形文件可自动在 PDM 系统中存储和管理。若需要对所设计的图形进行修改，则可在 PDM 系统找到该图形文件，用鼠标点取后便可启动该二维 CAD 系统，实现对图形的修改。

作为一个集成平台，PDM 系统具有对 CAD/CAPP/CAM 应用系统的封装能力。它可以使不同的应用系统具有统一的模型界面，提供从一种应用转换到另一种应用的功能，实现信息的共享，并对各应用系统产生的数据进行统一的管理。通过应用封装模式可以简单方便地实现应用系统的集成，但应用封装模式只能满足文件整体共享的应用集成，即 PDM 系统只能管理应用系统产生的文件整体，而不能操作管理文件内部的具体数据。当数据共享必须处理各应用系统生成的内部数据关系时，应用封装模式就显得无能为力了。

2. 数据接口交换模式

与应用封装模式相比，数据接口交换是一种更高层次的集成模式，它把应用系统与 PDM 系统之间需要共享的数据模型抽取出来，然后把它定义到 PDM 的整体模型中去。这样，在 PDM 系统与应用系统间就有了统一的数据结构。每个应用系统除了拥有这部分共享的数据模型之外，还可以拥有自己私有的数据模型。这样，应用系统与 PDM 系统在共享数据模型的指导下，通过数据交换接口，实现应用系统的某些数据对象自动创建到 PDM 系统中去，或从 PDM 系统中提取应用系统所需要的数据对象的功能。

例如，在三维 CAD 系统与 PDM 系统的集成中，除了要管理三维 CAD 系统产生的文件外，还需要从三维 CAD 系统生成的装配树中获取如零部件的标识、名称和数量等描述信息及层次结构关系信息，通过数据交换接口输入 PDM 系统，在 PDM 系统中建立产品结构树，或从 PDM 系统的产品结构树中提取最新的产品结构关系，通过数据交换接口修改 CAD 系统中的装配树，使二者保持异步的一致。这样，在接口开发过程中，既要了解产品结构在 CAD 系统中的组织形式，也要了解其在 PDM 系统中的组织形式，然后实现双向转换。在 CAD 系统的操作界面上要有 PDM 系统的功能菜单，PDM 系统中也要有 CAD 系统的功能菜单。因此，实现数据接口交换的工作难度远远高于应用封装。

3. 紧密集成模式

紧密集成模式允许应用系统或 PDM 系统互相调用有关服务，执行相关的操作，形成更为紧密的关系，真正实现一体化。要实现这样的集成，首先针对共享的数据内容，在应用系统与 PDM 系统之间建立一种互动的共享信息模型，使其一方在应用系统或 PDM 系统中创建或修改共享数据时，在另一方也能进行自动修改，以保证双方数据的一致性。其次，在应用系统中插入 PDM 系统中有关的数据对象编辑与维护功能，这样在应用系统中编辑某一对象时，在 PDM 系统中也能对该对象进行相应地自动修改。

紧密集成是每个实施 PDM 的企业所期望达到的目标，也是 PDM 开发商努力的方向。但是，要真正实现这种集成，在技术上取决于应用系统与 PDM 系统双方的开放性以及对系统内部结构了解的详细程度，同时需要有较大的资金投入。因此，紧密集成不是每个企业都能做到的。目前，I-DEAS 与 METAPHASE、UG 与 IMAN 实现了 CAD/CAM 系统与 PDM 系统的紧密集成。

5.4.3 基于 PDM 平台的 CAD/CAM 集成系统实现方法

在一个企业中，可能存在不同供应商或不同版本的 CAD、CAPP、CAM 系统。在这样一个复杂环境中，PDM 作为集成平台不仅要为 CAD/CAPP/CAM 系统提供数据管理与协同工作环境，同时还要为 CAD/CAPP/CAM 系统的集成运行提供支持。图 5-23 所示为目前国内常用的基于 PDM 平台的 CAD/CAM 集成系统体系结构，从图示可以看出，该集成系统的最底层为计算机硬件与操作系统，可支持异构的计算机环境；网络技术和数据库技术提供了分布式计算机环境下的系统通信手段和数据管理能力；产品数据管理层为整个系统的核心，封装了各类应用系统，包含了各类数据库；上层为 PDM 图形化用户界面和相关接口，为用户提供了与 CAD、CAPP、CAM、CAE、CAQ、ERP 等各类应用系统友好的集成环境。

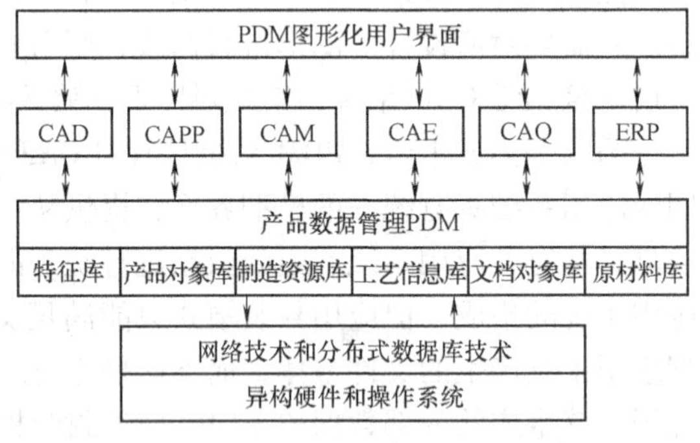

图 5-23 基于 PDM 平台的 CAD/CAM 集成系统体系结构

利用图 5-23 所示的集成系统，CAD 系统所产生的二维图样、三维模型、零部件的基本属性、产品明细表、零部件之间的装配关系、产品版本等，需要交由 PDM 系统来管理。CAD 系统也需要从 PDM 系统获取设计任务书、技术参数、原有零部件图样资料以及技术变更要求等信息。CAPP 系统产生的工艺信息，如工艺路线、工序、工步、工装夹具的设计要求以及对产品设计的修改意见等，可交付 PDM 系统进行管理。CAPP 系统也需要从 PDM 系统中获取产品数据模型、原材料、设备资源等信息。同样，CAM 系统将其产生的刀位文件、NC 代码交由 PDM 系统来管理，同时从 PDM 系统中获取产品数据模型信息和工艺信息等。

CAD 系统与 PDM 系统之间要保证产品结构数据的一致性，必须实现两者之间的紧密集成。在 CAD 系统与 PDM 系统之间建立共享的产品数据模型，以实现互操作，来保证 CAD 系统中的修改与 PDM 系统中的修改的互动性和一致性，真正做到双向同步。

CAM 系统与 PDM 系统之间的集成只需要实现刀位文件、NC 代码、产品模型等文档信息的交流，因而采用应用封装模式就可以满足两者之间的集成要求。

CAPP 系统的运行除了需要相关的产品模型文档外，还需要从 PDM 系统中获取设备的资源信息、原材料等制造资源信息。CAPP 系统所产生的工艺信息还需要分解为工序、工步等基本信息单元，存放于 PDM 系统的工艺信息库中，以供 CAM、ERP 等应用系统集成之用。所以 CAPP 系统与 PDM 系统之间的集成需要采用数据接口交换模式，即在实现基本应用封装的基础上，进一步开发数据交换接口以满足两者集成的需要。

5.5　复习思考题

1. 试述 CAD/CAM 系统信息集成的含义是什么?
2. CAD/CAM 系统的集成方式有哪几种?
3. CAD/CAM 系统信息集成的关键技术是什么:
4. 何谓产品定义数据模型?
5. 说明 IGES 文件的格式和含义。
6. 说明 STEP 标准的体系结构。
7. 试述 CAD/CAM 集成系统的总体结构。
8. 有哪几种基于 PDM 平台的 CAD/CAM 系统集成模式? 就目前技术水平分析其具体实现方法。

参 考 文 献

[1]　刘极峰. 计算机辅助设计与制造 [M]. 北京：高等教育出版社，2004.
[2]　王隆太，朱灯林，戴国洪. 机械 CAD/CAM 技术 [M]. 北京：机械工业出版社，2002.
[3]　孙春华. CAD/CAPP/CAM 技术基础及应用 [M]. 北京：清华大学出版社，2004.
[4]　宁汝新，赵汝嘉. CAD/CAM 技术 [M]. 北京：机械工业出版社，2005.
[5]　孙家广. 计算机辅助设计技术基础 [M]. 北京：清华大学出版社，2000.
[6]　童秉枢. 现代 CAD 技术 [M]. 北京：清华大学出版社，2000.
[7]　武良臣，李勇，郑友益. 先进制造技术 [M]. 徐州：中国矿业大学出版社，2001.
[8]　蔡颖，薛庆. CAD/CAM 原理与应用 [M]. 北京：机械工业出版社，1998.
[9]　孟富森，蒋忠理. 数控技术与 CAM 应用 [M]. 重庆：重庆大学出版社，2003.
[10]　王贤坤，陈淑梅，陈亮. 机械 CAD/CAM 技术、应用与开发 [M]. 北京：机械工业出版社，2002.

下篇　实　践　篇

相关约定

1）书中用“【 】”括起来的文字表示软件操作中的屏幕选项，包括屏幕菜单、对话框以及对话框中的选项；“→”表示进行下一步操作。如“【文件】→【新建】”，表示打开【文件】菜单，然后选择其中的【新建】命令。

2）在没有特别指明时，“单击”、“双击”、“拖动”表示用鼠标左键单击、双击和拖动。

3）书中所述在 Pro/E 操作中“单击鼠标右键”或“右键”，通常需要将鼠标指向窗口的特定位置后，按住鼠标右键并稍作停留。

4）书中所配大量插图，其中注解的 1、2、3 表示操作步骤，光标所指位置表示读者在操作中鼠标应该点取的位置，请予以注意。

第6章　Pro/E 界面简介与基本操作

6.1　Pro/E Wildfire 2.0 安装

1. 软、硬件配置要求

Pro/E Wildfire 2.0 是 PTC 公司于 2004 年推出的版本，可以在工作站或 PC 机上运行。表 6-1 所示为确保 Pro/E Wildfire 2.0 快速稳定运行的推荐配置。当然，未达到这些配置要求的计算机也可以满足 Pro/E 的启动和运行，但运行速度非常慢，尤其是在进行大型装配操作时。

表 6-1　Pro/E 运行的推荐软、硬件配置

项　目	推荐配置
操作系统	Windows NT/2000/XP
CPU	1.0GHz 以上(建议 2.0GHz)
内存	256MB 以上
显卡	显存 32MB 以上,推荐使用 Geforce4 以上的显卡
硬盘	最小安装为 800MB,全部为 1.5GB,建议安装在 4.0GB 以上分区
显示器	17 英寸以上
网卡	必须安装网卡(或使用虚拟网卡)
鼠标	三键滚轮鼠标(推荐使用光电鼠标)

2. 中文环境设置

Pro/E 系统默认是英文界面，如果要显示简体中文界面，在安装前需进行中文环境设置，设置环境变量“lang”的值为“chs”。以 Windows XP 操作系统为例，具体操作步骤如下：

鼠标右键单击桌面上【我的电脑】图标，在弹出的快捷菜单中选择【属性】命令，系统弹出【系统属性】对话框，切换到【高级】选项卡。如图 6-1 所示单击 环境变量(N) 按钮，系统弹出【环境变量】对话框，单击 新建(W) 按钮，系统弹出【新建系统变量】对话框，输入变量名为“lang”，变量值为“chs”→依次单击各对话框中的 确定 按钮。

3. 软件使用许可证

安装 Pro/E 之前，必须合法获得 PTC 的软件许可证，这是一个文本文件“License.dat”，该文件是根据用户计算机上的网卡号赋予的，具有唯一性。

网卡号的查找步骤如下：单击 Windows 的 开始 → 程序(P) → 附件 → 命令提示符，打开【命令提示符】界面，输入“ipconfig/all”命令并回车，即显示计算机的网卡号，如图 6-2 所示。

4. 虚拟光驱设置

Pro/E Wildfire2. 0 安装软件包括三张光盘，建议采用虚拟光驱安装。首先安装虚拟光驱软件如 DEAMON Tools，然后将三张安装光盘分别映像到三个虚拟驱动器中。

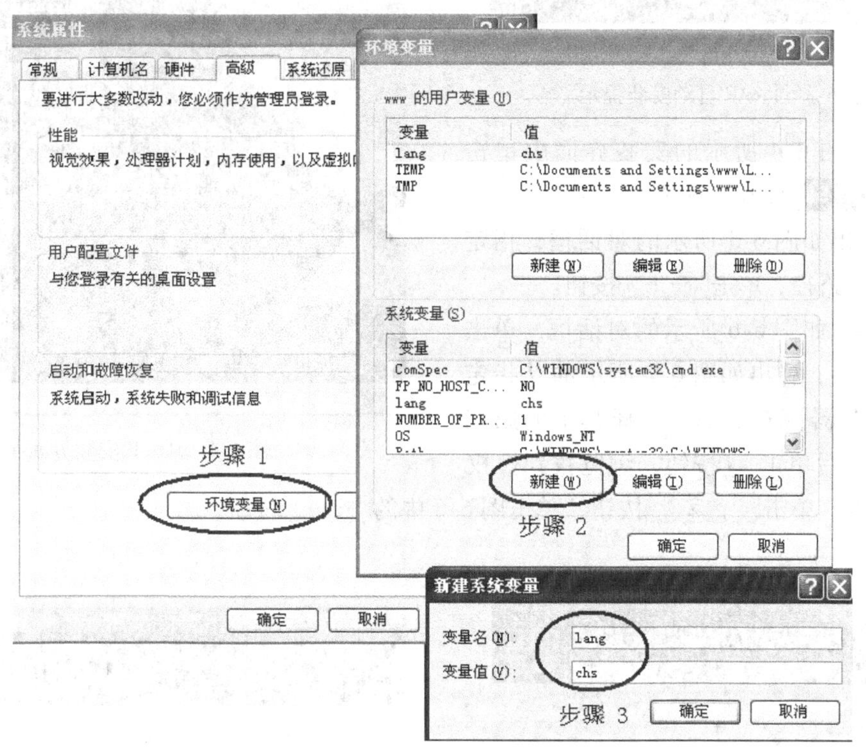

图 6-1　中文环境变量设置

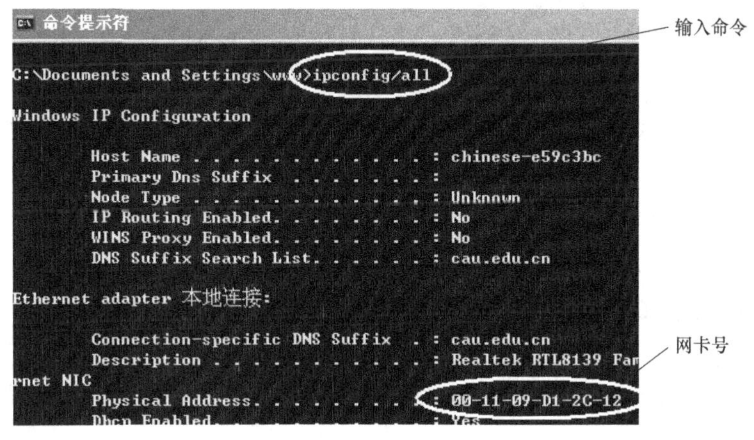

图 6-2　查找计算机网卡号

5. 安装步骤

1）当将第一张安装盘 CD1 映像到虚拟光驱之后，会自动启动安装程序，出现如图 6-3 所示的安装提示，几秒钟后，显示图 6-4 所示的安装界面。如果未能自动执行安装程序，可以通过运行 CD1 光盘根目录下的“setup. exe”文件，进入安装界面。

图 6-3 Pro/E 自动安装提示

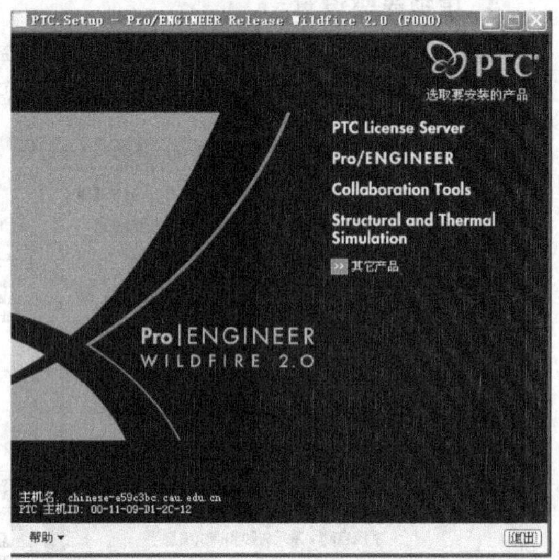

图 6-4 Pro/E 安装界面

2）在图 6-4 所示的安装界面中单击 Pro/ENGINEER 即开始安装。

3）弹出如图 6-5 所示的对话框，指定程序安装的路径，单击 下一个 > 按钮。

4）弹出如图 6-6 所示的对话框，单击 添加 按钮，弹出如图 6-7 所示的【指定许可证服务器】对话框。选择其中的第三个选项，然后单击 按钮，浏览找到授权文件的位置，单击 确定 按钮，单击图 6-6 中的 下一个 > 按钮。

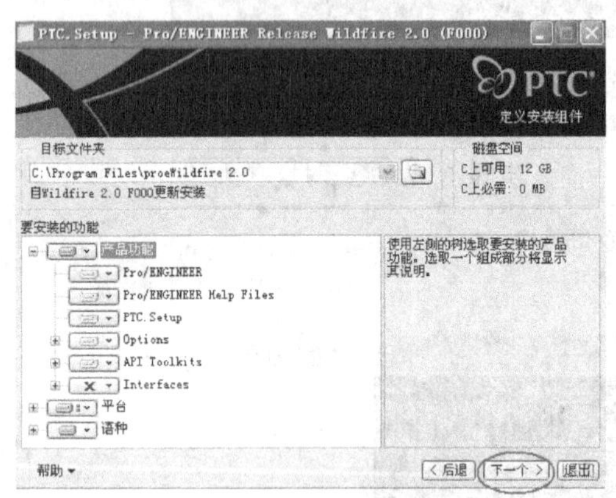

图 6-5 指定安装路径

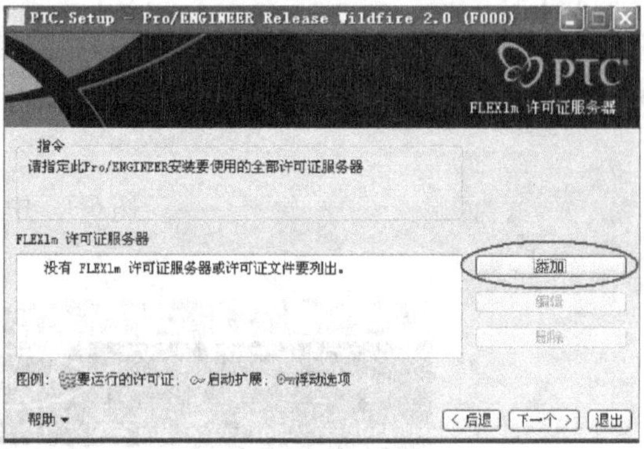

图 6-6 添加许可证服务器

5）弹出如图 6-8 所示对话框，设置程序的快捷方式（可以采用默认值）后，单击的 下一个 > 按钮。弹出如图 6-9 所示的对话框，单击 安装 按钮，开始安装。

6）弹出如图 6-10 所示对话框，开始复制文件。

7）安装过程中会提示插入 CD2→CD3→CD1，如图 6-11 所示。这时可根据安装提示单击相应的虚拟光驱，依次打开光盘镜像即可完成安装。

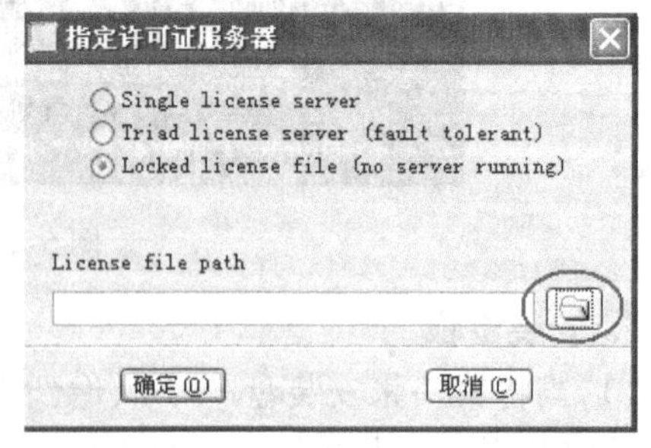

图 6-7 【指定许可证服务器】对话框

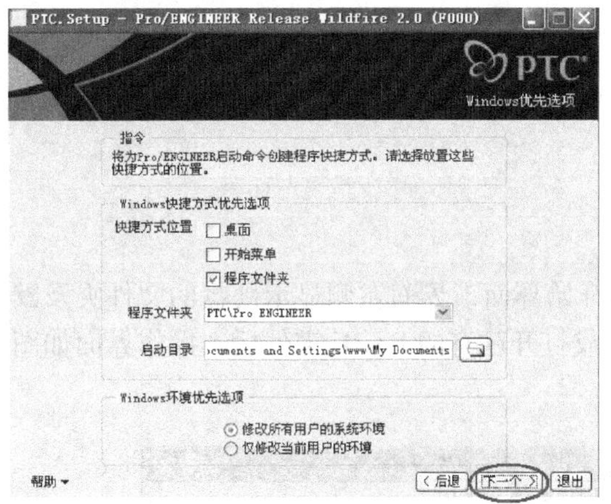

图 6-8　Windows 优先选项

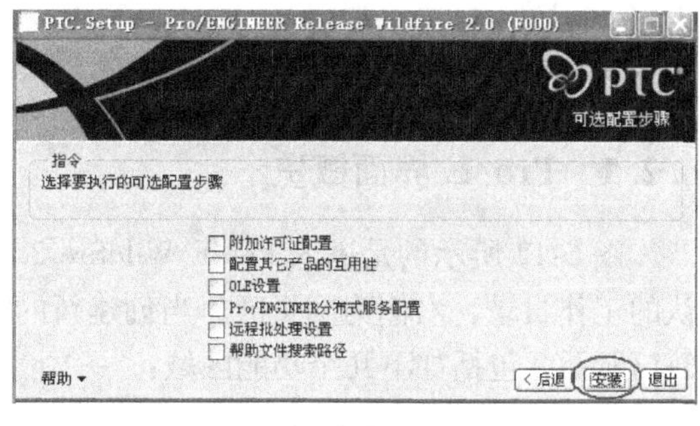

图 6-9　开始安装

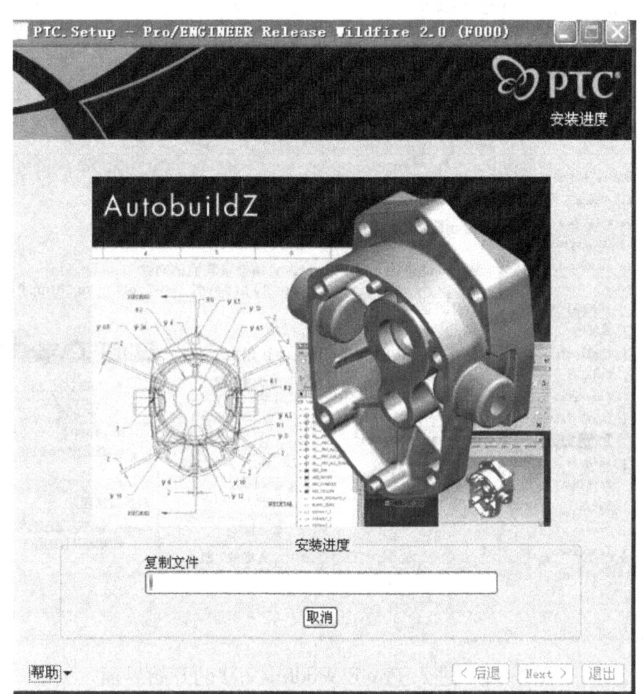

图 6-10　开始复制文件

图 6-11　安装光盘提示

8）安装完成，单击的[下一个 >]按钮。返回图 6-4 所示的对话框。如果还要安装 Pro/E 的其他产品，可以选择相应的选项进行安装。否则，单击[退出]按钮，退出安装程序，结束

Pro/E 的安装。

6.2　Pro/E 操作界面简介

6.2.1　Pro/E 界面概览

图 6-12 所示的是进入 Pro/E Wildfire 2.0 的开始界面，界面左侧显示硬盘的文件夹及默认的工作目录，右侧为网页区。当创建新的零件或打开已有的 Pro/E 零件后，操作界面如图 6-13所示，包括如下几个功能区域：

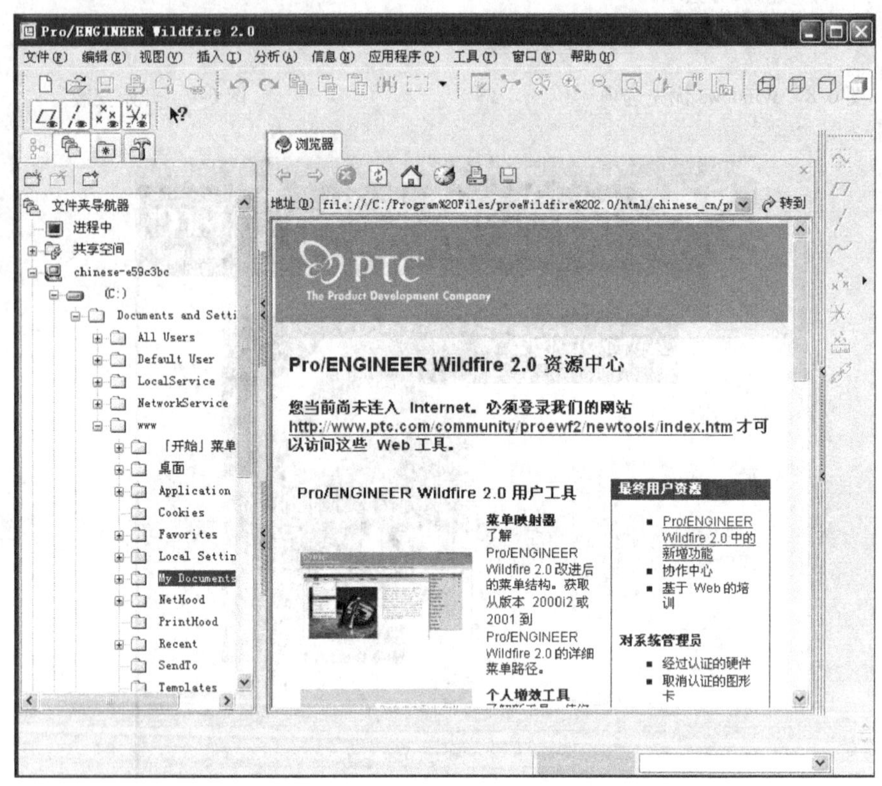

图 6-12　进入 Pro/E Wildfire 2.0 的开始界面

（1）图形窗口　图形窗口是几何模型的显示区域。

（2）主菜单　Pro/E 的所有操作与模型处理功能都可以通过主菜单实现，但主菜单的命令大都可以由图标按钮更加快捷地执行。表 6-2 所示为零件设计界面主菜单功能的简要说明。

（3）主工具栏　以图标的形式列出了常用的命令。将鼠标指针悬停在每一个图标按钮上，系统会在该图标旁边以及信息提示区显示该图标的名称或简要说明。表 6-3 所示为零件设计界面常用的主工具栏按钮的功能说明。

（4）特征工具栏　位于窗口右侧，提供了特征创建常用的工具按钮，是模型创建中使用最频繁的部分。凡显示为灰色的工具，表示当前不能进行该项操作。

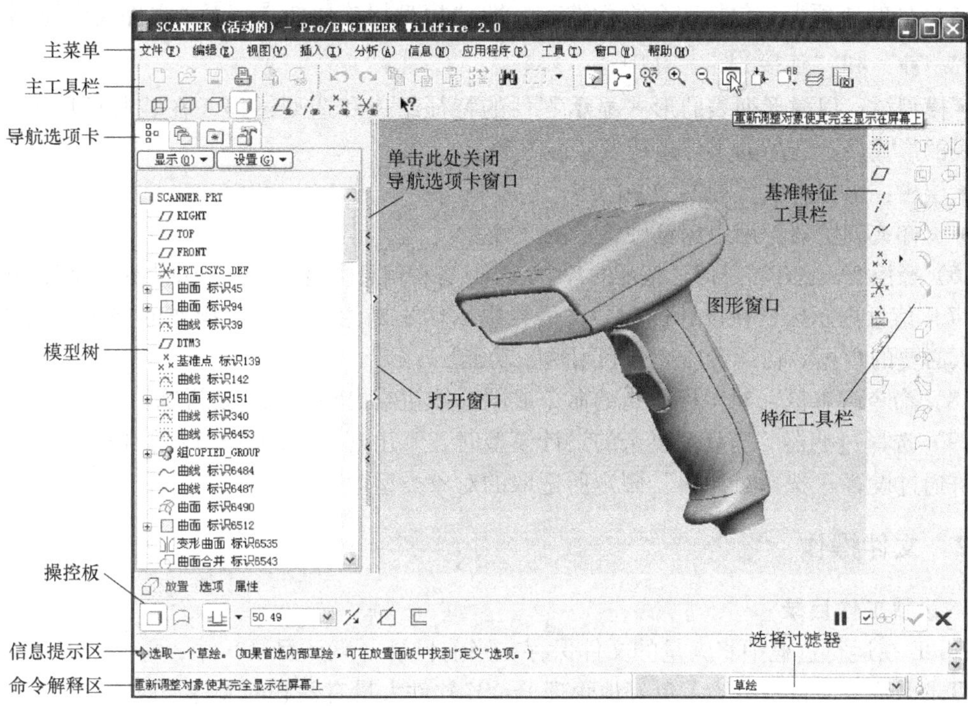

图 6-13　Pro/E Wildfire 2.0 的操作界面

表 6-2　Pro/E 主菜单功能说明

【文件】	文 件 处 理	【信息】	显示模型的各种相关信息
【编辑】	模型编辑及模型设计变更	【应用程序】	提供了钣金、CAE 分析、塑件顾问、机构分析与动画等不同的应用模块
【视图】	模型显示设置与三维视角控制	【工具】	包括关系、参数、程序、族表以及工作环境等工具
【插入】	添加各类特征，其中大部分选项在特征工具栏中都有对应的图标按钮	【窗口】	窗口控制
【分析】	模型几何分析	【帮助】	提供帮助信息

表 6-3　Pro/E 主工具栏按钮功能说明

	新建、打开、保存、打印文件		模型放、缩显示
	发送邮件		模型在窗口中以最佳大小显示
	撤销、恢复操作		定位模型视图方向
	复制、粘贴、选择性粘贴		切换到标准视图或保存的视图方向
	参数修改后再生模型		设置层的有关状态
	在模型树中按照搜索条件搜索对象		启动视图管理器
	确定选择对象框的形状		模型显示模式：线框或着色
	重新绘制当前图形		基准面、基准轴、基准点、基准坐标系的显示开关
	切换是否显示模型的旋转中心		在线帮助

(5) 导航选项卡　包括四个页面选项，即“模型树或层树”、“文件夹浏览器”、“收藏夹”和“连接”。其中：

• 模型树：以树形列表的形式显示零件的特征组成和造型过程（在装配环境下，以树形列表的形式显示产品的零件组成及装配过程）。

• 层树：用以有效管理模型中的层。

• 文件夹浏览器：用以浏览硬盘上的文件。

(6) 操控板　创建特征时，特征的各个选项、各种信息会显示其中，引导使用者完成操作。

(7) 信息提示区　在设计过程中，信息提示区不断给出下一步操作的提示，或要求用户输入必要的数据。初学者应充分利用这一功能。

(8) 命令解释区　对鼠标所指的命令或图标按钮给出解释和简要说明。

(9) 选择过滤器　当处理复杂的设计模型时，常出现无法顺利选取到目标对象的情形，此时可通过设置“选择过滤器”限定所选取的对象类型。

6.2.2　文件操作

1. 设置工作目录

Pro/E 在运行过程中将大量的文件保存在当前目录（默认目录）中，并且打开文件最快捷的目录也是当前目录。为了更好地管理 Pro/E 软件大量有关联的文件，应特别注意，进入 Pro/E 后，立即进行当前工作目录的设定是一个非常好的习惯，其操作步骤如下：

1）选择主菜单【文件】→【设置工作目录】命令。

2）在系统弹出的如图 6-14 所示的对话框中，选取适当的工作目录，如“E:\基于 ProE 的 CADCAM\example”。

3）单击对话框中的 确定 按钮。

完成这样的操作之后，“E:\基于 ProE 的 CADCAM\example”即成为当前的工作目录。在下一次更改工作目录之前，文件的创建、保存、自动打开、调用、删除等操作都将在该目录下进行。

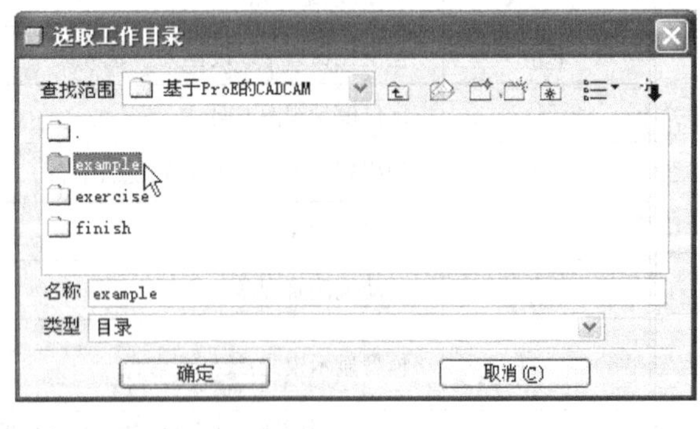

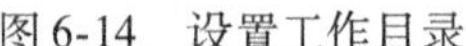
图 6-14　设置工作目录

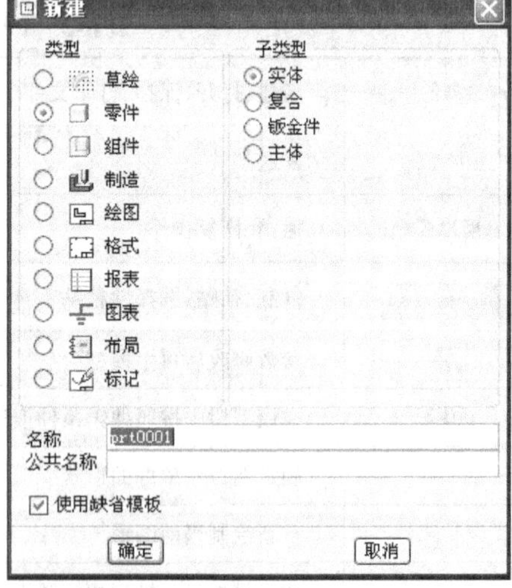

图 6-15　新建文件

2. 新建文件

1）选择主菜单【文件】→【新建】命令，或单击主工具栏上的图标，系统弹出如图 6-15 所示的【新建】对话框。

2）根据需要指定文件类型和子类型。Pro/E 常用的文件类型包括：

- 草绘：二维草图绘制，文件扩展名为 . sec。
- 零件：三维零件设计，文件扩展名为 . prt。
- 组件：三维装配设计，文件扩展名为 . asm。
- 制造：模具设计、NC 加工等，文件扩展名为 . mfg。
- 绘图：二维工程图制作，文件扩展名为 . drw。
- 格式：二维工程图图框制作，文件扩展名为 . frm。

3）确定是否使用默认模板。

4）输入新文件名。

5）单击对话框中的 确定 按钮。

3. 多个窗口切换及关闭窗口

Pro/E 可以同时打开多个文件，并在【文件】菜单和【窗口】菜单下显示打开的文件列表，可以通过在列表中单击相应的文件名实现文件窗口间的切换。

提示：

在某些情况下，文件是打开的，但界面上几乎所有的命令菜单和图标都呈现灰色，不能进行任何操作，同时鼠标指针变成⊘。这时可通过选择主菜单【窗口】→【激活】命令，将当前窗口激活，就可以对文件进行操作了。

要关闭当前文件窗口，可以选择主菜单【文件】→【关闭窗口】命令，或选择主菜单【窗口】→【关闭】命令，或直接单击操作界面右上角的☒按钮。

提示：

窗口关闭以后，该文件依然驻留在内存中。要想将已经关闭但依然驻留内存的文件从内存中清除，选择主菜单【文件】→【拭除】→【不显示】命令。要想将当前文件关闭的同时从内存中清除，选择主菜单【文件】→【拭除】→【当前】命令。拭除已经关闭但仍驻留内存的文件，可以提高运行速度。

4. 保存文件

（1）同名保存文件　选择主菜单【文件】→【保存】命令，或单击主工具栏中的按钮，系统弹出【保存对象】对话框，注意这时只能进行文件的同名保存，因此只需单击对话框中的 确定 按钮。如果输入了新的文件名称，系统则不会有任何响应。

提示：

在每次同名保存之后，先前的文件并没有被覆盖掉，而是出现一个新的文件版本。例如第一次保存文件名为 CAU. prt. 1，则第二次同名保存文件的名称将是 CAU. prt. 2，依次类推。Pro/E 保存文件的这一特点有利于在重大的操作失误后顺利找到以前的设计结果，而不必像在其他软件中那样必须通过异名保存文件来保留必要的中间设计结果。

选择主菜单【打开】命令打开文件时看到的总是文件的最新版本。

（2）异名保存文件　选择主菜单【文件】→【保存副本】命令等同于其他软件中的“另存为”命令，其操作方式也与其他软件中异名保存文件类似，这里不再赘述。

5. 打开文件

选择主菜单【文件】→【打开】命令，或单击主工具栏中的按钮，系统弹出如图 6-16 所示的【文件打开】对话框。找到文件所在位置后，选取文件名称，单击［打开(O)］按钮。在单击［打开(O)］按钮之前，还可以单击［预览(P)>>>］按钮，预览该文件的略图以确认是否要打开该文件。

打开文件的另一种方式是通过导航选项卡，其操作步骤如图 6-17 所示。

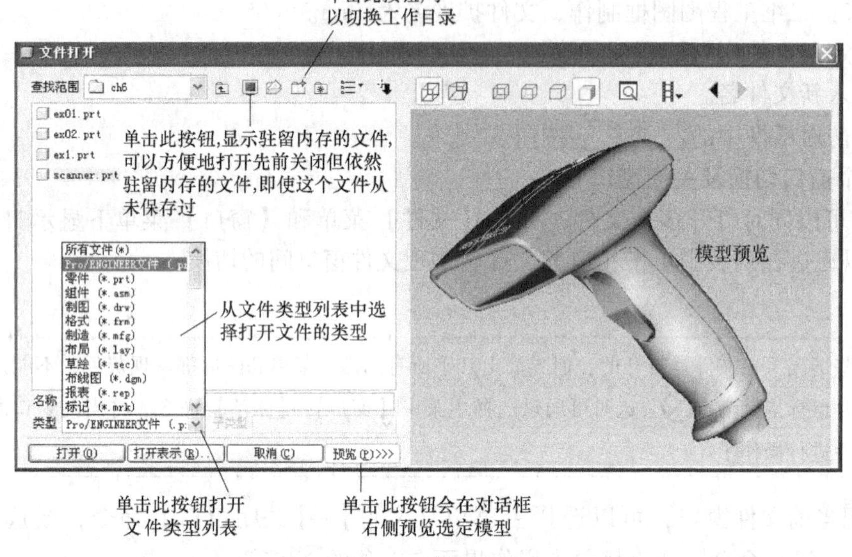

图 6-16　打开文件

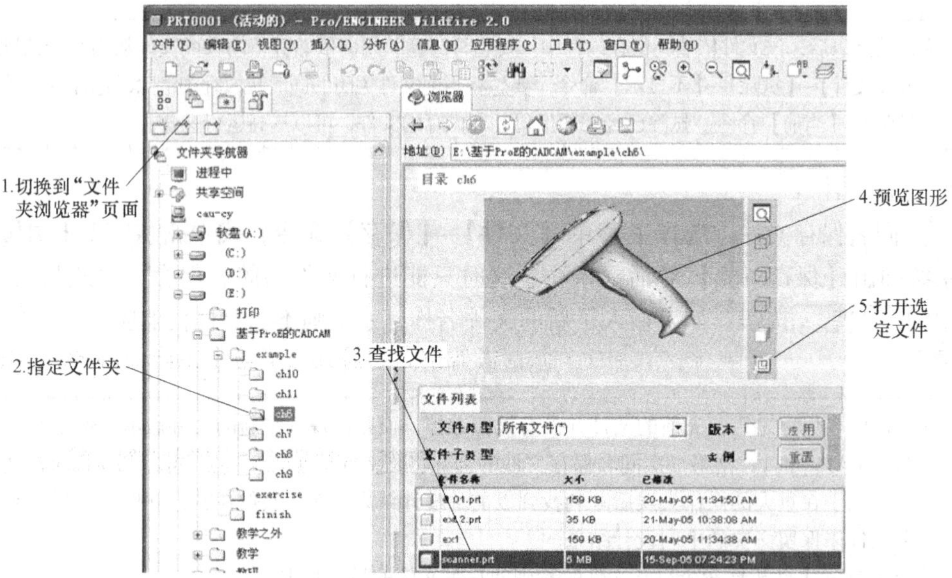

图 6-17　通过导航选项卡打开文件

6. 删除硬盘上的 Pro/E 文件

在 Pro/E 操作界面上直接删除硬盘上的 Pro/E 文件，选择【文件】→【删除】→【旧版本】命令可以删除当前文件的旧版本；选择【文件】→【删除】→【所有版本】命令可以删除当前文件的所有版本，执行这个操作要慎用。

6.3 三维模型显示控制

首先设置工作目录为“E：\ 基于 ProE 的 CADCAM \ example \ ch6”，然后打开文件“ex01. prt”。

在 Pro/E 下进行三维设计的过程中，用户可以对模型进行旋转、平移、缩放、精确的视角定位等显示控制，实现对模型任意角度、任意细节的逼真观察。因此，三维模型的显示控制是开始熟悉 Pro/E 的最关键操作。

提示：

- 模型旋转：按住鼠标中键并拖动鼠标。
- 模型缩放：滚动鼠标中键的滚轮。
- 模型平移：同时按住键盘上的 Shift 键和鼠标中键并拖动鼠标。
- 将模型恢复到默认的三维视角和最佳大小显示：按下键盘上的“Ctrl + D”键。

1. 模型缩放

- 单击主工具栏上的按钮，然后在模型上框选要放大的部分，即可将该部分模型放大显示。
- 单击主工具栏上的按钮，即可缩小模型显示。
- 单击主工具栏上的按钮，模型以当前视角和最佳的显示大小显示在图形窗口中。

2. 精确定位观察视角

单击主工具栏中的按钮，或选择主菜单【视图】→【方向】→【重定向】命令，系统弹出如图 6-18 所示的【方向】对话框，按图示步骤进行操作，即可将模型视角设定为 A 面朝前、B 面朝上的视角方向，如图 6-18 所示。

继续执行图 6-19 所示的操作步骤，可以将这一视角方向保存下来，视图名称为“view1”。

3. 切换到标准视角

单击主工具栏中的按钮，会在该图标下方弹出图 6-20 所示的菜单，菜单中显示出标准视图和已保存的视图名称，单击不同的视图名称，就可以将模型切换到相应的标准视角。

4. 模型显示模式

Pro/E 中的模型显示模式有四种，分别是线框、隐藏线、无隐藏线和着色模式。单击主工具栏上对应上述四种模式的按钮可以切换到相应的显示模式，图 6-21 所示的为 4 种显示模式的显示效果。

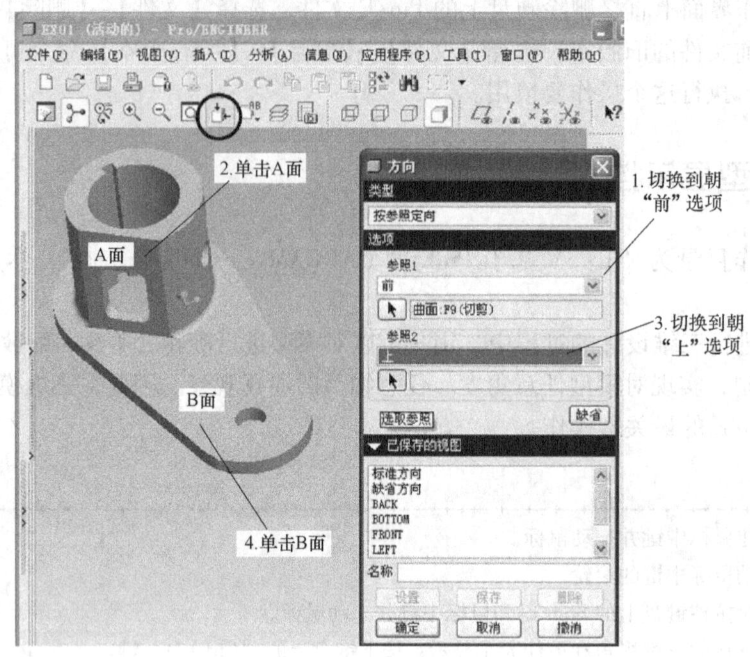

图 6-18　精确定位观察视角

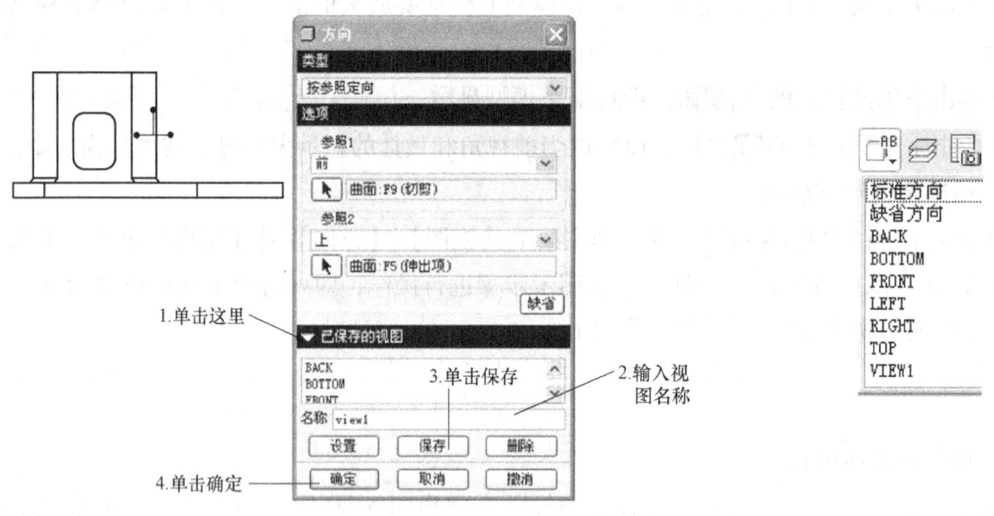

图 6-19　保存视图方向　　图 6-20　切换到标准视角

5. 模型颜色设置

选择【视图】→【颜色和外观】命令，系统弹出如图 6-22 所示的【外观编辑器】对话框。按图中所示步骤进行操作，可以将零件的某些表面（如 A 面）设置成所需要的颜色。如跳过图中的第 4、5 步，可以将整个零件设置成选定的颜色。在装配设计中，还可以将不同的零件设置成不同的颜色。

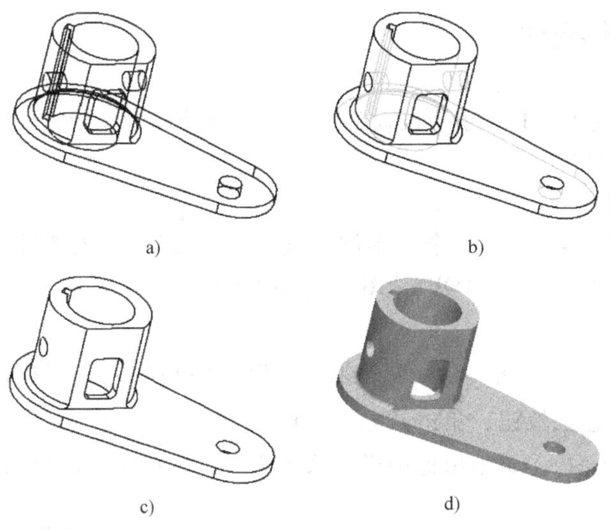

图 6-21　三维模型的四种显示模式
a）线框显示模式　b）隐藏线显示模式　c）无隐藏线显示模式　d）着色显示模式

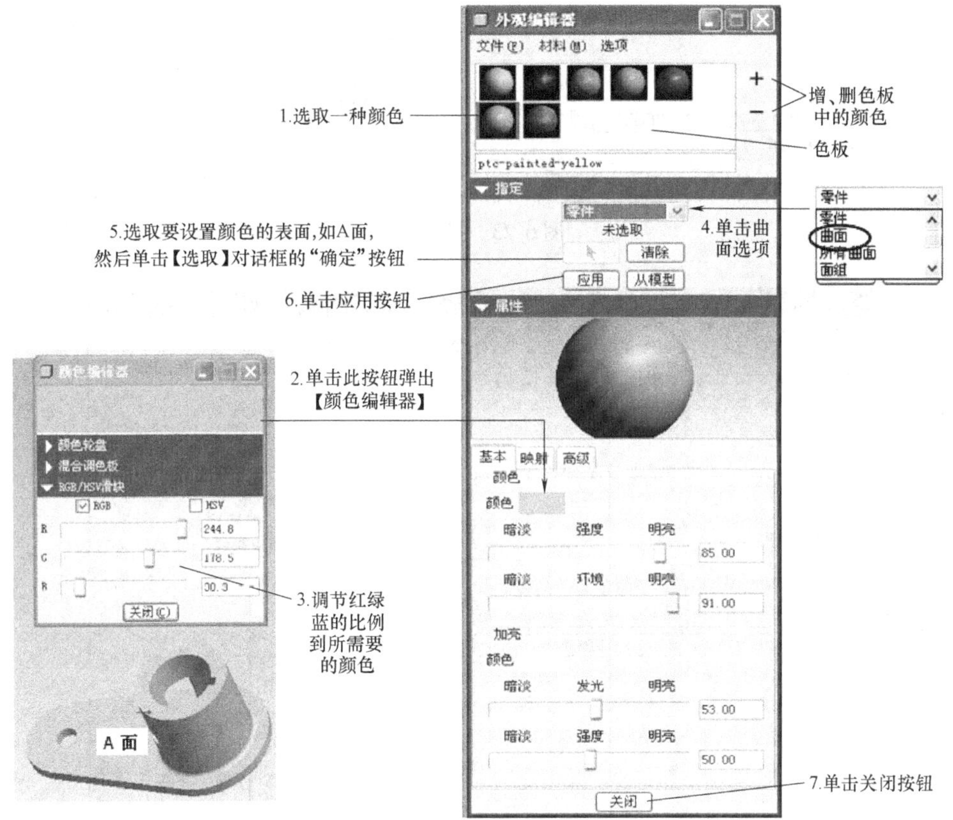

图 6-22　模型颜色设置

6.4　Pro/E 基本操作

为了在一开始就对 Pro/E 环境下的设计有一个具体的体会，请完成以下步骤，实现一个最简单的三维实体模型的设计。

1. 新建零件文档

参照 6.2.2 节的内容，新建一个“零件”文档“ex02”，进入零件设计界面。在图形窗口中显示三个默认的基准平面：TOP、FRONT、RIGHT。

2. 启动拉伸特征

单击特征工具栏的按钮，会在窗口下方弹出图 6-23 所示的操控板。

单击操控板中的放置按钮，单击其上滑面板中的定义...按钮，单击图形窗口的任意一个基准平面（如 Right 面），单击鼠标中键，系统进入二维草图绘制界面，如图 6-24 所示。

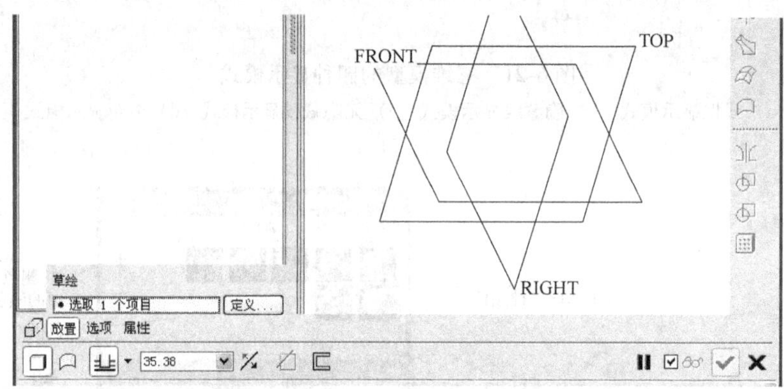

图 6-23　操控板

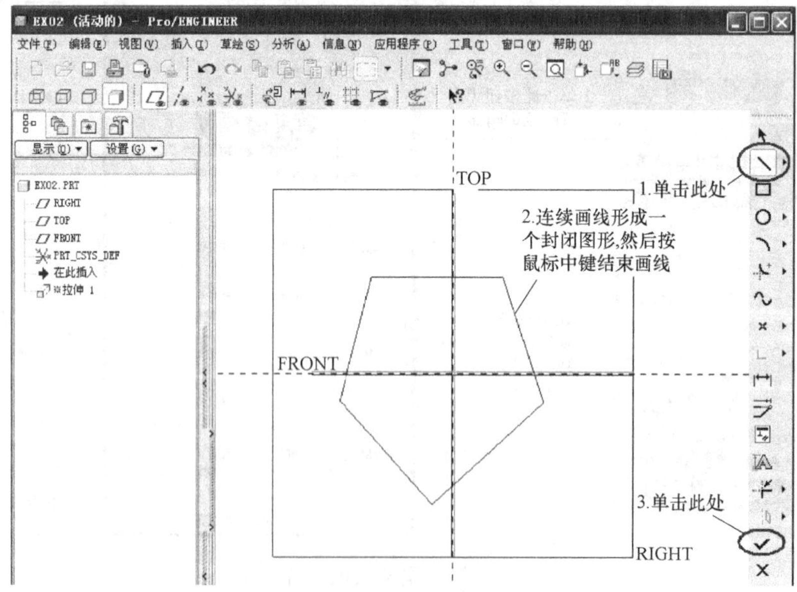

图 6-24　绘制二维草图

3. 绘制二维草图

单击窗口右侧工具栏中的╲按钮后，在图形窗口连续单击鼠标左键绘制图 6-24 所示的封闭图形，并在图形封闭后按下鼠标中间结束画线命令，单击窗口右侧工具栏中的✔按钮。

4. 完成拉伸特征

系统返回图 6-23 所示的零件设计界面，如图 6-25 所示在操控板的下拉列表框中输入数据（如 200）并回车，单击操控板中的☑按钮。

图 6-25　设置拉伸参数

同时按下键盘上的 Ctrl 键和 D 键，在图形窗口的任意空白处单击鼠标左键，屏幕上显示创建的三维模型，如图 6-26 所示。

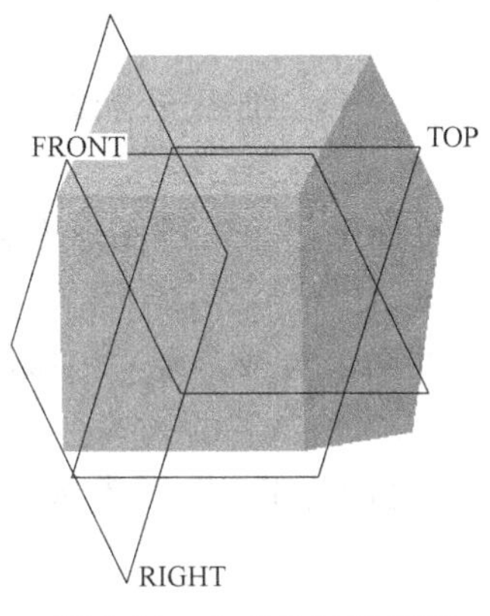

图 6-26　生成的三维模型

至此，完成了一个最简单的三维模型的创建，这一模型的几何意义是：将一个平面上（例子中的 Right 面）绘制的二维封闭图形沿平面的垂直方向拉伸成一定高度（例子中的高度为 200），形成三维实体。请在此基础上复习 6.2 节和 6.3 节的内容，相信读者会逐渐熟悉 Pro/E 基本的界面操作，并对 Pro/E 下的三维设计有初步的认识和收获。

6.5　练习题

1. 熟悉 Pro/E 的环境界面。

2. 打开"exercise \ ch6 \ 01. prt"和"connect_rod. prt"，练习模型的旋转、缩放、定位特殊视角、线框与着色显示等操作，注意熟练使用模型显示的快捷键。

3. 练习 Pro/E 的文件操作。

4. 熟悉拉伸特征的创建。

第 7 章　Pro/E 参数化二维草绘

7.1　Pro/E 特征简介

Pro/E 是基于特征的参数化造型系统，特征是在 Pro/E 下进行三维实体造型的基本操作单元。Pro/E 特征包括以下三种：

1. 草绘特征

草绘特征将一个或多个二维草绘图形通过一定的方式变化生成三维实体或三维曲面。Pro/E 常用的草绘特征包括：

- 拉伸特征：如图 7-1a 所示，将一个二维图形沿图形平面的垂直方向拉伸生成一个三维实体或三维曲面。
- 旋转特征：如图 7-1b 所示，将一个二维图形沿该图形平面内的一根轴旋转生成三维实体或三维曲面。
- 扫描特征：如图 7-1c 所示，平面上一个二维图形沿某一路径扫描生成三维实体或三维曲面。
- 混合特征：如图 7-1d 所示，在两个（或多个）二维图形间自由过渡混合生成三维实体或三维曲面。

之所以将二维图形称为二维草绘是因为 Pro/E 是参数化造型系统。在绘制二维图形时，

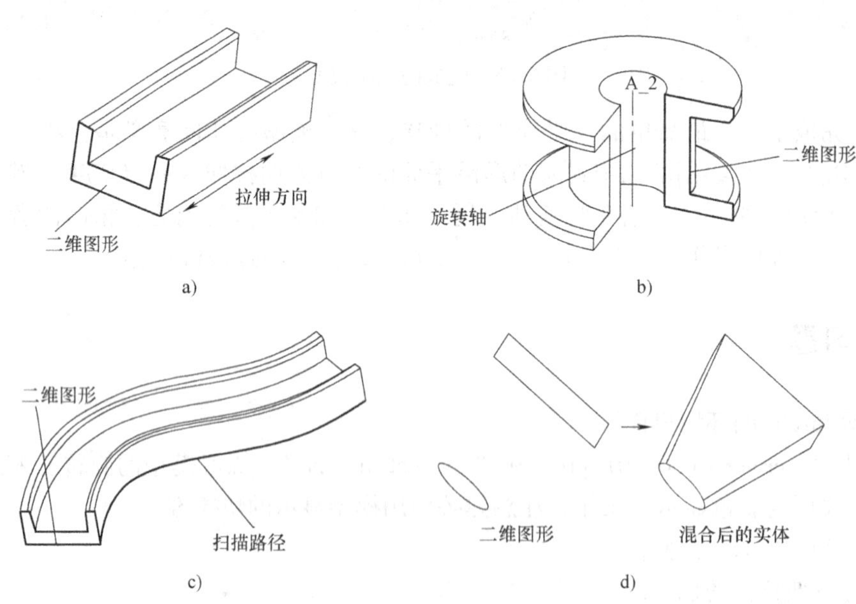

图 7-1　Pro/E 草绘特征

a）拉伸特征　b）旋转特征　c）扫描特征　d）混合特征

只需草草勾绘图形的基本形状，然后通过添加约束和修改尺寸来驱动图形变化，就能得到精确尺寸的二维图形。

2. 点放特征

点放特征是指在特征创建过程中无需绘制二维草绘，而只需点取一个位置并输入一定参数，就可以将某一形式的特征放在那个位置了。例如，“孔特征”的创建只需确定孔的放置位置并输入孔的直径和深度即可完成；“倒圆角特征”的创建只需点取倒角部位并输入圆角半径值即可完成。

3. 基准特征

在产品设计中往往要借助于一些辅助的点、线、面才能完成模型的创建，这些辅助的点、线、面就是基准特征。例如，进入零件设计界面后，会在图形窗口显示三个互相垂直的面（TOP、FRONT、RIGHT），在三个面的交汇处显示一个笛卡儿坐标系（PRT_ CSYS_ DEF)。这些都是系统给出的最基本的基准特征，为用户提供的一个三维设计空间环境。随着设计的进行，只借助这些系统给出的基准特征可能无法完成模型的创建，这时就需要用户创建更多的基准特征。

采用 Pro/E 进行三维零件设计，就是通过不断向模型添加相应的特征来完成的。有关特征创建的步骤和利用特征进行零件设计的方法将在下一章作具体的讲解。在 Pro/E 三种类型的特征中，草绘特征是最基本的，点放特征只能在草绘特征的基础上创建。创建草绘特征最关键的步骤是画一个正确的二维草图，因此，学会 Pro/E 的第一步是要学会二维草图的绘制，这就是本章将要解决的问题。

7.2 二维草绘的基本操作

7.2.1 进入草绘界面的步骤

进入二维草绘界面的方法有以下三种（请根据具体情况和对 Pro/E 的熟练程度进行选择)：

1. 方法一

单击主工具栏中的□按钮，系统弹出图 7-2 所示的【新建】对话框，选择文件类型为“草绘”，输入草绘文件名称（或默认的名称)，单击对话框的 确定 按钮，进入 Pro/E 的草绘界面，如图 7-3 所示。

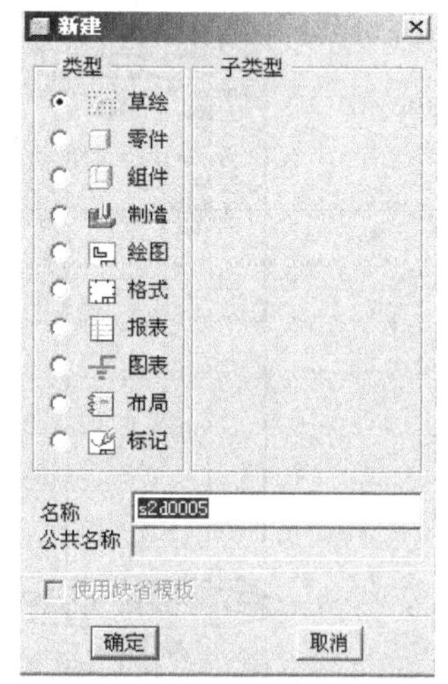

图 7-2 新建草绘文档

在图 7-3 所示的草绘界面进行二维草图的绘制，并将其保存成草绘文件。在这里绘制好的草绘图形不能直接生成三维实体，只能留待以后的设计进程调用。

建议初学者不要采用这种方法，因为在这里可以随意绘制二维图形，无论图形正确与否，都可以成功保存，因此不利于初学者绘制出合格的草图。

2. 方法二

单击□按钮，在弹出的【新建】对话框中，选取文件类

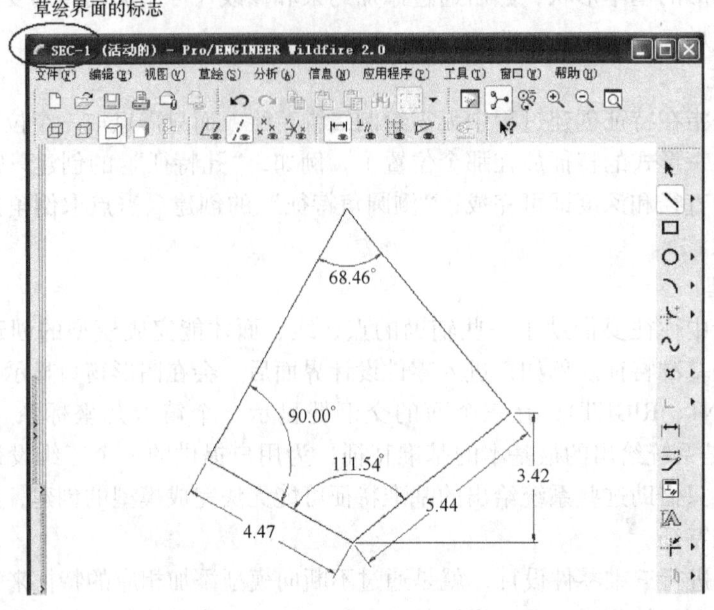

图 7-3　草绘界面

型为“零件”，输入零件文件名称，单击对话框中的 确定 按钮，进入 Pro/E 的零件设计界面。

如图 7-4 所示，单击特征工具栏中的草绘工具，系统弹出【草绘】对话框，并在信息提示区显示操作提示，按提示选取绘制二维图形的平面（比如在图形窗口点选 TOP 面），单击鼠标中键，进入草绘界面，如图 7-5 所示。

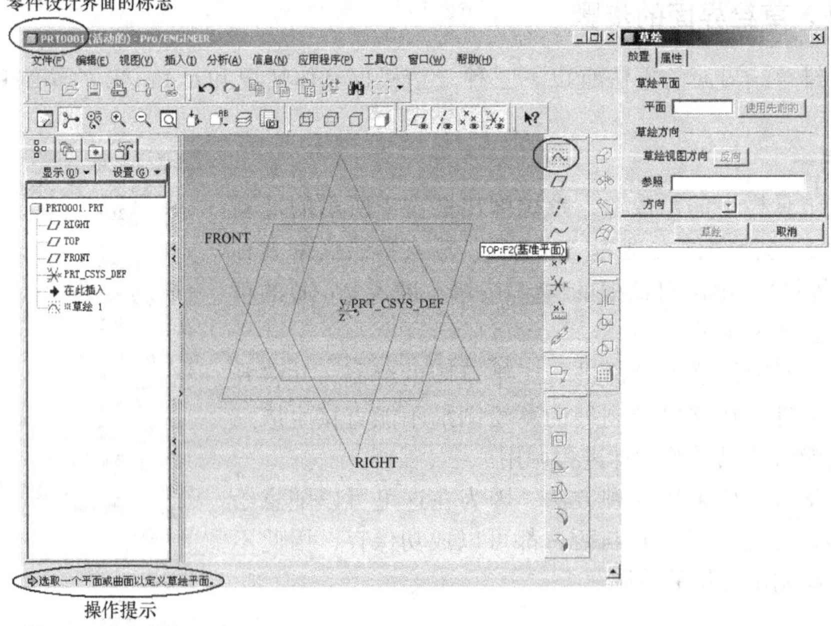

图 7-4　零件设计界面

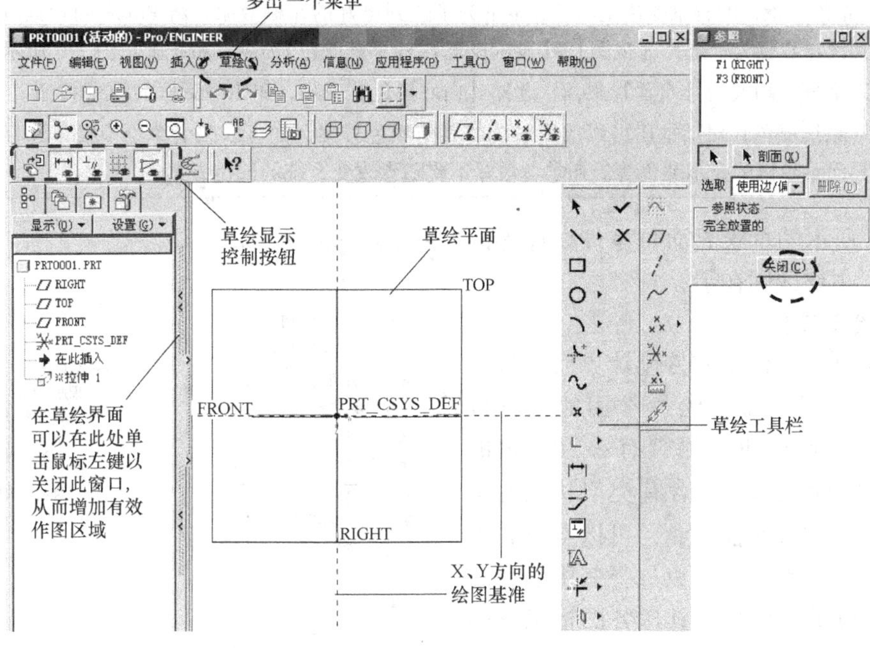

图 7-5　二维草绘界面

在图 7-5 所示的草绘界面进行草图的绘制，然后单击右侧草绘工具栏中的✔按钮→完成草图的绘制，系统重新返回图 7-4 所示的零件设计界面。

建议初学者也不要采用这种方法，因为在这里也可以随意绘制二维图形，无论图形正确与否，都可以成功退回到零件设计状态。当然，对于熟练使用 Pro/E 的用户，草绘工具还是非常有用的。

3. 方法三

首先依照方法二中的步骤，进入零件设计界面。

单击特征工具栏中的某个草绘特征工具按钮（比如拉伸特征工具），会在窗口下方弹出操控板，单击操控板中的放置按钮，单击上滑面板中的定义...按钮（定义拉伸特征的二维草绘图形），系统弹出【草绘】对话框，选取绘制二维图形的平面（如在图形窗口单击 TOP 面），单击鼠标中键，进入图 7-5 所示的草绘界面。

强烈建议初学者采用这种方法进入草绘界面进行草绘训练，因为在这里绘制合格的二维图形可以在退出草绘界面之后，直接生成三维实体。且只有在图形绘制正确后才能退出草绘界面，这就便于提示初学者不断检查自己绘制的二维图形，达到训练的目的。

7.2.2　二维草绘界面

图 7-5 所示为刚刚进入草绘界面的显示窗口，初学者可以先不必追究右侧【参照】对话框的作用，先将其关闭。

提示：

> Pro/E 草绘器默认的背景颜色是黑色，本书为了达到更好的印刷效果，将 Pro/E 的背景颜色设置成白色。其设定步骤为：选择【视图】→【显示设置】→【系统颜色】命令，系统弹出图 7-6 所示的【系统颜色】对话框，切换到【布置】页面，选择【白底黑色】选项，单击对话框的确定按钮。
>
> 通过【系统颜色】对话框还可以改变系统的其他颜色方案，如可以改变草绘中线条和标注尺寸的颜色、界面菜单区的显示颜色等。初学者最好不要随意改变系统的配色方案。

图 7-5 所示的草绘界面与零件设计界面比较相似，主要区别在于：

1. 草绘工具栏

草绘工具栏取代了零件设计界面的特征工具栏，提供了二维草绘最常用的工具按钮，其中在工具按钮右侧带有小黑三角的（如　）图标表示其包含有类似功能的工具按钮，单击这些小黑三角，可以点出其下一级命令按钮，然后就可以选择其中的命令了。表 7-1 所示为草绘工具栏各图标工具的功能。

2. 下拉主菜单

草绘界面比零件设计界面多出一个【草绘】菜单，【草绘】菜单中大部分命令都可以由草绘工具栏实现。另外，草绘界面中【编辑】菜单的内容也不同于零件设计界面。

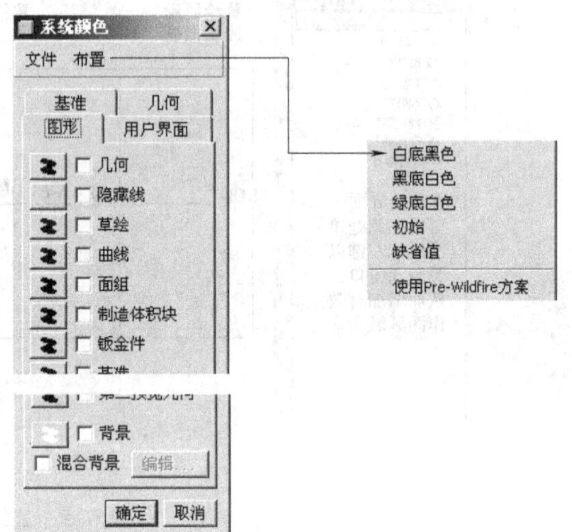

图 7-6　【系统颜色】对话框

表 7-1　草绘工具功能简介

类　别	图标工具及其子工具	功　能
选取工具		选取图元
几何图元绘制工具		绘制直线
		绘制矩形
		以各种方式绘制圆
		以各种方式绘制圆弧
		倒圆角及椭圆角
		绘制样条曲线
		绘制点、平面坐标系
		借用或偏移现有零件上的边线
		添加文字

（续）

类　别	图标工具及其子工具	功　能
尺寸工具		添加尺寸
		修改尺寸
约束工具		设置约束
图元编辑工具		图元的修剪、延伸、打断
		图元镜像、缩放、旋转、复制
退出草绘工具		完成绘制，确认图形并退出草绘器
		放弃绘制工作并退出

3. 草绘显示控制按钮

图 7-5 所示的主工具栏中的草绘显示控制按钮是 Pro/E 草绘界面特有的，其功能如图 7-7所示。

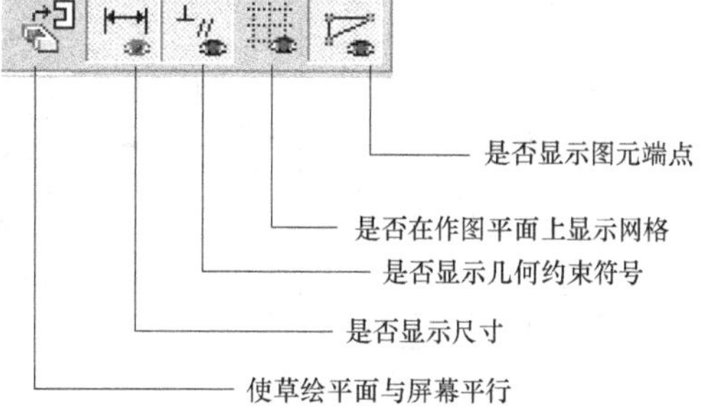

图 7-7　草绘显示控制按钮

7.2.3　绘制二维图形的基本步骤

1）分别应用草图绘制工具和草图编辑工具绘制、编辑几何元素。

2）指定和修改约束（尺寸也是一种约束）。

3）修改尺寸。

4）图形绘制正确后，单击草绘工具栏中的 按钮，退出草绘界面。

在草图绘制中，以上的 1、2、3 步骤通常需要交叉进行。如果图形绘制不正确，步骤 4 中单击 按钮后，会出现错误提示，这时需要返回 1、2、3 步骤修改草绘。

7.2.4　几何图元绘制

在这部分训练之前，新建一个“零件”文档，进入零件设计界面，单击特征工具栏中的 按钮，单击操控板中的 放置 按钮，单击上滑面板中的 定义... 按钮，单击图形窗口的任意一个基准平面，单击鼠标中键，系统进入二维草图绘制界面。

下面介绍常用的几何图元绘制命令，在这里都是通过单击窗口右侧的草绘工具按钮来启动相应命令。这些命令在【草绘】菜单中都有相对应的选项，读者也可以通过选菜单的方式来执行这些命令进行图元绘制。

1. 绘制直线

（1）直线工具

1）如图 7-8a 所示，单击草绘工具栏中的 按钮，移动鼠标到绘图区，分别拾取图示两点，画出两点间的一条线段，可以继续移动鼠标并拾取点来连续画线，如果不想继续绘制线，按下鼠标中键。屏幕上除显示所画线段之外，同时显示线段的所有尺寸（包括长度尺寸和位置尺寸）。

2）继续依照上述方法绘制直线，完成图 7-8b 所示的图形，为了清楚地显示图形，将两个按钮设为关闭状态，使得界面上不显示尺寸和约束符号。

3）单击草绘工具栏中的按钮，试图确认并结束草图绘制。这时，在屏幕中心弹出图 7-8c 所示的提示框，提示“截面不完整”。分析原因，是因为图 7-8b 的图形不封闭，无法拉伸成为三维实体。

4）单击提示框中的 否(N) 按钮，重新返回草绘界面。再次单击草绘工具栏中的按钮，在图形缺口处绘制直线，使图形封闭，如图 7-8d 所示。

5）单击草绘工具栏中的按钮，顺利退出草绘界面，返回零件设计界面。在操控板的输入框中输入拉伸高度并回车，按下操控板中的按钮。在图形窗口的任意空白处单击鼠标左键，按下并拖动鼠标中间旋转模型，如图 7-8e 所示。

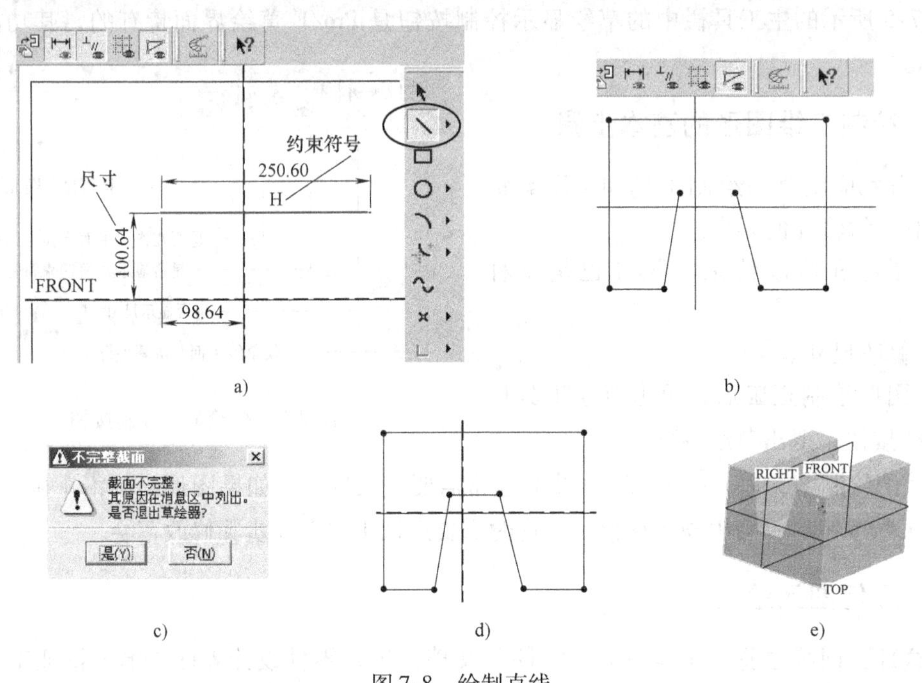

图 7-8　绘制直线

（2）公切线工具　按钮用来绘制两个圆形图元（圆或圆弧）的公切线，如图 7-9所示。其操作步骤是：单击按钮，移动鼠标到绘图区，分别选取圆形图元上的两点。系统将根据选取点的位置决定绘制内公切线还是外公切线。有些情况下不能成功绘制公切线，这是由于公切线不存在，或者选取的两个图元不是圆弧形图元。

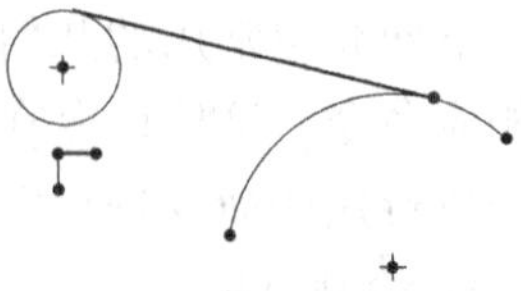

图 7-9　绘制公切线

（3）中心线工具　单击草绘工具栏中的按钮，移动鼠标到绘图区，分别选取两点后即可完成一条中心线的绘制。中心线是一条无限延伸的直线，可以作为旋转特征的旋转轴、二维图形镜像操作的对称轴或作为作图辅助线。

2. 绘制矩形

单击草绘工具栏中的□按钮，移动鼠标到绘图区，分别选取两个对角点，即可生成图 7-10a 所示的矩形。注意使用□工具无法生成图 7-10b 所示的倾斜矩形。

3. 绘制圆

绘制圆的方式包括图 7-11 所示的几种。

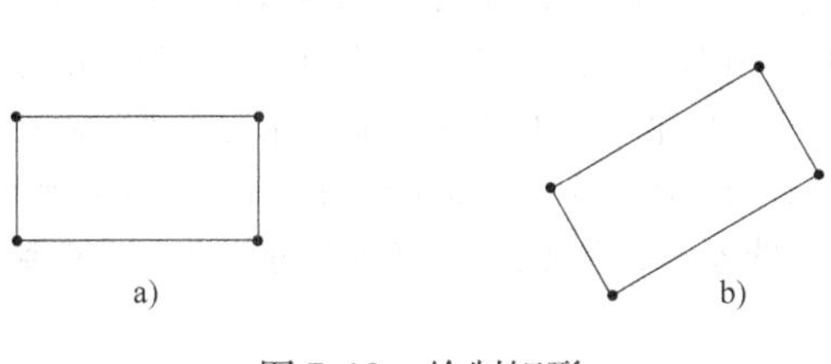

图 7-10　绘制矩形

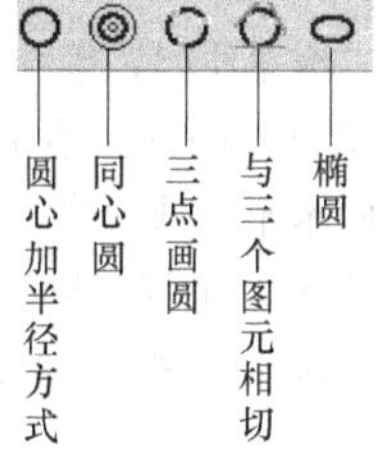

图 7-11　绘制圆的选项

(1) 圆心加半径方式绘制圆　单击草绘工具栏中的○按钮，移动鼠标到绘图区，单击鼠标左键确定圆心位置（第一点）后，出现一个随着鼠标移动而变化的圆，在适当位置（第二点）按下鼠标左键，便绘制出以第一点为圆心，第二点到第一点距离为半径的圆，如图 7-12 所示。

(2) 同心圆　单击○‣后的子菜单，并单击其中的◎按钮，移动鼠标到绘图区，在上面所绘制的圆上单击，出现一个随着鼠标移动而变化的同心圆，在适当位置按下鼠标左键，便绘制出一个同心圆，如图 7-13 所示。继续移动鼠标并在适当位置单击，可以绘制出多个同心圆，要停止连续绘制圆，按下鼠标中键。

(3) 三点绘制圆　单击草绘工具栏中的○按钮，移动鼠标到绘图区，单击三个点，便绘制出过这三点的圆，如图 7-14 所示。

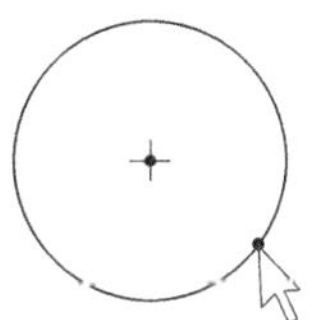

图 7-12　圆心加半径方式绘制圆

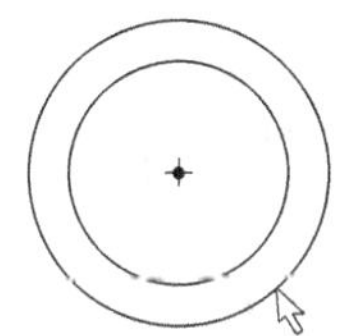

图 7-13　绘制同心圆

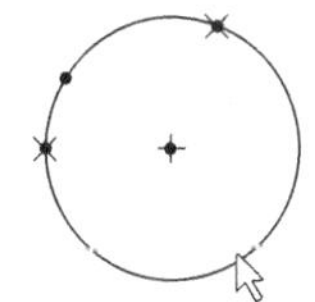

图 7-14　三点绘制圆

(4) 与三个图元相切的圆　单击草绘工具栏中的○按钮，移动鼠标到绘图区，拾取三个图元，便绘制出与这三个图元相切的圆，如图 7-15 所示。

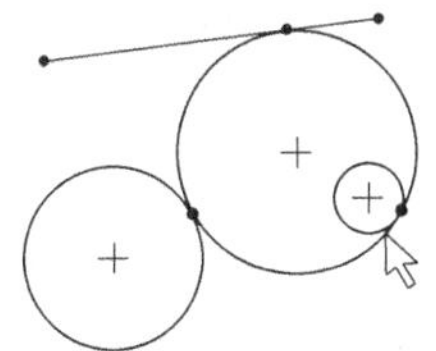

图 7-15　绘制与三个图元相切的圆

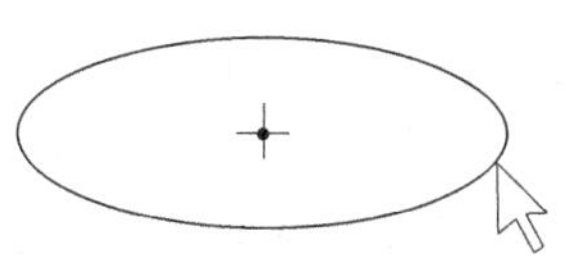

图 7-16　绘制椭圆

（5）椭圆　单击草绘工具栏中的 按钮，移动鼠标到绘图区，单击鼠标左键确定椭圆中心位置后，出现一个随着鼠标移动而变化的椭圆，在适当位置按下鼠标左键，绘制出图 7-16 所示的椭圆。

提示（草绘中的智能导航功能）：

Pro/E 的很多草绘命令都可以重复或连续执行，如绘制线段 、绘制同心圆 、绘制同心弧 、绘制样条曲线等，当不想重复或连续执行这一命令时，要按下鼠标中键。

在进行二维草绘时，系统一直试图捕捉设计者的意图来生成图形。例如绘制直线时，如果沿着大致水平（或铅直）的方向移动鼠标，就会出现提示符号（称为约束符号）“H”（或“V”），引导用户绘制出精确水平（或铅直）的线段，如图 7-17a、b 所示。但是，如果想绘制一条与水平方向夹角很小（例如 0.5°）的线段则很难，因为这时鼠标移动方向接近水平，系统又会引导用户绘制水平线。一般采用的方法是绘制一条倾角很大（如接近 20°）的线段，以后通过改变角度尺寸为 0.5°，得到需要的线段。

系统还能自动捕捉到已有图元上的一些关键点（如图元上的切点、端点、中点、圆心、交点等），引导用户绘制出精确的图形。

此外，系统还会自动捕捉到平行、垂直、相等、相切等意图，并显示相应的约束符号，只要在出现这些约束符号时按下鼠标左键，就能绘制出与已有图元平行、垂直、相等、相切的图形，如图 7-17 c ~ f所示。

如果在草绘环境界面中并没有显示图 7-17 中所示的约束符号，单击主工具栏中的 按钮。

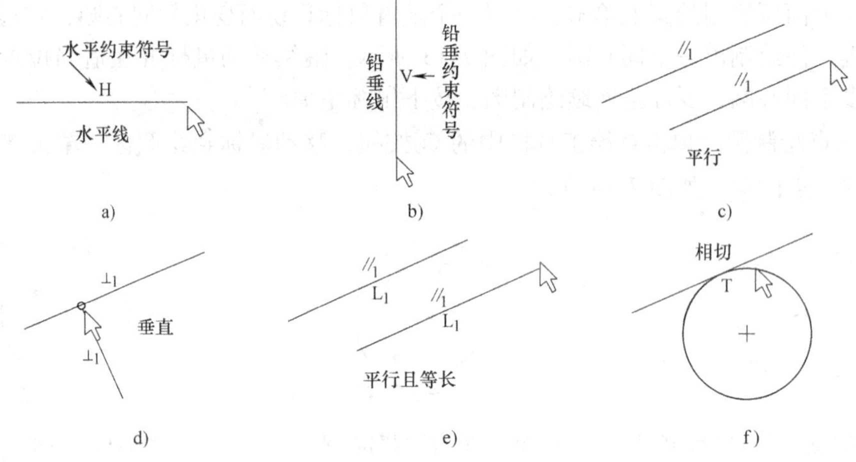

图 7-17　草绘中的智能导航功能

4. 绘制弧

（1）三点绘制弧或绘制连续相切弧　单击草绘工具栏中的 按钮，移动鼠标到绘图区，选取三个点，便绘制出过这三点的圆弧，如图 7-18a 所示。

再一次单击草绘工具栏中的 按钮，选取刚才所绘制弧的端点，移动鼠标拖拽出一条相切弧，在适当位置单击鼠标左键，便完成一条相切弧的绘制，如图 7-18b 所示。

如果要绘制图 7-18c 所示的连续但不相切的弧，则在选取已有图元的端点作为圆弧起点之后，鼠标要远离可能绘制出相切弧的位置，然后就可以三点方式绘制弧。

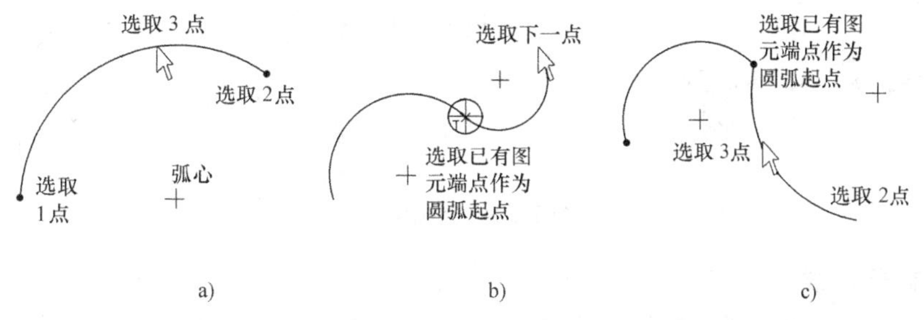

图 7-18　绘制弧

（2）同心弧　点开后的下一级子菜单，单击其中的按钮，选取一个圆或圆弧，如图 7-19 所示，选取点 2、点 3 分别作为圆弧起点和终点。

（3）圆心加端点方式绘制弧　单击按钮，依照图 7-20 的步骤完成操作。

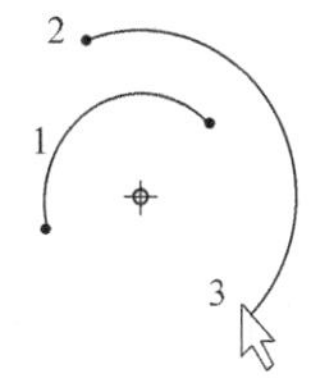

图 7-19　绘制同心弧

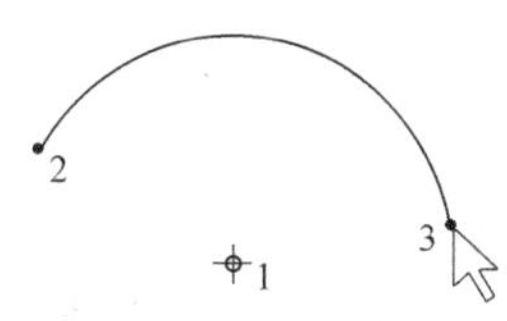

图 7-20　圆心加端点方式绘制弧

（4）绘制三相切弧　单击按钮，依照图 7-21 的步骤完成操作。当所选三个图元的公切弧不存在时，命令失败。

（5）绘制圆锥曲线　单击按钮，依照图 7-22 的步骤完成操作。

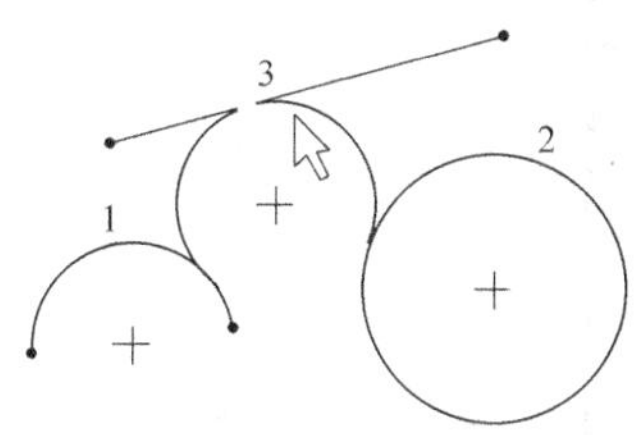

图 7-21　绘制三相切弧

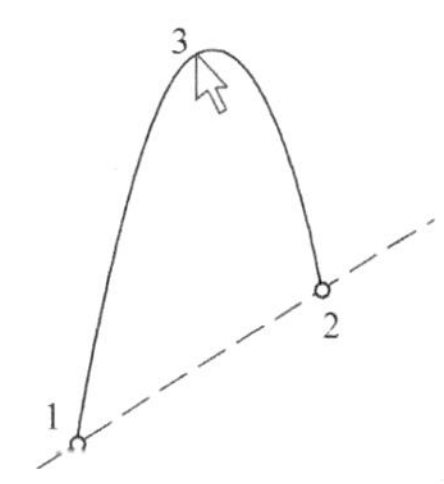

图 7-22　绘制圆锥曲线

5. 倒圆角

操作步骤如图 7-23、图 7-24 所示。

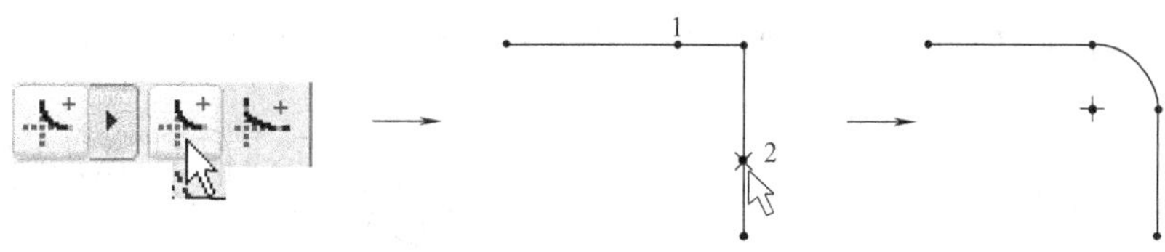

图 7-23　倒圆角

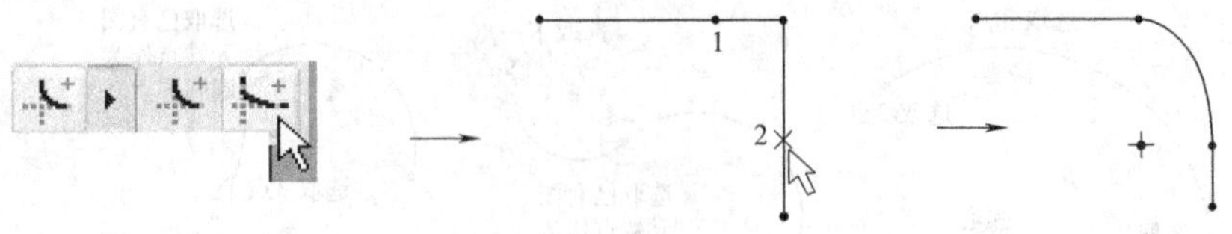

图 7-24　倒椭圆角

6. 绘制样条曲线

单击草绘工具栏中的 按钮，连续选取一系列点，绘制出过这些点的样条曲线，如图 7-25 所示。若要结束绘制曲线命令，按下鼠标中键。

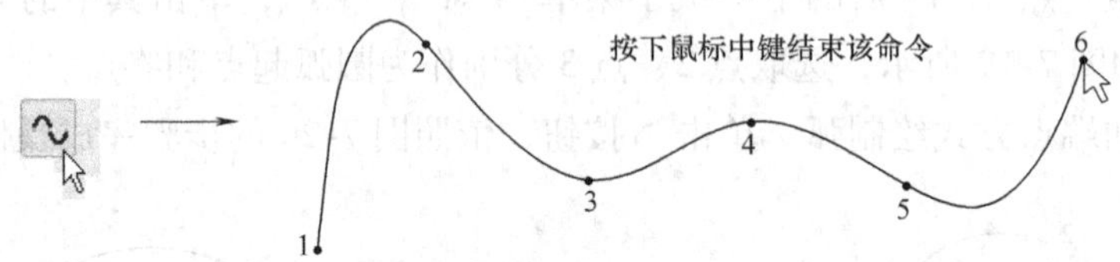

图 7-25　绘制样条曲线

7. 绘制点

单击草绘工具栏中的 按钮，移动鼠标到绘图区，选取相应位置，便可在该处创建点，其在绘图区显示为 ×。注意，创建一些不必要的点可能造成图形错误。

8. 添加文字

如图 7-26 所示，单击草绘工具栏中的 按钮，选取两点以确定文字的高度和走向，系统弹出【文本】对话框，在其中选定文字字体、长宽比、倾斜角后，在文本框中输入文本内容，如“Pro/E”，单击对话框中的 确定 按钮如图 7-26 所示。

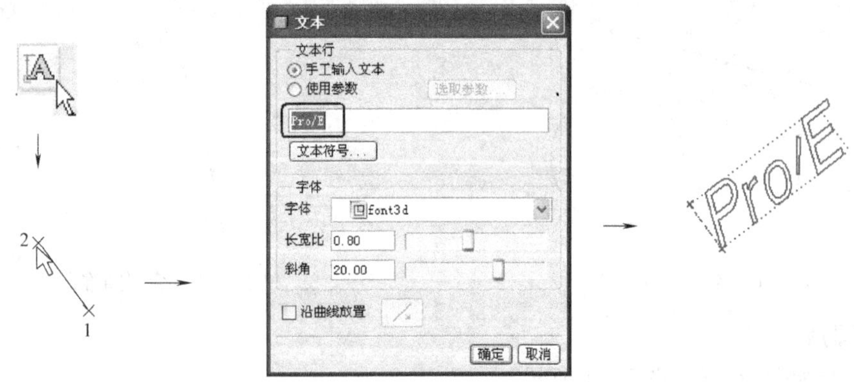

图 7-26　添加文字

选中【文本】对话框中“沿曲线放置”选项的复选框，可以显示图 7-27 所示放置方式的文字。

图 7-27　文字沿曲线放置

7.2.5　几何图元编辑

1. 选取工具

要编辑图元，首先需选中要编辑的对

象。选取图元的方法是：单击草绘工具栏中的[箭头]按钮，然后移动鼠标至绘图区，当鼠标指向某一图元（或尺寸、约束等）时，该对象显示为浅蓝色，此时单击鼠标左键即可选中对象，选中的对象以深红色显示。选取图元的方式包括：

- 单选　在图元的任意位置单击鼠标左键。
- 多选　按下键盘上的“Ctrl”键的同时，拾取多个图元。
- 框选　在绘图区按下鼠标左键并拖动，拉出一个方框，选入多个图元。

2. 撤销和恢复

单击主工具栏上的[撤销][恢复]按钮实现撤销和恢复功能，其使用方法与大多数 Windows 软件类似。

3. 删除图元

方法1：选中图元，按下键盘上的“Delete”键。

方法2：选中图元，在绘图窗口单击鼠标右键，在弹出菜单（图7-28）中选择【删除】命令。

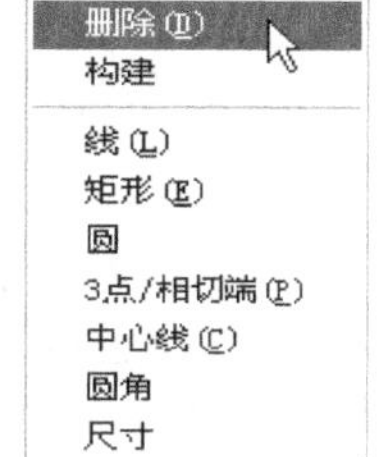

图7-28　删除图元

4. 通过动态拖拽图元进行编辑

单击草绘工具栏中的[箭头]按钮，将鼠标移向图元，当图元的某一部分（如端点、圆心、或整个图元）呈现浅蓝色显示时按下鼠标左键并拖拽鼠标，可以实现图元的动态变化。

- 抓取直线的一个端点拖拽鼠标：直线绕另一侧端点旋转并随鼠标所指位置改变长度。
- 在圆心处拖拽鼠标左键：移动该圆。
- 在圆周处拖拽鼠标左键：缩放该圆。

5. 图元修剪

如图7-29所示，修剪工具包括三个工具按钮，用来进行图元的裁剪、修整、分割操作，分别对应【编辑】→【修剪】菜单下的【删除段】、【拐角】和【分割】三个命令。

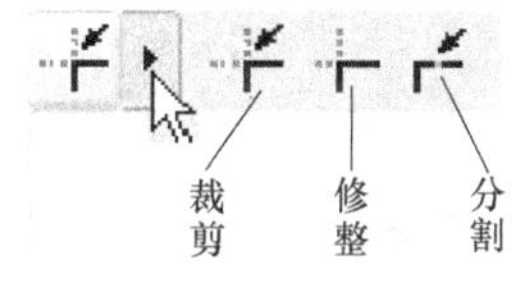

图7-29　修剪工具

（1）图元裁剪　当多个图元交截时，能删除交截图元的某些图元段。当所选图元不与其他图元交截时，删除整段图元，如图7-30所示。

按下鼠标左键，在多段线条上掠过，可以将鼠标碰到的图元段成批裁剪，如图7-31所示。

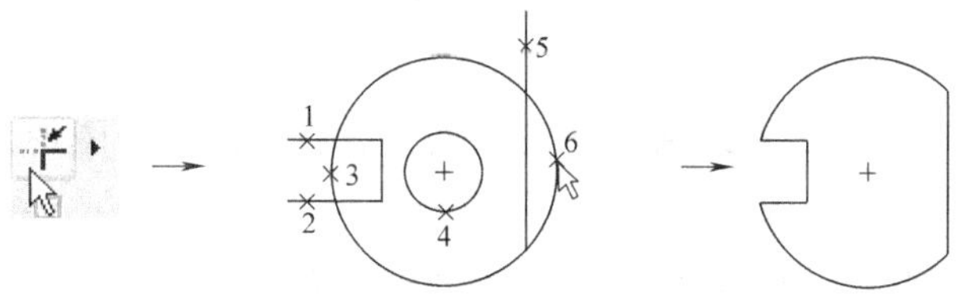

图7-30　图元裁剪

（2）图元修整　使两个图元通过延长（或截掉）的方式整齐地相交，如图7-32所示。

（3）图元分割　将一个图元分开，形成多个图元，如图7-33所示。注意应尽量减少不必要的图元分割。

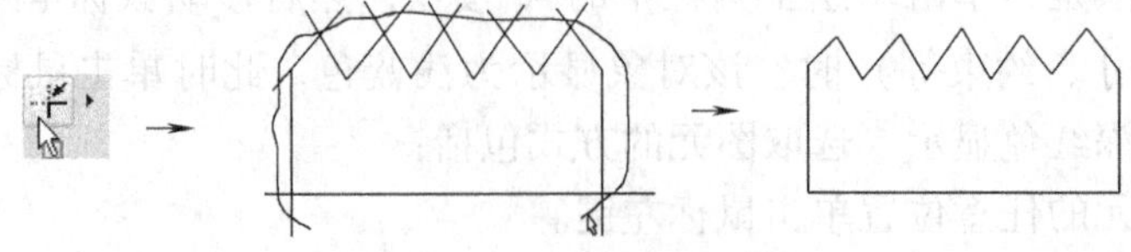

图 7-31　图元批量裁剪

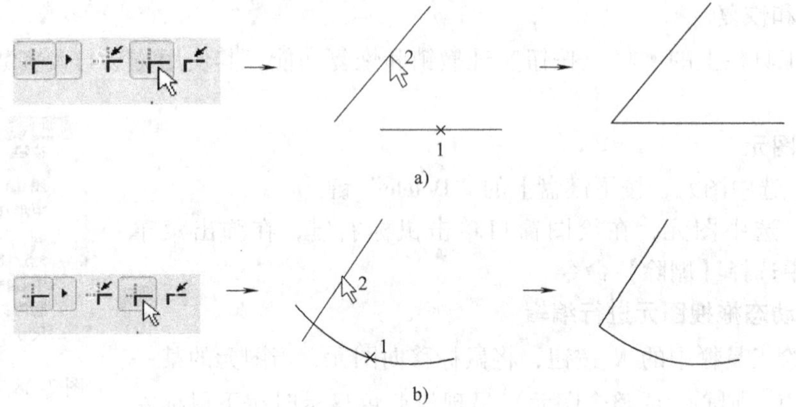

图 7-32　图元修整

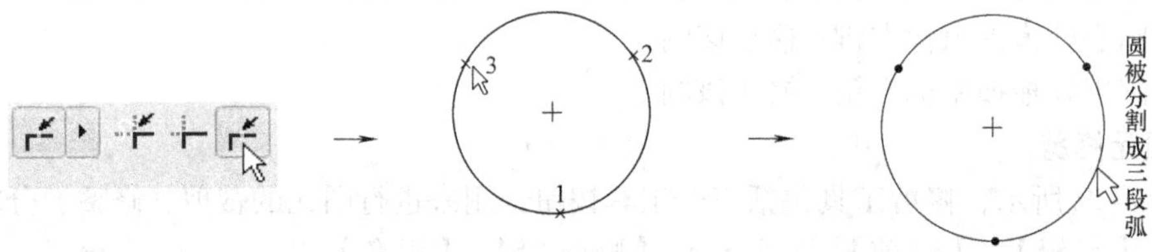

图 7-33　图元分割

提示：

裁剪工具和修整工具有严格区别，对于图 7-32a，如果选择工具后进行同样的操作，将会将两个图元删除；对于图 7-32b，如果选择工具后进行同样的操作，将会将鼠标所选的两个图段删除，而留下另外一侧的两小段。

6. 图元镜像

在绘制对称图形时，一般先绘制一条对称轴，然后绘制一半图形，最后使用镜像工具完成整个图形。如图 7-34 所示，其绘图步骤为：

1）绘制两条中心线 1 和中心线 2，其中中心线 1 可以用作以后镜像操作的对称线，而有了中心线 2，在绘制图时系统就能自动捕捉到对称意图，引导设计者顺利绘制出上下对称的图形。

2）绘制右半部分的图形 3。

3）单击草绘工具栏中的按钮，选取图形 3 的全部 9 段线条（使用前面介绍的“框选”方式可以快速选取多段图元），单击镜像工具按钮，在窗口下部的信息提示区提示选取一条中心线。，依照此提示选取中心线 1，完成镜像操作。

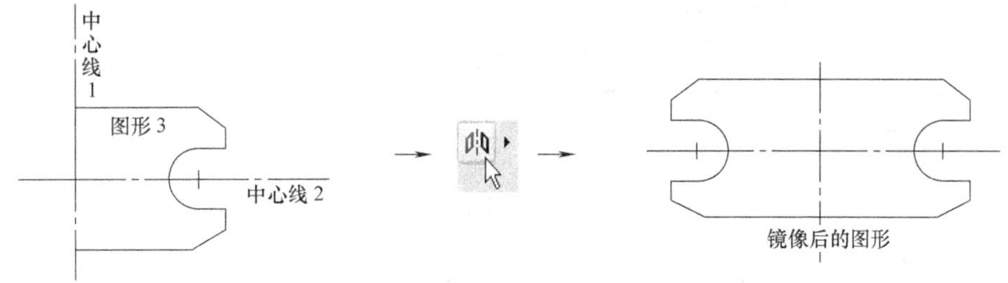

图 7-34　通过镜像工具绘制对称图形

7. 图元的平移、缩放、旋转

在 Pro/E 二维草绘中，图元的平移、缩放和旋转只需用一个命令就可以同时完成，该命令的工具按钮是下的，对应【编辑】菜单下的【缩放和旋转】命令。具体操作步骤是：

1）首先选取操作对象，比如选取图 7-34 中镜像后的图形（最好用框选）。

2）单击草绘工具栏中的按钮，所选图形周围出现一个红色方框，并在方框上显示三个操作把手，如图 7-35 所示；

3）用鼠标单击相应的把手后松开，移动鼠标时图形随之动态变化，满意后按下鼠标左键，即可实现图形的平移、缩放和旋转。也可以在窗口右上角弹出的【缩放旋转】对话框中输入精确的缩放比例和旋转角度。

4）单击【缩放旋转】对话框中的按钮，确认并结束操作。

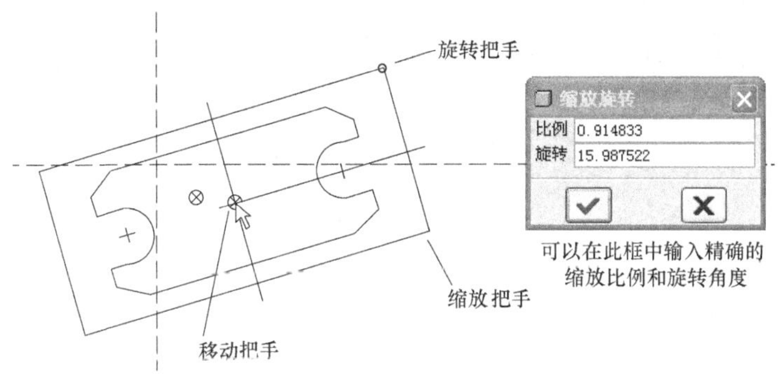

图 7-35　图形的平移、缩放和旋转

8. 复制图元

复制工具按钮是下的，对应【编辑】菜单下的【复制】命令。在复制的同时，还可对所复制出的图形进行平移、缩放、旋转。具体操作步骤是：

1）首先选取要复制的对象，比如图 7-34 中镜像后的图形。

2）单击草绘工具栏中的按钮，在图形窗口左上部分出现所选图形的复制图形，并在其周围出现图 7-36 所示的方框和操作把手，接下来的操作步骤与图元的平移、缩放、旋转操作相同。

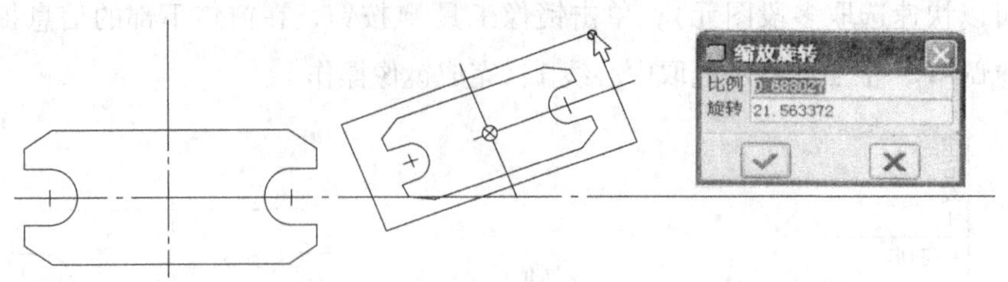

图 7-36　图元复制

7.2.6　约束设置

在二维草绘的过程中，可以通过系统的自动导航功能实现图元的水平、铅直、平行、相切、对齐、垂直、相等、对称等几何限制（也称约束）。此外，对于已经绘制好的图元，还可以使用约束工具进一步施加约束。

单击草绘工具栏中的按钮，弹出图 7-37 所示的【约束】对话框（包括 9 种约束类型）。单击某一约束按钮，选取要约束的图元，即可添加相应的约束，如图 7-38 ~ 图 7-42 所示的几个例子。

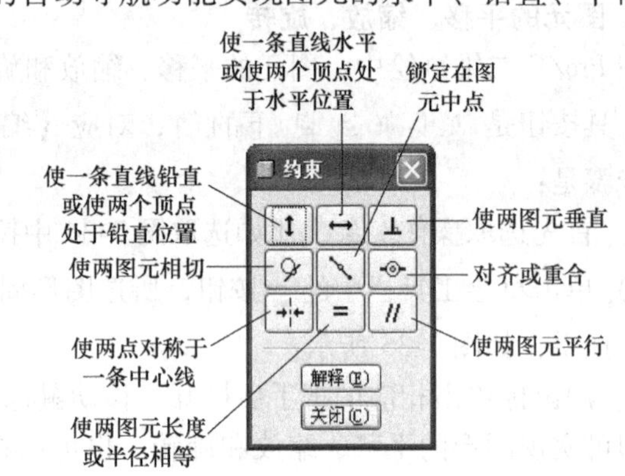

图 7-37　约束类型

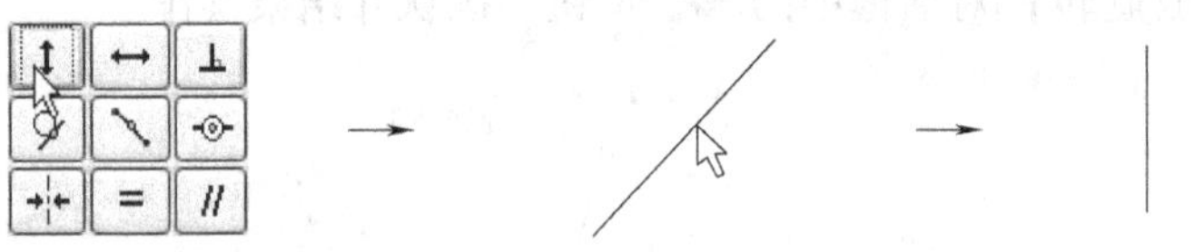

图 7-38　添加铅直约束

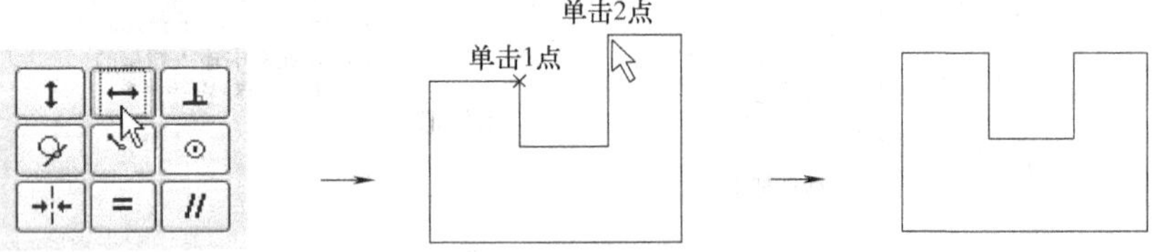

图 7-39　添加水平约束

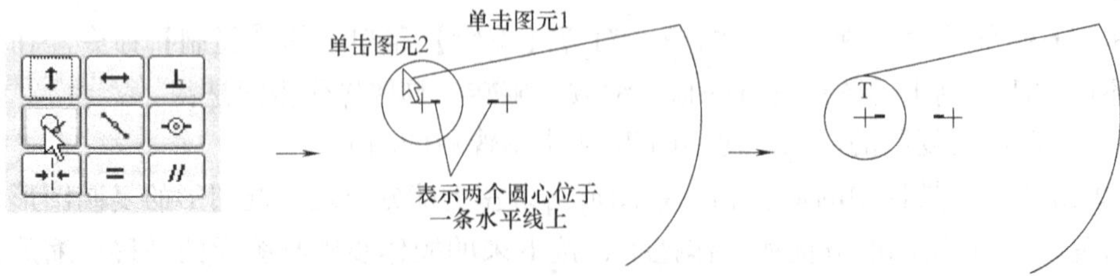

图 7-40　添加相切约束

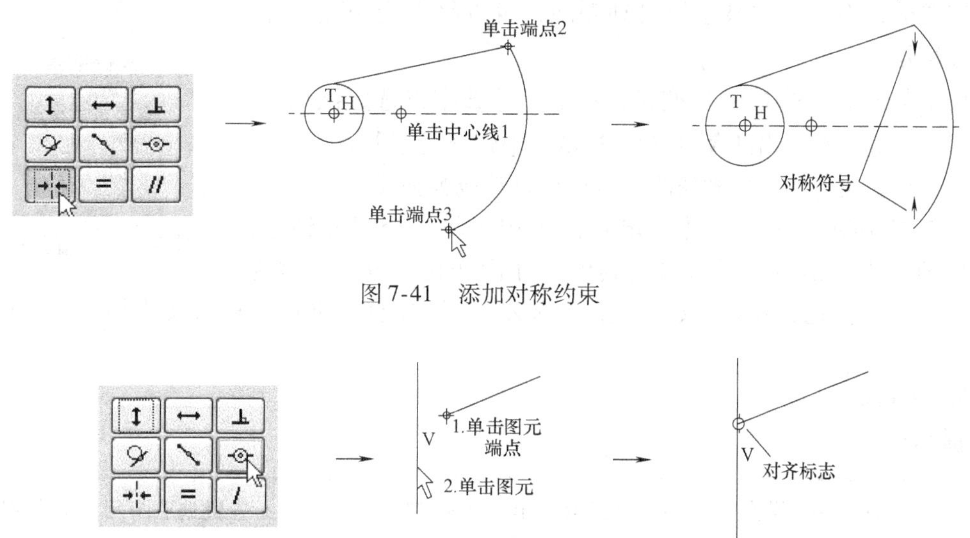

图 7-41 添加对称约束

图 7-42 添加对齐约束

提示：

对齐约束还经常用来将当前草绘中的图元与模型上已有部分的点、线、面等对齐。

有时系统可能由于自动导航功能无意间添加了不需要的约束，或者是设计者错误地添加了不必要的约束，例如图 7-42 中左边的一条线旁显示有约束符号“V”，表示这条线是铅直线。如果想通过拖拽鼠标调整这条线或一定的倾斜角度，就必须事先将其铅直约束解除（删除），否则无论如何拖拽这条线，它都一直保持铅直。删除约束的操作方法是：选中该约束的约束符号，按下键盘上的“Delete”键。

7.2.7 添加及修改尺寸

在进行二维草绘时，一般只需大致勾画出图形形状，然后通过添加约束和尺寸，并修改尺寸来驱动图形变化，得到精确的图形，这和在二维软件中画图有着本质的区别。

Pro/E 对所画的二维图形和所创建的三维模型都赋予一定的参数（尺寸），并将这些参数存在数据库中。设计者只需修改这些尺寸参数，模型即可依照这些尺寸的修改作大小甚至是形状的变化，这就是 Pro/E“参数化设计”的一大特点。

1. 强尺寸和弱尺寸

当完成图元的绘制后，Pro/E 系统随即自动标出图元的尺寸。这些尺寸显示为颜色很淡的灰色，称为弱尺寸。系统自动标注的弱尺寸没有太多规律，往往不符合设计意图。Pro/E 是全约束的造型系统，它所标出的尺寸既不缺少也不多余，因此系统不允许设计者手动删除不需要的弱尺寸，因为这样会造成图形欠约束。

如果系统自动标注的尺寸不理想，可以单击尺寸标注命令按钮，按照设计意图增加尺寸，这时系统会自动删除某些弱尺寸，以保证图形的全约束。

手动添加的尺寸显示为较明亮的颜色（依据系统的配色方案而定，默认颜色是黄色），称为强尺寸。强尺寸不会因为增加另外的尺寸或约束而自动删除。如果某个弱尺寸恰好是用户所需要的，不希望它被系统自动删除，可以将它变为强尺寸，操作方法是：

按下草绘工具栏中的按钮，单击尺寸数字以选定该尺寸，单击鼠标右键，在弹出的菜单（图 7-43）中选择【强】命令。

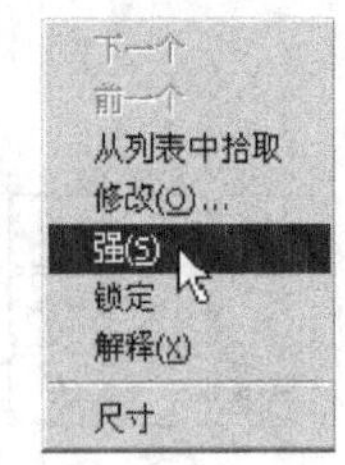

图 7-43　设置强尺寸

当一个弱尺寸的数值被修改后，也会自动成为强尺寸。

图 7-43 所示菜单中的【锁定】命令用于将一个尺寸锁定，锁定后的尺寸大小不会因为修改其他尺寸而变化，也不会因为用鼠标拖拽而变化，其尺寸数字左侧会显示“L”字样。强尺寸和弱尺寸都可以进行锁定操作。

2. 标注尺寸

提示：

尺寸标注的基本操作方式是：单击草绘工具栏中的按钮，用鼠标左键选取图元，在欲放置尺寸文字的位置单击鼠标中键。

（1）标注直线长度　其操作步骤如图 7-44 所示。

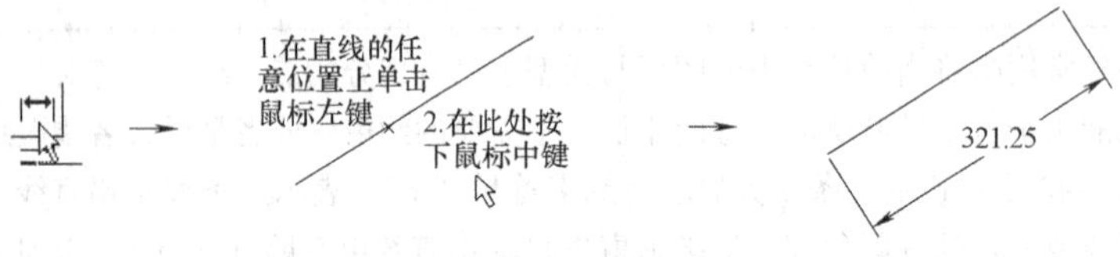

图 7-44　标注直线长度

（2）点与点之间的标注　如图 7-45 所示，在标注点与点之间的尺寸时，系统会根据鼠标中键按下的不同位置，标注两点间的垂直距离、水平距离、或斜线距离。在图 7-45c 中，由于已经标注了两点间的垂直和水平距离，在进行斜线距离标注时，会出现尺寸多余，此时弹出图 7-45d 所示的【解决草绘】对话框，可以从中删除三个尺寸之一。

（3）线与线之间的标注　如图 7-46 所示，当两条线平行时，标注距离；否则，系统自动标注两条线之间的角度。

（4）点与线之间的标注　其操作步骤如图 7-47 所示。

（5）半径和直径的标注　图 7-48 所示为圆的半径和直径的标注，圆弧的半径、直径标注方法与之相同。

（6）圆弧角度标注　其操作步骤如图 7-49 所示。

（7）两个圆的相切距离标注　其操作步骤如图 7-50 所示。

3. 修改尺寸

（1）移动尺寸位置　单击草绘工具栏中的按钮，在尺寸数字上按下鼠标左键并拖动鼠标，可以改变尺寸的位置和尺寸数字在尺寸线上的位置。

（2）修改单个尺寸　单击草绘工具栏中的按钮，在尺寸数字上双击左键，在该尺寸上弹出尺寸修正框，比如 192.55 ，在修正框中输入新的尺寸值并回车，完成修改，系统按照新的尺寸值重新生成图形。

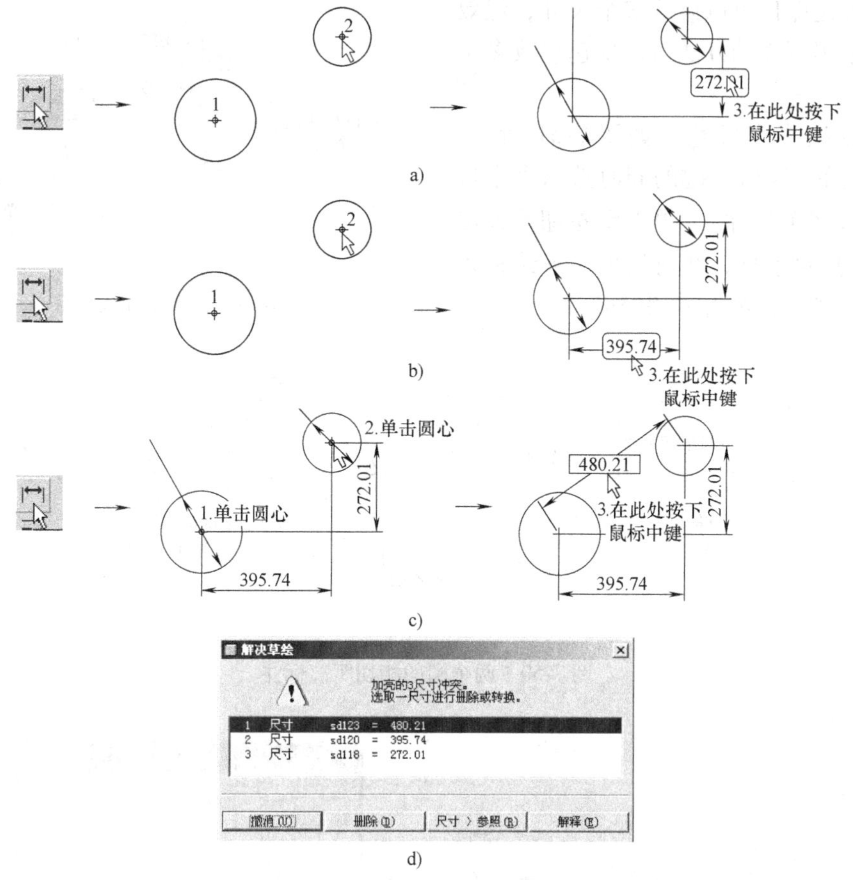

图 7-45　点与点之间的标注

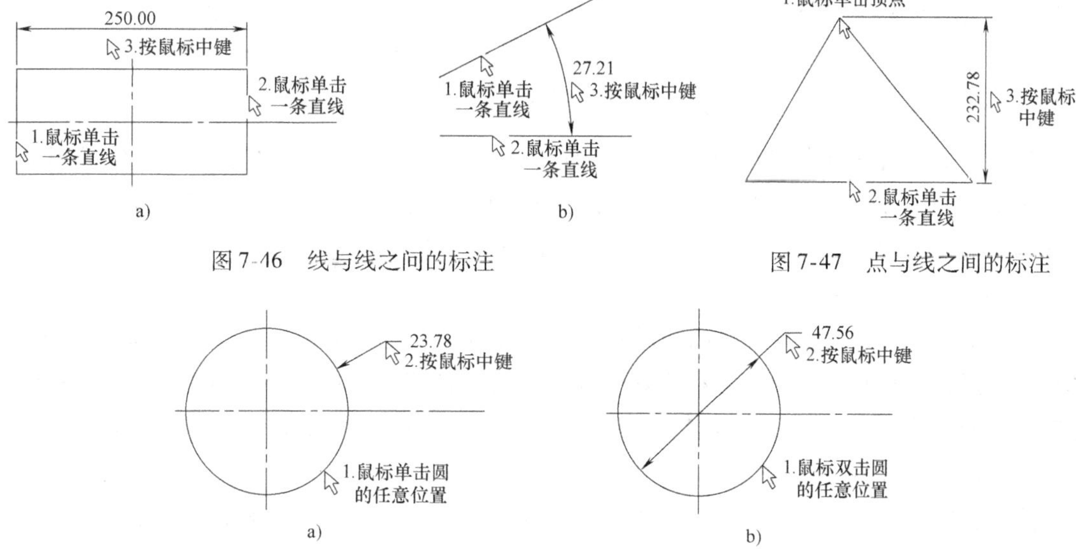

图 7-46　线与线之间的标注

图 7-47　点与线之间的标注

图 7-48　圆的直径和半径标注

a）半径标注　b）直径标注

重复上述操作可以修改多个尺寸，但效率较低，采用下面的办法可以快速修改多个尺寸。

（3）修改多个尺寸　如图 7-51 所示，按住键盘上的“Ctrl”键的同时选取多个尺寸（或框选多个尺寸），单击按钮，弹出【修改尺寸】对话框，在对话框中连续输入多个尺寸的新值，单击按钮。

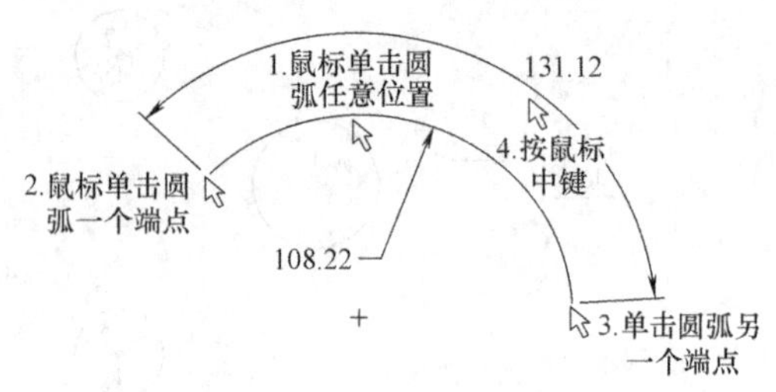

图 7-49　圆弧角度标注

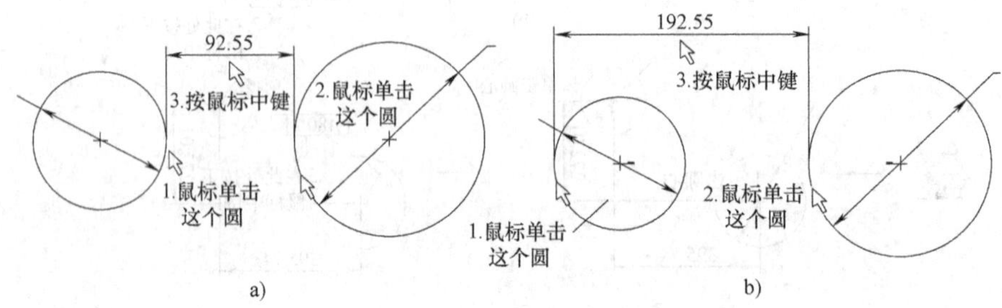

图 7-50　两个圆的相切距离标注

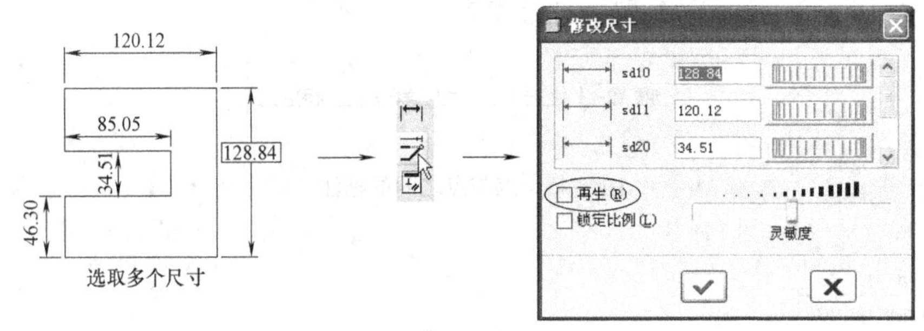

图 7-51　修改多个尺寸

当对话框的【再生】栏处于选中状态时，每修改一个尺寸，系统就要重新生成图形。当修改前后的尺寸数值相差太大时，立即计算出新的几何形状可能会使图形出现不可预计的形状，妨碍其后的尺寸修改。因此，建议不要将【再生】栏设置成选中状态。

4. 约束冲突

当增加的尺寸或约束与现有的强尺寸或强约束相互冲突或多余时（如图 7-52a 是一个全约束的图形，并且它上面的尺寸和约束都为“强”，当试图添加图 7-52b 所示的另外一个尺寸时），草绘界面就会加亮显示①、②、③三个相互冲突（多余）的约束，同时弹出图 7-52c所示的【解决草绘】对话框。其中：

删除(D)：从列表中选定某个多余的尺寸或约束，将其删掉从而使问题得到解决。

撤消(U)：取消这次标注尺寸的操作，重新回到图 7-52a 的状态。

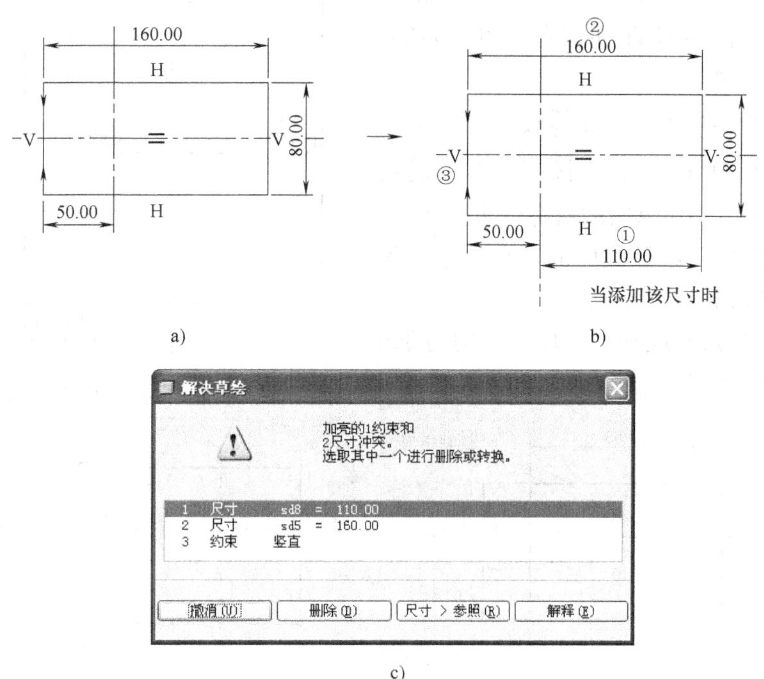

图 7-52　解决约束冲突

7.3　二维草绘举例

在进行训练前，请将工作目录设置到“example\ch7”下。

7.3.1　范例 1

绘制图 7-53 所示的图形。这个图形虽然非常简单，但在机械产品的设计中却经常用到。

1. 方法一

1）新建一个零件文档，文件名为“ex01”，进入零件设计界面。

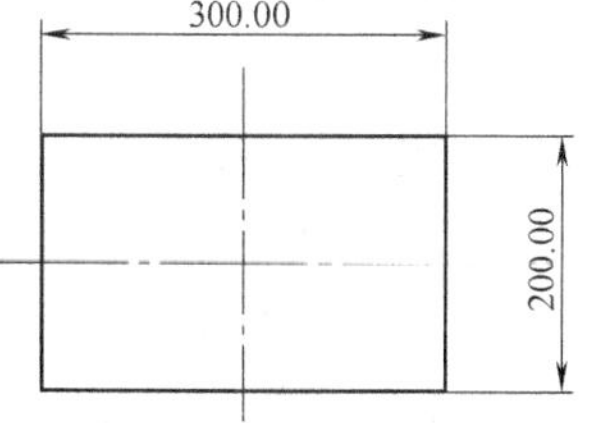

图 7-53　基本图形及尺寸标注

单击特征工具栏上的按钮，选取 TOP 面作为草绘面，按下鼠标中键，进入草绘界面，如图 7-54 所示，其中水平和铅直方向的两条虚线分别是 FRONT 面和 RIGHT 面在草绘面 TOP 上的投影，被默认为草图绘制的参照（水平和铅直方向上的尺寸标注基准），注意它们不是中心线。两条虚线交汇处是系统默认的坐标系，在这里成为图形绘制的原点。

关闭四个按钮，不显示基准面、基准坐标系等，使图形窗口变得干净清晰。

2）单击草绘工具栏上的按钮，绘制图 7-55a 所示的矩形。

3）单击┆按钮，绘制两条中心线，并使之分别与 FRONT 面、RIGHT 面对齐，如图 7-55a 所示。

4）添加对称约束：单击按钮，在弹出的【约束】对话框中单击→←按钮，然后进行图 7-55b 的操作，添加纵向的对称约束。

重复上面操作，添加横向的对称约束。添加约束后的图形如图 7-55c 所示。

5）修改的矩形长度和宽度尺寸分别为 300 和 200，如图 7-55d 所示。

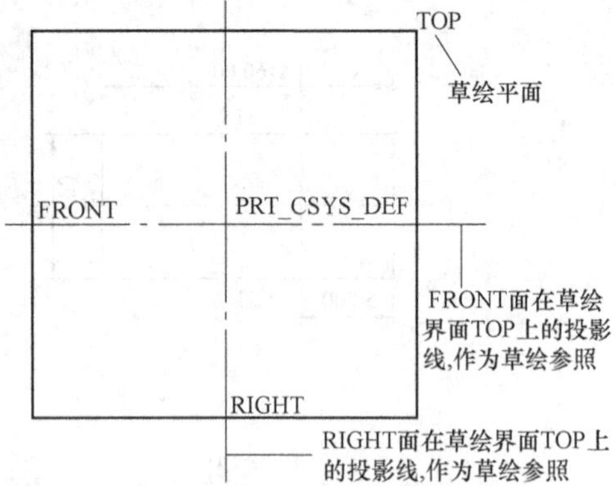

图 7-54　设置草绘界面的图形窗口显示环境

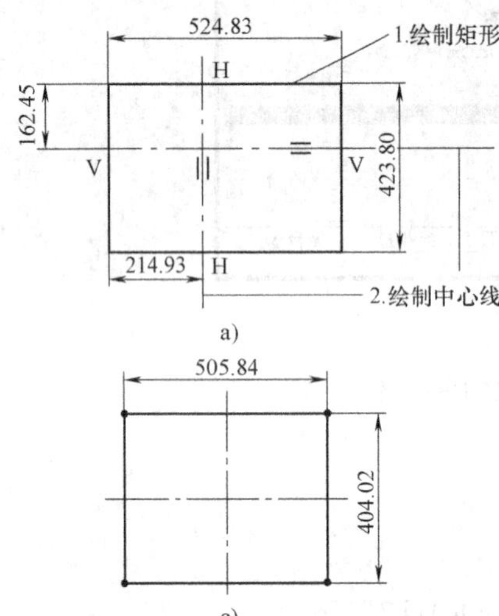

a)

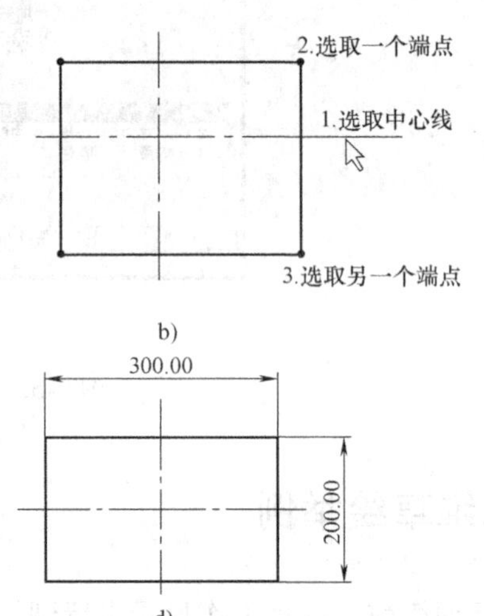

b)

c)

d)

图 7-55　绘制基本图形及尺寸标注

6）单击草绘工具栏中的✔按钮，完成草图的绘制，返回零件设计界面。

2. 方法二

1）新建一个零件文档，进入零件设计界面。单击特征工具栏上的按钮，选取 TOP 面作为草绘面，按下鼠标中键，进入草绘界面。

2）绘制两条中心线，并使之分别与 FRONT 面、RIGHT 面对齐。

3）单击□按钮，绘制矩形。如图 7-56a 所示，利用系统的自动导航功能，当出现对称符号时，再按下鼠标左键以确定矩形的第二个角点，从而直接绘制出图 7-56b 的对称矩形。

4）修改矩形长度和宽度尺寸分别为 300 和 200，得到所需要的图形。

5）单击草绘工具栏中的✔按钮，完成草图的绘制，返回零件设计界面。

7.3.2　范例 2

绘制图 7-57 所示的卡环图形。

1）新建一个零件文档，文件名为“ex02”，进入零件设计界面。

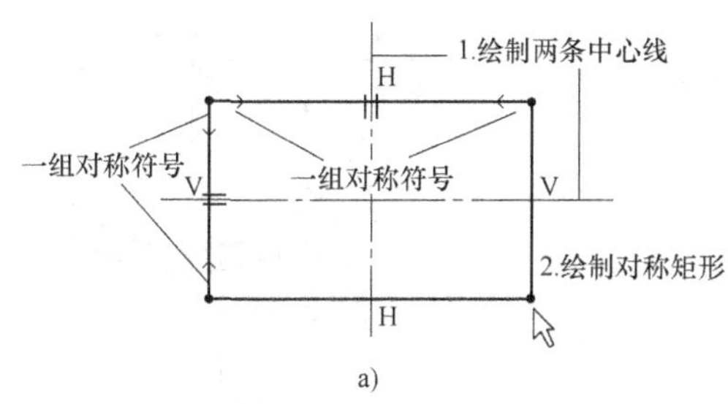

a)

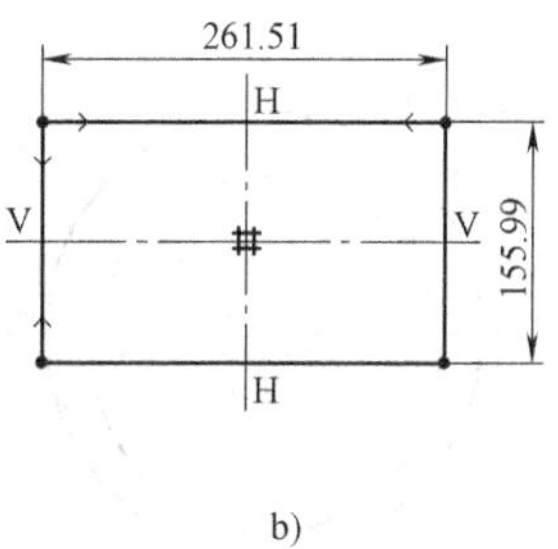

b)

图 7-56 绘制矩形

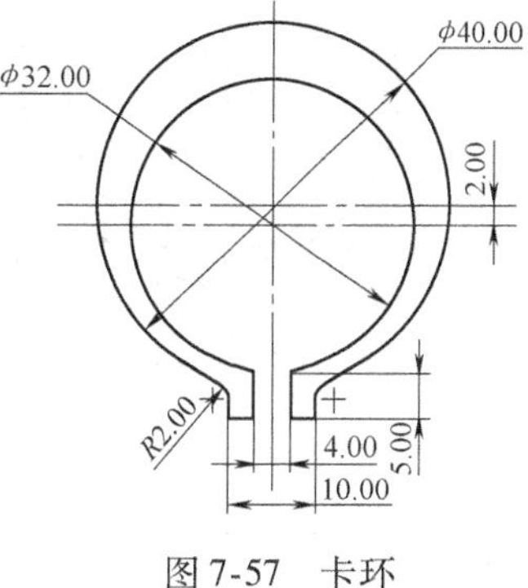

图 7-57 卡环

单击特征工具栏上的按钮，单击操控板中的放置按钮，在其上滑面板中单击定义...按钮，选取 TOP 面为草绘平面，单击鼠标中键，进入草绘界面。

2）绘制三条中心线、两个圆，并修改其尺寸，如图 7-58a 所示。

3）绘制图 7-58b 所示的①、②、③三条线段。

4）框选上面绘制的三条线段，单击按钮，选取纵向中心线作为镜像线，完成镜像操作后的图形如图 7-58c 所示。

5）使用裁剪工具剪掉图 7-58d 中的 6 段多余图元，图 7-58e 所示为裁剪后的图形。

6）添加两处倒角，并为两端倒角设定相等约束，如图 7-58f 所示。

7）标注并修改开口部分的尺寸，如图 7-58g 所示。

8）单击草绘工具栏中的按钮，确认并退出草绘界面。这时，在屏幕中心出现图 7-58h所示的提示框，提示“不完整截面”，说明刚才所绘制图形不正确。

单击提示框的否(N)按钮，重新返回草绘界面。将图形局部放大，如图 7-58i 所示，发现有 4 段多余的图元段，造成了整个图形不封闭，因而无法拉伸生成实体，出现了错误提示。

使用裁剪工具将这四段图元剪掉，得到图 7-57 所示的图形。

9）再次单击按钮，确认并顺利退出草绘界面，回到零件设计界面。在操控板的文本框中输入拉伸高度为“2”并回车，单击操控板中的按钮。在图形窗口的任意空白处单击鼠标左键，按下并拖动鼠标中键旋转模型，完成的卡环模型如图 7-59 所示。

7.3.3 范例 3

绘制图 7-60 所示的图形。

1）新建一个零件文档，文件名为“ex03”，进入零件设计界面。

单击特征工具栏中的按钮，单击操控板中的放置按钮，单击上滑面板中的定义...按钮，选取 TOP 面为草绘面，单击鼠标中键，进入草绘界面。

2）如图 7-61a 所示，绘制两条中心线、两个圆，标注并调整尺寸。标注对称尺寸的方法如图 7-61b 所示。

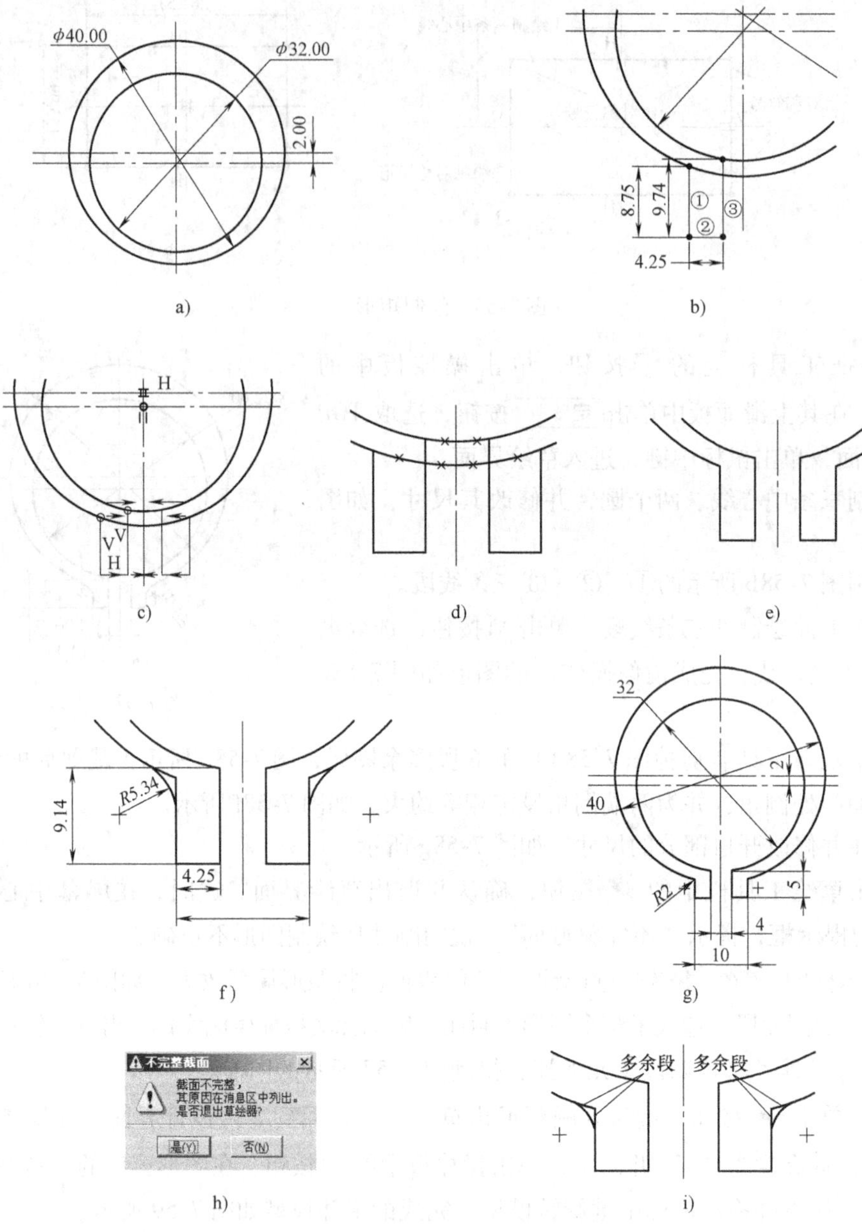

a)　b)　c)　d)　e)　f)　g)　h)　i)

图 7-58　绘制卡环

图 7-59　完成的卡环模型

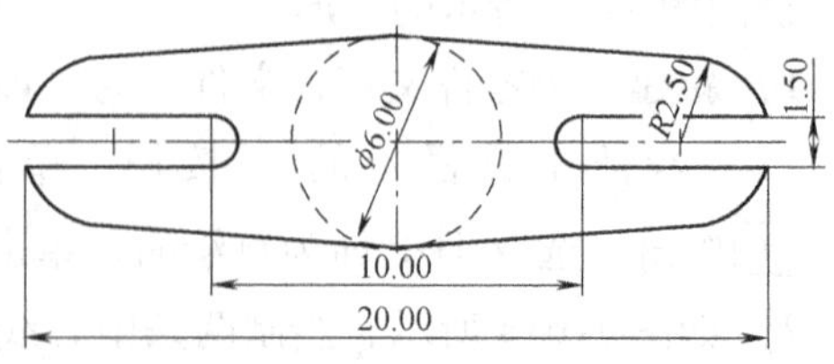

图 7-60　零件图

3）如图 7-61c 所示，绘制与 $\phi1.5$ 的圆相切的水平线段①；以圆心加端点的方式绘制弧段②，圆弧中心落在水平中心线上；绘制线段③，注意不要将其绘制成水平线，以免以后带来不必要的麻烦。

4）添加直线③与圆弧②、直线③与 $\phi6$ 圆两处的相切约束，标注并修改圆弧②的尺寸，如图 7-61d 所示。

5）选取上面的直线①、圆弧②、直线③，沿水平中心线作镜像操作，如图 7-61e 所示。

6）沿铅直中心线对图形作镜像操作，所得的图形如图 7-61f 所示。

7）使用裁剪工具修剪掉图 7-61g 所示的多余图元段（共 8 条），进一步标注并修改尺寸，如图 7-61h 所示。

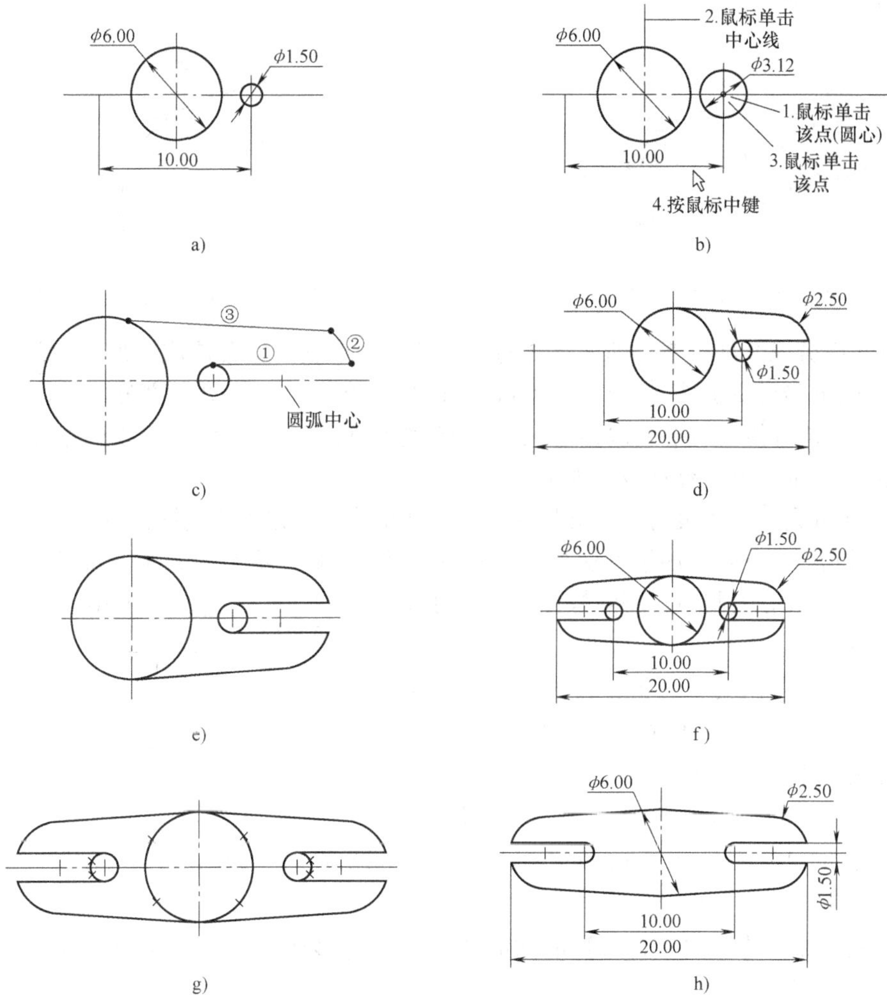

图 7-61　绘制零件

8）单击工具栏中的 ✔ 按钮，确认并退出草绘界面，返回零件设计界面。在操控板的文本框中输入拉伸高度为“2”并回车，单击操控板中的☑按钮，在图形窗口的任意空白处单击鼠标左键，按下并拖动鼠标中键旋转模型，如图 7-62 所示。

7.3.4　二维草绘技巧

初学者绘制二维草图遇到的最大问题是：当单击草绘工具栏中的 ✓ 按钮以确认并退出草绘界面时，系统提示【不完整截面】，这说明所绘制图形有问题，必须解决这些问题才能退出草绘界面，并进一步用该草图生成草绘特征。

不完整截面主要是指未封闭图形，所以要仔细检查所绘制的图形是否是一个（或多个）精确地首尾相连的图形。对于表面封闭的图形，如果系统仍提示“不完整”信息，可能是以下原因：

1）本应相交的图元没有绘制到位，局部有小缺口或过交叉，如图 7-63 所示。解决的办法是用修整工具修齐。

图 7-62　零件模型

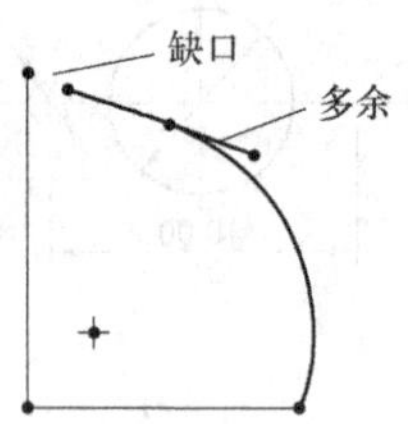

图 7-63　有局部缺陷的图形

2）图元部分或全部重叠，即使重叠的部分只有一个点，也会造成图形不封闭。例如在范例 3 中，如果步骤 5 进行镜像操作时除选中①、②、③三个图元之外，还同时选到了 ϕ1.5 的圆（框选时很容易出现这种情况），则镜像后就会在同一位置出现两个 ϕ1.5 的圆，这种图元的完全重叠很不容易被发现了。

解决图元重叠的办法很简单，就是将重叠部分删掉，但很难找到图元重叠部分。

1）将图元逐个删除，如果发现某处删掉一个图元之后还有线条，那这部分肯定是重叠的。读者尽可以放心大胆地作删除操作，因为可以随时撤消操作。

2）将尺寸显示出来，如果发现图面上有不正常的尺寸，比如一条直线上还有一个小尺寸，那这里肯定藏了不必要的图元，如图 7-64 所示。

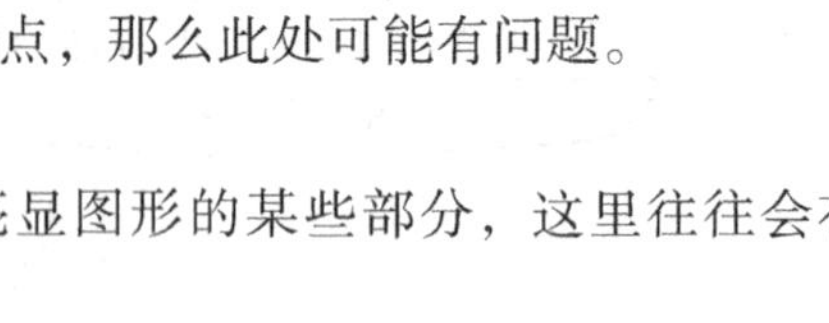

这里可能有图元重叠　100.00　10.10　50.00

图 7-64　图元重叠

3）将主菜单上的草绘显示状态设置为，即只显示图元端点，如果某处有多余的端点，那么此处可能有问题。

4）局部放大图形，检查问题。

5）系统在提示【不完整截面】的同时会以红色亮显图形的某些部分，这里往往会有问题。

6）多做练习，积累经验。

再次建议初学者采用 7.2.1 节中介绍的方法三进入草绘界面进行训练，如果采用方法一和方法二进入草绘界面，就可以随心所欲地绘制图形，无论所绘制的图形问题有多多，系统都不会给出任何提示，且无法利用所绘制的图形进一步创建实体。

当然，在某些情况下，不封闭的草绘图形也能生成草绘特征或曲面特征，但是进行以上严格的训练还是非常必要的。

7.4　练习题

以拉伸的方式将图 7-65 ~ 图 7-70 的二维草图生成实体，实体高度自定。

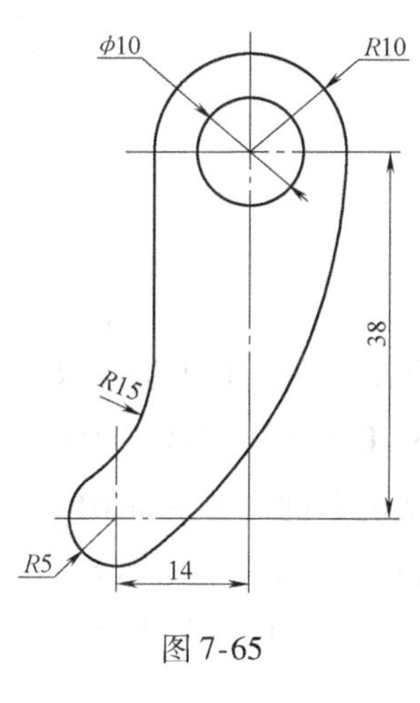

图 7-65

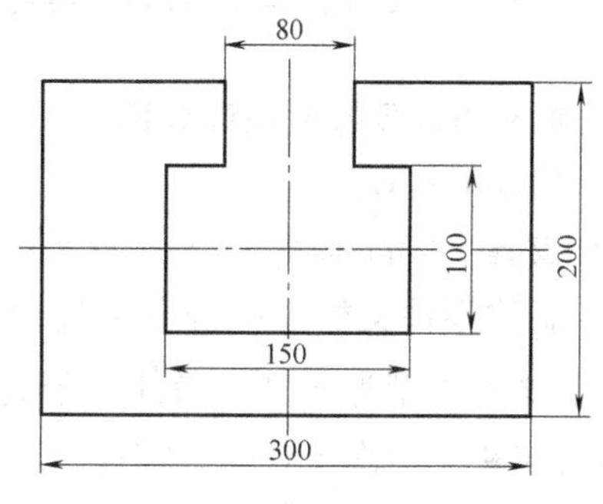

图 7-66

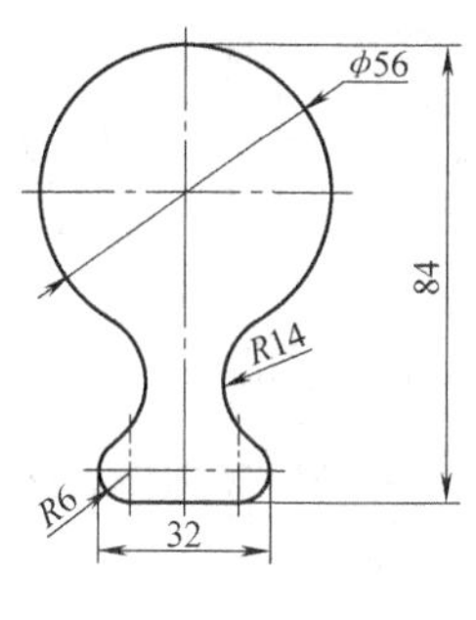

图 7-67

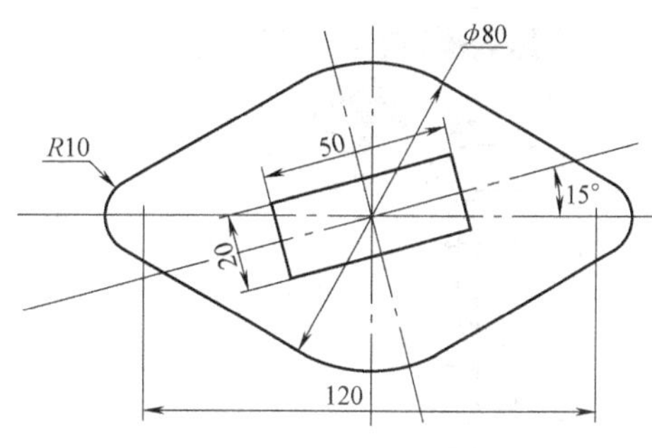

图 7-68

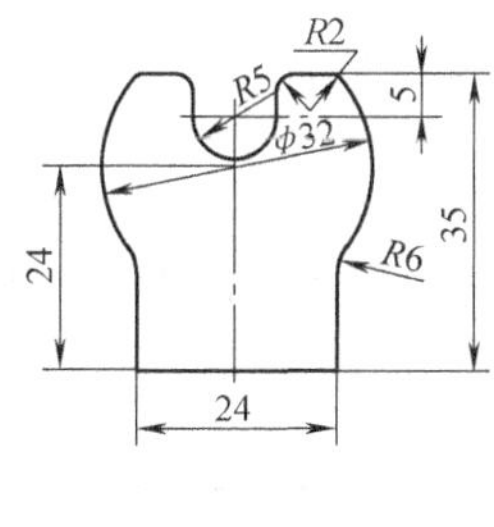

图 7-69

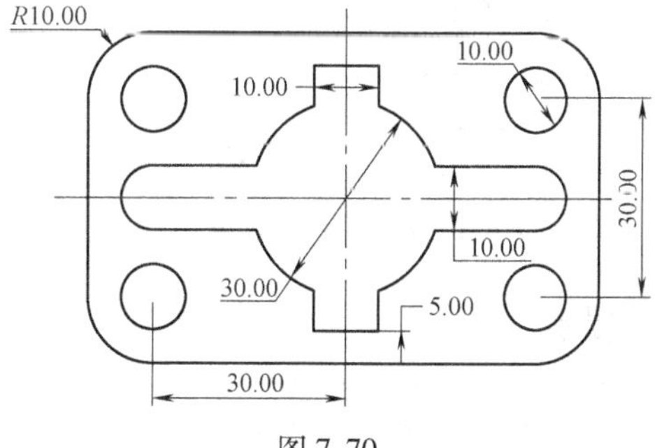

图 7-70

第 8 章　Pro/E 零件设计

8.1　Pro/E 零件设计的基本步骤

1. 进入 Pro/E 零件设计界面

1）启动 Pro/E。

2）设置工作目录。

3）新建零件文档。单击主工具栏中的□按钮，系统弹出图 8-1 所示的【新建】对话框，选择文件类型为 ⊙ □ 零件，子类型为 ⊙ 实体 。在【名称】后的文本框中输入新零件的文件名称。每次新建一个零件，Pro/E 会给出一个默认的名称，如 prt0001。

取消选择 □ 使用缺省模板 ，然后单击对话框中的 确定 按钮，系统弹出图 8-2 所示的【新文件选项】对话框。在对话框的模板列表中选择 “mmns_part_solid”，即选择使用工制模板。单击 确定 按钮，进入零件设计界面。

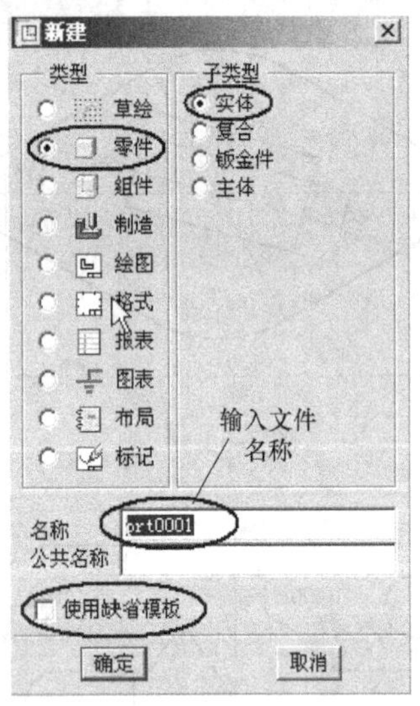

图 8-1　【新建】对话框

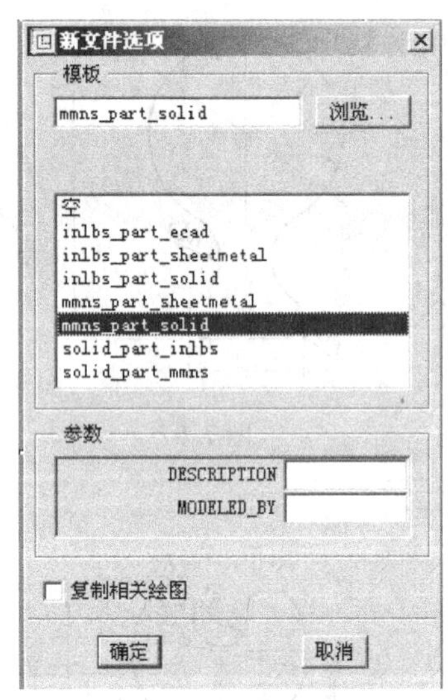

图 8-2　【新文件选项】对话框

提示：

“使用缺省模板” 意为使用系统默认的模板，Pro/E 默认的零件模板是英制的 “inlbs_part_solid”，即零件的单位系统是 “in · lb · s”，这显然不是用户所需要的，因此在上面选用公制模板 “mmns_part_solid”，即零件的单位系统是 “mm · N · S”。

2. 模型分析与设计规划

Pro/E 是参数化的特征造型系统，特征是零件设计的基本操作单元。对于一个复杂的机械零件，首先要从特征的角度对其进行分解，分析它是由哪些基本特征组成的，各个特征的形状如何，特征间的相互关系如何，以及特征的先后次序如何。经过这样的分析，就可以基本理清设计的思路，规划好设计的步骤了。

图 8-3a 所示的零件，可以将其分解成由 6 个特征组成，其设计思路和设计过程如图 8-3b ~ 图 8-3g 所示。

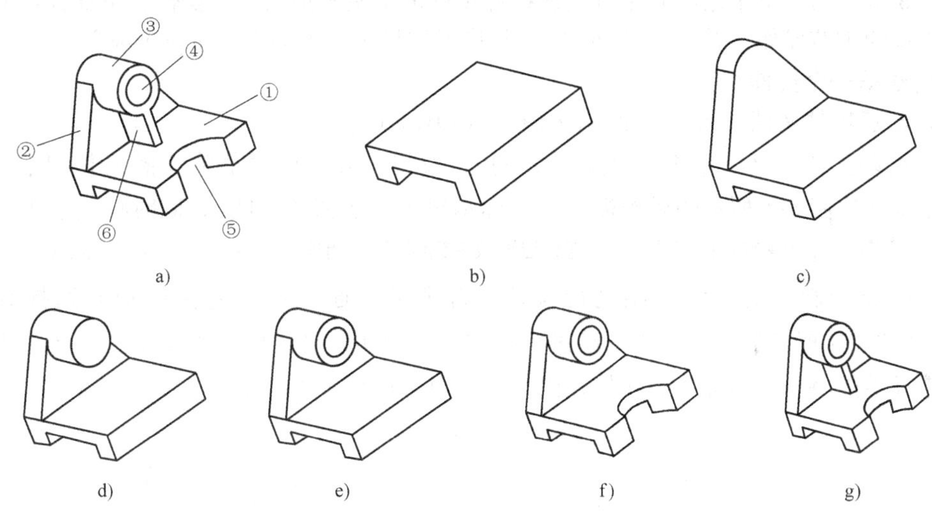

图 8-3　模型分析与设计规划

a) 零件特征分解　b) 添加拉伸特征　c) 添加拉伸特征　d) 添加拉伸特征（圆柱）
e) 添加孔特征　f) 添加孔特征　g) 添加肋特征

3. 利用特征创建零件

零件设计的基本思路确定后，就可以利用 Pro/E 的草绘特征、点放特征、基准特征功能不断添加和修改特征，进行零件的详细设计。因此，要想熟练掌握零件设计的技能，首先必须熟悉各种特征创建与编辑的基本操作。

要掌握复杂零件的设计方法和技巧，需要进行大量的练习。有一个很好的方法是拿来别人设计好的零件，通过设计过程回放，学习其设计过程。具体的操作步骤是：打开该零件，选择主菜单【工具】→【模型播放器】命令，打开图 8-4 所示的【模型播放器】对话框，从中可以回放其设计过程。

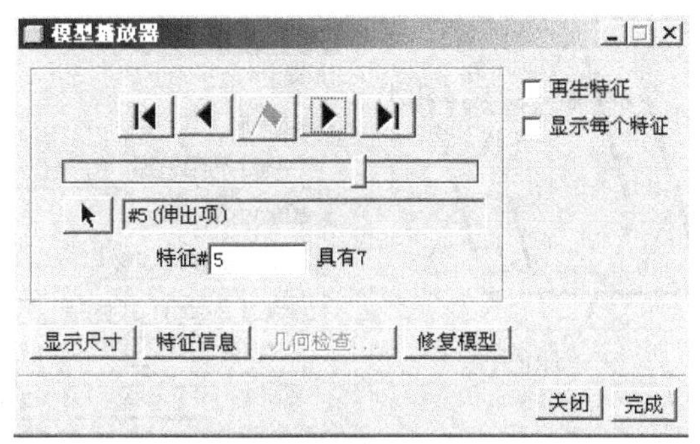

图 8-4　【模型播放器】对话框

8.2 创建草绘特征

8.2.1 拉伸特征

在第 6 章、第 7 章中已经介绍过创建拉伸特征的最基本最简易的操作，下面详细介绍拉伸特征创建的细节操作。首先启动 Pro/E，并将工作目录设置为"example\ch8"。

1. 创建第一个拉伸特征

（1）新建零件文档　新建一个零件文档"ex01. prt"。

（2）启动拉伸工具　单击特征工具栏的按钮，或选择主菜单【插入】→【拉伸…】命令，系统弹出图 8-5 所示的操控板（其中标示出了各按钮的功能），同时在信息提示区给出"选取一个草绘。(如果首选内部草绘，可在放置面板中找到"定义"选项。)"的操作提示，意思是说可以选取一个已经绘制好的二维草绘进行拉伸，否则可以通过打开【放置】面板并选择其中的【定义...】选项，临时绘制一个二维草绘进行拉伸。对于初学者，事先绘制草图时经常出现错误，而造成不能将草绘拉伸生成实体，因此，可以采用后一种方法。

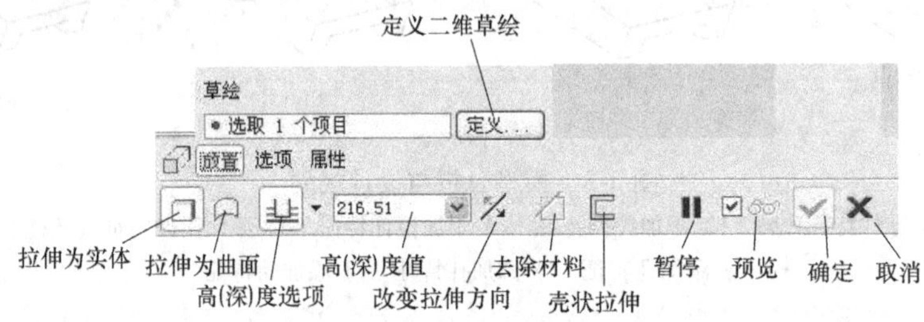

图 8-5　拉伸特征的操控板

单击操控板的【放置】按钮，在其上滑面板中单击【定义...】按钮，弹出图 8-6 所示的【草绘】对话框，同时在信息提示区给出"选取一个平面或曲面以定义草绘平面。"的操作提示，选取 TOP 面（或其他基准面）作为草绘平面，弹出"选取一个参照(例如曲面、平面或边)以定义视图方向。"的提示，要求选取参照面。单击【草绘】按钮（或在图形窗口按下鼠标中键）。有关草绘平面、草绘方向、参照面的概念和选取方法将在后面作详细介绍，在这里暂且接受系统给出的草绘方向和参照面的默认设置，如图 8-6 所示。

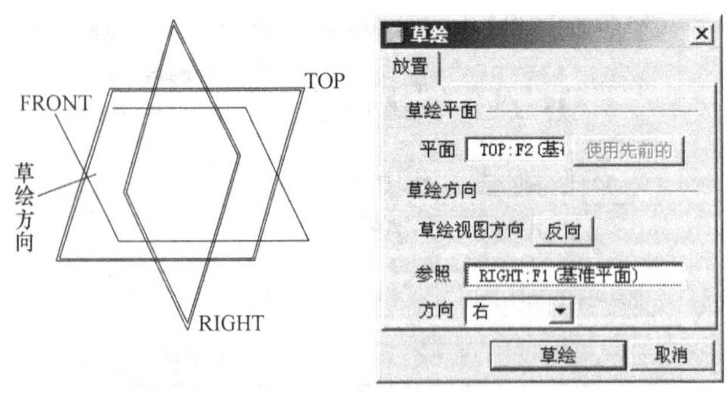

图 8-6　定义草绘平面和参照面

系统进入草绘界面，同时弹出图 8-7 所示的【参照】对话框，并在信息提示区给出 ◇选取垂直曲面、边或顶点，截面将相对于它们进行尺寸标注和约束。的提示，意思是要求选取二维草绘的绘图参照（尺寸标注基准）。在这里，系统将 FRONT 面和 RIGHT 面作为默认的绘图参照，可以接受这种默认设置，因此不需作任何改变，直接将该对话框 关闭(C)。

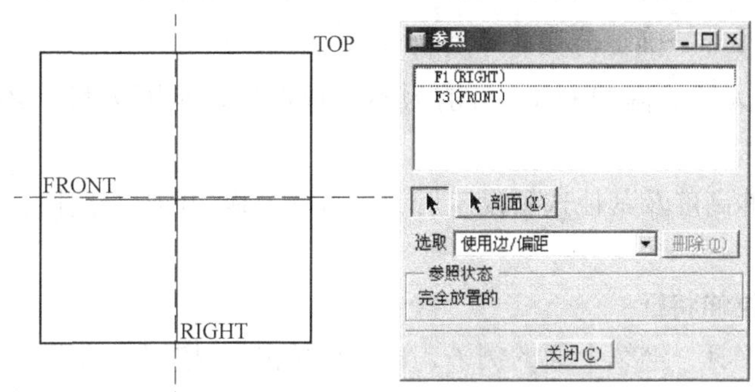

图 8-7　定义绘图参照

如果不认可系统给出的默认绘图参照，可以另行增加或修改。在某些情况下，系统不能给出默认的参照，这时也需要用户指定参照。另外，在二维草绘的过程中，可能无意间删除了参照，或者需要更改或增加新的参照，这时可以选择主菜单【草绘】→【参照…】命令，弹出【参照】对话框，可以重新定义绘图参照。

（3）绘制拉伸特征的二维草绘图　绘制图 8-8a 所示的封闭图形，单击草绘工具栏中的 ✔ 按钮，确认并退出草绘界面。

（4）确定拉伸高度　系统返回零件设计界面。将鼠标移至图形窗口，按下鼠标中键并拖动鼠标以旋转模型到图 8-8b 所示的方位，可以清楚地看到该拉伸特征的三维形状，单击图中的黄色箭头可以改变拉伸方向，其操作效果与操控板中的 按钮相同。拖动模型上的小方框把手，可以动态调整拉伸高度。拉伸高度还可以通过在操控板中输入数值来确定。

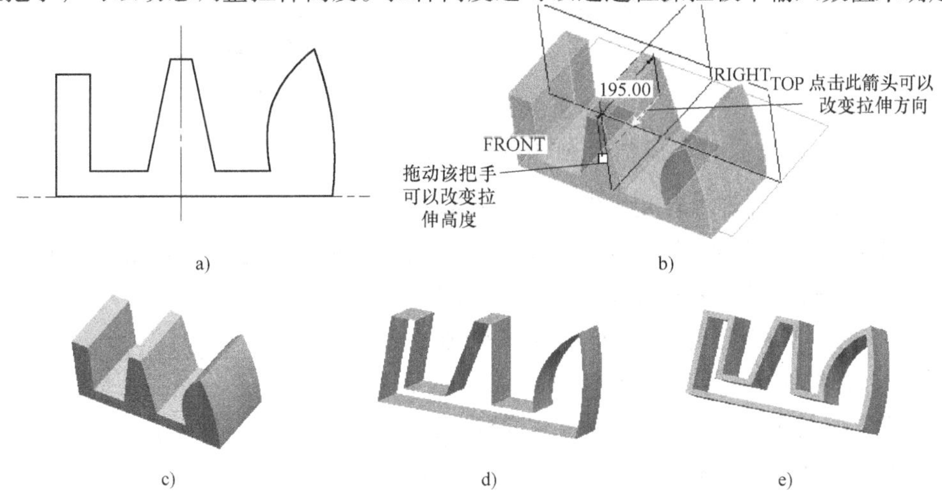

图 8-8　拉伸特征

a）绘制二维图形　b）定义拉伸高度　c）拉伸为实体　d）拉伸为曲面　e）拉伸为薄壳

（5）确定拉伸方式　默认的拉伸方式□，意为“拉伸为实体”，如图 8-8c 所示。

拉伸方式□意为“拉伸为曲面”，如图 8-8d 所示。有关曲面特征将会在 8.6 节作详细介绍。

拉伸方式□意为“拉伸为薄壳”，如图 8-8e 所示。当选此选项时，可以通过操控板上的□ 4.97 ▼ ⁄部分确定薄壳的厚度及方向。

拉伸方式□意为“去除材料”，目前为不可选选项，是因为目前还未生成任何实体，无法去除材料。

（6）完成　拉伸高度及其他选项设定后，单击操控板中的✔按钮，完成该拉伸特征的创建。

2. 创建第二个拉伸特征

（1）启动拉伸工具　继续上面的例子，再一次单击□按钮，启动拉伸工具。

（2）设定草绘平面　系统打开操控板，单击 放置 按钮，单击其上滑面板中的 定义... 按钮，弹出【草绘】对话框，并提示选取草绘平面，假如不想使用现有的任何一个基准面（TOP、FRONT、RIGHT）或已有实体的表面作为草绘平面，可以临时创建一个面，其操作步骤为：

单击特征工具栏的□（基准平面工具）按钮，弹出图 8-9 右侧所示的【基准平面】对话框，单击 RIGHT 面，此时在 RIGHT 面中心出现一个小方框形的操作把手，拖动把手到图示位置，单击【基准平面】对话框的 确定 按钮。

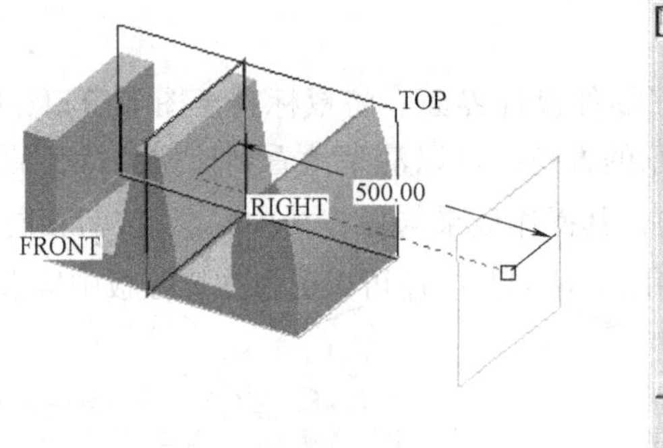

图 8-9　创建临时基准面作为草绘平面

有关基准平面的详细内容及操作，将在 8.4 节中介绍。

（3）绘制拉伸特征的二维草绘图　单击【草绘】对话框的 草绘 按钮（或在图形窗口按下鼠标中键），进入草绘界面，关闭【参照】对话框。将主工具栏上的模型显示模式切换为□□□□，即线框显示且隐藏线暗显。在二维草绘时，经常需要将模型显示模式切换为这种状态，以达到更好的平面视觉效果并找到更多的绘图参照。

绘制图 8-10 所示的封闭图形（一个圆），单击✔按钮，退出草绘界面。

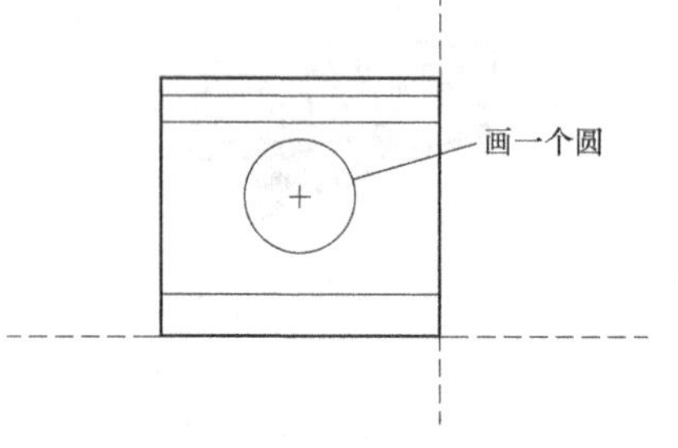

图 8-10　绘制二维图形

（4）拉伸高度选项　旋转模型如图 8-11 所示的

方位，单击图中的黄色箭头改变拉伸方向。拖动模型上的小方框操作把手，可以动态调整拉伸高度。此外，单击 ▾ 的下三角符号，弹出拉伸高度选项的工具菜单，如图 8-12 所示，可以更为灵活地确定拉伸高度。其中：

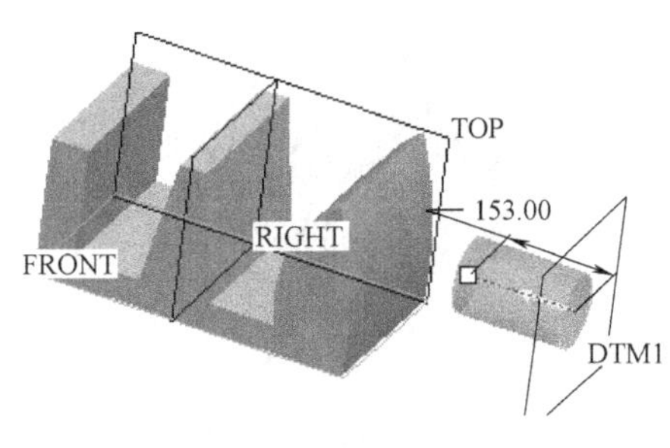

图 8-11　旋转模型

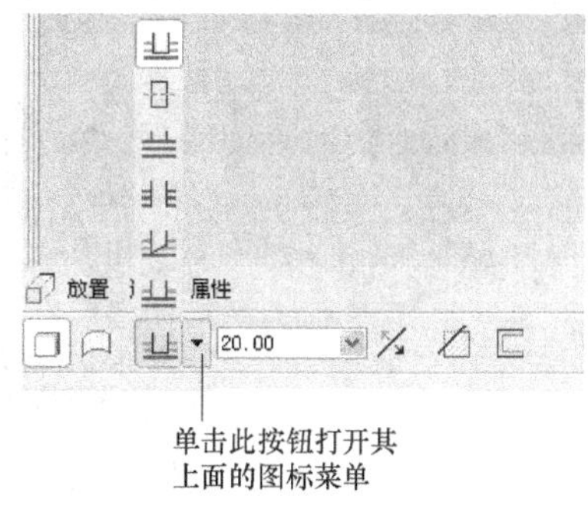

图 8-12　拉伸高度选项

- ：指定拉伸高度。这是拉伸高度的默认选项，可以通过拖动操作把手动态确定拉伸高度，或在操控板的文本框中输入高度值。
- ：自草绘平面双侧拉伸。如图 8-13a 所示，默认情况是进行双侧对称拉伸，通过操作把手或文本框数值输入确定双侧拉伸的高度。也可以单击 选项 按钮，分别确定双侧拉伸高度，如图 8-13b 所示。
- ：拉伸到零件的下一表面，如图 8-13c 所示。
- ：拉伸到零件的所有表面，如图 8-13d 所示。
- ：拉伸到指定表面，如图 8-13e 所示。
- ：拉伸到指定的点、曲线、平面或曲面。

（5）去除材料拉伸　对这个特征，可以选择“去除材料” 的方式，如图 8-14a 所示。

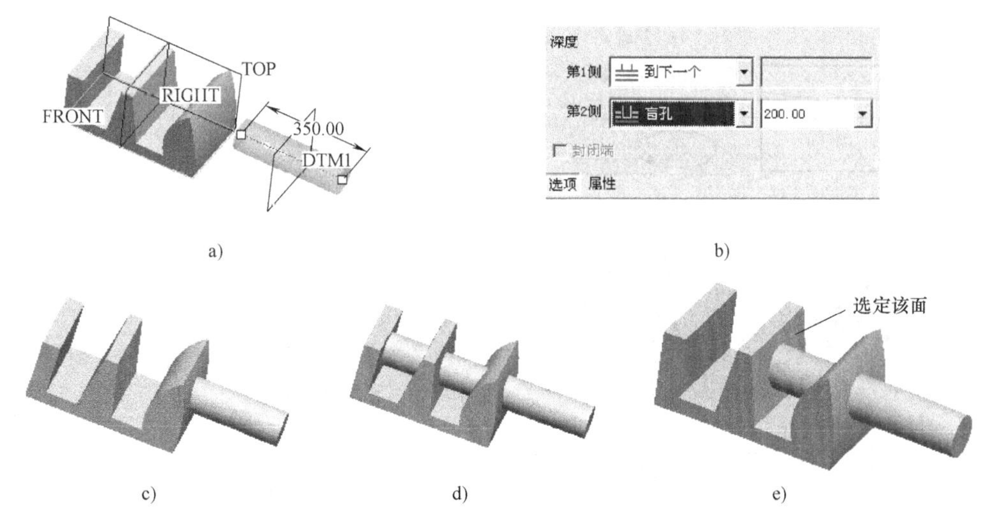

图 8-13　拉伸高度选项

图 8-14b 所示为去除材料、拉伸高度（深度）为（指定深度）的模型；图 8-14c 所示为去除材料、拉伸高度为（贯穿）的模型；图 8-14d 所示为去除材料、薄壳状拉伸、拉伸高度为的模型；图 8-14e 所示为去除材料、去除材料方向为外侧的模型。

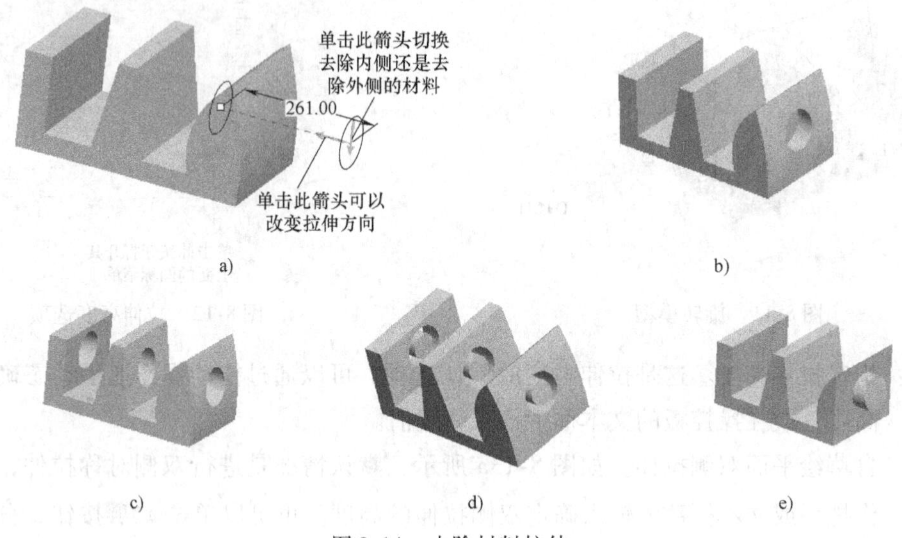

图 8-14　去除材料拉伸

在有些情况下，未封闭的二维草绘也能生成草绘特征，请看下面的例子：

新建一个零件文档“ex02. prt”。创建第一个拉伸特征，如图 8-15a 所示。接下来在此基础上创建第二个拉伸特征。

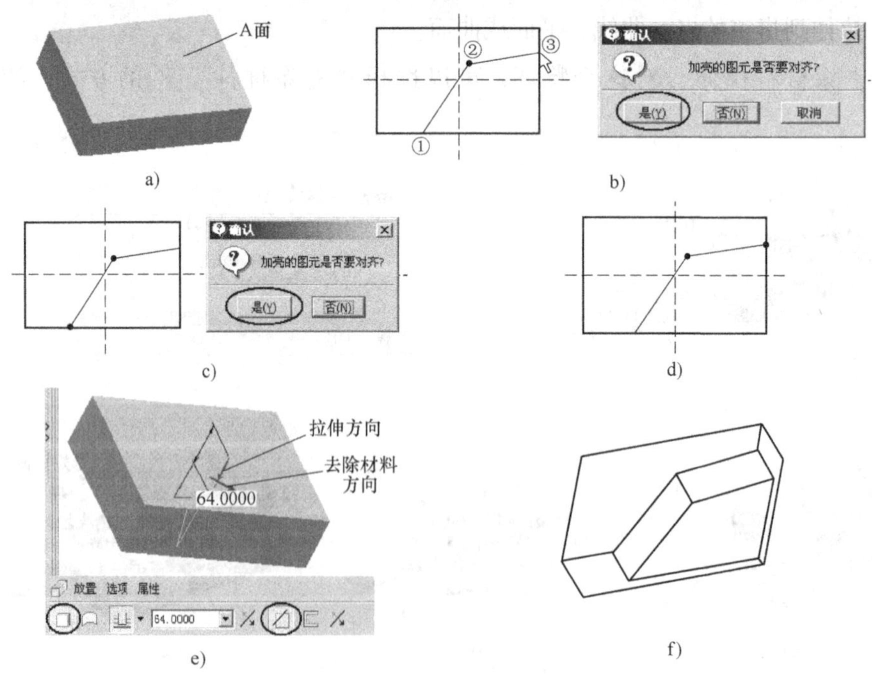

图 8-15　创建第二个拉伸特征

单击草绘工具栏中的按钮，单击操控板的放置按钮，单击定义...按钮，选取 A 面为草绘平面按下鼠标中键进入草绘界面，关闭【参照】对话框。

绘制图 8-15b 所示的两条直线后，系统弹出【确认】对话框，询问点①是否要与加亮的线对齐。在进行二维草绘时，当目前所绘制的图元与已有模型上的点、线、面足够接近时，系统就会出现这样的提示，询问图元是否对齐。这也是 Pro/E 二维草绘智能导航的功能之一。在这里，希望点①与加亮的线对齐，因此，单击对话框的是(Y)按钮。

系统再次弹出【确认】对话框（图 8-15c），询问点③是否要与加亮的线对齐。单击对话框的是(Y)按钮接受对齐约束，完成一个未封闭图形的绘制，如图 8-15d 所示。单击操控板中的✔按钮，退出草绘界面。

如果系统没有自动捕捉到上面的对齐约束，可以通过约束工具，添加对齐约束，将点①、点③分别与第一个拉伸特征（长方体）的水平、垂直方向的两条边线对齐。

如图 8-15e 所示，在操控板中确定拉伸选项为（去除材料），并确定去除材料方向及深度后，单击操控板中的✔按钮，完成该拉伸特征的创建，如图 8-15f 所示。

读者可以思考这样的问题：为什么上述未封闭的图形也能生成拉伸特征？在什么情况下草绘特征的草绘图形必须是封闭的？什么情况下可以不封闭？对不封闭的二维草绘有没有一些限制？

3. 有关草绘平面、草绘方向和参照面

如前所述，创建草绘特征的前提是正确绘制二维草绘。在进入草绘界面之前，总是会打开图 8-6 所示的【草绘】对话框，要求用户选取草绘平面、草绘方向和参照面。

- 草绘平面：二维草绘的绘制表面，可以使用系统默认的基准平面、用户创建的基准平面或者已有模型上的某个表面。
- 草绘方向：草绘平面有正面（外法线方向）和负面之分，草绘方向用来确定二维草绘绘制在草绘平面的正面还是负面上。
- 参照面：一个与草绘平面相垂直的面。进行二维草绘时，将草绘平面与屏幕平行放置，并通过给定参照面相对草绘平面的相对位置，决定草绘平面的放置方位。

下面通过一个例子来解释这三者之间的关系。

打开光盘文件“ch8\ex03. prt”，如图 8-16a 所示，要在这个零件上继续添加一个拉伸特征，得到如图 8-16b 所示的模型。

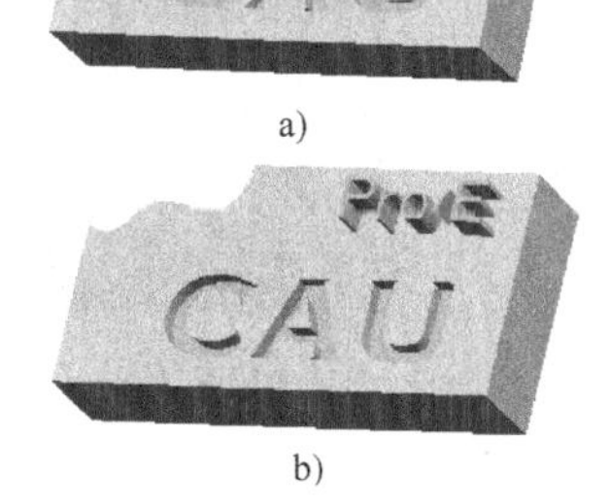

图 8-16 添加拉伸特征

1）单击按钮，单击操控板的放置按钮，单击定义...按钮，弹出【草绘】对话框，选取模型上表面作为草绘平面，草绘方向如图 8-17a 的箭头所示，选取右侧面作为参照面，并使该参照面在草绘平面的右侧。单击对话框的草绘按钮后，进入草绘界面，草绘平面相对屏幕的放置方式如图 8-17b 所示。在这种状态下，非常便于绘制后续的草绘图形（文字“Pro/E”）。

2）按照图 8-18a 所示确定草绘平面、草绘方向和参照面，仍然选取上表面作为草绘平面，但将草绘方向为反向，即以上表面的背面作为草绘平面，参照面的选取与 1）相同。进

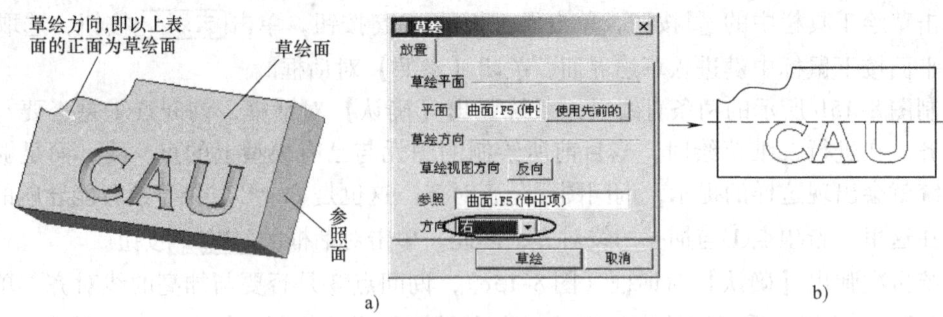

图 8-17　草绘面相对屏幕的正向放置

入草绘界面后，草绘平面相对屏幕的放置方式如图 8-18b 所示。在这种状态下，有点“找不着北了”，不便于绘制后续的草绘图形。

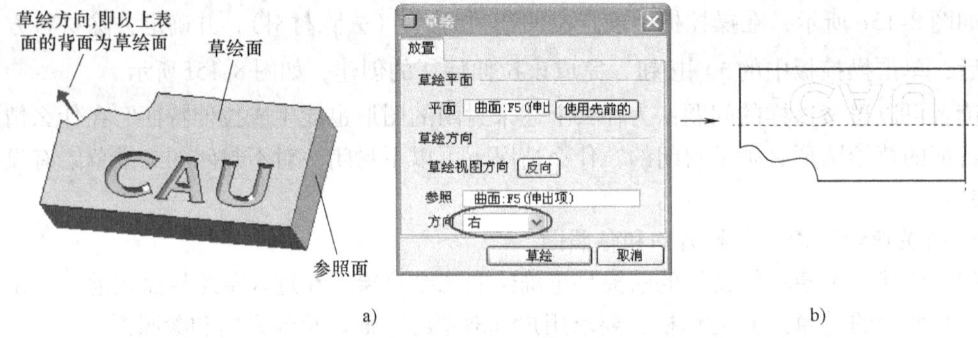

图 8-18　确定草绘平面、草绘方向和参照面

3）按照图 8-19a 所示确定草绘平面、草绘方向和参照面，仍然选取上表面作为草绘平面，草绘方向与 1）相同，选取前侧表面作为参照面，并使该参照面在草绘平面的左侧。进入草绘界面后，草绘平面相对屏幕的放置方式如图 8-19b 所示。在这种状态下，也不太便于绘制后续的草绘图形。

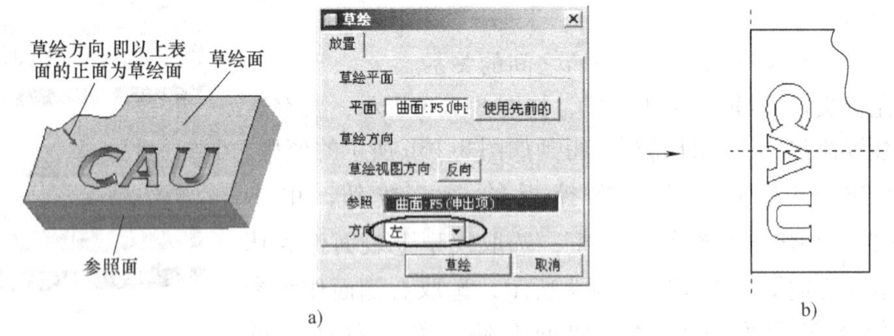

图 8-19　草绘相对屏幕的反向放置

从上面的例子可以看出，草绘平面、草绘方向、参照面选取的好坏，可能会影响到二维草绘的方便与否。当然，在比较简单的情况下，选定草绘平面后，系统会自动确定草绘方向，并自动找一个与草绘平面垂直的面作为参照面，就像在以前的例子里，一直都使用了系

统默认的参照面和草绘方向。当情况复杂时，要么系统给出的默认选项不满足用户的要求，要么系统根本找不到一个可用的参照面，这时就必须由用户来设定。

【草绘】对话框中的 使用先前的 意为使用前一个草绘的草绘平面、草绘方向和参照面，当需要在同一个表面上创建多个特征时，这个选项非常有用。

4. 修改拉伸特征

（1）修改特征尺寸　重新打开 ex02. prt，要修改第一个拉伸特征（长方体）的尺寸，其操作步骤为：

在图形窗口（或模型树中）选中该特征，此时该特征的边线以红色显示，单击鼠标右键，在弹出的菜单中选择【编辑】命令，该特征的所有尺寸显示在画面上，如图 8-20a 所示（在绘图区双击某一特征，也可以显示该特征的所有尺寸），双击某一尺寸数字（如长方体的宽度尺寸 200），在尺寸修正框输入新的尺寸值为“400”并回车。

提示：

采用上述步骤修改特征尺寸后，模型不会自动依据新的尺寸发生变化，为了让这种修改“生效”，生成修改后的模型，必须采用下列操作之一：

- 单击主工具栏的“再生”工具按钮 。
- 选取主菜单【编辑】→【再生】命令。
- 按下快捷键“Ctrl + G”。

再生后的模型如图 8-20b 所示。

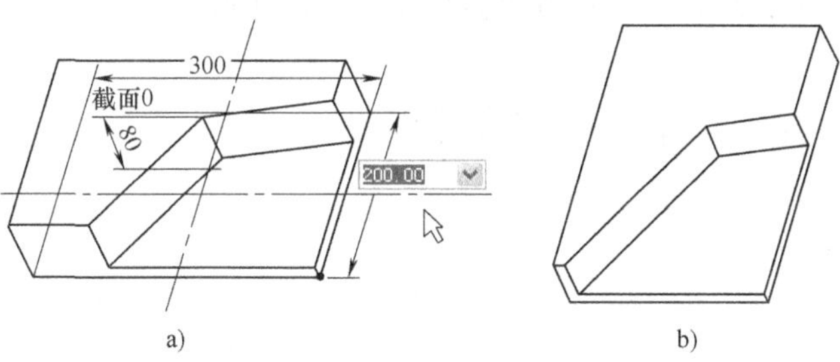

图 8-20　修改特征尺寸

（2）重新定义特征　要改变第二个拉伸特征的拉伸方式、草绘形状等，需要重新定义该特征，操作方法是：

在图形窗口（或模型树中）选中该特征，单击鼠标右键，在弹出的菜单中选择【编辑定义】命令，系统弹出拉伸特征的操控板，如图 8-21a 所示，在这里可以重新定义该特征的各个方面。打开 放置 面板，原来的 定义... 按钮变为 编辑... 按钮，意为可以对原来“定义”的草绘进行“编辑”，单击该 编辑... 按钮，再次出现【草绘】对话框，接受其中各选项，单击对话框的 草绘 按钮后，进入草绘界面，显示原先定义的草绘图形，如图 8-15d所示。

修改二维草绘的形状如图 8-21b 所示，单击 ✔ 按钮，退出草绘界面。

在操控板中进行图 8-21c 所示的设置，单击操控板的 ✔ 按钮后，得到修改以后的模

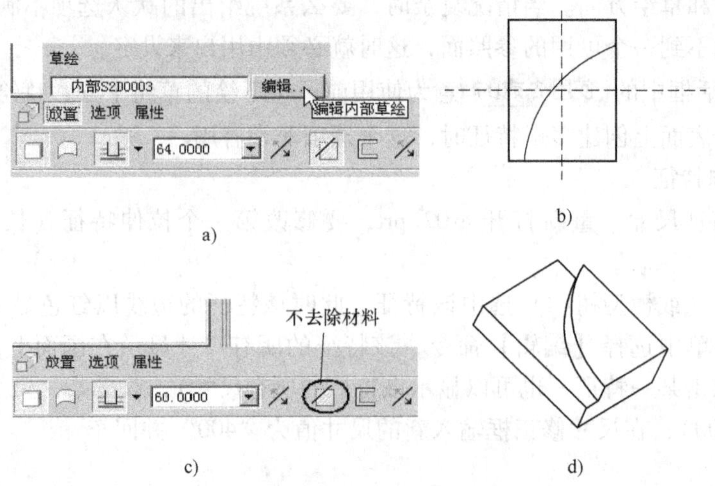

图 8-21　重新定义特征

型，如图 8-21d 所示。

8.2.2　旋转特征

1. 操作步骤与命令简介

1）单击特征工具栏的 按钮，或选择主菜单【插入】→【旋转…】命令，系统弹出图 8-22 所示的操控板，其中大部分按钮的功能与拉伸特征相似。

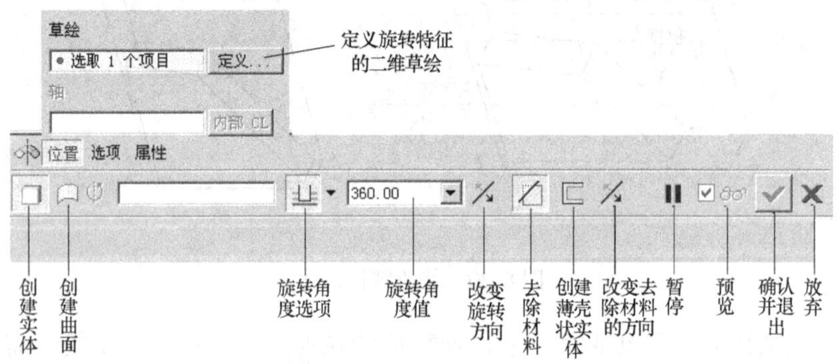

图 8-22　旋转特征操控板

2）单击操控板的 位置 按钮，在其上滑面板中单击 定义... 按钮，弹出【草绘】对话框，定义草绘平面、草绘方向、参照面，单击 草绘 按钮（或在图形窗口按下鼠标中键），进入草绘界面。

3）如图 8-23a 所示绘制一条中心线作为旋转轴，然后绘制旋转剖面。单击草绘工具栏中的 ✔ 按钮，确认并退出草绘界面。

4）如图 8-23b 所示，在操控板中确定旋转特征的生成方式（创建实体、创建曲面、或去除材料等）及旋转角度，单击操控板中的 ✔ 按钮，完成特征的创建，如图 8-23c 所示。

5）旋转角度选项。单击 的下三角符号，弹出旋转角度选项的工具菜单，如图

8-23d所示，其中：

- 指定旋转角度。这是旋转角度的默认选项，可以通过拖动操作把手动态确定旋转角度，或在操控板的文本框中输入角度值。
- 旋转到指定的点、平面或曲面。
- 自草绘平面双侧旋转，默认情况是进行双侧对称旋转，单击选项按钮，可以分别确定双侧的旋转角度，如图 8-23e 所示。

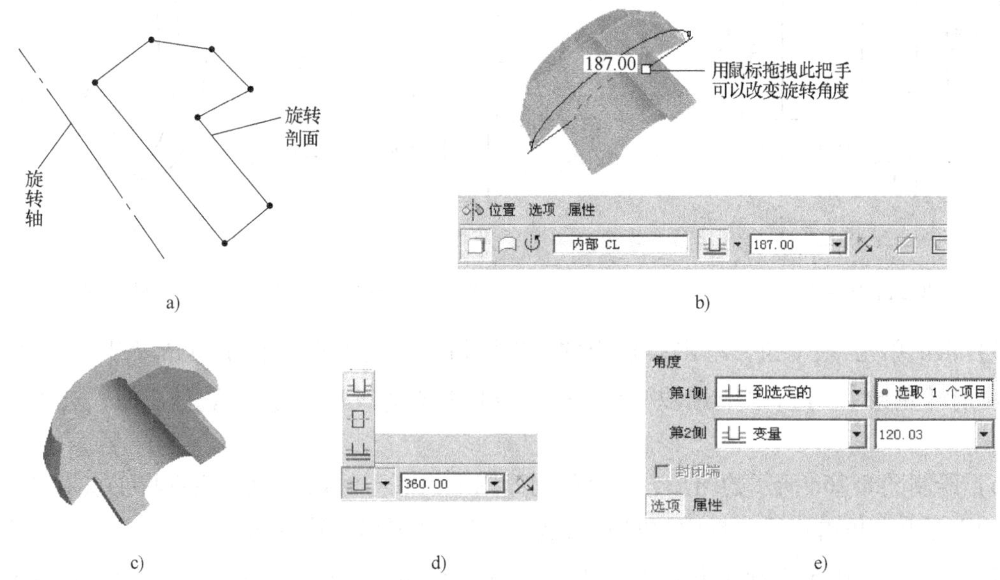

图 8-23　创建旋转特征

提示：

- 旋转轴与旋转剖面应处于同一平面内。
- 当草绘中有两条以上中心线时，系统自动将第一条作为旋转轴。
- 旋转特征的草绘图应位于旋转轴单侧，且不能自相交。

2. 旋转特征范例

创建图 8-24 所示零件的三维模型。

这是一个典型的旋转体零件，下面利用旋转特征来建立其外形和退刀槽，其余部分待讲完相应的特征创建工具之后完成。

1）新建一个零件文档“ex04. prt”。

2）单击特征工具栏中的按钮，单击操控板的位置按钮，在其上滑面板中单击定义...按钮，弹出【草绘】对话框，选取 TOP 面为草绘平面，单击草绘按钮，进入草绘界面。

3）绘制图 8-25a 所示的图形，这里的剖面图形是首尾相连的 6 条线段①～⑥，尤其注意线段⑥必不可少。图中两个对称尺寸 120、80 的标注方法参照图 7-61b。单击草绘工具栏中的✔按钮，确认并退出草绘界面。

4）在操控板中定义旋转方式为，旋转角度为 360.00，单击操控板中的按钮，完成特征的创建，得到图 8-25b 所示的模型。

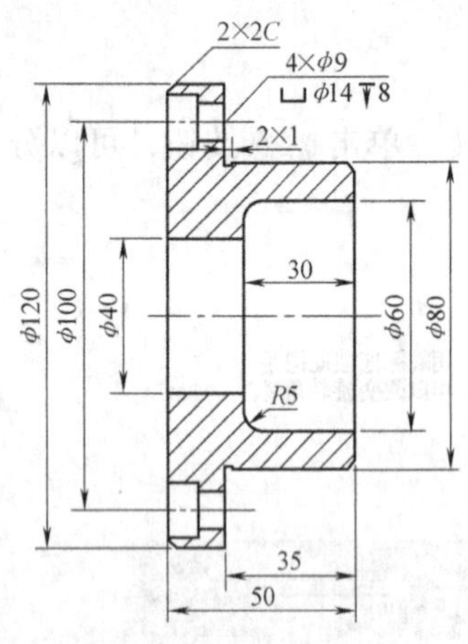

图 8-24　零件尺寸

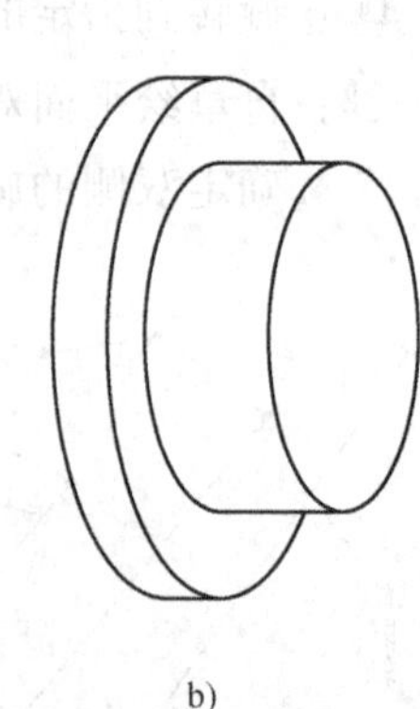

图 8-25　利用旋转特征来建立零件模型

5）再次单击按钮，单击操控板的 位置 按钮，在其上滑面板中单击 定义... 按钮，在弹出的【草绘】对话框中选取草绘平面为 使用先前的，单击 草绘 按钮，进入草绘界面。

6）绘制图 8-26a 所示的图形，这里的剖面图形由三条线段组成，注意将①点对齐到拐角处的交点上，单击草绘工具栏中的按钮，确认并退出草绘界面。

7）在操控板中定义旋转方式为和，旋转角度 360.00，单击操控板中的按钮，完成特征的创建，得到图 8-26b 所示的模型。

8）单击按钮，在弹出的【保存对象】对话框中单击 确定，保存当前文件。

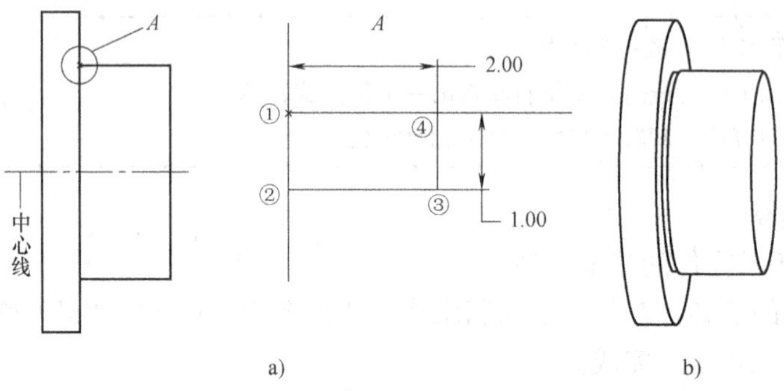

图 8-26　利用旋转特征来建立退刀槽

8.2.3　扫描特征

1. 操作步骤与命令简介

1）新建一个零件文档“ex05. prt”。单击特征工具栏中的按钮，系统弹出【草绘】对话框，选取 TOP 面为草绘平面，单击 草绘 按钮，进入草绘界面。绘制图 8-27a 所示的图形，单击草绘工具栏中的✔按钮，返回零件设计界面。

这个图形将作为扫描特征的扫描轨迹。注意，扫描轨迹应该是一条连续相切的曲线，否则将无法生成扫描特征。

2）单击特征工具栏中的按钮，弹出图 8-27b 所示的操控板，同时刚刚完成的曲线自动成为扫描特征的轨迹，如图 8-27c 所示。

如果此时图 8-27a 的曲线没有被默认为扫描特征的轨迹，则在信息提示区会出现 ➪选取任何数量的链用作扫描的轨迹。的提示，这时用鼠标选取该曲线即可。

3）单击操控板中的按钮，进入草绘界面，系统自动将扫描轨迹起点的垂面作为草绘平面，并将轨迹起点作为二维草绘的坐标原点。绘制图 8-27d 所示的图形，单击草绘工具栏中的✔按钮，确认并退出草绘界面。

4）在操控板中定义扫描方式为和 3.50，单击操控板中的✔按钮，完成特征的创建，如图 8-27e 所示。

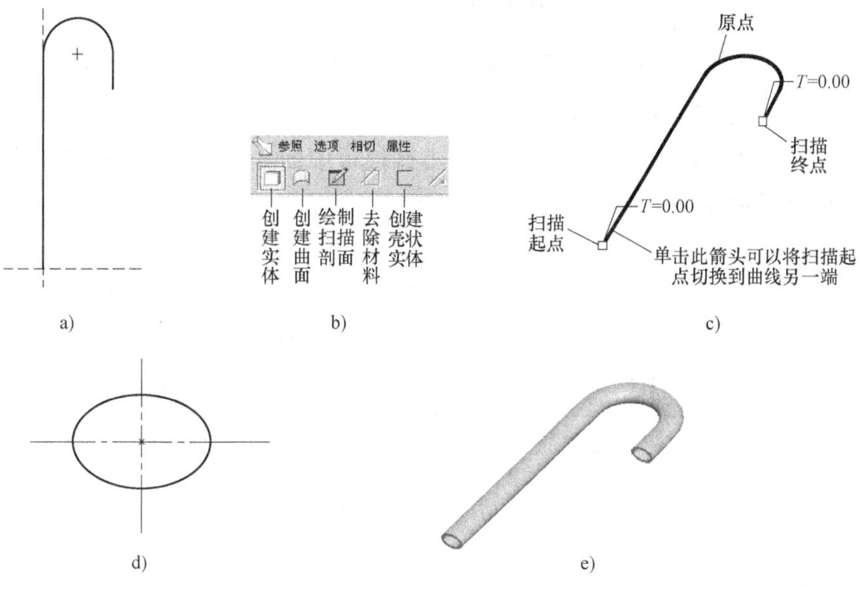

图 8-27 利用扫描特征建立模型

2. 扫描特征范例

光盘文件“ch8\ex06. prt”是图 8-28a 所示的模型，下面通过添加扫描特征，使之成为图 8-28b 所示的模型。

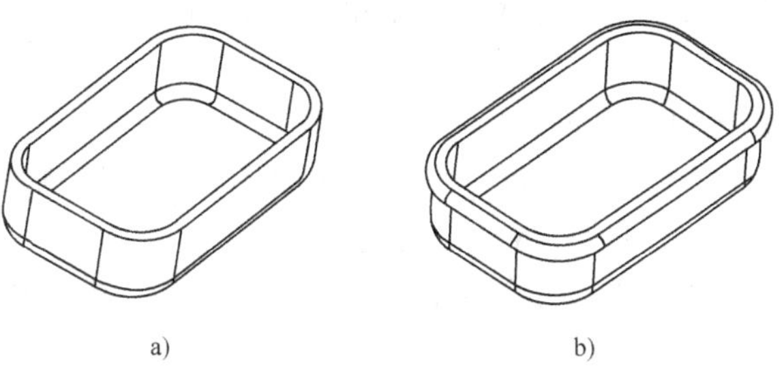

图 8-28 添加扫描特征

1）打开光盘文件“ch8 \ex06. prt”。

2）单击特征工具栏中的按钮，弹出扫描特征的操控板，并在信息提示区会出现“选取任何数量的链用作扫描的轨迹。”的提示，依照图 8-29 所示的步骤选取模型上顶面的一圈边线作为扫描轨迹。

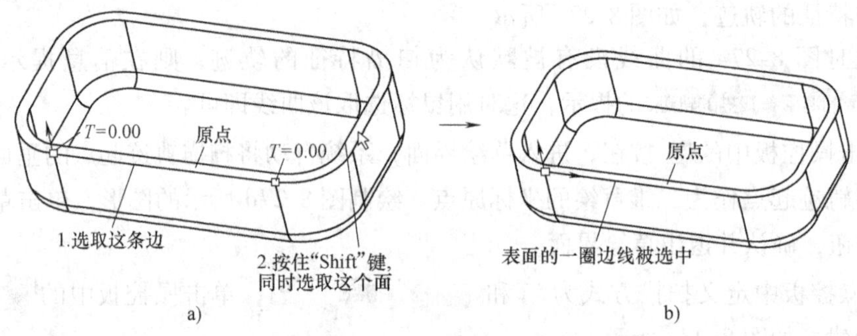

图 8-29　选取扫描轨迹

3）单击操控板中的按钮，进入草绘界面，绘制图 8-30a 所示的图形，单击草绘工具栏中的按钮，返回零件设计界面。

4）在操控板中定义扫描方式为，单击操控板中的按钮，完成扫描特征的创建，得到图 8-30b 所示的模型。

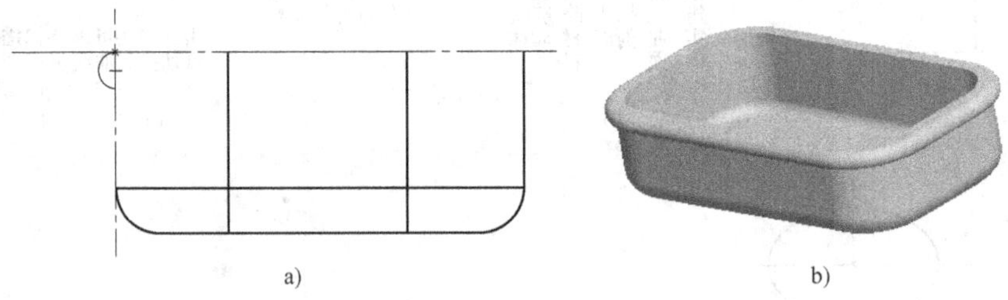

图 8-30　扫描特征的创建

8.2.4　混合特征

1. 操作步骤与命令简介

混合特征命令位于主菜单【插入】→【混合】下，共有图 8-31 所示的 7 个选项。选择其中的任意一个选项后，在窗口右上角弹出的【菜单管理器】中显示【混合选项】菜单，如图 8-32 所示。混合特征的操作是通过逐级选菜单来完成的，与其他特征的操作方式有很大的不同。

【混合选项】菜单各选项说明如下：

- 【平行】：所有的混合剖面都平行。在同一个绘图窗口中绘制所有剖面，然后指定各平行剖面间的距离，就可以完成特征的创建。
- 【旋转的】：每个剖面都可以绕给定坐标系的 y 轴旋转，因此可以在非平行平面间进行混合。
- 【一般】：每个剖面都可以分别绕给定坐标系的 x、y、z 轴旋转，并可以沿着这三个轴

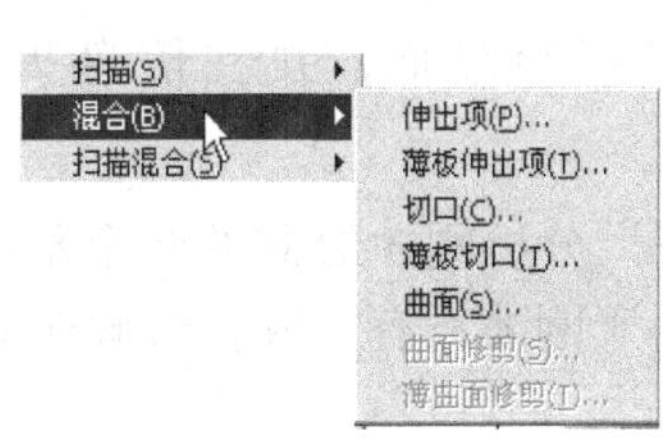

图 8-31 混合菜单选项

图 8-32 菜单管理器

平移。一般混合兼有平行混合和旋转混合的特点，是两者的结合。

- 【规则截面】：使用二维草绘建立的剖面。
- 【投影截面】：将草绘的剖面投影到一个曲面上，再生成混合特征。
- 【选取截面】：选取事先画好的草绘图形作为混合剖面。
- 【草绘截面】：临时绘制剖面来生成混合特征。

下面通过一个例子介绍混合特征的创建步骤。

1）新建一个零件文档“ex07. prt”。选取主菜单【插入】→【混合】→【伸出项】命令。在弹出的【菜单管理器】中依次选择【平行】→【规则截面】→【草绘截面】→【完成】。

2）在窗口右侧出现混合特征创建的对话框，如图 8-33 所示，从中可以知道创建混合特征需要分别定义其【属性】、【截面】、【方向】和【深度】。其中，前面有“ > ”符号代表这是目前正在定义的项目。

首先定义混合特征的“属性”，菜单管理器中显示【属性】菜单，依照图 8-34 所示选取【直的】→【完成】。

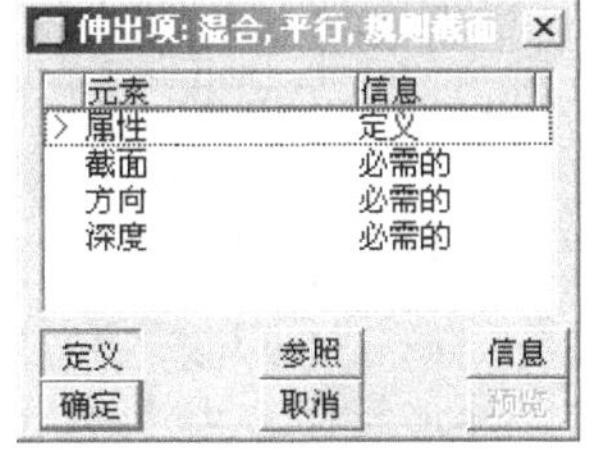

图 8-33 混合特征创建的对话框

图 8-34 定义混合特征的“属性”

3）接下来进入“截面”的定义。执行图 8-35 所示的操作，意思是选取 FRONT 面作为绘制混合截面的草绘平面，并取默认的草绘方向和参照面。

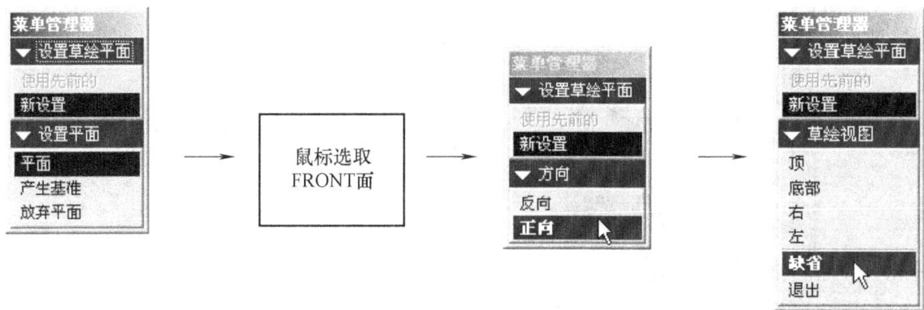

图 8-35 “截面”定义步骤

系统进入草绘界面，绘制图 8-36a 所示的圆作为剖面 1，单击鼠标右键，在弹出的菜单中选择【切换剖面】，这时剖面 1 显示为暗灰色，如图 8-36b 所示绘制一个正方形作为剖面 2，单击草绘工具栏中的 ✔ 按钮，不能正常退出草绘界面，并在信息提示区给出“每个截面的图元数必须相等。”的提示。

对于混合特征，要求各剖面具有相同数量的顶点。分析刚才绘制的两个剖面，剖面 2（正方形）有四个顶点，而剖面 1（圆）没有顶点。由于刚才没有完成合格截面的绘制，因此无法退出草绘界面。

4）下面通过将剖面 1 的圆断开使之产生与剖面 2 相同个数的顶点。在绘图区单击鼠标右键，在弹出的菜单中选择【切换剖面】，这时剖面 1 和剖面 2 都显示为暗灰色，表示已进入剖面 3 的绘制。由于现在不希望绘制第 3 个剖面，而是想修改剖面 1，因此再次单击鼠标右键，在弹出的菜单中选择【切换剖面】，这时剖面 1 显示为亮黄色，说明是当前剖面，而剖面 2 显示为暗灰色。

使用 工具将剖面 1 的圆断开成 3 段，从而出现 3 个顶点，如图 8-36c 所示。

如图 8-36d 所示选中顶点②，单击鼠标右键，在弹出的菜单中选择【混合顶点】，从而在该处增加一个混合顶点，使剖面 1 与剖面 2 的顶点数一致。

5）下面调整剖面 1（圆）的起点及方向，使之与剖面 2 的起点及方向相适应。如图 8-36e 所示选中顶点③，单击鼠标右键，在弹出的菜单中选择【起始点】，将该点作为剖面 1 的起点。如果所绘制图上的箭头方向与图 8-36f 中不一致，请再重复一遍这步操作。

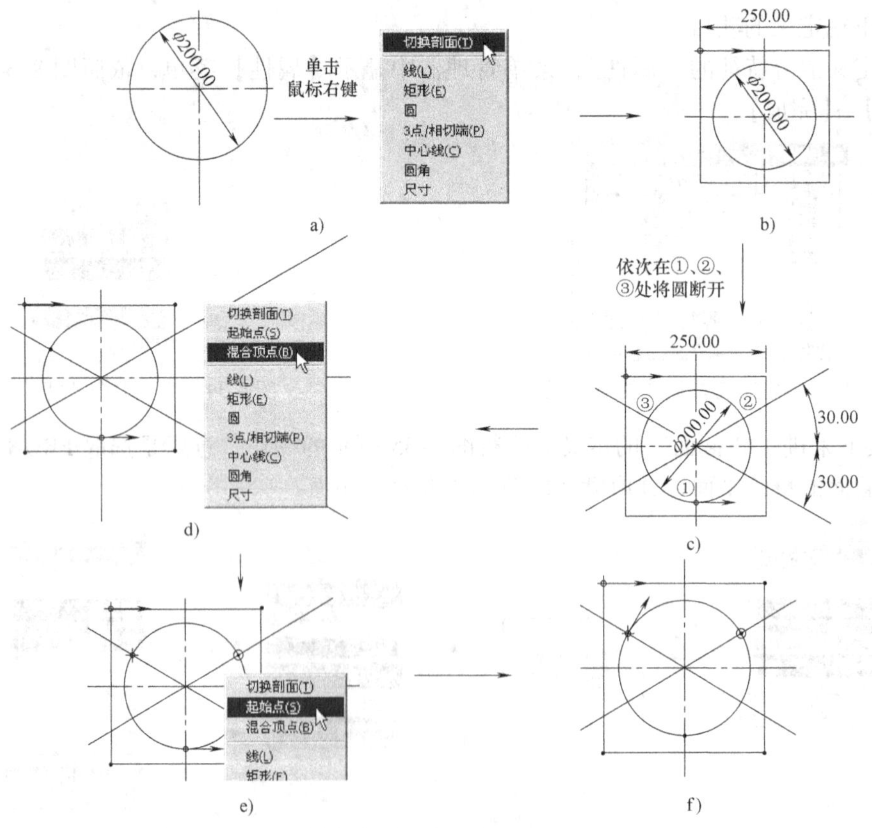

图 8-36 草绘过程

6）单击草绘工具栏中的✔按钮，退出草绘界面，并在信息提示区要求输入剖面 2 到剖面 1 的距离：⇨输入截面2的深度 300.0000，输入距离 300 并回车。

7）此时，混合特征创建的对话框如图 8-37 所示，说明全部信息都已定义完毕，单击其中的 确定 按钮，完成混合特征的创建，得到图 8-38 所示的模型。

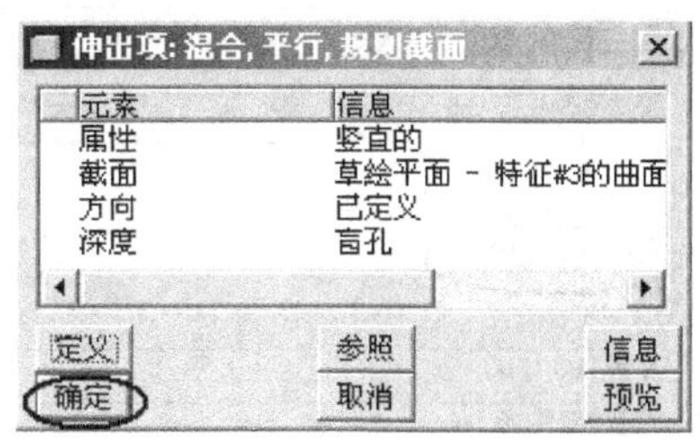

图 8-37　混合特征创建的对话框

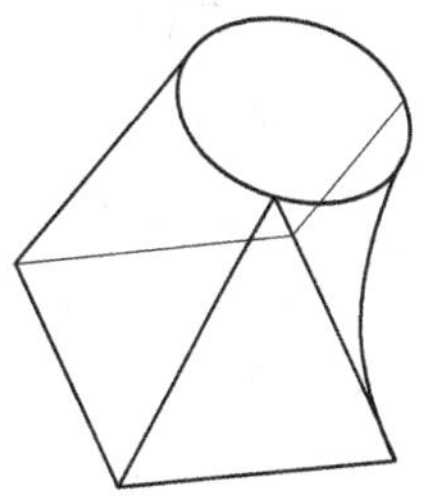

图 8-38　使用混合特征创建的模型

2. 混合特征范例

创建图 8-39 所示的模型。由于该模型的剖面形状比较复杂，因此先绘制剖面图形，然后再作混合特征。

1）单击主工具栏中的□按钮，弹出图 8-40 所示的【新建】对话框。选择文件类型为 ⊙ 草绘，在“名称”后的文本框中输入草绘文件名称为“ex-08”。单击对话框中的 确定 按钮，进入草绘界面。

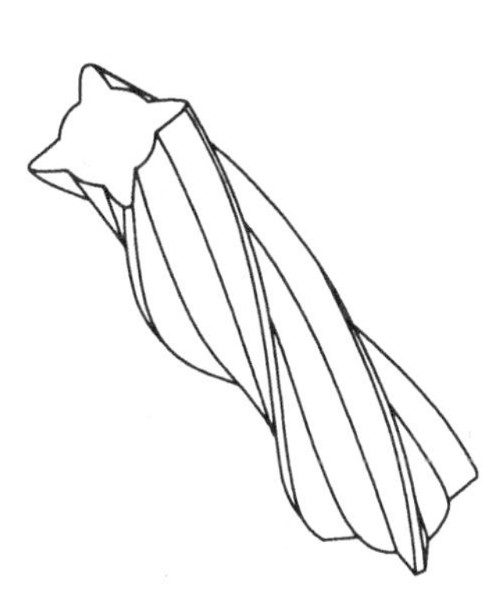

图 8-39　零件模型

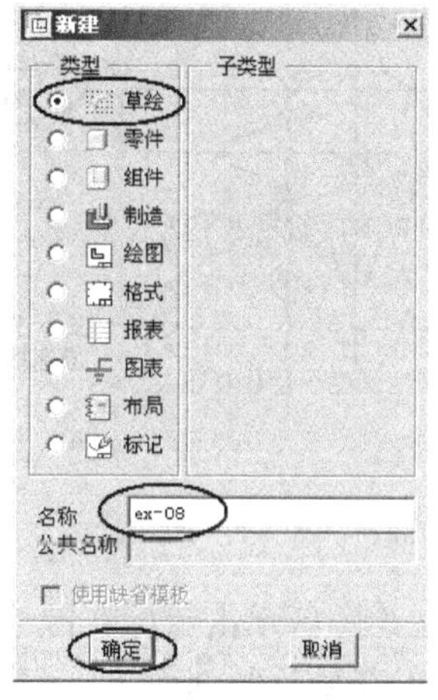

图 8-40　【新建】对话框

2）绘制图 8-41 所示草绘图形。单击主工具栏中的□按钮，在弹出的【保存对象】对话框中单击 确定 按钮→将当前草绘保存成名为“ex-08. sec”的草绘文件。

3）新建一个零件文档“ex-08. prt”。

4）选取主菜单【插入】→【混合】→【伸出项】命令，在弹出的【菜单管理器】中选择【平行】→【规则截面】→【草绘截面】→【完成】命令。

5）定义混合属性为【直的】→【完成】。

6）接下来定义混合截面。选取 TOP 面作为草绘平面，并取默认的草绘方向和参照面，系统进入草绘界面。在这里，希望能直接调用步骤 2）中绘制的草绘图形，因此采取以下操作：

选取菜单【草绘】→【数据来自文件】命令，系统弹出图 8-42 所示的【打开】对话框。选取刚刚保存的草绘文件“ex-08. sec”，单击 打开(O) 按钮。

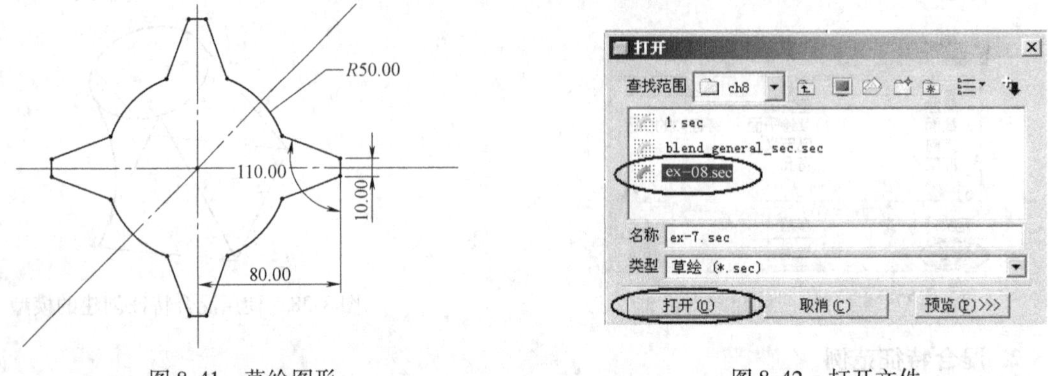

图 8-41 草绘图形 图 8-42 打开文件

打开的草绘图形如图 8-43a 所示，在其四周出现一个点画线方框和平移⊛、旋转、缩放把手，按下平移把手⊛，将其拖拽到坐标原点。在【缩放旋转】对话框中输入比例为 1，旋转角为 0，单击对话框的✔按钮。生成图 8-43b 所示混合特征的剖面 1。

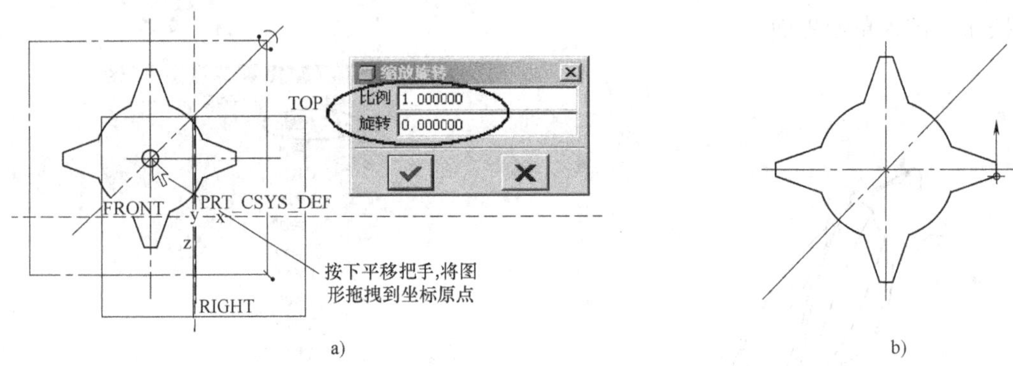

图 8-43 混合特征创建剖面

7）在绘图区单击鼠标右键，在弹出的菜单中选择【切换剖面】，这时剖面 1 显示为暗灰色，可以开始绘制剖面 2。

选取菜单【草绘】→【数据来自文件】命令，在弹出的【打开】对话框中选取草绘文件“ex-08. sec”，单击 打开(O) 按钮。

打开的草绘图形如图 8-44a 所示，按下平移把手⊛，将其拖拽到坐标原点。在【缩放旋转】对话框输入比例为 1，旋转角的值为 45，单击对话框的✔按钮，生成图 8-44b 所示混合特征的剖面 2。

8）重复步骤 7）的操作，加入剖面 3、剖面 4、剖面 5，其旋转角的值分别为 90、135、180，如图 8-45 所示，至此完成了 5 个混合剖面的绘制，单击草绘工具栏中的✔按钮，确认并退出草绘界面。

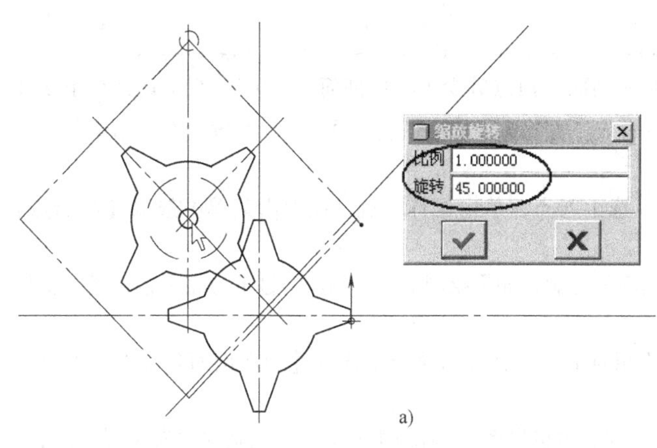

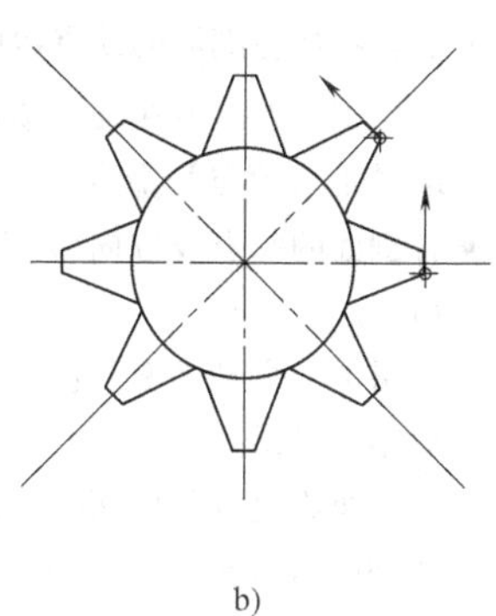

图 8-44　混合特征创建剖面 2

9）在信息提示区“输入截面的深度 200”的提示下输入“200”并回车→“输入截面2的深度 200 ”的提示下输入“200”并回车→输入截面3的深度 200 并回车→输入截面4的深度 200 并回车→输入截面5的深度 200 并回车。这样便分别定义了 5 个剖面间的距离（深度）为“200”。这时信息提示区提示所有元素已定义。请从对话框中选取元素或动作。。

10）单击特征创建的对话框中的确定按钮，完成混合特征的创建，得到图 8-46 所示的模型。该模型与图 8-39 不完全一致，是因为在步骤 5）中定义混合属性为【直的】，因此各个剖面间过渡过不光滑。

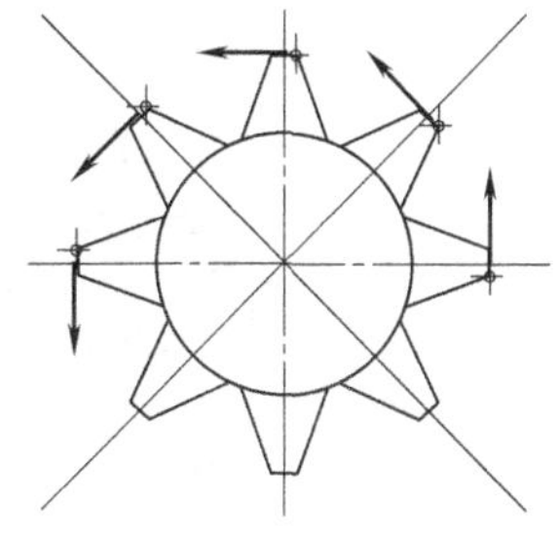
图 8-45　混合剖面的绘制

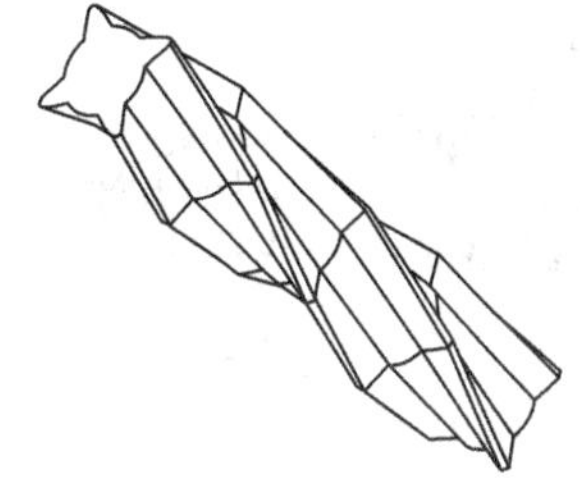
图 8-46　混合属性为直的模型

11）修改混合特征。在模型树或图形窗口选中刚刚创建的混合特征，单击鼠标右键，在弹出菜单中选择【编辑定义】命令，弹出图 8-47 所示的混合特征创建对话框，在其中选取某一个项目（元素），然后单击定义按钮，就可以重新定义该项目。

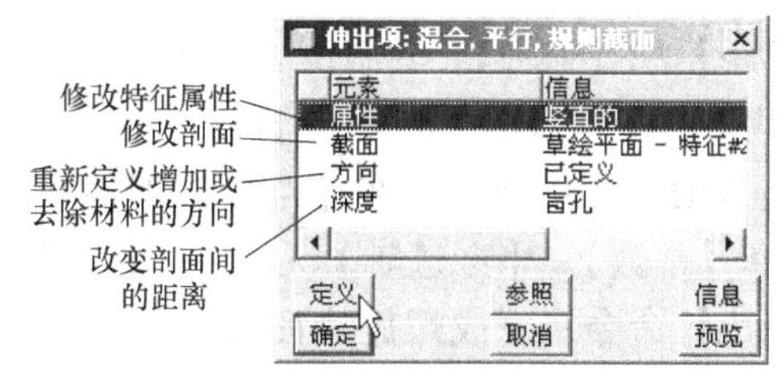

图 8-47　混合特征创建对话框

选取【属性】一栏，单击定义按钮，在弹出的【菜单管理器】中选择【光滑】→【完成】命令。单击特征创建的对话框中的确定按钮，完成混合特征的修改，得到图8-39所示的模型。

12）单击按钮，在弹出的【保存对象】对话框中单击确定，保存当前文件。

提示：

- 混合特征各剖面的顶点数应相同，当某一剖面的顶点数少于其他剖面时，可用工具将线条断开以增加顶点，或在某一顶点处加一个混合点，方法为：选中顶点，单击鼠标右键，在弹出菜单中选取【混合顶点】命令。
- 各剖面的起点及方向应相对应，否则，选中起点，单击鼠标右键，在弹出菜单中选取【起始点】命令。
- 确保上一个剖面变灰色后方可进行新剖面的绘制，如果绘制的几个剖面均显示为亮黄色，说明新剖面绘制错误。
- 当需要修改其他剖面时，在绘图区单击鼠标右键，在弹出菜单中选取【切换剖面】命令，即可在各剖面间切换。
- 当一个二维草绘比较复杂，或需多次使用时，可事先将其绘制好并保存，以后通过主菜单【草绘】→【数据来自文件】命令来调用。Pro/E 甚至可以调用其他二维软件（如 AutoCAD）中绘制的二维图。

8.2.5 螺旋特征

利用螺旋特征，可以方便地生成机械产品中常用的弹簧、螺纹等结构。螺旋特征命令位于主菜单【插入】→【螺旋扫描】下，共有图 8-48 所示的 7 个选项。其操作方式类似于混合特征，也是通过逐级选菜单来完成的。

1. 螺旋特征范例 1

创建图 8-49 所示的弹簧。

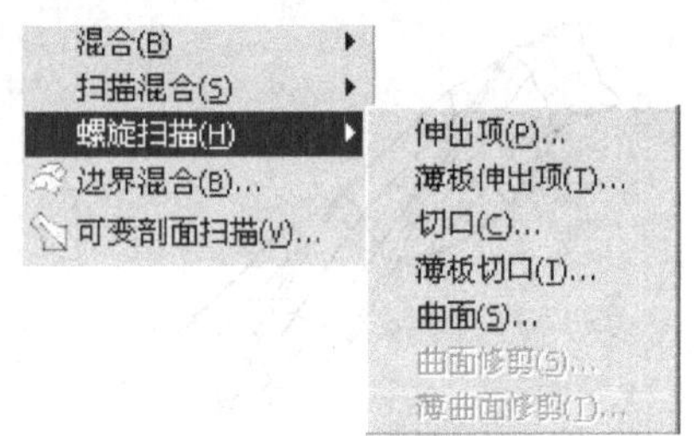

图 8-48　螺旋特征选项菜单

图 8-49　弹簧模型

1）新建一个零件文档“ex09. prt”。

2）选取主菜单【插入】→【螺旋扫描】→【伸出项】命令，系统弹出如图 8-50a 所示的螺旋特征创建对话框，从中可以知道创建螺旋特征需要分别定义其【属性】、【扫引轨迹】、【螺距】和【截面】，其中，前面有“>”符号代表这是目前正在定义的项目。

如图 8-50b 所示，在【菜单管理器】中选择【常数】→【穿过轴】→【右手定则】→【完成】命令，完成螺旋特征【属性】的定义，接下来开始定义“扫引轨迹”。

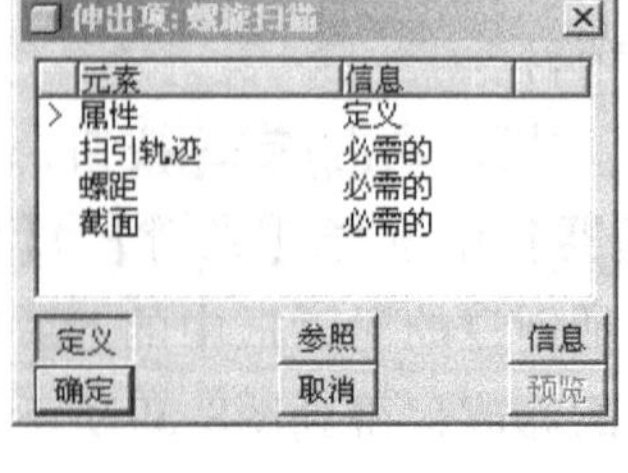

a)　　b)

图 8-50　“属性”的定义

3）执行图 8-51 所示的操作，意思是选取 FRONT 面作为扫引轨迹的草绘平面，并取默认的草绘方向和参照面，系统进入草绘界面，绘制图 8-52 所示的图形，单击草绘工具栏中的✔按钮，完成扫引轨迹的绘制。

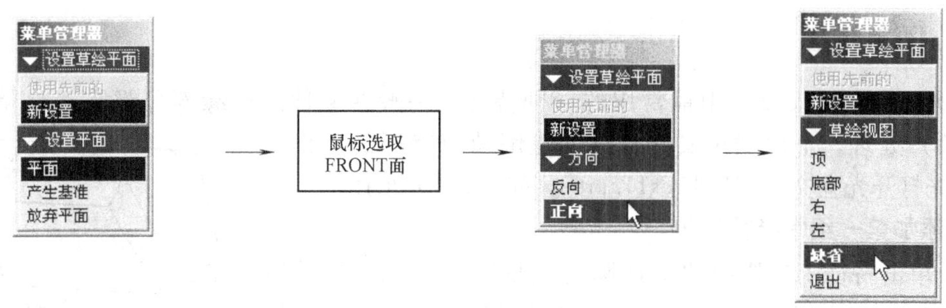

图 8-51 定义“扫引轨迹”的步骤

4）接下来开始定义“螺距”，在信息提示区“输入节距值 30.0000”的提示下输入“30”并回车。

5）信息提示区提示“现在草绘横截面。”，表示开始绘制螺旋截面（这里指簧丝剖面）。系统自动将扫引轨迹的起点作为截面绘制的坐标原点，绘制图 8-53 所示的图形，单击草绘工具栏中的✔按钮。

6）信息提示区提示“所有元素已定义。请从对话框中选取元素或动作。”，单击特征创建的对话框中的“确定”按钮，完成螺旋特征的创建，得到图 8-54 所示的模型。

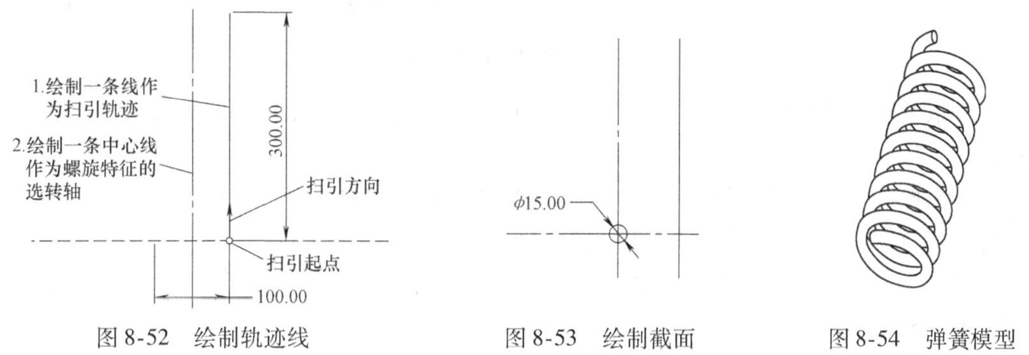

图 8-52 绘制轨迹线　　图 8-53 绘制截面　　图 8-54 弹簧模型

2. 螺旋特征范例 2

创建图 8-55 所示的螺杆。

请读者参照光盘文件“ex10. prt”完成这个例子。

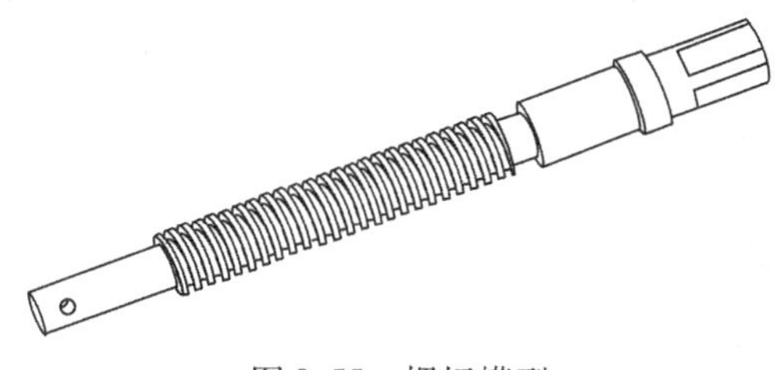

图 8-55 螺杆模型

8.3　点放特征

8.3.1　圆角特征

倒圆角是在工程设计中最常用的一种特征，一般在零件的边缘部分都需要作倒圆角（或倒角）处理。下面通过实例介绍创建倒圆角特征的操作步骤。首先打开光盘文件“ch8 \ex11. prt”，如图 8-56 所示。

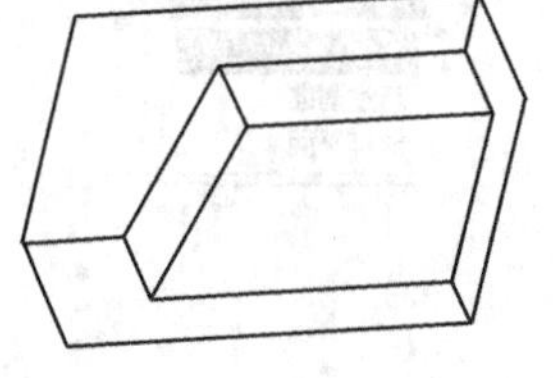

图 8-56　实例模型

1. 添加第一组常半径圆角

1）单击特征工具栏中的“倒圆角工具” 按钮，或选取菜单【插入】→【倒圆角】命令，系统弹出图 8-57 所示的操控板。

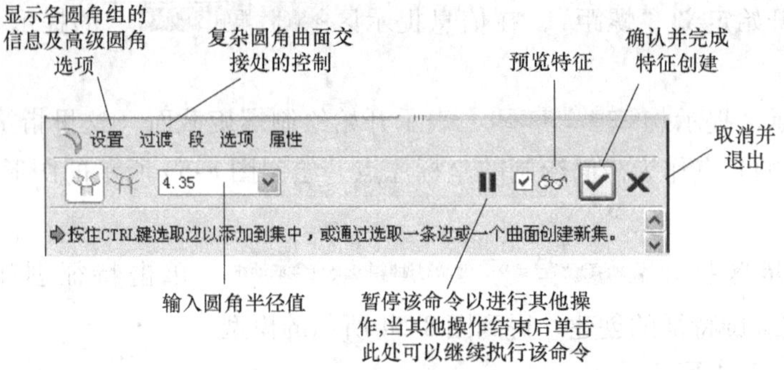

图 8-57　圆角特征操控板

2）选取要倒圆角的边。按下键盘上的“Ctrl”键，依次选取图 8-58 所示的①、②、③三条边。

3）定义圆角半径。拖动图 8-58 中的把手可以动态改变圆角半径，也可以在操控板的输入框中输入半径值。这里，输入半径值为 10。

4）单击操控板中的 按钮（或在图形窗口按下鼠标中键），完成这一圆角特征，得到图 8-59 所示的模型。

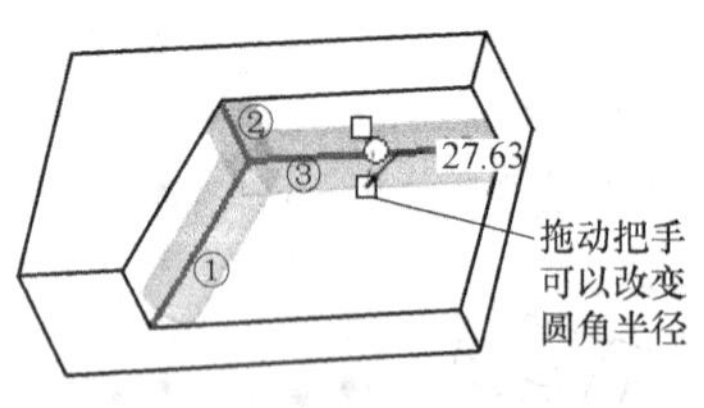

图 8-58　选取要倒圆角的边

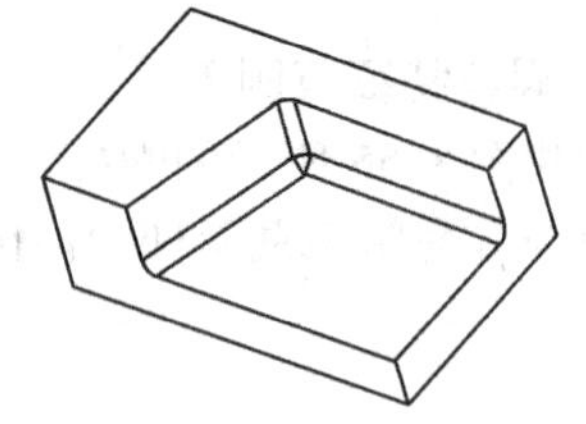

图 8-59　倒常半径圆角后的模型

2. 添加第二组变半径圆角

1）再次单击 按钮。

2）如图 8-60a 所示选取上前方的棱边，则与其连续相切的部分都成为要倒圆角的边。

3）单击鼠标右键，在弹出菜单中选取【成为变量】，则在倒角边两侧分别出现操作把手，可以分别调整半径值，实现变半径倒角，如图 8-60b 所示。

4）在一侧的操作把手或半径值数字上单击鼠标右键，出现【添加半径】菜单，单击鼠标选取之。这样便添加了一个新的控制点，可以通过拖动该处的把手或改变相应的显示数字来改变控制点的位置和半径值，如图 8-60c 所示。

如果需要，按上述步骤添加另外的控制点。

5）单击操控板的✔按钮，完成这一变半径圆角特征，得到图 8-60d 所示的模型。

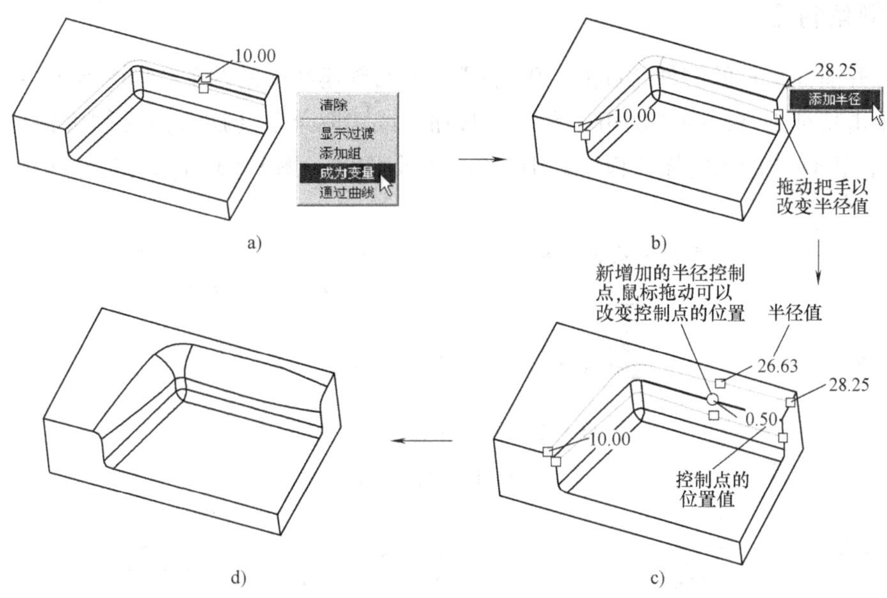

图 8-60　添加变半径圆角

3. 添加第三组常半径圆角

1）再次单击按钮。

2）依照图 8-61a 选取要倒圆角的边。

3）定义圆角半径为 10。

4）单击操控板的✔按钮，得到图 8-61b 所示的模型。

5）单击按钮，在弹出的【保存对象】对话框中单击确定，保存当前文件。

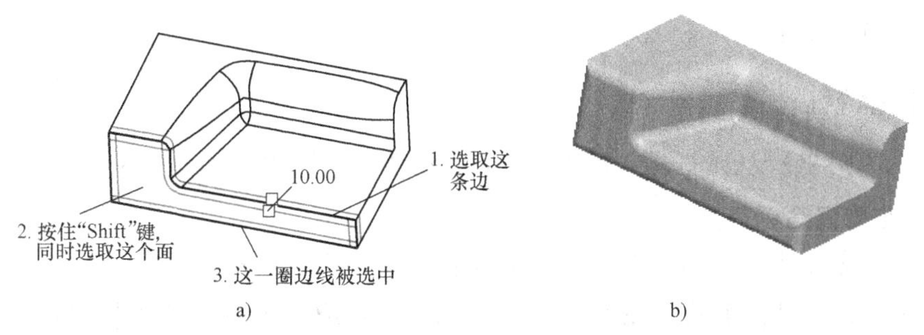

图 8-61　添加常半径圆角

提示（选取多条边的技巧）：

- 在很多特征创建过程中，需要选取边线，单纯用鼠标选取时只能选中当前的一条边。
- 按住 Ctrl 键 + 单击鼠标，可以连续选取多条边。
- 单击一条边，然后按住 Shift 键并单击这条边所在的面，可以选中这个面的一圈边界线，如图 8-61a 所示。
- 单击鼠标右键，从弹出的对话框中选取【添加组】，可以在保持已选边线的同时，增选其他边线。

8.3.2　倒角特征

1）打开前面保存的文件“ch8 \ex04. prt”，下面创建两端的两个 2 ×45°倒角。

2）单击特征工具栏的“倒角工具”按钮，或选取菜单【插入】→【倒角】→【边倒角】命令，弹出图 8-62 所示的操控板，其中倒角类型分四种，图 8-63 所示的是这四种倒角类型的示意图。

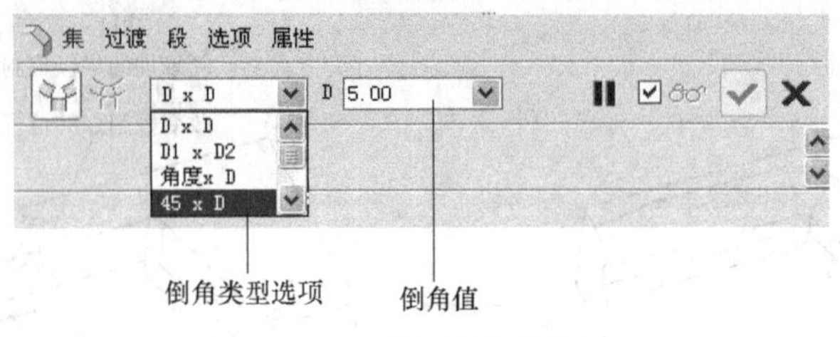

图 8-62　倒角特征操控板

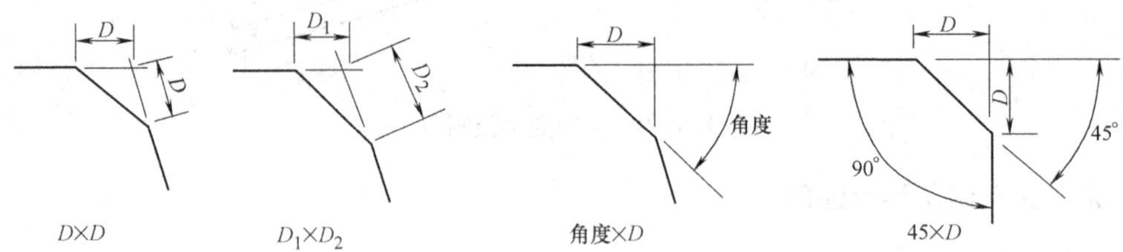

图 8-63　四种倒角类型的示意图

3）选取倒角类型为 45 × D，按住键盘上的“Ctrl”键同时依次选取图 8-64a 所示的两条边，按图 8-62 中所示方式输入倒角值为 2。

4）单击操控板的✓按钮，完成这一倒角特征，得到图 8-64b 所示的模型。

5）保存当前文件。

8.3.3　抽壳特征

抽壳特征用于将实体零件挖成薄壳状，在许多产品的外壳类零件设计中经常用到。

1. 操作步骤及命令简介

1）打开光盘文件“ch8 \ex12. prt”，窗口中显示如图 8-65 所示的模型。

2）单击特征工具栏中的“壳工具”按钮，或选取主菜单【插入】→【壳】命令，系统弹出图 8-66 所示的操控板，同时在信息提示区提示 ➡选取要从零件删除的曲面，依照提示选取

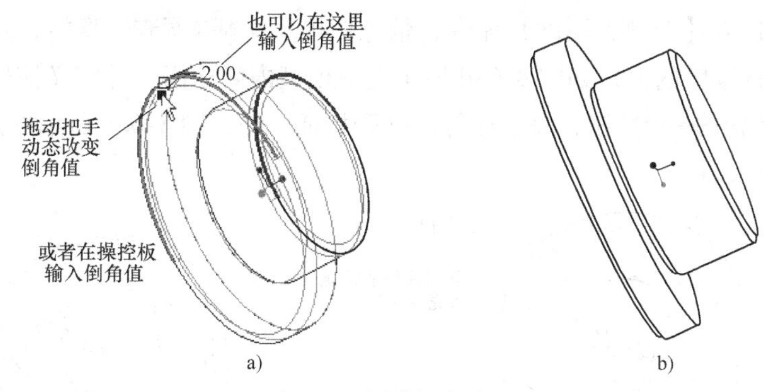

图 8-64　创建倒角特征

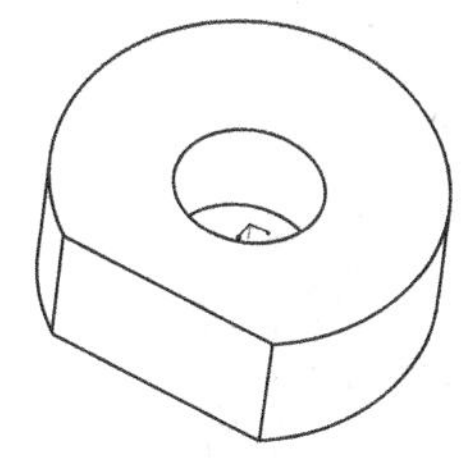

图 8-65　创建抽壳特征的模型

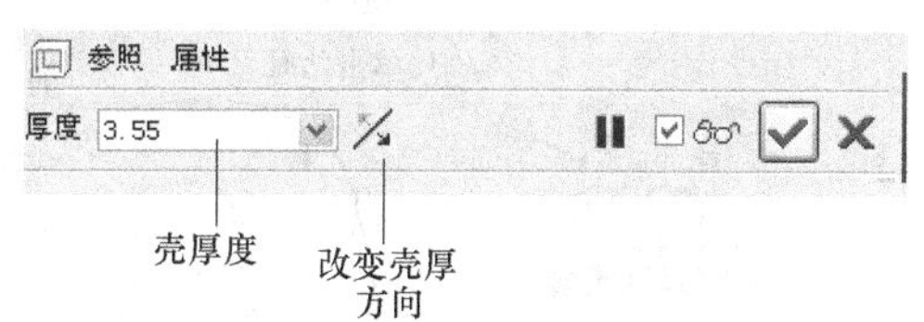

图 8-66　抽壳特征操控板

模型的上表面，如图 8-67a 所示。

3）输入薄壳厚度，其方式有三种：①在操控板的输入框输入；②拖拽操作把手；③双击模型上的厚度尺寸数字后输入新的厚度值。

4）单击操控板中的✔按钮，完成抽壳特征，得到图 8-67b 所示的模型。

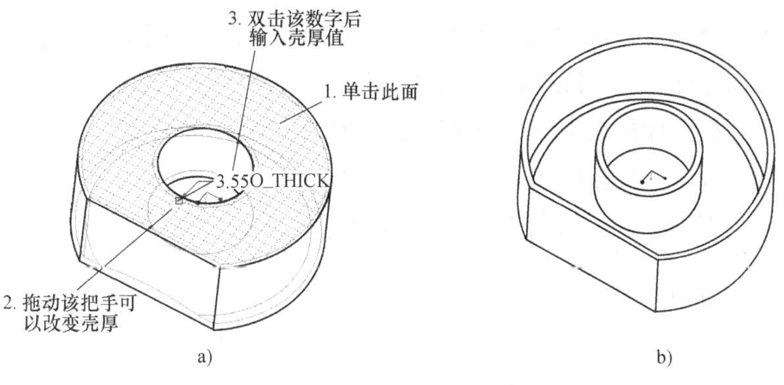

图 8-67　创建抽壳特征

2. 非等厚抽壳

1）继续上面的设计，在模型树中选取刚刚创建的抽壳特征，单击鼠标右键，在弹出菜单中选择【删除】命令，将这一抽壳特征删除。窗口中重新显示图 8-65 所示的模型，下面开始创建另外一种形式的抽壳特征。

2）单击特征工具栏中的回按钮，如图 8-68a 所示选取两个抽壳面，输入薄壳厚度为 5，选取操控板的预览按钮☑ꝏ，屏幕上显示图 8-68b 所示等厚抽壳后的模型。

3）单击操控板的▶按钮，继续抽壳命令，在图形窗口单击鼠标右键，在如图 8-68c 所示的弹出菜单中选取【非缺省厚度】命令，信息栏提示选取曲面来指定厚度。，意思是要求用户选取欲定义非默认厚度的面，如图 8-68d 所示选取模型内侧柱面，并定义该处的厚度值。

4）单击操控板的✔按钮，完成非等厚抽壳特征，得到图 8-68e 所示的模型。

5）保存当前文件。

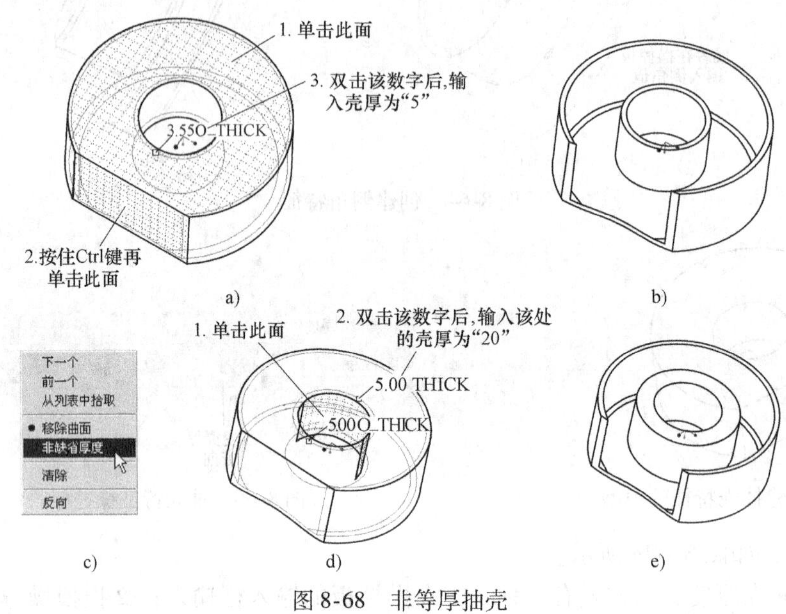

图 8-68　非等厚抽壳

8.3.4　孔特征

单击特征工具栏中的“孔工具”按钮，或选取主菜单【插入】→【孔】命令，系统弹出图 8-69 所示的操控板。可以创建三种类型的孔：

- 简单直孔：按下操控板中的按钮，并选择【简单】选项。
- 异型直孔：按下操控板中的按钮，并选择【草绘】选项。
- 标准孔：按下操控板中的按钮，用以创建标准螺纹孔。

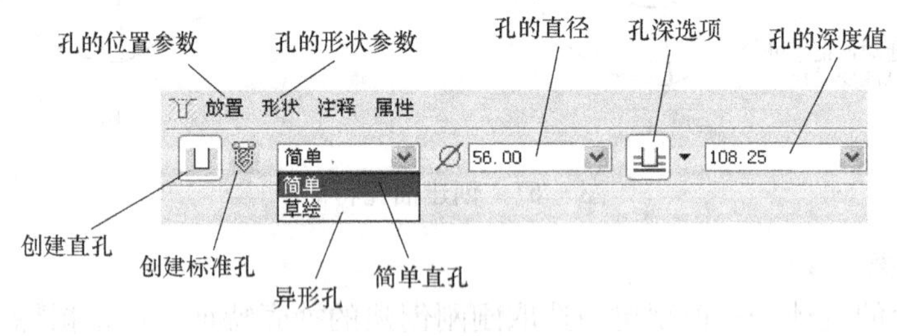

图 8-69　孔特征操控板

1. 创建简单直孔

1）打开文件“ch8 \ex13. prt”，窗口中显示如图 8-70 所示的模型。

2）单击按钮，单击图 8-71 所示的模型上表面为钻孔表面，出现一个孔的预览图形，但由于这时尚未确定孔的定位方式，该孔还没有定义完全，因此操控板上的✔按钮显示为灰色，不能进行确认和退出操作。

3）单击操控板的 放置 按钮，弹出图 8-72 所示的上滑面板，在面板右侧选择孔的定位方式，包括：

- 【线性】：通过给定孔中心距离两条边（或两个面）的线性尺寸来确定孔的位置，如图 8-74 所示。
- 【径向】：以极坐标的方式，通过给定极半径和极角确定孔的位置，如图 8-76 所示。
- 【直径】：与【径向】类似，如图 8-75 所示。
- 【同轴】：创建同轴孔，如图 8-77 所示。

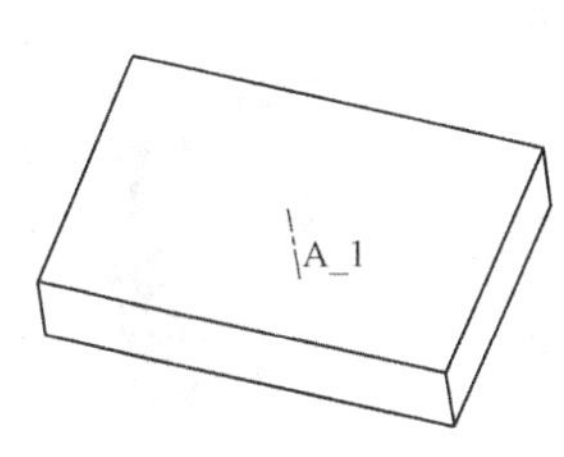

图 8-70 创建简单直孔模型

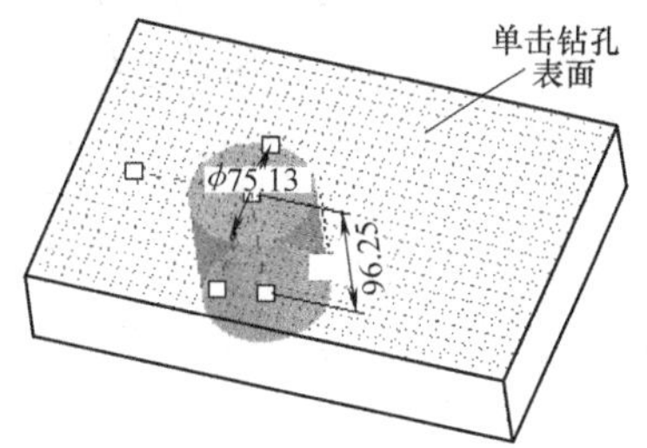

图 8-71 确定孔的位置

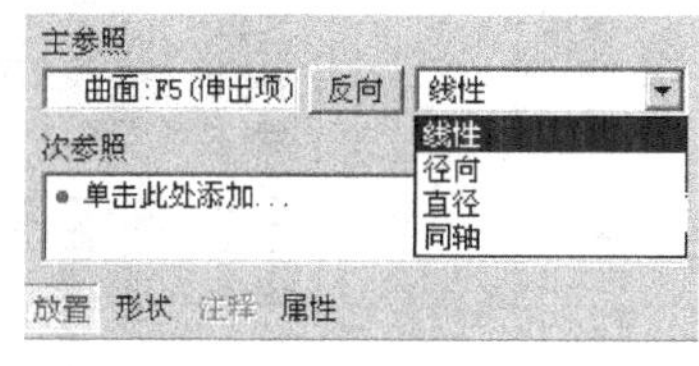

图 8-72 孔的定位方式选项

（1）线性孔 操作方法如图 8-73 或图 8-74 所示。

（2）直径孔 操作步骤如图 8-75 所示，也可以类似图 8-73，通过拖拽把手来指定定位参照。

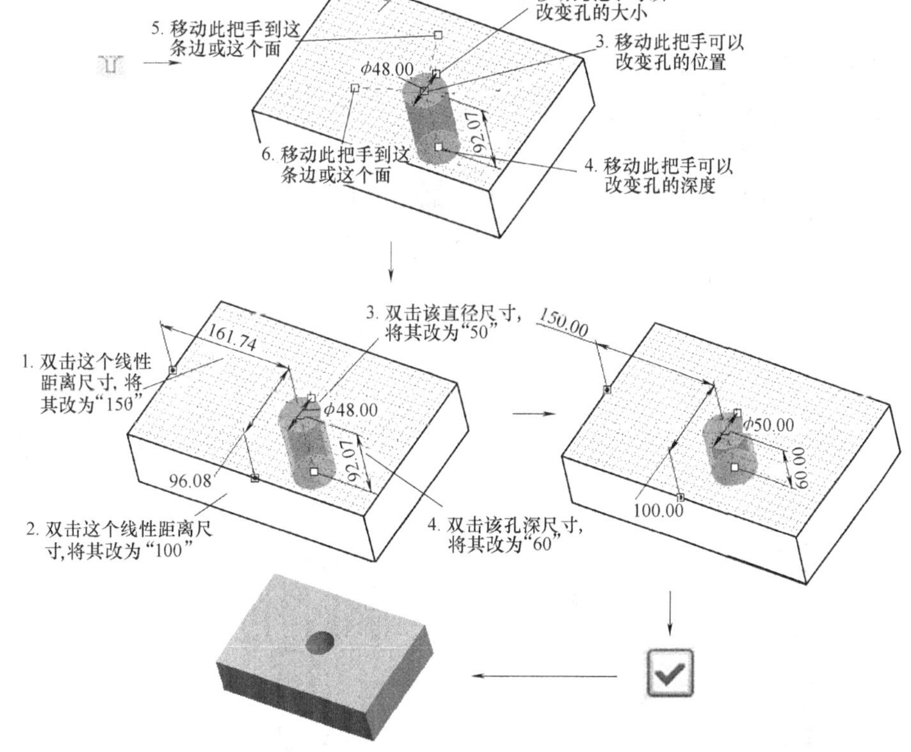

图 8-73 创建线性孔的操作步骤——方法一

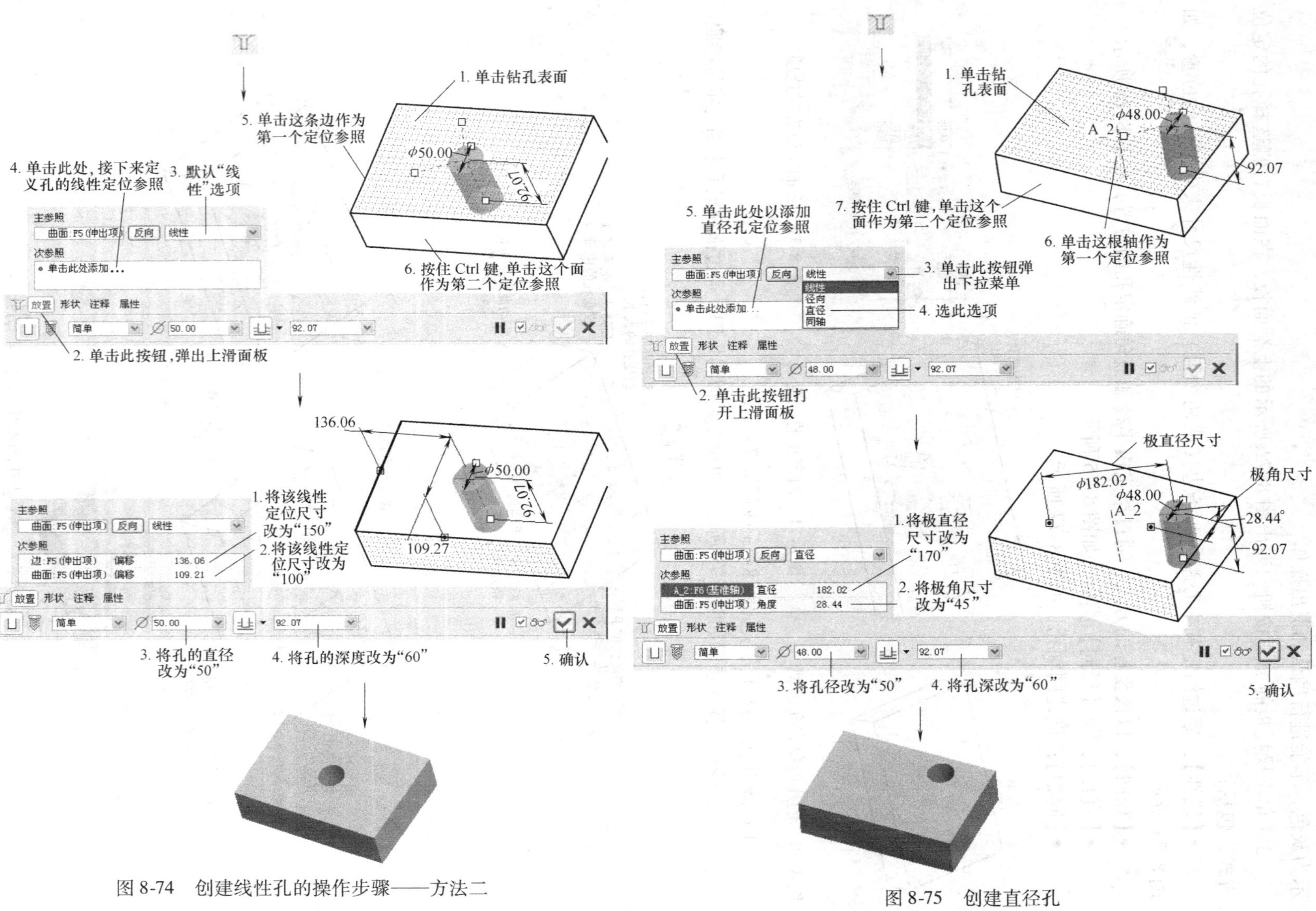

图 8-74　创建线性孔的操作步骤——方法二

图 8-75　创建直径孔

（3）径向孔　径向孔与直径孔的操作非常类似，区别在于径向孔定义的是半径，其操作步骤如图 8-76 所示。

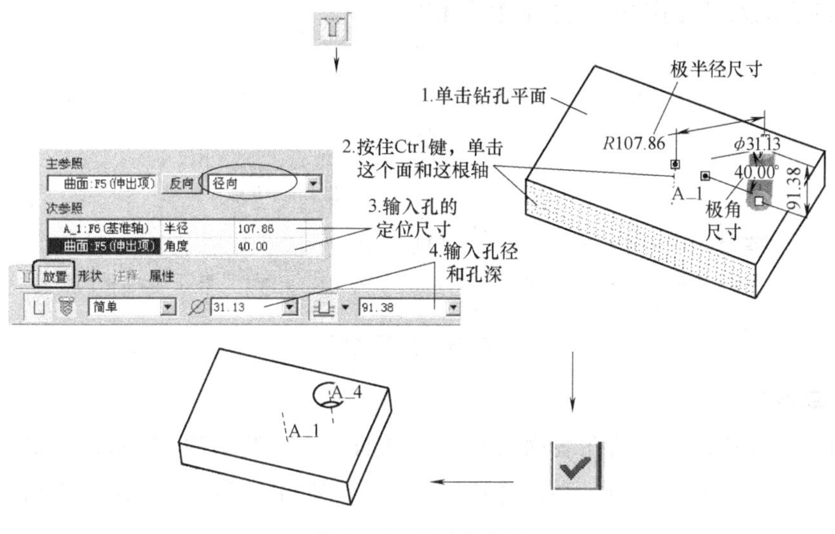

图 8-76　创建径向孔

（4）同轴孔　同轴孔的操作步骤如图 8-77 所示。

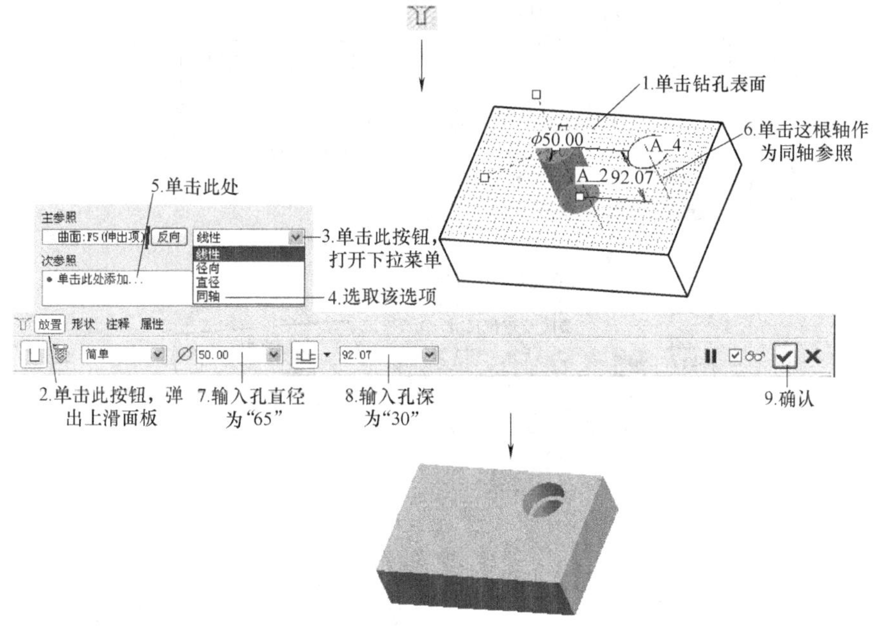

图 8-77　创建同轴孔

提示：

为确定孔的定位尺寸，经常需要选取多个参照，当选取第二个参照时，请按住键盘的 Ctrl 键。在 Pro/E 操作中，还会经常遇到这种情况。

在上面的例子中，孔深度的定义都是在操控板或图形窗口中输入深度值来完成的。如图 8-78 所示单击操控板的小三角按钮，弹出上滑子菜单，可以用更灵活的方式定义孔深，其中各选项的意义及其操作方法与拉伸特征相同。

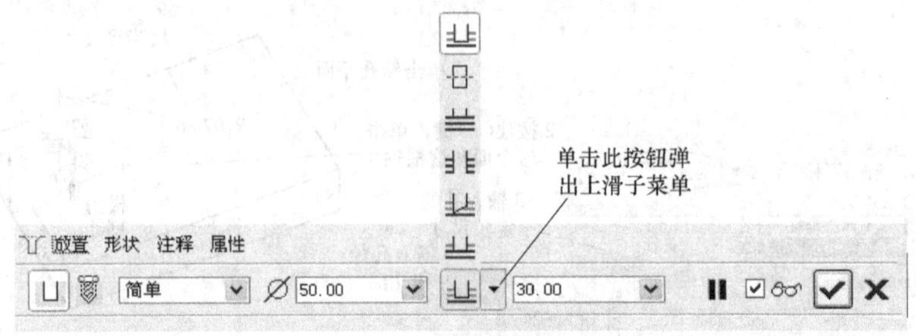

图 8-78　孔深选项

2. 创建异形孔

1）单击按钮，单击钻孔表面（模型上表面），如图 8-79a 所示，单击操控板中的按钮，并选择【草绘】选项。单击操控板的按钮后，系统进入草绘界面。

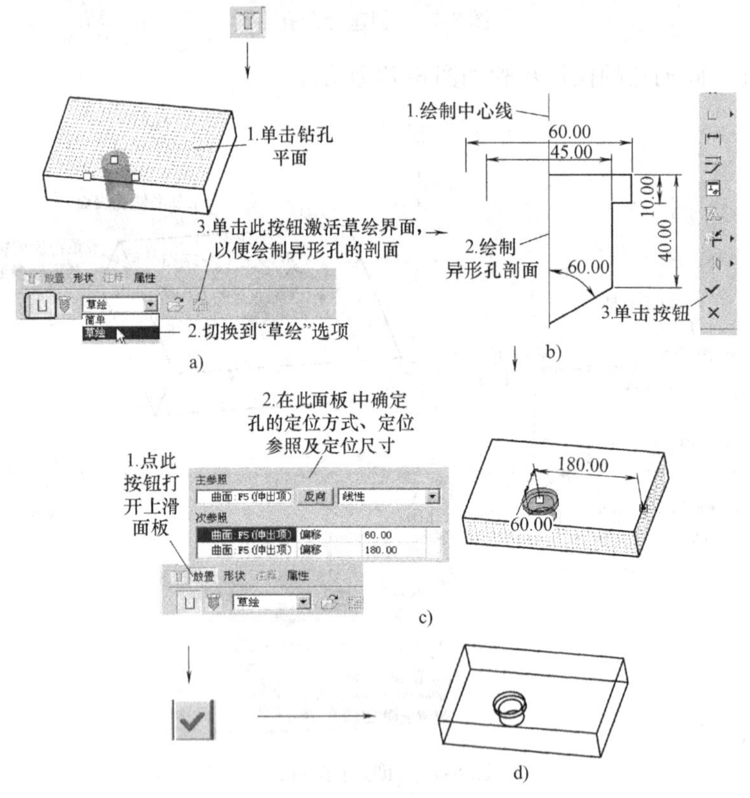

图 8-79　创建异形孔

2）绘制图 8-79b 所示的异形孔剖面，单击草绘工具栏中的按钮，确认并退出草绘界面。

3）单击操控板的放置按钮，弹出图 8-79c 所示的上滑面板，依照创建简单直孔的操作方法，确定孔的定位方式（线性、径向、直径、同轴）、定位参照和定位尺寸。

4）单击操控板的按钮，完成异形孔的创建，得到图 8-79d 所示的模型。

注意：异型孔类似于一个旋转切除特征，可以由旋转特征来生成。

3. 创建标准孔

1）单击按钮，单击钻孔表面，在操控板中单击按钮。

2）如图 8-80a 所示，选择螺纹类型、螺纹规格、标准孔的形状，打开操控板的“形状”面板，编辑孔的尺寸。

3）单击操控板的放置按钮，在上滑面板中，依照创建简单直孔的操作方法，确定孔的定位方式（线性、径向、直径、同轴）、定位参照和定位尺寸。

4）单击操控板的按钮，完成标准孔的创建，得到图 8-80b 所示的模型。

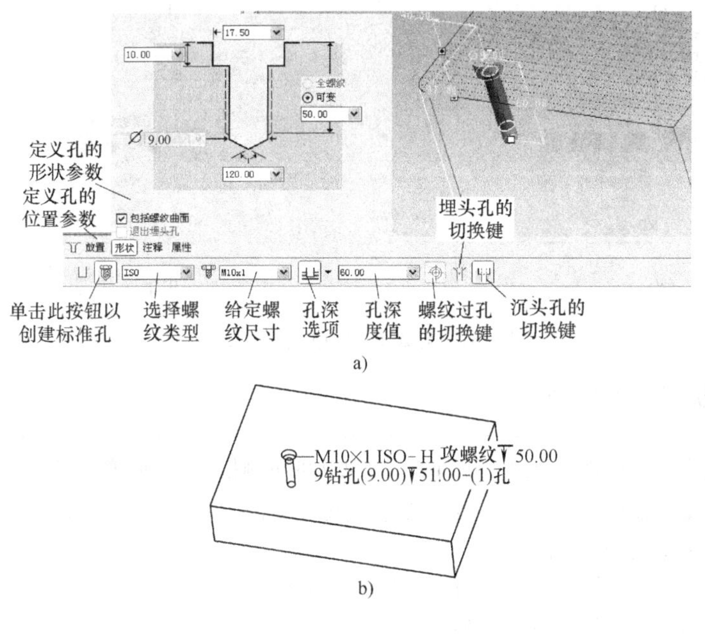

a)

b)

图 8-80　创建标准孔

提示（隐藏标准孔的注释文字）：

在模型上所创建的标准孔旁边会有如图 8 80b 所示的一串注释文字，当模型上有多个标准孔时，画面将比较乱，要隐藏这些文字，采取以下操作：

1）如图 8-81a 所示，令在导航选项卡中显示模型树，单击导航选项卡的【设置】菜单，选取【树过滤器】选项，打开图 8-81b 所示的【模型树项目】对话框，在对话框左侧选择 注释选项，以使模型树中能够显示孔的“注释”项目，单击确定按钮。

2）如图 8-81c 所示，单击模型树中显示出标准孔的注释项 Note_0，单击鼠标右键，在弹出的菜单中单击【拭除】命令，图形窗口的标准孔注释文字被隐藏。

3）若要使隐藏的文字重新显示，可如图 8-81d 所示，在模型树中单击该 Note_0，单击鼠标右键，在弹出的菜单中单击【显示】命令。

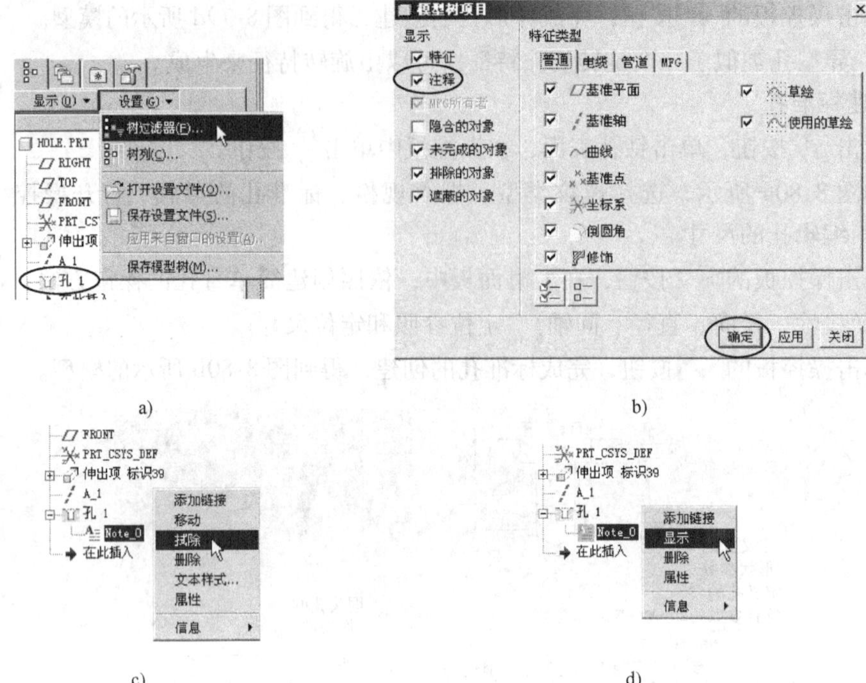

图 8-81　隐藏标准孔的注释文字

提示（改变模型的单位制）：

如果在新建零件文档时由于疏忽，使用了系统默认的英制模板（☑ 使用缺省模板），而在这里创建的 ISO 标准孔是公制的，由于单位不统一，会使孔和整个模型看上去比例失调。因此，应该在打孔之前将模型的单位改为公制，操作方法如下：

1）选取主菜单【编辑】→【设置】命令，在弹出的【菜单管理器】中显示【零件设置】菜单，如图 8-82a 所示选取【单位】选项以重新设置模型单位。

2）如图 8-82b 所示，系统弹出【单位管理器】对话框，显示当前的单位为 英寸磅秒 (Pro/E缺省)，选取毫米牛顿秒 (mmNs) 选项，单击 设置... 按钮，弹出图 8-82c 所示的【改变模型单位】对话框，选取 ⦿ 解译尺寸（例如 1" 变为 1mm） 选项，单击 确定 按钮。

3）系统将采用新的单位制重新生成模型，单击【单位管理器】对话框的 关闭 按钮，单击【菜单管理器】的【完成】选项，完成单位制的更换。

8.3.5　筋特征

筋特征用于在模型上创建加强筋的结构。如图 8-83 所示的零件上有两处加强筋。下面通过这一综合应用实例，介绍运用草绘特征、点放特征创建这种较规则三维零件的具体步骤，其中将详细交待筋特征的创建步骤。

1. 新建文件

新建一个零件文档“ex14. prt”。

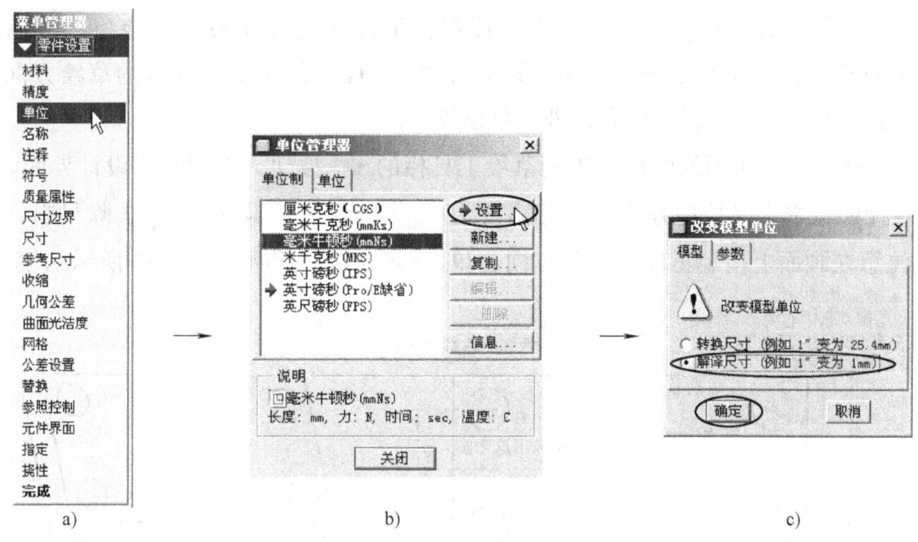

图 8-82　改变模型单位制

2. 创建 60×32 的长方体底座

1）单击 按钮，单击操控板的 放置 按钮，单击其上滑面板中的 定义... 按钮，弹出【草绘】对话框，选取草绘平面为 TOP 面，使用系统默认的草绘方向和参照面，单击对话框的 草绘 按钮后，进入草绘界面。

2）绘制图 8-84a 所示的草绘图形，单击草绘工具栏的 ✔ 按钮，退出草绘界面。

3）在操控板中定义拉伸方式及拉伸高度为 9.00，单击操控板的 ✔ 按钮，得到图 8-84b 所示的模型。

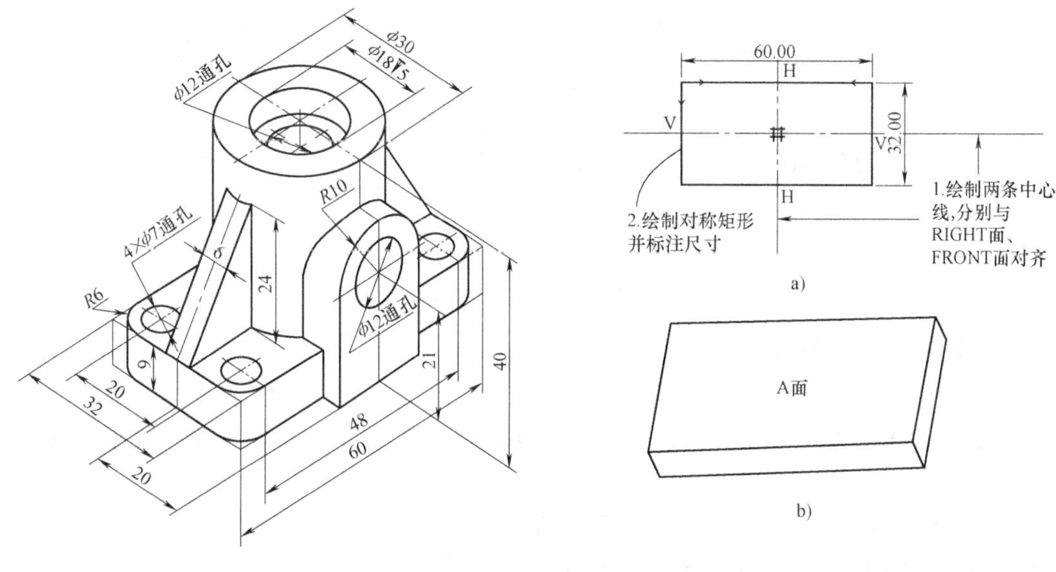

图 8-83　创建加强筋的模型　　图 8-84　创建底座

3. 创建底座上四个 $\phi 7$ 的通孔

1）单击按钮，单击操控板的按钮，单击其上滑面板中的按钮，弹出【草绘】对话框，选取草绘平面为图 8-84b 中的“A”面，使用系统默认的草绘方向和参照面，单击对话框的按钮后，进入草绘界面。

2）绘制图 8-85a 所示的图形，单击草绘工具栏的按钮，返回零件设计界面。

3）在操控板中定义拉伸方式及拉伸高度为（去除材料，深度为贯穿），注意在画面上指定正确的除料方向，单击按钮，得到图 8-85b 所示的模型。

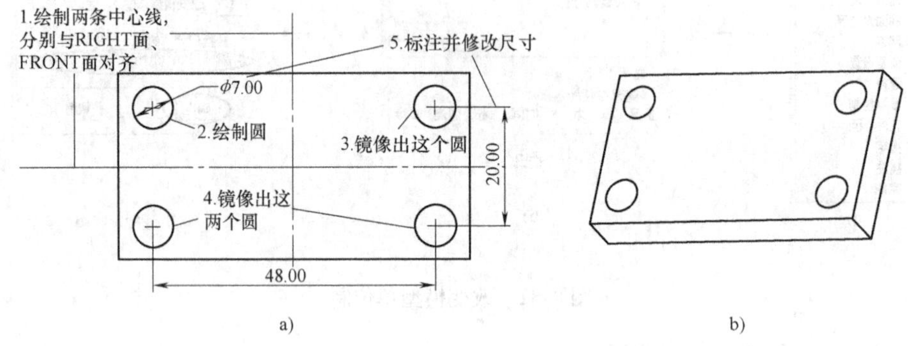

图 8-85　创建通孔

4. 四个边倒圆角

1）单击特征工具栏的按钮，按住键盘上的“Ctrl”键，依次选取图 8-86a 所示的四条边。

2）在操控板的文本框中输入半径值为 6。

3）单击操控板的按钮，完成倒圆角特征，得到图 8-86b 所示的模型。

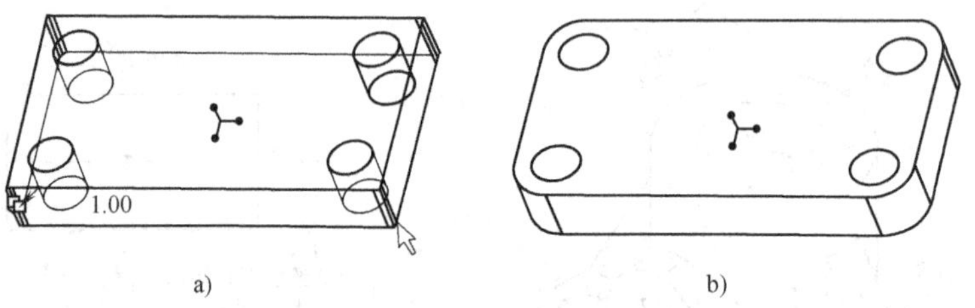

图 8-86　创建倒圆角

5. 创建中间的圆柱体

1）单击按钮，单击操控板的按钮。单击其上滑面板中的按钮，弹出【草绘】对话框，如图 8-87a 所示定义草绘平面、草绘方向和参照面。单击对话框的按钮后，进入草绘界面。

2）系统打开【参照】对话框，显示 FRONT 面和右侧面为默认参照（如图 8-87b 所示），添加 RIGHT 面为参照，关闭(C)【参照】对话框。

3）绘制图 8-87b 所示的图形，单击草绘工具栏的按钮，返回零件设计界面。

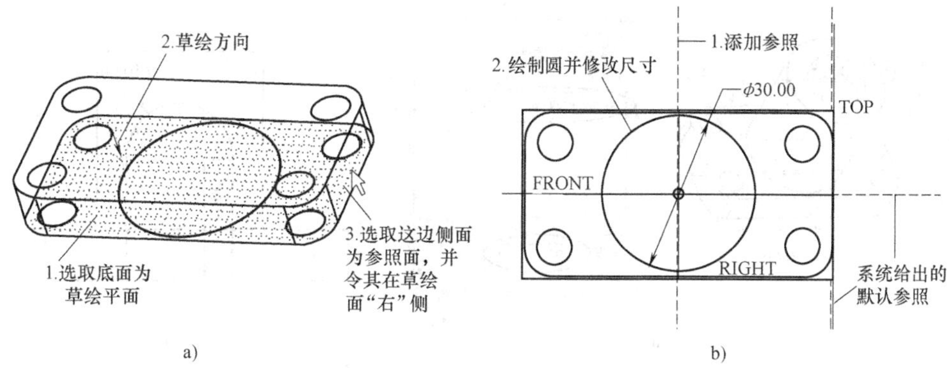

图 8-87　创建中间的圆柱体

4）在操控板中定义拉伸方式及拉伸高度为 40.00，单击操控板的 ✔ 按钮，得到图 8-88a 所示的模型。

6. 创建 ϕ18 的孔

单击 按钮，单击图 8-88a 所示的钻孔表面，依照图 8-77 所示的步骤创建 ϕ18 深 5 的同轴孔，如图 8-88b 所示。

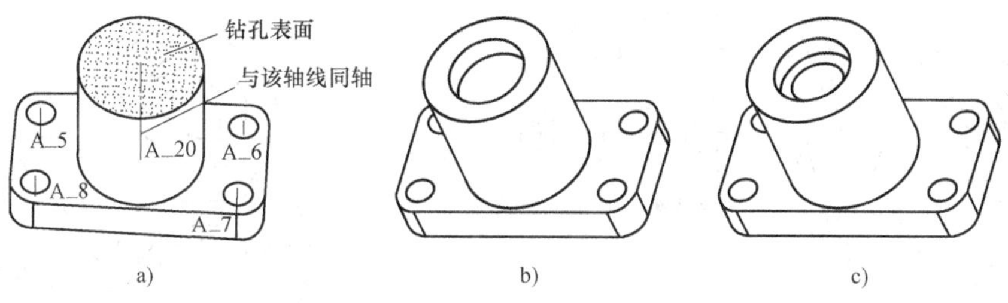

图 8-88　创建通孔的步骤

7. 创建顶面上 ϕ12 的通孔

创建通孔的步骤如图 8-88c 所示。

8. 创建前侧凸台

1）单击 按钮，单击操控板的 放置 按钮，单击其上滑面板中的 定义... 按钮，弹出【草绘】对话框。

2）创建一个临时的基准平面作为草绘平面。单击特征工具栏的 按钮，弹出图8-89a 所示的【基准平面】对话框，单击 FRONT 面，在对话框中输入平移距离为 20，单击对话框的 确定 按钮。通过这样的操作，创建了一个与 FRONT 面平行，并沿图示箭头方向偏移 20 的基准面，作为拉伸特征的草绘平面。

3）系统重新返回【草绘】对话框，接受默认的草绘方向和参照面，单击 草绘 按钮进入草绘界面。绘制图 8-89b 所示的图形，单击草绘工具栏的 ✔ 按钮，返回零件设计界面。

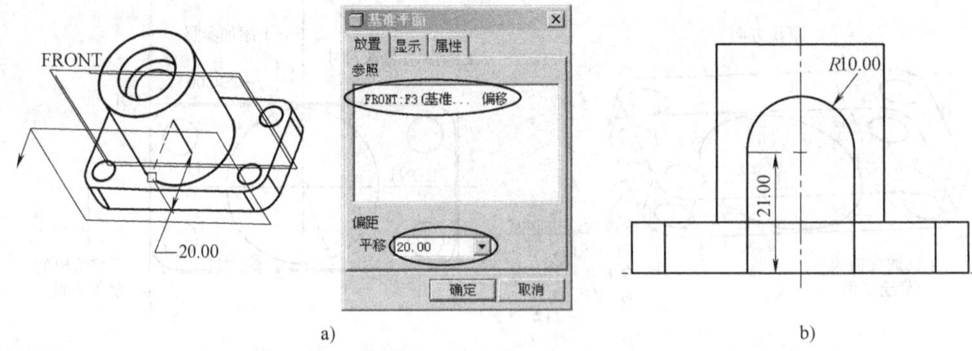

图 8-89　创建前侧凸台

4）更改拉伸方向，使其朝向圆柱体方向，在操控板中定义拉伸方式及拉伸高度为（即拉伸到下一曲面）。单击操控板的按钮，得到图 8-90a 所示的模型。

9. 创建侧面上 ϕ12 的通孔

1）创建一条基准轴。单击特征工具栏的“基准轴工具”按钮，弹出图 8-90a 所示的【基准轴】对话框，单击图示的圆柱表面，单击对话框的 确定 按钮。这样便创建了一根过圆柱中心的基准轴。

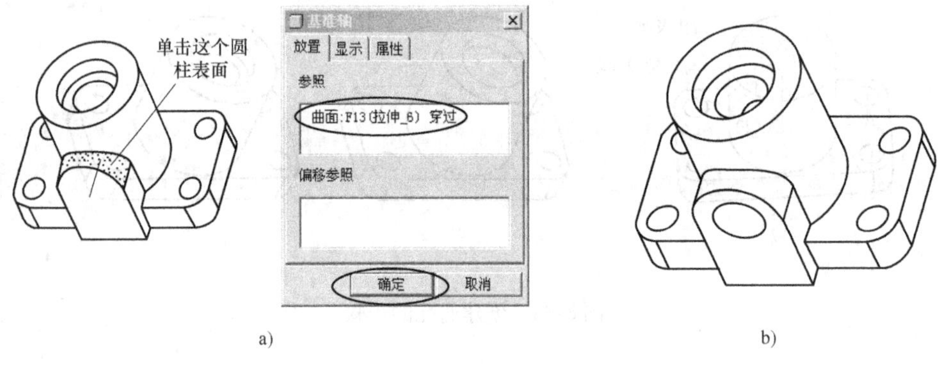

图 8-90　创建侧面通孔

2）依照图 8-77 的步骤，创建前侧面上 ϕ12 的同轴通孔，得到的模型如图 8-90b 所示。

10. 创建一条加强筋

1）单击特征工具栏的“筋工具”按钮，或选取菜单【插入】→【筋】命令，系统弹出图 8-91 所示的操控板，单击操控板的 参照 按钮，单击其上滑面板中的 定义... 按钮，弹出【草绘】对话框，选取 FRONT 面为绘制筋剖面的草绘平面，草绘方向及参照面取系统默认值，单击 草绘 按钮，进入草绘界面。

2）系统弹出图 8-92a 所示的【参照】对话框，其中显示系统将 RIGHT 面和 TOP 面作为默认

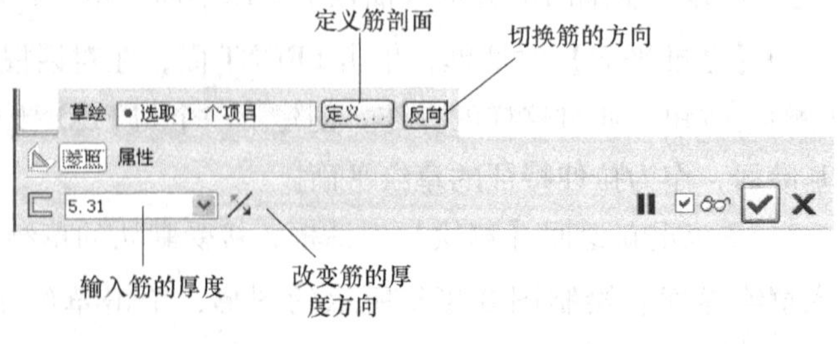

图 8-91　筋特征操控板

a)

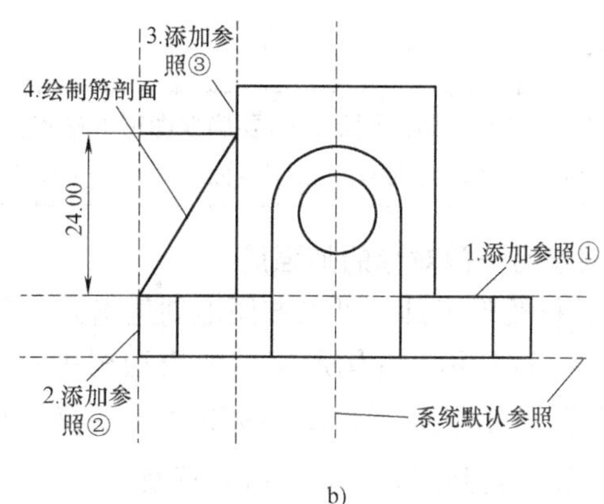

b)

图 8-92　增加参照

参照。如图 8-92b 所示增加三个参照，使得后续绘制筋剖面时能够自动对齐到这些参照边上。

3）绘制图 8-92b 所示的筋剖面，该剖面是一条线段，其一端对齐到参照①和②的交点上，另一端落在参照③上。单击草绘工具栏的 ✔ 按钮，返回零件设计界面。

4）如图 8-93a 所示，切换筋的方向为朝向圆柱体一侧，显示图 8-93b 所示的预览图形，在操控板中定义筋的厚度为 6，单击操控板的 ✔ 按钮，得到图 8-93c 所示的模型。

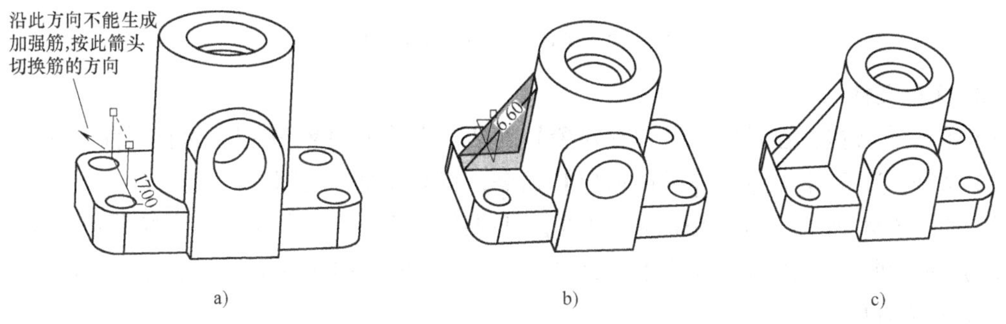

a)　b)　c)

图 8-93　创建加强筋

注意，单击操控板 6.00 的 按钮，可以得到图 8-94 的三种结果。

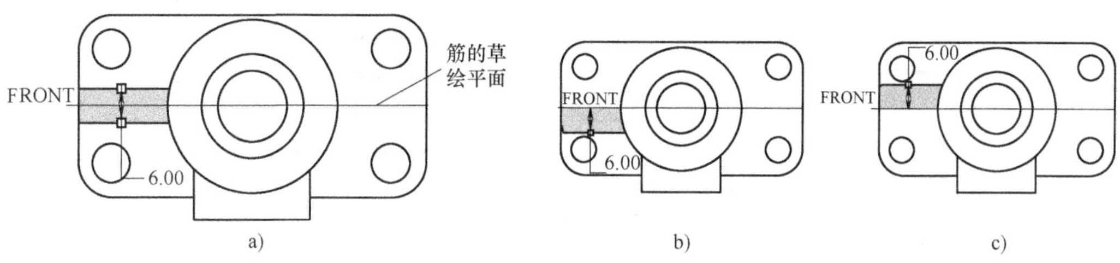

a)　b)　c)

图 8-94　三种模型结果

提示：

筋剖面应该是不封闭图形，但要确保图形的端点落在已有实体的相应表面上，反映在草绘中，就是要使所画图形的端点对齐在相应表面在草绘平面的投影线上，使得筋剖面与已有实体构成封闭。

11. 创建另一侧对称的加强筋

采用特征镜像工具，可以方便地创建出另一侧的加强筋，操作步骤为：

如图 8-95a 所示，在图形窗口或模型树中选取上面创建的筋特征，单击特征工具栏的“镜像工具”按钮，弹出图 8-95b 所示的操控板，单击 RIGHT 面作为镜像面，单击操控板的按钮，得到图 8-95c 所示的模型。

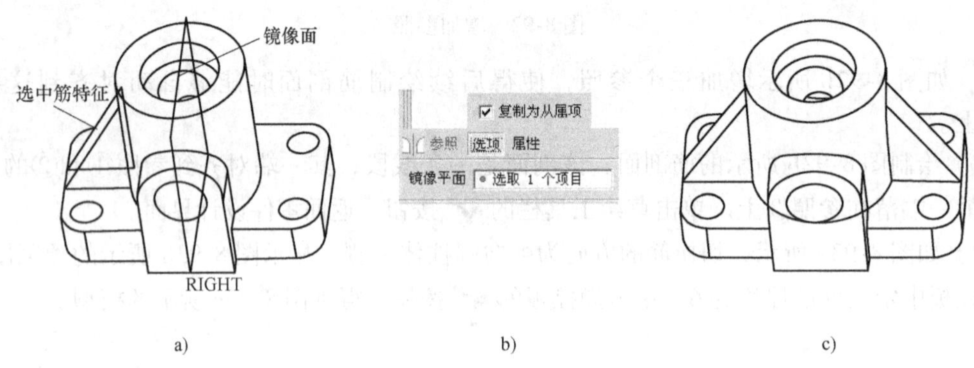

图 8-95　镜像创建另一侧加强筋

12. 保存文件

1）单击按钮，在弹出的【保存对象】对话框中单击确定按钮，保存当前文件。

2）选择主菜单【文件】→【关闭窗口】命令，将当前窗口关闭。

3）如图 8-96 所示，选择主菜单【文件】→【拭除】→【不显示】命令，系统弹出【拭除未显示的】对话框，对话框中显示出前面已经关闭但依然驻留内存的文件，单击确定按钮，将这些文件从内存中卸除。

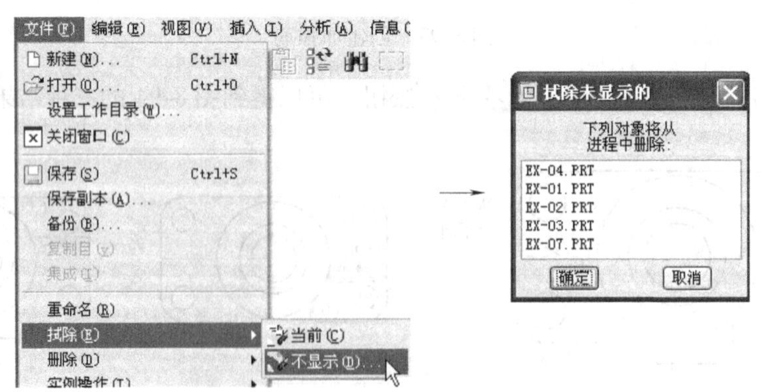

图 8-96　拭除已经关闭但依然驻留内存的文件

提示：

> 文件窗口关闭后依然驻留内存，经常使用【文件】→【拭除】→【不显示】命令将已经关闭的文件从内存中卸除，将有助于提高运行速度。

8.3.6　拔模特征

拔模特征在铸件、塑料件、锻件上广泛使用。在 Pro/E 中创建拔模特征，首先要明确几个概念，如图 8-97 所示，其中：

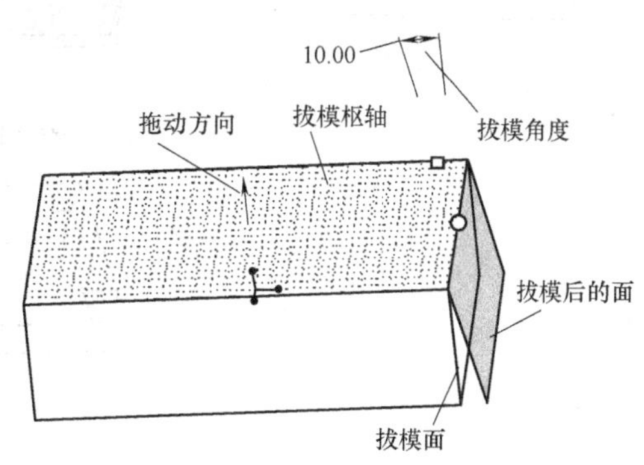

图 8-97　拔模特征的几个概念

- 拔模面：要添加拔模斜度的面，可以同时为多个面添加拔模斜度。
- 拔模枢轴：拔模之后保持边界不变的平面或曲面，拔模面将以这些面的边界为起点添加斜度。
- 拖动方向：拔模角是拔模面与拖动方向之间的夹角。当拔模枢轴为平面时，系统自动将其法线作为拖动方向；当拔模枢轴为曲面（曲线）时，还需另外选取一个平面、边线或轴线作为拖动方向。
- 拔模角度：拔模斜度的角度值。

1. 操作步骤简介

1）打开文件“ch8\ex15. prt”，显示图 8-99a 所示的模型。

2）单击特征工具栏的“拔模工具”按钮，或选择主菜单【插入】→【拔模】命令，系统弹出图 8-98 所示的操控板，并在信息栏提示“选取一组曲面以进行拔模。”，选取图 8-99a 所示的两个面作为拔模面。

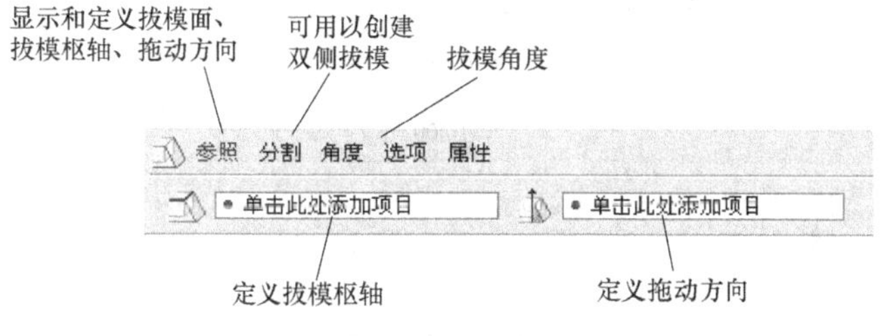

图 8-98　拔模特征的操控板

3）单击“单击此处添加项目”，开始定义拔模枢轴，信息提示区提示“选取一个平面或曲线链以定义拔模枢轴。”，单击模型上表面作为拔模枢轴，如图 8-99b 所示。

4）在操控板中“1个平面 1个平面 15.00”输入拔模角度为 15°，单击操控板的✔按钮，得到图 8-99c 所示的模型。

2. 双侧拔模

1）删除刚创建的拔模特征，返回图 8-99a 所示的模型。

2）单击按钮，选取图 8-100a 所示的四个面作为拔模面。

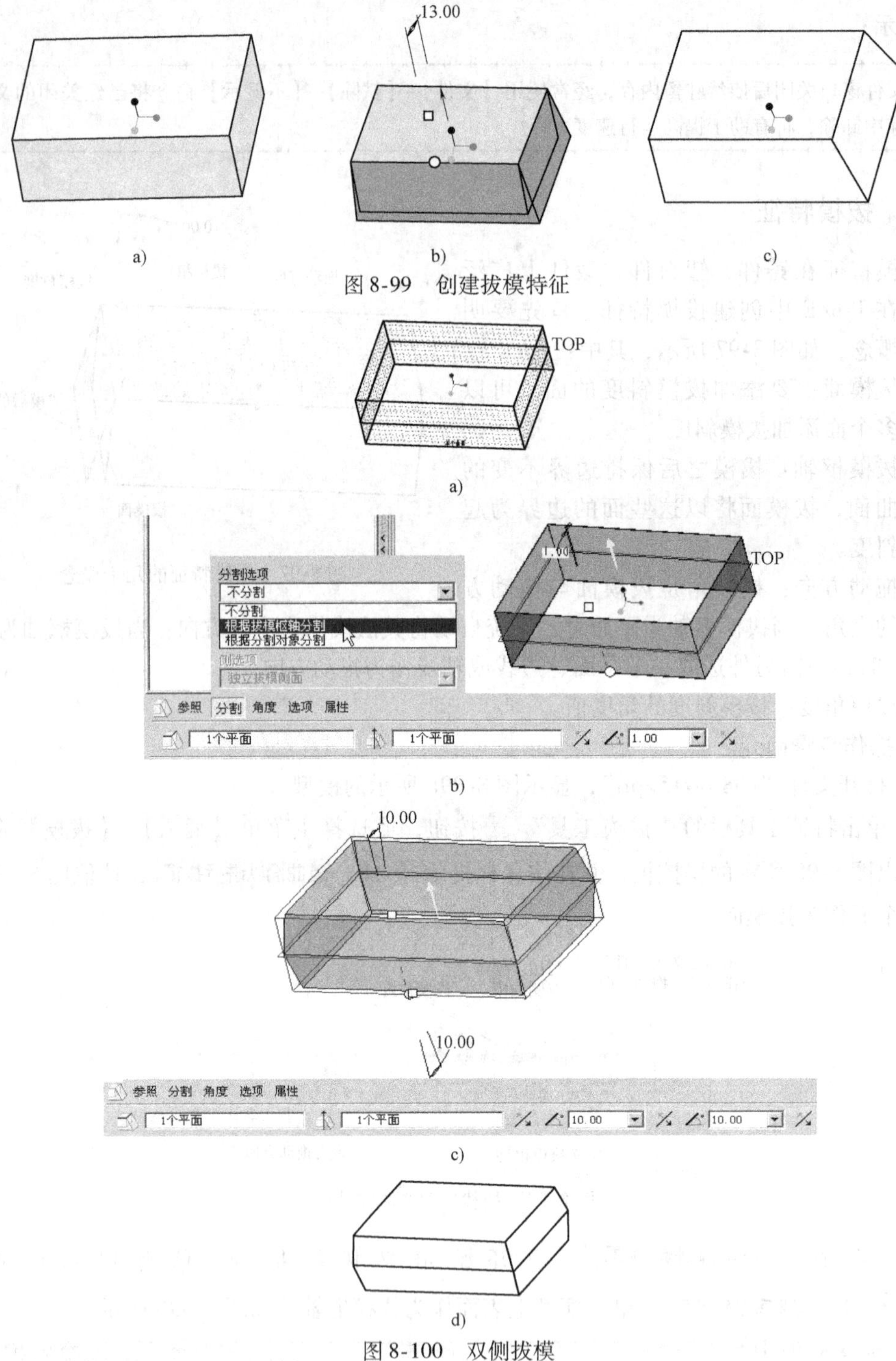

图 8-99　创建拔模特征

图 8-100　双侧拔模

3）单击 [• 单击此处添加项目]，单击 TOP 面作为拔模枢轴，如图 8-100b 所示单击操控板的 分割 菜单，在其上滑面板的【分割选项】中选取【根据拔模枢轴分割】。

4）如图 8-100c 所示，在操控板中输入双侧拔模角度分别为 10°，单击操控板的 ✔ 按钮，得到图 8-100d 所示的模型。

3. 拔模特征范例

打开光盘文件“ch8\ex16. prt”，屏幕上显示图 8-101 所示的模型。

（1）作内侧面拔模

1）单击按钮，执行图 8-102a 所示的操作步骤，从而选中图 8-102b 所示的内侧环曲面作为拔模面。

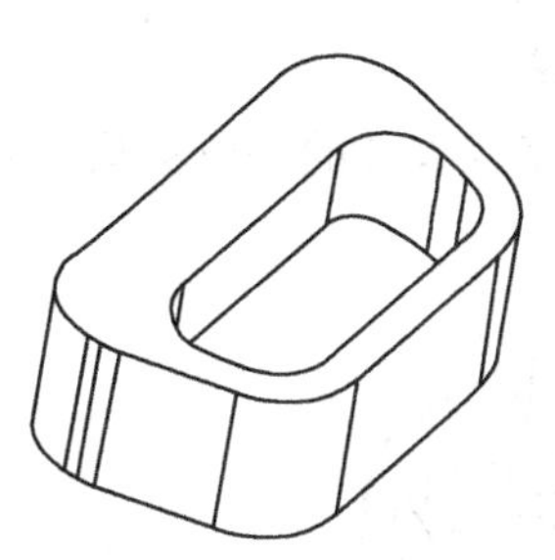

图 8-101 零件模型

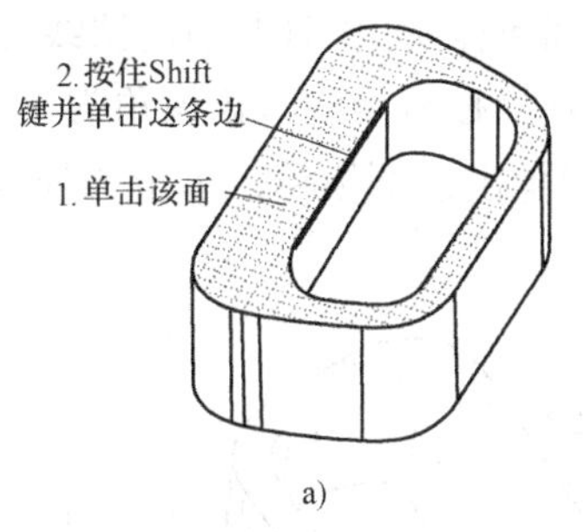

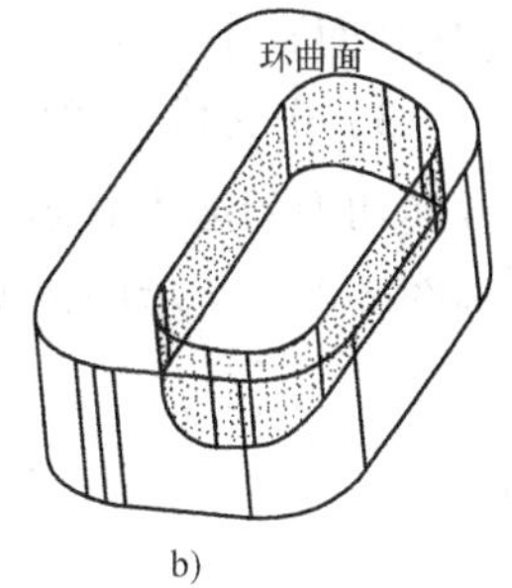

图 8-102 选取内侧环曲面为拔模面

2）接下来定义拔模枢轴。单击操控板的 • 单击此处添加项目 ，执行图 8-103 所示的步骤，从而选中内侧底面的一圈边线作为拔模枢轴。拔模时，这一圈边线保持不动，内侧各面将绕此边线转动一个角度。

3）定义拖动方向。由于上面定义的拔模枢轴不是一个平面，接下来需要另外定义拖动方向。单击操控板的 • 单击此处添加项目 ，选取图 8-104 所示的边线作为拖动方向。

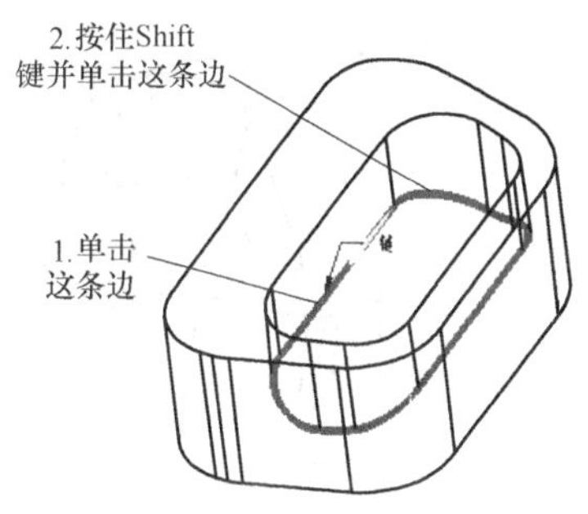

图 8-103 定义拔模枢轴

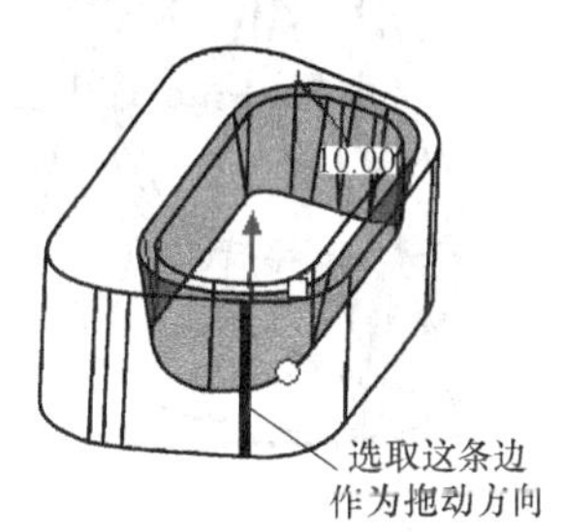

图 8-104 定义拖动方向

4）定义拔模角度。如图 8-105 所示在操控板中输入拔模角为 5°，注意将拔模方向切换到适当状态，避免出现倒拔模。

5）单击操控板的✔按钮，完成零件的内侧拔模，得到图 8-106 所示的模型。

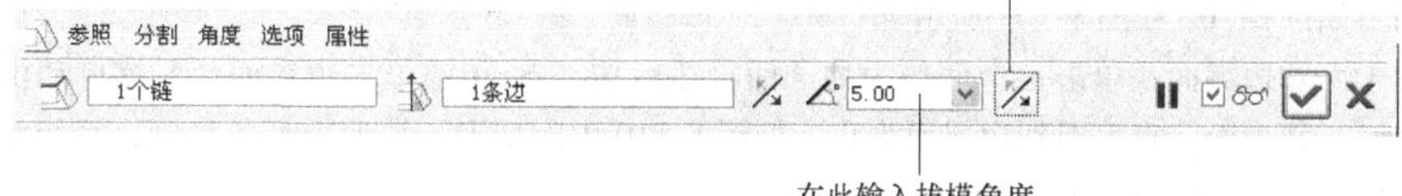

图 8-105 在操控板中输入拔模角度

（2）作外侧面拔模

1）单击按钮，依照图 8-107 所示的步骤，从而选中外侧环曲面作为拔模面。

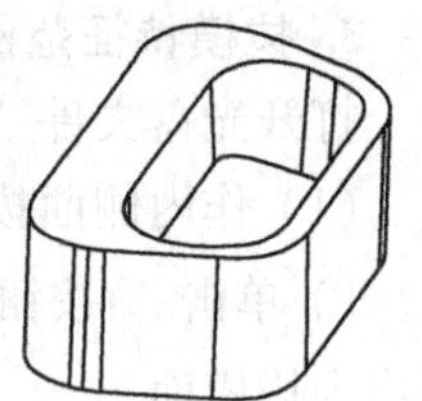

图 8-106　内侧拔模后的模型

2）定义拔模枢轴和拖动方向。单击操控板的 • 单击此处添加项目，选取图 8-108 所示的 TOP 面作为拔模枢轴，由于这里定义的拔模枢轴（TOP 面）是一个平面，系统自动将 TOP 面的法线方向作为拖动方向。

3）定义拔模角度。在操控板中输入拔模角为 5°，同时注意将拔模方向切换到适当状态，避免出现倒拔模，单击操控板的按钮，完成零件的外侧拔模，得到图 8-109 所示的模型。

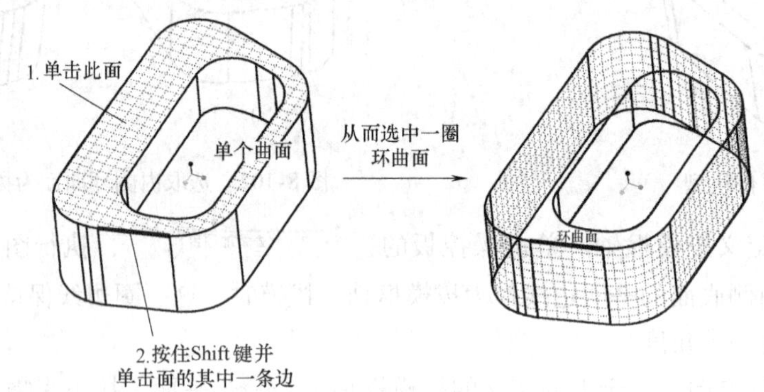

图 8-107　选取外侧环曲面作为拔模面

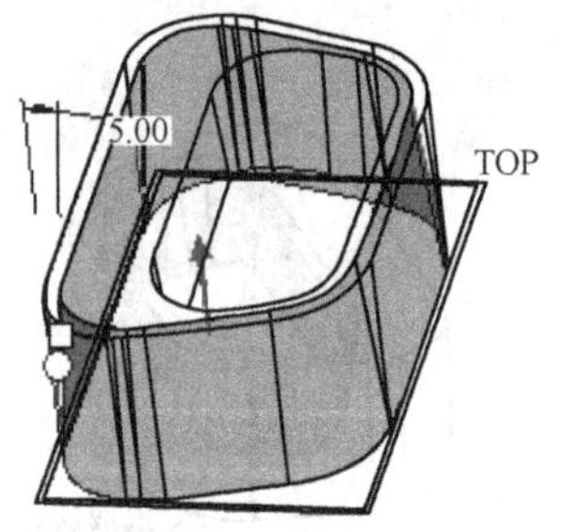

图 8-108　定义拔模枢轴

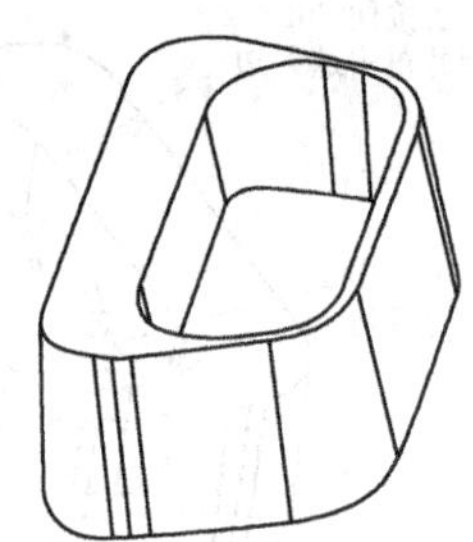

图 8-109　外侧拔模后的模型

4）单击按钮，在弹出的【保存对象】对话框中单击 确定，保存当前文件。

选取多个面的技巧：

- 在很多特征创建过程中，需要选取面，单纯用鼠标选取时只能选中当前的一个面。
- 按住 Ctrl 键 + 鼠标单击，可以连续选取多个面。
- 选取环曲面。单击一个面，然后按住 Shift 键并单击这个面的一条边，可以选中与这个面相邻的一圈环面，如图 8-102 和图 8-107 所示。
- 选取种子面和边界面：单击一个面作为种子面，然后按住 Shift 键单击边界面，系统自动由种子面开始抓取相邻表面，直至遇到边界面为止。如图 8-110 中的情形，按照上面的规则，系统将选定除两个边界面之外的所有表面。

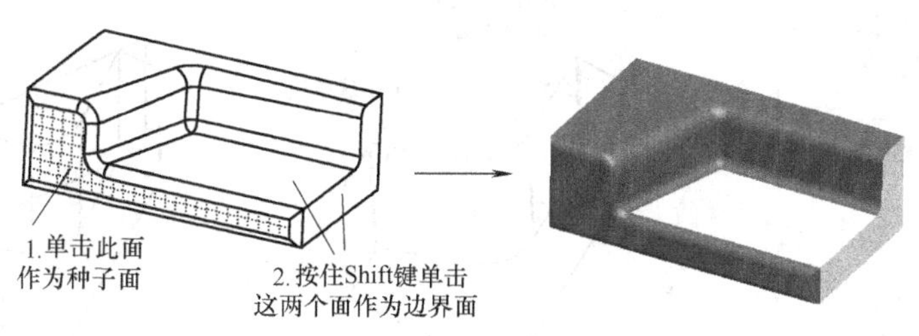

图 8-110 种子面与边界面

8.4 基准特征

在产品设计过程中，经常需要借助一些辅助的点、线、面来完成产品的造型，这些辅助的点、线、面虽然不能直接生成模型的一部分，但却是造型过程中必不可少的。比如进入零件设计界面后，会在图形窗口显示三个互相垂直的基准平面（TOP、FRONT、RIGHT），在三个面的交汇处显示一个笛卡儿基准坐标系 PRT _ CSYS _ DEF，这些都是系统给出的最基本的基准特征，从而为用户提供了一个三维设计的空间环境。随着设计的进行，只借助这些系统默认的基准特征可能无法完成模型的创建，需要用户自己创建一些辅助的基准平面、基准轴、基准点、基准坐标系、基准曲线等，这些统称为基准特征。

创建基准特征可以使用特征工具栏上的相应工具，如图 8-111a 所示，或如图 8-111b 所示选择主菜单【插入】→【模型基准】下的相应命令。

主工具栏上的四个按钮用来切换基准特征的显示与隐藏，如图 8-111c 所示，注意它们与图 8-111a 所示的基准特征创建工具的区别。

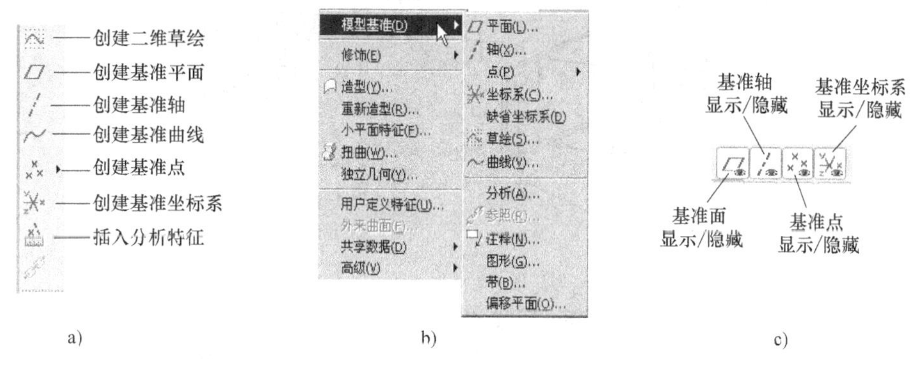

图 8-111 基准特征工具/菜单

a）基准特征工具 b）基准特征菜单 c）显示/隐藏基准特征

8.4.1 创建基准平面

打开文件“ch8\ex17. prt”，屏幕上显示图 8-112b 所示的模型。

1. 创建过两条平行直线的基准面

单击特征工具栏的按钮，或选取主菜单【插入】→【模型基准】→【平面】命令，弹出图 8-112a 所示的【基准平面】对话框，单击图 8-112b 所示的两条边（注意单击第二条边

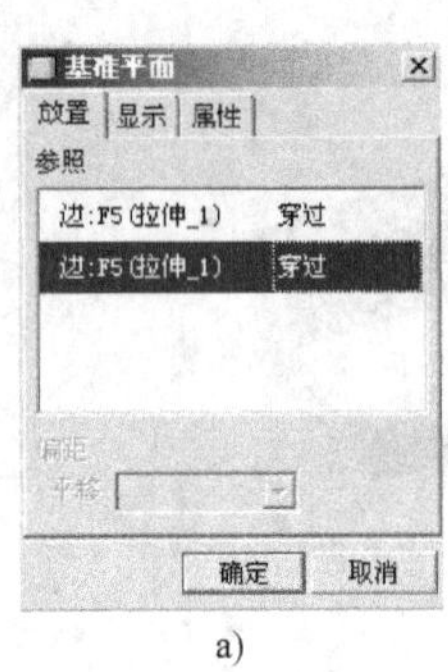

a)

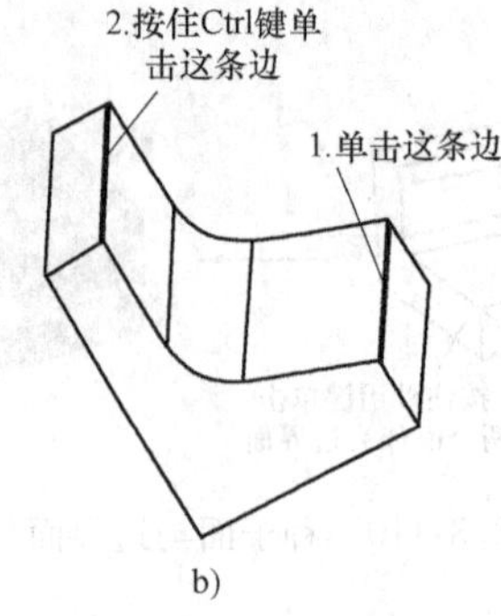

b)

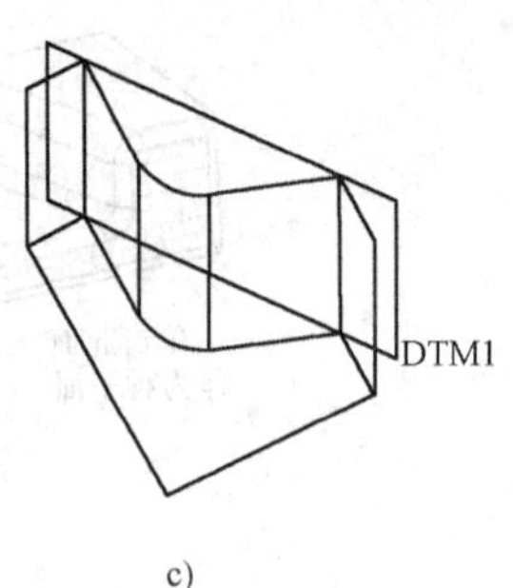

c)

图 8-112　创建过两条平行直线的基准面

时要按住 Ctrl 键），单击对话框的 确定 按钮，得到图 8-112c 所示过两条边的基准平面 DTM1。

在【基准平面】对话框中，单击【显示】选项卡可以改变基准平面的显示轮廓大小，在【属性】选项卡中可以修改基准面的名称。

2. 创建与圆柱面相切的基准面

单击 按钮，单击刚刚创建的基准面 DTM1，如图 8-113a 所示在【基准平面】对话框中将“偏移”改为“平行”。按住 Ctrl 键单击图 8-113b 所示的圆柱面，并在对话框中调整与该面的关系为“相切”。单击对话框的 确定 按钮，得到图 8-113c 所示的与柱面相切且平行于 DTM1 的基准面 DTM2。

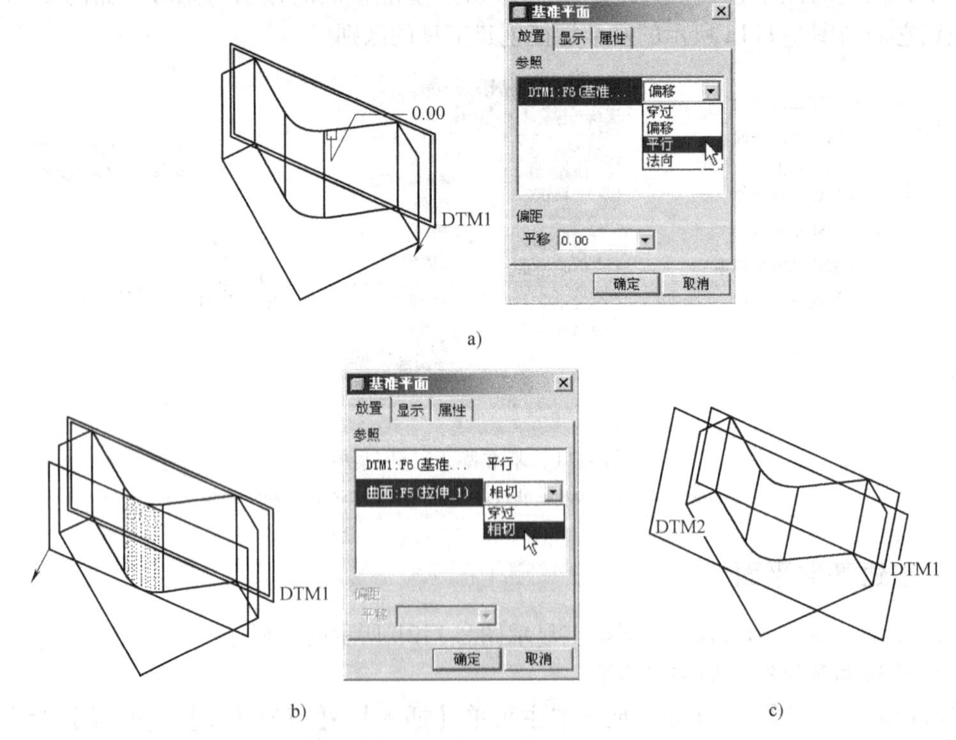

图 8-113　创建与圆柱面相切的基准面

依照上述方法，可以灵活地创建出各种形式的基准平面，如过一条边（或一根轴）且与另一个面平行、过一个点且与另一个面平行、过圆柱面轴心且与另一个面平行、过一个点且与一个圆柱面相切、过一个点且垂直于一条线、过三个点、沿一个已知平面偏移一段距离和过一条边且与一个面夹一定角度等。

根据需要，设计人员可以单独创建一个基准特征，也可以在其他命令执行的过程中，临时创建一个基准特征。

8.4.2　创建基准点

打开文件“ch8\ex18.prt”。

1. 创建平面上的点

单击 按钮，依照图 8-114 所示的步骤创建平面上的一个点 PNT0。

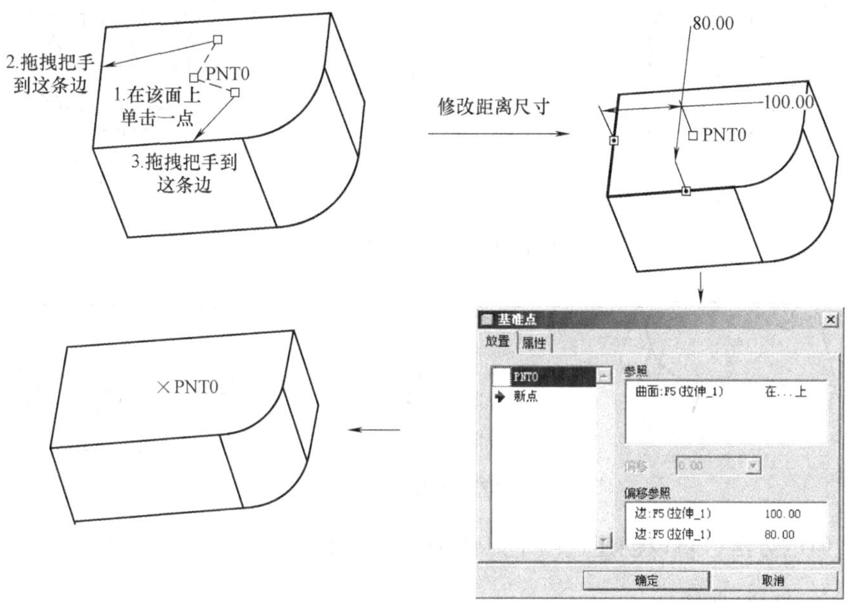

图 8-114　创建平面上的点

2. 创建曲线上的点

单击 按钮，依照图 8-115 所示的步骤，创建边线上四分之一处的点。在图 8-115 所示的【基准点】对话框中，将【偏移】选项切换为“比率”，则点的位置以在曲线上的比例值来定义，如比例值为 0.5 指创建曲线的中点。将【偏移】选项切换为“实数”，则点的位置以距离曲线端点的实际长度来定义。在设计过程中应根据实际情况灵活选用。

8.4.3　创建基准轴

依然使用上面的模型，如图 8-116 所示。单击 RIGHT 面，按住 Ctrl 键单击 FRONT 面，单击 按钮，创建出过 RIGHT 面和 FRONT 面交线的一根轴 A_1。

如图 8-117 所示单击圆柱表面，单击 按钮，创建出过该非完整圆柱面中心的轴 A_2。

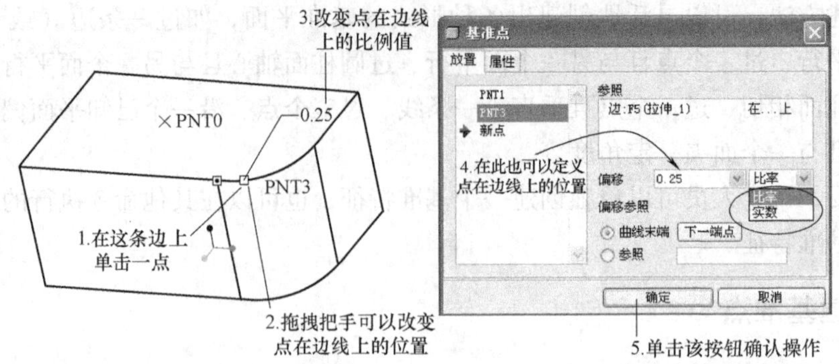

图 8-115　创建曲线上的点

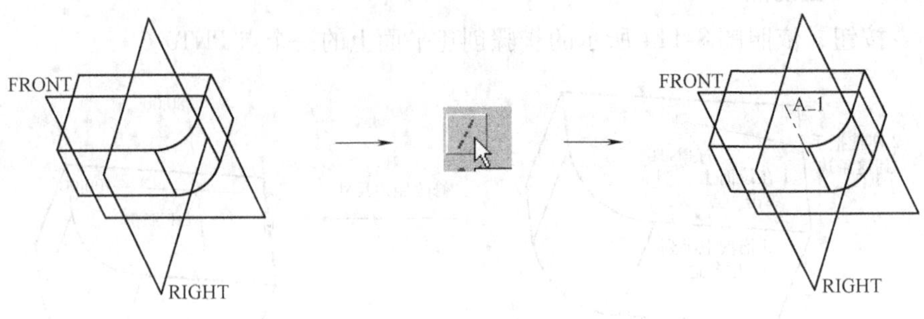

图 8-116　创建基准轴 A_1

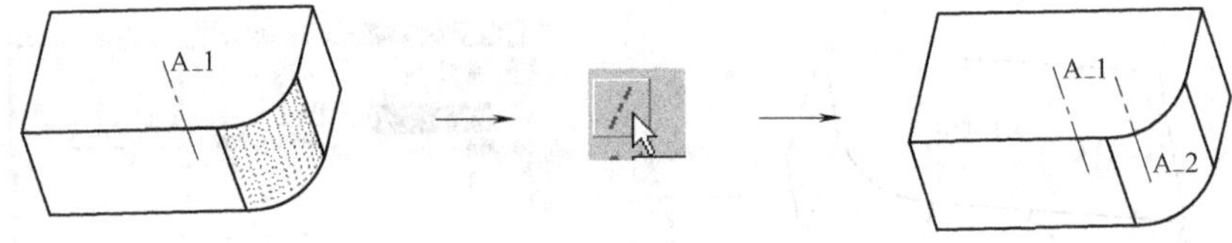

图 8-117　创建基准轴 A_2

采用类似的方法，可以创建过两个点的轴、过一个点与一条线平行的轴等。

8.4.4　创建基准曲线

单击 按钮，在弹出的【菜单管理器】中显示如图 8-118 所示的【曲线选项】菜单，其中包括四种创建曲线的方式。

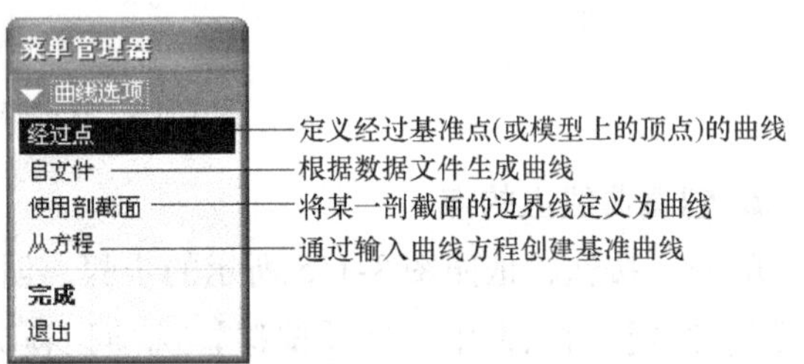

图 8-118　【曲线选项】菜单

选择【经过点】→【完成】命令，系统弹出图8-119a所示的曲线创建对话框，依次单击图8-119b所示的五个点，单击【菜单管理器】的【完成】选项，单击对话框的 确定 按钮，完成一条过五个点的样条曲线的创建。

8.4.5　基准特征范例一

打开文件“ch8\ex19. prt”，如图 8-120a 所示，要创建该心形零件侧表面上如图 8-120b 所示的孔，其设计步骤如下：

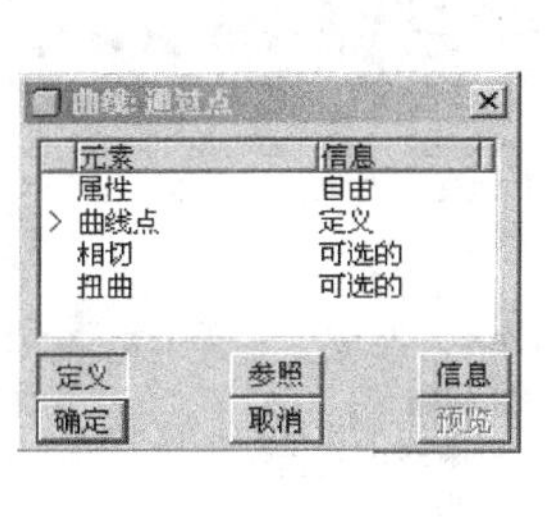

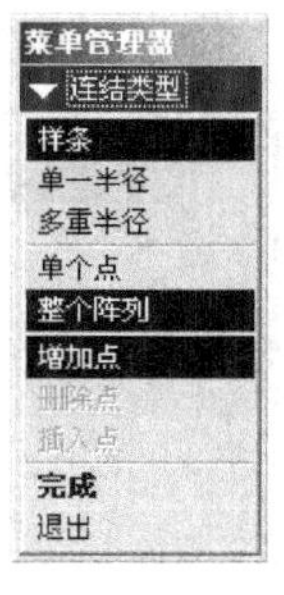

a)

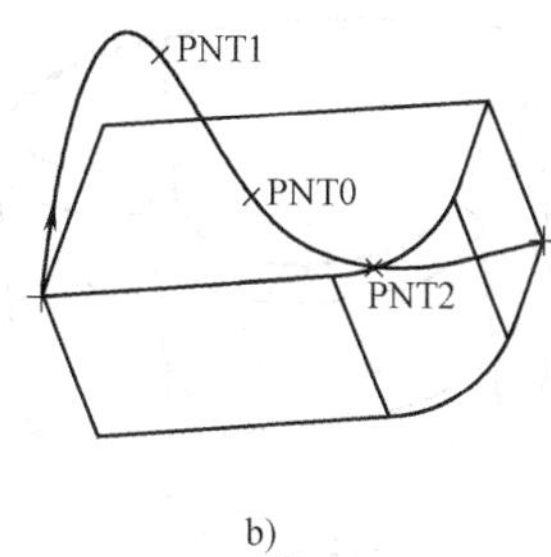

b)

图 8-119 创建样条曲线

1. 创建基准曲线

如图 8-121a 所示选取模型表面，选取主菜单【编辑】→【相交】命令，系统弹出图 8-121b 所示的操控板，按住 Ctrl 键单击 TOP 面。单击操控板的 ✔ 按钮，得到图 8-121c所示的一条基准曲线，它是所选表面与 TOP 面的交线。

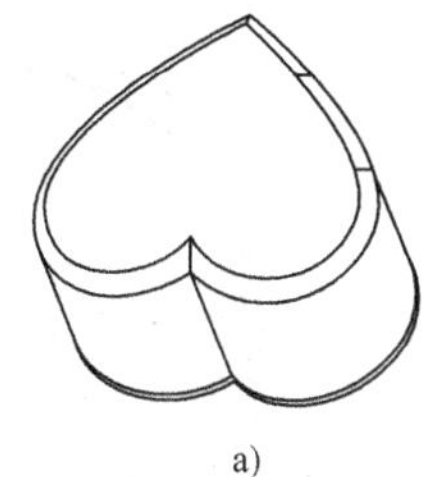

a)

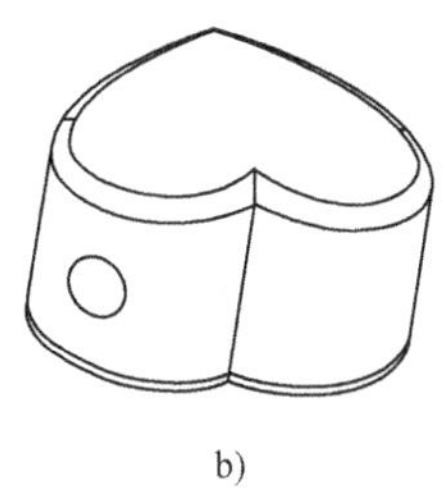

b)

图 8-120 心形零件

2. 创建基准点

单击特征工具栏的 按钮，如图 8-122所示单击上一步创建的基准曲线，输入偏移比率为 0.5，单击【基准点】对话框的 确定 按钮，这样就在曲线中点处创建了一个基准点 PNT0。

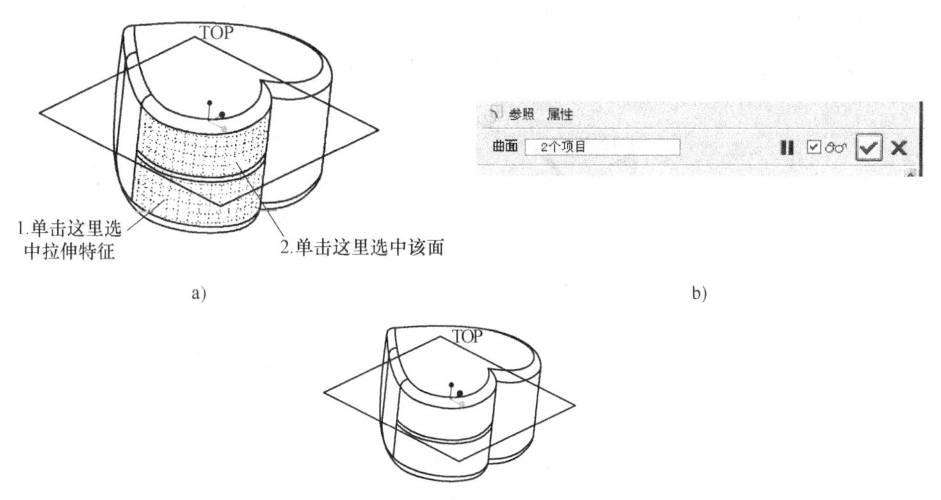

a) b)

c)

图 8-121 创建基准曲线

3. 创建基准平面

如图 8-123 所示创建一个过 PNT0 点且与前侧曲面相切的基准平面 DTM1。

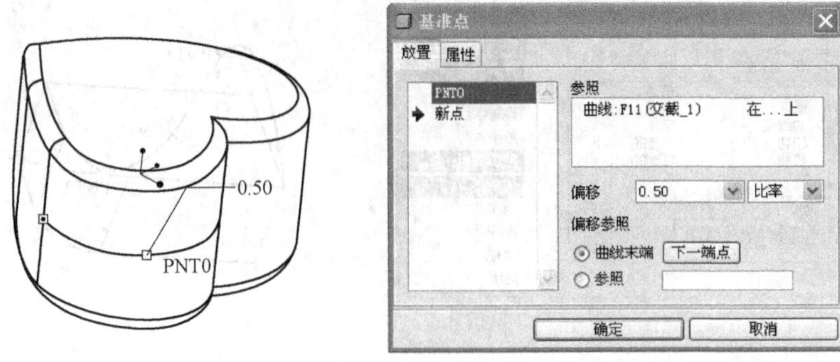

图 8-122　创建基准点

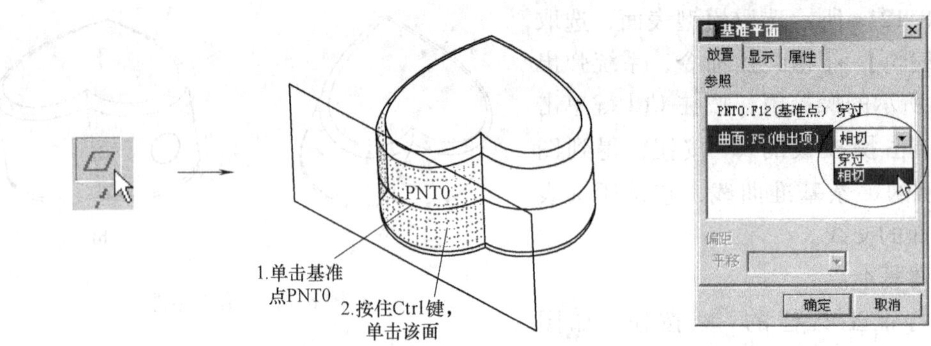

图 8-123　创建基准平面

4. 创建基准轴

如图 8-124 所示创建一条过 PNT0 点且与 DTM1 垂直的基准轴。

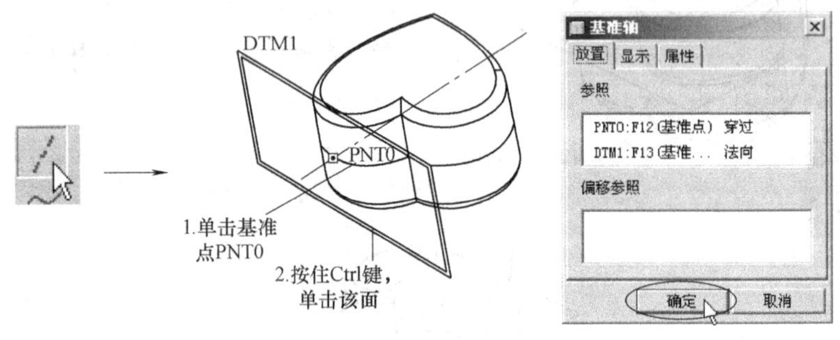

图 8-124　创建基准轴

5. 创建孔特征

依照图 8-125 所示的步骤创建孔特征。

在这个简单的例子中，为了打一个孔，用到了基准曲线、基准点、基准平面、基准轴等各种基准特征，基准特征在设计中的重要性可见一斑。

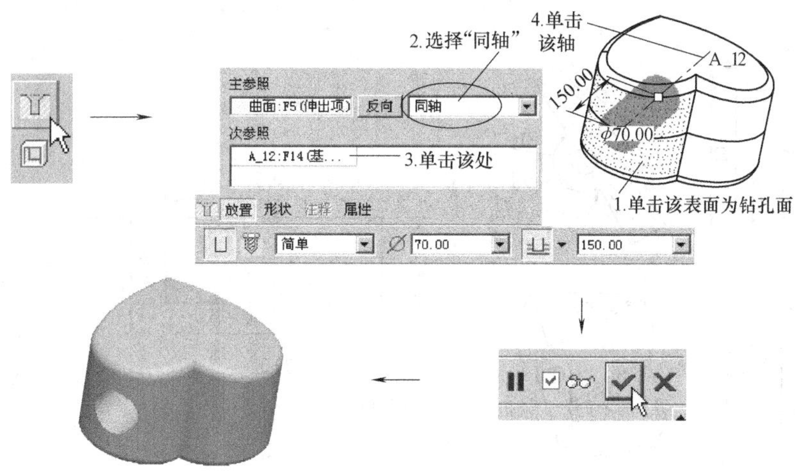

图 8-125　创建孔特征

提示（基准特征的显示状态）：

太多的基准特征显示在屏幕上会使图面很乱，可以利用四个图标按钮控制某一类基准特征的显示与否。

如图 8-126 所示，在模型树中选取某一基准特征，单击鼠标右键，在弹出菜单中选择【隐藏】（或【取消隐藏】），可以灵活控制某个基准特征的显示与否。

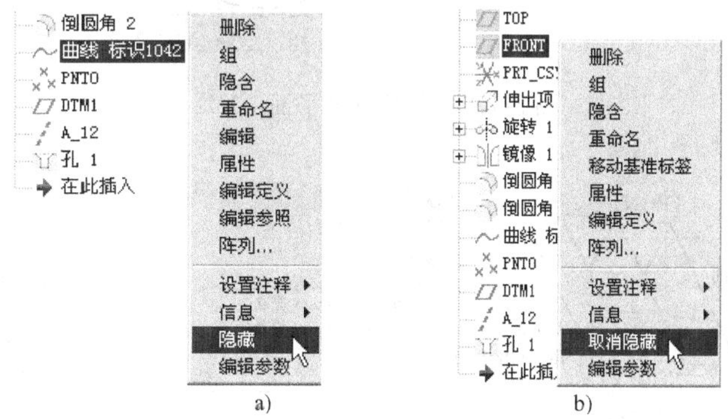

图 8-126　改变基准特征的显示状态
a）隐藏基准特征　b）显示基准特征

8.4.6　基准特征范例二

创建图 8-127 所示的零件。

1）新建一个零件文档“ex20. prt”。

2）创建图 8-128b 所示的拉伸特征，以 FRONT 面为草绘平面，使用系统默认的草绘方向及参照面，草绘图形如图 8-128a 所示，拉伸高度为 103。

3）如图 8-129 所示创建与前侧面偏移 33 的基准平面 DTM1。

4）如图 8-130 所示创建过 DTM1 和右侧面的基准轴 A_1。

5）如图 8-131 所示创建过轴 A_1 并与右侧面夹 30°角的基准平面 DTM2。

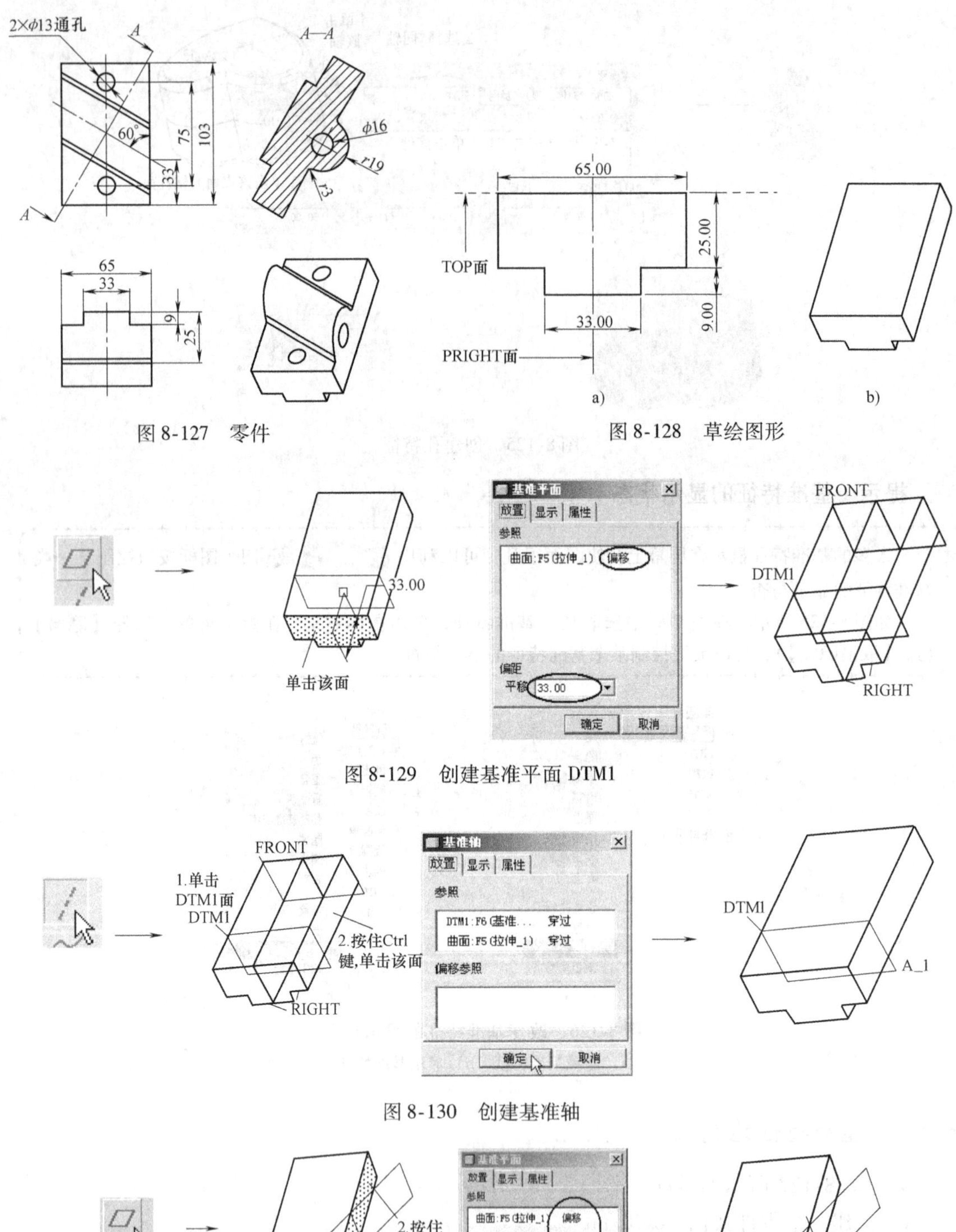

图 8-127　零件

图 8-128　草绘图形

图 8-129　创建基准平面 DTM1

图 8-130　创建基准轴

图 8-131　创建基准平面 DTM2

6）如图 8-132 所示创建拉伸特征，得到斜向半圆柱。

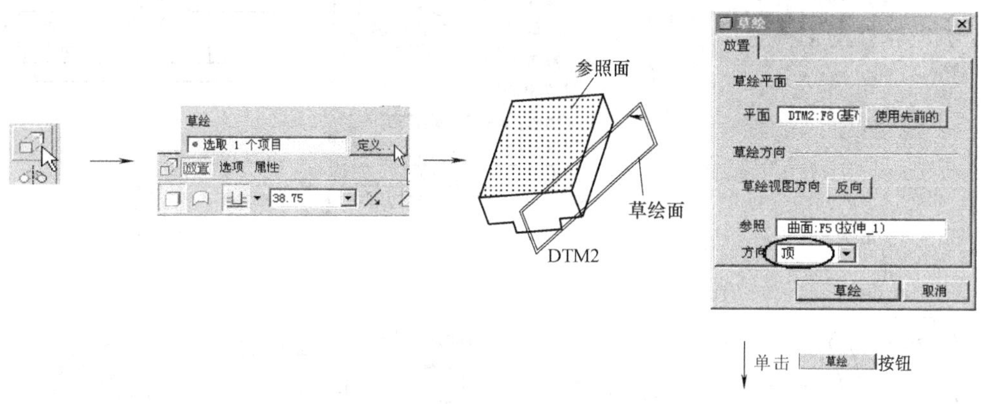

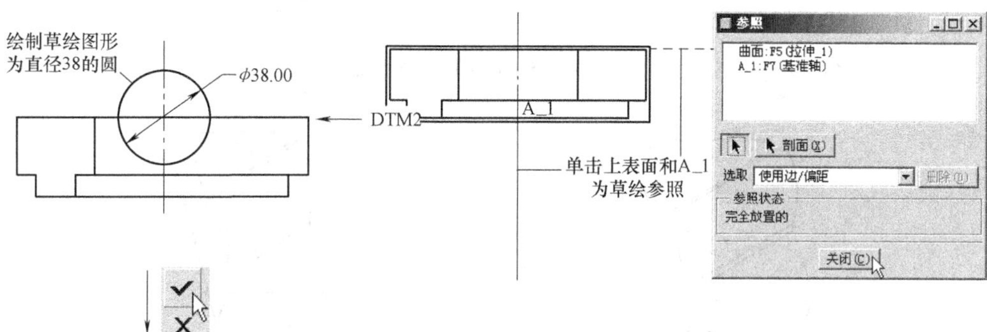

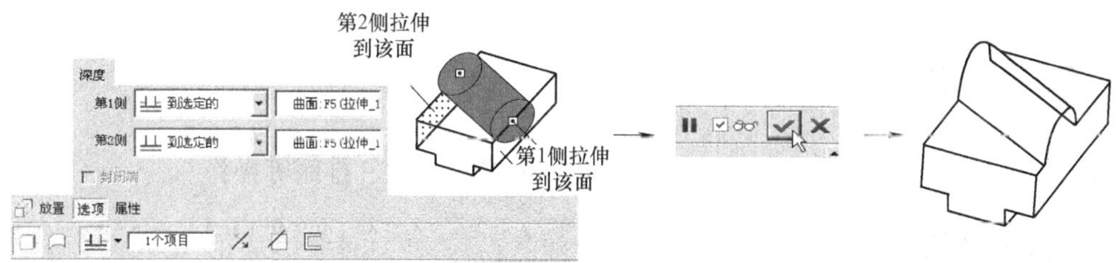

图 8-132　创建拉伸特征

7）如图 8-133 所示创建拉伸除料特征，得到斜向通孔。

8）如图 8-134 所示创建两处倒圆角特征 $R3$。

9）如图 8-135 所示创建两侧的两个 $\phi13$ 通孔。可以使用拉伸除料特征，也可以使用孔特征，这里不再赘述。

10）至此，该零件设计完毕，将文件保存。

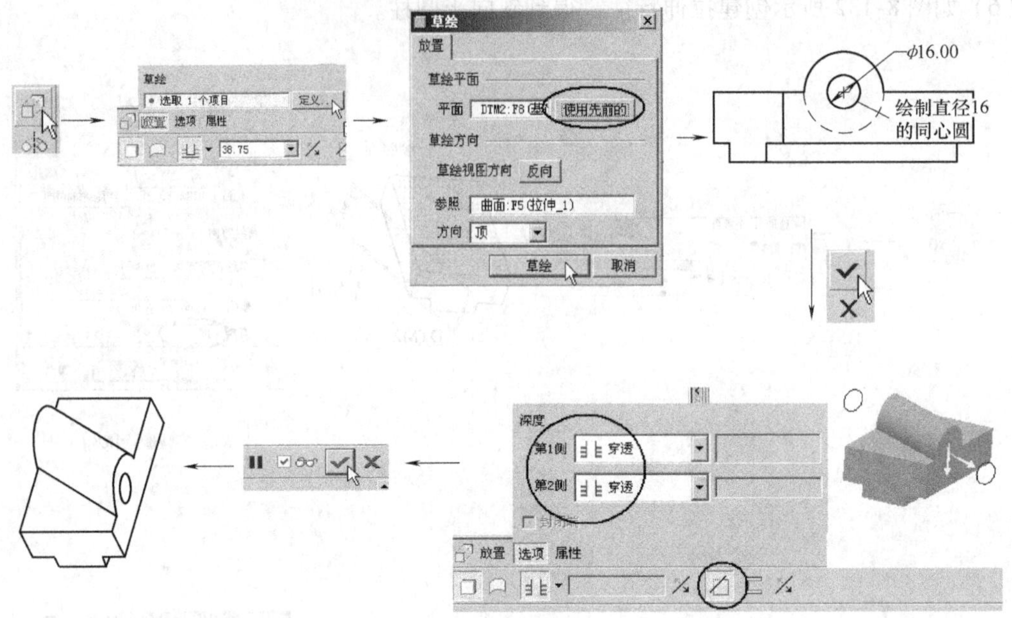

图 8-133　创建拉伸除料特征

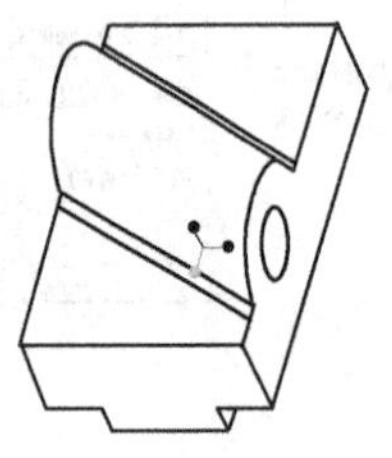

图 8-134　创建倒圆角特征

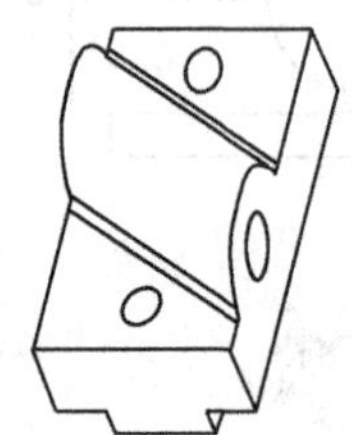

图 8-135　创建通孔

8.5　特征编辑

特征编辑包括对特征的修改、阵列、复制、镜像、缩放、排序等操作。

8.5.1　特征修改

1. 修改特征尺寸

要修改某一特征的尺寸，可以在图形窗口或模型树中选取该特征，单击鼠标右键，在弹出的菜单中选择【编辑】命令，该特征的所有尺寸显示在画面上，双击某一尺寸数字，在尺寸修正框输入新的尺寸值并回车，单击主工具栏中的 按钮生成模型。

2. 重新定义特征

在模型树或图形窗口中选取某一特征，单击鼠标右键，在弹出的菜单中选择【编辑定义】命令，弹出特征创建的操控板或特征创建的对话框，可以对特征进行重新定义，对于使用操控板生成的特征，其重新定义的方法参考 8.2.1 节的第 4 部分内容。

对于使用特征创建对话框生成的特征，其重新定义的方式略有不同，下面以混合特征为例，介绍此类特征的重新定义方法。

1）打开文件“ch8 \ ex21. prt”，如图 8-136a 所示，这是由一个混合特征构成的四棱锥体。

2）如图 8-136a 所示在模型树中（或图形窗口）选取混合特征，单击鼠标右键，在弹出的菜单中选择【编辑定义】命令，重新出现图 8-136b 所示的特征创建对话框，通过该对话框，可以重新定义特征的各个方面。

3）在对话框中选取【截面】，单击 定义 按钮，在弹出的【菜单管理器】中显示图 8-136c所示的【截面】菜单，在其中选择【草绘】选项以重新定义混合截面的草绘图形，系统进入草绘界面，显示图 8-136d 所示的草绘图形。

4）修改草绘图形如图 8-136e 所示，单击 ✔ 按钮，退出草绘界面。这样便修改了特征的草绘图形。

5）如图 8-136f 所示在特征创建对话框中选取【深度】，单击 定义 按钮，信息提示区提示 ⇨输入截面2的深度，输入“300”并回车，这样便修改了特征的高度。

6）单击对话框的 确定 按钮，得到图 8-136h 所示的模型。

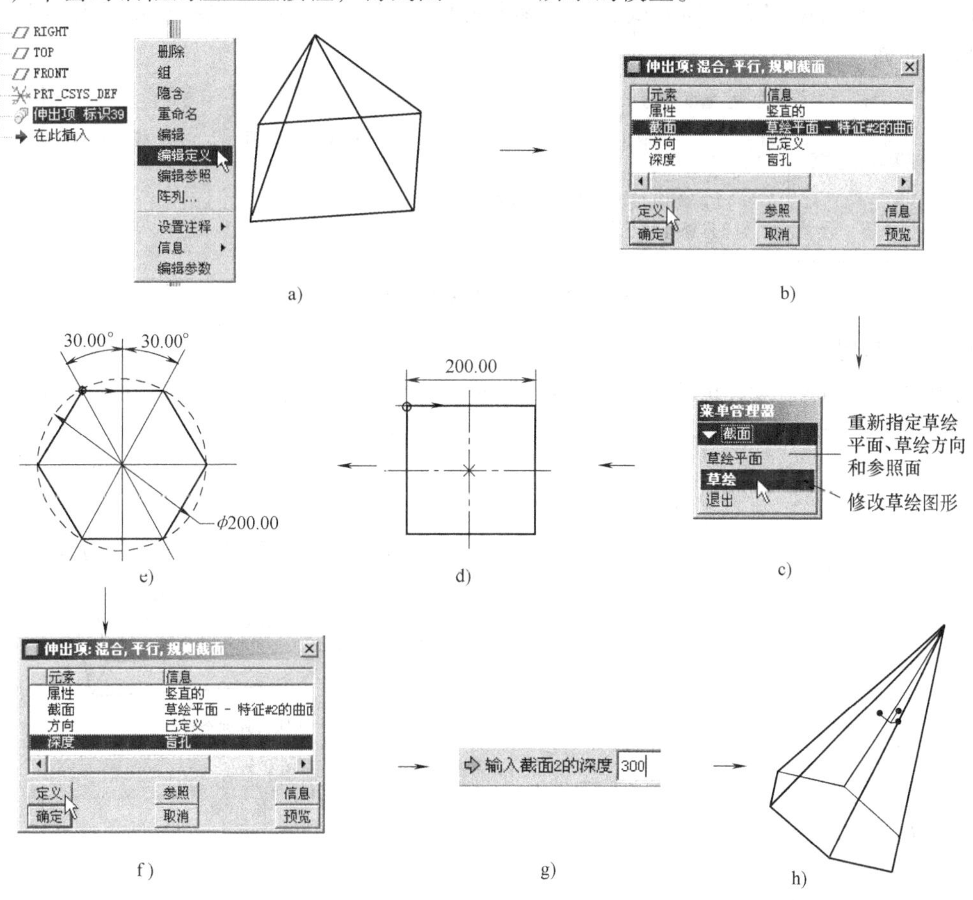

图 8-136　重新定义混合特征

提示（辅助虚线圆的绘制）：

在二维草绘中使用 工具可以绘制出以虚线形式显示的辅助线，给作图带来很大方便。有时也需要绘制类似图 8-137 中所示的圆形辅助线，其操作方法是：如图 8-137 所示绘制一个圆，选取圆，单击鼠标右键，在弹出菜单中选择【构建】命令，将这个圆变成虚线圆，它将不会生成实体的一部分，而只作为绘图辅助之用。

8.5.2 特征阵列

Pro/E 的特征阵列功能非常强大，可以实现矩形阵列、环形阵列、填充阵列、不规则阵列等，其阵列方式包括尺寸阵列、方向阵列、轴阵列、填充阵列、表阵列、参照阵列等。

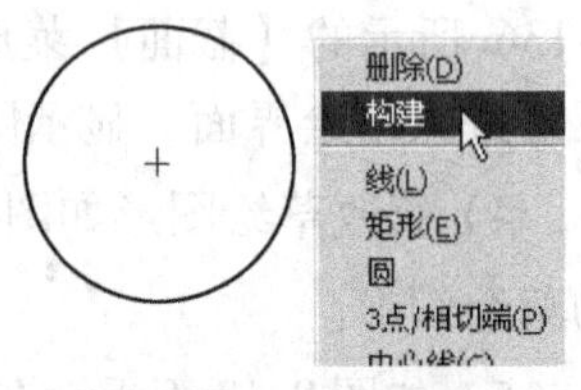

图 8-137　绘制虚线圆

特征阵列的基本操作步骤为：在图形窗口或模型树中选取要做阵列的特征，单击特征工具栏的“阵列工具” 按钮，或选取要做阵列的特征，单击鼠标右键，在弹出的菜单中选择【阵列】命令，或选取特征，选取主菜单【编辑】→【阵列】命令，系统弹出图 8-138 所示的阵列操控板，在其中定义阵列方式、阵列参照和阵列参数后，单击操控板的 按钮，即可完成特征阵列。

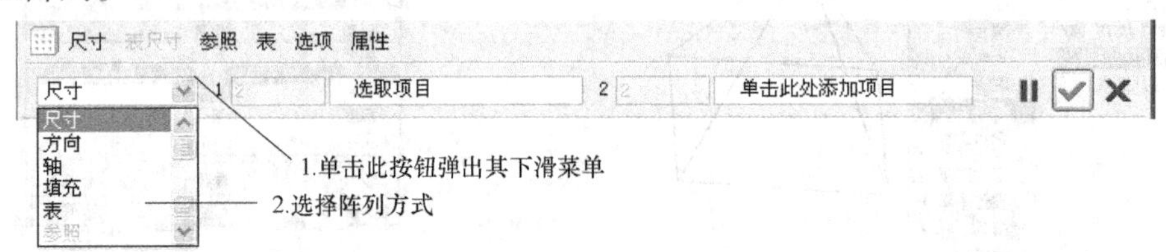

图 8-138　阵列操控板

1. 尺寸阵列

打开文件“ch8\ex22. prt”，如图 8-139a 所示，现在要对其上的一个线性孔作阵列。

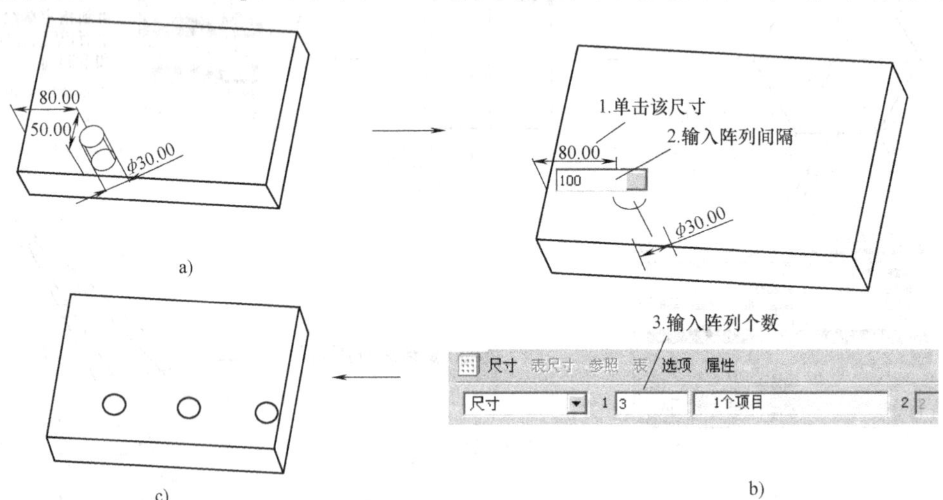

图 8-139　创建矩形尺寸阵列

1）选取模型上的孔特征，单击按钮，弹出图 8-138 所示的阵列操控板，默认其【尺寸】阵列方式，信息提示区提示 ➪选取要在第一方向上改变的尺寸。，单击尺寸“80”，如图 8-139b 所示输入阵列间隔和阵列个数，单击操控板✔按钮，得到图 8-139c 所示的阵列。

2）如图 8-140 所示在模型树中选取上面完成的阵列，单击鼠标右键，在弹出的菜单中选取【删除阵列】命令，将阵列删除，重新回到 8-139a 所示的图形。注意如果在弹出的菜单中选取【删除】命令，会将图 8-139a 所示的原始孔一并删掉，请慎用。

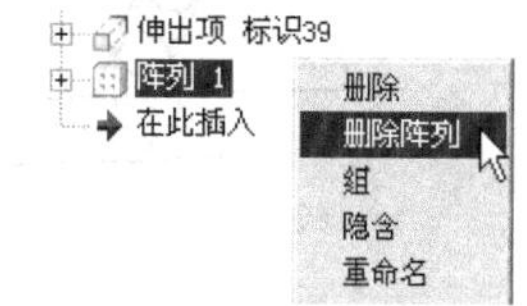

图 8-140 删除阵列

3）下面作两个方面的尺寸阵列选取孔特征，单击按钮，默认操控板的【尺寸】阵列方式，依照提示类似图 8-139b 那样单击尺寸“80”并输入阵列间隔 100 和阵列个数 3。如图 8-141a 所示，按住 Ctrl 键单击第一个方向上第二个需要改变的尺寸“50”，输入阵列间隔为“10”。

单击操控板的 尺寸 1 3 2个项目 2 单击此处添加项目，信息提示区提示 ➪选取要在第二方向上改变的尺寸，单击尺寸 50，如图 8-141b 所示输入该方向的阵列间隔 60。如图 8-141c 所示在操控板中可以再次调整阵列间隔和阵列个数，单击操控板的✔按钮，完成两个方向的特征阵列，如图 8-141d 所示。

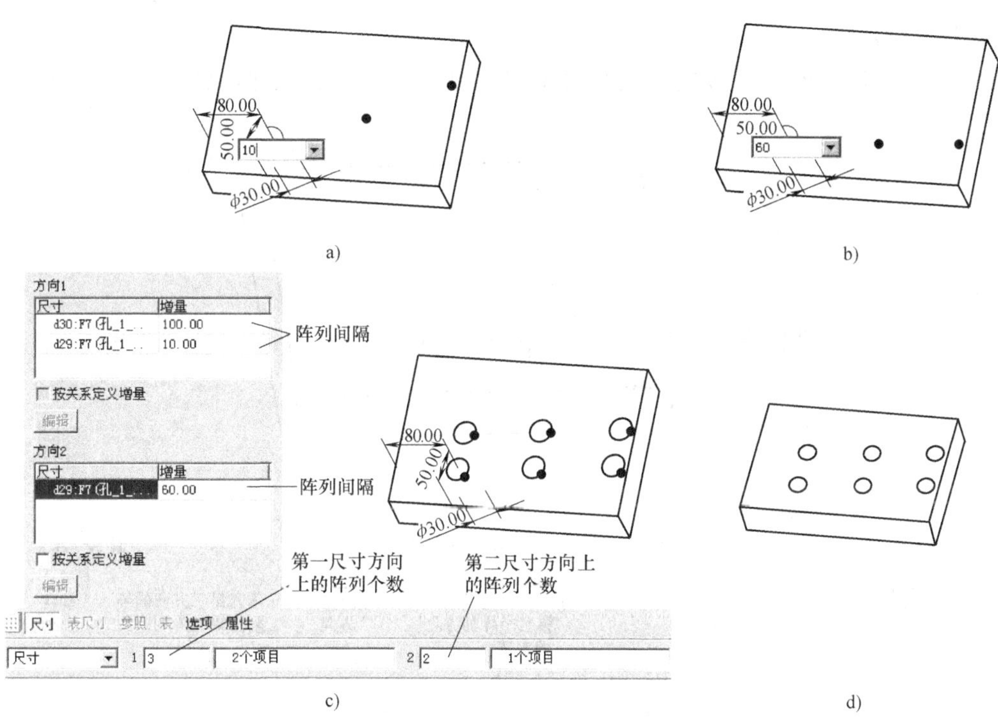

图 8-141 创建矩形尺寸阵列

4）采用尺寸阵列的方式，难于将一个线性孔作出环形阵列，只能将一个直径（或径向）孔做环形阵列。读者可以打开文件“ch8\ex23. prt”，如图 8-142 所示的步骤将其上的直径孔创建环形阵列。同样，对于一个直径孔，也不能采用“尺寸阵列”的方式作出矩形阵列。

2. 方向阵列

采用方向阵列可以灵活地创建矩形阵列，其对原始特征没有一定限制。

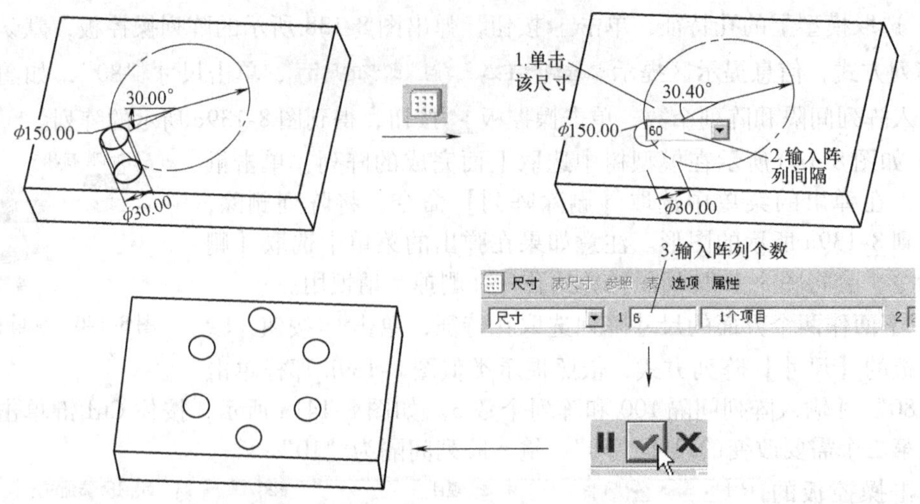

图 8-142　创建环形尺寸阵列

1）继续上面的例子，在模型树中选取图 8-142 所示的环形阵列，单击鼠标右键，在弹出菜单中选取【删除阵列】命令，将阵列删除。下面以“方向阵列”的方式对模型上的直径孔作矩形阵列。

2）选取孔特征，单击按钮，依照图 8-143a 所示的步骤，创建出图 8-143b 所示的矩形阵列。

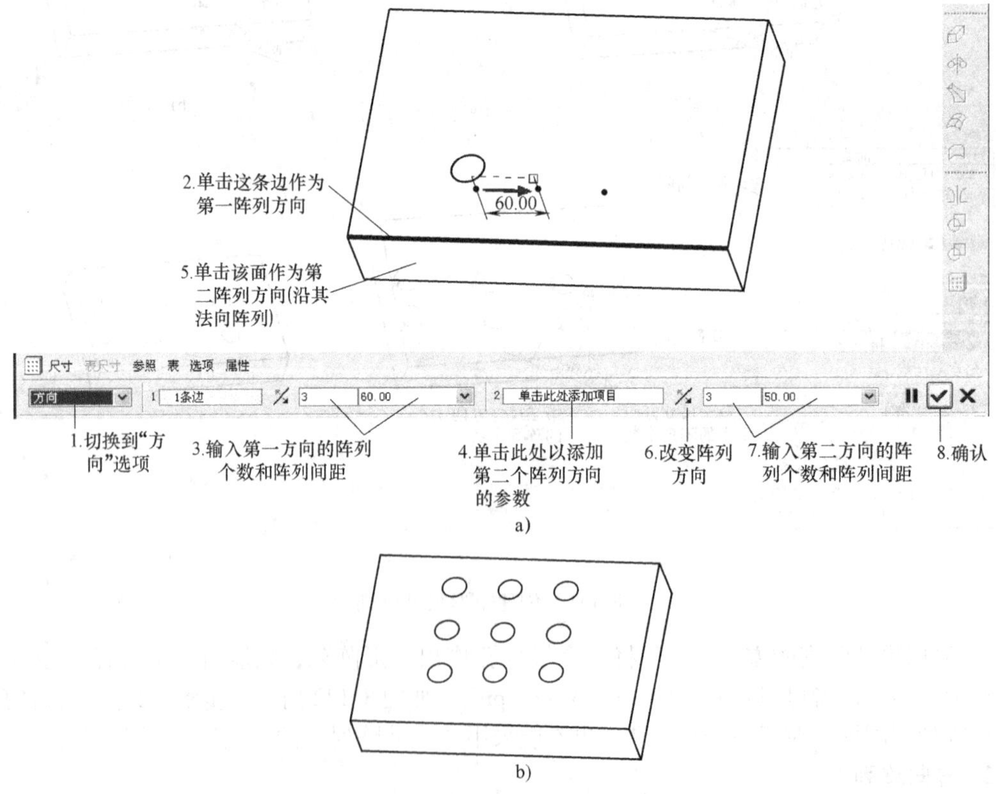

图 8-143　以“方向阵列”方式创建矩形阵列

单击按钮，在弹出的【保存对象】对话框中单击确定，保存当前文件。

3. 轴阵列

采用轴阵列可以灵活地创建环形阵列，而对原始特征没有一定限制。

打开文件“ch8\ex24. prt”，如图 8-144a 所示，接下来要对其上的耳朵形状做阵列。

1）如图 8-144b 所示，在模型树中选取耳朵形状的三个特征，单击鼠标右键，在弹出菜单中选择【组】命令，将这三个特征绑定为一组，图 8-144c 所示的是特征绑定成组后的模型树显示。

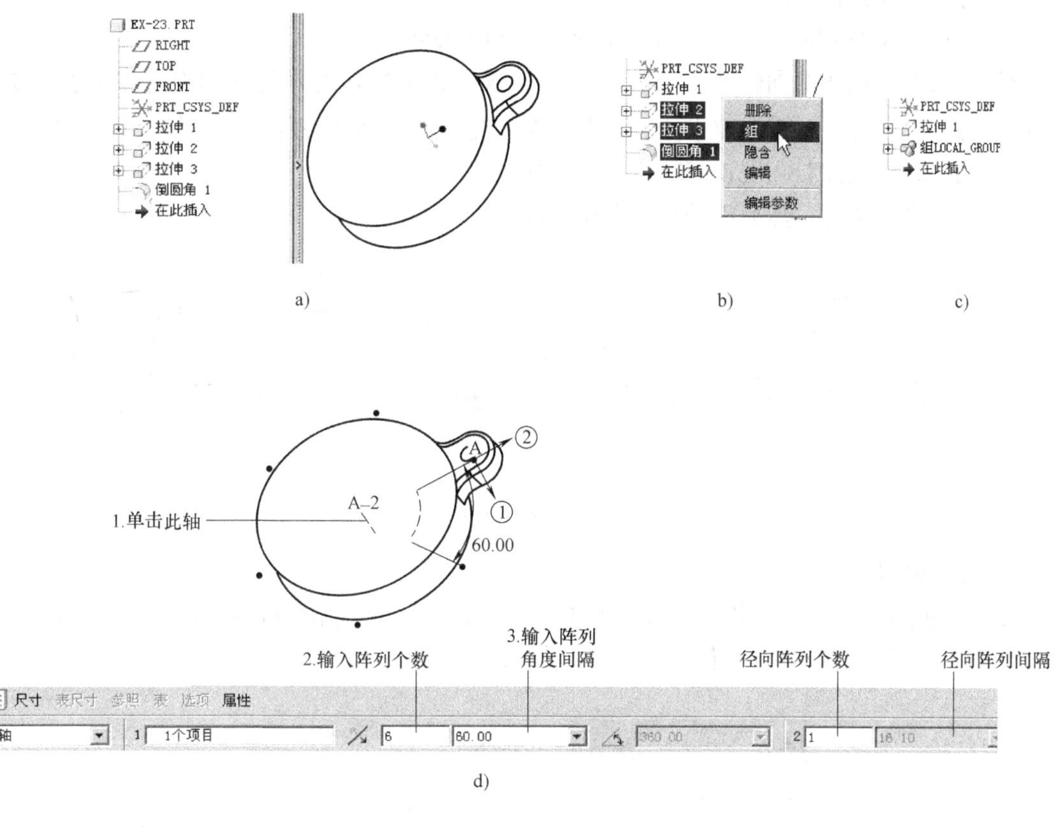

图 8-144 创建轴阵列

提示（特征成组）：

一次只能对一个特征作阵列，要想同时阵列几个特征，必须先将他们绑定为一组。
在进行复杂设计时，也经常需要将某些相关特征绑定成组。

2）在模型树中选取上面绑定的组“组 LOCAL_GROUP”，单击按钮，在操控板中将阵列方式切换到【轴】方式，信息提示区给出“选取基准轴来定义阵列中心”的提示，依照图 8-144d 所示定义阵列中心、阵列个数及阵列间隔，单击操控板按钮，完成特征阵列，如图 8-144e 所示。

4. 参照阵列

参照阵列，顾名思义，是指参照已有阵列生成阵列，请看下面的例子：

1）打开上面保存过的“ex23. prt”，如图 8-145a 所示。

2）创建如图 8-145b 所示的一个直径 45、深 15 的同轴孔。

3）选取上面创建的同轴孔，单击按钮，操控板中默认的阵列方式为【参照】方式，接受这一默认方式，无需定义任何阵列参数，直接单击操控板的按钮，即可参照图 8-145a中的阵列完成图 8-145d 所示的参照阵列。

4）保存当前文件，然后将其从内存中拭除。

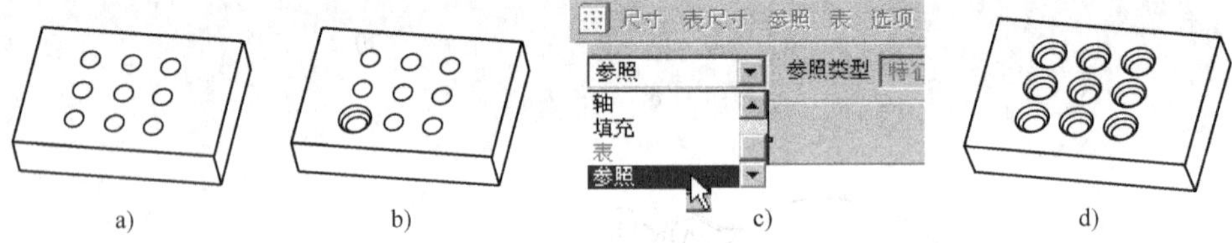

图 8-145　创建参照阵列

5. 填充阵列

采用填充阵列方式，其操控板如图 8-146a 所示，可以创建出图 8-146b、图 8-146c 所示形式的阵列。读者可以打开文件“ch8\ex25”自行完成。

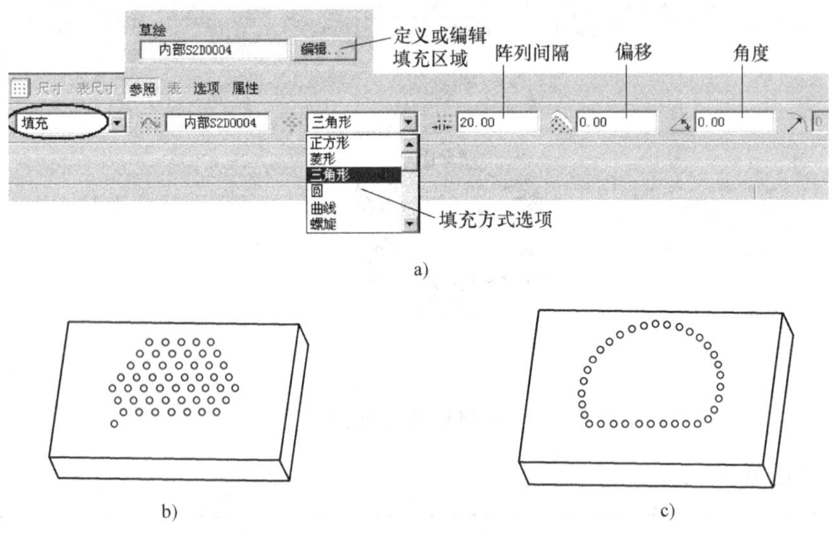

图 8-146　创建填充阵列

8.5.3　特征复制

选取主菜单【编辑】→【特征操作】命令后，在弹出的【菜单管理器】中显示如图 8-147a所示的【特征】菜单，选取其中的【复制】命令。显示如图 8-147b 所示的【复制特征】菜单，可以用各种方式进行特征的复制。这种操作是 Pro/E 野火之前版本进行特征复制的基本操作方式，野火版提供了更为简便快捷的特征复制工具、和，使用这三个工具能满足绝大多数的使用要求。

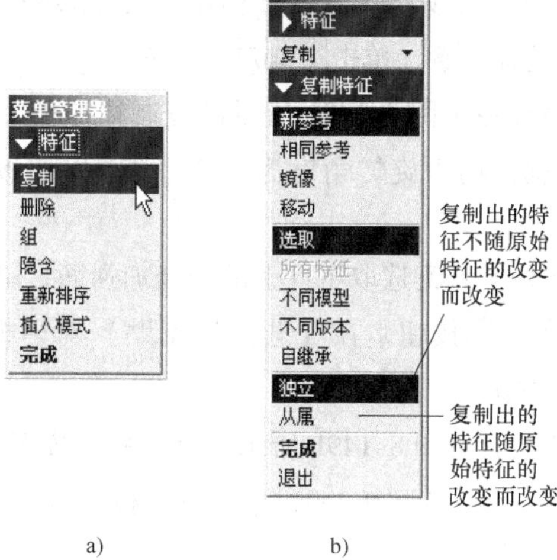

图 8-147　特征复制

1. 特征的“复制”与“粘贴”

打开文件“ch8 \ ex26. prt”，如图 8-148a所示。下面要在零件前后侧面上复制出与底面上相同的方孔，其操作步骤如下：

1）在图形窗口或模型树中选取方孔特征（一个拉伸特征），单击主工具栏的复制工具按钮。

2）单击主工具栏的粘贴工具按钮，出现拉伸特征操控板，如图 8-148b 所示单击操控板的放置按钮，单击其上滑面板的编辑...按钮，弹出【草绘】对话框，选取图 8-148c 所示的面作为草绘平面，接受默认的草绘方向和参照面，单击【草绘】对话框的草绘按钮后，进入草绘界面。

3）如图 8-148d 所示将草绘图形点放在绘图平面的任意位置，稍微调整尺寸如图 8-148e 所示。单击草绘工具栏的✔按钮，退出草绘界面。单击【草绘】对话框的确定按钮。

4）单击操控板的✔按钮，完成特征复制，得到图 8-148f 所示的模型。

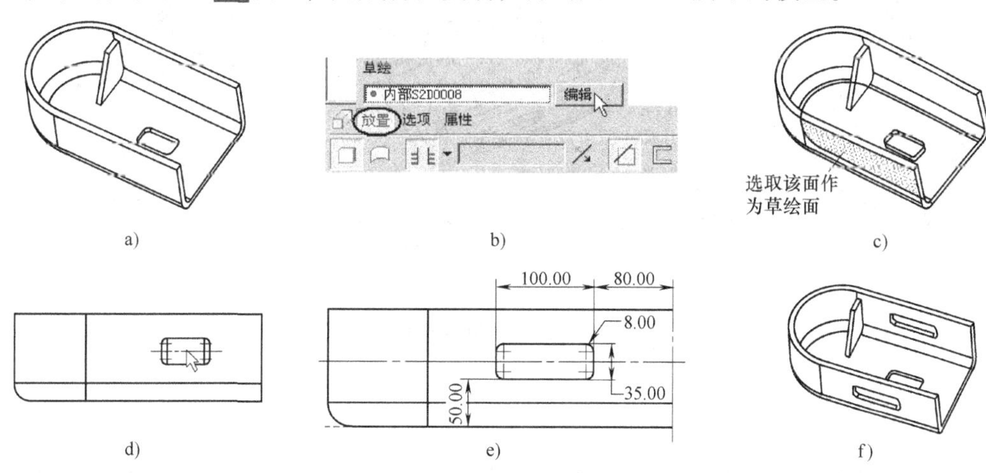

图 8-148　特征的复制与粘贴

2. 特征的复制与选择性粘贴

继续上面的例子，接下来复制加强筋特征，使用复制工具与选择性粘贴工具可以在复制特征的同时对特征进行移动和旋转变换，其操作步骤如下：

1）在图形窗口或模型树中选取筋特征，单击主工具栏的复制工具按钮。

2）单击主工具栏的选择性粘贴工具按钮，弹出【选择性粘贴】对话框，如图 8-149a 所示进行选择设置，单击 确定 按钮。

3）系统弹出图 8-149b 所示的复制操控板，按下按钮以进行旋转复制，单击轴 A_1 作为旋转轴，输入旋转角度为 180，单击操控板的按钮，完成旋转复制，如图8-149c 所示。

4）按住 Ctrl 键选取零件上的两处加强筋，单击复制工具按钮。

5）单击按钮，在【选择性粘贴】对话框中进行图 8-149a 所示的选择设置，单击 确定 按钮。

6）再次打开图 8-149b 所示的操控板，按下↔按钮以进行平移复制，单击图 8-149d 所示的边，输入平移距离 200，单击操控板的按钮，完成平移复制，如图 8-149e 所示。

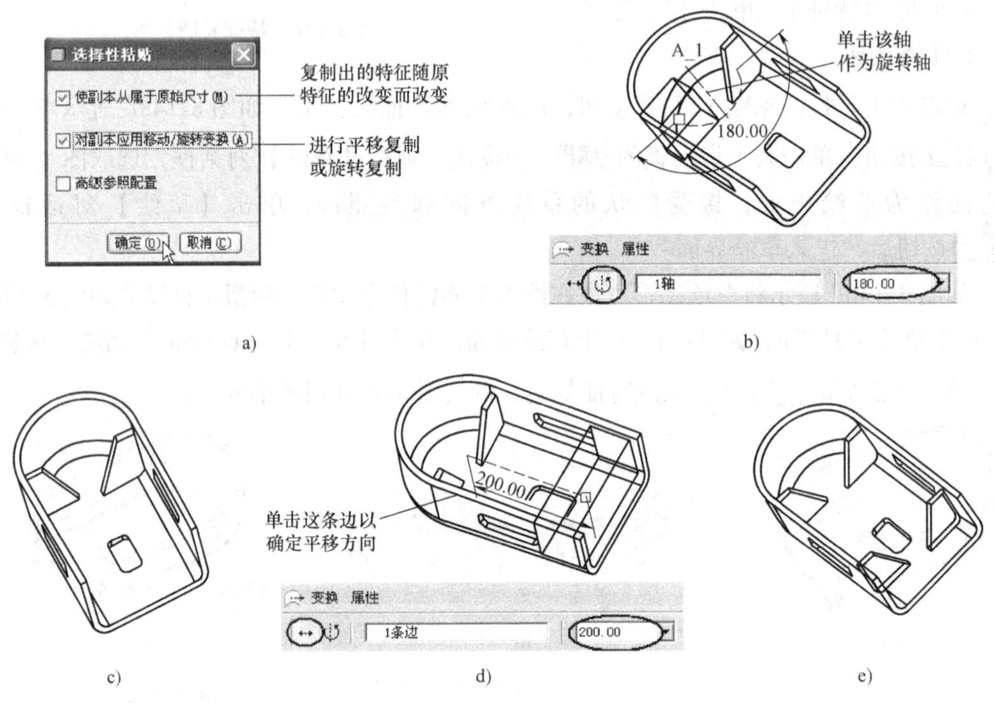

图 8-149　特征的复制与选择性粘贴

8.5.4　特征镜像

特征镜像的操作非常简单，在 8.3.5 节的例子中曾经用镜像工具创建了对称的筋特征，这里不再赘述。

8.5.5　模型缩放

在设计时往往需要对设计的模型进行整体缩放，其操作步骤如下：

选择主菜单【编辑】→【缩放模型】命令，在信息提示区 输入比例[1.0000]: 2 中输入缩放比例并回车。弹出图 8-150 所示的模型缩放【确认】对话框，单击对话框的 是 按钮，系统重新计算并生成整体缩放后的模型。

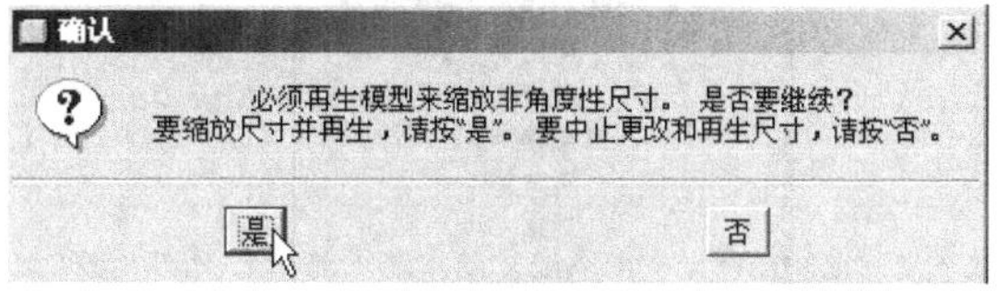

图 8-150　模型缩放【确认】对话框

8.5.6　特征排序

打开文件“ch8\ex27. prt”，如图8-151所示。该模型是一个简单的水杯，由旋转、倒圆角、扫描、抽壳四个特征组成。

1. 创建剖截面

为了查看图 8-151 所示模型的内部结构，下面对模型作剖截面。

1）单击主工具栏的“启动视图管理器” 按钮，系统打开图 8-152 所示的【视图管理器】对话框，切换到【X 截面】选项卡。单击其中的【新建】按钮以创建剖截面，在名称栏输入剖截面名称为“A”并回车，在弹出的【菜单管理器】中依次选择【平面】→【单一】→【完成】命令（意指沿一个单一的平面剖开模型）。在图形窗口单击 TOP 面作为剖截位置，这样便在零件上创建了沿 TOP 面的剖截面“A”。

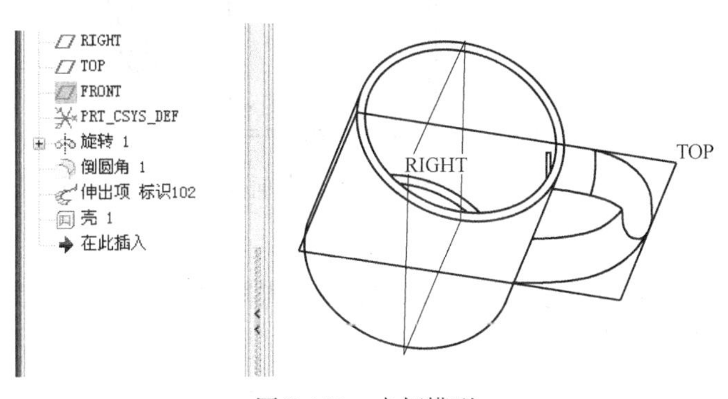

图 8-151　水杯模型

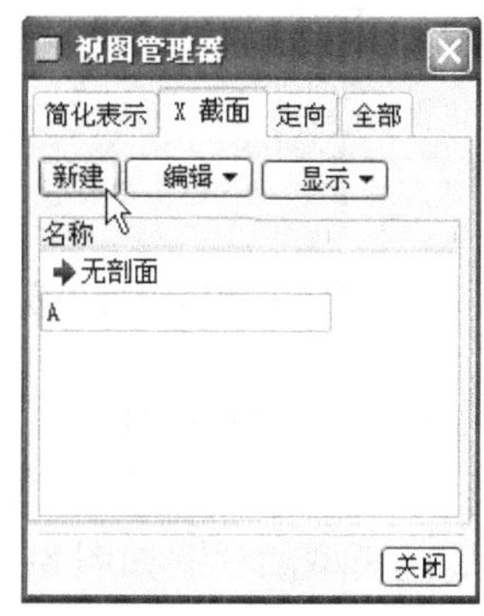

图 8-152　【视图管理器】对话框

2）如图 8-153 所示，在【视图管理器】对话框中选取“A”剖面，单击鼠标右键，在弹出菜单中选择【设置为活动】命令，系统将模型沿 A 剖面剖开，只显示 A 剖截面一侧的图形。

3）如图 8-154 所示选取【视图管理器】中的菜单【显示】→【反向】命令，窗口中显示 A 剖截面另一侧的图形。

4）再次选取“A”剖面，单击鼠标右键，在弹出菜单中选择【可见性】命令，“A”剖截面上显示出剖面线。

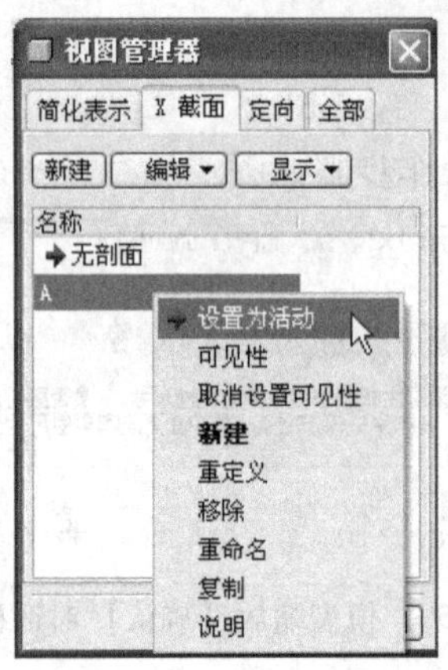

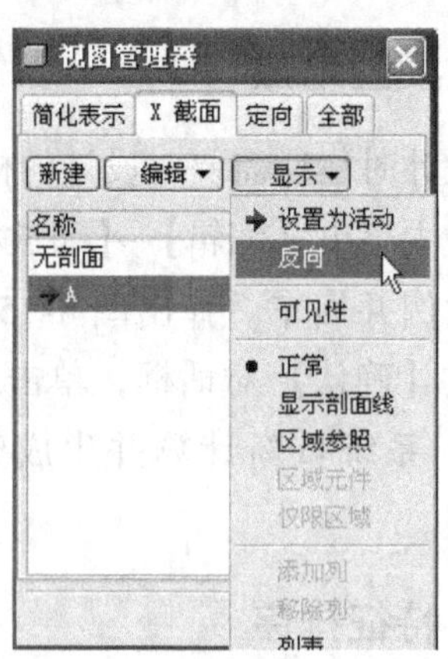

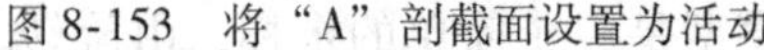

图 8-153　将“A”剖截面设置为活动　　　　图 8-154　显示剖截面另一侧的图形

5）如图 8-155 所示将模型切换到 TOP 视角，显示状态为线框显示且不显示隐藏线。图 8-156 所示的是经过上面的一系列设置后的模型显示。从图 8-156 所示的剖视图上看出，手柄部分也作了抽壳处理，其结构明显不合理。究其原因是手柄部分理应在抽壳之后添加。遇到这种情况，不必删除特征重新设计，可以通过调整特征次序来修改模型。

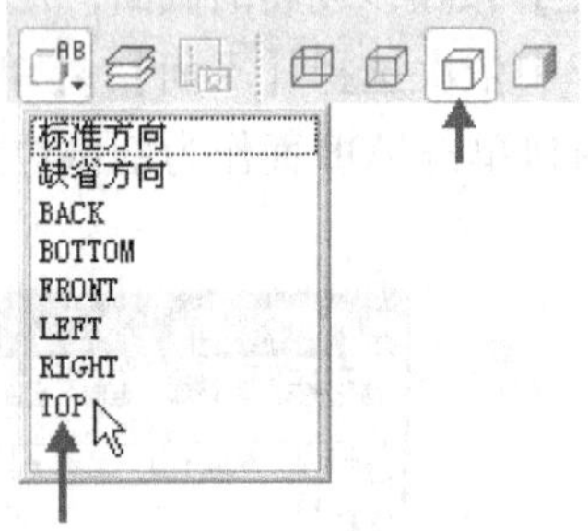

图 8-155　切换视角和模型显示状态

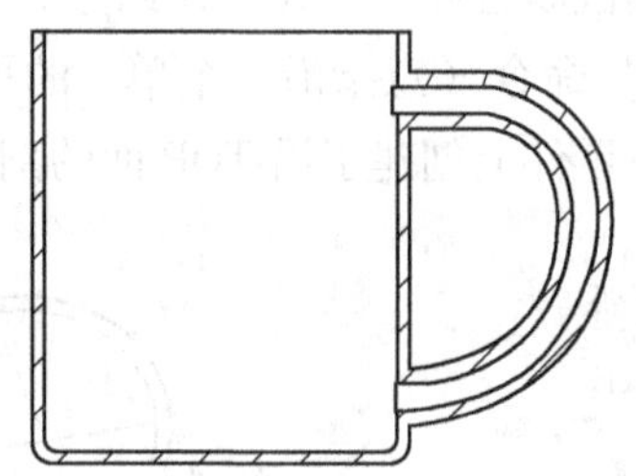

图 8-156　沿 A 剖截面剖开后的模型显示

2. 调整特征次序

1）如图 8-157 所示在模型树中调整特征的次序，将抽壳特征拖放到扫描特征之前，调整后的模型剖视图如图 8-158 所示，可以看出结构缺陷已经被消除。

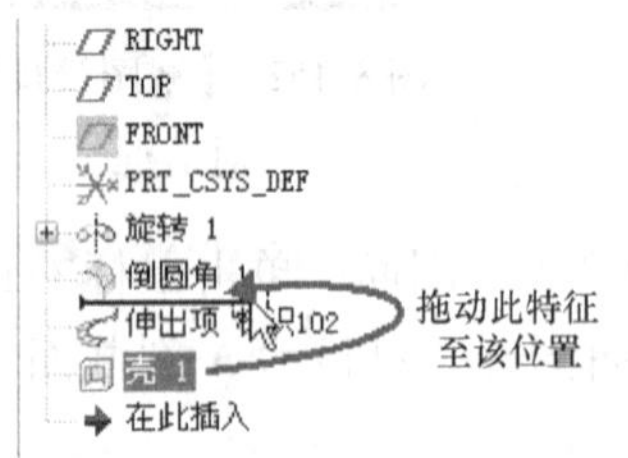

图 8-157　在模型树中调整特征的次序

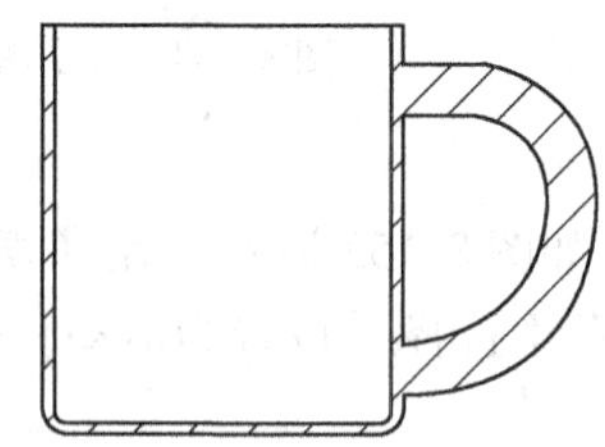

图 8-158　调整特征次序后的模型剖视图

2）在【视图管理器】中选取“A”剖面，单击鼠标右键，在弹出的菜单中选择【取消设置可见性】命令，“A”剖截面上的剖面线消失。

3）在【视图管理器】中选取【无剖面】命令，单击鼠标右键，在弹出的菜单中选择

【设置为活动】命令，图形窗口中重新显示模型的完整状态，如图 8-159 所示。

4）将【视图管理器】对话框关闭。

5）保存当前文件。

3. 插入特征

如果在设计中就预见到会有上述问题，可以在创建抽壳特征时，不直接将其放在扫描特征之后，而是将其插入到扫描特征之前。其操作步骤为：

1）打开文件“ch8\ex28. prt”，如图 8-160 所示，接下来创建模型上的抽壳特征。

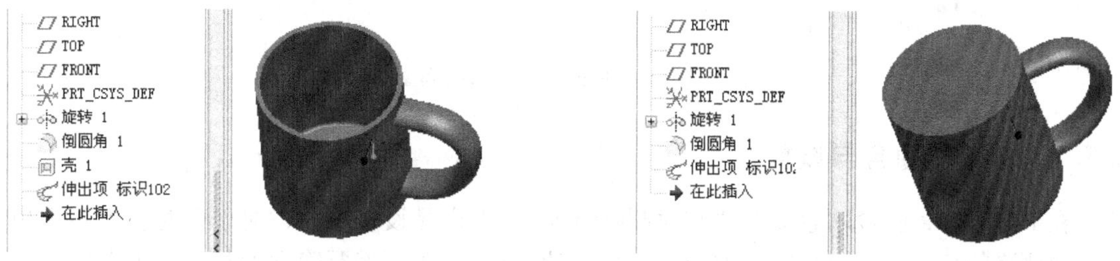

图 8-159　调整特征次序后的模型　　　图 8-160　插入特征前的模型

2）如图 8-161a 所示，在模型树中将“在此插入”拖拽到扫描特征之前。图 8-161b 所示为经这一步操作后的模型及模型树显示。

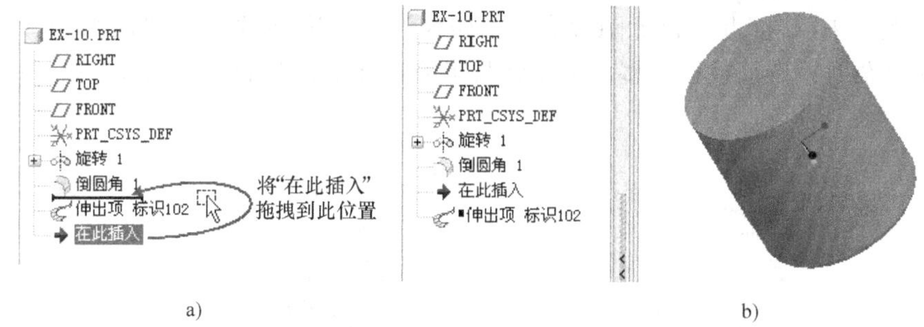

图 8-161　在模型树中调整创建特征的位置

3）创建如图 8-162 所示的抽壳特征。

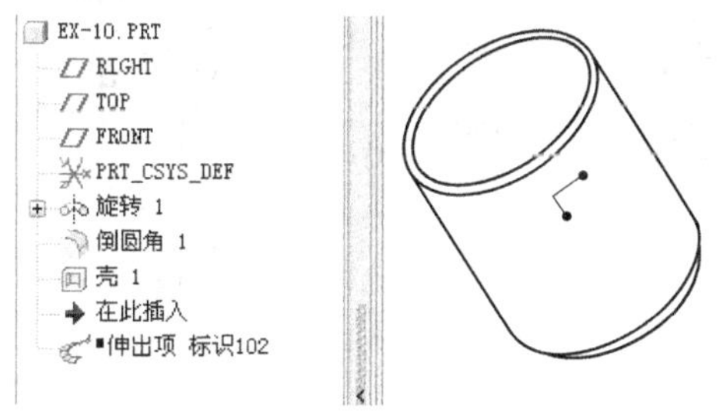

图 8-162　创建抽壳特征

4）如图 8-163a 所示将“在此插入”拖拽到模型树最下方，完成插入特征的操作，得到图 8-163b 所示的模型，从图 8-163b 的模型树中看出，该模型不存在图 8-156 所示的设计缺陷。

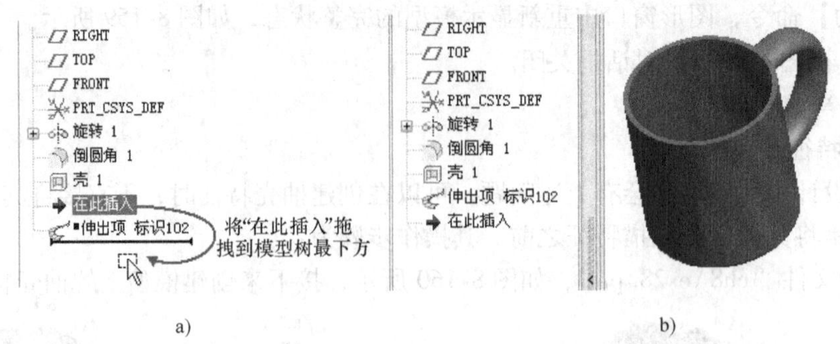

a)　　b)

图 8-163　完成插入特征后的模型

8.5.7　特征的隐含与恢复

在 Pro/E 中，隐含的意义是“临时删除特征”。在产品设计阶段，对于暂时认为不理想且需要删除的特征，可以如图 8-164a 所示，在模型树中选取需要隐含的特征，单击鼠标右键，在弹出的菜单中选取【隐含】命令，在弹出的【隐含】对话框中单击 确定 按钮。这样，这些特征被临时删除，接下来可以尝试另外的设计方案。

隐含的特征一旦在后续设计中有需要，还可以如图 8-164b 所示在模型树中选取这些被隐含的特征，单击鼠标右键，在弹出的菜单中选取【恢复】命令。这样就可以将前面被隐含的特征“找回来”。因此，特征隐含功能有如为设计师准备的一剂“后悔药”。另外，当零件结构很复杂时，特征数目很多，可以将与当前设计不相关的特征隐含起来，以提高运算速度。

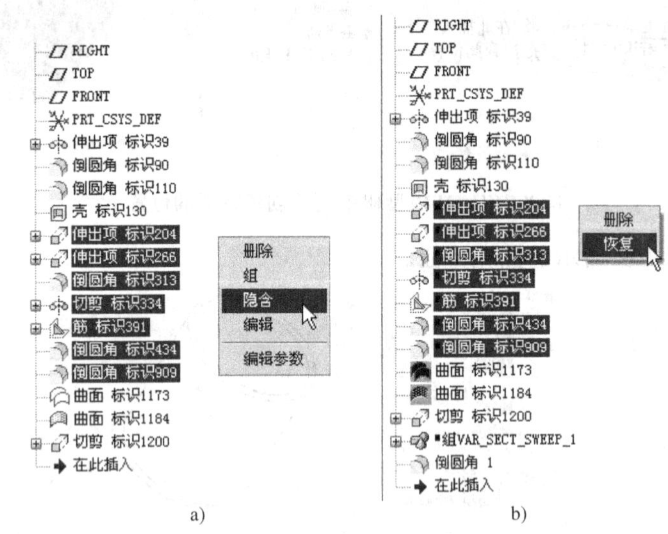

a)　　b)

图 8-164　特征的隐含与恢复

8.5.8　改变特征参照

在创建特征时，往往需要定义草绘平面、参照面和草绘参照，其中草绘平面和参照面由进入草绘界面之前的【草绘】对话框定义，草绘参照由进入草绘界面之后的【参照】对话框定义。这样，就产生了特征间的父子关系。当删除或修改父特征时，子特征因为失去参照也无法存在，若要继续保留子特征就需要改变特征参照以断开父子关系。

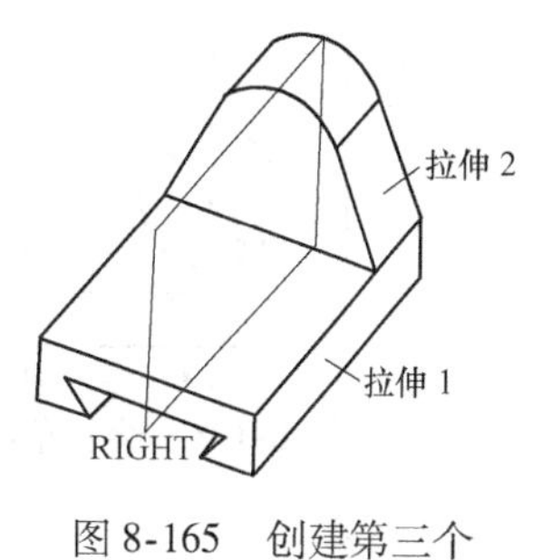

图 8-165　创建第三个拉伸特征的模型

1）打开文件“ch8 \ ex29. prt”，如图 8-165 所示，该模型由两个拉伸特征组成。接下来创建第三个拉伸特征。

2）单击按钮，单击操控板的放置按钮，单击定义...按钮，系统打开【草绘】对话框，如图 8-166 所示选取拉伸 1 的上表面为草绘平面，接受默认的草绘方向，选取 RIGHT 面为参照面并使其方向为“底部”，单击对话框的草绘按钮，进入草绘界面。

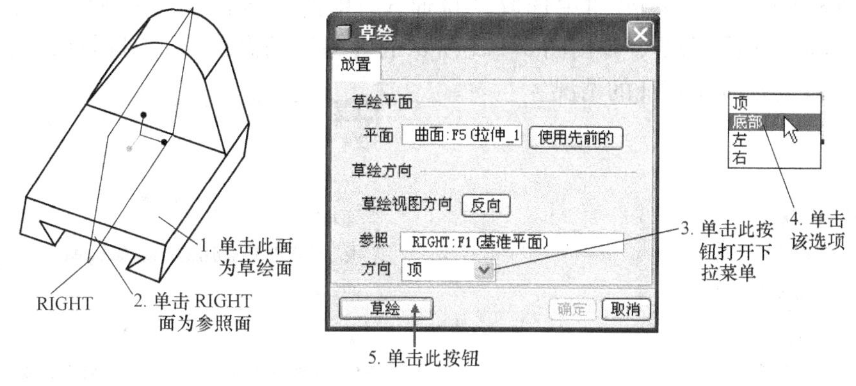

图 8-166　定义草绘平面和参照面

3）系统打开【参照】对话框，如图 8-167 所示设定草绘的垂直和水平参照分别为 RIGHT 面和拉伸 2 的一个表面，关闭【参照】对话框。

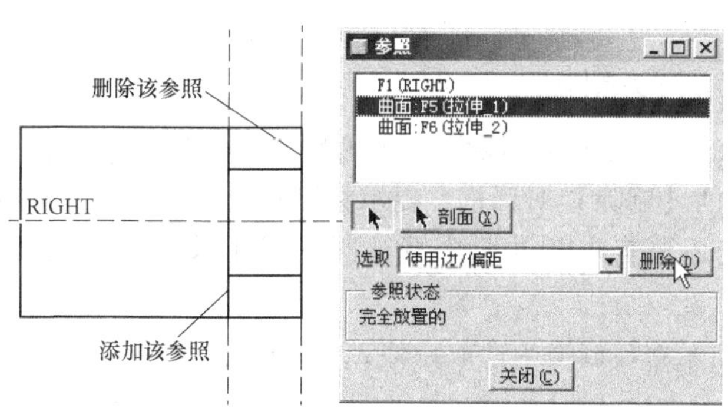

图 8-167　定义草绘参照

4）绘制图 8-168 所示的图形（一个圆），单击草绘工具栏的按钮，退出草绘界面。

5）在操控板中定义拉伸高度为“8”，单击操控板的按钮，得到图 8-169 所示的模型。

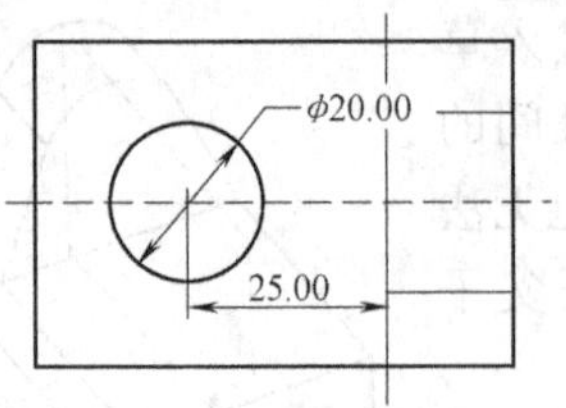

图 8-168　绘制草绘图形

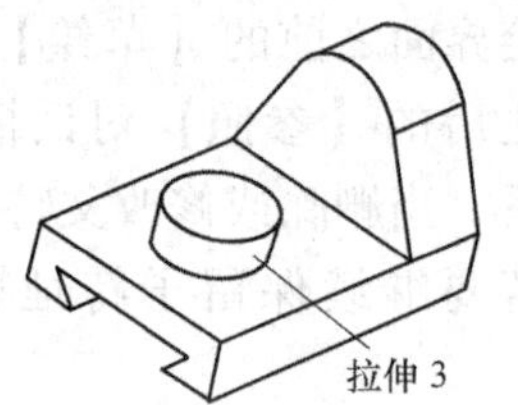

图 8-169　添加拉伸 3 后的模型

提示：

> 由于在创建拉伸 3 时以拉伸 1 的一个面为草绘平面、以 RIGHT 面为参照面、以 RIGHT 面和拉伸 2 的一个面作为草绘参照，因此拉伸 1、RIGHT 面和拉伸 2 成为拉伸 3 的父特征，而拉伸 3 成为它们的子特征。

6）如图 8-170 所示在模型树中选取“拉伸 3”单击鼠标右键，在弹出的菜单中选择【信息】→【父项/子项】命令，弹出图 8-171 所示的【参照信息窗口】对话框，从中可以了解所选特征的父特征及子特征的情况。

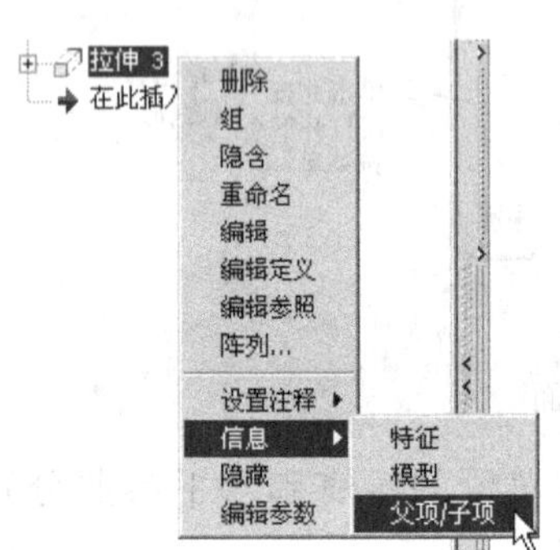

图 8-170　查看特征的父子关系信息

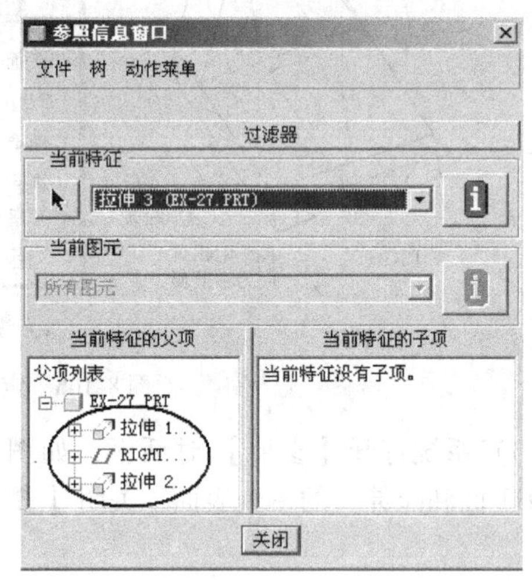

图 8-171　【参照信息窗口】对话框

7）单击“拉伸 2”，单击鼠标右键，在弹出的菜单中选取【删除】命令，拉伸 3 亮显，并弹出图 8-172 所示的【删除】对话框，提示在删除拉伸 2 时，其子特征拉伸 3 也将被删除。欲保留拉伸 3，必须首先断开两个特征间的父子关系，因此在这里选择对话框的 取消 按钮。

8）如图 8-173 所示在模型树中选取拉伸 3，单击鼠标右键，在弹出的菜单中选取【编

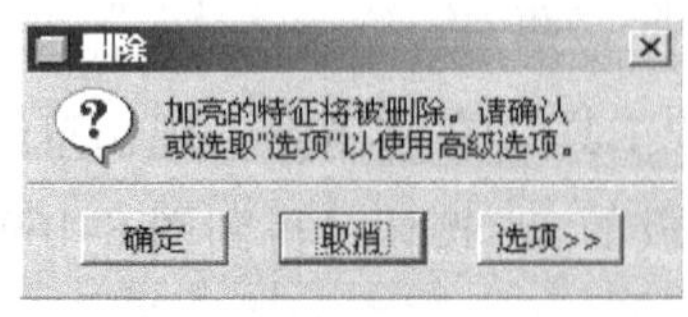

图 8-172　【删除】对话框

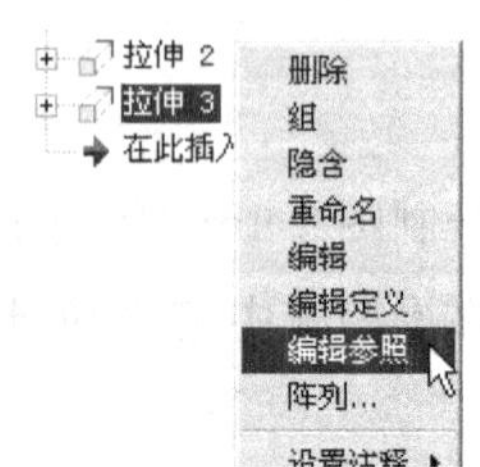

图 8-173　重新定义特征的参照

辑参照】命令，信息提示区提示是否恢复模型? 否，输入“否”并回车，系统依次亮显拉伸 3 的所有参照（拉伸 1 的上表面、RIGHT 面、RIGHT 面、拉伸 2 的侧表面），同时在【菜单管理器】中显示图 8-174 所示的【重定参照】菜单，由于不必改变前三个参照，因此在亮显之时选取【重定参照】菜单中的【相同参照】命令，当亮显第四个参照时，选取 FRONT 面替换之。图 8-175 所示的是替换参照后的模型。

图 8-174　【重定参照】菜单

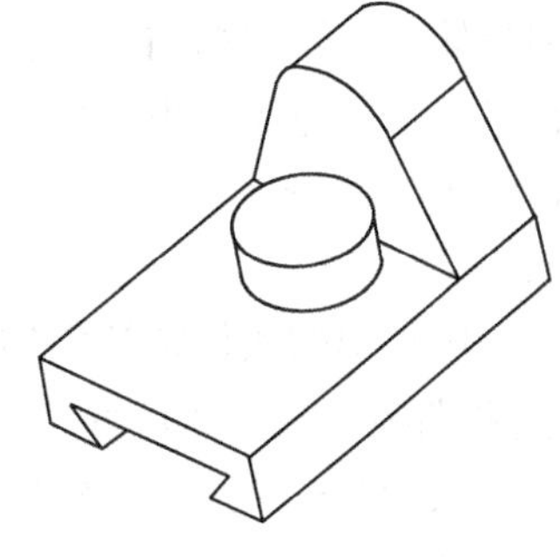

图 8-175　替换参照后的模型

9）通过上面操作断开了拉伸 2 和拉伸 3 之间的父子关系，之后便可以单独删除拉伸 2 而对拉伸 3 没有影响。

提示：

- 在设计过程中，应尽量减少不必要的父子关系。
- 当修改父特征之后，可能造成子特征的某些参照丢失而无法生成模型，这时系统会打开图 8-176a 所示的【诊断失败】对话框，同时在【菜单管理器】中显示图 8-176b 所示的【求解特征】菜单，这时可以选择菜单的【快速修复】→【重定参照】命令，以与上面类似的方法改变特征参照，从而修复模型。
- 隐含特征时，其子特征也将被隐含。
- 调整特征次序是有限制的，不能试图将子特征调整到其父特征之前，除非事先断开了两者之间的父子关系。

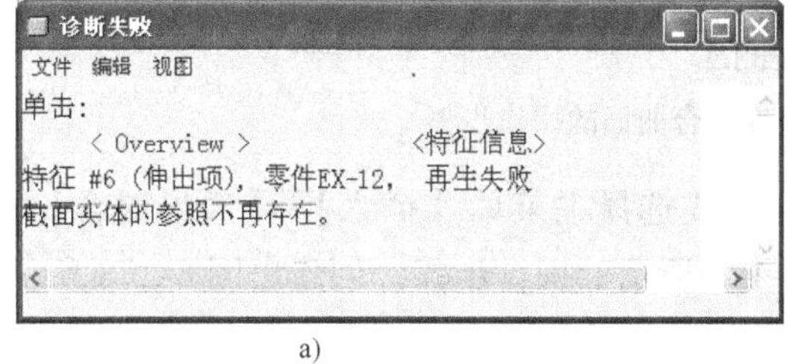

a)

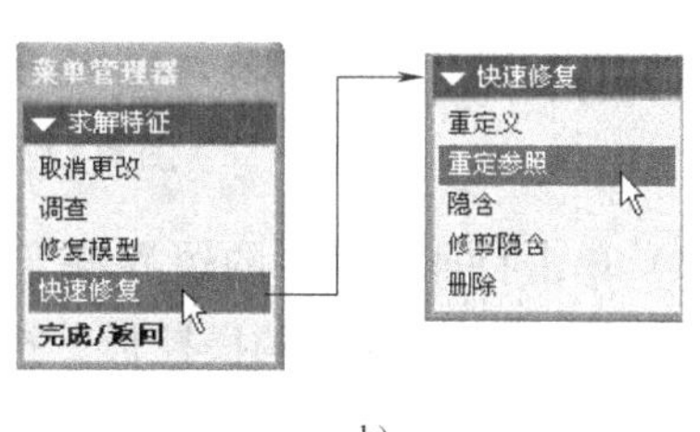

b)

图 8-176　诊断失败的处理

8.6　曲面特征

采用前面介绍的实体特征可以方便迅速地创建较为规则的三维实体。对于复杂程度较高的零件，单单使用实体特征来建立有时候会很困难，因为实体特征的创建方式较为固定。这时可以借助于曲面特征，曲面特征提供了非常弹性化的方式来创建许多单一曲面，由于曲面具有很强的可操作性，可以将许多单一曲面集成为完整无缝的曲面模型，最后可将一无缝曲面转为实体，或通过曲面加厚的方式创建复杂的薄壳状零件。

8.6.1　曲面特征命令简介

1. 拉伸、旋转、扫描、混合曲面

前面介绍过采用拉伸、旋转、扫描、混合等方式生成实体，利用这些特征创建工具，也能生成相应的曲面特征，只需在操控板中单击选项，或选取相应命令的 曲面(S)... 菜单子项即可，这里不再赘述。

2. 边界混合曲面

当零件的外形难以用常用的实体特征创建时，可以先勾画其外形上的关键型线，然后用边界曲面工具将这些曲线围成一张曲面，再进一步生成实体。

1）打开文件“ch8\ex30. prt”，如图 8-177 所示，图形窗口显示有 8 条曲线，这些曲线都是使用草绘工具和基准曲线工具创建的，读者可以自行完成。接下来使用这几条曲线构造一张边界混合曲面。

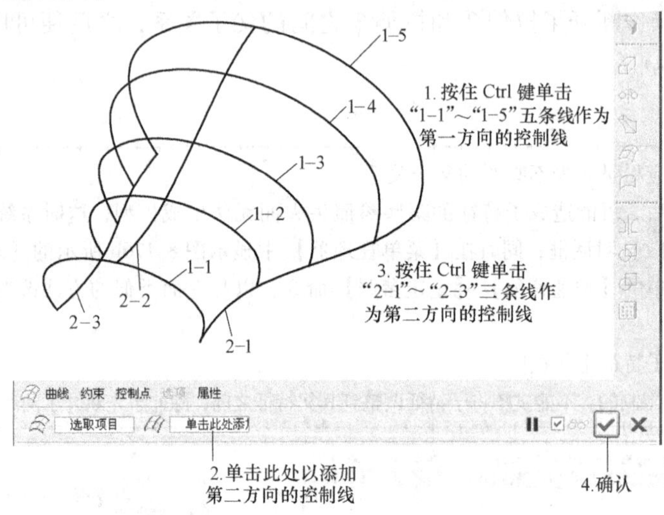

图 8-177　创建边界混合曲面的操作步骤

2）单击特征工具栏的边界混合工具，或选择主菜单【插入】→【边界混合】命令，系统弹出边界混合曲面的操控板，执行图 8-177 所示的操作步骤，创建出图 8-178 所示的一个曲面。

3. 曲面延伸

继续上面的例子，如图 8-179a 所示单击曲面的一条边，选择主菜单【编辑】→【延伸】命令，系统打开图 8-179b所示的操控板，确定延伸距离（50）后，单击操控板的按钮，延伸后的曲面如图 8-179c 所示。

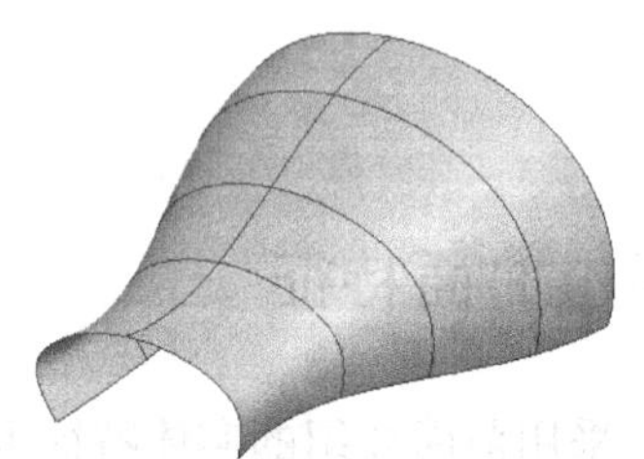

图 8-178　创建的边界混合曲面

4. 曲面修剪

继续上面的例子，如图 8-180a 所示创建一个拉伸曲

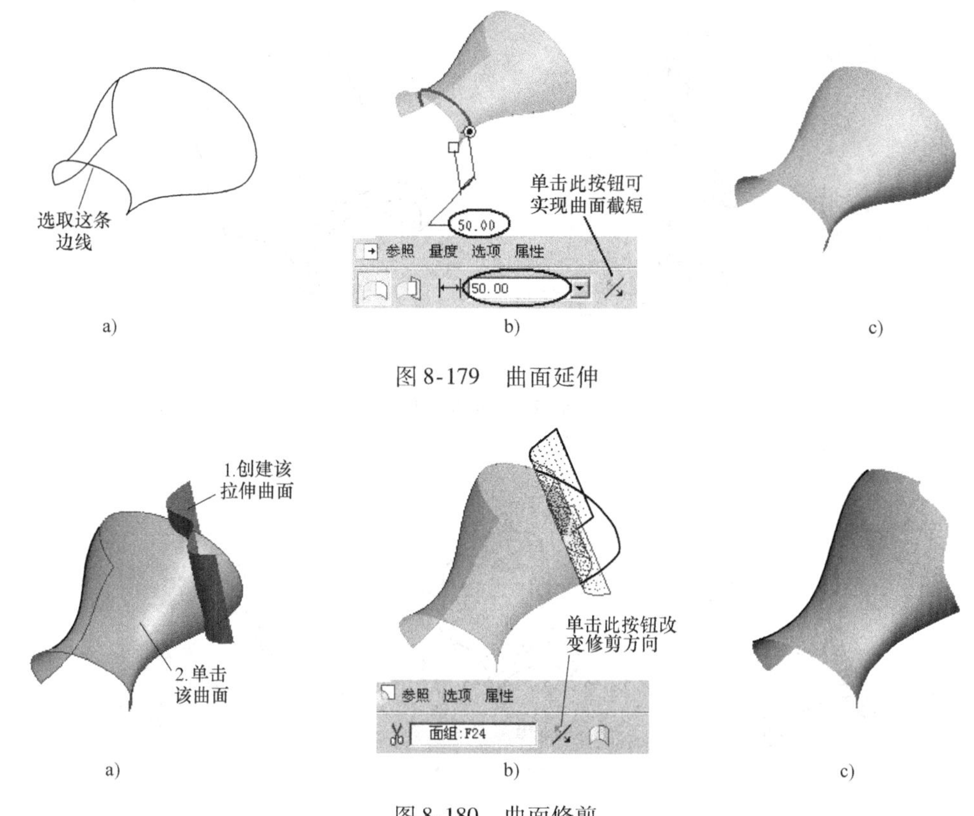

图 8-179　曲面延伸

图 8-180　曲面修剪

面，接下来要用这个拉伸曲面去修剪前面创建的边界曲面。

单击边界曲面，单击特征工具栏的修剪工具按钮，或选择主菜单【编辑】→【修剪】命令，系统弹出图 8-180b 所示的操控板，同时在信息提示区提示**➪选取任意平面、曲线链或曲面以用作修剪对象。**，单击拉伸曲面，单击操控板的✔按钮，修剪后的曲面如图 8-180c 所示，其中已将拉伸曲面隐藏。

5. 曲面加厚

创建曲面特征往往不是设计的最终目的，而是通过上面一些弹性很强的操作设计出理想的曲面之后，将曲面加厚，得到实体模型，这往往才是设计的最终目的。

单击图 8-180c 所示的曲面，选择主菜单【编辑】→【加厚】命令，系统弹出图 8-181a 所示的操控板，定义厚度为“20”，单击操控板的✔按钮，得到曲面加厚后的实体模型，如图 8-181b 所示。

6. 曲面偏移

曲面偏移可以将一个曲面（或模型的某一表面）偏移后生成一个新的曲面。

单击图 8-182a 所示的模型上表面，选择主菜单【编辑】→【偏移】命令，系统弹出图 8-182b所示的操控板，定义偏移距离为“100”，单击操控板的✔按钮，得到一个偏移曲面，如图 8-182c 所示。

7. 曲面合并

通过曲面的两两合并，可以将多个曲面变成一张曲面，详细操作参见 8.6.4 的范例。

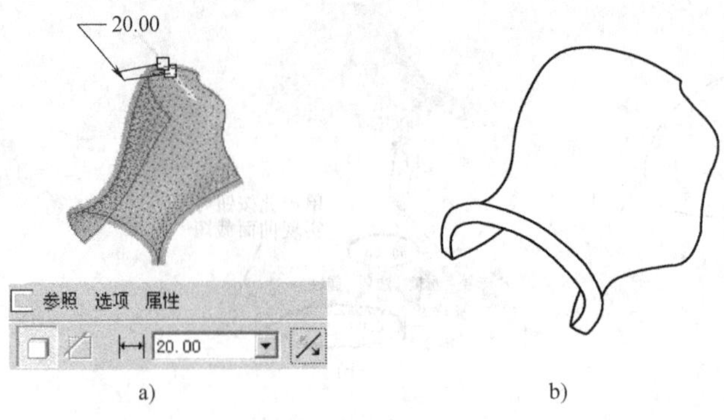

图 8-181 曲面加厚

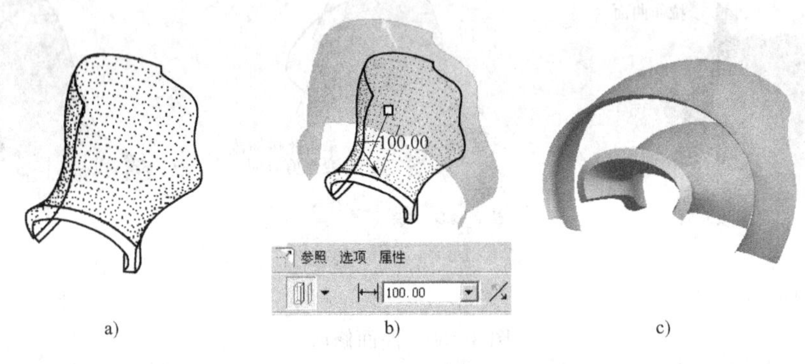

图 8-182 曲面偏移

8. 曲面实体化

将一张封闭曲面添加（或去除）材料，生成实体模型，详细操作参见 8. 6. 4 的范例。

8. 6. 2 层的使用

对于一个复杂的零件，其特征数量可能会很多，其中除了表征具体形状的实体特征之外，还会有大量的基准特征、曲线、曲面特征。所有这些特征都显示在界面上，会显得非常混乱，经常妨碍正常的设计操作。使用工具可以切换基准特征的显示或隐藏；选取某一特征，单击鼠标右键，在弹出的菜单中选取【隐藏】（或【取消隐藏】）命令也可以单独控制特征的显示与否。当特征数目非常多时，使用层工具可以更有效地管理不同类型的特征和控制各类特征的显示状态。

如果导航选项卡显示的是模型树，则如图 8-183a 所示选择导航选项卡上的【显示】→【层树】命令，导航选项卡中显示图 8-183b 所示的层树（单击主工具栏上的按钮，也可以在模型树和层树间切换），其中列出的是系统默认的一些层。

如图 8-183c 所示选择导航选项卡上的【层】→【新建层】命令，系统弹出图 8-183d 所示的【层属性】对话框，可以创建新层，并将某些特征放在该层中。

如图 8-183e 所示在层树中选取某一层，单击鼠标右键，在弹出的菜单中选取【隐藏】（或【取消隐藏】）命令，这样便能更为灵活地控制各类特征的显示状态。

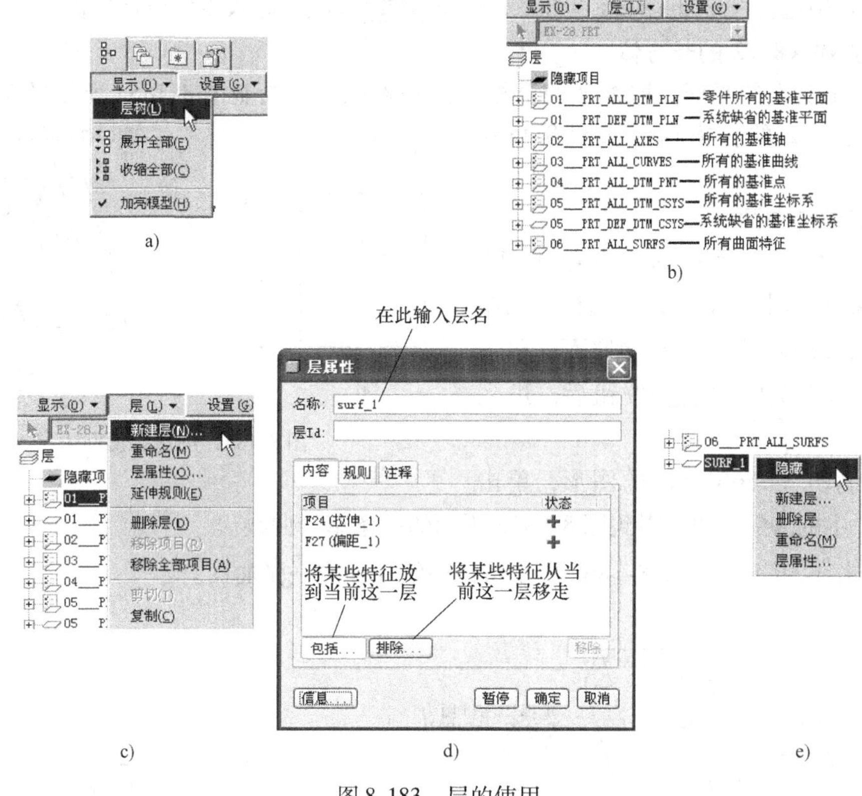

图 8-183　层的使用

8.6.3　曲面特征范例一

创建图 8-184 所示的零件。

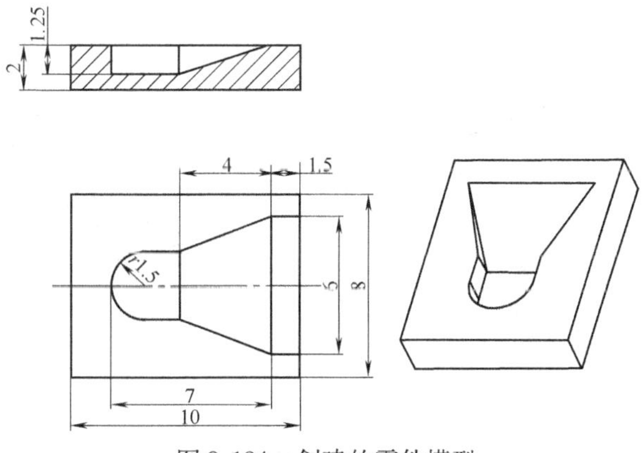

图 8-184　创建的零件模型

1. 新建零件文档

单击主工具栏中的按钮，在弹出的【新建】对话框中选择文件类型为 零件，子类型为 实体，在【名称】后的文本框中输入新零件的文件名称为“ex31”。取消选取 使用缺省模板，然后单击对话框中的 确定 按钮。在弹出的【新文件选项】对话框的

“模板”列表中选择“mmns_part_solid”，单击[确定]按钮，进入零件设计界面。

2. 创建 10×8×2 的长方体

以 TOP 面为草绘平面，取默认的草绘方向和参照面，绘制图 8-185a 所示的草绘图形，拉伸为高度为 2 的长方体，如图 8-185b 所示。

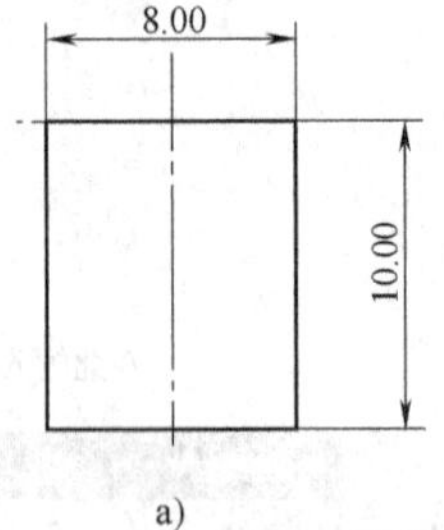

a)

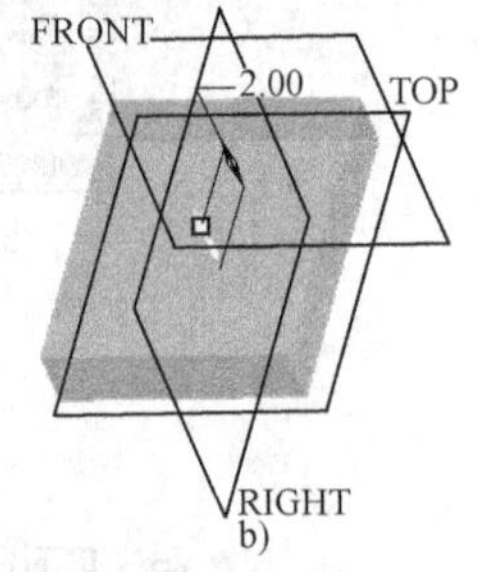

b)

图 8-185　创建的长方体

3. 创建拉伸曲面

1）单击特征工具栏的“草绘工具”按钮，系统弹出【草绘】对话框，如图 8-186a 所示选取草绘平面及参照面，单击【草绘】对话框的[草绘]按钮后，进入草绘界面。

2）绘制图 8-186b 所示的图形，单击草绘工具栏中的✔按钮，得到图 8-186c 所示的一条草绘曲线。

3）单击按钮，如图 8-186d 所示将该曲线拉伸成一张曲面。

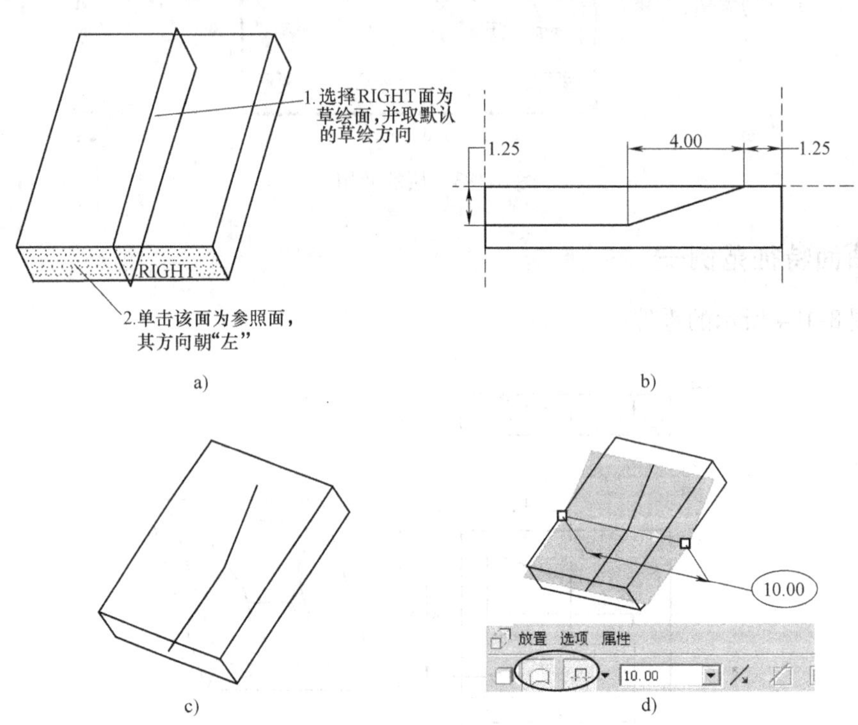

a)　b)　c)　d)

图 8-186　创建拉伸曲面

4. 创建拉伸特征

1）单击按钮，单击操控板的[放置]按钮，单击其上滑面板中的[定义...]按钮，弹出【草绘】对话框，如图 8-187a 所示选取草绘平面及参照面，单击【草绘】对话框的[草绘]按钮后，进入草绘界面。

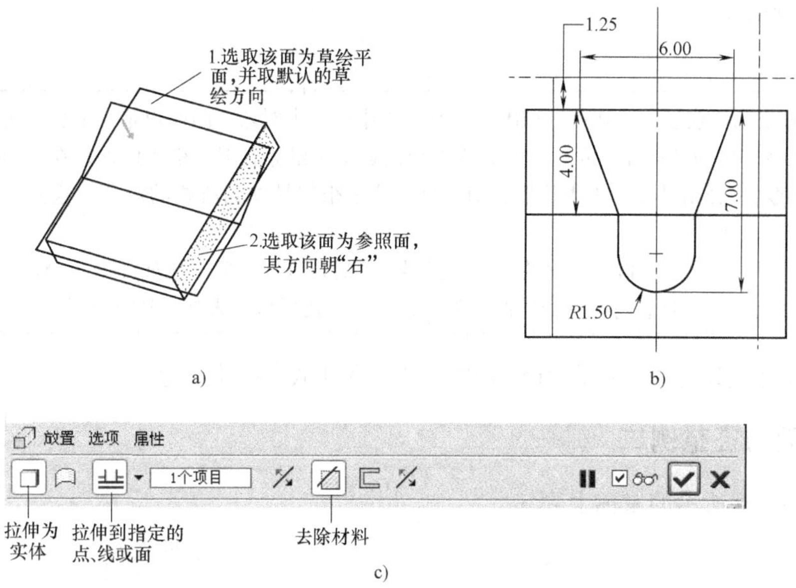

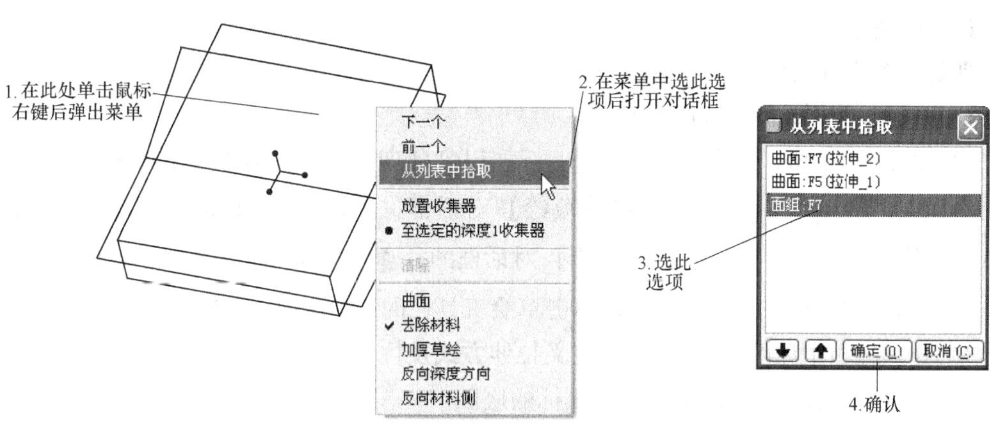

图 8-187　【草绘】对话框

2）绘制图 8-187b 所示的图形，单击草绘工具栏中的✔按钮，确认并退出草绘界面。

3）在操控板中定义拉伸方式如图 8-187c 所示（意为去除材料到选定的曲面），接下来要选取步骤 3 中创建的拉伸曲面作为去除材料要到达的面。

4）由于不容易一下选取步骤 3 中创建的拉伸曲面，因此如图 8-188 所示在曲面附近按下鼠标右键并稍作停留，在弹出菜单中选取【从列表中拾取】，弹出【从列表中拾取】对话框，其中列出了鼠标所指附近的项目，在对话框中单击某个项目就会使其在模型上亮显，因而很容易找到需要抓取的对象。找到步骤 3 创建的曲面（对话框中的“面组：F7”）后，单击 确定 按钮。

图 8-188　选取拉伸曲面的操作步骤

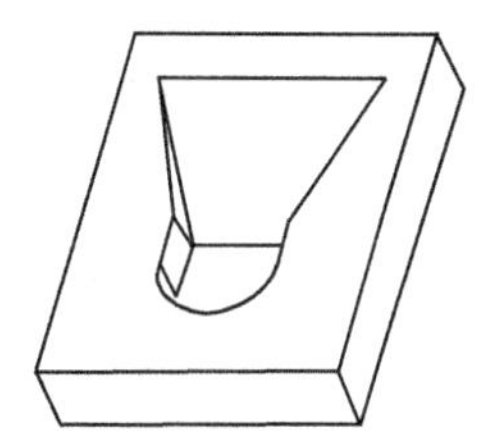

图 8-189　完成的模型

5）单击操控板的✔按钮，得到图 8-189 所示的模型（图中已将拉伸曲面隐藏)。

提示:

一个比较复杂的模型，在某一区域附近经常会集中有多个对象，因而很难一下从中选取所要的对象。这时可以采用图 8-188 中所示的方法，在对象附近单击鼠标右键并稍作停留，在弹出菜单中选取【从列表中拾取】，弹出【从列表中拾取】对话框，从中很容易找到所要的对象。这种选取方式称为“查询选取”。

此外，还可以先设定窗口右下角的选择过滤器，然后再选取对象。比如在图 8-188 中，将选择过滤器切换到【面组】选项，将鼠标指向曲面附近，能一下就顺利地选取所要的曲面。

至此，零件设计完毕，保存当前文件，然后将其从内存中拭除。

8.6.4　曲面特征范例二

创建图 8-190 所示的鼠标上壳。

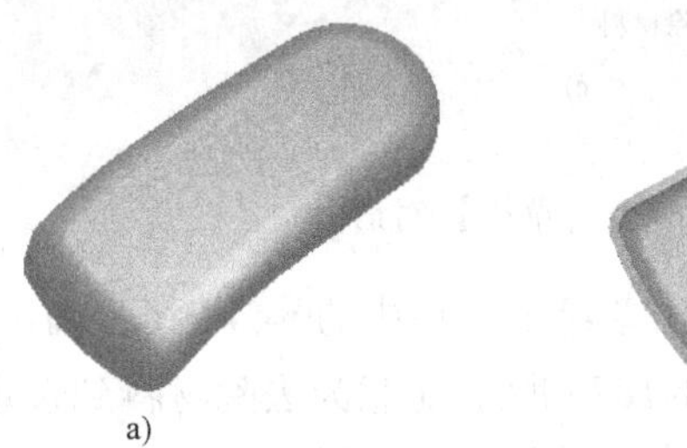

图 8-190　鼠标上壳模型

1. 新建零件

新建一个零件文档“ex32. prt”。

2. 创建鼠标底面（一张拉伸曲面）

1）单击按钮，单击操控板的按钮以创建曲面。单击操控板的 放置 按钮，单击其上滑面板中的 定义... 按钮，弹出【草绘】对话框，点选 FRONT 面为草绘面，接受系统默认的草绘方向和参照面。单击【草绘】对话框的 草绘 按钮后，进入草绘界面。

2）绘制图 8-191a 所示的图形，单击草绘工具栏的✔按钮，回到零件设计界面。

3）在操控板中如图 8-191b 所示定义拉伸方式及拉伸高度。

4）单击操控板的✔按钮，得到鼠标的底面。

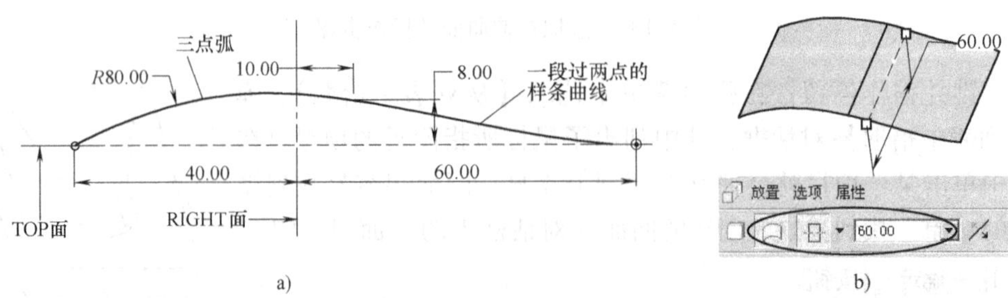

图 8-191　创建底面

3. 创建鼠标侧面

鼠标侧面的设计思路是：创建一条在底面上的投影曲线，然后由一条直线沿该投影曲线扫描出侧表面。

1）单击特征工具栏的按钮，单击 TOP 面为草绘平面，单击鼠标中键，进入草绘界面。绘制图 8-192a 所示的图形，单击草绘工具栏的按钮，得到一个草绘图形，回到零件设计界面。

2）选择菜单【编辑】→【投影】命令，系统打开图 8-192b 所示的操控板，抓取鼠标底面，单击操控板的按钮，将 1）中创建的曲线投影到鼠标底面上，形成一条空间曲线，如图 8-192c 所示。

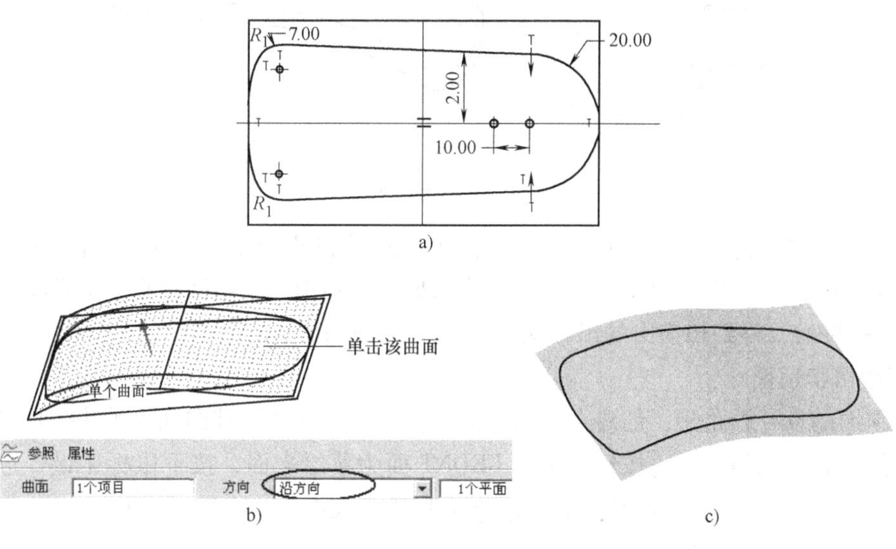

图 8-192　创建投影曲线

3）创建一条过 RIGHT 面和 TOP 面的基准轴 A_1，如图 8-193 所示。

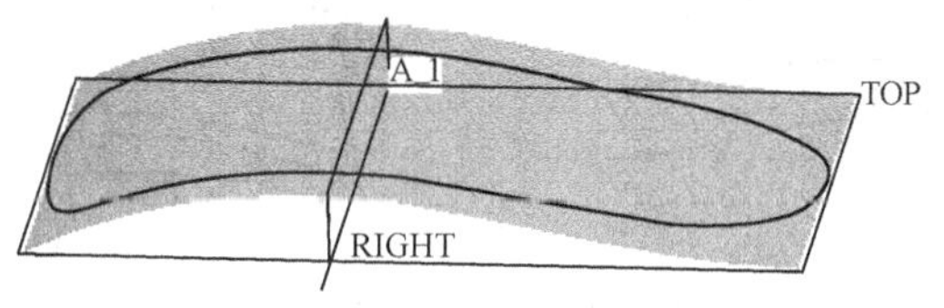

图 8-193　创建基准轴

4）创建一个过基准轴 A_1，并与 TOP 面成 8 度角的基准面 DTM1，如图 8-194 所示。

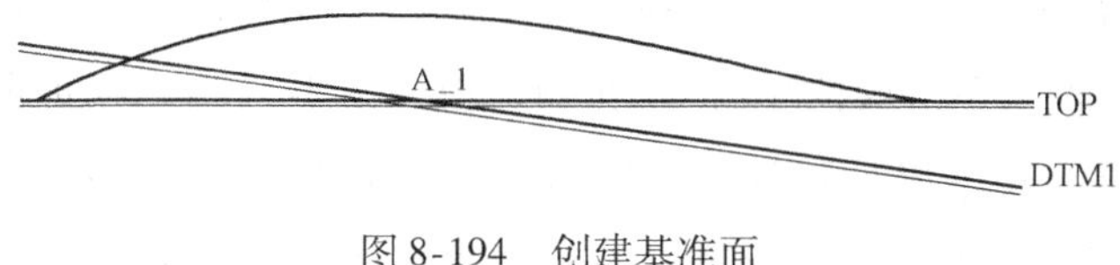

图 8-194　创建基准面

5）单击特征工具栏的“可变剖面扫描工具”，系统打开图 8-195a 所示的操控板，单击上面创建的投影曲线为扫描轨迹线，单击操控板的按钮，绘制图 8-195b 所示的一条直线作为扫描剖面，单击草绘工具栏的按钮，返回零件设计界面。如图 8-195c 所示

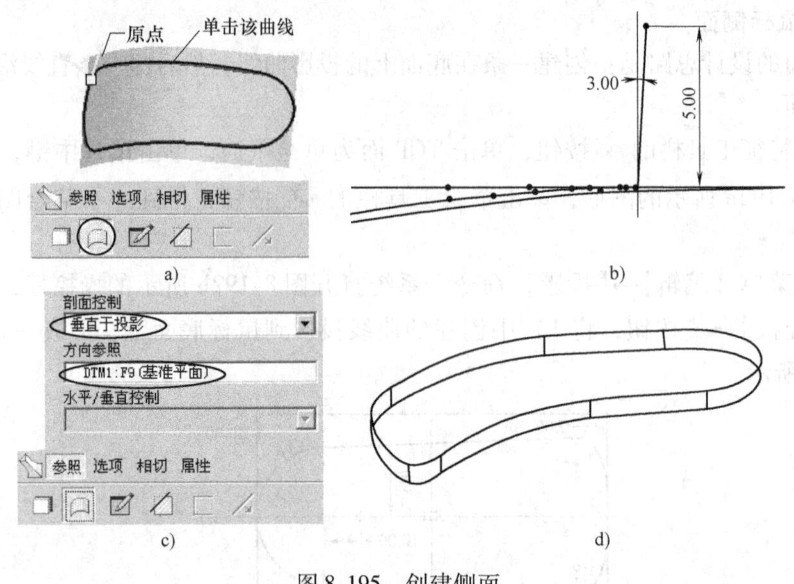

图 8-195 创建侧面

单击操控板的【参照】按钮，打开其上滑面板，将【剖面控制】切换为【垂直于投影】后，单击 DTM1 面，这样，剖面在沿投影曲线扫描的过程中，将始终垂直于 DTM1 面。单击操控板的✔按钮，得到扫描出的鼠标侧面，如图 8-195d 所示。

4. 创建鼠标顶面

鼠标顶面的设计思路是：创建一张扫描曲面，然后用一个拉伸曲面修剪出顶面形状。

1）单击特征工具栏的〰按钮，单击 FRONT 面为草绘平面，按下鼠标中键，进入草绘界面。绘制图 8-196a 所示的图形，单击草绘工具栏的✔按钮，返回零件设计界面，得到图8-196b所示的一条草绘基准曲线。

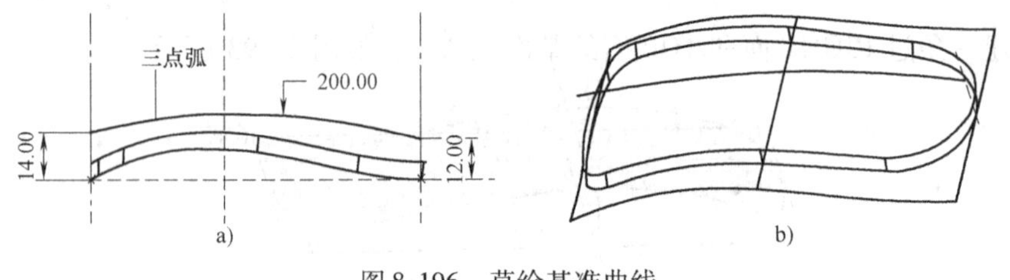

图 8-196 草绘基准曲线

2）单击"可变剖面扫描工具"按钮，系统弹出操控板，单击图 8-196b 中的曲线为扫描轨迹线，单击操控板的按钮，绘制图 8-197a 所示图形。单击草绘工具栏的✔按钮，返回零件设计界面。单击操控板的✔按钮，得到图 8-197b 所示的曲面。

3）单击按钮，单击操控板的按钮以创建曲面。单击操控板的【放置】按钮，单击其上滑面板中的【定义...】按钮，弹出【草绘】对话框，单击 TOP 面为草绘平面，按下鼠标中键，进入草绘界面。

4）单击草绘工具栏中的按钮，单击图 8-198a 所示的边界，输入偏移距离为 8（偏移方向如图 8-198b 所示），得到图 8-198c 所示的草绘图形。如图 8-198d 所示添加两处

250.00
60.00
a)　　b)

图 8-197　创建顶面

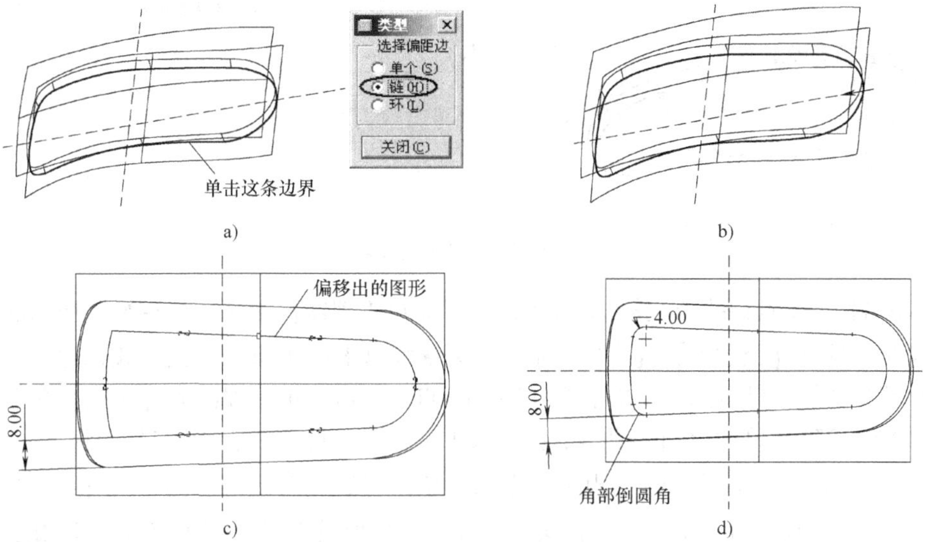

类型
选择偏距边
单个(S)
链(H)
环(L)
关闭(C)
单击这条边界
a)　　b)
偏移出的图形
8.00
4.00
8.00
角部倒圆角
c)　　d)

图 8-198　绘制草绘图形

圆角，单击草绘工具栏的 ✔ 按钮，返回零件设计界面。在操控板中定义曲面拉伸高度为 25。单击操控板的 ✔ 按钮，得到一张拉伸曲面，如图 8-199 所示。

5）单击鼠标顶面，单击特征工具栏的“修剪工具” 按钮，系统弹出操控板，单击拉伸曲面，单击操控板的 ✔ 按钮，得到修剪后的鼠标顶面，如图 8-200 所示，其中已将拉伸曲面隐藏。

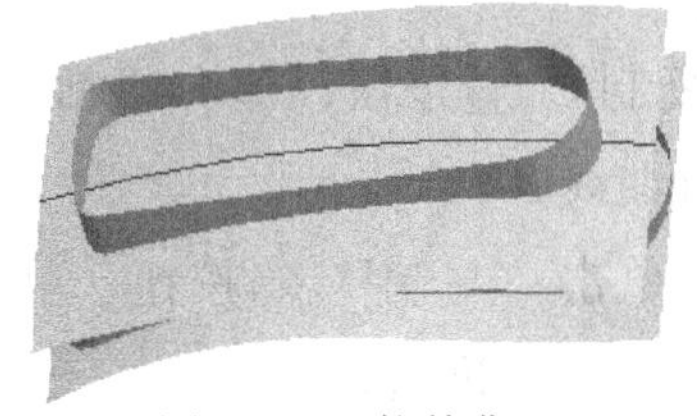

图 8-199　拉伸曲面

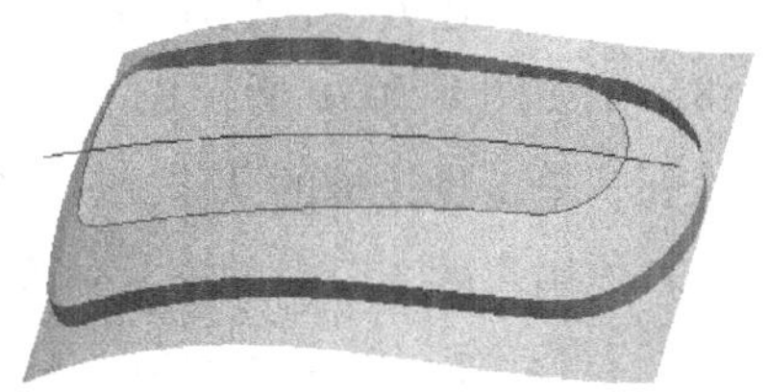

图 8-200　修剪顶面

5. 创建鼠标圆角面

鼠标圆角面的设计思路是：构造一系列基准曲线，然后用“边界混合工具” 按钮生成边界曲面。

1）单击特征工具栏的“基准点工具” 按钮，FRONT 面，按住 Ctrl 键同时点选图 8-201a 所示的鼠标顶面的右边界线，创建出一个基准点 PNT0（FRONT 面和所选曲线的交点）。

2）如图 8-201b 所示，单击【基准点】对话框的“新点”选项，以同样的方法依次创建另外 3 个基准点，他们分别是 FRONT 面与顶面、侧面边界线的交点，如图 8-201c 所示。

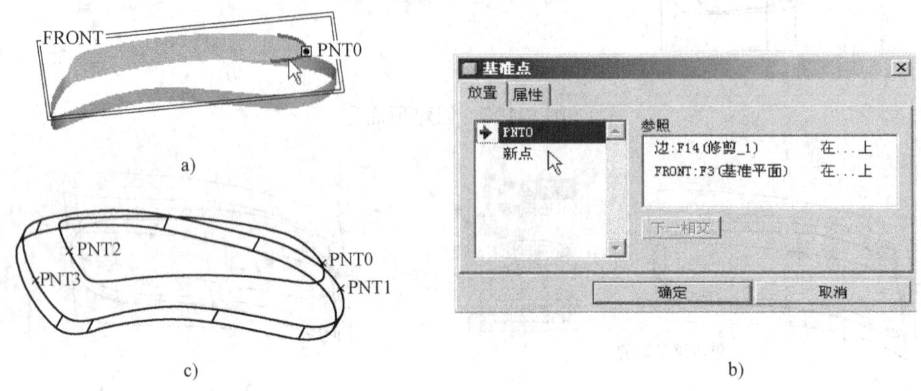

图 8-201　创建基准点

3）单击特征工具栏的 按钮，在弹出的【菜单管理器】中显示图 8-202a 所示的【曲线选项】菜单，选择【经过点】→【完成】命令。系统弹出图 8-202b 所示的曲线创建对话框，使用【菜单管理器】的默认选项，单击 PNT0 和 PNT1。单击菜单管理器的【完成】命令，创建出过 PNT0 和 PNT1 点的一条样条曲线，接下来进一步定义曲线起点和终点处的状态。

4）单击曲线创建对话框的“相切”选项，单击 定义 按钮，在弹出的【菜单管理器】中显示图 8-202c 所示的【定义相切】菜单，在其中选取【起始】→【曲面】→ 相切，信息区提示 选取一个曲面，曲线的起始点要与之相切。，选取图 8-202d 所示的鼠标顶面处，从而使曲线在起点处与所选曲面相切。

5）如图 8-202e 所示在【菜单管理器】中选择【终止】→【曲面】→ 相切，选取图 8-202f所示的鼠标侧面，从而使曲线在终点处与侧面相切。

6）单击【菜单管理器】的【完成/返回】，单击曲线创建对话框的 确定 按钮，得到图 8-202g所示的一条曲线。

7）依照上述方法，创建图 8-202h 所示的 10 条基准曲线。

8）依照图 8-203a 所示的步骤抓取一圈边线，单击“复制” 按钮，单击“粘贴” 按钮，单击操控板的 按钮，将所选边线转化成一条基准曲线。

9）使用步骤 8）中的方法抓取图 8-203b 所示的边线，单击“复制” 按钮，单击“粘贴” 按钮，单击操控板的 按钮，将所选边线转化成一条基准曲线。

10）单击特征工具栏的 按钮，执行图 8-204a 所示的步骤操作创建边界混合曲面，接下来定义曲面的边界状态。如图 8-204b 所示打开操控板上的“约束”面板，依图示定义约束条件。单击操控板的 按钮，得到图 8-204c 所示的圆角面。

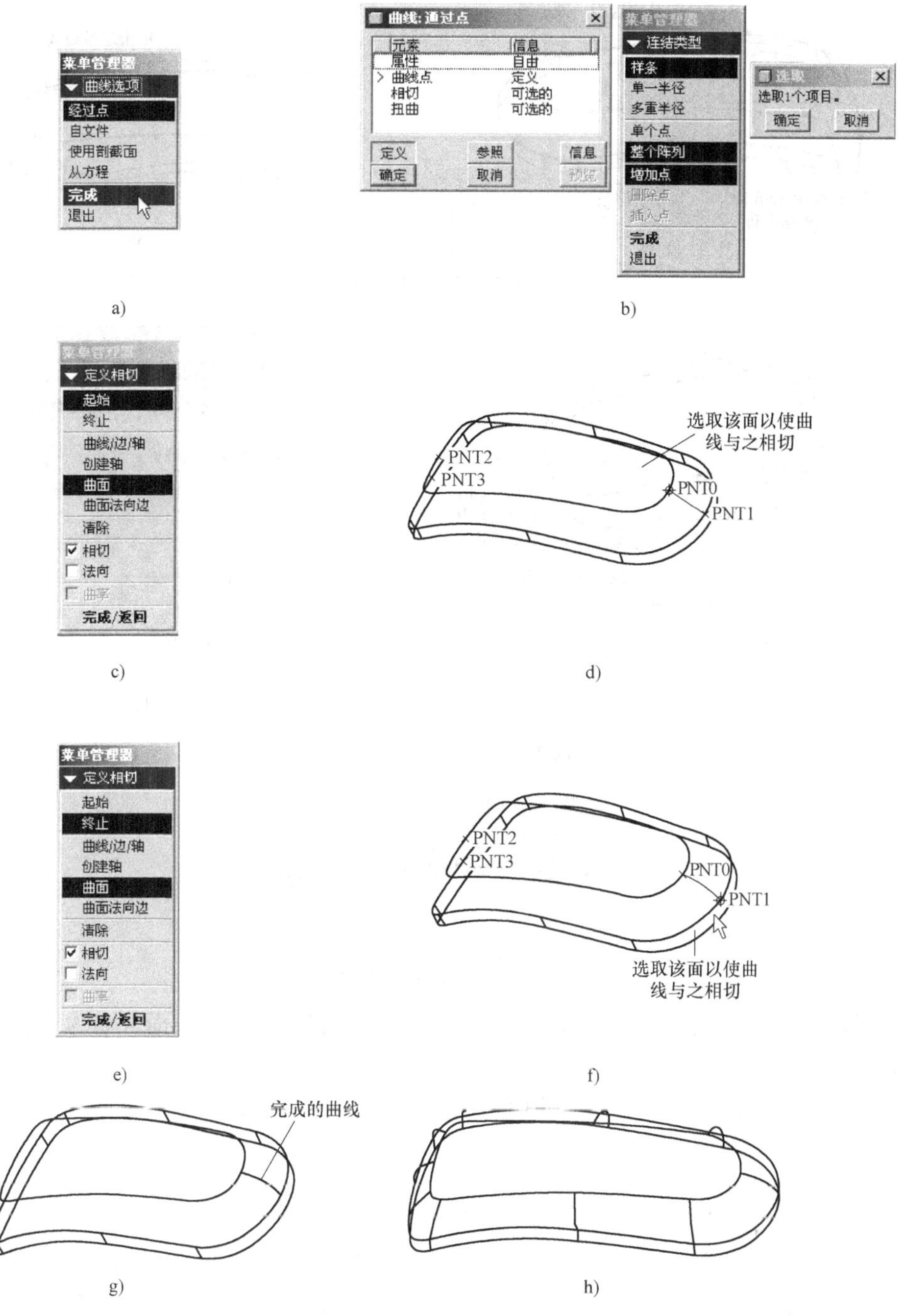

图 8-202　创建侧面型线

6. 合并曲面

1）如图 8-205 所示点选顶面和圆角面，单击“合并工具”按钮，或选取菜单【编辑】→【合并】命令，单击操控板的✔按钮将所选的两个曲面合并为一张曲面，其在模型树上显示的名称为“合并 1”。

2）如法炮制，将上面的曲面“合并 1”与侧面合并成一张曲面，名为“合并 2”。

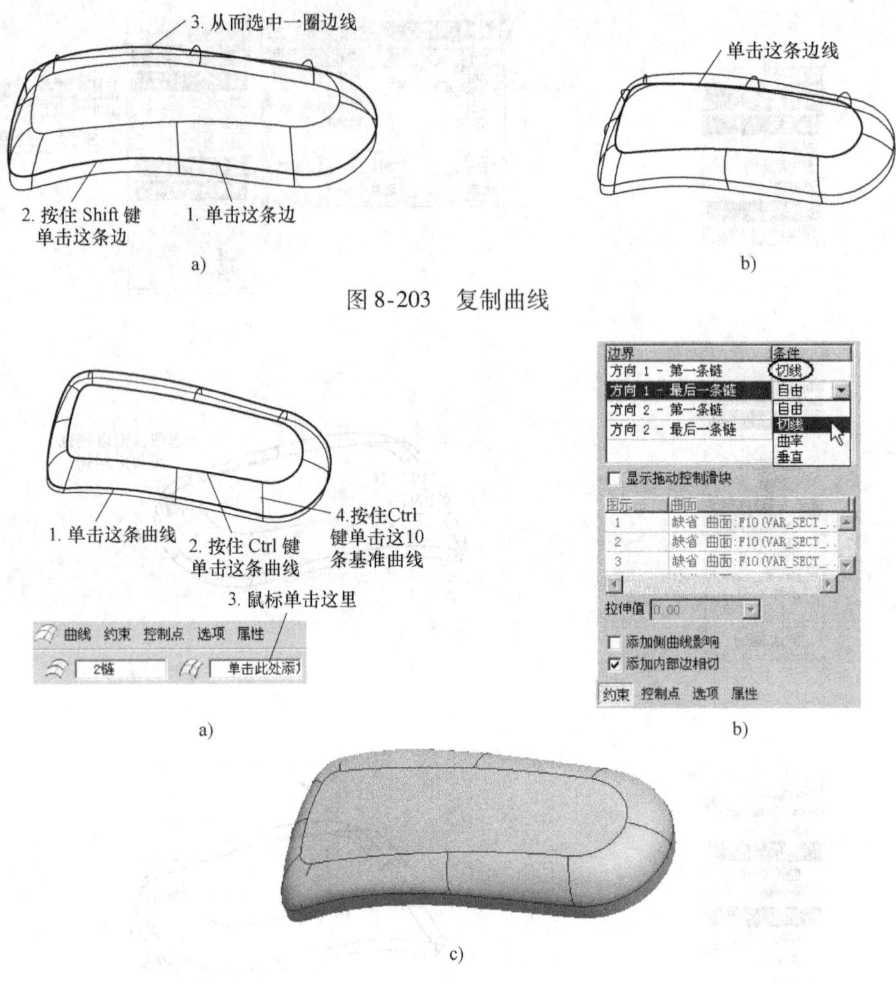

图 8-203　复制曲线

图 8-204　创建圆角面

3）继续将曲面“合并 2”与底面合并，得到一张完全封闭的曲面，名为“合并 3”，如图 8-206 所示。

注意，目前的模型还只是一个曲面形成的没有厚度的空壳。

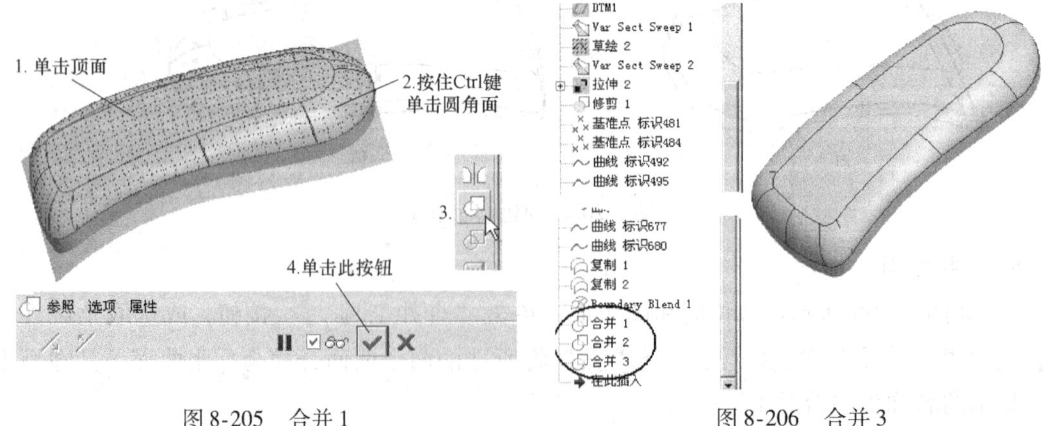

图 8-205　合并 1　　　　图 8-206　合并 3

7. 曲面实体化

1）单击上面创建的封闭曲面“合并3”（由于不容易在图形窗口中一下选中这个封闭曲面，可以在模型树中选取，或者采用查询选取），选择菜单【编辑】→【实体化】命令，单击操控板的✔按钮。这样便将一张封闭曲面转化为实体。

这时的模型虽然从外表上看和图8-206没有区别，但实际上它已经是一个实体模型，读者不妨作个剖截面看看！

2）将模型抽壳（厚度为2），得到如图8-207所示的模型。

3）在导航选项卡中打开层树，将曲线、曲面特征隐藏，此时的模型与图8-153一致。

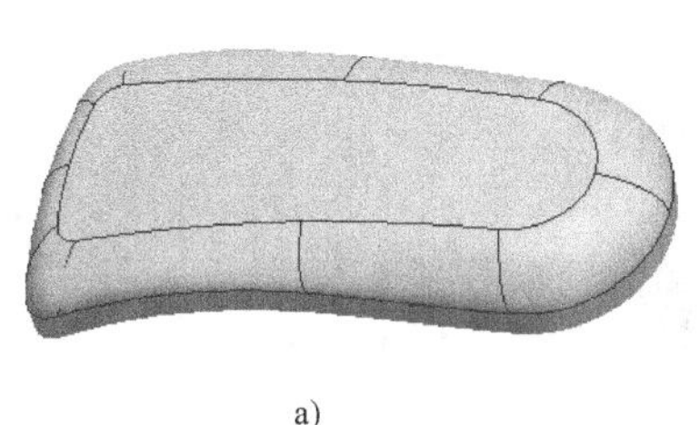

a)

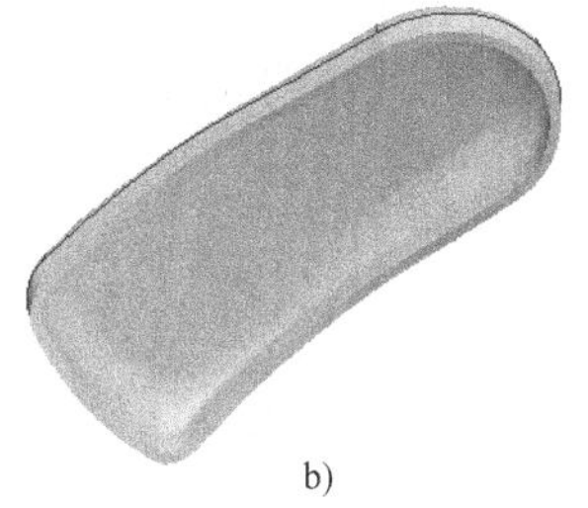

b)

图8-207 模型

8.7 零件库的制作

在设计某一类外形类似而规格不同的零件，如螺钉、扳手、管接头等标准件时，不需要逐个创建零件，只需创建一个具有代表性的零件（样本零件），然后利用Pro/E的族功能，以编辑族表（Family Tab）的方式，将不同规格零件的尺寸、特征等的变化项填入族表内，系统就会自动读取此表的内容，一一产生每个零件，从而提高工作效率。

利用Pro/E的族功能可以方便地制作标准零件库。另外，在装配设计界面中使用族功能可以方便地创建部件库。

8.7.1 创建样本零件

样本零件应该包含零件库中各种规格零件的所有特征和尺寸，甚至可以包含相互矛盾的特征。

1. 新建零件文档

新建一个零件文档“ex33. prt”。

2. 创建拉伸特征

单击“拉伸工具”按钮，创建图8-208所示的直径为150，高度为40的圆柱体。

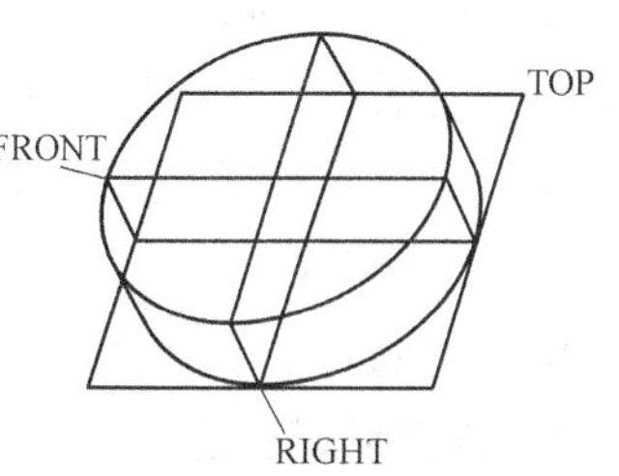

图8-208 创建拉伸特征

3. 创建旋转特征

1）单击特征工具栏的按钮，单击操控板的 位置 按钮，在其上滑面板中单击 定义... 按钮，系统弹出【草绘】对话框，选取FRONT面为草绘平面，在图形窗口按下鼠标中键，进入草绘界面。

2）绘制图 8-209a 所示的图形，单击草绘工具栏的 ✔ 按钮，退出草绘界面。

3）如图 8-209b 所示在操控板中定义旋转特征选项（旋转角度为 360 度、去除材料），单击操控板中的 ✔ 按钮，完成图 8-209c 所示的旋转特征。

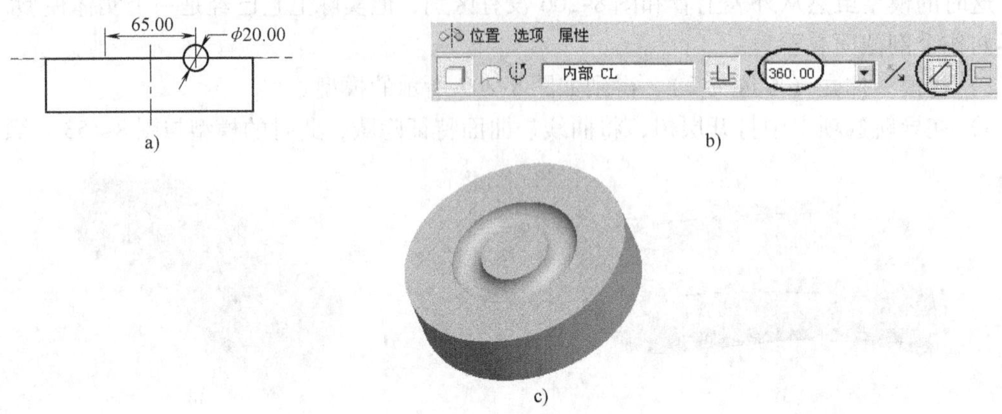

图 8-209　创建旋转特征

4. 打孔

单击“孔工具” 按钮，创建如图 8-210 所示的模型中心处直径为 20 的同轴通孔。

5. 倒角

单击“倒角工具” 按钮，创建图 8-210 所示的 8×45°倒角。

6. 倒圆角

隐含上面的倒角特征，然后单击“圆角工具” 按钮，在同一位置添加图 8-211 所示 *R*8 的圆角特征。

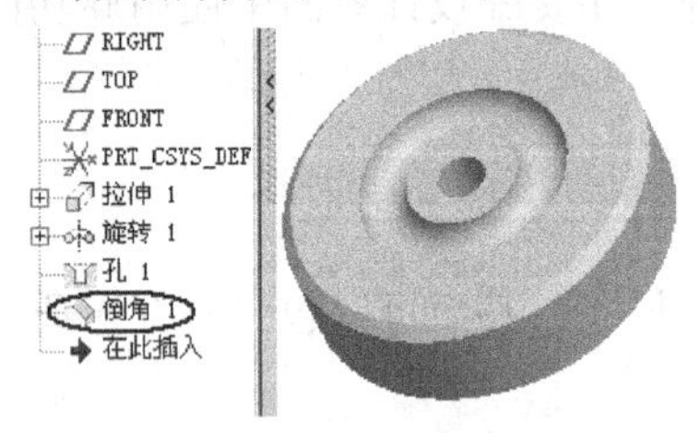

图 8-210　打孔和倒角

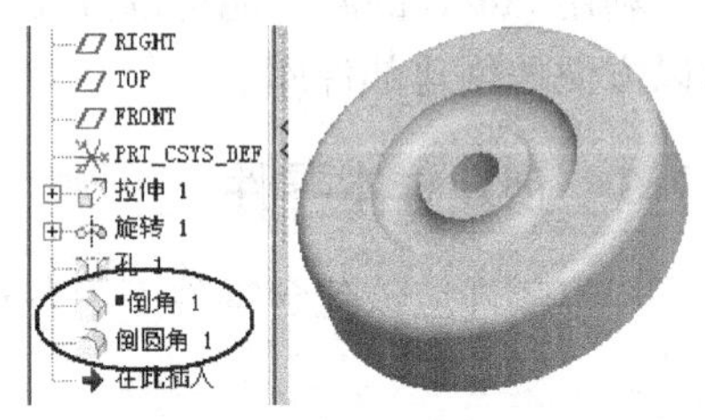

图 8-211　倒圆角

7. 切槽

1）单击 按钮，单击操控板的 放置 按钮，在其上滑面板中单击 定义... 按钮，弹出【草绘】对话框，选取模型上表面为草绘平面，在图形窗口按下鼠标中键，进入草绘界面。

2）绘制图 8-212a 所示的图形，单击草绘工具栏的 ✔ 按钮，退出草绘界面。

3）定义操控板选项为 （去除材料，深度为贯穿），单击操控板中的 ✔ 按钮，完成图 8-212b 所示切槽后的模型。

8. 阵列切槽特征

单击“阵列工具” 按钮对上面的槽作阵列，其中采用“轴阵列”方式，阵列个数为

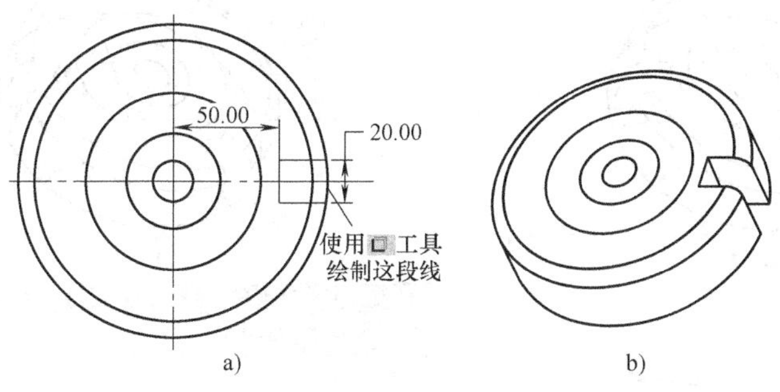

图 8-212　切槽

3，间隔 120 度，图 8-213 所示的是阵列以后的模型。

9. 抽壳

单击“壳工具” 按钮将模型抽壳，抽壳厚度为“2”，图 8-214 所示为抽壳后的模型。

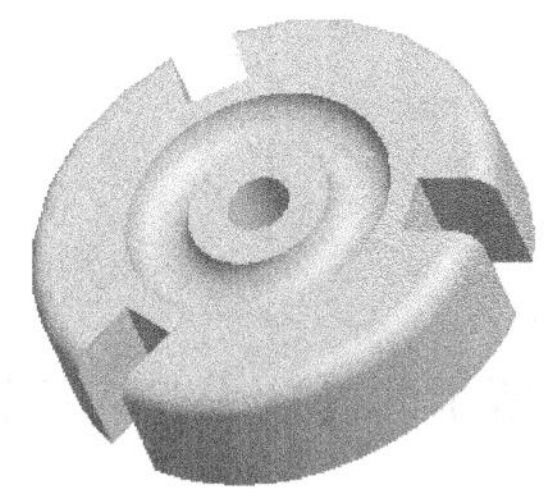

图 8-213　特征阵列

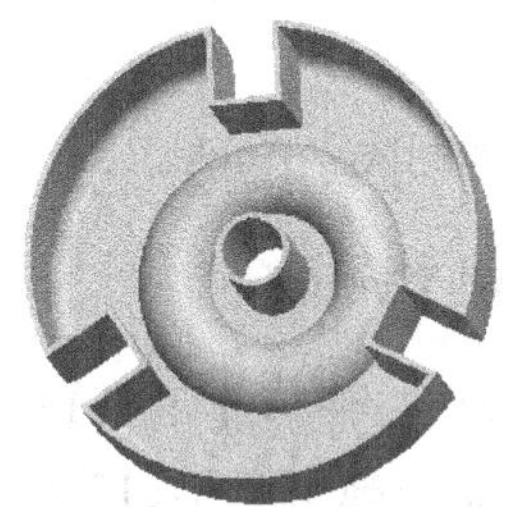

图 8-214　抽壳

至此，样本零件设计完毕，其中包含两个互相矛盾的特征：同一位置的倒角和圆角。

8.7.2　参数名称设定

Pro/E 将每一个设计尺寸都赋予一个内定的参数名称，如 d0、d1、d2 等。这些名称不便于记忆和使用，因此，首先将以后要用到的尺寸参数命以适当的名称。

1）在模型树中选取第一个拉伸特征，单击鼠标右键，选择弹出菜单的【编辑】命令，图形窗口显示该特征的所有尺寸，如图 8-215a 所示。

2）选择主菜单【信息】→【切换尺寸】命令，屏幕上显示出尺寸的内定参数名称，如图 8-215b 所示。再次选取【切换尺寸】命令会重新显示尺寸值。

3）单击圆柱体外径尺寸“ϕd1”，单击鼠标右键，选择弹出菜单（如图 8-215c 所示）的【属性】命令，系统弹出【尺寸属性】对话框，如图 8-215d 所示将圆柱外径尺寸名称改为“Out_dia”。单击对话框的 确定 按钮。

4）依照上述步骤设定如下的参数名称：

- 零件高度：Height。
- 抽壳厚度：Thickness。
- 槽的阵列个数：Number。

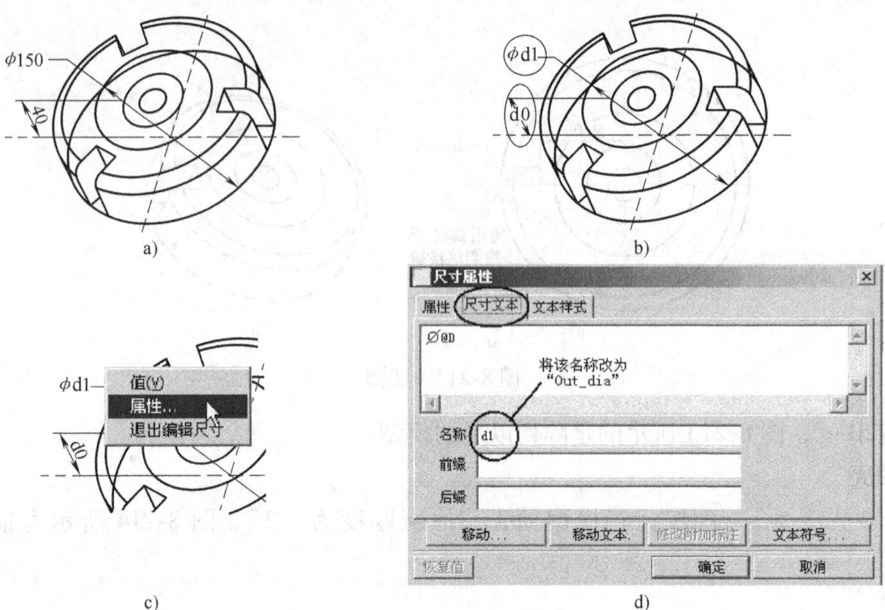

图 8-215　修改参数名称

- 阵列间隔：Angle。

8.7.3　建立族表

1）选择主菜单【工具】→【族表】命令，打开图 8-216 所示的【族表】对话框，单击按钮，系统弹出图 8-217 所示的【族项目】对话框。

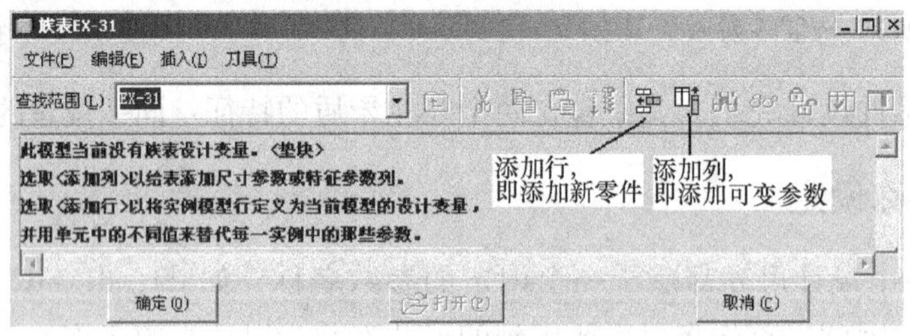

图 8-216　【族表】对话框

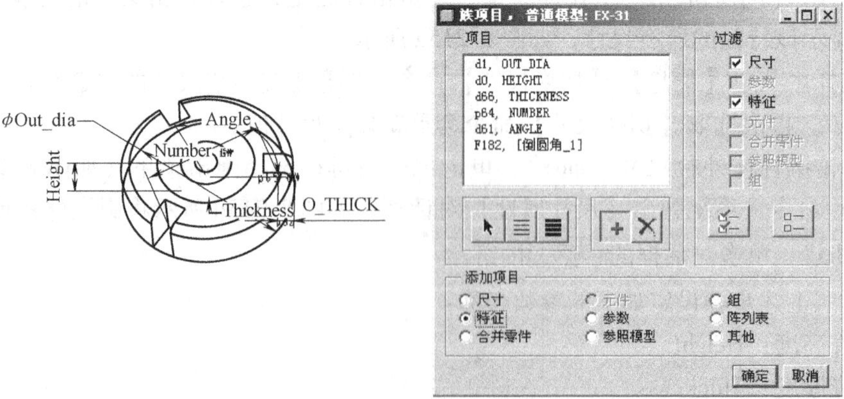

图 8-217　【族项目】对话框

2）在【添加项目】栏选取 ⊙尺寸，添加图 8-217 所示的 5 个尺寸。在【添加项目】栏选取 ⊙特征，向表中添加圆角特征。单击对话框的 确定 按钮。返回图 8-218 所示的【族表】对话框，其中显示在表中已添加的项目，单击对话框的 确定 按钮。

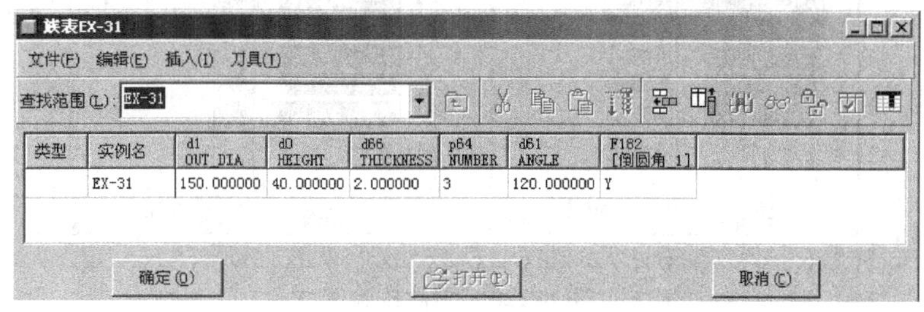

类型	实例名	d1 OUT_DIA	d0 HEIGHT	d66 THICKNESS	p64 NUMBER	d61 ANGLE	F182 [倒圆角_1]
	EX-31	150.000000	40.000000	2.000000	3	120.000000	Y

图 8-218　添加项目后返回【族表】对话框

3）将圆角特征隐含，然后将倒角特征恢复。

4）选择主菜单【工具】→【族表】命令，再次打开图 8-218 所示的【族表】对话框，单击 按钮，弹出图 8-217 所示的【族项目】对话框。在【添加项目】栏选取 ⊙特征，向表中添加倒角特征和孔特征。单击对话框的 确定 按钮，返回【族表】对话框。显示出该零件库的所有可变参数及可变特征，即零件库中成员的 Out_dia、Height、Thickness、number、Angle 这 5 个参数可以取不同值；圆角、倒角、孔三个特征可有可无，但注意一个成员不能同时包含圆角和倒角特征。

5）单击【族表】对话框的 按钮，如图 8-219 所示在族表中依次输入零件名称（实例名）及参数，表中"＊"号表示该项目取值与样本零件相同。这样便向库中添加了 5 个成员，即零件库中已有 5 个规格的零件，如果需要，还可以继续向库中添加成员。

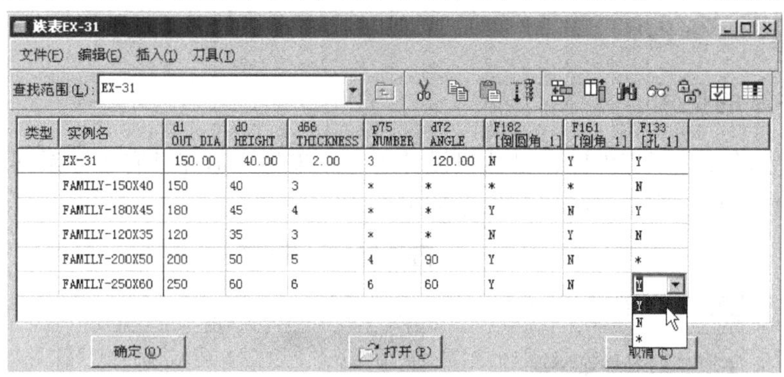

类型	实例名	d1 OUT_DIA	d0 HEIGHT	d66 THICKNESS	p75 NUMBER	d72 ANGLE	F182 [倒圆角_1]	F161 [倒角_1]	F133 [孔_1]
	EX-31	150.00	40.00	2.00	3	120.00	N	Y	Y
	FAMILY-150X40	150	40	3	*	*	*	*	N
	FAMILY-180X45	180	45	4	*	*	Y	N	Y
	FAMILY-120X35	120	35	3	*	*	N	Y	N
	FAMILY-200X50	200	50	5	4	90	Y	N	*
	FAMILY-250X60	250	60	6	6	60	Y	N	N

图 8-219　向库中添加成员

6）零件校验。单击【族表】对话框的 按钮，弹出图 8-220a 所示的【族树】对话框，单击 校验 按钮，系统开始依照表中的参数逐个计算库中的成员模型，图 8-220b 所示为校验完成后的【族树】对话框，显示所有成员的"校验状态"均为"成功"，表示 5 个成员都不存在尺寸或特征冲突，能够生成模型。单击【族树】对话框的 关闭 按钮。

7）成员预览。在【族表】对话框中选取某一成员，单击 按钮，可以预览该成员的模型。图 8-221a、图 8-221b 所示为成员"FAMILY-120×3"和"FAMILY-200×5"的模型。可以看出，这里虽然只设计了一个零件，但通过定义族表，能够得到多个尺寸、形状各

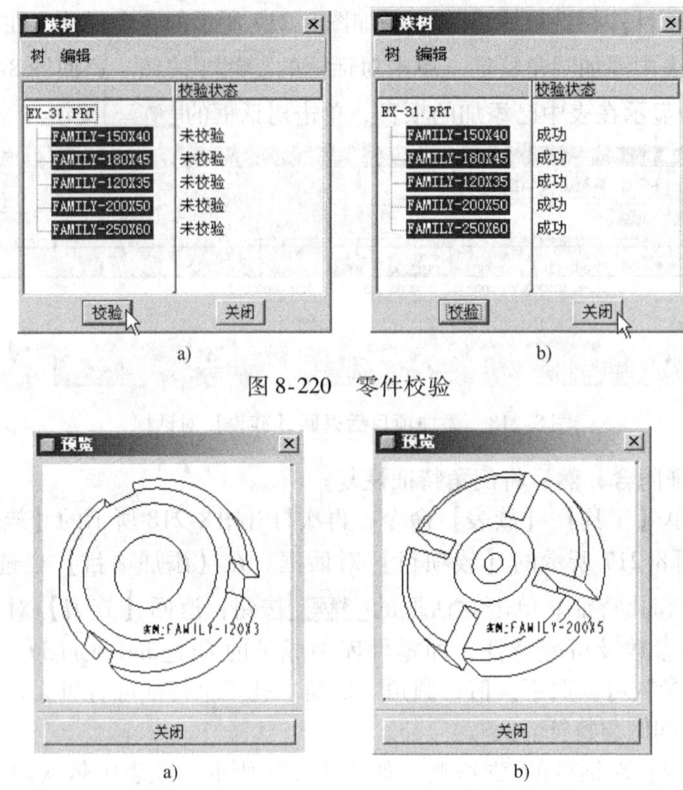

图 8-220　零件校验

图 8-221　成员预览

不相同的零件。

8）保存这一零件文档。

8.7.4　零件库的使用

通过上面步骤建立了零件库，虽然只设计了一个零件，但却已有了一系列不同规格的零件，因此上面的设计过程是一种一劳永逸的工作。

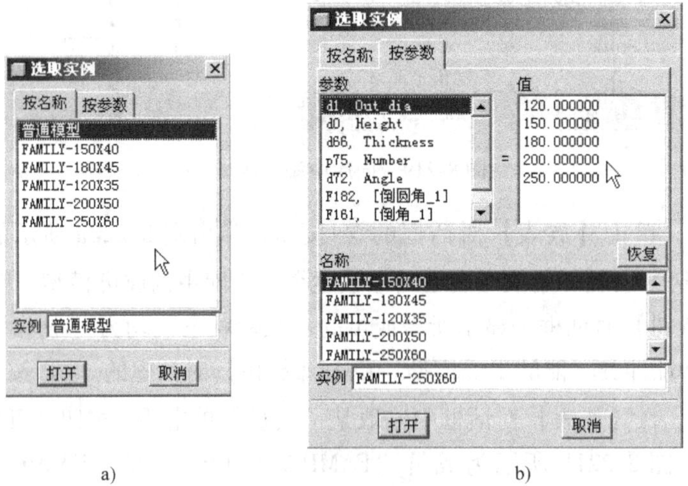

图 8-222　调用零件库中的成员

单击 按钮，在【文件打开】对话框中选取“ex33. prt”，单击 打开(O) 按钮，系统弹出图 8-222a 所示的【选取实例】对话框，从中可以选择使用所需规格的零件。选取其中的“普通模型”则打开样本零件，并能继续编辑族表以修改或扩充零件库。

如图 8-222b 所示切换到【选取实例】对话框的【按参数】选项卡，可以根据不同参数查询库中零件，当零件库中成员很多时，能够快速找到所需要的规格。

另外，做好的零件库经常作为标准件为许多设计者使用，大多数场合是将标准件装配到自己的产品中，在进行装配操作时，同样会打开图 8-222 所示的对话框，能方便地找到所需规格的零件。

8.8 练习题

1. 参照图 8-223 ~ 图 8-228 所示的立体图进行零件设计。

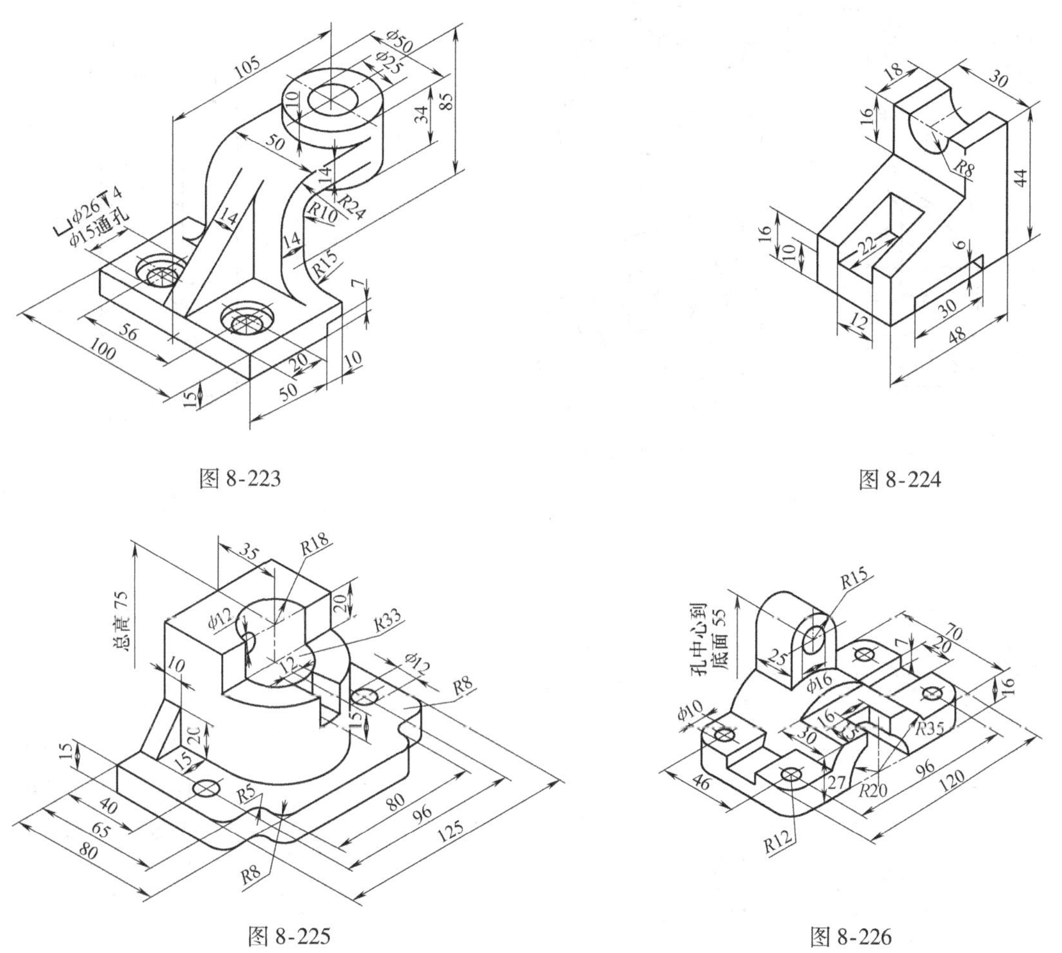

图 8-223

图 8-224

图 8-225

图 8-226

2. 完成图 8-229 ~ 图 8-235 所示的零件设计。

3. 图 8-236a 所示的是机用台虎钳装配示意图，请参照图 8-236b ~ 图 8-236i 进行机用台虎钳各零件设计。

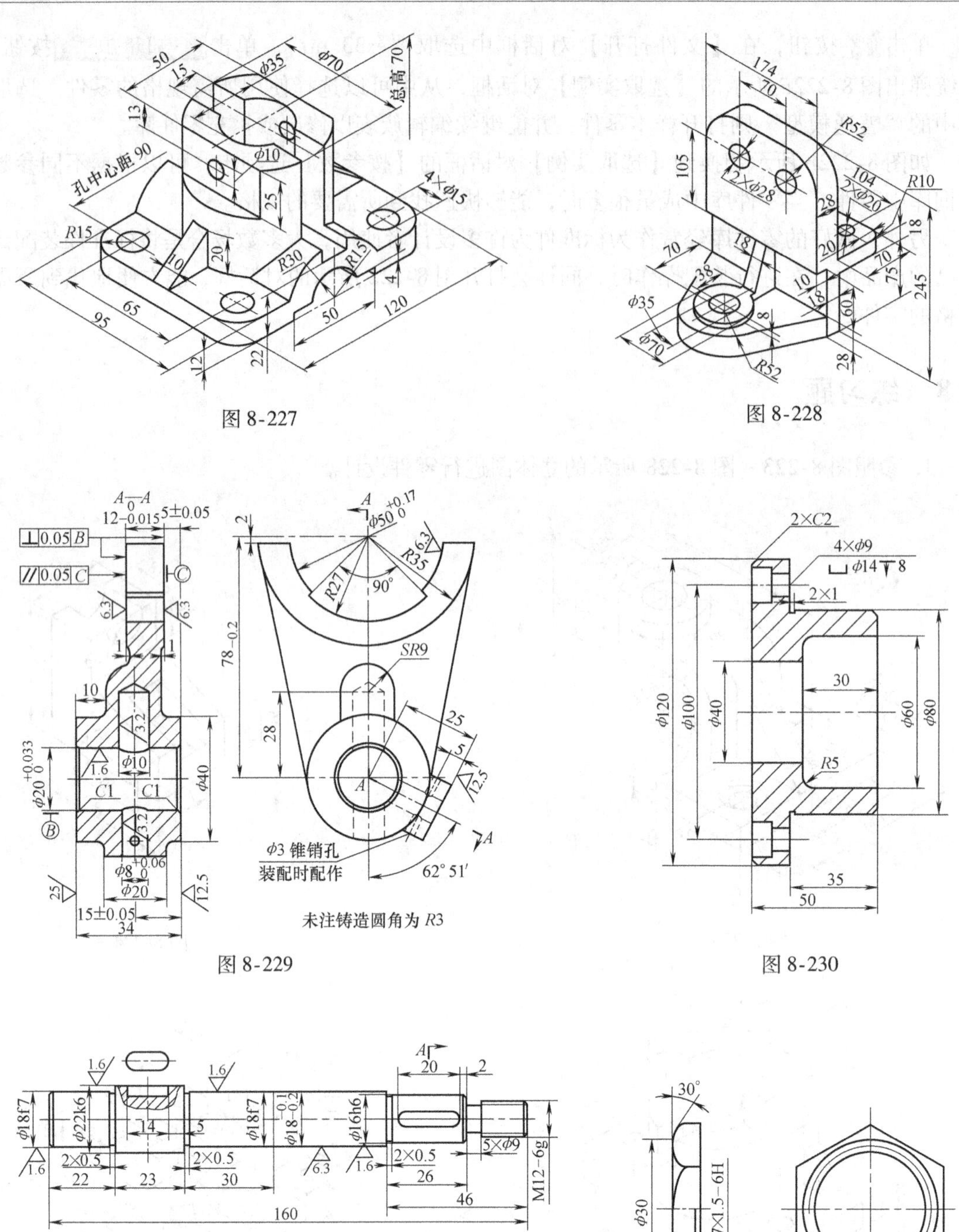

图 8-227

图 8-228

图 8-229

图 8-230

图 8-231

图 8-232

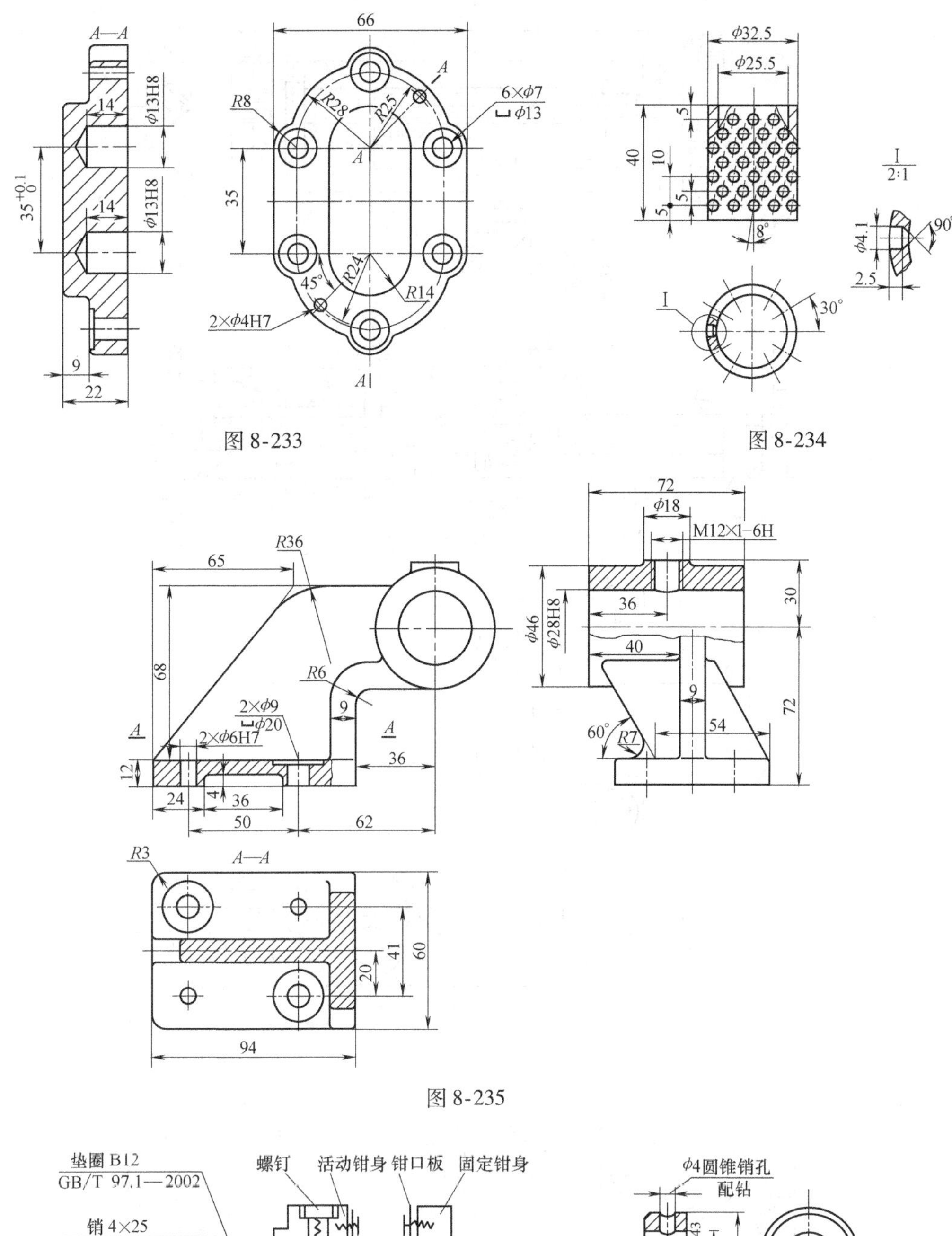

图 8-233

图 8-234

图 8-235

a)　　b)

图 8-236　机用台虎钳

a）机用台虎钳装配示意图　b）圆环

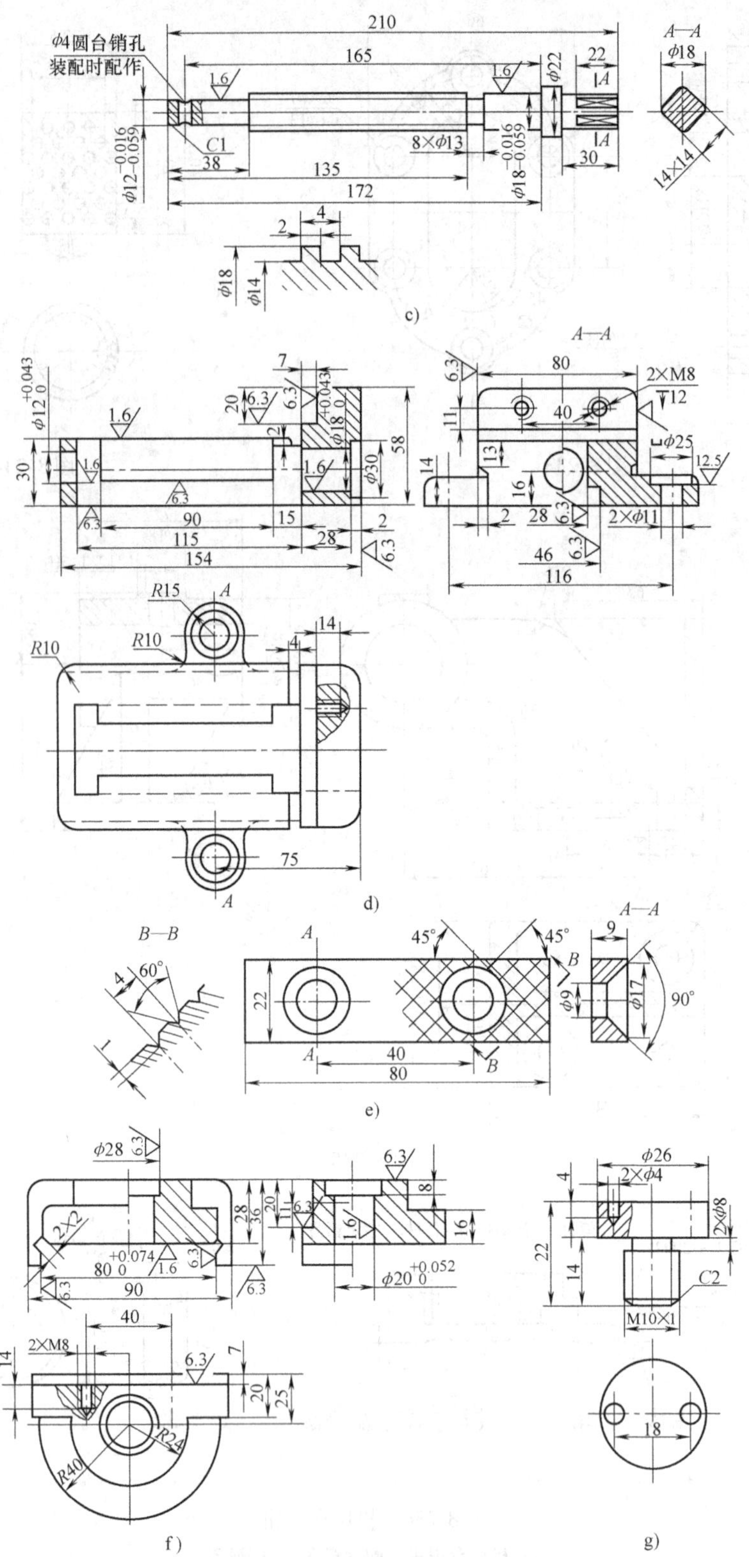

图 8-236　机用台虎钳（续）
c）螺杆　d）固定钳身　e）钳口板　f）活动钳身　g）螺钉

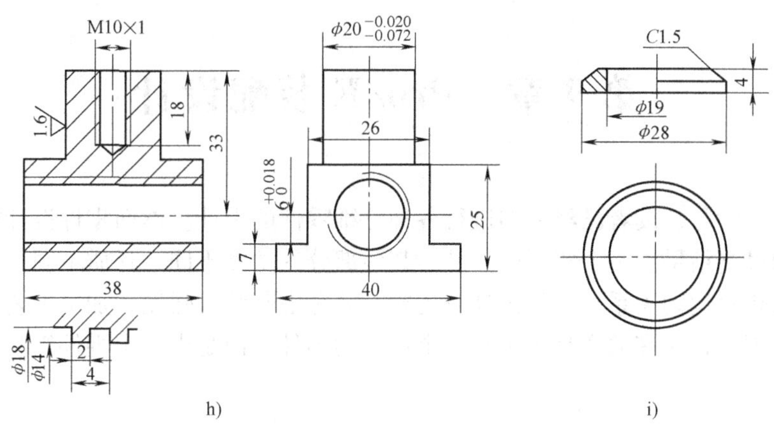

图 8-236　机用台虎钳（续）

h）螺母　i）垫圈

4. 参考设计手册，创建一个螺钉库或其他标准件库。

第 9 章　Pro/E 装配设计

通过前面的学习，读者已经能够进行各种三维零件的设计。然而零件设计往往不是设计的最终目的和最终结果。一个实际的产品，其各部分的功能不同、材质不同，在工作时各部分一般还会有相对运动关系，另外设计时还要充分考虑其结构强度、加工工艺要求及产品维修的要求等，因此，大多数产品都不是一个单一的零件，而是由多个零件组装起来的。

9.1　概述

9.1.1　装配设计的基本方法

采用 Pro/E 装配模块进行装配设计主要有两种基本方法：

1. 自底向上的设计

自底向上的设计是首先设计产品的各组成零件，然后由这些零件装配成各部件，再由部件装配成整个总装结构。这种方法比较直观，易于初学者理解和掌握，适用于比较成熟的产品设计过程。

2. 自顶向下的设计

在新产品研发过程中，在设计初期往往只有一个大概的设计方案和轮廓，不可能从开始阶段就细化到每个零件的细节，这时宜采用自顶向下的设计方法。这种方法是根据初期的设计轮廓制定产品的装配布局关系，或绘制产品的骨架模型，从而给出产品的大致外观尺寸和功能概念。然后再逐步对产品进行细化，直到每一个单个零件的设计。

在产品的实际装配设计过程中，更多的情况是根据产品特点综合运用这两种设计方法。由于篇幅所限，在这里主要介绍自底向上的设计方法，有关自顶向下设计的深层应用请参考有关书籍。

9.1.2　装配设计的基本步骤

1. 新建装配文档

1）单击主工具栏中的□按钮，弹出图 9-1a 所示的【新建】对话框。选择文件类型为 ◉ □ 组件，子类型为 ◉ 设计，在“名称”后的文本框中输入文件名称。每次新建一个装配文档，Pro/E 会给出一个默认的名称，如 asm0001。

2）取消选中 □ 使用缺省模板，然后单击对话框中的 确定 按钮。系统弹出图 9-1b 所示的【新文件选项】对话框，在对话框的模板列表中选择“mmns_asm_design”，即使用工制模板。单击 确定 按钮，进入装配设计界面。装配设计界面与零件设计界面基本相似。

2. 装配零件

1）单击特征工具栏的“将元件添加到组件工具”按钮，或选择主菜单【插入】→

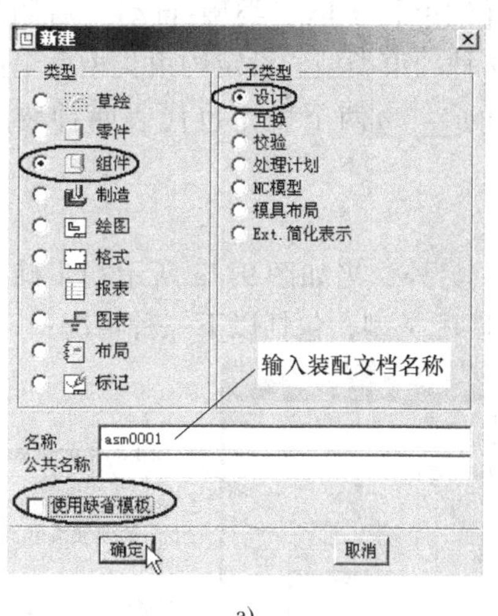

a)

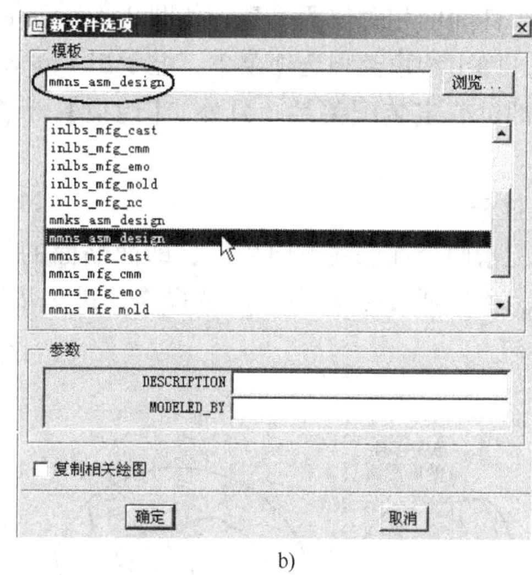

b)

图 9-1 新建装配文档

【元件】→【装配】命令，系统弹出图 9-2 所示的【打开】对话框，选取要装配的零件，单击 打开(O) 按钮。

2）系统弹出图 9-3 所示的【元件放置】对话框，在其中定义装配约束后，单击 确定 按钮，将第一个零件装入到装配设计界面中。

3）重复以上步骤，将各个零件按一定顺序装配到装配设计界面，得到整体装配结构。

图 9-2 【打开】对话框

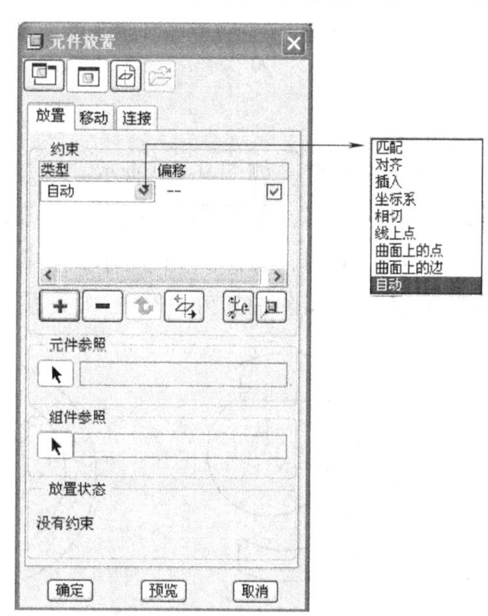

图 9-3 【元件放置】对话框

9.2 装配约束类型

零件装配的关键操作是在图 9-3 所示的【元件放置】对话框中定义零件间的装配约束，

即确定零件间的相对位置关系。如图 9-3 所示单击【约束】子框“类型-自动”后侧的小三角按钮，弹出约束类型选项菜单，显示出 Pro/E 的 9 种约束类型。设定约束类型后单击约束参照，即可确定装配关系。另外，【约束】子框中的两个按钮也代表两种装配约束类型。

1. 匹配

匹配指两个面法线方向相反，即面贴面的关系。另外，当如图 9-4a 所示初步确定匹配关系后，可以通过图 9-4b 所示的操作，进一步设定匹配类型，包括以下三种情况：

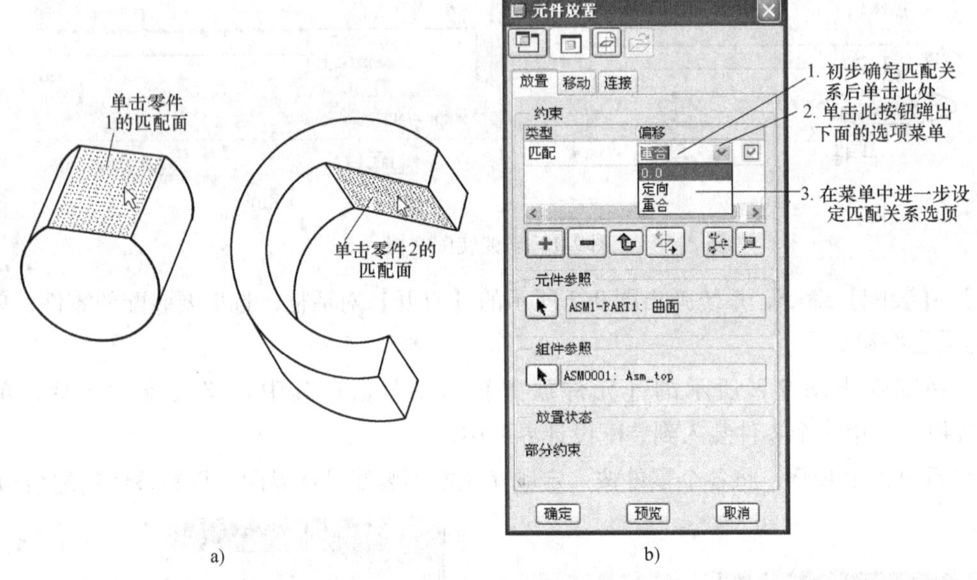

图 9-4　设定匹配关系的类型

1）匹配-重合，如图 9-5a 所示。

2）匹配-偏移，如图 9-5b 所示。当偏距值为 0 时，等同于匹配-重合。

3）匹配-定向，如图 9-5c 所示，匹配只确定两个面的朝向关系，其偏距值由另外的装配关系确定，比如图中另外一个相切关系。

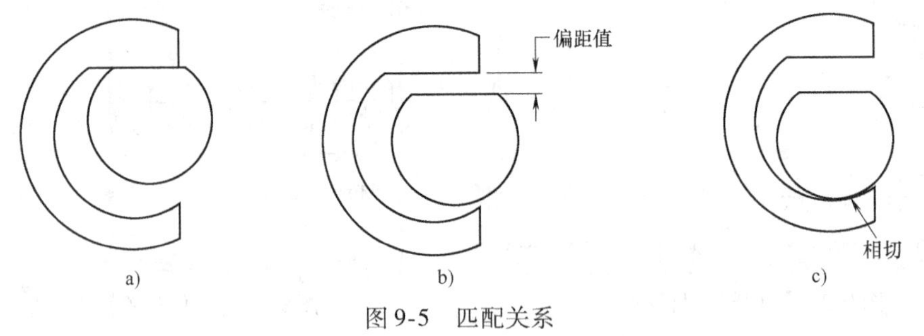

图 9-5　匹配关系

2. 对齐

对于两个平面来说，对齐指两个面法线方向相同，包括以下三种情况：

1）对齐-重合，如图 9-6b 所示。

2）对齐-偏移，如图 9-6c 所示。当偏距值为 0 时，等同于对齐-重合。

3）对齐-定向，如图 9-6d 所示。

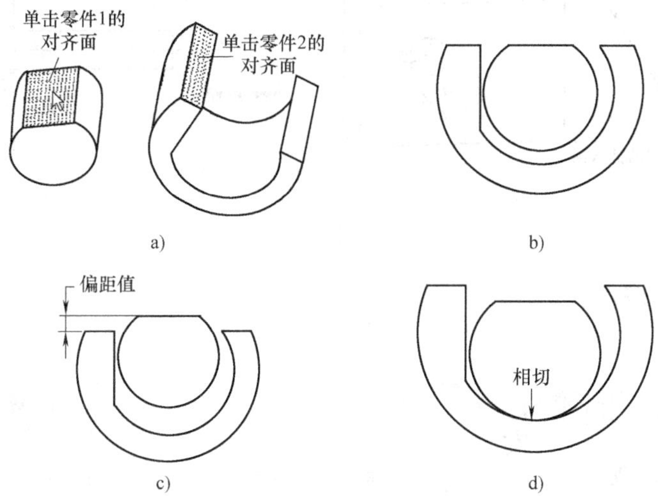

图 9-6　面对齐关系

另外，对齐还包括图 9-7 所示的轴对齐、图 9-8 所示的圆柱面对齐（等效于轴对齐）、线与线对齐、点与点对齐等。

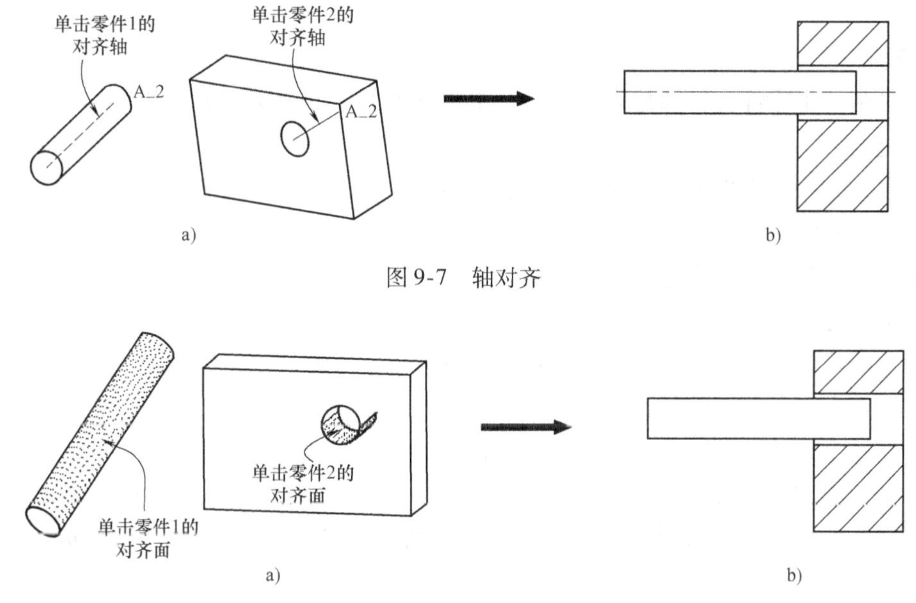

图 9-7　轴对齐

图 9-8　圆柱面对齐

3. 插入

插入用于将一个圆柱面插入到另一个圆柱面中，并保持两面的轴线重合，如图 9-9 所示。插入与面对齐、轴对齐经常有异曲同工的效果。

4. 坐标系

当零件非常复杂，难于通过轴对齐、面匹配等简单的约束关系来定义零件间的相对位置，这时可以使用坐标系约束关系，使两个零件上的某个基准坐标系重合，且各坐标轴的方

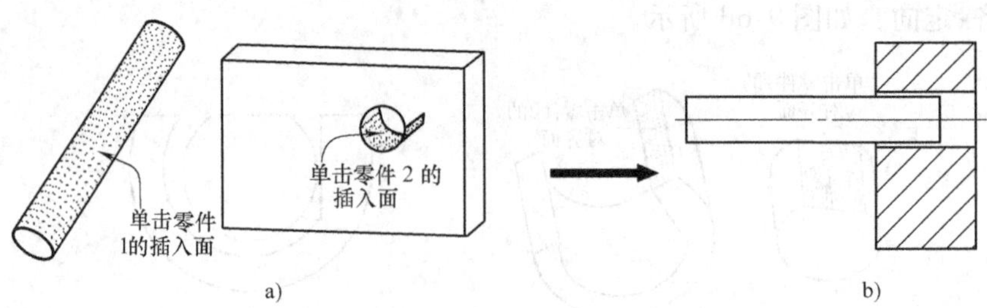

图 9-9　插入

向一致。如图 9-10 所示。

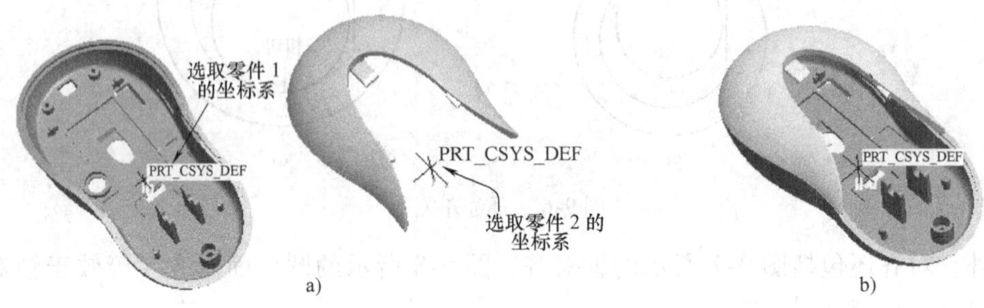

图 9-10　坐标系对齐关系

5. 相切

相切是指一个零件上的圆柱表面和另一个零件上的平面或圆柱表面相切。

6. 线上点

线上点是指一个零件上的一个顶点重合在另一个零件的一条边上。

7. 曲面上的点

曲面上的点是指一个零件上的一个顶点重合在另一个零件的一个表面上。

8. 曲面上的边

曲面上的边是指一个零件上的一条边重合在另一个零件的一个表面上。

9. 自动

自动是系统默认的约束关系，能够根据在两个零件上选取对象的情况自动确定一种适当的装配关系。例如，当分别在两个零件上选取了一根轴之后，自动约束成为轴“对齐”关系；当选取了一个零件上的圆柱表面和另一个零件上的平面之后，自动约束成为“相切”关系。

10. 固定约束

【元件放置】对话框【约束】子框中的按钮表示“固定约束”，它可以将零件固定在装配设计界面的当前位置。当向装配设计界面装入第一个零件时，可以使用这种约束形式。

11. 默认约束

【元件放置】对话框【约束】子框中的按钮表示“默认约束”，它可以将零件上的系统默认坐标系与装配设计界面的系统默认坐标系对齐。装入第一个零件时，也可以使用这种约束形式。

9.3　装配设计基本操作

以图 9-11 所示的装配结构为例，介绍装配设计的基本操作。图中的 5 个零件在光盘的“ch9 \ ex-1 \ ”目录下。

在装配设计之前，首先要大概拟定装配顺序。第一个装入的零件一般应该是整个结构的基础部分、固定部分或是最主要的零件，这个零件还应该是在后续的设计过程中始终不希望删除的部分。

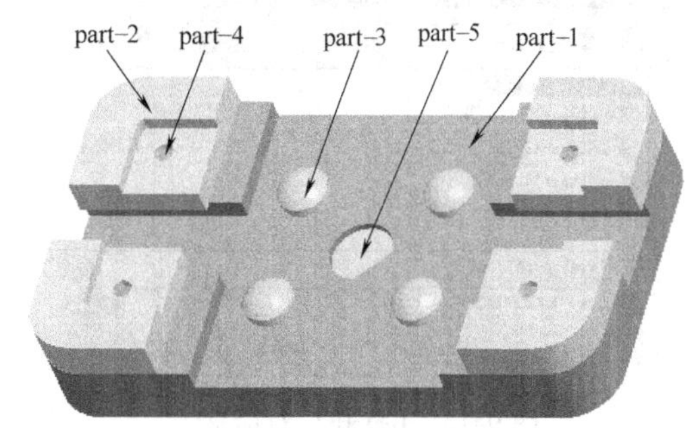

图 9-11　装配结构模型

9.3.1　零件装配

1. 新建装配文档

1）启动 Pro/E 后，将工作目录设置到“ch9 \ ex-1”。

2）新建一个装配文档“asm1. asm”（注意使用公制单位），进入装配设计界面，如图 9-12 所示，图形窗口中显示三个默认的基准平面和一个默认坐标系，从而提供了装配操作的三维界面。

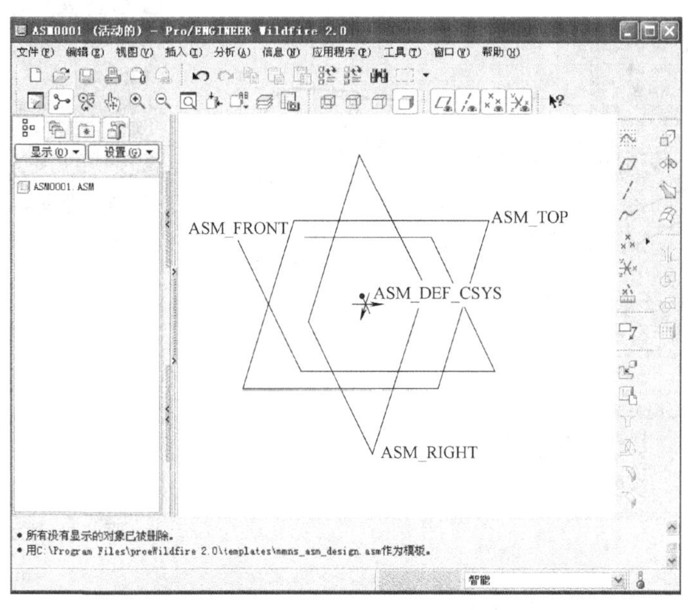

图 9-12　装配设计界面

2. 装入 part1

1）单击特征工具栏的按钮，或选择主菜单【插入】→【元件】→【装配】命令，系统弹出图 9-13 所示的【打开】对话框，选取零件“asm1-part1. prt”，单击 打开(O) 按钮。

2）弹出图 9-3 所示的【元件放置】对话框，单击【约束】子框中的按钮，即装配关系为将 part1 的系统默认坐标系与装配设计界面的系统默认坐标系对齐。单击对话框中的 确定 按钮，装入 part1 后的装配模型如图 9-14 所示。

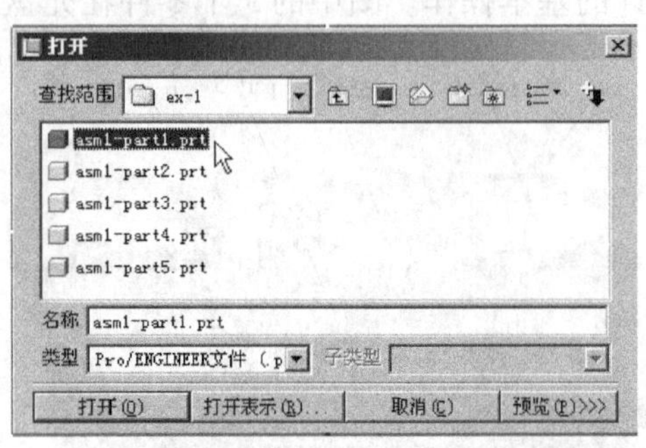

图 9-13　【打开】对话框

图 9-14　装入 part1

3. 装入 part2

1）再次单击按钮，在图 9-13 所示的【打开】对话框中，选取零件“asm1-part2. prt”，单击 打开(O) 按钮。

2）弹出【元件放置】对话框，按下对话框上侧的按钮，会在一个单独的窗口显示

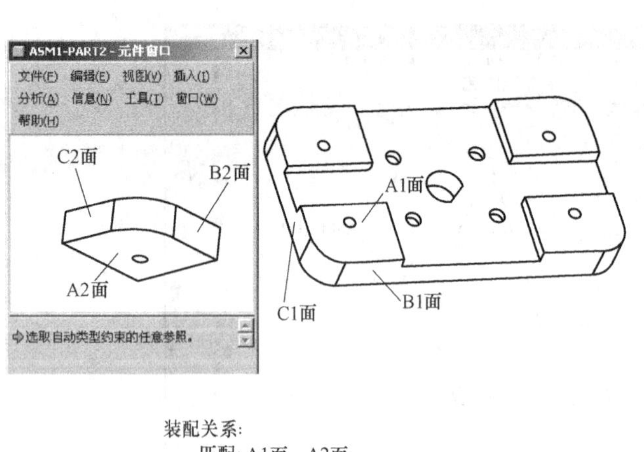

a)

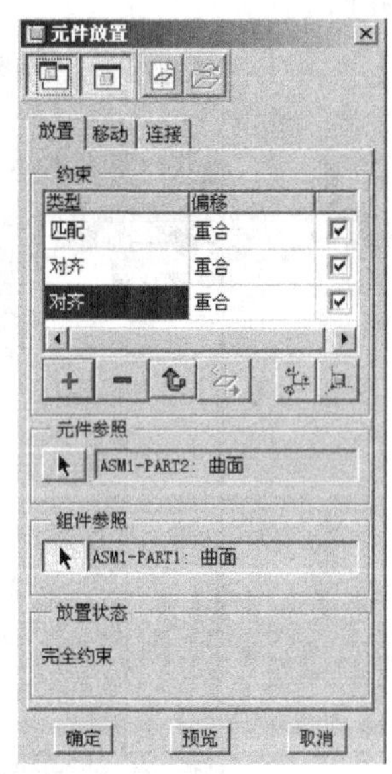

b)

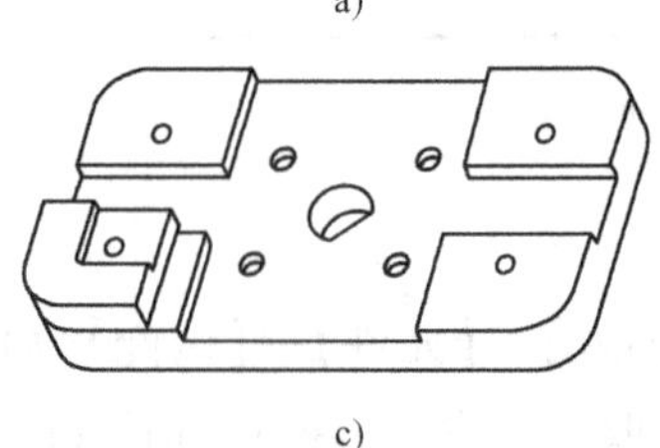

c)

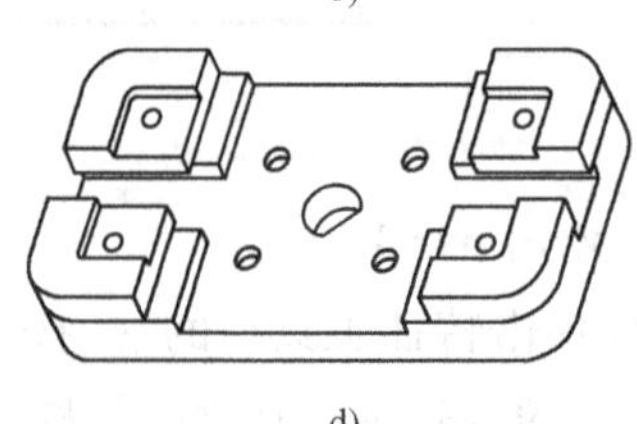

d)

图 9-15　装入 part2

目前要装配的元件（part2），这样便于分别控制装配模型和欲装入零件的显示状态，方便装配操作。依照图 9-15a、9-15b 所示定义装配关系，单击【元件放置】对话框的 确定 按钮。装入 Part2 后的装配图形如图 9-15c 所示。

3）采用同样的方法，装入另外三个相同的 part2 零件，如图 9-15d 所示。

4. 【元件放置】对话框

零件装配主要通过操作【元件放置】对话框完成，图 9-16a 所示为对话框中各按钮的功能。

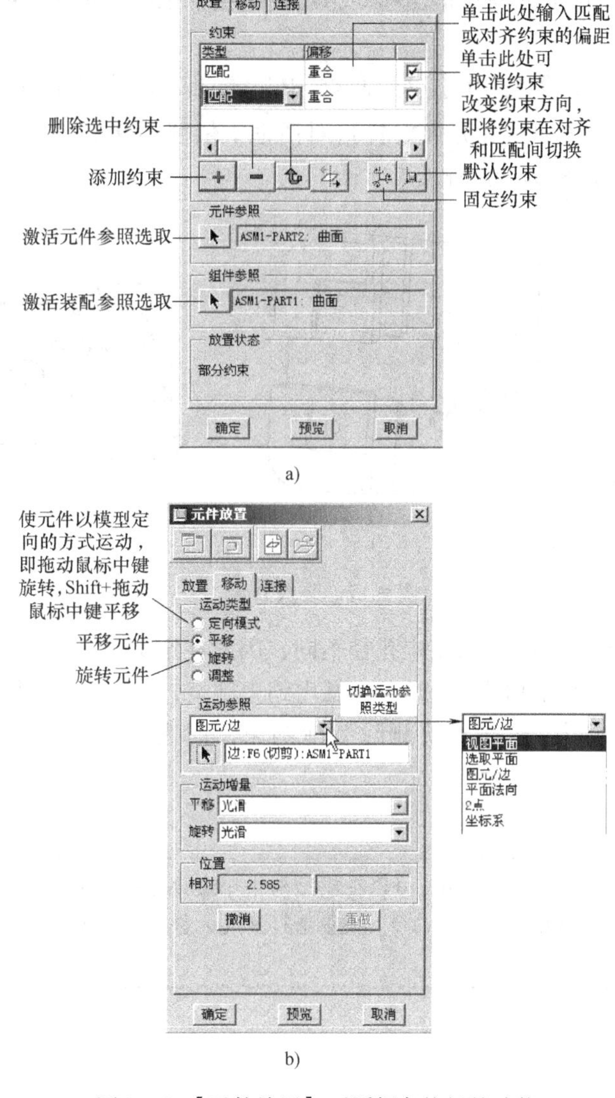

图 9-16 【元件放置】对话框各按钮的功能

a)【放置】选项卡 b)【移动】选项卡

单击 按钮可以在装配窗口中同时显示组件和目前要装入组件的元件。单击 按钮可以在一个单独的窗口显示要装入的元件，便于单独控制显示状态和选取参照。定义装配约束时可以根据需要按下其中一个或者同时按下两个按钮。

【放置】选项卡下方显示元件目前的“放置状态”，有以下 4 种情况：

- 没有约束：目前未对元件定义任何装配约束，元件处于自由状态。
- 部分约束：已对元件定义了装配约束，但这些约束不足以使元件在装配空间中完全固定，仍有部分自由度。
- 完全约束：定义的装配约束已经使元件在装配空间中完全固定。
- 约束无效：正在定义的约束与前面已经定义的约束冲突而不能使当前约束生效。

【元件放置】对话框的【移动】选项卡如图 9-16b 所示，用来在元件未完全约束的状态下，对元件沿其剩余自由度方向作适当移动，以利于接下来继续定义装配约束。

5. 装入 part5

单击 按钮，在【打开】对话框中，选取零件“asm1-part5. prt”，单击 打开(O) 按钮。系统弹出【元件放置】对话框，依照图 9-17a 所示定义装配关系。装入 part5 后的装配模型如图 9-17b 所示。

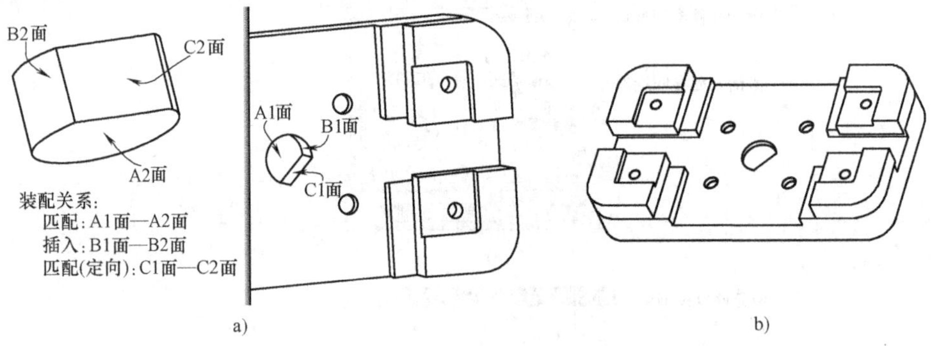

图 9-17　装入 part5

由于 part5 的直径与 part1 上的相应孔径不同，因此在定义了 B1 面—B2 面间的插入关系后，再定义 C1 面—C2 面的匹配关系时，会发生约束冲突，【元件放置】对话框中显示“放置状态”为“约束无效”。这时不要删除装配约束，而应如图 9-4 所示选择匹配类型为“定向”。

提示：

> 如果需要修改某个零件的装配关系，可以在模型树中单击该零件，单击鼠标右键，在弹出菜单（如图 9-18 所示）中选择【编辑定义】命令，便重新打开【元件放置】对话框，可以重新定义装配关系。

9.3.2　零件阵列

1. 装入 part3

1）单击 按钮，在弹出的【打开】对话框中，选取零件“asm1-part3. prt”，单击打开(O) 按钮。

2）系统弹出【元件放置】对话框，依照图 9-19a 定义装配关系。装入 Part3 后的装配模型如图 9-19b 所示。

2. 阵列 part3

下面要继续装配另外三个同样的 part3，在这个例子中，四个同样的 part3 以规则的形式出现在装配模型中，因此剩下的三个 part3 可以由零件阵列得到。

在图形窗口或模型树中单击前面装配的零件 part3，单击特征工具栏的“阵列工具”，系统弹出图 9-20a 所示的阵列操控板，显示默认的阵列方式为“参照”阵列，即参照 part1 上的四个阵列孔作零件阵列。接受这一默认方式，单击操控板的按钮，完成零件阵列，如图 9-20b 所示。

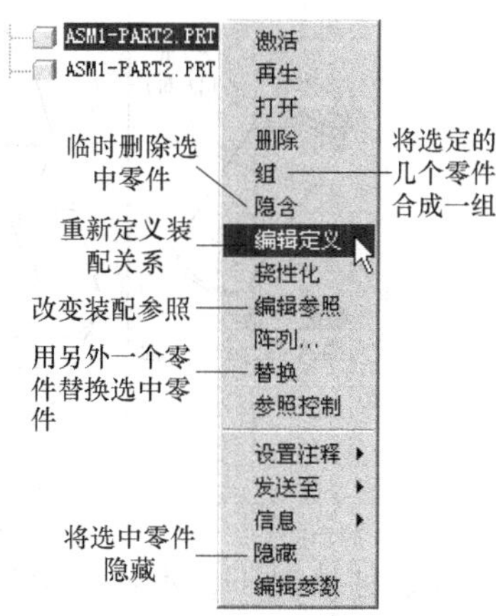

图 9-18　重新定义装配关系

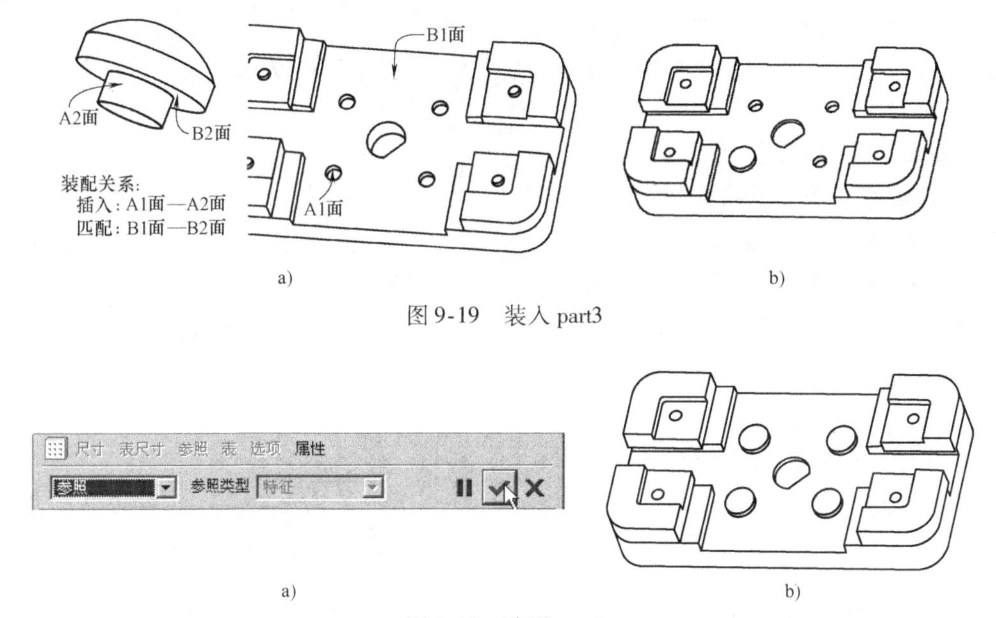

图 9-19　装入 part3

图 9-20　阵列 part3

类似特征阵列，采用其他阵列方式（尺寸、方向、州、填充等）对零件进行阵列。

9.3.3　零件复制

1. 装入 part4

1）单击按钮，在弹出的【打开】对话框中选取零件“asm1-part4. prt”，单击 打开(O) 按钮。

2）系统弹出【元件放置】对话框，单击按钮，弹出按钮，依照图 9-21a 所示定义一个插入关系后，在图形窗口似乎找不到 part4 了。其实这时 part4 已经装配到组件的 A1 孔中，单击主工具条的“显示隐藏线”工具按钮，可以看到 part4 的位置如图 9-21b 所

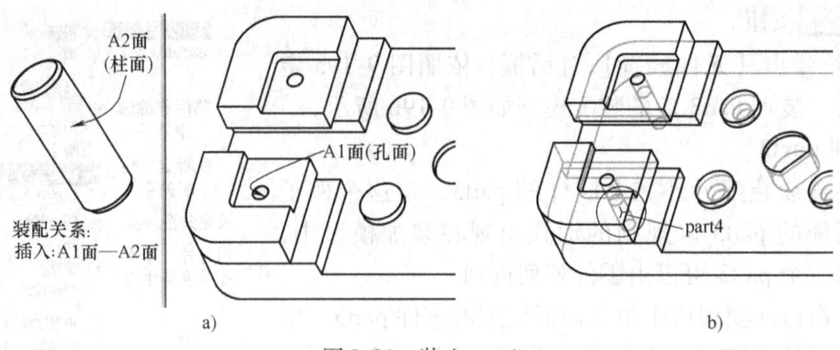

图 9-21　装入 part4

示。在这种情况下，不便于继续定义装配关系，因此需要将 part4 移出。

3）如图 9-22 所示打开【移动】选项卡，将运动类型指定为“平移”，运动参照指定为“图元/边”，单击图示边为移动方向，单击 part4 后移动鼠标将其移出到图 9-23 所示的位置。

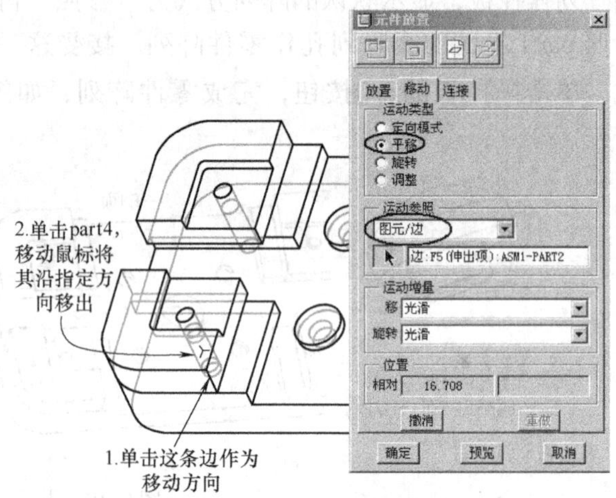

图 9-22　移动 part4

4）重新切换到【位置】选项卡，单击主工具条的“不显示隐藏线”工具按钮，依照图 9-23 定义对齐关系，此时 part4 处于“完全约束”状态。单击对话框中的 确定 按钮，装入 part4 后的装配模型如图 9-24 所示。

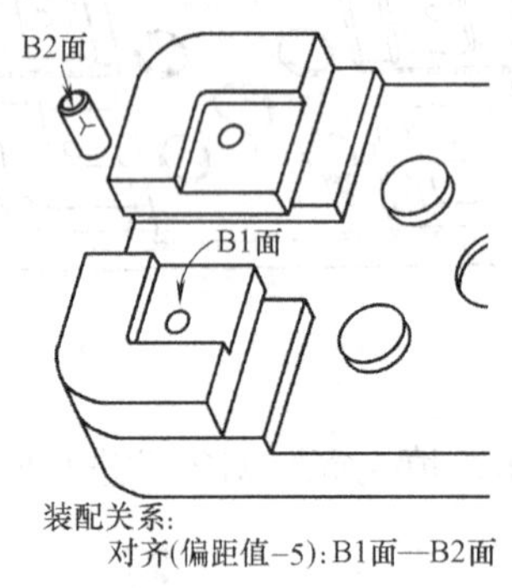

图 9-23　定义对齐关系

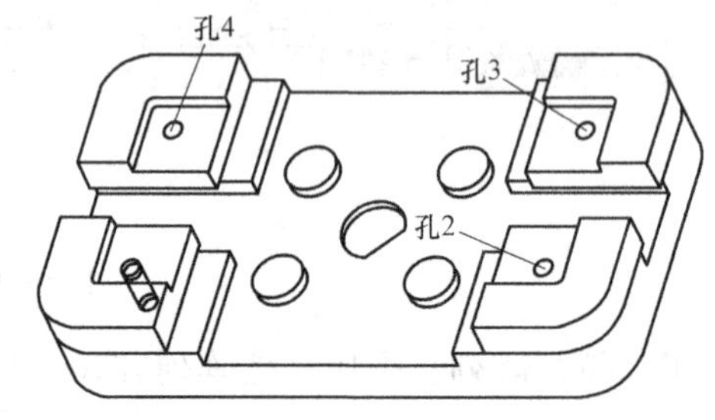

图 9-24　装入 part4 后的装配模型

2. 复制 part4

采用零件阵列的方法装配图 9-24 中孔 2、孔 3、孔 4 处三个同样的 part4，但由于 4 个 part4 要装入的孔位于不同的零件上，不是阵列孔，因而另外三个 part4 不能通过上一小节的参照阵列方便地得到。虽然可以使用尺寸阵列或方向阵列，但不容易定义阵列间隔。

对于这种情况，最好采用零件复制的方法得到另外三个 part4。操作步骤如下：

在图形窗口或模型树中单击前面装配的零件 part4，选择菜单【编辑】→【重复】命令，弹出图 9-25a 所示的【重复元件】对话框，单击要重复的装配约束“插入”，单击 添加 按钮，在图 9-24 所示的模型中依次选中孔 2、孔 3、孔 4 的孔面，单击对话框中的 确定 按钮。这样便在相应位置复制出 3 个 part4，如图 9-25b 所示。

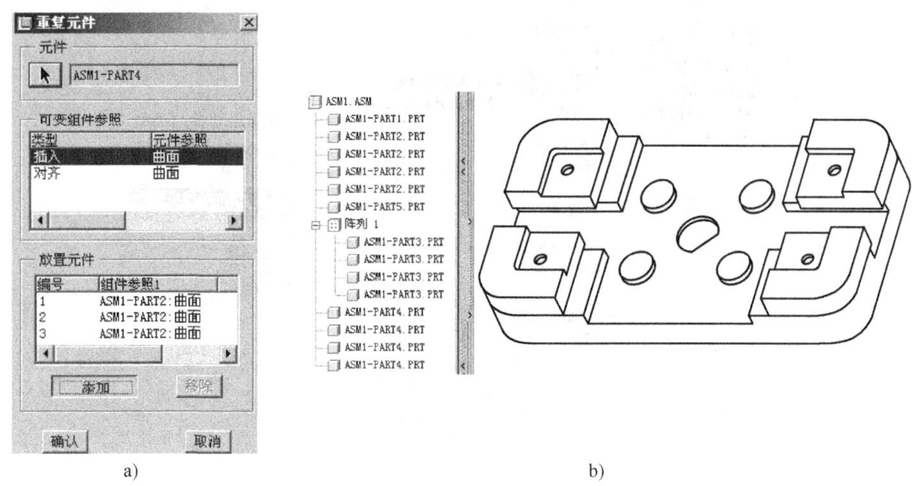

a)　　　　b)

图 9-25　复制 part4

至此，整个组件装配完毕，通过图 9-25b 左侧所示的模型树能了解整个装配模型的零件构成和装配顺序。

9.3.4　装配分解图

当各元件组装完毕后，每个零件在组件中占据特定位置，对于复杂的装配，许多零件隐藏在装配结构内部，要详细了解整个装配体的零件构成情况，可以使用装配分解图，对零件进行分解显示。

1. 自动分解

选择主菜单【视图】→【分解】→【分解视图】命令，系统自动将装配模型分解为图 9-26 所示的状态。

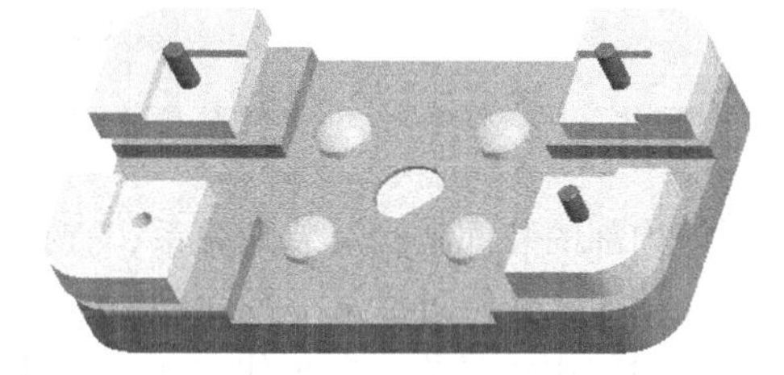

图 9-26　装配模型自动分解

系统的默认分解图往往分解得不够彻底，或者不满足用户对装配模型观察的要求，这时可以进行手动分解。

2. 手动分解

选择主菜单【视图】→【分解】→【编辑位置】命令，系统弹出【分解位置】对话框，其各部分功能如图 9-27 所示。

选取适当的运动参照，移动装配体中的各零件，得到图 9-28 所示的分解视图。单击对话框中的 确定 按钮。

选择主菜单【视图】→【分解】→【取消分解视图】命令，模型重新回到未分解状态。

9.3.5　装配剖截面

在零件设计中，使用剖截面可以查看零件的内部细节，而在装配设计中，使用剖截面可

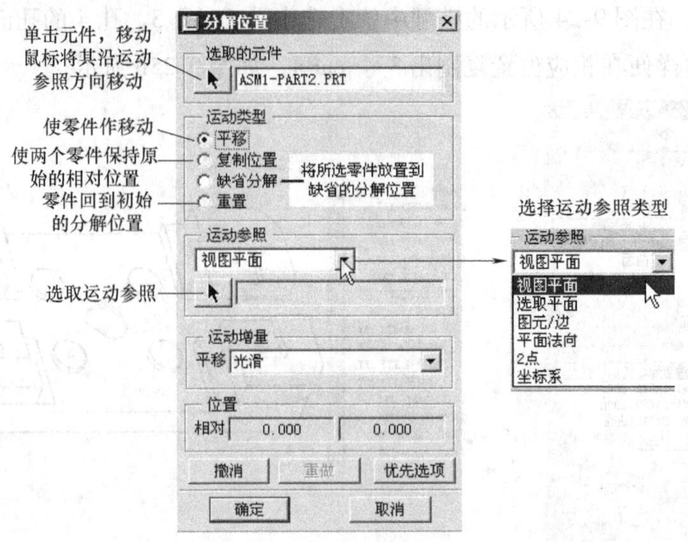

图 9-27 【分解位置】对话框

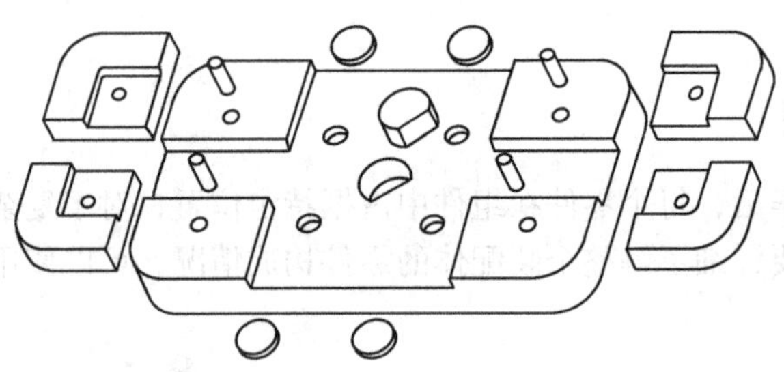

图 9-28 手动分解

以了解内部的装配结构及装配关系，查找装配错误。

在第 8 章介绍过沿某一平面剖截零件的操作，装配剖截面的制作与其相同，只是由于装配结构往往比较复杂，在剖截时还经常使用类似于工程制图中“阶梯剖”的剖截形式。其操作方法如下：

1）单击主工具栏的“启动视图管理器”工具按钮，或选择主菜单【视图】→【视图管理器】命令，系统弹出图 9-29a 所示的【视图管理器】对话框，切换到【X 截面】选项卡，单击其中的【新建】菜单，输入剖面名称为“A”并回车。

2）在弹出的【菜单管理器】（图 9-29b）中依次选择【偏距】→【双侧】→【单一】→【完成】命令。弹出图 9-29c 所示的菜单，并在信息提示区提示 ➪选取或创建一个草绘平面。，单击图 9-30 所示草绘平面，显示箭头所示的草绘方向，选取图 9-29d 所示菜单的【正向】以接受这一方向，弹出图 9-29e 所示的菜单，并在信息栏提示 ➪为草绘选取或创建一个水平或垂直的参照。，单击图 9-30 所示的参照面，并在图 9-29e 所示的菜单中选取【底部】。

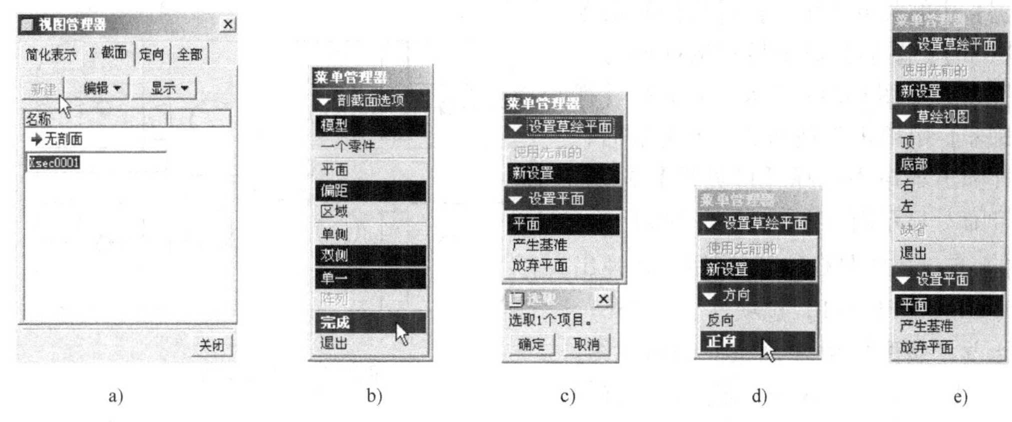

图 9-29　制作剖截面

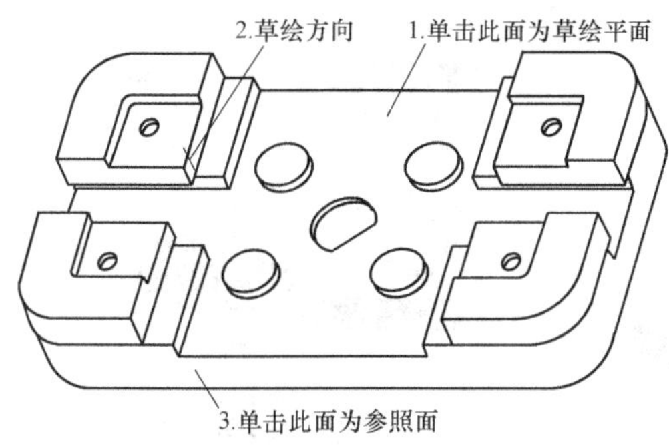

图 9-30　定义绘制剖截线的草绘平面、草绘方向和参照面

3）系统进入草绘界面，并弹出图 9-31 所示的【参照】对话框，单击图示的 6 条边为草绘参照。关闭【参照】对话框。绘制图 9-32 所示的剖截线。由于前面已经选取了 6 处草绘参照，因此在绘制剖截线时能够利用系统的智能导航功能捕捉到这些关键位置。

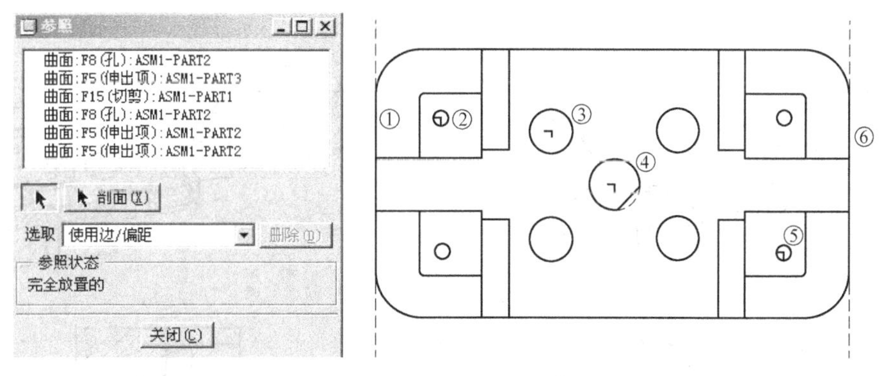

图 9-31　定义草绘参照

4）单击草绘工具栏的 ✔ 按钮，退出草绘界面，剖截面制作完毕。

5）如图 9-33a 所示在【视图管理器】中单击剖截面 A，单击鼠标右键，在弹出菜单中选择【设置为活动】，系统将装配模型在 A 剖面处剖开，只显示剖截面一侧的图形。选择【视图管理器】中的菜单【显示】→【反向】命令（图 9-33b），图形窗口中显示剖截面另一侧的图形，如图 9-34a 所示。再次在【视图管理器】中单击剖截面 A，单击鼠标右键，在弹出菜单中选择【可见性】命令，在 A 剖面处显示剖面线，如图 9-34b 所示。

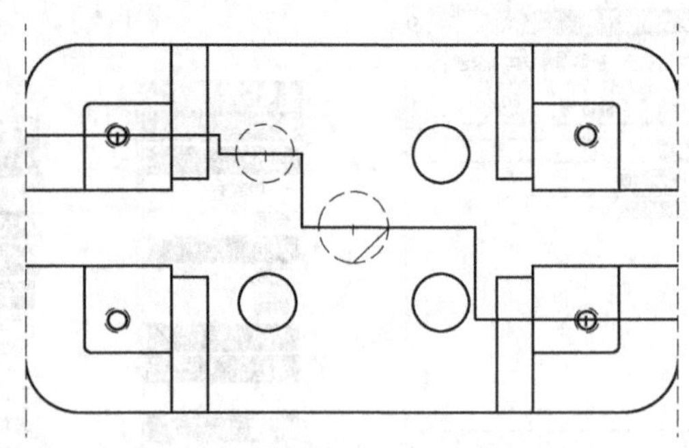

图 9-32　绘制剖截线

6）单击主工具栏的按钮，在弹出菜单中选取【FRONT】选项（图 9-33c），屏幕上显示装配模型 A 剖截面的前视图，如图 9-34c 所示。在这一状态下，能够仔细查看内部结构及装配关系，查找设计错误。因此，剖截面是装配设计常用的工具。在不同位置作多个剖截面，可以了解各处的细节。另外，剖截面还可以用于生成工程图的剖视图。

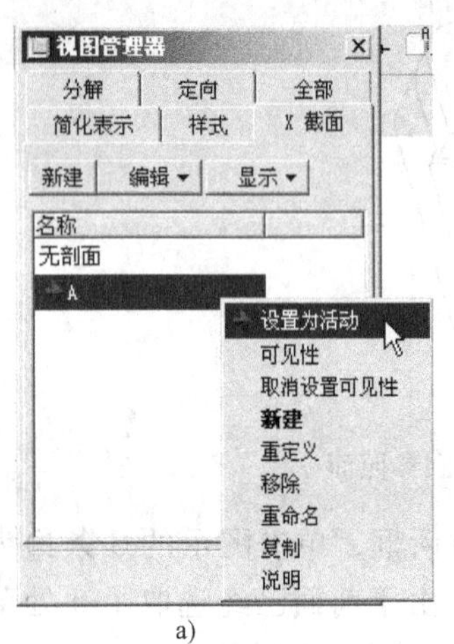

a)

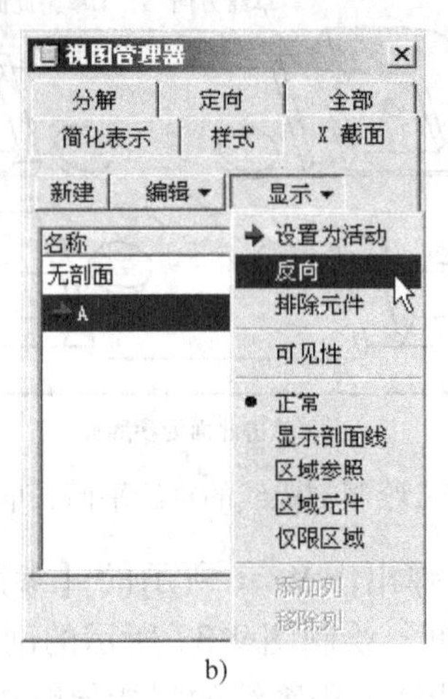

b)

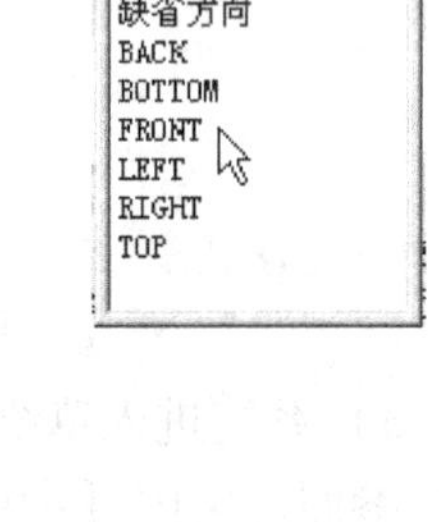

c)

图 9-33　显示剖截面

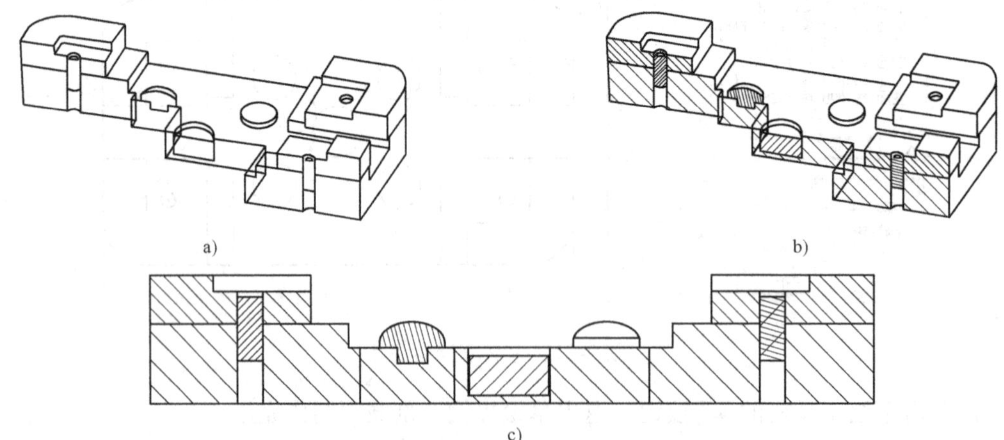

a)　b)　c)

图 9-34　沿 A 剖截面剖开后的装配模型

7）要正常显示模型，在【视图管理器】中单击剖截面 A，单击鼠标右键，在弹出菜单中选择【取消设置可见性】以取消剖面线显示。选中“无剖面”，单击鼠标右键，在弹出菜单中选择【设置为活动】。

提示：

> 在模型树中单击某一（或某几）个零件，单击鼠标右键，在弹出菜单中选择【隐藏】命令，可以将其隐藏，隐藏某些零件将便于装配操作和观察装配模型内部结构。
>
> 在模型树中单击被隐藏的零件，单击鼠标右键，在弹出菜单中选择【取消隐藏】命令，可以将这些零件重新显示出来。

9.3.6　装配设计中层的使用

对于一个复杂的装配，其零件数量众多，每一个零件不仅有各自的形状，又有各自的基准面、基准轴、基准坐标系等各种基准特征显示在屏幕上，导致画面非常混乱，例如图 9-35 所示的是上面完成的装配模型，在这种显示状态下，经常会妨碍正常的设计操作。使用 [工具图标] 工具可以切换基准特征的显示或隐藏，但这几个工具按钮具有全局效果，不能将不相关的基准特征隐藏而只显示需要的基准。使用层工具可以很好地解决这一问题。

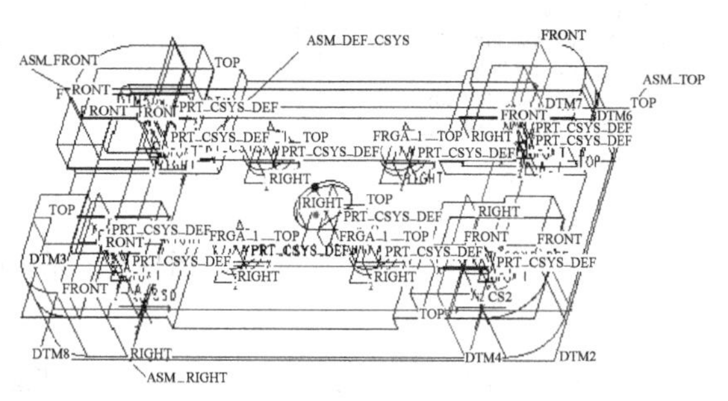

图 9-35　完成的装配模型

1. 系统预设的层

单击主工具栏上的 [按钮图标] 按钮，将导航选项卡上的显示切换为层树。如图 9-36 所示，导航选项卡中显示出系统预设的层。

将主工具栏上的基准显示切换工具设定到 [工具图标] 状态，即只显示基准面，不显示基准轴、基准点和基准坐标系，此时的装配模型显示如图 9-36b。

在层树中选取 01__PRT_ALL_DTM_PLN（所有零件的基准平面）这一层，单击鼠标右键，在弹出菜单中选择【隐藏】命令，将该层隐藏。单击主工具栏上的刷新工具 [按钮图标] 按钮，这时的图形窗口显示如图 9-36c，图形中只显示装配基准面。

2. 用户设定层

当系统预设的层不能满足需要时，用户也可以创建自己的一些层，与零件设计中的层不同，装配设计中的层可以对装配模型中的零件进行管理。

如图 9-37a 所示选择导航选项卡上的【层】→【新建层】命令，系统弹出图 9-37b 所示的【层属性】对话框，在【名称】栏输入新层的层名“P1”，单击【包括...】按钮，单击四个 part2 零件，将其放在 P1 层中，单击【确定】按钮。

在层树中单击“P1”层，单击鼠标右键，在弹出菜单中选择【隐藏】命令，将该层隐藏，这时的装配模型如图 9-37c 所示，可见使用层来管理众多零件是非常有效的。

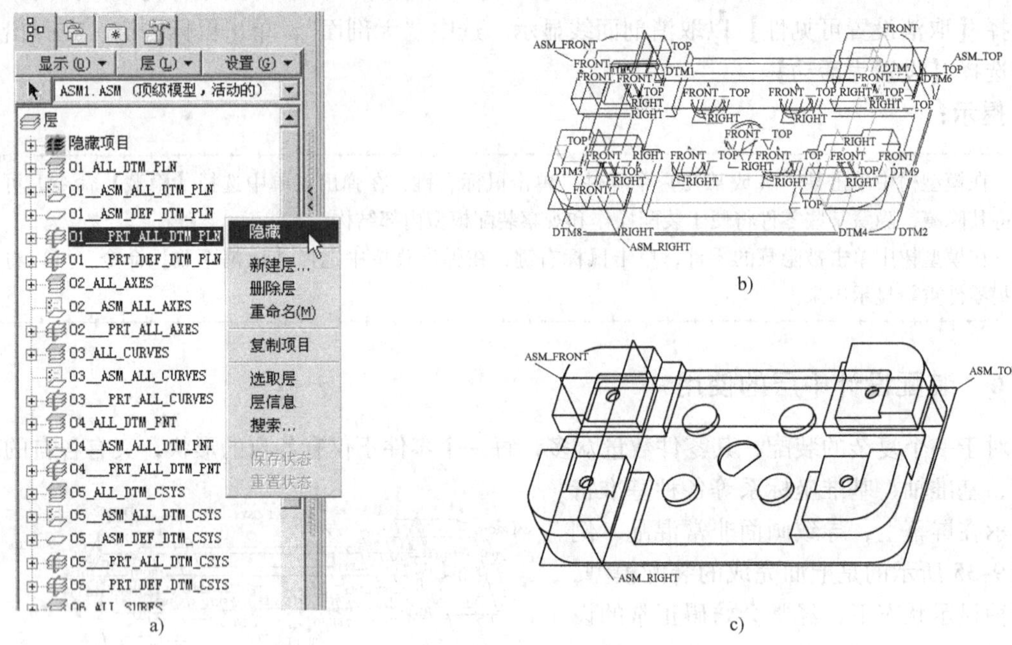

a)　　b)　　c)

图 9-36　系统预设的层

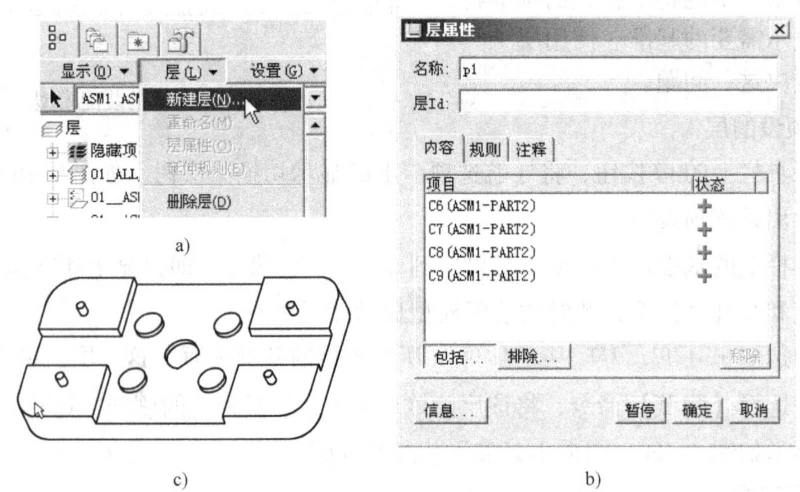

a)　　c)　　b)

图 9-37　用户设定层

9.4　装配设计范例

本范例要进行图 9-38 所示的装配设计，图中的 part1 ~ part4 四个零件在光盘的“ch9 \ ex-2 \”目录下。

在设计之前，将工作目录设置到“ch9 \ ex-2”目录下。

9.4.1　子装配设计

1. 创建第一个子装配

1）新建一个装配文档“sub-1. asm”，注意选取公制单位，进入装配设计界面。

2）单击特征工具栏的 按钮，弹出【打开】对话框，选取零件 part1. prt，单击 打开(O) 按钮。系统弹出【元件放置】对话框，单击 按钮，即使用默认约束，单击对话框中的 确定 按钮。装入 part1 后的装配模型如图 9-39 所示。

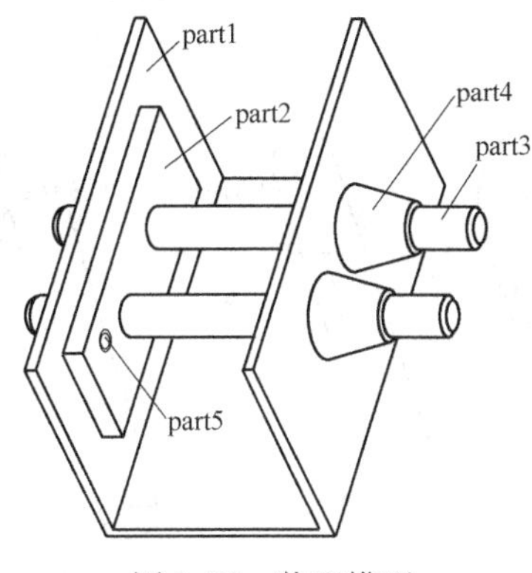

图 9-38　装配模型

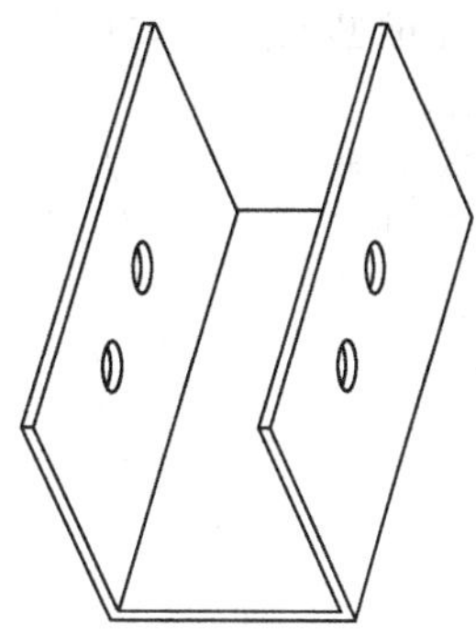

图 9-39　装入 part1 后的装配模型

3）再次单击 按钮，在弹出的【打开】对话框中选取 part2. prt，单击 打开(O) 按钮。系统弹出【元件放置】对话框，依照图 9-40a 所示定义装配关系后，单击对话框中的 确定 按钮，装入 part2 后的装配模型如图 9-40b 所示。

4）单击 按钮，在弹出的【保存对象】对话框中单击 确定 按钮，保存该子装配文件。

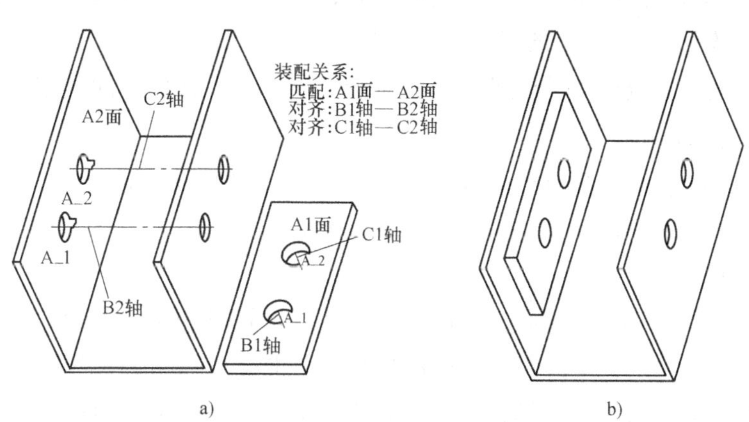

图 9-40　装入 part2

2. 创建第二个子装配

1）新建一个装配文档“sub-2. asm”，注意选取公制单位。进入装配设计界面。

2）单击 按钮，在弹出的【打开】对话框中选取 part3. prt，单击 打开(O) 按钮。系统弹出【元件放置】对话框，单击按钮，即使用默认约束，单击对话框中的确定按钮，装入 part3 后的装配模型如图 9-41 所示。

3）单击主工具栏上的按钮，使导航选项卡上显示层树，将 01__ASM_ALL_DTM_PLN（所有的装配基准平面）层和 01__PRT_DEF_DTM_PLN（零件的默认基准平面）层隐藏，将主工具栏上的基准显示切换工具设定到状态，此时的装配模型如图 9-41b 所示。

4）再次单击按钮，在弹出的【打开】对话框中选取 part4. prt，单击打开(O)按钮。依照图 9-42a 所示定义装配关系。单击对话框中的确定按钮，装入 part4 后的装配模型如图 9-42b 所示。

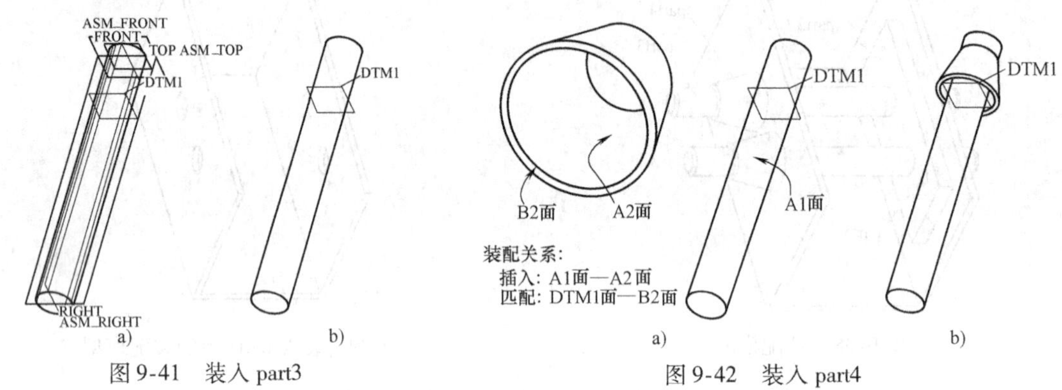

图 9-41 装入 part3　　　图 9-42 装入 part4

5）单击按钮，在弹出的【保存对象】对话框中单击确定按钮，保存该子装配文件。

9.4.2 总装配设计

1）新建一个装配文档“total. asm”，注意选取公制单位。进入装配设计界面。

2）单击按钮，在弹出的【打开】对话框中选取子装配文件 sub-1. asm，单击打开(O)按钮。系统弹出【元件放置】对话框，单击按钮，即使用默认约束，单击对话框中的确定按钮。

3）再次单击按钮，在弹出的【打开】对话框中选取子装配文件 sub-2. asm，单击打开(O)按钮。依照图 9-43a 所示定义装配关系。单击对话框中的确定按钮，得到图 9-43b 的装配模型。

4）在模型树中单击 sub-2. asm，选择主菜单【编辑】→【重复】命令，打开图 9-44a 所示的【重复元件】对话框，单击要重复的装配约束“插入”，单击添加按钮，单击图 9-43b 中的孔面“C1 面”，单击对话框中的确定按钮，得到图 9-44b 的模型。

至此，整个结构装配完毕。

9.4.3 装配分析与干涉检查

1. 干涉检查

通过干涉检查，可以知道装配模型中各零件间有无干涉、哪里有干涉以及干涉量是多

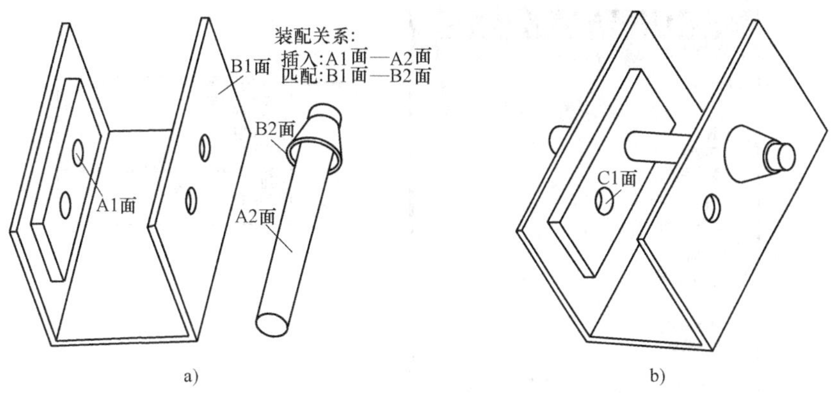

图 9-43 总装配设计

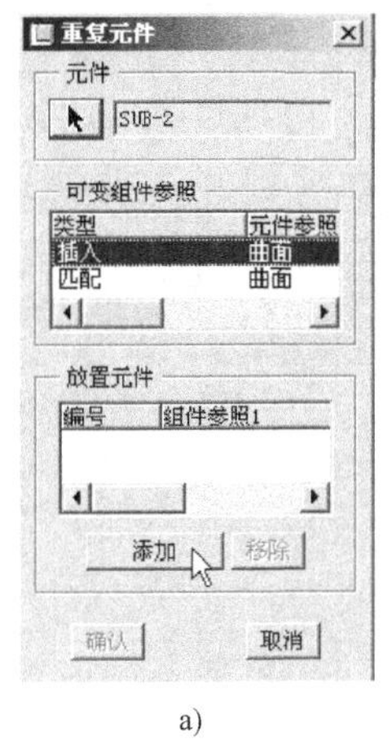

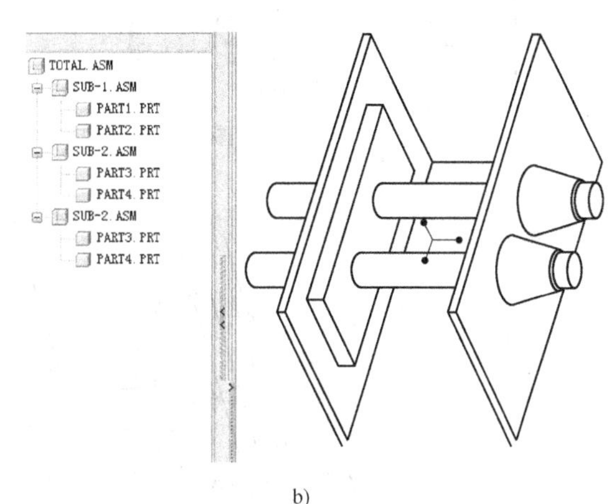

a) b)

图 9-44 复制 sub-2

大，从而查找出设计错误所在。

1）选择主菜单【分析】→【模型分析】命令，弹出图 9-45 所示的【模型分析】对话框，选择分析类型为“全局干涉”，单击对话框的 计算 按钮，在结果区域可以看到干涉分析的结果，包括干涉零件的名称和干涉体积大小。在结果区域选取某个干涉结果，会在图形窗口以红色亮显这一干涉部位。

2）由图 9-45 所示的干涉检查结果可知，该装配模型有 6 处干涉，分别是 part3 与 part1、part2、part4 的干涉，因此推测可能是 part3 的设计有误。

3）创建图 9-46 所示的过 A 轴且平行于 B 面的基准平面 ADTM1。

4）创建过 ADTM1 的剖截面“A”。图 9-47 所示为剖截面 A 处的图形，从中也能看到零件干涉的情况。

5）打开 part1. prt、part2. prt、part3. prt、part4. prt 四个零件，分析设计失误的原因，发现 part3（轴）的直径是 105，而 part1、part2、part4 相应孔的直径是 100，因此产生了干涉。

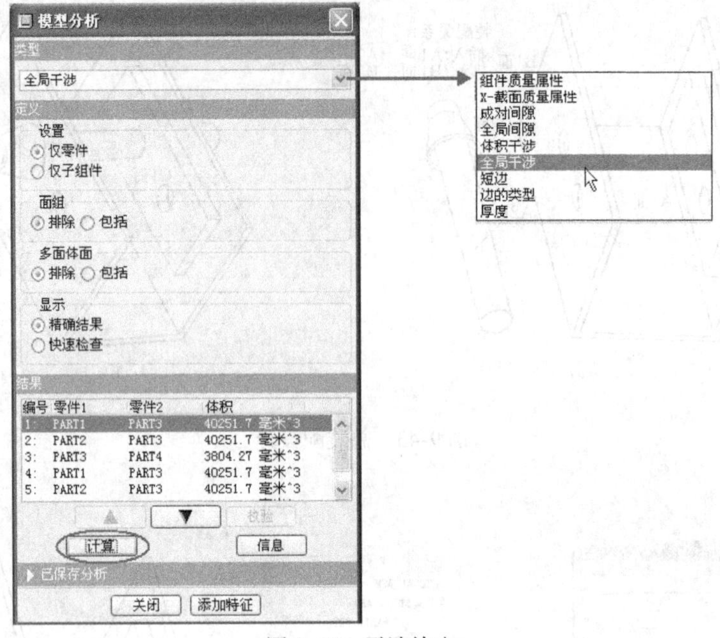

图 9-45 干涉检查

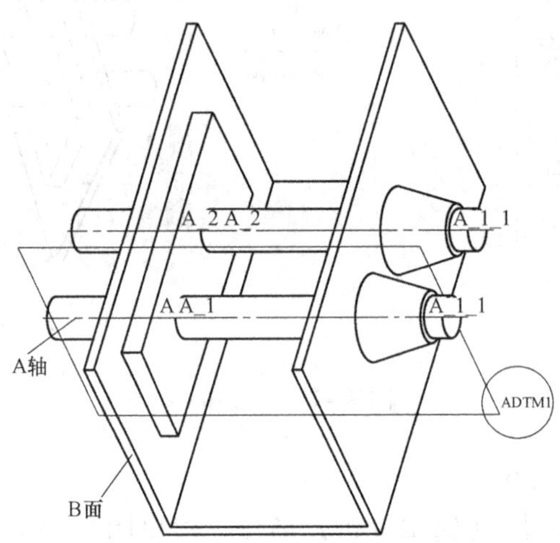

图 9-46 创建基准平面 ADTM1

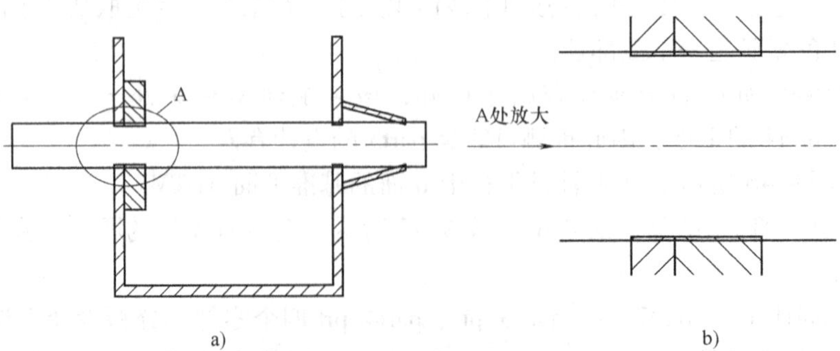

图 9-47 剖截面 A 处的图形

6）切换到 part3. prt 窗口，它是由一个拉伸特征组成的轴，单击该特征，单击鼠标右键，在弹出菜单中选择【编辑】命令，如图 9-48 所示，双击尺寸“105. 00”，将其改为“100”，单击按钮再生模型。

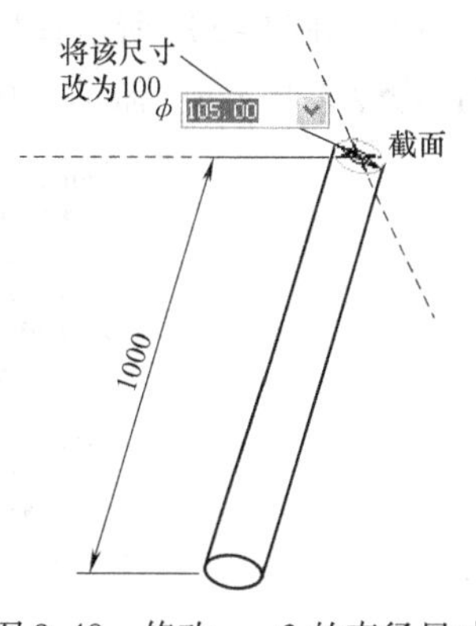

图 9-48　修改 part3 的直径尺寸

7）切换到 total. asm 窗口，由于 Pro/E 设计全相关的特点，在 part3 零件中进行的修改会自动反映到装配中来，因此这时装配模型中 part3 的直径已经是 100。再次按照步骤 1）进行干涉检查，在结果区域没有任何结果显示，并在信息提示区给出没有零件。的提示，说明目前整个装配模型不存在零件干涉现象。

2. 装配分析

1）利用【模型分析】对话框除可进行干涉检查之外，还可以进行其他方面的分析，例如使用“组件质量属性”选项可以计算装配体的体积、表面积、质量、重心、惯性矩等物理属性量。

2）另外，选择主菜单【分析】→【测量】命令，打开图 9-49a 所示的【测量】对话框，可以测量的项目如图 9-49b 所示。图 9-49 中测量了两个零件上两平面间的距离，类似的测量对检查装配尺寸是否正确是非常重要的。

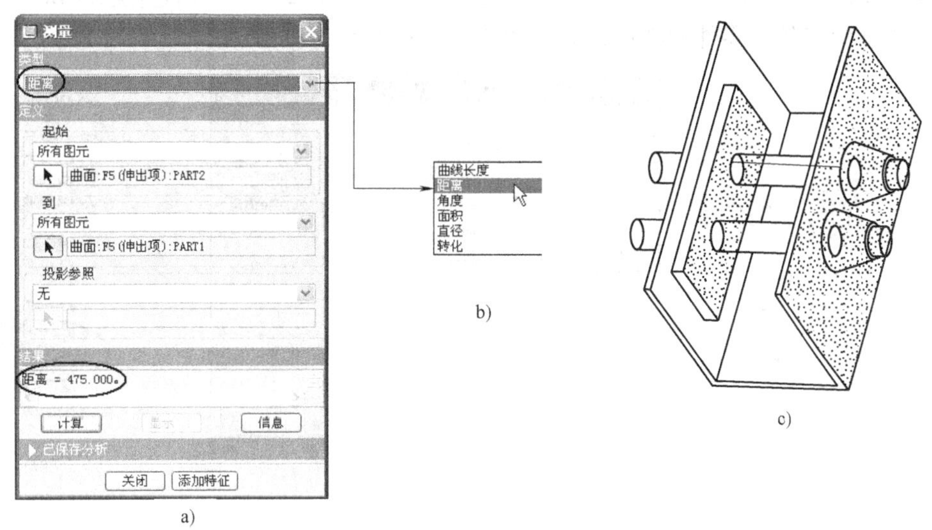

图 9-49　测量装配模型上的距离

9. 4. 4　在装配中修改零件

装配设计进行中或完成后，可以在装配设计界面对不正确或不完善的零件进行修改，由于这种修改是在装配模型的总体参照下进行的，因此更加直观和便利。由于 Pro/E 设计全相关的特点，在装配设计界面进行零件修改并保存时，相关的零件文档会自动更新。

在装配设计界面修改零件的关键操作是将零件激活，并将零件的特征显示在模型树中，然后就可以用类似零件设计界面中的操作方法进行零件的修改和继续设计。

1）如图 9-50a 所示在模型树中单击零件 part3，单击鼠标右键，在弹出菜单中选择【激活】命令，将 part3 激活。图 9-50b 所示的是激活 part3 后的装配模型树显示。

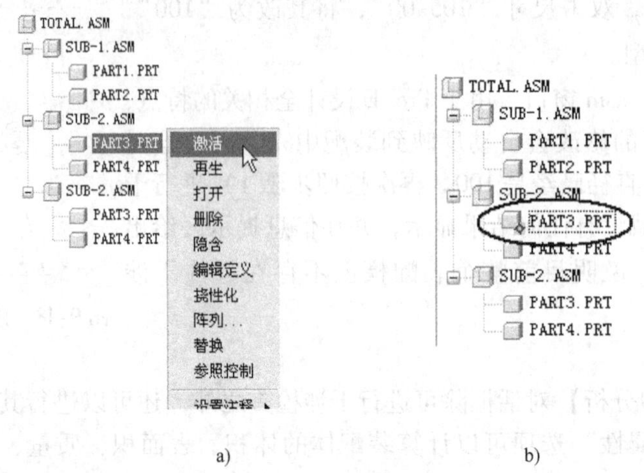

图 9-50　激活 part3

2）如图 9-51a 所示选择导航选项卡中的菜单【设置】→【树过滤器】命令，弹出图 9-51b所示的【模型树项目】对话框，选中其中的 特征 选项，单击 确定 按钮。这样在模型树中能显示出各个零件的特征组成，如图 9-51c 所示。

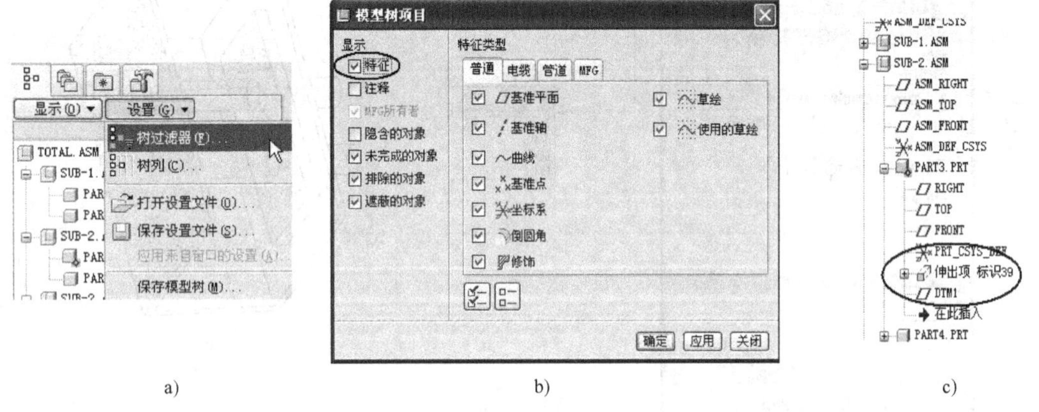

图 9-51　在装配模型树中显示出零件的特征

3）在模型树中单击零件 part3 的特征 DTM1，单击鼠标右键，在弹出菜单中选取【编辑】命令，如图 9-52a 所示将 DTM1 的尺寸“200”改为“300”。单击 按钮，再生的装配模型如图 9-52b 所示。

4）单击特征工具栏的“倒角工具” 按钮，如图 9-53a 所示添加两处倒角。图 9-53b 所示为将 part3 添加倒角后的装配模型。由于 Pro/E 设计全相关的特点，装配模型中另外一个 part3 零件也自动添加了倒角特征。

零件修改完毕后，在模型树中单击“TOTAL. ASM”，单击鼠标右键，在弹出菜单中选

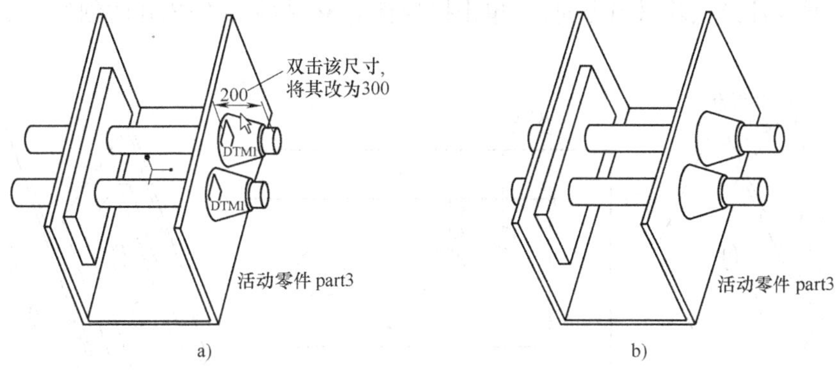

图 9-52　在装配中修改零件尺寸

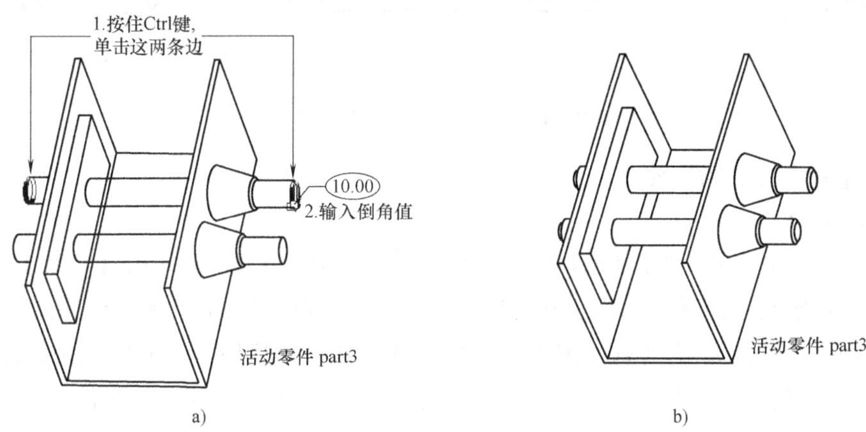

图 9-53　创建 part3 上的倒角

择【激活】命令，重新激活装配模型。

9.4.5　在装配中创建零件

当有了大致的装配框架之后，在装配设计界面参照总体结构创建某些细节部分的零件，将很大程度上减少零件设计和装配的失误。这也是自顶向下设计的一个重要手段。下面通过设计 part1 和 part2 间的定位销钉，来说明如何在装配中创建零件。

1. 将两个 SUB-2. ASM 隐藏

由于下面的设计与 SUB-2 无关，因此暂时将其隐藏（甚至隐含），将使画面简洁，便于操作。

2. 创建 part2 上的销钉孔

1）将 part2 激活。

2）单击特征工具栏的按钮，单击操控板的 放置 按钮，单击其上滑面板中的 定义... 按钮，弹出【草绘】对话框，如图 9-54a 所示定义草绘平面、草绘方向和参照面，单击对话框的 草绘 按钮后，进入草绘界面。绘制图 9-54b 所示的草绘图形，单击 ✔ 按钮，退出草绘界面。将操控板选项设置为“”，即去除材料拉伸，深度为贯通（注意去除材料方向），单击操控板的✔按钮，完成孔的创建，如图 9-54c 所示。

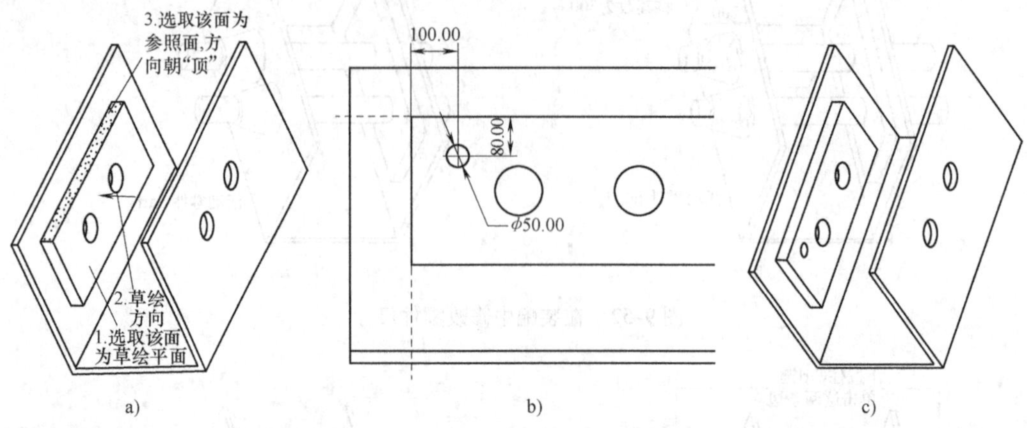

图 9-54　在 part2 上添加孔特征

3. 创建 part1 上的销钉孔

1）激活 part1。

2）单击按钮，单击操控板的放置按钮，单击定义...按钮，弹出【草绘】对话框，如图 9-55a 所示定义草绘平面、草绘方向和参照面，单击对话框的草绘按钮后，进入草绘界面。如图 9-55b 所示绘制草绘图形，其中使用工具借用 part2 上的孔边，能够确保 part1 和 part2 上的孔对齐。单击✔按钮，退出草绘界面。将操控板选项设置为“”，即去除材料拉伸，深度为贯通（注意去除材料方向），单击操控板的✔按钮，完成孔的创建，如图 9-55c 所示。

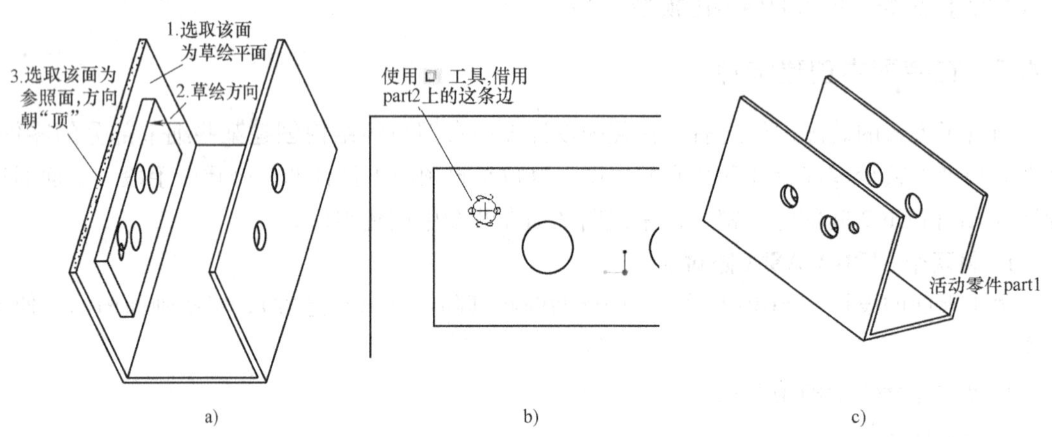

图 9-55　在 part1 上添加孔特征

4. 创建新零件-销钉

1）激活装配模型“TOTAL. ASM”。

2）单击特征工具栏的“在组建模式下创建元件工具”按钮，或选择主菜单【插入】→【元件】→【创建】命令，系统弹出【元件创建】对话框，如图 9-56a 所示定义新建零件的类型、子类型和零件名称，单击 确定 按钮。系统弹出图 9-56b 所示的【创建选项】对话框，共有四种零件的创建方法，在其中选取 ⊙ 创建特征 选项，单击 确定 按钮。如图 9-56c所示，新零件 part5 出现在装配模型树下方，并自动成为激活零件，接下来可以创建 part5 的特征。

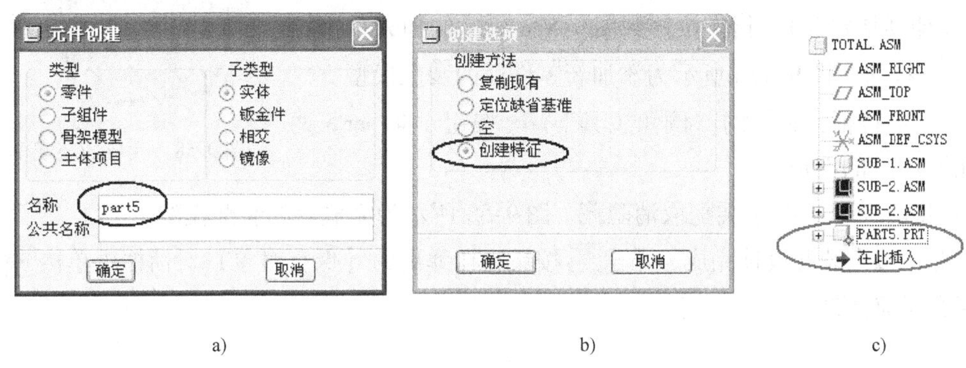

图 9-56 在装配中创建零件

图 9-56b 所示的【创建选项】对话框给出的 4 种零件创建方法解释如下：

- 复制现有：通过复制现有的某一个零件来创建新零件。
- 定位默认（缺省）基准：通过确定定位基准来创建新零件。
- 空：创建一个空零件，该零件只在模型树中显示名称，不包含任何特征，可待时机成熟时向该零件加入特征。
- 创建特征：建立一个新零件，并开始创建其第一个特征。

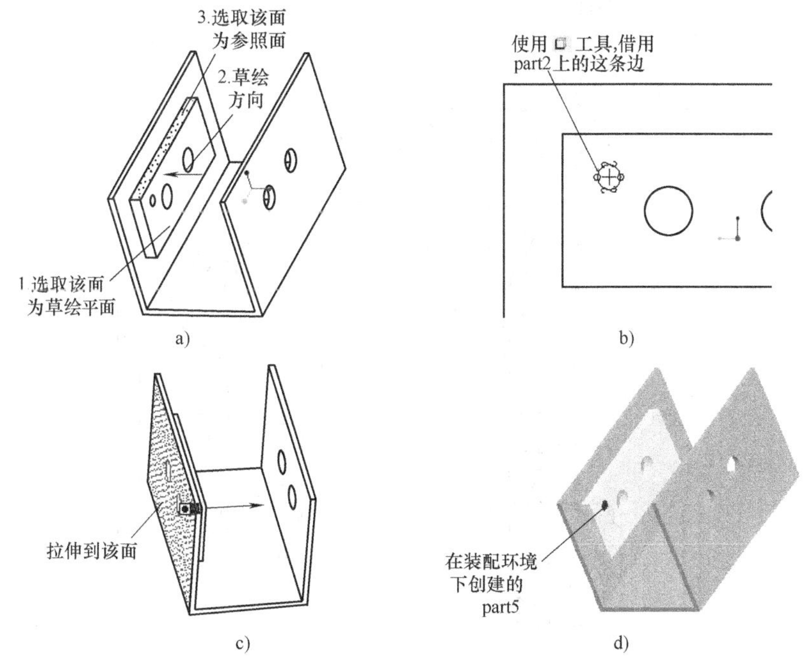

图 9-57 创建 part5

3）单击按钮，单击操控板的 放置 按钮，单击其上滑面板中的 定义... 按钮，弹出【草绘】对话框，如图 9-57a 所示定义草绘平面、草绘方向和参照面，单击对话框的 草绘 按钮后，进入草绘界面。绘制图 9-57b 所示的草绘图形，单击✔按钮，退出草绘界面。在操控板设置拉伸高度为（拉伸到指定面），指定拉伸到图 9-57c 所示的面，单击操控板的✔按钮。图 9-57d 所示为添加新零件后的装配模型。

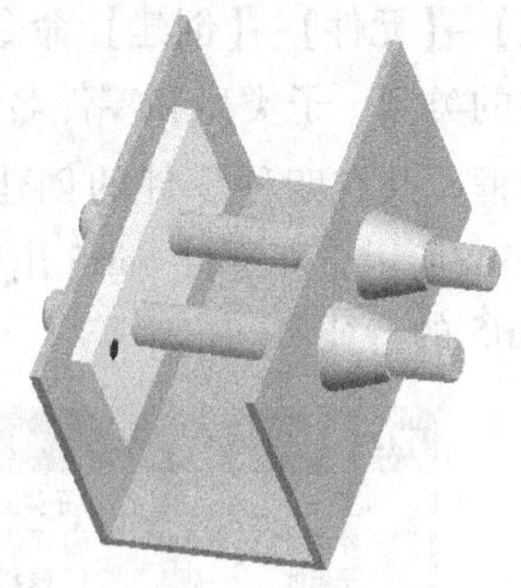

图 9-58　完成的装配模型

4）单击特征工具栏的“倒角工具”按钮，向 part5 两端添加 5 ×45°的倒角。

5）将两个 SUB-2 子装配取消隐藏。图 9-58 所示为完成后的装配模型。

至此，整个装配设计完成，单击按钮，在弹出的【保存对象】对话框中单击 确定 按钮，保存当前文件。

9.5　练习题

1. 图 8-236a 所示为机用台虎钳装配示意图，图 8-236b ~ 图 8-236i 所示为台虎钳各零件图，请在上一章零件设计练习的基础上，参照图 8-236a 完成机用台虎钳的装配设计。

2. 图 9-59 所示为滚动导柱导套结构的装配图，图 9-60a ~ 图 9-60j 所示为本结构各零件图，请参照图 9-60 进行零件设计，在此基础上参照图 9-59 进行装配设计。

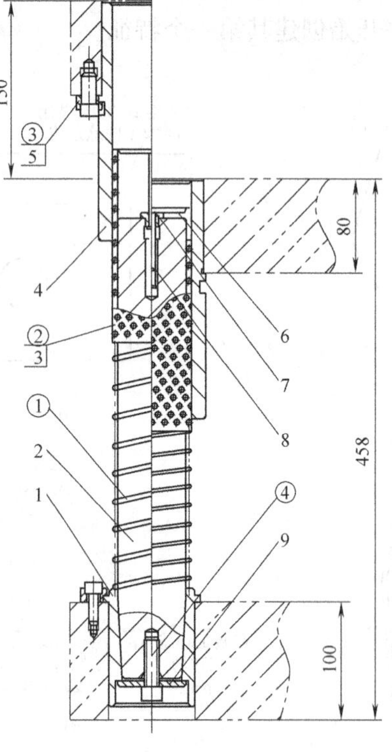

④	螺钉M12×40	1
③	螺钉M10×25	6
②	钢球5<01级>	252
①	弹簧2.5×65×215	1
9	垫圈	1
8	拉杆	1
7	螺母	1
6	挡板	1
5	压板	6
4	导套	1
3	保持圈	1
2	导柱	1
1	衬套	1
序号	名称	数量

图 9-59　装配图

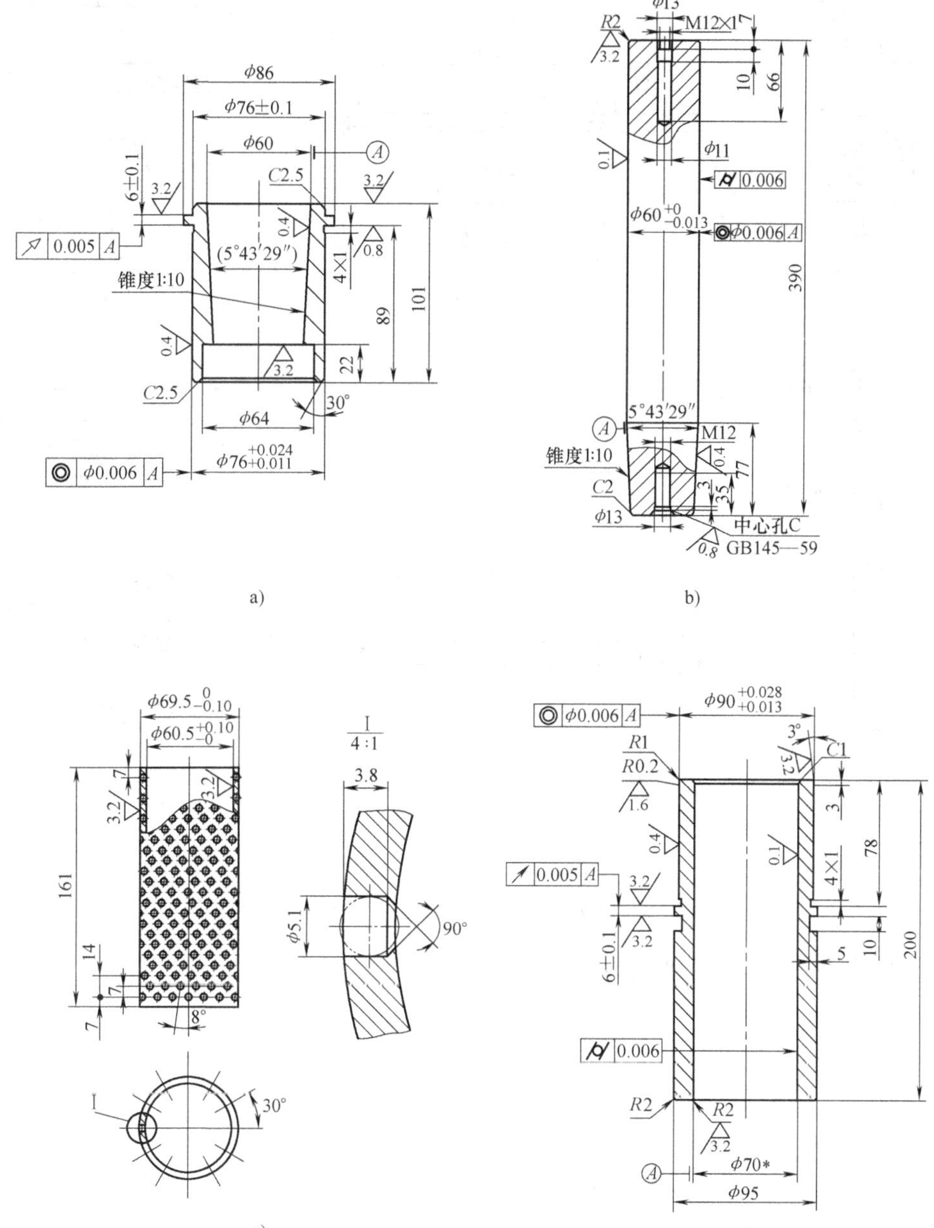

图 9-60　零件图

a）衬套　b）导柱　c）保持圈　d）导套

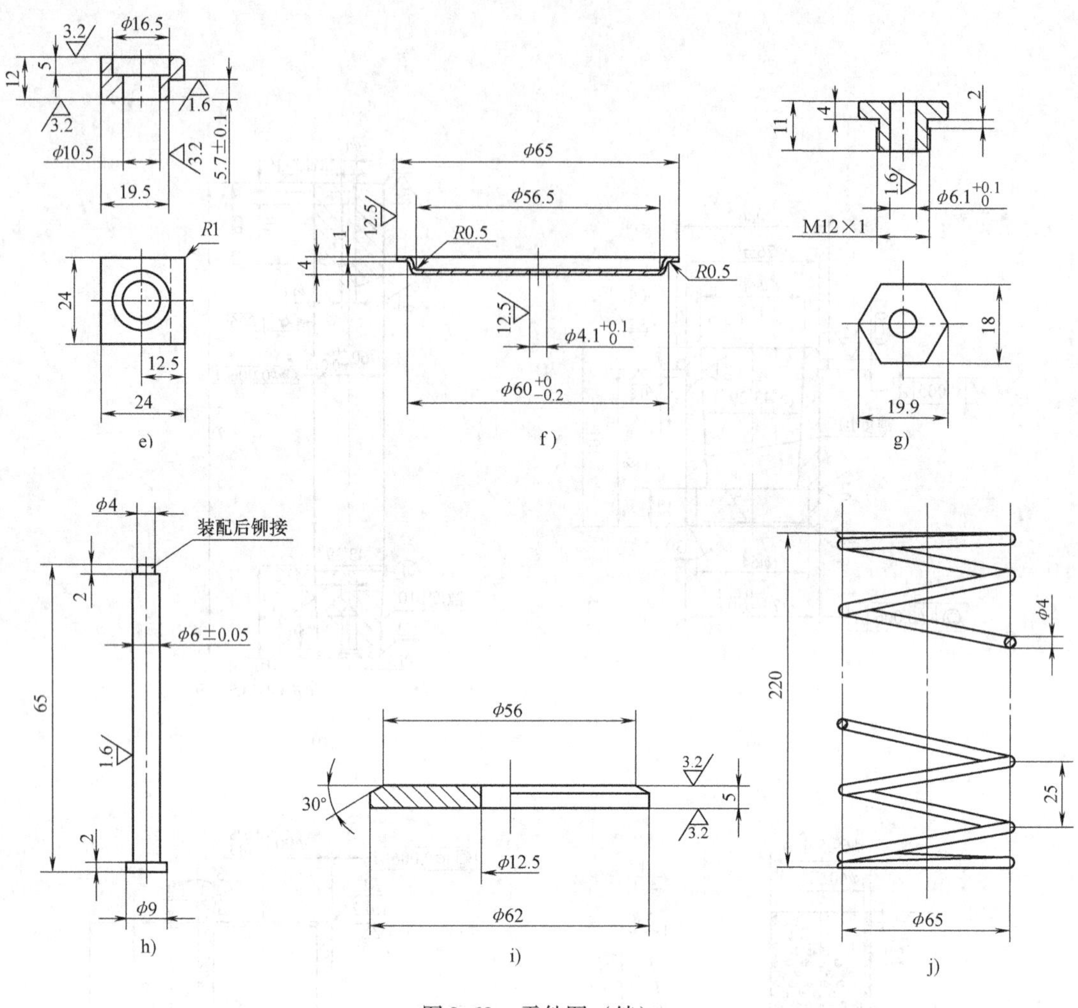

图 9-60　零件图（续）

e）压板　f）挡板　g）螺母　h）拉杆　i）垫圈　j）弹簧

3. 参照设计手册，进行轴承的设计。

第 10 章　Pro/E 工程图

在产品设计过程中，工程图一方面体现着设计结果，另一方面也是指导生产的参考依据。Pro/E 提供了强大的工程图功能，可以快捷、准确地将三维模型经过投影变换得到二维空间的各种视图，包括基本视图、剖视图、向视图、局部放大图等。Pro/E 还提供多种图形输入输出格式，如 DWG、DXF、IGS、STP 等，可以和其他二维软件交换数据。

在 Pro/E 中，工程图与模型之间是全相关的，无论何时修改了模型，其工程图会自动更新；反之，在工程图中修改了尺寸，模型也会自动更新。

10.1　工程图的基本操作

10.1.1　使用系统模板自动生成工程图

1）启动 Pro/E 后，将工作目录设置到“example \ ch10”下。打开文件 ch10 \ EX-01. PRT，这是一个如图 10-1 所示的端盖零件。

2）单击主工具栏上的按钮，弹出图 10-2a 所示的【新建】对话框。选择文件类型为 绘图，在【名称】后的文本框中输入文件名称为“ex-01-1”（工程图文档的文件扩展名为 drw）。每次新建一个工程图文档，Pro/E 会给出一个默认的名称，如 drw0001。

图 10-1　端盖三维模型

3）默认选中 使用缺省模板，然后单击对话框中的 确定 按钮。弹出图 10-2b 所示的【新制图】对话框，系统将当前打开的零件“EX-01. PRT”作为

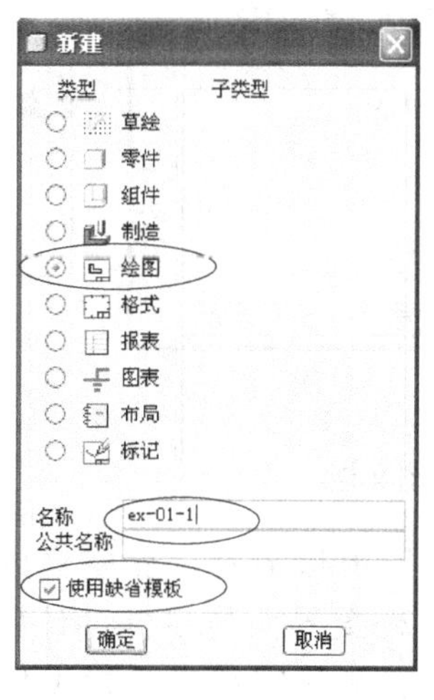

a)

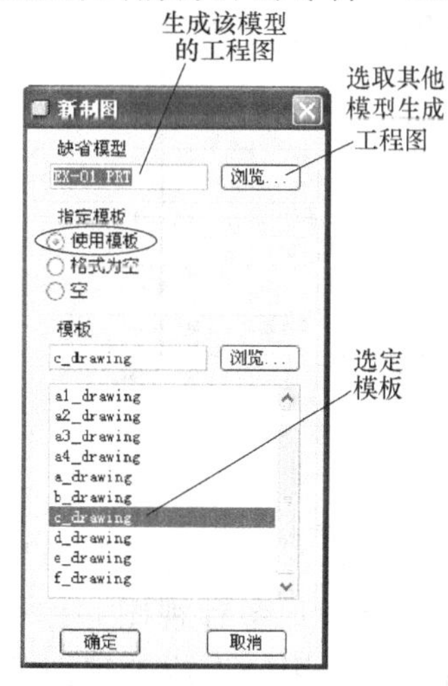

b)

图 10-2　新建工程图文档

默认模型，生成该零件的工程图。如果要生成其他模型的工程图，可以单击 浏览... 按钮后选取其他模型文件。

4）选定一款工程图模板（如 c_drawing），单击 确定 按钮。

5）系统进入工程图界面，且自动生成图 10-3 所示的三个视图。

系统模板中规定了图纸的大小、图框、各视图及其投影方向，使用模板生成工程图的操作简单，但从图 10-3 可以看出，系统模板往往不符合我国制图标准，一般不宜采用。

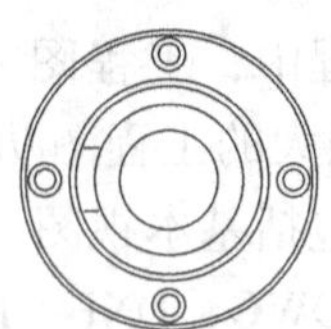

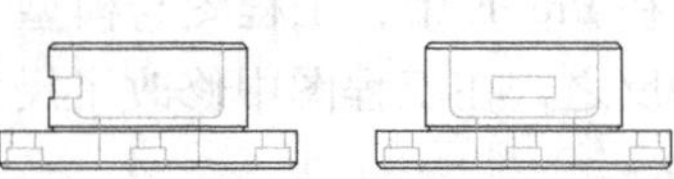

图 10-3　系统自动生成的工程图

10.1.2　不使用系统模板生成工程图

1. 新建工程图文档

1）单击主工具栏上的 按钮，弹出图 10-4a 所示的【新建】对话框。选择文件类型为 ⊙ 绘图，在【名称】后的文本框中输入文件名称为“ex-01-2”。取消选中 □使用缺省模板，然后单击对话框中的 确定 按钮。

2）弹出图 10-4b 所示的【新制图】对话框，接受默认模型“EX-01. PRT”，在指定模板分组框选取 ⊙空，选定图纸方向为“横向”、大小为 A4。单击 确定 按钮。

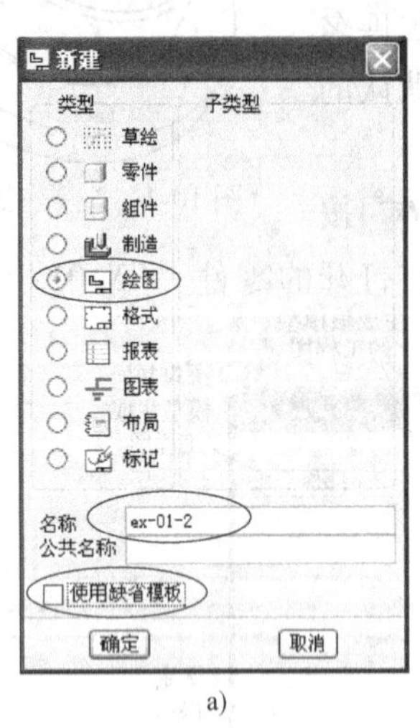

a)

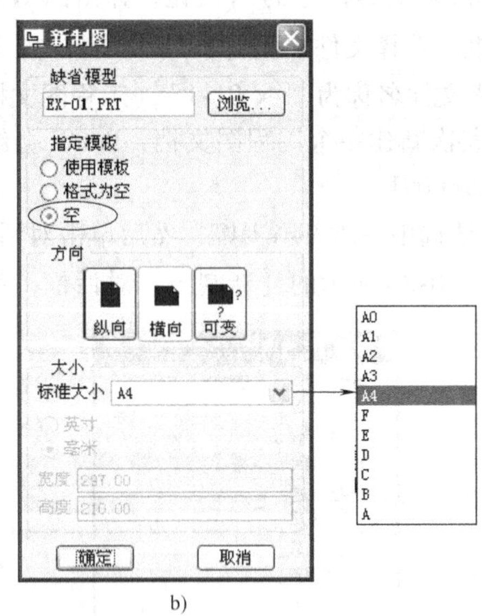

b)

图 10-4　新建工程图文档

3）系统进入图 10-5 所示的工程图界面，图形窗口显示一张空白的图纸，用户可以在这张空白图纸上添加各种视图并作标注。工程图界面与零件设计界面类似，只是主工具栏上增加了一些用于生成工程图的工具，右侧的特征工具栏也代之以“绘图工具栏”。

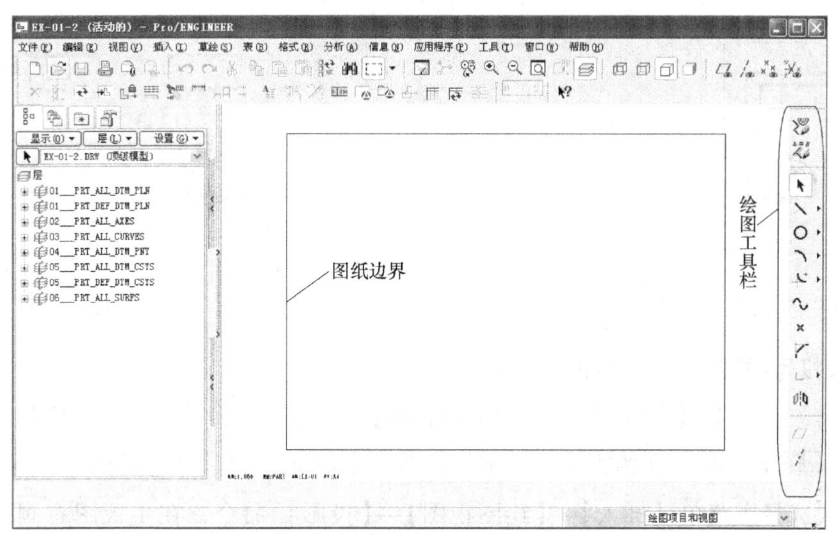

图 10-5　工程图界面

2. 添加第一个视图（俯视图）

单击主工具栏上的“创建一般视图工具”按钮，或如图 10-6a 所示选择主菜单【插入】→【绘图视图】→【一般】命令，信息提示区提示➡选取绘制视图的中心点。，在图形窗口欲放置俯视图的大致位置单击鼠标左键，该位置显示零件模型，系统弹出【绘图视图】对话框，依照图 10-6b 所示定义视图方向后，单击确定按钮，得到图 10-6c 所示的俯视图。

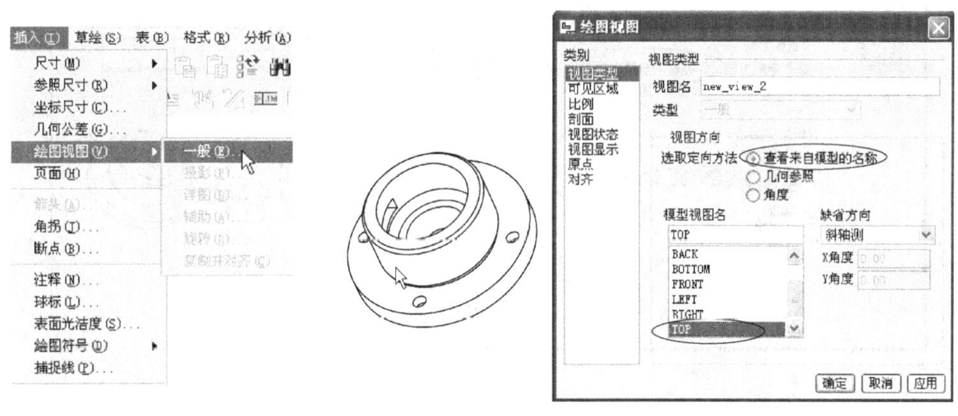

a)　　b)

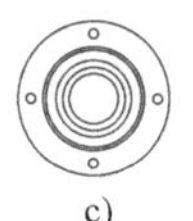

c)

图 10-6　添加俯视图

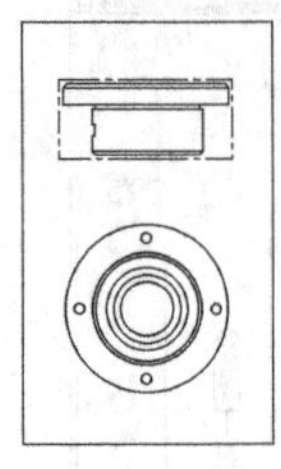
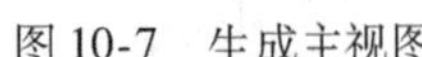

图 10-7　生成主视图

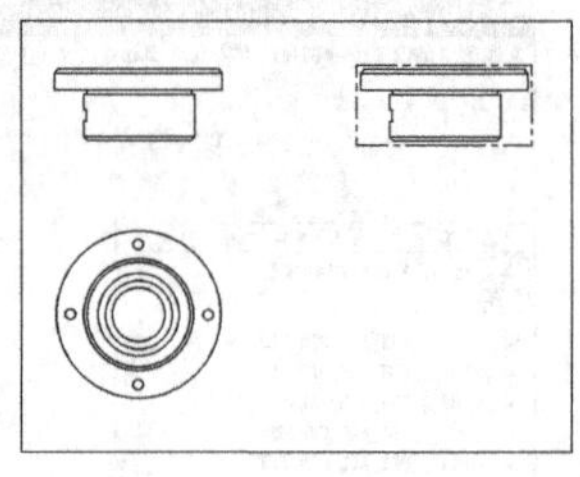

图 10-8　生成左视图

3. 添加投影视图（主视图和左视图）

1）选择主菜单【插入】→【绘图视图】→【投影】命令，信息提示区提示 ➪选取绘制视图的中心点。，在俯视图上方适当位置单击鼠标左键，得到图 10-7 所示的主视图。

2）再次选择主菜单【插入】→【绘图视图】→【投影】命令，在主视图右侧适当位置单击鼠标左键，得到图 10-8 所示的左视图。

4. 添加轴测视图

单击主工具栏上的按钮，或选择主菜单【插入】→【绘图视图】→【一般】命令，在图纸右下部分的适当位置单击鼠标左键，系统弹出【绘图视图】对话框，依照图 10-9a 所示定义视图方向后，单击 确定 按钮，得到图 10-9b 所示的轴测视图。

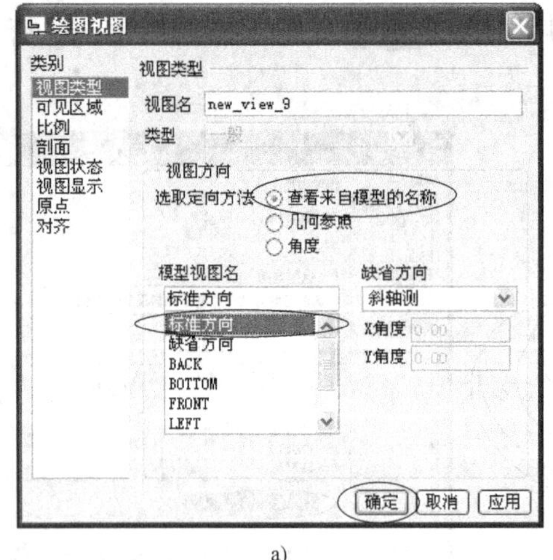

a)

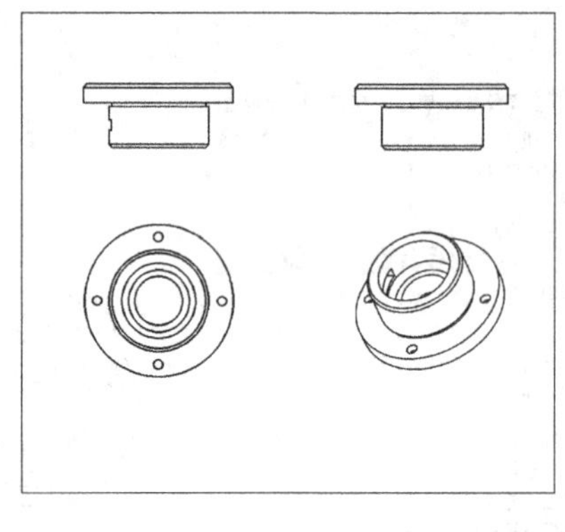

b)

图 10-9　添加轴测视图

提示：

工程图界面中的显示控制与零件设计、装配设计等界面不同，在这里不能进行旋转操作，只能进行图面的缩放和平移：

- 图面缩放：滚动鼠标中键的滚轮。
- 图面平移：按住鼠标中键并拖动鼠标。

10.2　Pro/E 环境变量设置

10.2.1　有关投影分角

从图 10-3 和图 10-9b 可以看出，Pro/E 生成的工程图其投影方向不符合我们的制图习惯，这是由于 Pro/E 使用的默认投影体系不同于我国的制图标准。

在机械制图中，将零件向投影面投影所得的图形称为视图。在投影过程中，我国采用第一角投影法，而欧美等国家采用第三角投影法。图 10-10 所示为两种投影体系的示意图，图 10-11、图 10-12 所示分别为 EX-01. PRT 的第一角投影和第三角投影的标准视图。

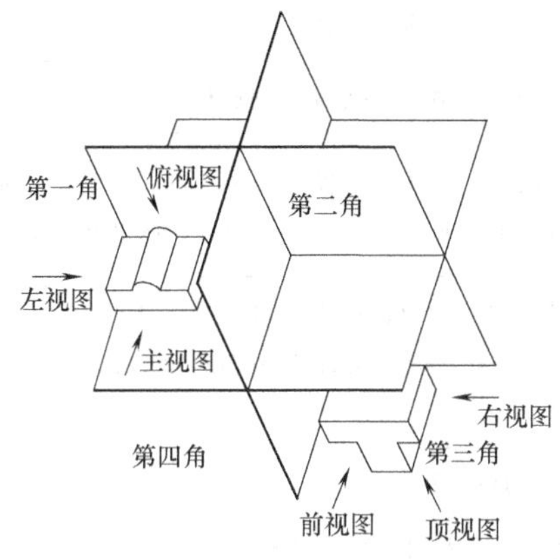

图 10-10　两种投影体系的示意图

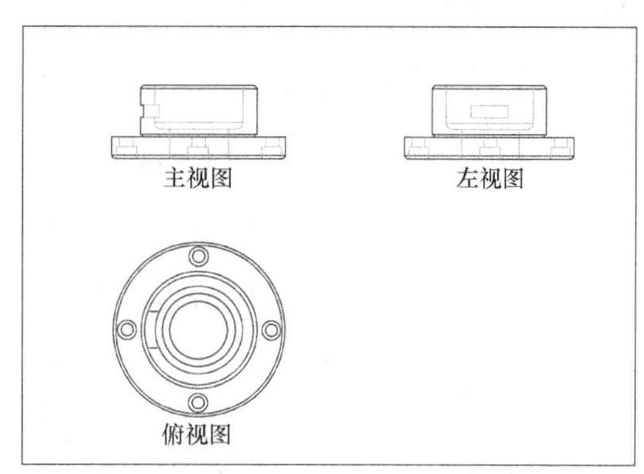

图 10-11　第一角投影的标准视图

在默认情况下，Pro/E 采用第三角投影，这就是前面制作的工程图不符合我国制图标准的原因。另外，在默认情况下制作的工程图还会在标注文本字型、文字大小、绘图单位等方面不满足国家标准的要求。要得到标准、正确的工程图，就需要进行环境变量的设置。

10.2.2　Pro/E 环境变量

1. Pro/E 环境变量的概念

Pro/E 的环境变量主要用来控制 Pro/E 的界面环境及模型显示方式、默认单位制、默认字体、工程图设置文件等。Pro/E 环境变量的设置方式是以文字模式，将这些变量及其变量值存放在名为“config. pro”的文件中。

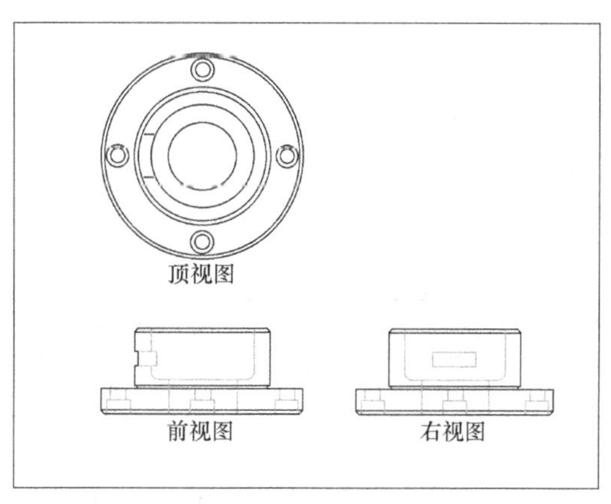

图 10-12　第三角投影的标准视图

config. pro 文件可以放在两个地方：①“Pro/E安装目录\ text \ ”下；②Pro/E 的起始目录（默认工作目录）中。启动 Pro/E 时，系统自动读取 config. pro 中的设置。读取环境变量的过程如下：

1）启动时先读取“Pro/E 安装目录\ text\ ”下的 config. pro 文件，然后读 Pro/E 的起始目录下的 config. pro 文件，当两处都有 config. pro 文件时，以后者为准。

2）若将 Pro/E 安装目录\ text\ 下的 config. pro 更名为 config. sup，则强制使用该文件中的设置值。

3）若启动时找不到任何一个 config. pro 文件，则环境变量均取默认值。

2. Pro/E 环境变量举例

表 10-1 所示为 Pro/E 常用的环境变量及其含义。

表 10-1 Pro/E 常用的环境变量及其含义

序号	环境变量	设置值选项	含　义
1	pro_unit_sys	mmns	指定模型单位制为公制单位：毫米、牛顿、秒
2	template_solidpart	mmns_part_solid. prt	指定零件设计模板为“Pro/E 安装目录\templates\”下的“mmns_part_solid. prt”文件，从而使零件设计的默认单位为公制
3	template_designasm	mmns_asm_design. asm	指定装配设计模板为“Pro/E 安装目录\templates\”下的“mmns_asm_design. asm”文件，从而使装配设计的默认单位为公制
4	bell	Yes/No	打开/关闭操作时的铃音
5	menu_font	8，Arial，bold 等	指定 Pro/E 界面菜单及对话框的字体
6	visible_message_lines	4	信息提示区所显示的信息为 4 行
7	display_planes	Yes/No	是否显示基准平面
8	sketcher_dec_places	2/0	草绘界面中尺寸显示的默认小数位数为 2 或 0
9	allow_anatomic_features	Yes/No	是否在高级特征菜单中显示轴、法兰、槽、局部推拉、剖面圆顶等选项
10	menu_translation	Yes/No/Both	在运行 Pro/E 中文版本时，指定菜单显示的语种为中文/英文/双语显示
11	template_mfgnc	mmns_mfg_nc. mfg	指定 NC 加工模板为“Pro/E 安装目录\templates\”下的“mmns_mfg_nc. mfg”文件，从而使 NC 加工的默认单位为公制
12	nccheck_type	Vericut/Nccheck	数控加工模拟路径的显示状态
13	drawing_setup_file	e：\chinese. dtl	指定读取“e： chinese . dtl”中的工程图环境变量

通过将环境变量设置成常用的工作状态，可以简化操作。如通过表 10-1 中 1、2、3 项的设置，将系统默认的单位制设置为公制后，在每次新建一个零件或装配文档时，可以在【新建】对话框输入文件名后直接单击 确定 按钮，而不必取消选择 □使用缺省模板，

然后在【新文件选项】对话框中指定模板和单位制了。这样也会避免因操作失误带来的麻烦。

3. 修改环境变量的方法

修改环境变量的方法有以下两种：

1）使用任意的文本编辑器编辑修改 config. pro 文件，并将其保存在“Pro/E 安装目录 \ text \ ”下。读者可以通过随书光盘根目录下的 config. pro 文件了解其文件格式，也可以直接将其复制到自己硬盘的相应位置中使用。

2）在 Pro/E 环境中，选择主菜单【工具】→【选项】命令，系统弹出图 10-13 所示的【选项】对话框，其中列出了 Pro/E 所有的环境变量名、变量值及其含义说明。在对话框的“选项”栏输入某一变量名称，或在列表区选中某一变量，如 menu_ translation，在“值”栏选择允许的变量值，单击 添加/更改 按钮，单击 应用 按钮。

采用方法 2）修改的环境变量如果未经保存，下次启动 Pro/E 时将不再有效。

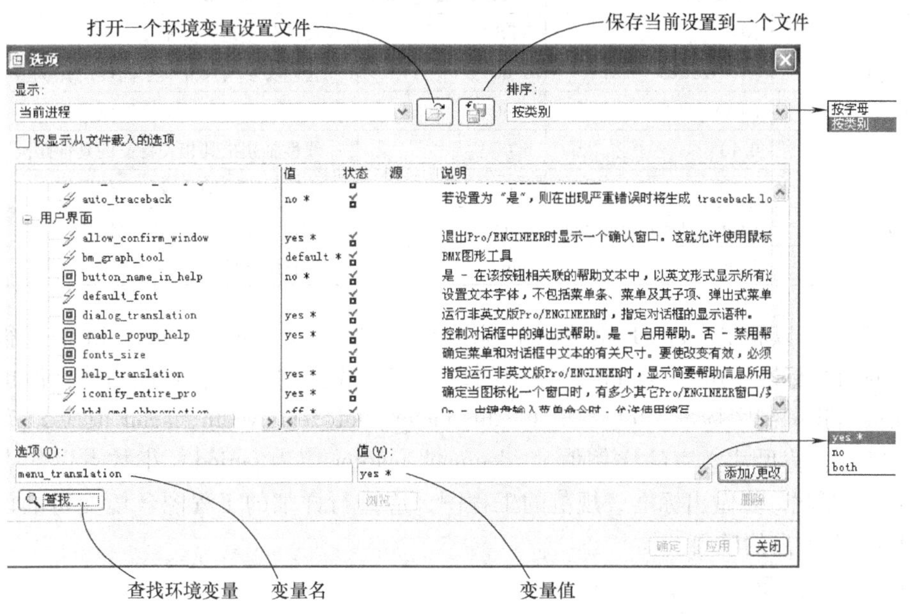

图 10-13　在【选项】对话框设定 Pro/E 环境变量

10.2.3　工程图环境变量

1. 工程图环境变量的概念

工程图环境变量用来控制工程图的绘图单位、投影分角、标注样式等，Pro/E 提供几种工程图标准供选择，如 JIS、ISO、ANSI、DIN 等，其相关参数分别放在 Pro/E 安装目录 \ text \ 下的 filename. dtl（filename 指某个具体的文件名）文件中。

config. pro 中的语句“drawing_ setup_ file　path \ filename. dtl”用以指定使用相应的工程图设置文件，加载该文件中设置的工程图环境变量。启动 Pro/E 时，在加载 config. pro 的同时，也加载了其中指定的 dtl 文件。启动时若找不到 config. pro，或 config. pro 中未指定 dtl 文件，或 config. pro 中指定的 dtl 文件不存在，则自动使用“Pro/E 安装目录 \ text \ 下的 prodetail. dtl” 中的工程图环境设置。

2. 工程图环境变量举例

表 10-2 所示为 Pro/E 常用的工程图环境变量及其含义。

表 10-2　工程图环境变量及其含义

变　量　名	prodetail. dtl 中的设置值	iso. dtl 中的设置值	含　义
drawing_text_height	0. 156250	3. 5	工程图中文字的默认高度
text_thickness	0. 00	0. 00	默认的文字粗细
text_width_factor	0. 80	0. 80	文字宽度和高度之间的比值
projection_type	THIRD_ANGLE	FIRST_ANGLE	投影分角，我国采用第一分角 FIRST_ANGLE
allow_3d_dimensions	NO	YES	尺寸是否在轴测视图中显示
angdim_text_orientation	horizontal	horizontal	角度尺寸的放置形式，该变量的其他值还有 parallel_outside、parallel_above 等
text_orientation	horizontal	parallel_diam_horiz	尺寸文本的显示方位
tol_display	NO	YES	尺寸公差是否显示
tol_text_height_factor	STANDARD	0. 60	公差文字与尺寸文字高度的比例值
tol_text_width_factor	STANDARD	0. 60	公差文字与尺寸文字宽度的比例值
axis_line_offset	0. 10	5. 0	线性轴超出其相关特征的延伸距离
circle_axis_offset	0. 10	4. 0	十字轴超出圆边缘的延伸距离
decimal_marker	comma _for_metric_dual	comma	设置尺寸文字中小数点使用的符号
Drawing_units	Inch	mm	设置绘图单位

从表 10-2 可以看出，Pro/E 默认的工程图环境变量设置（在 prodetail. dtl 中）很多都不符合我国的制图标准，虽然 iso. dtl 文件中的设置值与我国制图标准大致相符，但也有一些出入，如根据我国制图标准，tol_ text_ height_ factor、tol_ text_ width_ factor 值应为 0. 67（尺寸公差文字与公称尺寸文字的比例值），decimal_ marker 应为 period（小数点以句点而不是逗号表示）。因此，要做出标准、规范的工程图，应进行详细的工程图环境变量的设置，尤其是表 10-2 中列出的项目。

3. 修改工程图环境变量的方法

可以采取以下三种方法来修改工程图环境变量：

1）依照制图国家标准或企业标准，编辑修改 dtl 文件，并将其通过“drawing_ setup_ file path \ filename. dtl”语句指定在 config. pro 文件中。

读者可以从随书光盘根目录下的 chinese. dtl 了解在 dtl 文件中进行设置的方法。在光盘的 config. pro 文件中有一行“drawing_ setup_ file C: \ Program Files \ proeWildfire 2. 0 \ text \ chinese. dtl”，用以指定使用该文件。读者只需将这两个文件复制到 C: \ Program Files \ proeWildfire 2. 0 \ text 下（假定 Pro/E 安装目录为 C: \ Program Files \ proeWildfire 2. 0），在启动 Pro/E 时便会自动加载 config. pro 中的环境变量设置值，以及 chinese. dtl 文件中的工程图环境变量设置值。

2）在不使用 config. pro 的情况下，将设置值设定在“Pro/E 安装目录\ text \下的 prodetail. dtl” 中。可以直接修改 prodetail. dtl 文件，或将做好的 dtl 文件命名为 prodetail. dtl。

3）在 Pro/E 工程图界面中，选择主菜单【文件】→【属性】命令，在弹出的【菜单管理器】中显示【文件属性】菜单，选取其中的【绘图选项】命令，系统弹出图 10-14 所示的【选项】对话框，其中列出了 Pro/E 所有的工程图环境变量名、变量值及其含义说明。在对话框的“选项”栏输入某一变量名称，或在列表区选中某一变量，如 drawing_units，在“值”栏选择允许的变量值，单击 添加/更改 按钮，单击 应用 按钮。

采用方法 3）修改的工程图环境变量如果未经保存，下次启动 Pro/E 时将不再有效。

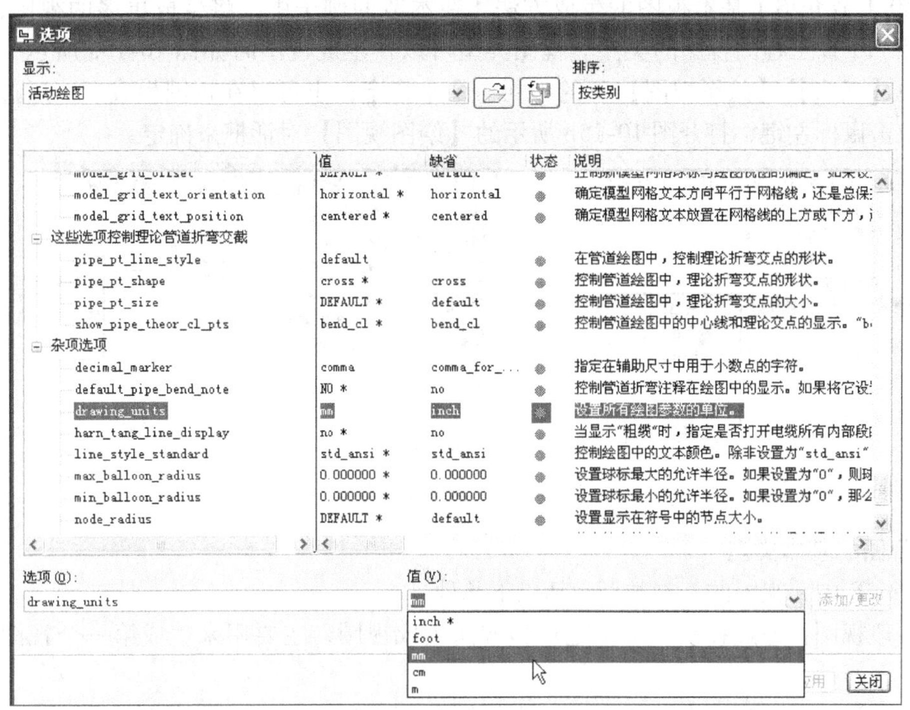

图 10-14　在【选项】对话框设定工程图环境变量

在以下的工程图讲解中，都使用 chinese. dtl 中的工程图环境变量设置，该文件中主要有以下变量值与默认设置不同：

drawing_text_height：3. 5

projection_type：FIRST_ANGLE

text_orientation：parallel_diam_horiz

angdim_text_orientation：parallel_above

tol_text_height_factor：0. 67

tol_text_width_factor：0. 67

decimal_marker：period

Drawing_units：MM

提示：

如果在零件设计中使用公制单位，但在工程图模块未设置 drawing_units 为 mm，则所绘制的工程图仍为英制单位，将其保存为 dwg 或 dxf 格式并用 AutoCAD 打开该工程图文件时，会发现所有尺寸都被放大了 25. 4 倍。

10.3 工程图详细操作

10.3.1 视图类型

在 10.1 节介绍了基本视图的生成方法，在本节的例子中，将生成更多的视图，为此，首先介绍 Pro/E 工程图视图的类型。视图类型可以在生成视图时如图 10-15a 所示，通过选择主菜单【插入】→【绘图视图】下的不同命令来指定；也可以在视图生成后，通过在某个视图处双击鼠标左键，打开图 10-15b 所示的【绘图视图】对话框来确定。

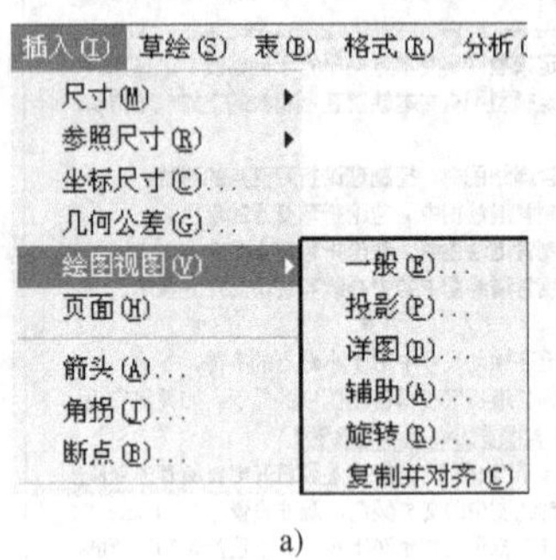

a)

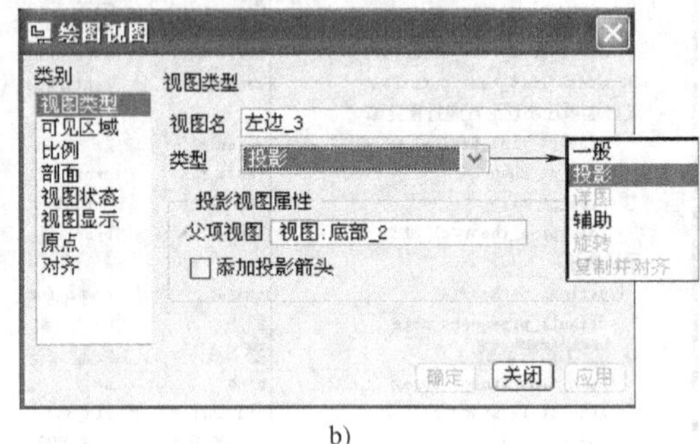

b)

图 10-15　确定视图类型

1. 视图的基本类型

在 Pro/E 中，视图的基本类型包括以下几种：

• 一般视图：通过在模型上指定投影方向生成视图，主要用来生成第一个视图和轴测视图。

• 投影视图：通过已有视图生成正投影视图，如可以用主视图投影迅速得到左视图。

• 详图视图：用来制作局部放大图。

• 辅助视图：用来制作向视图。

• 旋转视图：在现有视图上绕一个切割平面的投影线旋转 90°，来生成一个剖面图。利用旋转视图可以制作如图 10-16a 所示的移出剖面和如图 10-16b 所示的重合剖面。旋转视图和剖视图的不同之处在于它包括一条标记视图旋转轴的线。

• 复制并对齐：为一个已有的局部视图或局部放大图创建另一个部分对齐的局部视图。

2. 视图的可见区域

对于一般视图、投影视图和辅助视图，根据其可见区域不同，又分为如图 10-17 所示的四种形式，其中：

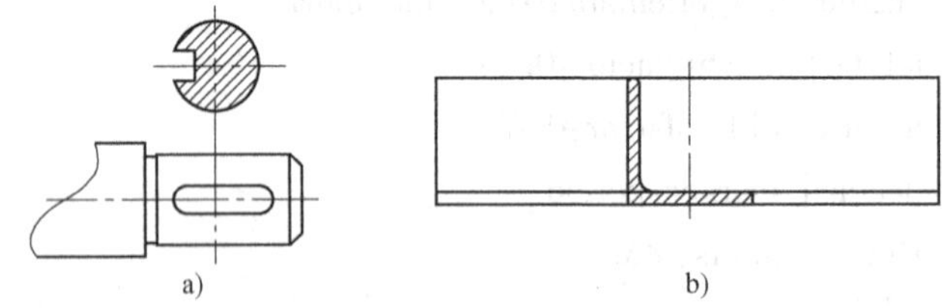

a)　　b)

图 10-16　旋转视图

a) 移出剖面　b) 重合剖面

• 全视图：显示全部视图，如图 10-17b 所示。

• 半视图：只显示视图的一半，如图 10-17c 所示。

• 局部视图：显示视图的一部分，如图 10-17d 所示。

• 破断视图：如图 10-17e 所示。

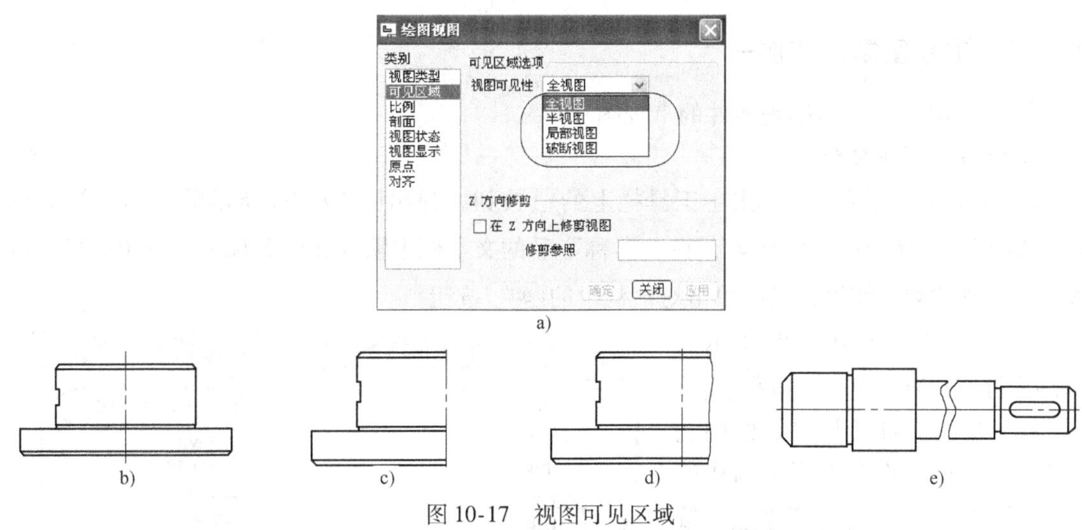

图 10-17　视图可见区域

a）在【绘图视图】对话框中指定视图可见区域　b）全视图　c）半视图　d）局部视图　e）破断视图

3. 剖视图

一般视图、投影视图、辅助视图还可以进行剖视处理。作剖视图的操作方法如图 10-18 所示，在【绘图视图】对话框的“类别”单选框选取“剖面”选项，在“剖面选项”单选框选取“2D 截面”，然后单击[+]按钮，指定剖视位置。剖视位置可以使用模型上创建的剖截面，也可以在工程图中临时定义剖截位置。

剖视图的显示状态包括：

- 完全：作全剖视，如图 10-19a 所示。
- 一半：作半剖，如图 10-19b所示。
- 局部：作局部剖，如图 10-19c 所示。
- 剖中剖：综合使用“完全＋局部”或“一半＋局部”选项，可以制作如图 10-19d 所示的剖中剖。

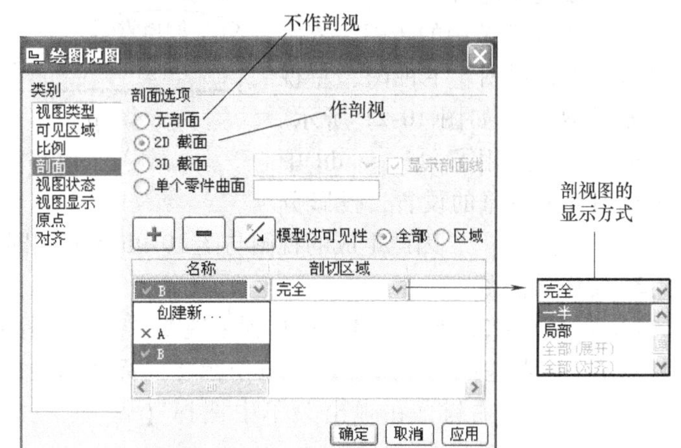

图 10-18　创建剖视图的操作步骤

另外，选取【绘图视图】对话框中的⊙全部按钮，用于制作剖视图，选取⊙区域按钮，用于制作剖面图。

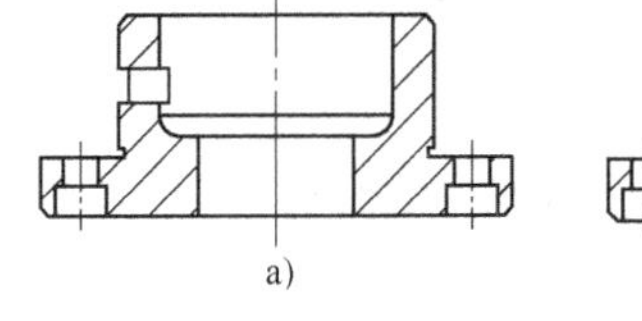
a)

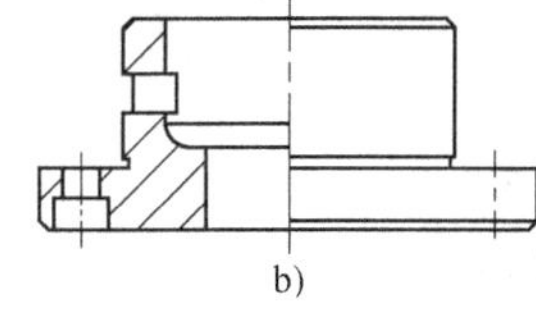
b)

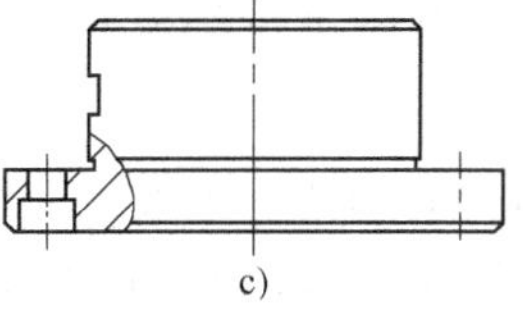
c)

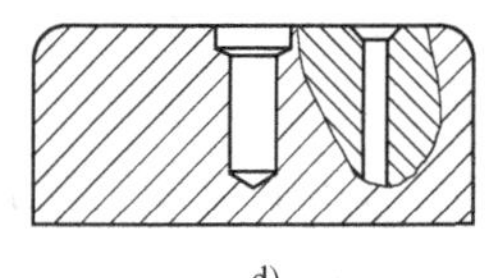
d)

图 10-19　剖视图的显示状态

a）全剖视图　b）半剖　c）局部剖　d）剖中剖

10.3.2　工程图制作范例一

制作图 10-1 所示的端盖零件的工程图。

1. 新建工程图文档

1）在 Pro/E 环境下，单击主工具栏上的□按钮，弹出图 10-20a 所示的【新建】对话框。选择文件类型为 ◉ 绘图，在“名称”后的文本框中输入文件名称为“ex-01-3”。取消选中 □ 使用缺省模板，然后单击对话框中的 确定 按钮。

2）系统弹出图 10-20b 所示的【新制图】对话框，单击 浏览... 按钮，在弹出的【打开】对话框中选取“ex-01. prt”作为工程图制作的零件模型，单击 打开(O) 按钮。返回【新制图】对话框，在“指定模板”单选框选取 ◉空，选定图纸方向为“横向”、大小为 A4，单击 确定 按钮。

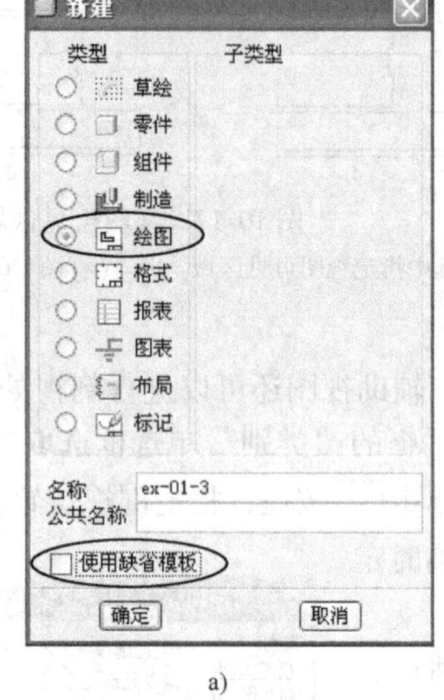

a)

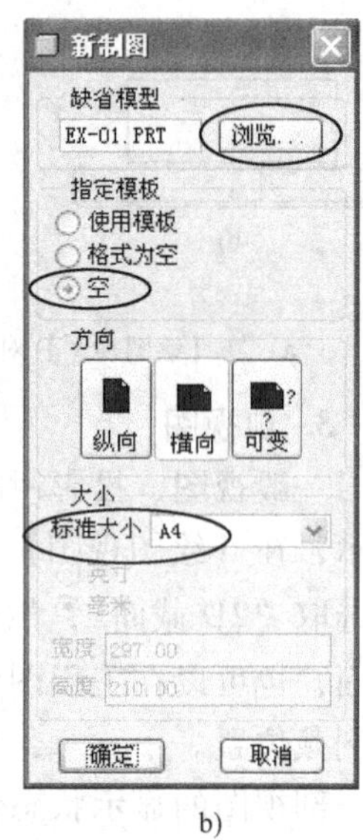

b)

图 10-20　新建工程图文档

2. 生成基本视图

参照 10.1.2 节中的步骤，依次生成模型的俯视图、主视图、左视图和轴测视图，如图 10-21 所示。在这里，由于采用了 chinese. dtl 中的工程图环境变量的设置，投影分角为“First_ angle”，因此生成的视图与图 10-9b 大不相同。

3. 制作剖视图

1）如图 10-22a 所示，将鼠标移到主视图时，该视图周围出现红色的点画线框，此时在该处双击鼠标左键；或者如图 10-22b 所示将鼠标移到主视图，在该视图周围出现红色点画线框时单击鼠标右键，在弹出菜单中选择【属性】命令。

2）弹出【绘图视图】对话框，执行图 10-23 所示的操作步骤可以将主视图作剖视处理。由于在模型中未创建剖截面，因此这里在工程图环境下临时创建了一个沿 FRONT 面剖开的剖截面“*A*”。图 10-24 所示为主视图进行剖视处理后的图形。

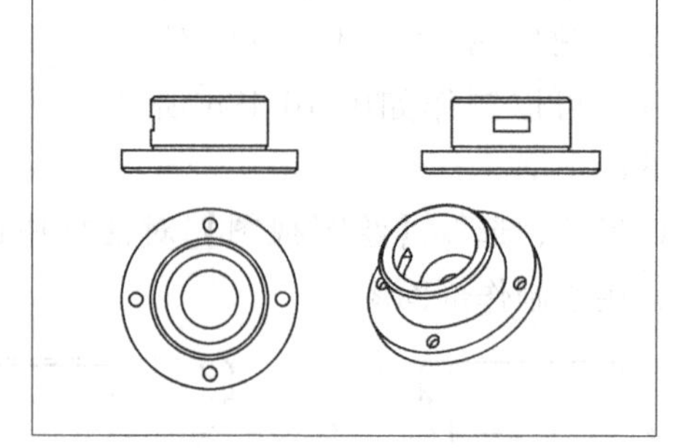

图 10-21　生成基本视图

3）Pro/E 生成的剖视图的注释文字一般不符合我国的制图标准，需要对其进行调整。如图 10-25a所示选取剖视图的注释文字“剖面 *A—A*”，单击鼠标右键，在弹出菜单中选择【属性】命令，系统弹出图 10-25b 所示的【注释属性】对话框，在其中可以修改文字内容和文

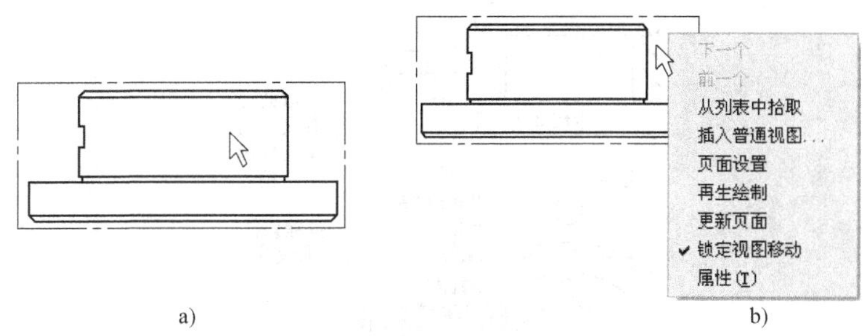

图 10-22　选取视图后修改视图属性

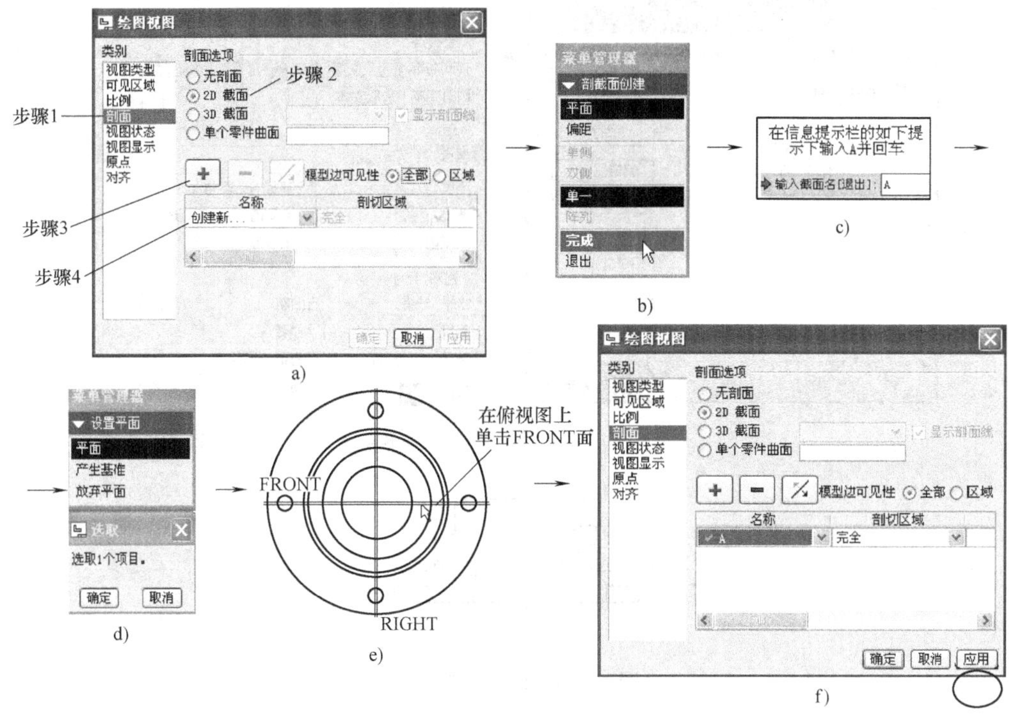

图 10-23　制作剖视图的操作步骤

字样式。依照图 10-25b 所示将注释文字的“剖面”二字删掉，图 10 25c 所示的是修改注释文字后的主视图。

4）如图 10-26a 所示选取注释文字“*A—A*”，其周围出现一个红色矩形框，当鼠标再次指向文字时其上显示“✥”符号，单击鼠标可以将文字拖动到适当位置。图 10-26b 所示为移动注释文字后的主视图。对于此注释文字，选择图 10-25a 所示弹出菜单中的【拭除】命令将其擦除将更为合理。

4. 视图调整

（1）移动视图　将主工具栏上的“锁定视图移动”按钮弹出，如图 10-27 所示选取某个视图时，该视图处显示“✥”符号，单击鼠标左键可以将视图拖动到适当位置。由

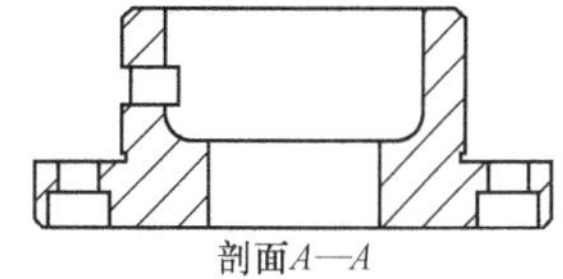

图 10-24　主视图进行剖视处理后的图形

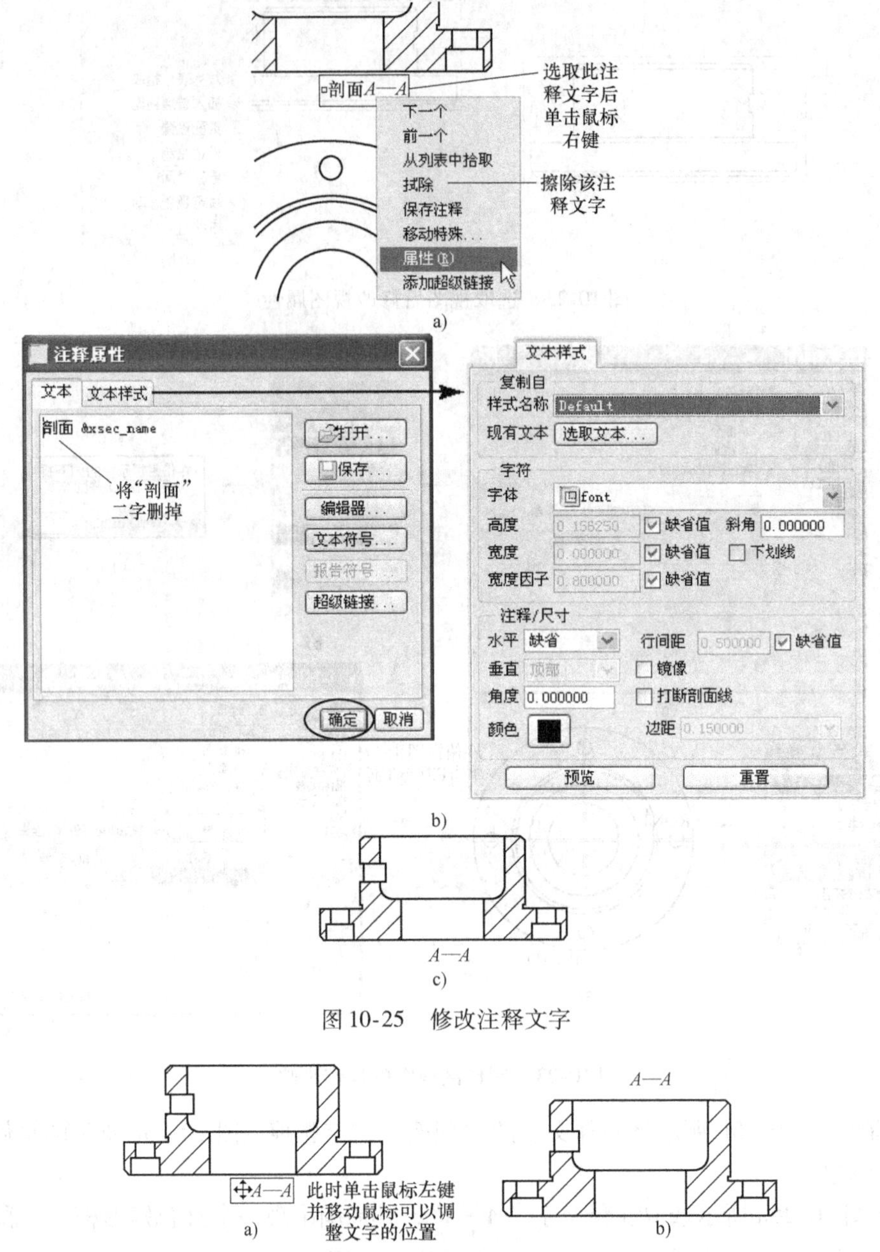

图 10-25　修改注释文字

图 10-26　移动注释文字

于各视图间要保持对齐关系，因此在移动某个视图时，其相关视图同时作移动。请读者依照上述方法调整各视图的位置，使得图面布局合理。

提示：

> 按钮是一个切换键，将其弹出才可以进行上述的视图移动，当其被按下（处于选中状态）时，各视图锁定在固定位置，不能进行移动。

（2）改变视图比例　图形窗口左下角显示有图样的全局比例，采用图 10-28 所示的方法可以修改这一比例。此外，双击某一视图后弹出【绘图视图】对话框，如图 10-29 所示，通过【绘图视图】对话框中的“比例”选项可以改变单个视图的比例。但注意只有一般视图和局部放大图（详图）才能单独改变比例，而投影视图、向视图（辅助视图）、旋转视图是由某个父视图投影得到的，其比例由父视图决定，不能单独改变。

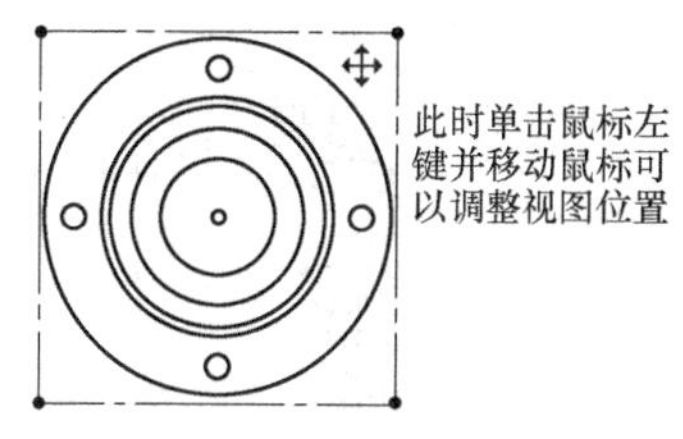

图 10-27　移动视图

采用上述方法，将图面的全局比例改为 0.5，将轴测图

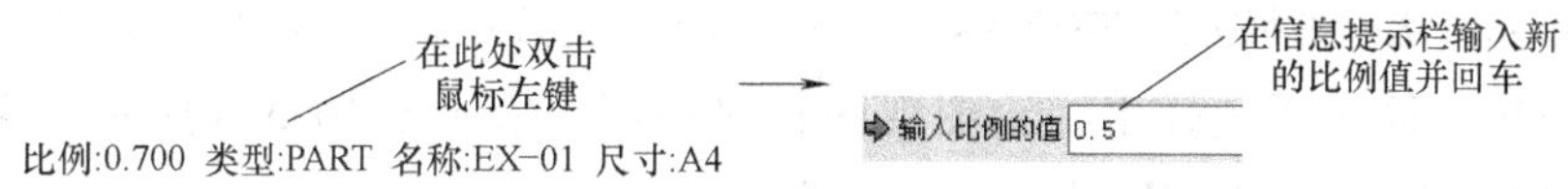

图 10-28　改变视图的全局比例

的比例改为 0.6，并再次调整各视图的位置。图 10-30 所示为调整以后的工程图。

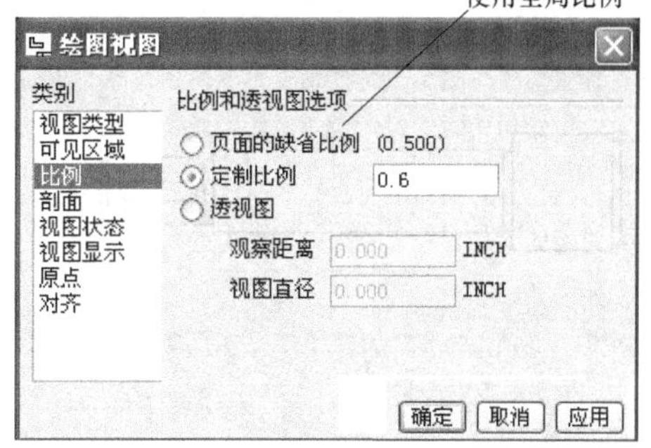

图 10-29　修改单个视图的比例

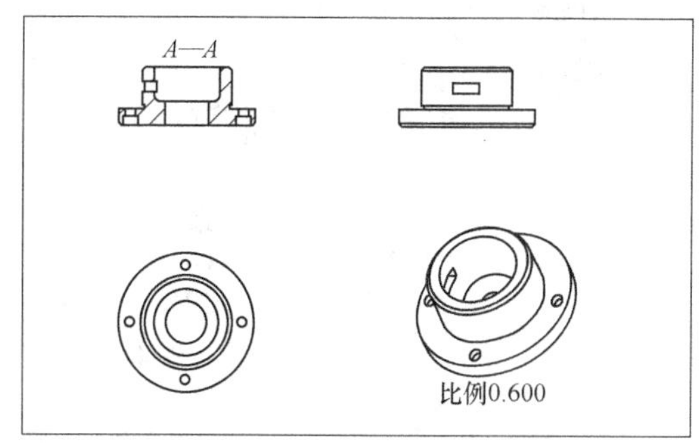

图 10-30　调整以后的工程图

（3）删除视图　选中某一视图，其周围出现红色点画线框，按键盘上的 Delete 键可以将该视图删除。当所要删除的视图包含子视图（由该视图投影出的视图）时，会提示是否将其全部子视图一并删除。

10.3.3　工程图制作范例二

1. 准备工作

1）打开文件“ch10 \ ex-02. prt”，图 10-31所示为该零件的三维模型。为便于生成该零件的工程图，首先在零件设计界面进行以下的准备工作。

2）创建三个剖截面，分别为：过 RIGHT 面的剖截面 A；过 DTM4 面的剖截面 B；过 DTM2 面的剖截面 C。

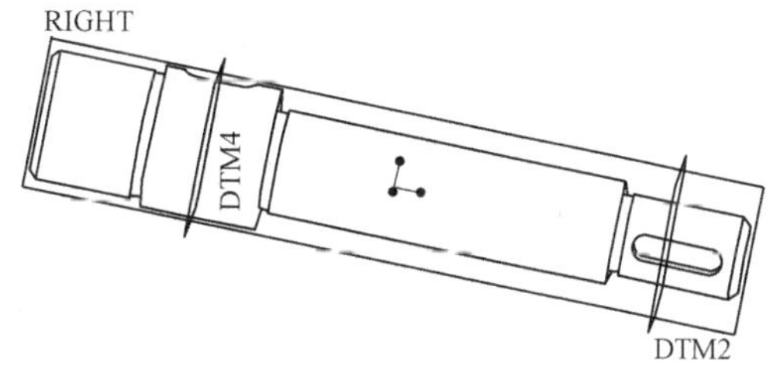

图 10-31　零件的三维模型

3）定义并保存视角：将图 10-32 所示的观察方向定义为视角“1”。

2. 新建工程图文档

参照 10. 3. 2 节第 1 部分的操作，新建名为“ex-02. drw”的文档，进入工程图界面。

3. 生成基本视图并作局部剖

1）单击主工具栏中的 按钮，或选择主菜单【插入】→【绘图视图】→【一般】命令，

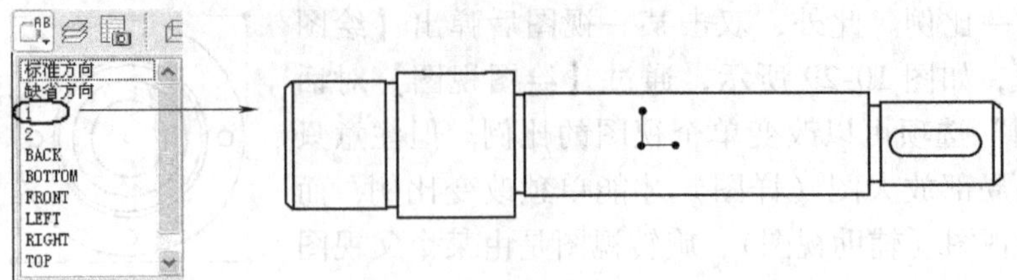

图 10-32　视角“1”

信息提示区提示➡选取绘制视图的中心点。，在图形窗口大致中间位置单击鼠标左键，零件模型显示在该位置，同时系统弹出【绘图视图】对话框，依照图 10-33a 所示定义视图方向，单击 应用 按钮，生成图 10-33b 所示的主视图。

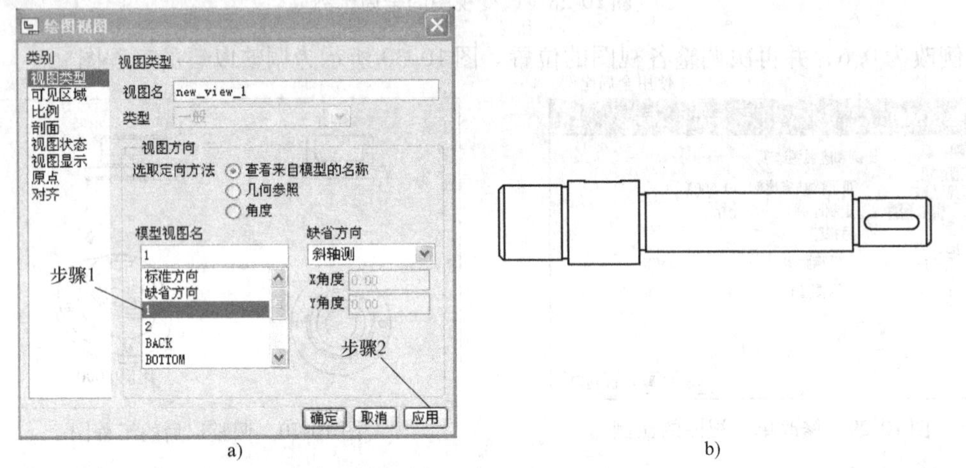

图 10-33　生成主视图

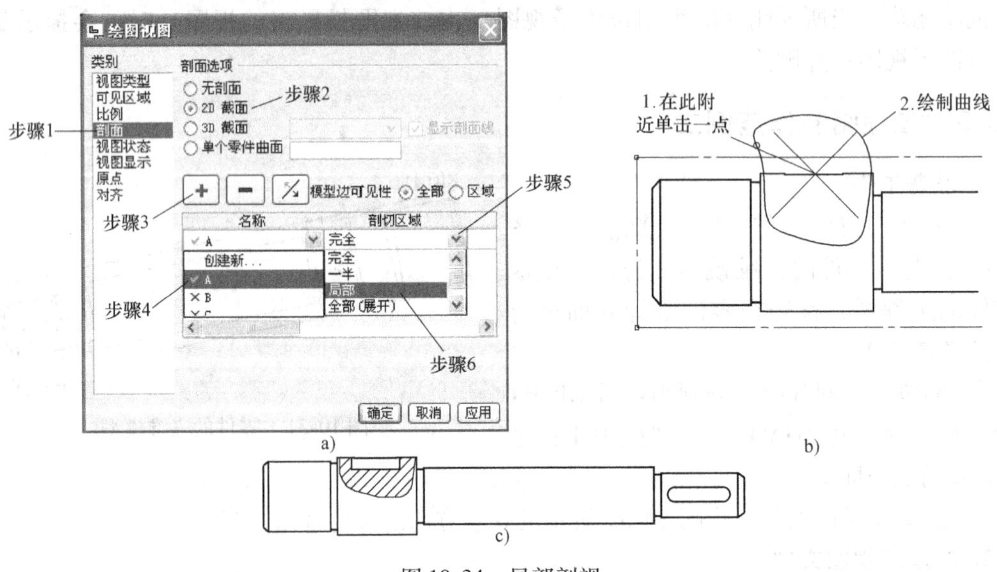

图 10-34　局部剖视

2）接下来对主视图左端键槽处作局部剖视。在【绘图视图】对话框中进行图 10-34a 所示的 6 步操作后，信息提示区提示➡选取截面间断的中心点< A >，如图 10-34b 所示在欲作局部剖视的区域单击一点，信息提示区提示“草绘样条，不相交其它样条，来定义一轮廓线。”，绘制图 10-34b 中所示的曲线以确定局部剖视区域，返回【绘图视图】对话框，单击【确定】按钮，得到图 10-34c 所示剖视后的主视图。

4. 创建剖面图

1）选择主菜单【插入】→【绘图视图】→【投影】命令，在主视图右侧适当位置单击鼠标左键，得到图 10-35a 所示的投影视图。

2）双击该投影图，弹出【绘图视图】对话框，执行图 10-35b 所示的操作以将其转换成剖面图，之后单击对话框的【关闭】按钮，得到图 10-35c 所示的视图。

3）接下来通过“旋转视图”制作第二个剖面图。选择主菜单【插入】→【绘图视图】→【旋转】命令，信息提示区提示“选取旋转界面的父视图。”，单击主视图，信息提示区提示“选取绘制视图的中心点。”，在主视图下方适当位置单击鼠标左键，系统弹出图 10-36a 所示的【绘图视图】对话框，直接单击【确定】按钮。图 10-36b 所示为添加第二个剖面图后的工程图。

4）旋转视图和剖视图的不同之处在于它包括一条标记剖面位置的点画线。选中这条点画线并拖拽鼠标可以调整其长度。

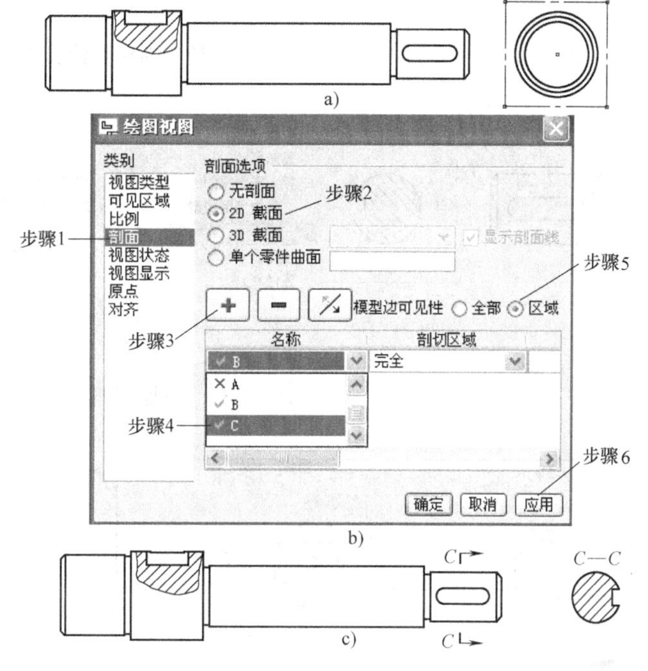

图 10-35　创建剖面图

5. 调整视图

如图 10-37a 所示，选取 *C—C* 剖面图，单击鼠标右键，在弹出菜单中选择【添加箭头】命令，信息提示区提示“给箭头选出一个截面在其处垂直的视图。中键取消”，单击主视图。这样便在主视图上显示出 *C—C* 剖面的剖面位置符号，如图 10-37b 所示。

调整视图比例与视图位置，然后调整视图的注释文字，完成如图 10-38 所示的工程图。保存该工程图文档后，将“ex-02. prt”和“ex-02. drw”从内存中“拭除”。

10. 3. 4　工程图制作范例三

1. 准备工作

打开文件“ch1 \ ex-03. prt”，图 10-39 所示为该零件的三维模型。为了便于在制作工程图时生成剖视图，首先在零件设计界面创建图 10-40 所示的两处剖截面，然后保存该零件文档。

2. 新建工程图文档

新建名为“ex-03. drw”的工程图文档，进入工程图界面。

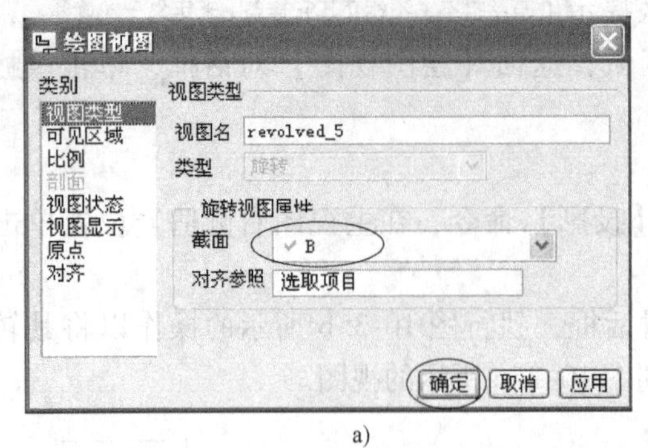

a)

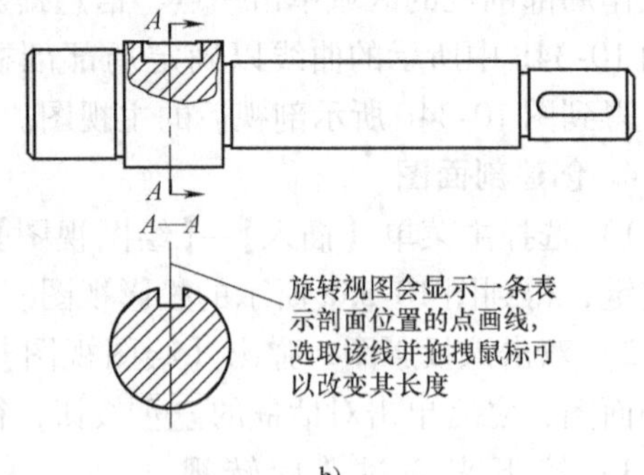

b)

图 10-36　创建旋转视图

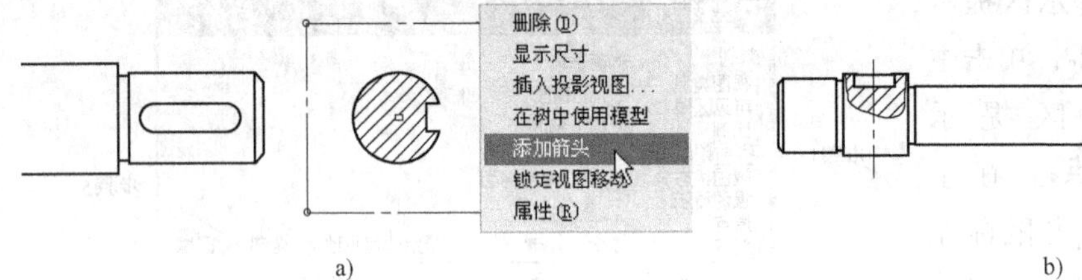

a)　　b)

图 10-37　添加剖面位置符号

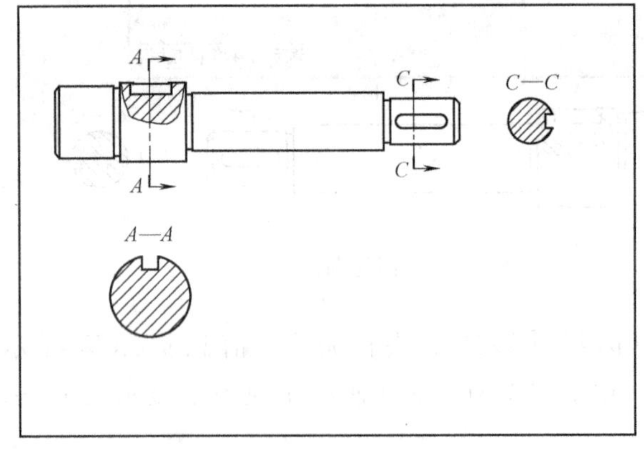

图 10-38　完成的工程图

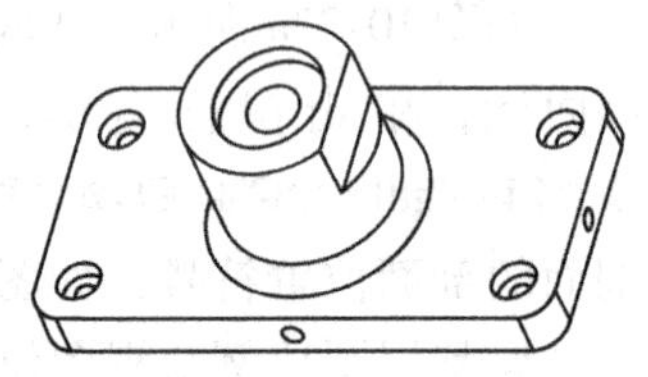

图 10-39　零件模型

3. 生成主视图并作剖视

1）单击主工具栏中的按钮，在图形窗口欲放置主视图的大致位置单击鼠标左键，零件模型显示在该位置，同时系统弹出【绘图视图】对话框，依照图 10-41a 所示定义视图方向，单击

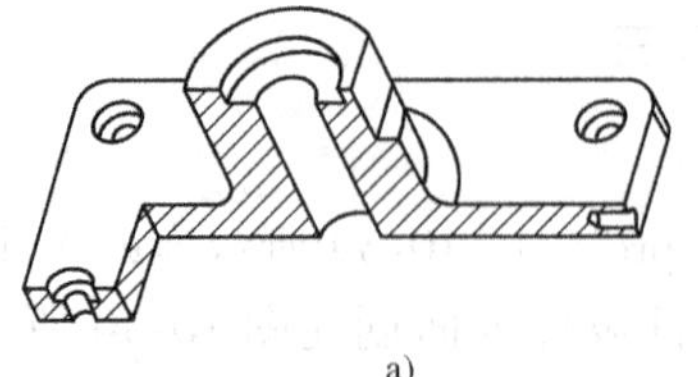

a)

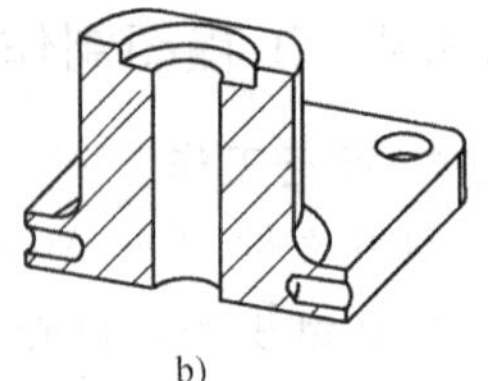

b)

图 10-40　创建剖截面

a）剖截面“A”　b）剖截面“B”

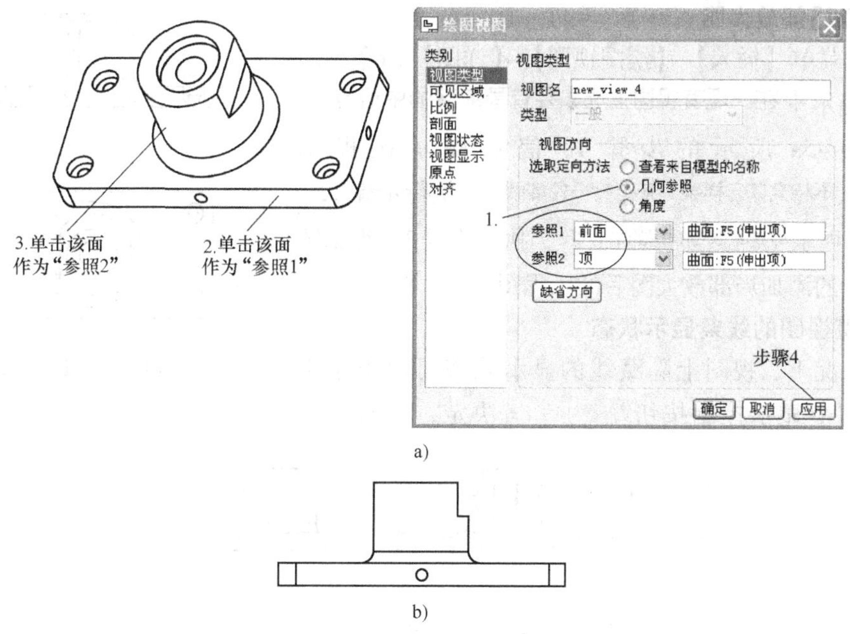

a)

b)

图 10-41　生成主视图

应用按钮，得到图 10-41b 所示的主视图。

2）在【绘图视图】对话框中执行图10-42a所示的 5 步操作，将主视图处理成图 10-42b 所示的剖视状态。单击【绘图视图】对话框的关闭按钮。

4. 生成俯视图

选择主菜单【插入】→【绘图视图】→【投影】命令，在主视图下方的适当位置单击鼠标左键，生成图10-43所示的俯视图。

5. 生成左视图（半剖视图）

1）选择主菜单【插入】→【绘图视图】→【投影】命令，信息提示区提示**选取投影父视图。**，单击主视图，在主视图右侧适当位置单击鼠标左键，得到图 10-44a 所示的左视图。

2）接下来对左视图进行半剖处理。鼠标双击左视图，弹出【绘图视图】对话框。执行图 10-44b 所示的操作，将左视图处理成图 10-44c 所示的半剖视图。单击【绘图视图】对话框的关闭按钮。

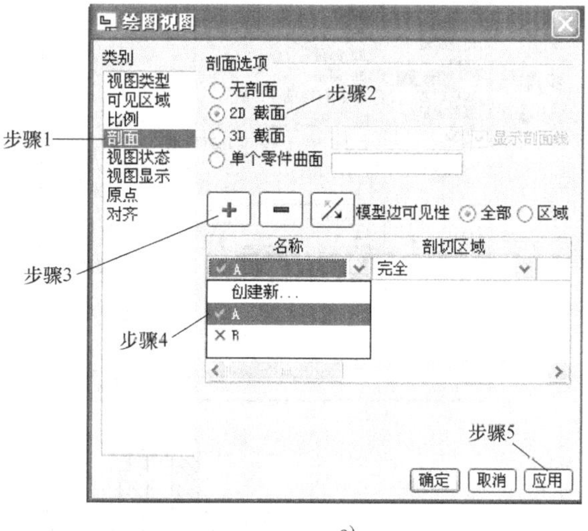

a)

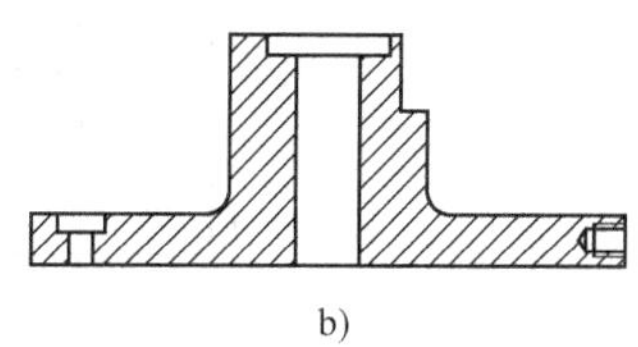

b)

图 10-42　对主视图进行剖视处理

6. 创建局部放大图

选择主菜单【插入】→【绘图视图】→【详图】命令，信息提示区提示➡在一现有视图上选取要查看细节的中心点。，执行图 10-45a 所示的步骤 1，信息提示区提示➡草绘样条，不相交其它样条，来定义一轮廓线。，执行步骤 2，信息提示区提示➡选取绘制视图的中心点。，执行步骤 3，得到图 10-45b 所示的添加局部放大图后的工程图。

7. 调整视图的线条显示状态

一般情况下，视图上隐藏线的显示状态可以由主工具栏上的四个显示控制按钮决定，具有全局

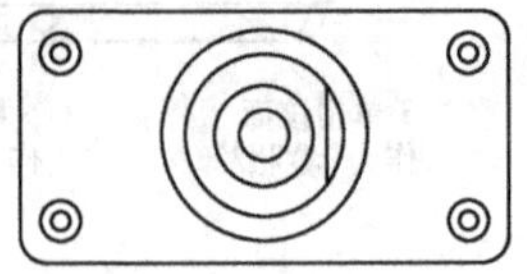

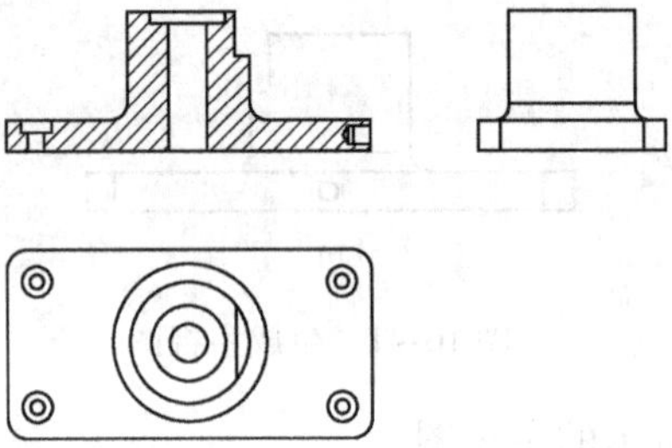

图 10-43 俯视图

a)

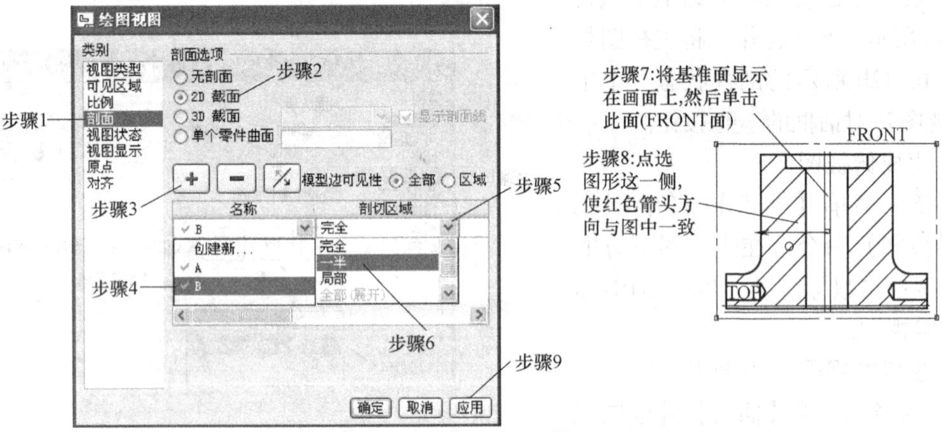

b)

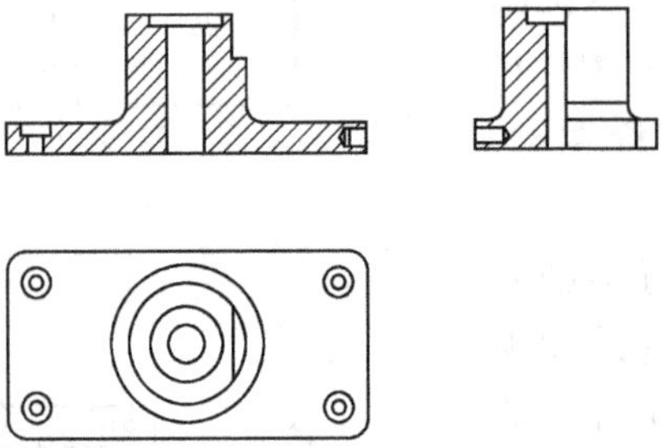

c)

图 10-44 生成左视图（半剖视图）

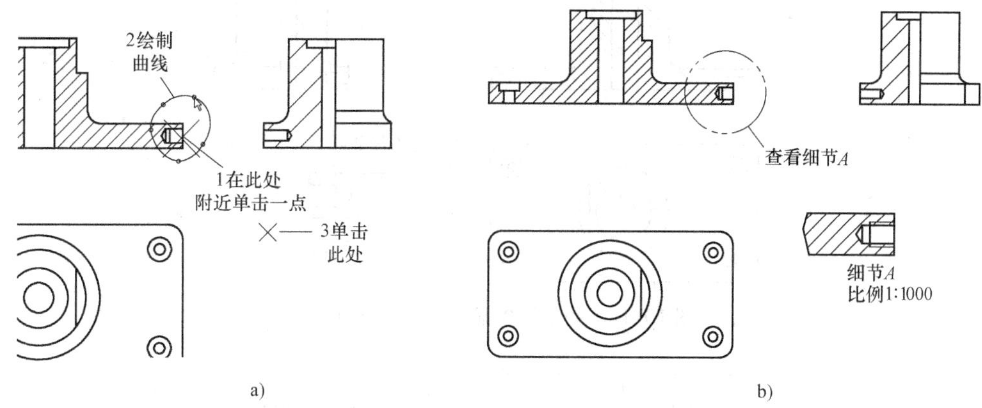

图 10-45　创建局部放大图

性。要单独控制个别视图上隐藏线的显示状态（比如出于视图表达的需要，要让某个视图上的隐藏线显示出来，而其他视图的隐藏线不显示），可以使用【绘图视图】对话框的“视图显示”选项。

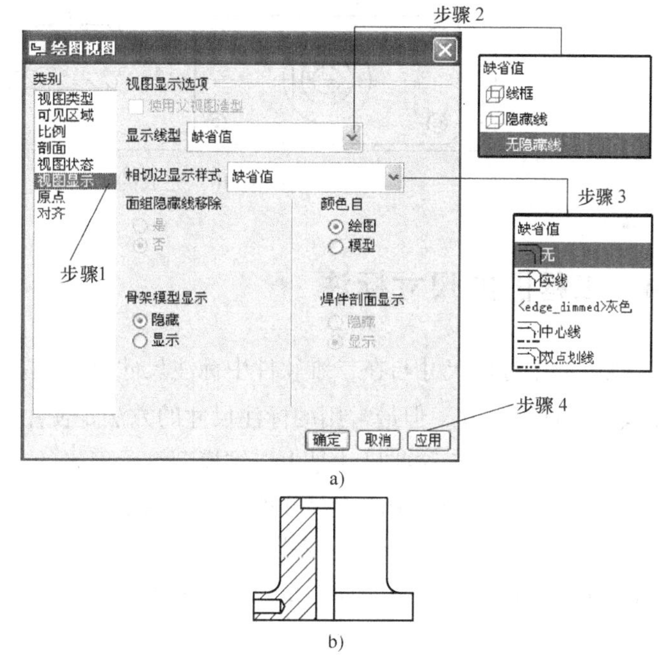

图 10-46　调整线条显示状态

另外，图10-45b所示的俯视图和左视图中显示有不必要的相切边，这不符合我国的制图规范，应将其隐藏。

鼠标双击左视图，弹出【绘图视图】对话框，执行图 10-46a 所示的操作。调整后的左视图如图 10-46b 所示，其隐藏线不显示，相切边不显示。单击【绘图视图】对话框的关闭按钮。

对主视图、俯视图进行上述同样的操作，使其隐藏线不显示、相切边不显示，得到图 10-47 所示的工程图。与图 10-45b 相比，可以明显看出俯视图的变化。

经过上面的操作之后，视图上线条的显示状态将不再受这四个按钮的控制，因此在出图之前作上述设置是非常必要的。

8. 视图细节调整

最后，调整视图的比例、位置，添加必要的剖视位置符号，调整注释文字。图 10-48 所示为本范例完成的工程图。保存该工程图文档后，将“ex-03. prt”和“ex-03. drw”从内存中“拭除”。

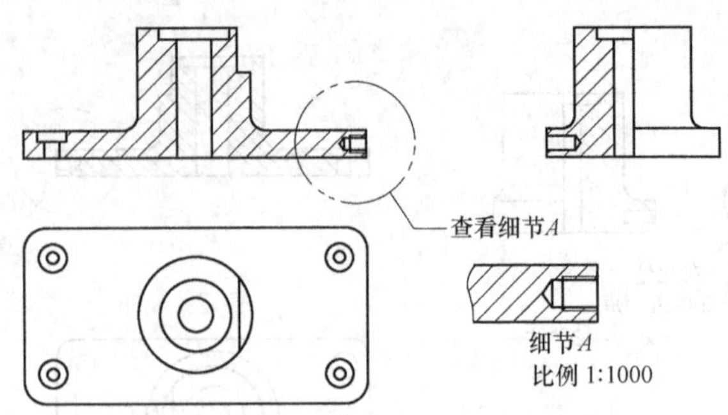

图 10-47 调整线条显示状态后的工程图

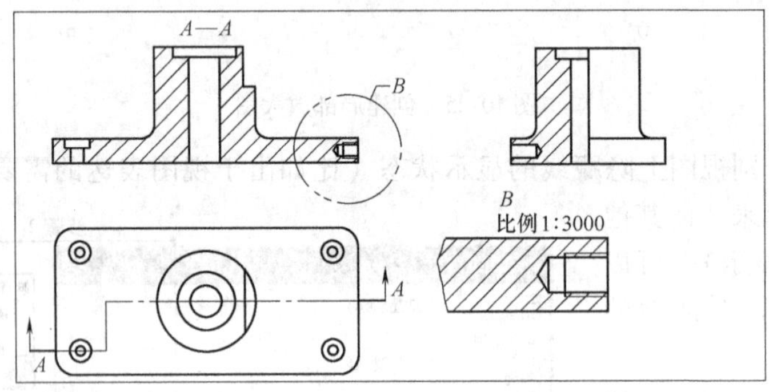

图 10-48 完成的工程图

10.4 工程图的尺寸标注

三维软件中标注尺寸与在二维软件中标注尺寸有很大差别，虽然在 Pro/E 中也可以使用工具手动标注尺寸，但最常用的标注尺寸的方法是使用工具将三维模型上的尺寸自动显示在工程图中。由于这些尺寸是由三维模型继承而来的，因此一旦修改了模型，这些尺寸会自动更新；而在工程图中改变尺寸值时，模型也会自动更新。

这里涉及的“尺寸”概念不仅指一般意义的尺寸（长度、直径、距离、角度等），还泛指工程图中所有的标注项目，如形位公差、表面粗糙度、焊接符号、注释文字、零件标号、技术要求等。

10.4.1 添加尺寸的基本操作

1. 显示模型上的尺寸

单击主工具栏的按钮，或选择主菜单【视图】→【显示及拭除】命令，系统弹出图 10-49 所示的【显示/拭除】对话框，其中：

(1)【显示】选项卡 用以显示各种类型的尺寸。

1)【类型】分组框，用以指定要显示的尺寸类型，表 10-3 所示为【类型】分组框中各图标所代表的含义。每次可以只显示一种类型的尺寸，也可以同时显示几种类型的尺寸。

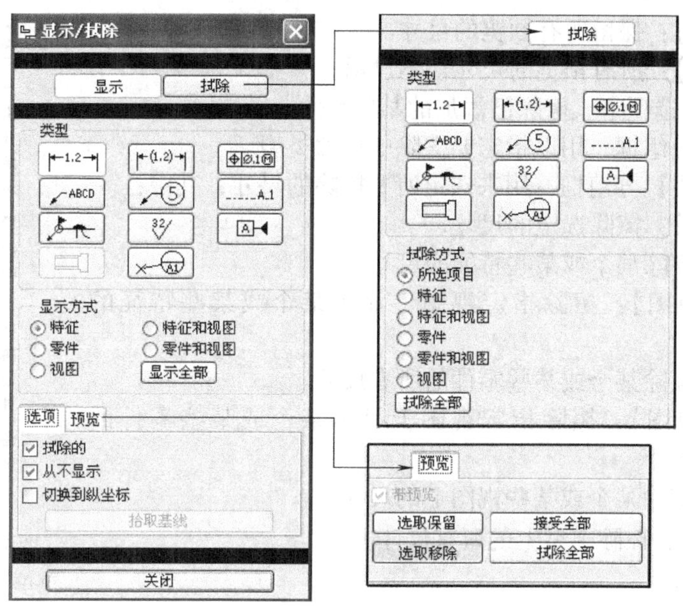

图 10-49 【显示/拭除】对话框

表 10-3　尺寸类型

图标	含义	图标	含义	图标	含义
1.2	模型上的一般尺寸	(1.2)	参照尺寸	⊕Ø.1Ⓜ	形位公差
ABCD	注释	5	球标	A.1	轴线(中心线)
	焊接符号	32	表面粗糙度	A	基准平面
	修饰特征(如螺纹)	A1	基准目标		

2）【显示方式】分组框，用来选定所要显示的尺寸以及尺寸的显示位置，其中：

- 【特征】：显示某个或某些特征的尺寸。
- 【零件】：显示某个或某些零件的尺寸。
- 【视图】：显示某个或某些视图上的尺寸。
- 【特征和视图】：在指定视图上显示某个或某些特征的尺寸。
- 【零件和视图】：在指定视图上显示某个或某些零件的尺寸。
- 【显示全部】：显示模型上的所有尺寸。

3）【选项】分组框，用来选定适当的过滤器，其中：

- 【拭除的】：显示先前拭除的尺寸。
- 【从不显示】：显示用户尚未在图中显示的尺寸。
- 【切换到纵坐标】：转换线性尺寸以纵坐标的形式进行显示。

4）【预览】分组框，当选取了要显示尺寸的相应特征、零件或视图之后，在图面上预览出系统找到的尺寸，其中可能有一部分并不需要显示。此时【预览】分组框被激活，用以指定图面中所要保留的预览出的尺寸，其中：

- 【选取保留】：只保留选中的尺寸，所有未选定的尺寸将不显示。
- 【选取移除】：不显示选中的尺寸，所有未选定的尺寸将保留显示。

- 【接受全部】：保留所有预览的尺寸。
- 【拭除全部】：所有预览的尺寸都不显示。

（2）【拭除】选项卡　擦除已添加的某些尺寸。

1）【类型】分组框，用以指定要擦除的尺寸类型。

2）【拭除方式】分组框，用来选定所要擦除的尺寸，其中：

- 【所选项目】：擦除选定的尺寸。
- 【特征】：擦除某个或某些特征的尺寸。
- 【特征和视图】：擦除指定视图上显示某个或某些特征的尺寸。
- 【零件】：擦除某个或某些零件的所有尺寸。
- 【零件和视图】：擦除指定视图上显示某个或某些零件的尺寸。
- 【视图】：擦除某个或某些视图上的尺寸。
- 【拭除全部】：擦除模型上的所有尺寸。

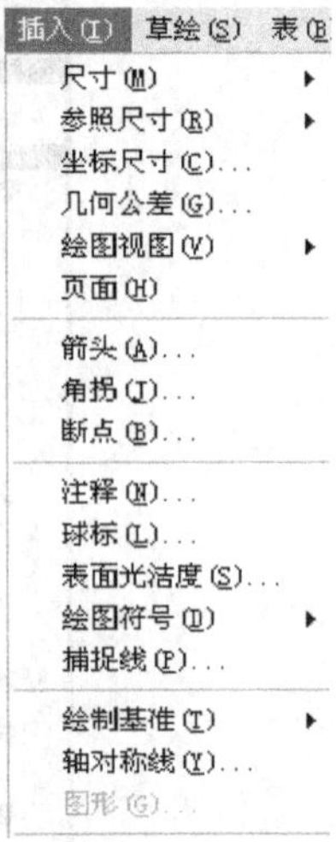

图 10-50　【插入】菜单下的尺寸标注命令

2. 手动标注尺寸

图 10-50 所示的主菜单【插入】下的大部分命令是用来手动标注尺寸，其中：

- 【尺寸】：标注一般尺寸，对应主工具栏上的 工具。使用 工具添加的尺寸，能够在工程图中修改其数值，并且模型会随之更新；而使用 工具标注的尺寸，其数值不能在工程图中修改，但会随着模型的变更而自动更改。
- 【参照尺寸】：标注参照尺寸。
- 【坐标尺寸】：标注坐标尺寸。
- 【几何公差】：标注形位公差，对应主工具栏上的 工具。
- 【注释】：标注文字，对应主工具栏上的 工具，可以用来标注技术要求。
- 【球标】：标注球标。
- 【表面光洁度】：标注表面粗糙度。
- 【轴对称线】：标注中心线。

3. 调整尺寸

（1）调整尺寸位置　选取一个尺寸，这时该尺寸呈红色亮显，如图 10-51 所示在不同位置拖拽鼠标可以调整尺寸、尺寸文字、尺寸线的位置。

（2）编辑尺寸　选取一个尺寸，单击鼠标右键，弹出图 10-52 所示的菜单，通过其中的命令可以进行相应的尺寸编辑操作。

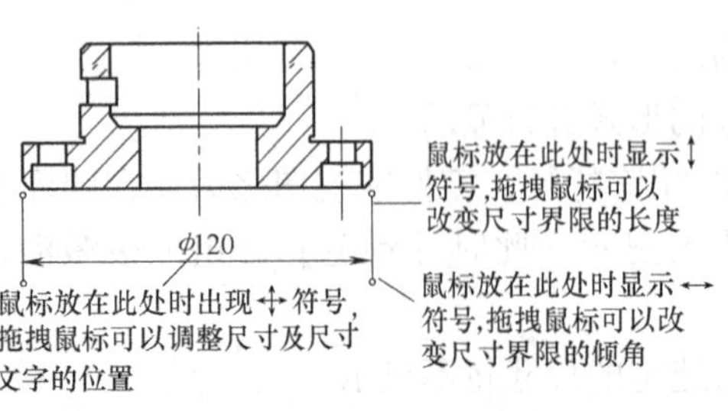

图 10-51　调整尺寸位置

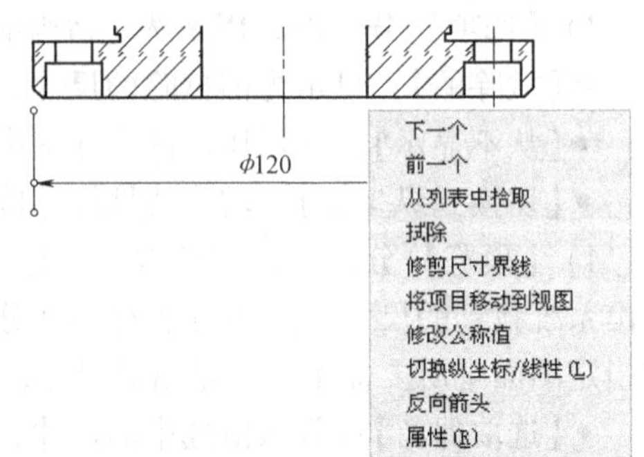

图 10-52　弹出菜单

（3）整理尺寸　选择主菜单【编辑】→【整理】→【尺寸】命令（对应主工具栏上的工具），用来将杂乱无章的尺寸整理整齐。

10.4.2 尺寸标注范例

打开 10.3.3 节中制作的工程图 ex-02.drw，如图 10-38 所示。接下来进行工程图的尺寸标注。

1. 显示尺寸

1）单击主工具栏的按钮，系统弹出【显示/拭除】对话框。指定图 10-53 所示的选项后，在【显示/拭除】对话框下侧弹出图 10-54所示的【选取】对话框，同时信息提示区提示在所选视图选取特征。中键完成。。

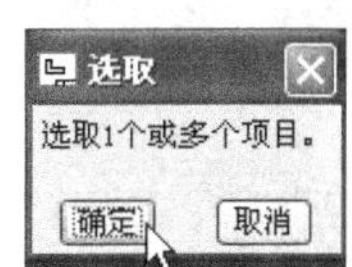

图 10-54 【选取】对话框

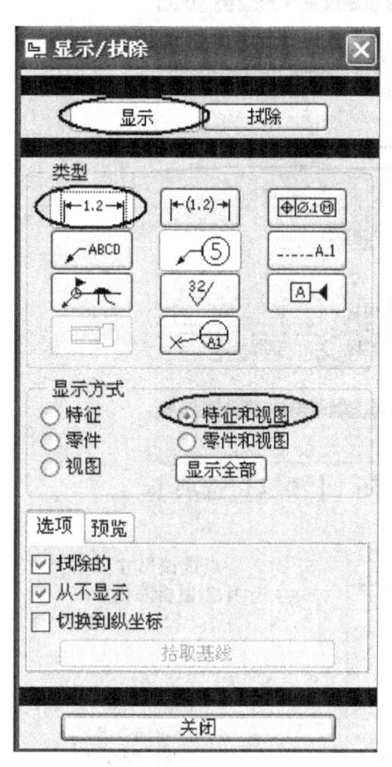

图 10-53 【显示/拭除】对话框

2）单击主视图上的旋转特征，画面上显示图 10-55 所示的一些尺寸，单击【选取】对话框的确定按钮，（或在图形窗口按下鼠标中键）。

3）此时【显示/拭除】对话框中【预览】选项卡被激活，如图 10-56 所示，同时在其下方弹出【选取】对话框，并在信息提示区提示使用对话框的预览部分选取所需的项目。。单击【预览】选项卡中的【选取移除】，按住键盘上的 Ctrl 键，点选图 10-55 中圈出要移除的三个尺寸，单击【选取】对话框的确定按钮，（或图形窗口按下鼠标中键）。刚才选中的三个尺寸被隐藏。单击【显示/拭除】对话框中的关闭按钮，此时的主视图显示如图 10-57 所示。

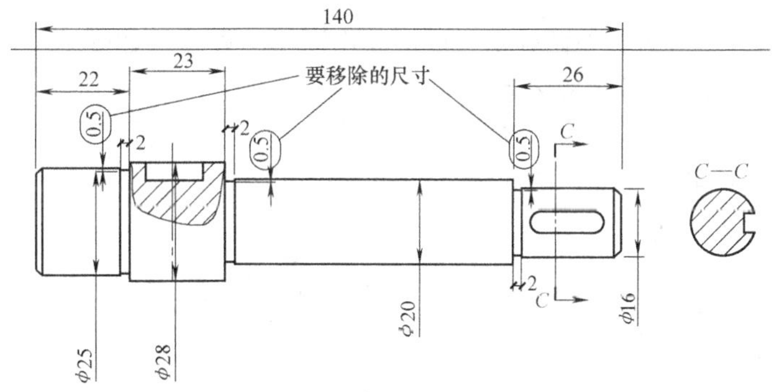

图 10-55 显示旋转特征的尺寸

2. 编辑尺寸

1）点选图 10-58 所示退刀槽处的尺寸，单击鼠标右键，在弹出菜单中选择【反向箭头】命令，使该尺寸的箭头显示在外侧。

2）再次点选该尺寸，单击鼠标右键，在弹出菜单中选择【属性】命令，系统弹出图 10-59 所示的【尺寸属性】对话框，切换到【尺寸文本】选项卡，如图所示修改尺寸文本后，单击对话框的确定按钮。

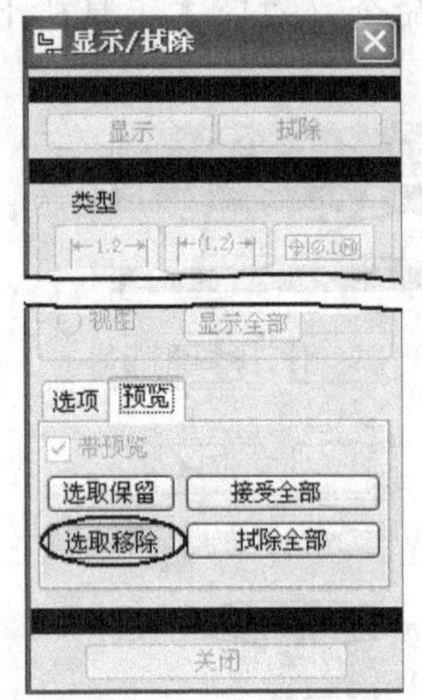

图 10-56 【预览】选项卡

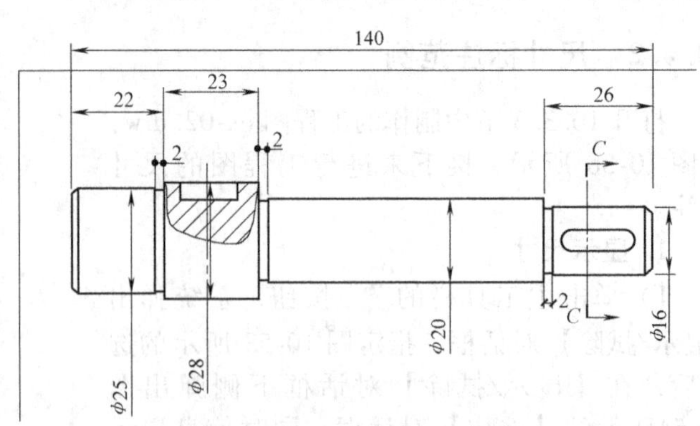

图 10-57 添加尺寸后的主视图

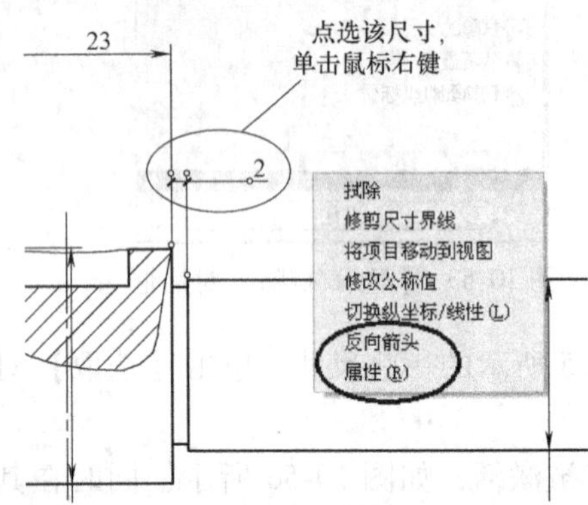

图 10-58 改变尺寸箭头方向

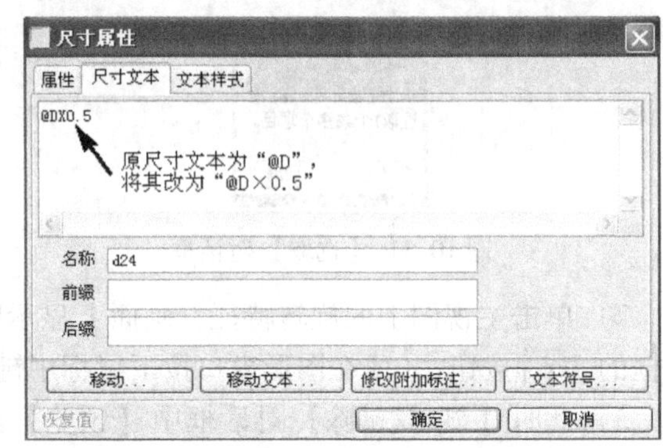

图 10-59 【尺寸属性】对话框

3）对其他两处退刀槽尺寸作同样的修改，如图 10-60 所示。

3. 标注尺寸公差

1）要标注公差，首先参照 10.2.3 节的介绍，将工程图环境变量“tol_display”的值设定为“yes”，即允许显示尺寸公差。

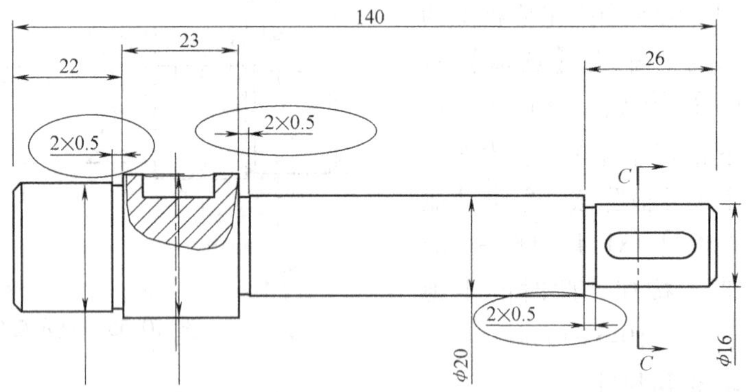

图 10-60 修改尺寸后的主视图

2）如图 10-61a 所示，点选中间一段轴的直径尺寸 $\phi 20$，单击鼠标右键，在弹出菜单中选择【属性】命令。系统弹出【尺寸属性】对话框，如图10-61b所示设置公差显示模式及公差值，单击 确定 按钮。修改后的尺寸如图 10-61c 所示。

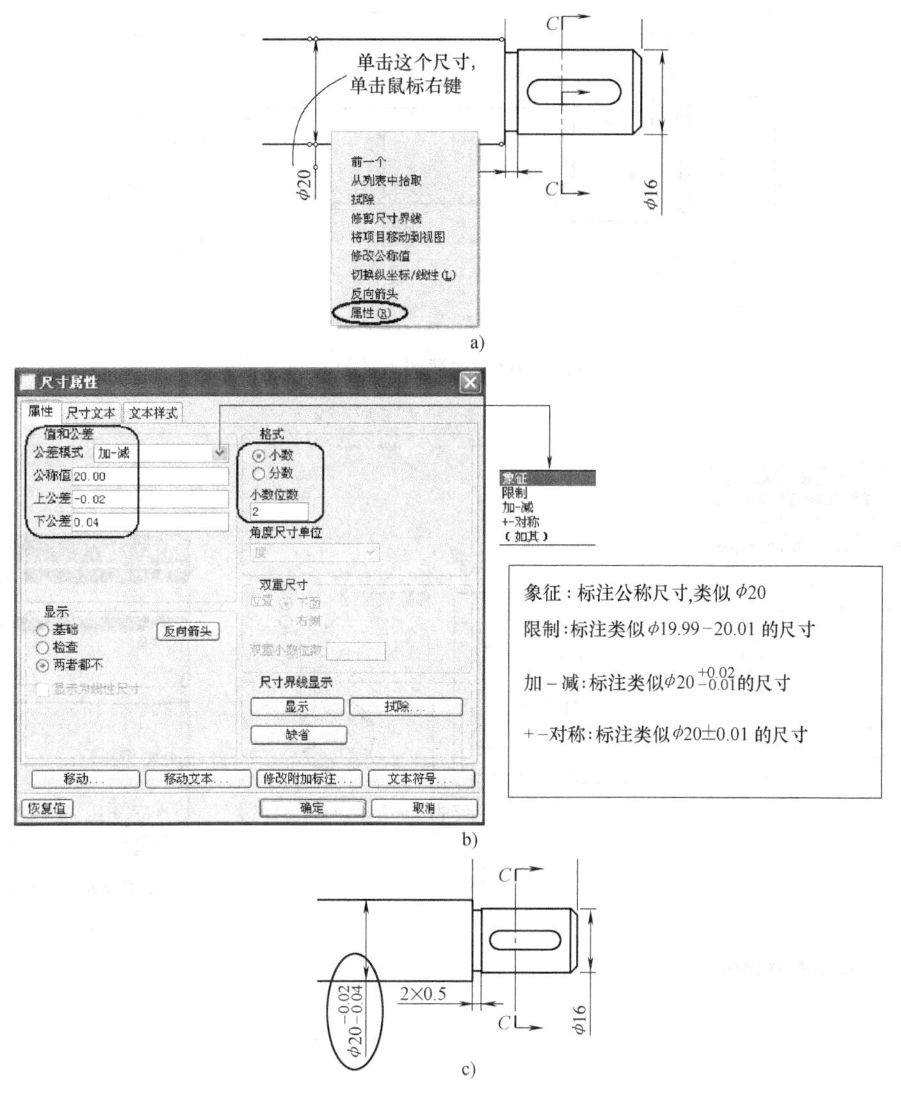

图 10-61　标注尺寸公差

3）依照上面的方法，标注主视图上其他尺寸的公差。

4）调整各尺寸及尺寸文字的位置，单击主工具栏上的按钮将几个尺寸对齐，最后将主视图上的各尺寸调整到如图 10-62 所示的状态。

4. 标注键槽的尺寸

1）单击主工具栏的按钮，系统弹出【显示/拭除】对话框，指定图 10-63a 所示的选项后，点选 *C*—*C* 剖面图上的键槽特征，图形窗口显示图 10-63b 中圈出的 4 个尺寸，在图形窗口按下鼠标中键（或单击【选取】对话框的 确定 按钮）。

2）这时【显示/拭除】对话框中【预览】选项卡被激活，如图 10-63c 所示按下【选取移除】按钮，点选图 10-63b 中的键槽深度尺寸“3”，在图形窗口按下鼠标中键（或单击【选取】对话框的 确定 按钮），单击【显示/拭除】对话框中的 关闭 按钮。

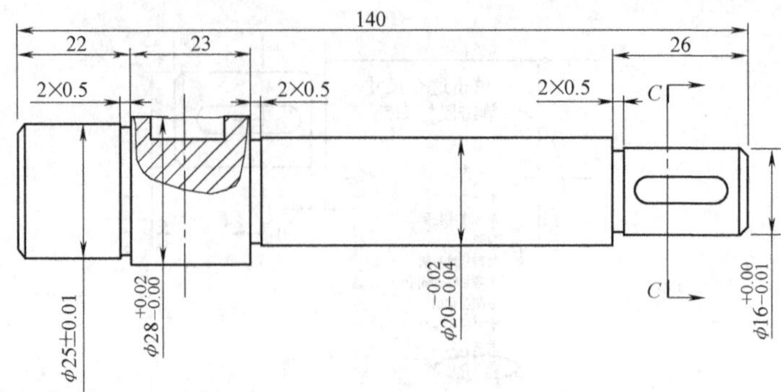

图 10-62　主视图上的尺寸

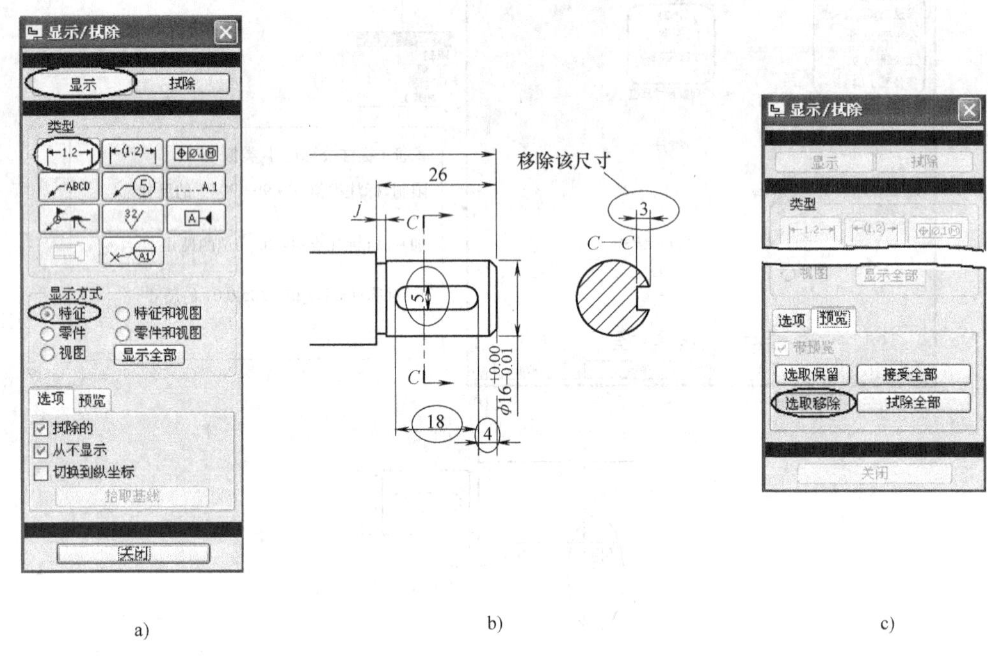

图 10-63　标注键槽的尺寸

3）选取键槽宽度尺寸“5”，单击鼠标右键，在弹出菜单中选择【反向箭头】命令，使该尺寸的箭头显示在外侧。

4）再次点选键槽宽度尺寸“5”，单击鼠标右键，在弹出菜单中选择【将项目移动到视图】命令，选取 *C—C* 剖面视图，该尺寸从主视图转移到 *C—C* 剖面视图上。

5）调整新添加的两个尺寸的位置并标注公差，调整后的键槽尺寸如图 10-64 所示。

6）手动标注尺寸。单击主工具栏中的 ⊢⊣ 按钮，依照图 10-65 的步骤标注键槽深度尺寸“13”。

7）参照上面的步骤，标注另一处键槽尺寸，如图 10-66 所示。

5. 添加中心线

1）单击 按钮，在【显示/拭除】对话框中指定图 10-67a 所示的选项后，在主视图上单击旋转特征。在三个视图上分别显示出中心线，在图形窗口按下鼠标中键。

2）【显示/拭除】对话框中【预览】选项卡被激活，单击【接受全部】，单击对话框中的 关闭 按钮。这样便添加出图 10-67b 所示的 5 条中心线。接下来可以方便地通过拖拽鼠标来调整中心线的长度到合适的状态。

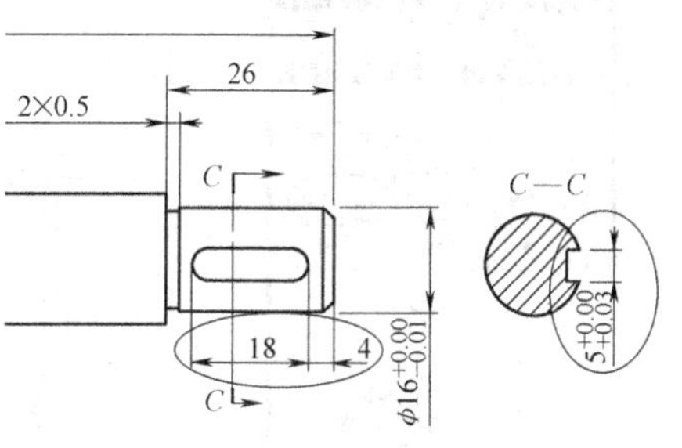

图 10-64　调整键槽尺寸

6. 注写技术要求

单击主工具栏中的 按钮，或选择主菜单【插入】→【注释】命令，在弹出的【菜单管理器】中显示【注释类型】菜单，依次单击图 10-68所示的各选项，信息提示区提示 选取注释的位置。，在图面右下方空白处单击鼠标左键，在提示栏中依次输入技术要求文字 输入注释：技术要求 、输入注释：1. 未注倒角C1 并回车，单击【注释类型】菜单的【完成/返回】命令，完成技术要求的标注。至此，该零件的工程图基本绘制完毕，图 10-69 所示为本范例完成的工程图。

选取主菜单【文件】→【保存副本】命令，将该工程图另存为“ex-02-dim. drw”。

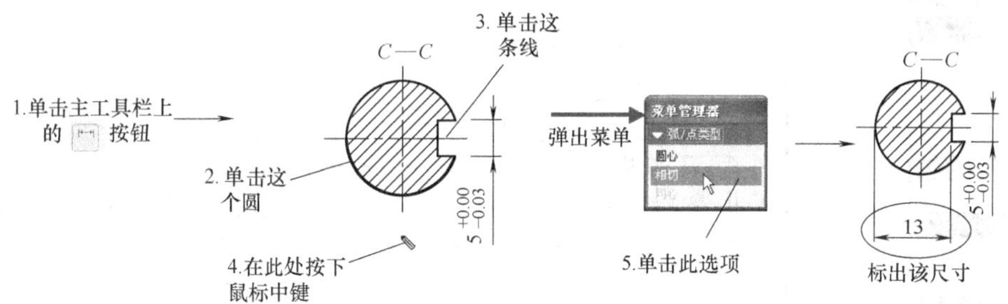

图 10-65　手动标注尺寸

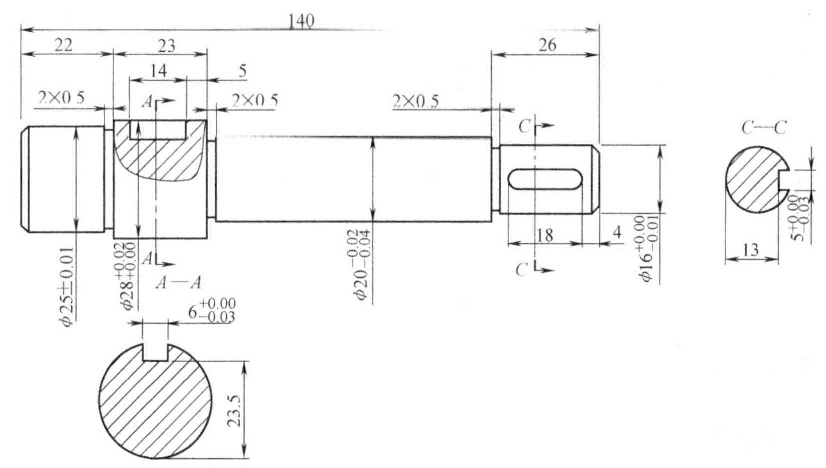

图 10-66　标注另一处键槽尺寸

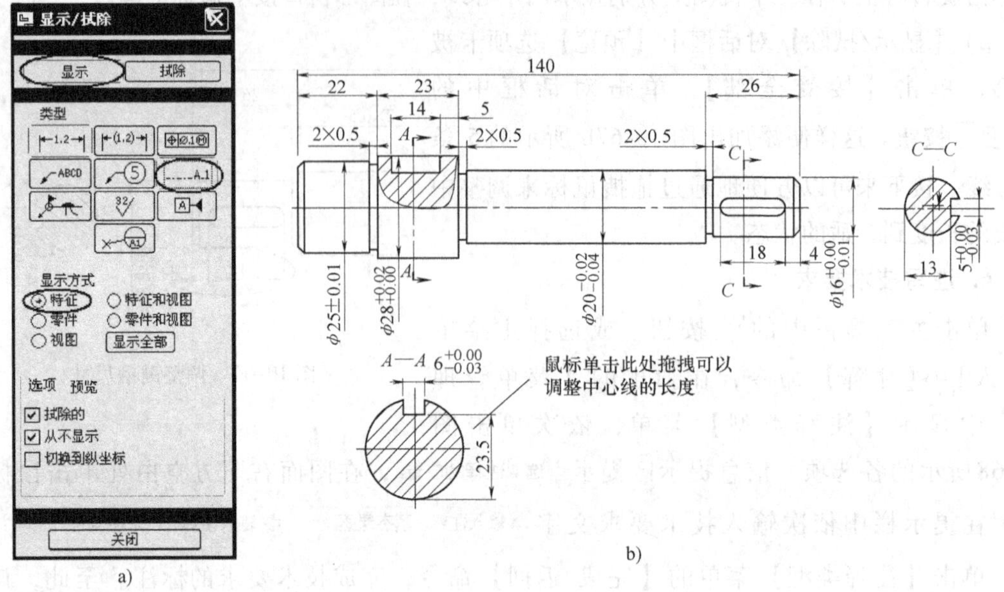

a)

b)

图 10-67 显示中心线

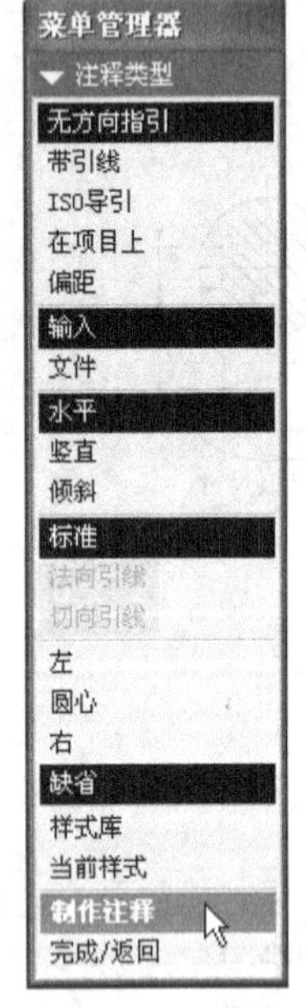

图 10-68 【注释类型】菜单

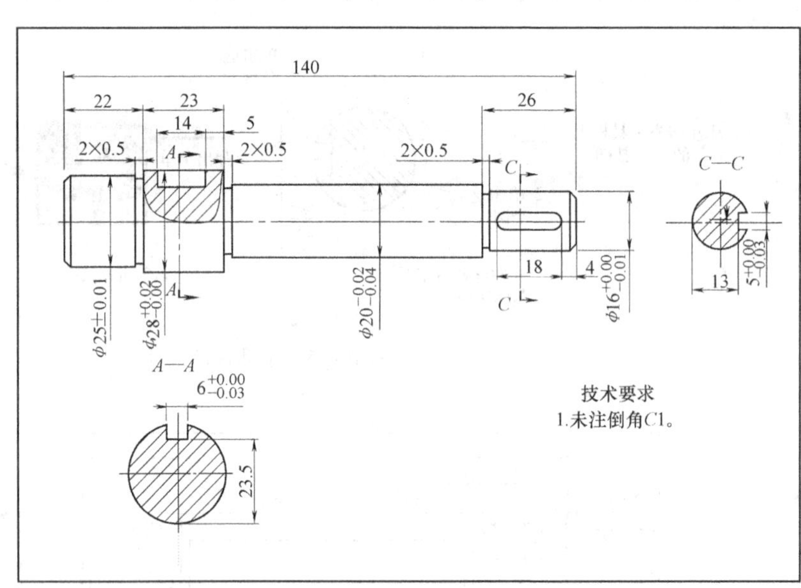

图 10-69 完成的工程图

10.5 装配工程图

1. 打开装配文件

1）启动 Pro/E 后，将工作目录设置到“ch10 \ 10-5”目录下。

2）打开该目录下的装配文件“total. asm”，图 10-70 所示为该装配模型的三维图。为便于生成工程图中的剖视图，首先在装配设计界面创建如图 10-71 所示的一处剖截面“A”。

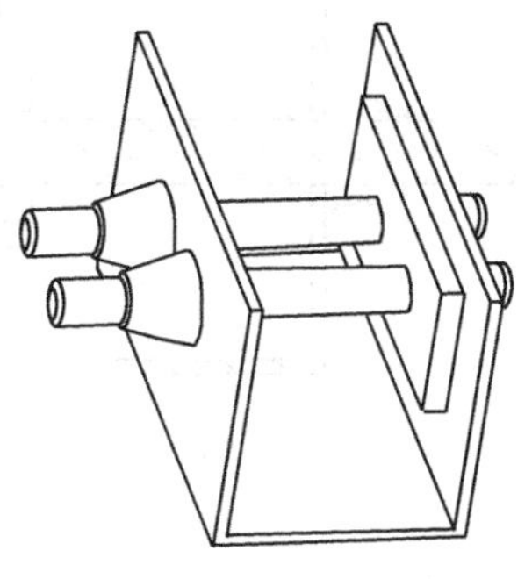

图 10-70　装配模型的三维图

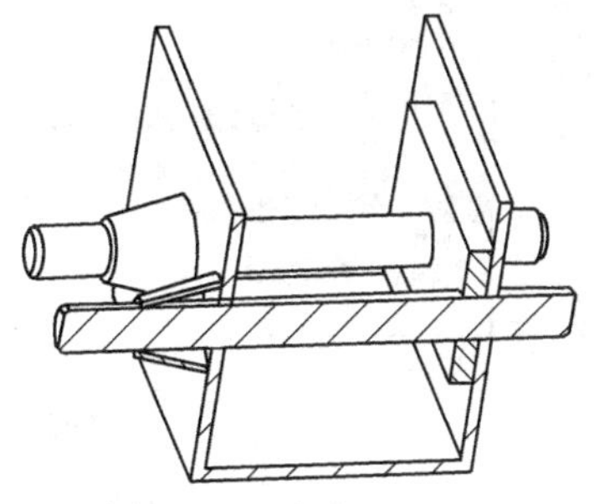

图 10-71　剖截面“A”

2. 新建工程图文档

新建名为“total”的工程图文档，进入工程图界面。

3. 生成主视图并作剖视

1）单击主工具栏中的按钮，在图形窗口欲放置主视图的大致位置单击鼠标左键，装配模型显示在该位置，系统弹出【绘图视图】对话框，如图 10-72a 所示定义视图方向后，得到图 10-72b 所示的主视图。

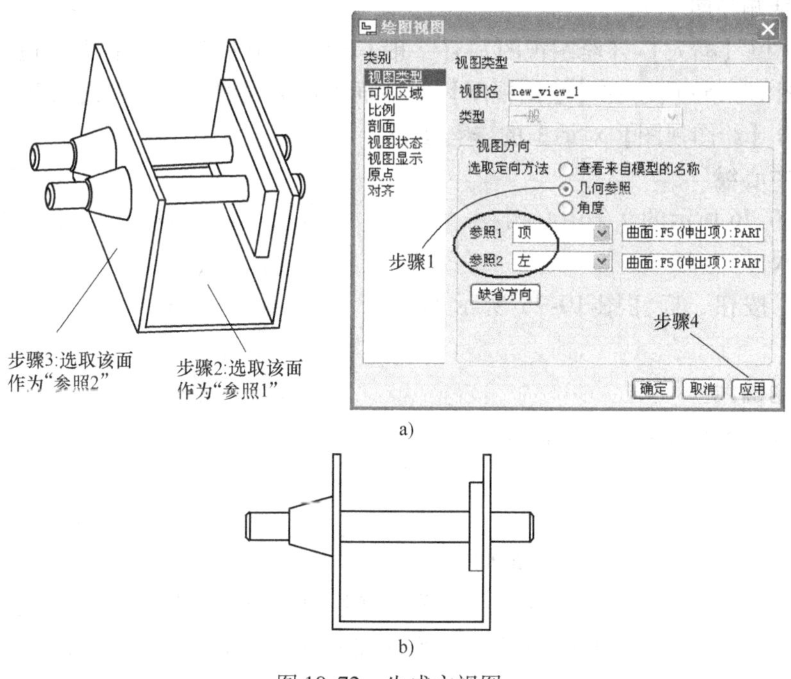

图 10-72　生成主视图

2）继续执行图 10-73a 所示的操作将主视图进行剖视处理。剖视后的主视图如图10-73b 所示。单击【绘图视图】对话框的关闭按钮。

4. 生成投影视图

1）选择主菜单【插入】→【绘图视图】→【投影】命令，在主视图下方的适当位置单击

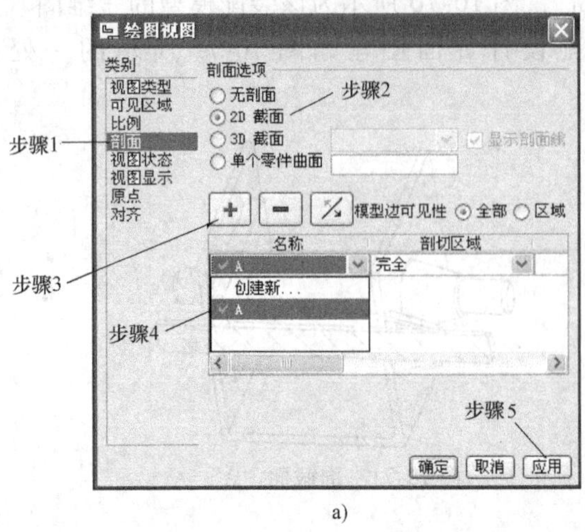

a)

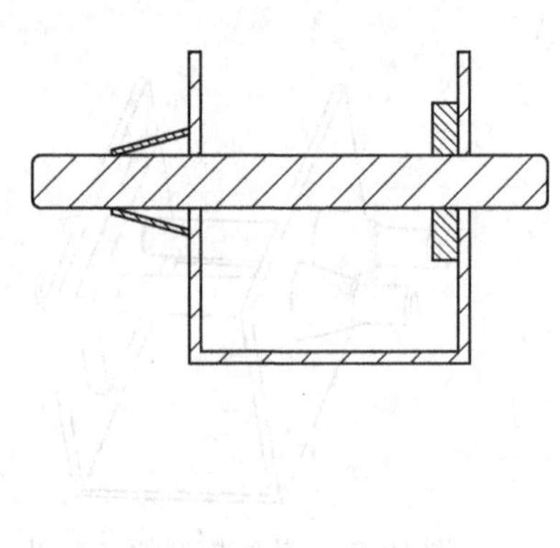
b)

图 10-73 主视图进行剖视处理

鼠标左键，生成图 10-74 所示的俯视图。

2）再次选择主菜单【插入】→【绘图视图】→【投影】命令，信息提示区提示 ➪选取投影父视图。，选取主视图，在主视图右侧适当位置单击鼠标左键，得到图 10-74 所示的左视图。

5. 生成轴测视图

选择主菜单【插入】→【绘图视图】→【一般】命令，在图形窗口右下方适当位置单击鼠标左键，如图 10-75a 所示在【绘图视图】对话框中定义视图方向，得到图 10-75b 所示的轴测视图。单击【绘图视图】对话框的关闭按钮。

6. 添加中心线

标注图 10-76 所示的 9 条中心线。

7. 添加尺寸

单击 ⊢⊣ 按钮，标注图 10-76 所示的四个尺寸。

8. 编辑剖面线

系统在剖视图上自动显示剖面线，但这些剖面线的间隔、角度等不一定符合规范，需要进行适当的调整。

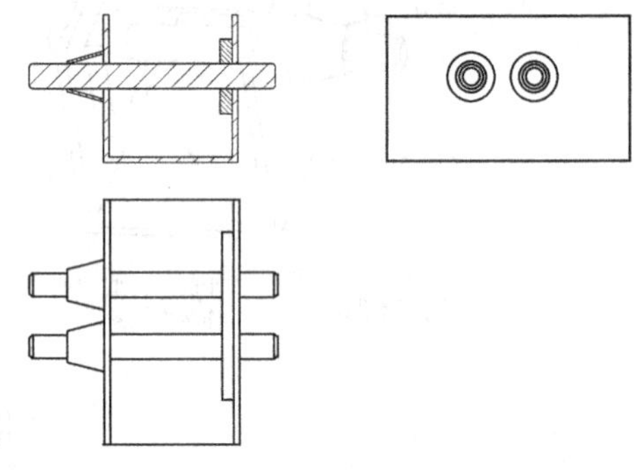
图 10-74 生成俯视图和左视图

如图 10-77 所示，当鼠标指向剖面线时，剖面线呈红色亮显，这时单击鼠标右键，在弹出菜单中选择【属性】命令，或鼠标指向剖面线后双击鼠标左键。在系统弹出的【菜单管理器】中显示图 10-78 所示的【修改剖面线】菜单，使用其中的命令可以进行剖面线的详细编辑。请读者参照图 10-78 中的说明调整剖面线，主要包括：各剖面线角度调整为 45°或 135°、间隔调整匀称、删除轴上的剖面线等。调整后的工程图如图 10-79 所示。

限于篇幅，对于视图的更多细节标注此处不再赘述，请读者参照 10.4 节中的介绍完成本工程图的详细绘制。

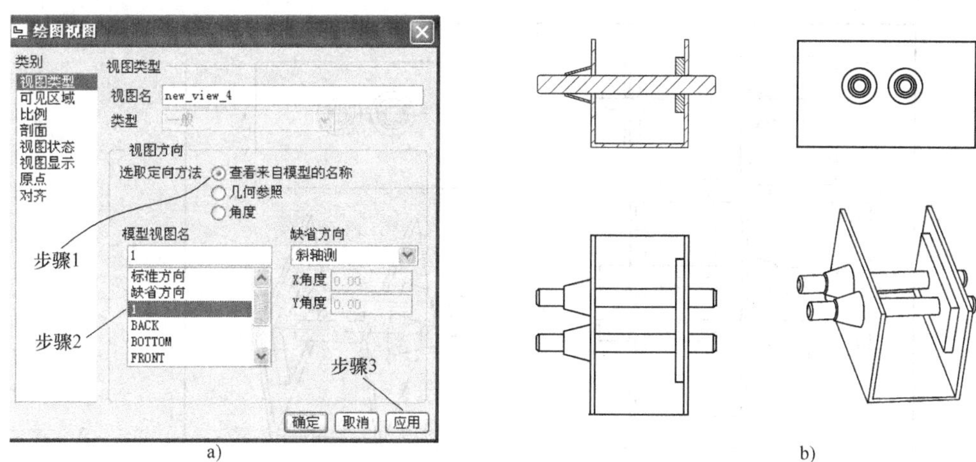

图 10-75　添加轴测视图

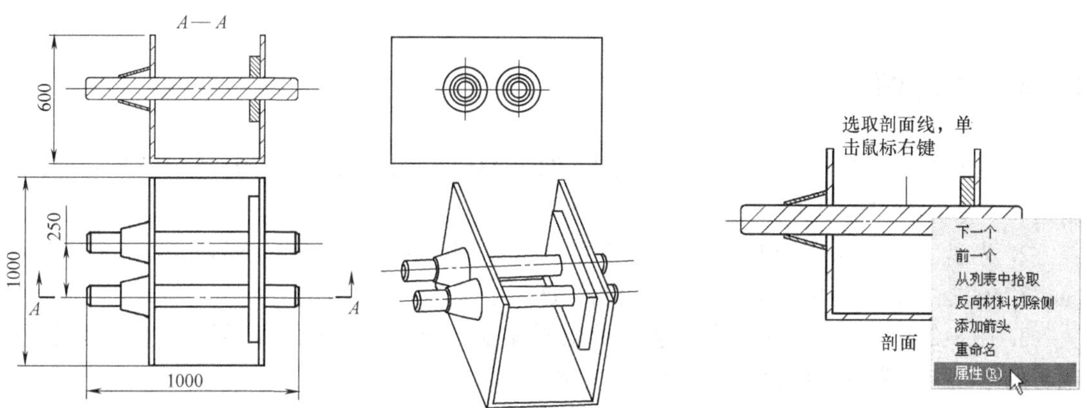

图 10-76　添加中心线及标注装配图尺寸

图 10-77　修改剖面线

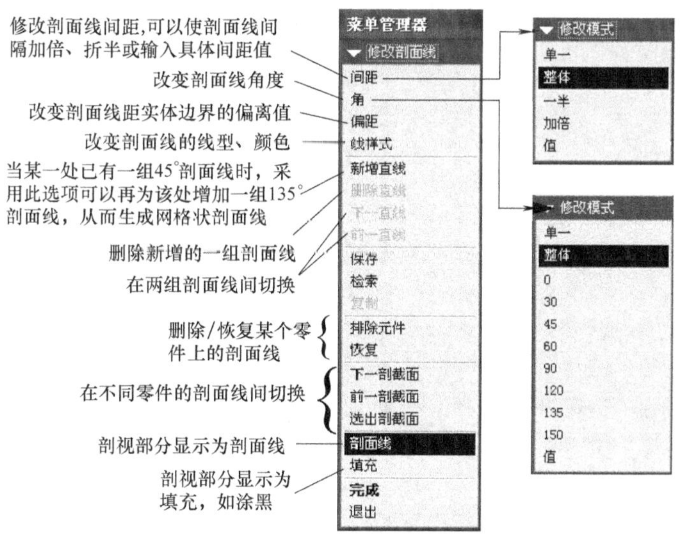

图 10-78　【修改剖面线】菜单

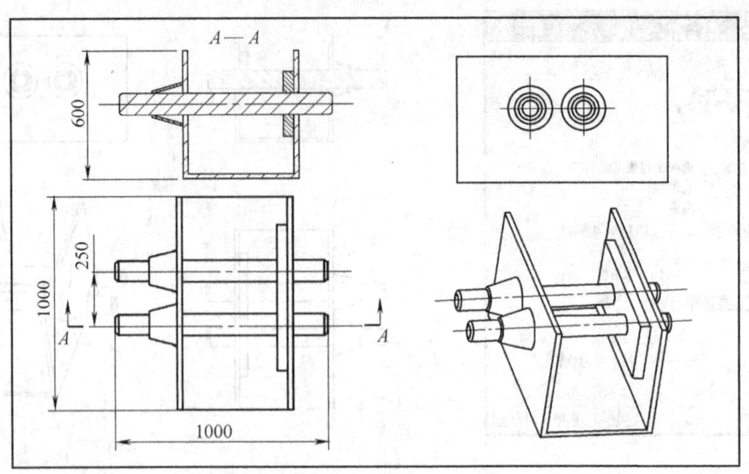

图 10-79　完成的工程图

10.6　练习题

1. 参照图 8-223、图 8-231、图 8-233、图 8-235，在第 8 章零件设计练习的基础上，绘制这 4 个零件的工程图。

2. 光盘“exercise \ ch10 \ ”目录下的 3 个文件 exercise-1. prt、exercise-2. prt 和 exercise-3. prt 是 3 个零件的 Pro/E 模型，请制作这 3 个零件的工程图。

3. 图 8-236 所示为机用台虎钳装配示意图及零件图，请在上两章零件设计和装配设计练习的基础上，完成机用台虎钳的 Pro/E 装配工程图。

4. 图 9-59 所示为滚动导柱导套结构的装配图，请在上两章零件设计和装配设计练习的基础上，完成本结构的 Pro/E 装配工程图和各零件的 Pro/E 工程图。

第 11 章　Pro/E 数控加工

Pro/E 是一个 CAD/CAM 集成的软件系统，采用其 Pro/NC 模块，可以将设计好的三维模型，通过必要的加工设定，自动生成数控代码，驱动数控设备进行产品加工。

11.1　Pro/NC 的相关概念与基本操作

11.1.1　相关概念

1. 设计模型

设计模型是指要加工出来的零件。由于在创建数控加工轨迹时将设计模型作为参考，因此设计模型也称为参考零件。描述产品的设计模型是所有加工操作的基础，参照几何要素（特征、表面和边线）在设计模型和工件（坯料）之间建立关联，正因为有了这个关联，当设计模型发生变更时，所有相关的加工操作必须作相应的变化，从而充分体现系统全相关的优越性，提高工作效率，降低错误概率。零件、装配件和钣金件都可以用作设计模型。

2. 工件

工件是指未经加工的原材料或坯料，是一个零件模型。模型代表了数控加工时刀具运动的空间范围，在加工模拟中可以模拟出材料的切除情况，还可以计算材料切削量。

工件可以在零件设计界面创建后添加（装配）到加工模式，也可以在加工模型中直接创建一个工件。

3. 制造模型

一般制造模型由设计模型和工件组合而成，随着加工过程的进展，材料的切削过程可以在工件上模拟。一般来说，在加工过程的最后，工件的几何形状应与设计模型一致。制造模型是 Pro/NC 中的最高级模型，以 mfg 为后缀名。

4. 加工机床

Pro/NC 加工时，必须设置机床信息，这一设置集中在图 11-17 所示的【机床设置】对话框中。根据机床的不同选择，Pro/NC 数控加工的功能范围包括：

- 铣削：主要用于 3 ~5 轴的铣削及孔加工，可以进行粗铣、曲面轮廓铣削、凹槽、平面、螺纹加工、雕刻加工和孔加工。
- 车床：主要用于 2 轴/4 轴的车削及孔加工，可以进行端面车削、轮廓车削、槽、螺纹的加工以及钻孔、镗孔、铰孔-攻螺纹等加工。
- 铣削/车削：主要用于 2 ~5 轴的铣削及车削加工，可以进行车削加工、铣削加工和孔加工。
- 线切割：主要用于 2 轴/4 轴的线切割加工。

5. 刀具

在实际加工中，刀具和机床一样，都是不可缺少的硬件设备，而且加工方法不同，刀具类型也不同，即使同一种切削刀具，其直径及刀柄长度也各异。同时，刀具也是保证加工质量和加工效率的重要因素。因此在 Pro/NC 中刀具设定是必不可少的。

刀具设定在图 11-21 所示的【刀具设定】对话框中进行。

6. 坐标系（加工零点）

坐标系定义了工件在机床上的方位，是 Pro/NC 的"加工零点"，是生成刀位文件数据的原点，是后处理产生数控程序的程序原点。因此，在 Pro/NC 中坐标系是必不可少的元素。

在 Pro/NC 中使用的坐标系可以属于设计模型、工件、或属于制造组件的任何其他元件。可以选择以上元件上已经存在的坐标系，也可以在加工模式中创建一个坐标系。

7. 退刀面

为了避免刀具在不同的加工区域之间移动时发生碰撞的危险，定义一个安全的退刀高度，使刀具在不同的加工区域之间转换时，距离工件有一个安全的高度。根据加工需要，可以指定退刀面为平面、圆柱面、球面或定制曲面。

8. 操作设定

在对实际工件进行加工时，其产生的刀具路径与加工环境有关。因此在创建刀具路径之前，需要进行相关的加工环境设置，称之为操作设定。操作设定在图 11-16 所示的【操作设置】对话框中进行，包括操作名称、NC 机床、夹具、坐标系（加工零点）、退刀面等的设定。

9. NC 序列

NC 序列主要用于对加工路径进行设置，加工过程的主要参数都是在 NC 序列中设置的。它通常包括序列名称、序列注释、加工刀具、工艺参数、坐标系、退刀面、加工区域、"起始"点和"终止"点等信息。一旦定义了 NC 序列的这些信息，Pro/NC 将自动产生刀具轨迹。

10. 刀具路径

刀具路径也称刀具轨迹，由很多个刀位点连接组成。它由设定的 NC 序列产生，决定了加工刀具的运动方向和位置。由它产生的刀具路径文件通过后处理，就成了能驱动数控机床的数控程序。

11. 后处理

在建立起制造模型，并且设置完各项加工参数后，Pro/NC 首先生成的是刀具路径数据文件（CL Data File）。这是一种 ASCII 格式的数据文件，这种数据文件不能驱动数控机床进行加工，所以必须对它进行编译，将其转化成指定的数控机床能够执行的数控程序，这一过程被称为后处理。在 Pro/E 中，后处理产生的文件被称为加工控制数据（MCD）文件。

11.1.2 Pro/NC 基本操作步骤

Pro/NC 的基本过程如图 11-1 所示，其基本操作步骤包括：

1. 创建制造模型

新建一个加工文档后，将设计模型和工件组合生成制造模型，也可以在制造模式下创建设计模型和工件，得到制造模型。

2. 建立数控加工的基本数据库

数控加工的基本数据库包括机床、刀具、夹具、加工工艺等参数。这个过程不是必须首先完成的，可以在以后需要这些数据时再完成具体的设置。

3. 定义一个操作

操作是指一系列 NC 工序的集合，操作的设置内容包括：命名操作名、定义机床、设定刀具、定义坐标系、设定操作参数、设定退刀面等，其中机床和坐标系的定义是必须完成的，其他设置内容可以在后面完成。

4. 创建 NC 工序

包括定义 NC 加工类型、设置加工刀具、设置加工工艺参数、选择加工区域等。

5. 模拟演示刀具路径

6. 输出 NC 程序

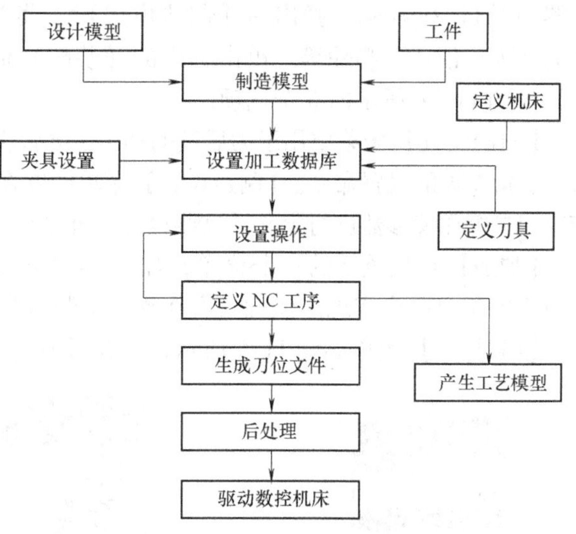

图 11-1 Pro/NC 的基本流程

11.1.3 Pro/NC 界面及命令简介

Pro/NC 的操作界面（图 11-8）与其他模块大致相同，但其操作方式与其他模块有较大差别。在零件图、装配图、工程图等模块中，主要通过界面上的工具按钮来完成各种设计操作，偶尔使用菜单管理器。但在 Pro/NC 模块中，大部分命令通过菜单管理器执行。

菜单管理器通常位于窗口右侧，它是一种瀑布式菜单，单击某个菜单选项后，其下一级菜单自动弹出，依此类推。菜单层层弹出，经常是多级菜单排列成一个长长的菜单列，初学者往往因为不了解其层次结构而迷失其中、无从下手，所以熟悉菜单管理器是掌握 Pro/NC 操作的关键。

图 11-2a 所示为 Pro/NC 菜单管理器的第一级，在最顶层菜单【制造】下包含 12 个子菜单项，其中【制造模型】、【制造设置】、【加工】、【CL 数据】四个子菜单项最为常用。

【制造模型】子菜单用于定义制造模型，选取【制造】→【制造模型】选项后，菜单管

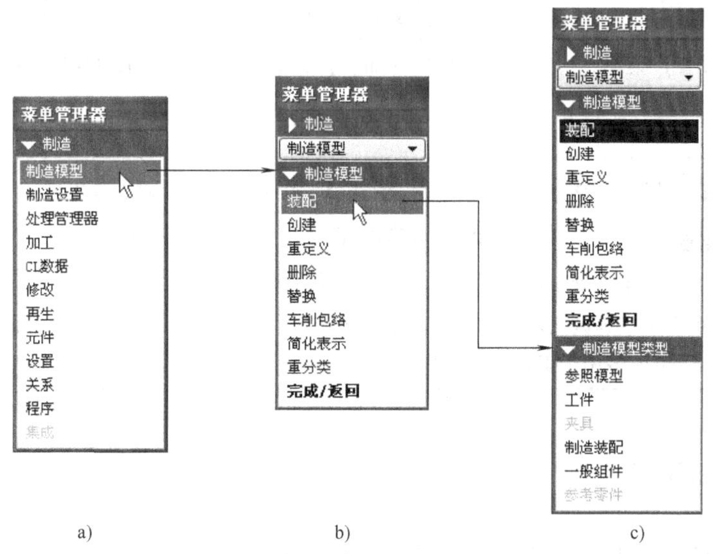

图 11-2 Pro/NC 菜单管理器

理器如图 11-2b 所示，弹出的【制造模型】子菜单包括 9 个选项，分别用于设计模型或工件的装配、创建、删除等。单击其中的【装配】命令，弹出的其下一级菜单【制造模型类型】如图 11-2c 所示的 6 个选项。

【制造设置】子菜单用于为后续的加工工艺设置操作环境，如图 11-3 所示。它包括机床、刀具、操作等的设置命令。【制造设置】菜单能够在创建制造模型之前和定义加工之前，对机床、刀具等环境参数进行定义。这些设置也可以在【加工】菜单中的相应命令实现。

【加工】是最重要的一个菜单，如图 11-4 所示。大多数的加工操作都可以由【加工】菜单中的相应命令实现。注意只有在创建了制造模型之后，【加工】菜单才有效。

【CL 数据】菜单如图 11-5 所示，主要对刀具路径进行操作。

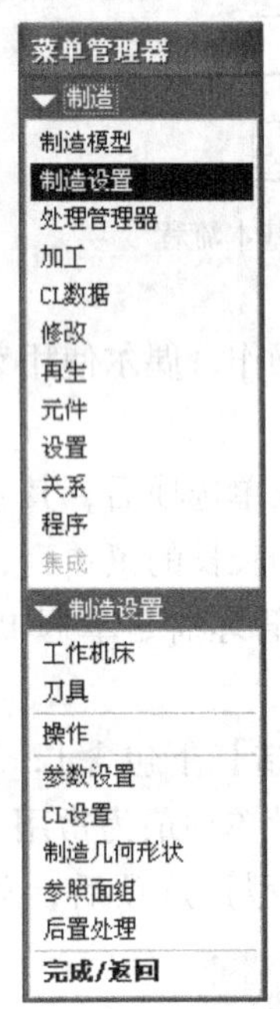

图 11-3　【制造设置】菜单

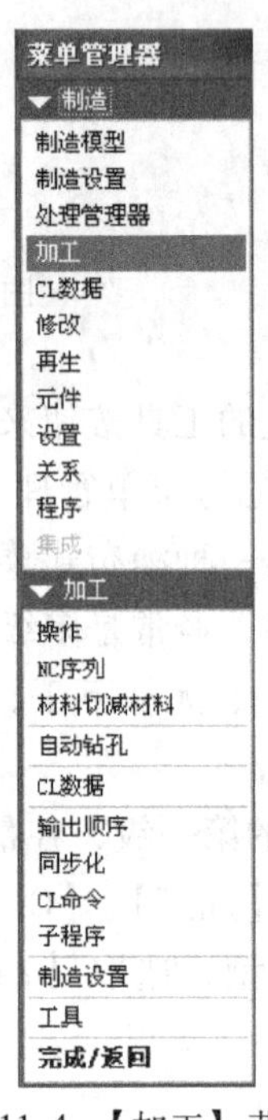

图 11-4　【加工】菜单

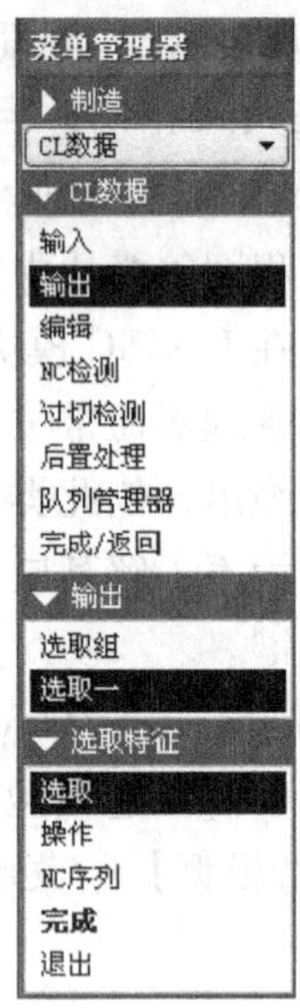

图 11-5　【CL 数据】菜单

提示：

- 菜单项前带有▼符号，表示当前菜单处于伸展状态，其下方就是它的子菜单项。
- 菜单项前带有▶符号，表示当前菜单处于收缩状态，其子菜单项未显示。
- 在▼和▶符号的菜单项处单击鼠标左键，该菜单将在伸展与收缩状态间切换。
- 【完成】菜单项多用于确认当前操作并转向下一级操作。
- 【完成/返回】菜单项多用于确认当前操作并退回上一级菜单。

11.2　铣削加工方法

数控铣是数控加工中最典型的加工方法。本节将通过一个简单的例子，介绍在 Pro/E 下进行数控铣削加工设定的基本步骤。在此基础上，其他加工方法的操作步骤将很容易掌握。

11.2.1　创建制造模型

1. 新建 NC 加工文件

1）启动 Pro/E 后，将工作目录切换到“\ ch11 \ 01 \”，打开该目录下的文件“ex01part. prt”，如图 11-6 所示，它将作为 NC 加工的设计模型。

图 11-6　设计模型

2）单击主工具栏中的按钮，弹出图 11-7a 所示的【新建】对话框。选择文件“类型”为制造，“子类型”为NC组件，在【名称】后的文本框中输入文件名称为 ex01，然后单击对话框中的确定按钮。

在这里默认选中使用缺省模板，是因为在 config. pro 中设定了“template_ mfgnc C: \Program Files\proeWildfire 2.0\templates\ mmns_mfg_nc. mfg”，即设定了数控加工默认环境为公制模板。当未使用本书的 config. pro 文件时，默认环境为英制模板，在新建 NC 加工文件时，应取消选中【新建】对话框中的使用缺省模板，然后单击确定按钮，在弹出的如图 11-7b 所示的【新文件选项】对话框中，选取模板为“mmns_ mfg_ nc”，然后单击确定按钮。

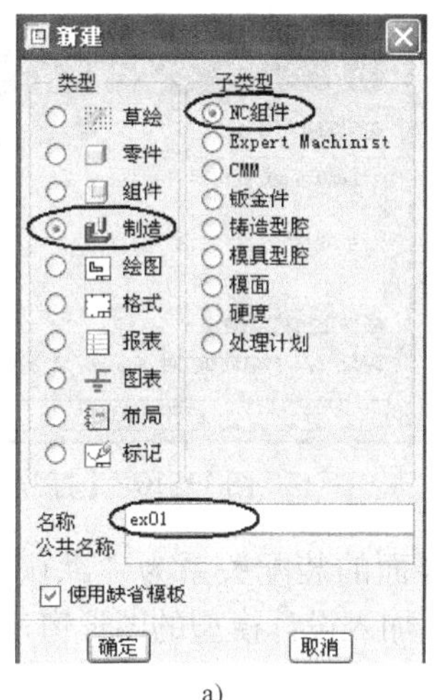

a)

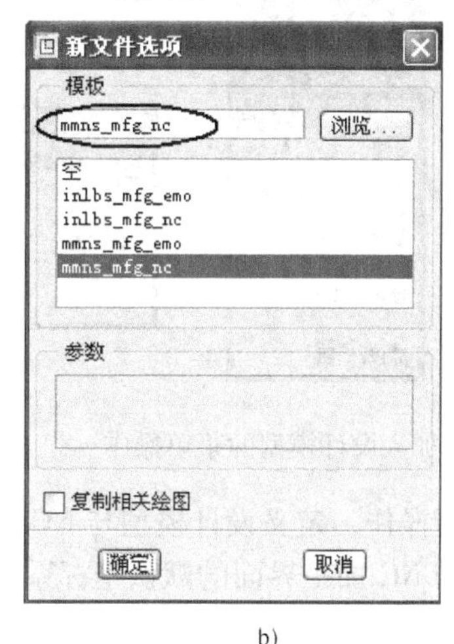

b)

图 11-7　新建 NC 加工文档

3）之后进入 NC 加工界面，显示的界面如图 11-8 所示，它与零件设计界面的主要区别是 NC 加工界面的特征工具栏只有几个基准特征工具，大多数的命令选项由【菜单管理器】代替，其主要操作也是通过【菜单管理器】完成的，因此在 Pro/E 操作时，最好不要使用按钮将窗口最大化，以免将【菜单管理器】遮住，影响正常的菜单操作。

2. 加入设计模型

1）如图 11-9 所示，选择【菜单管理器】最顶层菜单【制造】下的【制造模型】→【装配】→【参照模型】命令，弹出图 11-10 所示的【打开】对话框，选取“ex01part. prt”后，单击打开(O)按钮。

2）在图形窗口显示零件“ex01part. prt”的同时，弹出图 11-11 所示的【元件放置】对话

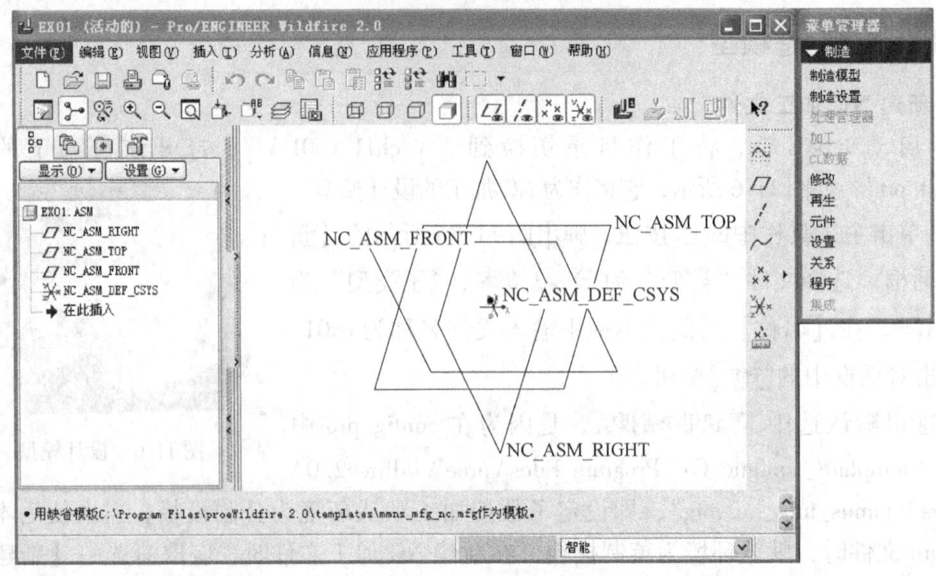

图 11-8　NC 加工界面

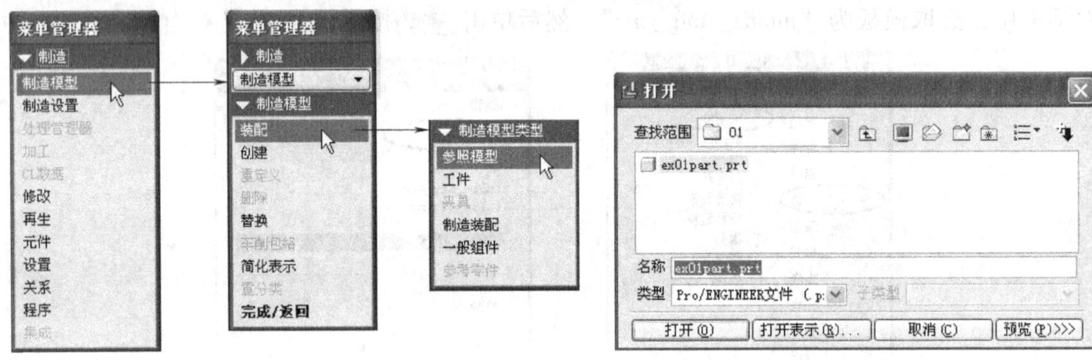

图 11-9　加入设计模型的菜单操作　　　图 11-10　【打开】对话框

框，依照图示进行操作，定义设计模型与 NC 加工界面的装配关系为“默认约束”，即将零件上的默认坐标系与 NC 加工界面的默认坐标系对齐。加入设计模型的图形窗口如图 11-12 所示。

3. 创建工件

1）选择【菜单管理器】中的【制造模型】→【创建】→【工件】命令，在信息提示区“输入零件 名称 [PRT0001]: ex01-workpiece”的文本框中输入工件名称“ex01-workpiece”并回车。

2）在【菜单管理器】的【特征类】子菜单下选择【实体】→【加材料】→【拉伸】→【实体】→【完成】命令，在窗口下方弹出拉伸特征操控板，单击操控板的 放置 按钮，在其上滑面板中单击 定义... 按钮，弹出【草绘】对话框，依照图 11-13 所示定义草绘平面和参照面，在图形窗口按下鼠标中键，进入草绘界面。

3）使用按钮将设计模型外轮廓向外偏移 10mm，得到图 11-14 所示的图形，单击草绘工具栏的 ✔ 按钮，确认并退出草绘界面。

4）单击操控板中的按钮以切换拉伸方向后，在操控板输入拉伸高度为“105”。单击操控板中的 ✔ 按钮，完成该拉伸特征的创建，得到 NC 加工的工件模型，它是比设计模

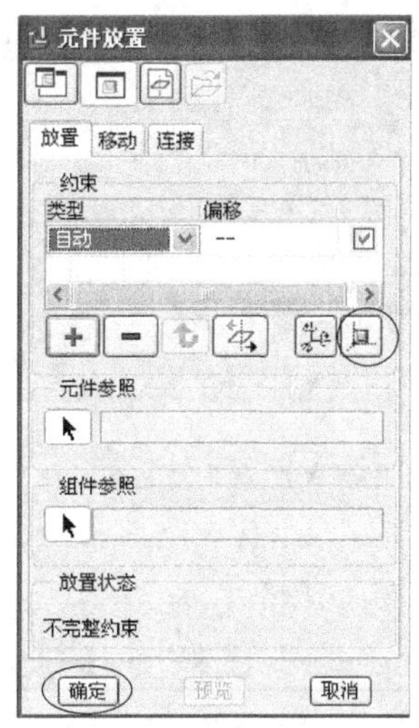

图 11-11　【元件放置】对话框

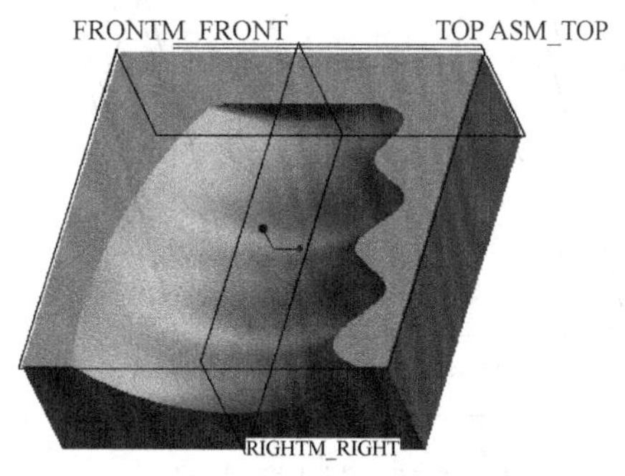

图 11-12　加入设计模型后的图形显示

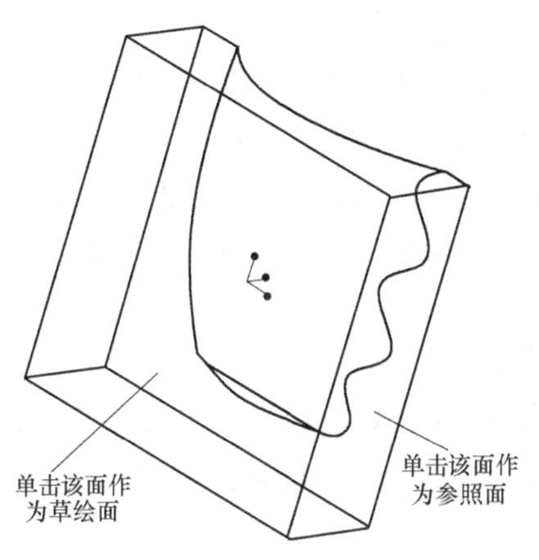

图 11-13　定义草绘面和参照面

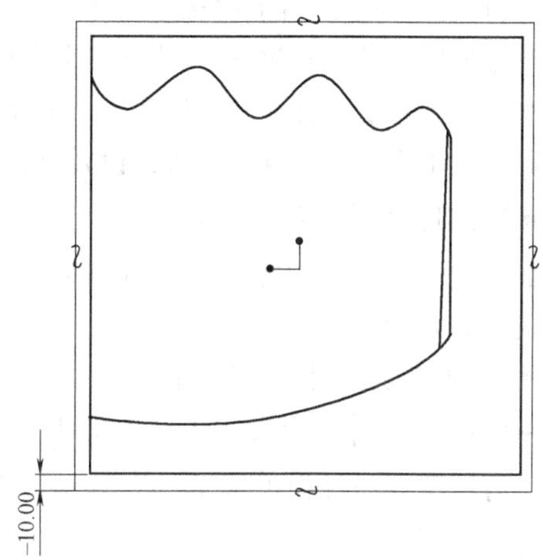

图 11-14　绘制二维草图

型外轮廓大一圈的一个长方体，如图 11-15 所示。

至此，制造模型创建完毕，它由设计模型和工件组成。

由于本例中工件模型非常简单，因此采用了在 NC 加工界面临时创建工件的方法。当工件较为复杂时，建议在零件设计界面设计工件，然后将工件装配进 NC 加工界面。

11.2.2　定义操作及加工环境设置

1. 定义操作

1）选择【菜单管理器】中的【制造模型】→【完成/返回】命令，回到顶层菜单。

2）选择【菜单管理器】中的【制造设置】命令，弹出图 11-16 所示的【操作设置】对话框，通过该对话框可以进行基本的加工环境设置，包括所用机床、刀具、夹具、加工坐标系、退刀面等设置。下面是对话框各选项的简单说明：

- 按钮：用于创建一个新操作。
- 按钮：删除已创建的一个操作。

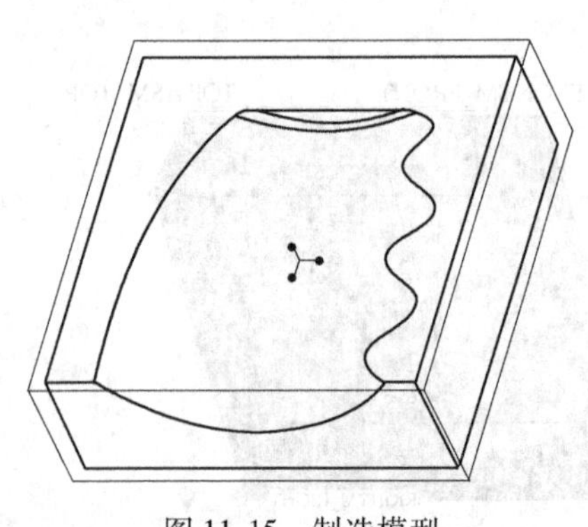

图 11-15　制造模型

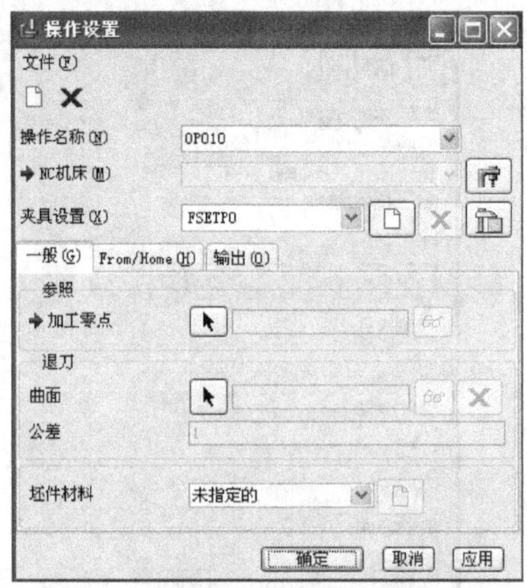

图 11-16　【操作设置】对话框

- 【操作名称】：用于设置加工工艺名称，系统会给出默认名称（如 OP010、OP020 等）如果不想采用这些默认名称，可以在文本框中输入一个操作名称。
- 【NC 机床】：用于设置加工所用的机床设备，包括机床类型、机床轴数等。NC 机床的设置通过单击其后的按钮，设置弹出的【机床设置】对话框来完成。
- 【夹具设置】：用于设置夹具，通过单击其后的按钮，设置弹出的【夹具设置】对话框来完成。在一般的加工设计过程中，如不考虑加工刀具是否和夹具碰撞的情况，可以不进行夹具的设置。
- 【一般】选项卡：用于定义加工原点、退刀面等信息。
- 【加工零点】：定义加工原点即机床零点，单击其后的按钮，弹出【制造坐标系】菜单，可以选取设计模型或工件上一个已有的坐标系或创建一个坐标系，按钮用来预览定义过的机床零点。
- 【退刀】：设置退刀面，单击其后的按钮，弹出【退刀选取】对话框，用以定义退刀面。当刀具沿非平面的退刀面移动时，通过【公差】栏来控制刀具最大偏差。
- 【坯件材料】：用于设置工件材料。
- 【From/Home】选项卡：用于设置加工路径起始点和结束点的位置。
- 【输出】选项卡：用于设置加工过程中优先输出的选项。

在以上选项中，【操作名称】、【NC 机床】、【加工零点】是在定义 NC 工序前必须定义的内容，其他选项也可以在后续操作中定义。

2. 定义 NC 机床

1）在【操作设置】对话框中，接受默认的操作名，单击【NC 机床】后的按钮，或选择【菜单管理器】中的【制造】→【制造设置】→【工作机床】命令。弹出图 11-17 所示的【机床设置】对话框。下面是对话框各选项的简单说明：

- 四个按钮：分别用于创建、打开、保存、删除一个机床设置。
- 【机床名称】：定义机床名称，该名称可以在读取机床信息时作为机床设置的标识。系统会给出默认的机床名称（如 MACH01、MACH02 等），如果不想采用这些默认名称，可

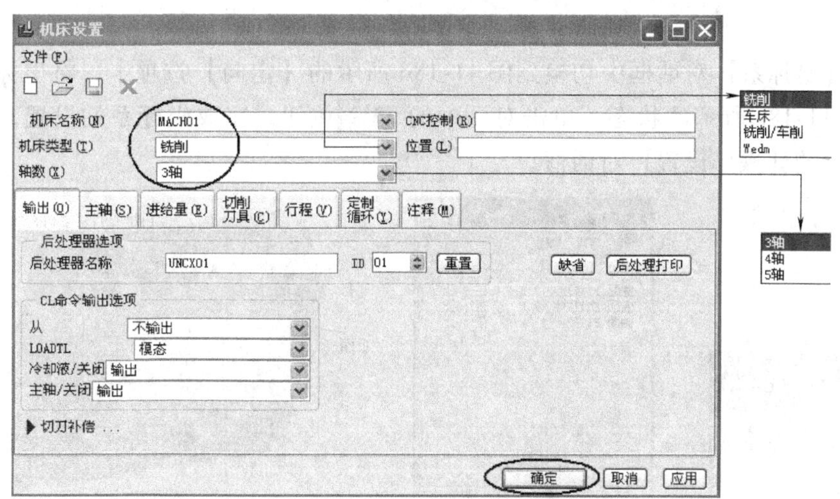

图 11-17 【机床设置】对话框

以在文本框中输入一个机床名称。

- 【机床类型】：根据零件特点和加工工艺要求选择不同类型的机床，不同的机床类型决定了在该机床上所能进行的 NC 工序，Pro/E 可选的机床类型包括图 11-17 所示的四种。
- 【轴数】：指定机床联动轴数，机床轴数的可选项目取决于机床类型。机床轴数一旦选定，就会影响随后 NC 工序的选项。
- 【CNC 控制】：用于输入控制器的名称，为可选项。
- 【位置】：用于输入加工机床的位置，为可选项。
- 【输出】选项卡：可以进行后处理器，以及刀具补偿的相关设置。
- 【主轴】、【进给量】选项卡：用来定义机床的几个相关参数（这些参数都可以在后续的参数设置中完成，因此在这里可以不作设定）。
- 【切削刀具】选项卡：定义刀具参数（刀具设定也可以在后续的操作中完成，因此在这里可以不作设定）。
- 【行程】选项卡：用于指定机床的运动极限。
- 【定制循环】选项卡：用于设定孔加工的定制循环。
- 【注释】选项卡：输入机床相关注释。

2）如图 11-17 所示，在【机床设置】对话框中接受默认的机床名称，指定机床类型为“铣削”，轴数为“3 轴”，其他选项暂且先不作定义，单击 确定 按钮，完成机床的定义，重新返回图 11-16 所示的【操作设置】对话框。

3. 定义坐标系

1）单击【操作设置】对话框【加工零点】后的 按钮，在弹出的【菜单管理器】中显示图 11-18a 所示的【制造坐标系】菜单，从中选择【创建】命令，信息提示区提示 **拾取模型于其内创建坐标系。**，单击工件模型，信息提示区提示 **选取3个参照(例如平面、边、坐标系或点)以放置坐标系。**，同时弹出图 11-18b 所示的【坐标系】对话框，按住键盘的 Ctrl 键，依次单击图 11-21c 所示的三个面，得到三个面交点处的一个坐标系。

2）在【坐标系】对话框中切换到图 11-18d 所示的【定向】选项卡，将坐标轴及其方向调整到图 11-18e 所示的状态，单击对话框的确定按钮，完成坐标系的设置，重新返回图 11-16所示的【操作设置】对话框。

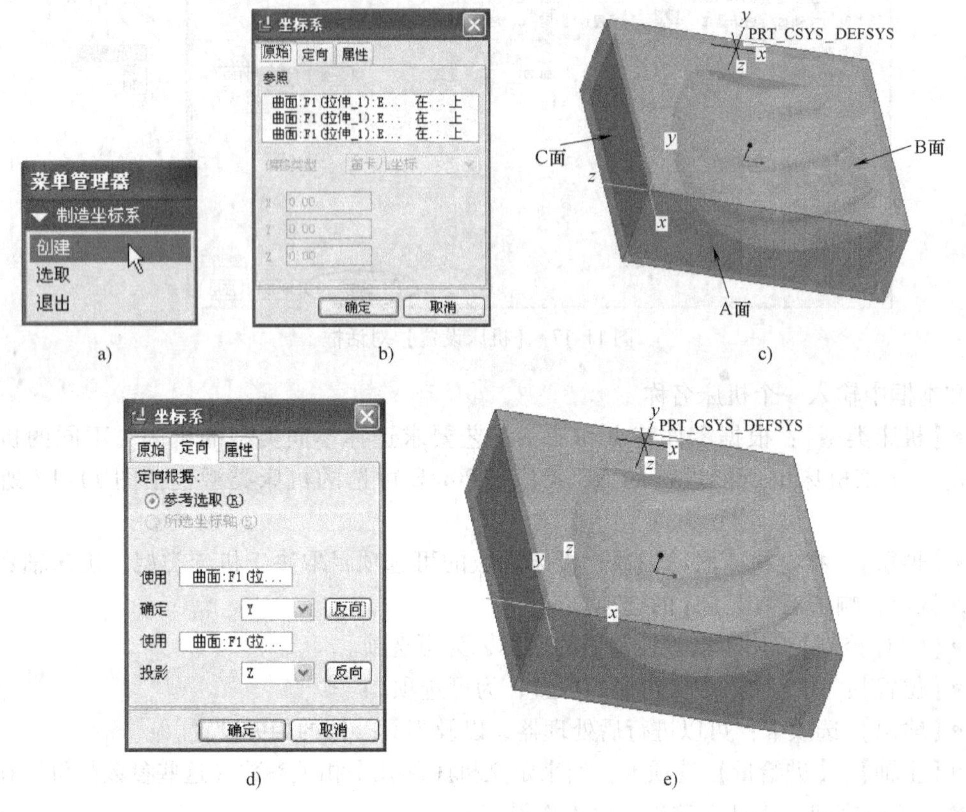

图 11-18　定义加工零点

3）至此，操作设置的必需选项都已设定完成，单击【操作设置】对话框的确定按钮。

11.2.3　创建 NC 工序

在【菜单管理器】中选择【制造】→【加工】→【NC 序列】命令，弹出图 11-19 所示的【辅助加工】菜单，其中给出了 14 种加工方法：

1.【体积块】铣削　体积块铣削是 Pro/NC 最基本的材料去除方法和加工手段，去除材料的形式是将被加工的材料块沿平行于退刀面的方向分层，然后逐层切削。这种加工形式主要用于切削坯料上大体积加工余量的粗加工，留少量余量给下道工序进行精加工，从而提高加工效率。

2.【局部铣削】　局部铣削是 Pro/NC 提供的清根、清圆角的加工方法，可以对先前 NC 工序残留的材料进行清理，清除工件转角上的余料，以减小工件的粗糙度。局部铣削时要使用略小的刀具，转速可以提高，进刀速率可以加快，以便进一步提高工件的加工质量。

3.【曲面铣削】　曲面铣削是 Pro/NC 提供的曲面加工方法，可以借助于其非常灵活的走刀选项来实现对不同曲面特征的加工，其生成的刀具路径可以在平面内互相平行，也可以平行于被加工曲面的轮廓。

4. 【表面】铣削 表面铣削又称端面加工，是 Pro/NC 提供的加工大面积平面的方法。适用于表面铣削的刀具可以是球刀或端铣刀，加工表面必须是平面而且必须与退刀面平行。

5. 【轮廓】铣削 轮廓铣削可以用来粗加工或精加工垂直或倾斜的轮廓表面，所选择的加工表面必须能够形成连续的刀具路径。刀具以等高的形式沿着工件分层加工。

6. 【腔槽加工】 腔槽加工主要用于各种不同形状的凹槽加工。

7. 【轨迹】加工 轨迹加工对按照扫描方式绘制的图形，沿着扫描的轨迹路径进行加工。

8. 【孔加工】 孔加工主要用于钻孔、镗孔、攻螺纹、铰孔等加工。

9. 【螺纹】加工 螺纹加工主要用于铣削零件上的螺纹。

10. 【刻模】加工 刻模加工也称雕刻加工，主要用于实现沟槽类装饰特征的加工。

11. 【陷入】加工 陷入加工也称插削加工，主要针对一般有凹槽或凸形的工件，利用特制的刀具进行加工，这种刀具具有较高的排屑功能，既快又好地实现此类特征的粗加工。

11.2.4 端面（表面）加工

下面采用“表面”铣削方式来加工零件的上表面。

1. 选定“表面”加工序列

1）在图 11-19 所示的【辅助加工】菜单中选择【表面】→【完成】命令，在【菜单管

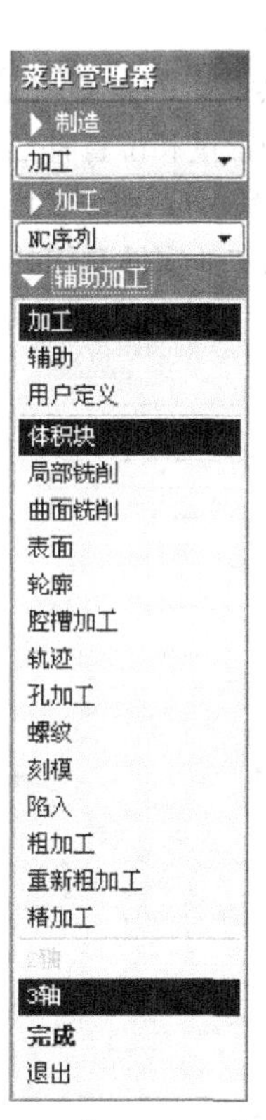

图 11-19 【辅助加工】菜单

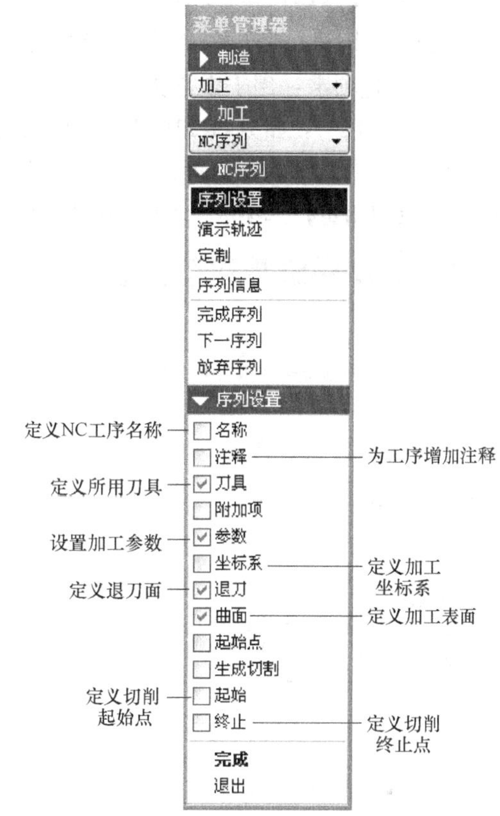

图 11-20 【序列设置】菜单

理器】中显示图 11-20 所示的【序列设置】菜单，其中列出了创建一个完整的表面加工 NC 工序所需定义的项目，前面有☑复选标记的项目是必须定义的，没有☑标记的项目可以采用系统提供的默认值。由于在前面的操作设定中已经定义了机床坐标系，因此这里可以不再定义。如果需要重新定义某些项目，则用鼠标选择相应菜单前面的复选框。

2）用鼠标选中“名称”前面的复选框，单击【完成】，然后系统将引导用户进行所选项目的定义，依次是工序名称、刀具、加工参数、退刀、加工表面 5 项。

2. 定义 NC 工序名称

系统开始工序名称的定义，信息提示区提示 ➪输入NC序列名 []。NO1_face milling ，输入工序名称“NO1_face milling”并回车。

3. 设置加工刀具

接下来自动进入刀具设置步骤，系统弹出图 11-21a 所示的【刀具设定】对话框，其中：

- 按钮：用于创建新刀具。
- 按钮：从硬盘中检索并打开已经创建好的刀具。
- 按钮：保存刀具，保存的刀具文件可以通过按钮打开。
- 按钮：删除刀具。
- 应用 按钮：应用定义好的刀具，并将其显示在刀具列表中。
- 预览 按钮：在刀具窗口显示当前定义的刀具图形。
- 刀具窗口 按钮：打开一个单独的窗口显示当前定义的刀具。
- 【几何】选项卡：用于定义刀具几何尺寸，在这里输入刀具设定的最重要信息。
- 【设置】选项卡：如图 11-21b 所示，可以设置刀具号、刀具偏置量和位置补偿量。其中刀具号用来指定刀具在刀库中的位置，定义好的刀具号经 NC 后处理，编入 G 代码加工程序。
- 【速度与进给量】选项卡：如图 11-21c 所示，主要用于设置加工的属性和切削数据。

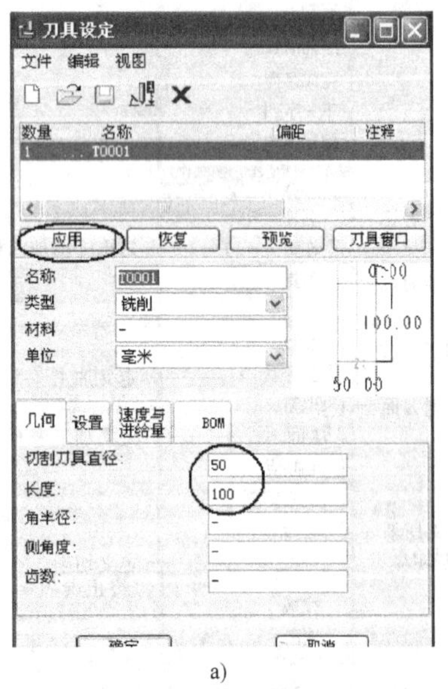

a)

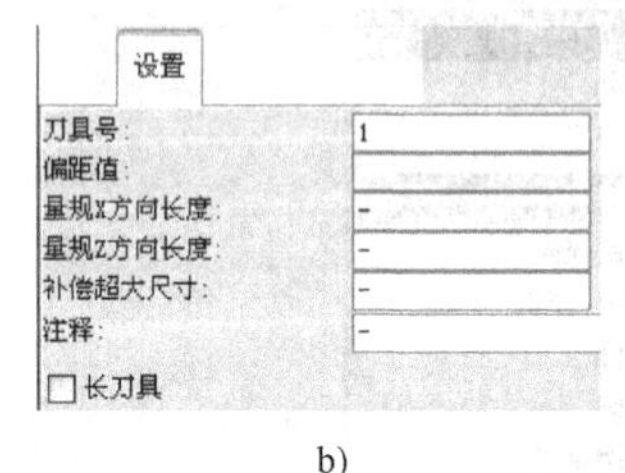

b)

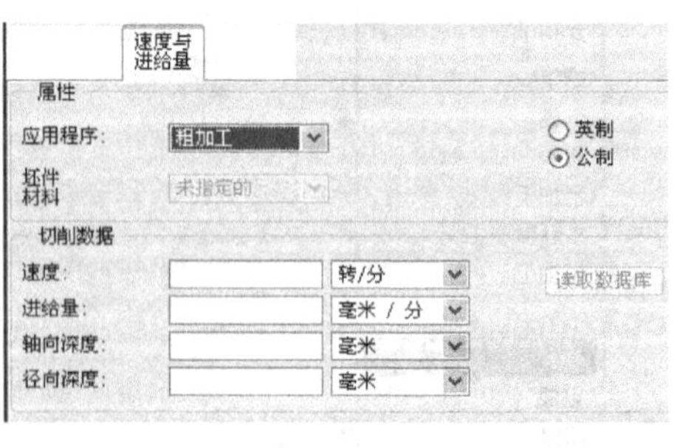

c)

图 11-21　刀具设定

在【刀具设定】对话框中，输入切割刀具直径为“50”、长度为“100”，其余选项均不作设定。单击 应用 按钮后，此刀具（刀具名为系统给出的默认名称“T0001”）显示在刀具列表中，单击 确定 按钮。

4. 设置加工参数

系统进入加工参数设置步骤，【菜单管理器】中弹出图 11-22 所示的【制造参数】子菜单，在其中选择【设置】命令，系统弹出图 11-23a 所示的【参数树】对话框，从中进行加工参数设置，其中各参数的意义如下：

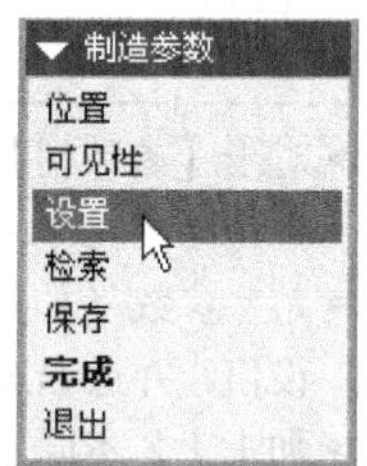

图 11-22 【制造参数】子菜单

- CUT_FEED：切削进给速度。
- 步长深度：分层铣削时，每一层的切削深度。
- 跨度：刀具路径间的宽度，一般不应大于刀具直径的一半。
- 允许的底部线框：用于设置底部的加工余量。
- 切割角：刀具切削方向与 X 轴的夹角。

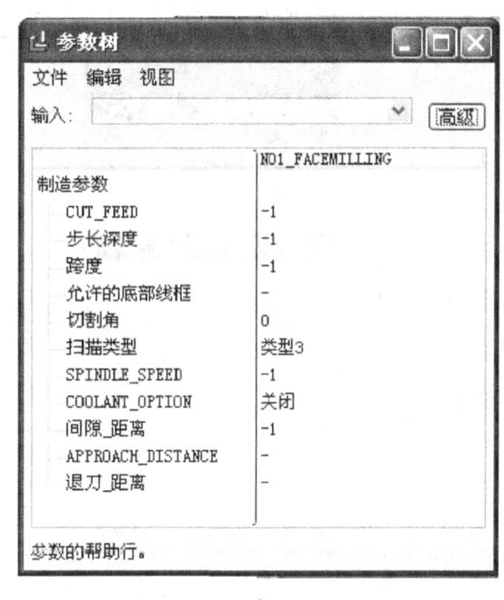

a)

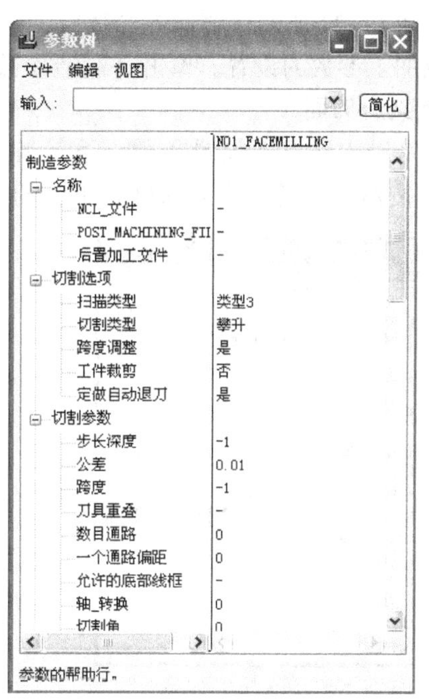

b)

图 11-23　【参数树】对话框
a）简化参数列表　b）高级参数列表

- 扫描类型：刀具往返运动和躲避孤岛的方式，扫描类型包括以下几种：
  - ◆类型 1：刀具连续走刀，遇到凸起部分自动抬刀。
  - ◆类型 2：刀具连续走刀，遇到凸起部分环绕加工，不抬刀。
  - ◆类型 3：刀具连续走刀，遇到凸起部分，分区加工。
  - ◆类型螺旋：刀具螺旋走刀。
  - ◆类型 1 方向：刀具单向进刀加工，遇到凸起部分自动抬刀。
  - ◆类型 1 连接：刀具单向进刀加工，下一刀的起始点和前一刀的起始点相同，横向运动到下一刀的加工位置开始加工。

- SPINDLE SPEED：主轴转速。
- COOLANT OPTION：切削液和冷却液的设置。
- 间隙_距离：设置退刀的安全高度，通常取 3 ~5mm。

提示：

- 对于【参数树】对话框中标记为“-1”的选项，必须根据加工工艺要求输入合乎逻辑的值。
- 标记为“-”的选项，可以不作设置，系统自动采用默认值。
- 某些参数（如扫描类型）有预设值，用户可以通过单击参数文本框右侧的下三角按钮显示所有预设值，并适当选取其一。
- 加工工艺不同，在【参数树】对话框中显示的加工参数也有所不同。

图 11-23a 所示为较常用的几个加工参数，单击高级按钮，显示图 11-23b 所示的高级参数列表，能够设置更多的加工参数，单击简化按钮，重新切换到图 11-23a 所示的简化参数列表。

依照图 11-24 所示设置加工参数后，选择【参数树】对话框中的【文件】→【退出】命令，完成加工参数的设置。单击【制造参数】子菜单的【完成】命令。

5. 定义退刀面

接下来进入退刀面设置步骤，系统弹出图 11-25 所示的【退刀选取】对话框，单击沿 Z 轴按钮，在【输入 Z 深度】下面的文本框输入退刀距离为“10”，单击确定按钮。

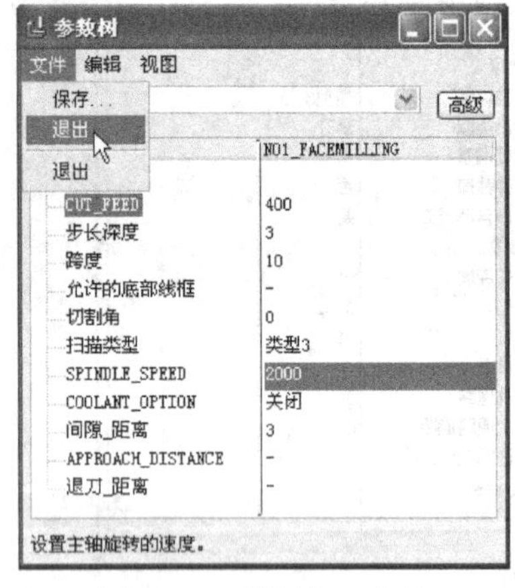

图 11-24 设置加工参数

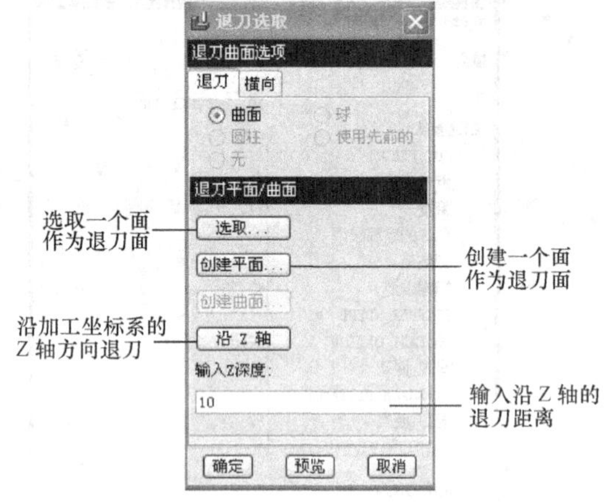

图 11-25 【退刀选取】对话框

6. 指定加工表面

1）系统进入加工表面定义步骤，【菜单管理器】中弹出图 11-26 所示的【曲面拾取】子菜单，在其中选择【模型】→【完成】命令，信息提示区提示“选取要加工模型的曲面。”，如图 11-27a 所示在设计模型上表面单击鼠标右键，在弹出菜单中选择【从列表中拾取】命令，系统弹出图 11-27b 所示的【从列表中拾取】对话框，从中查询选取到要进行加工的表面为图 11-28所示的覆盖设计模型上表面的一个填充曲面，单击【从列表中拾取】对话框的确定按钮。

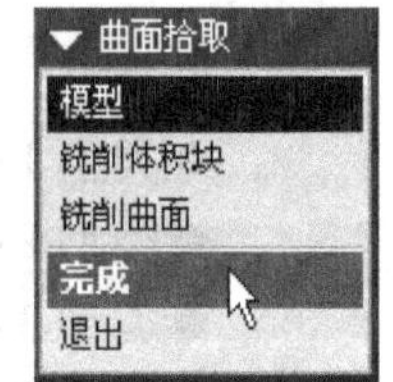

图 11-26 【曲面拾取】子菜单

2）选择【选取曲面】子菜单的【完成/返回】命令。弹出图 11-29 所示的【曲面侧面】对话框，单击其中的完成按钮。至此，加工表面定义完毕。

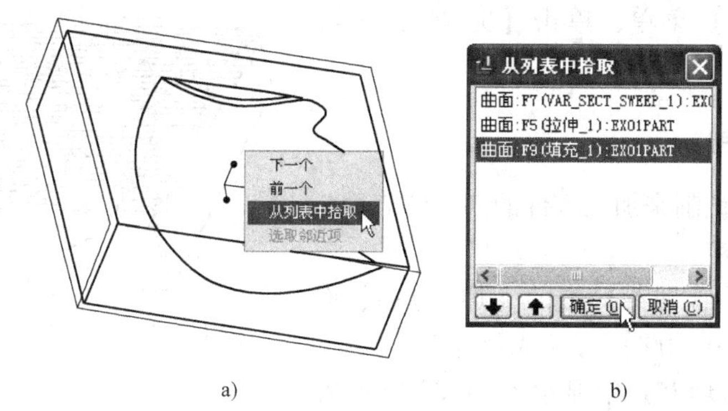

a)　　　　　　　　　　　　b)

图 11-27　指定加工表面

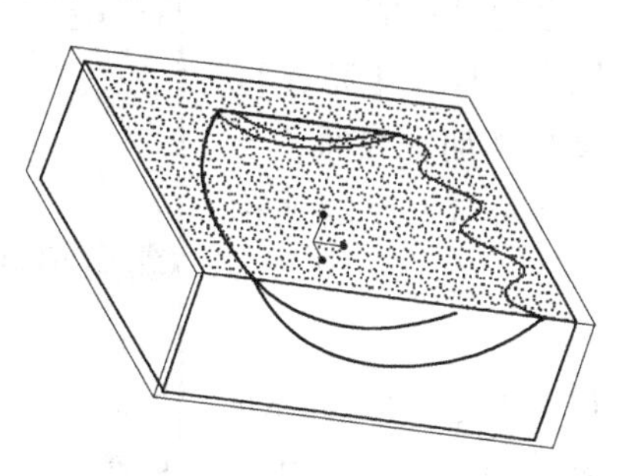

图 11-28　加工表面

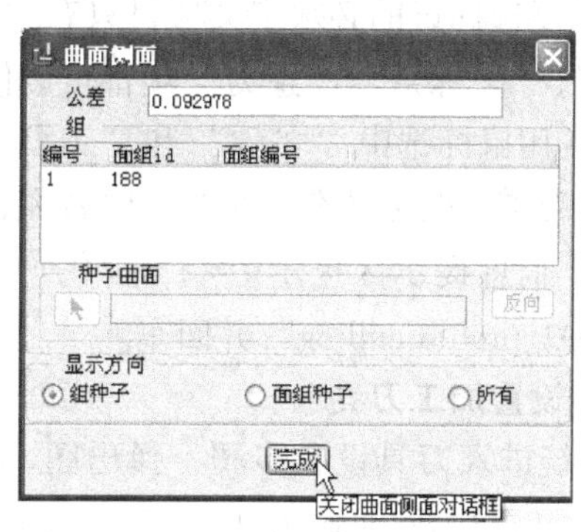

图 11-29　【曲面侧面】对话框

7. 演示刀具路径

1）如图 11-30 所示选择【菜单管理器】的【NC 序列】→【演示轨迹】→【屏幕演示】命令，系统弹出图 11-31 所示的【播放路径】对话框，这是一个刀具路径播放器，用来演示由上面的 NC 序列设置所生成的走刀路径。

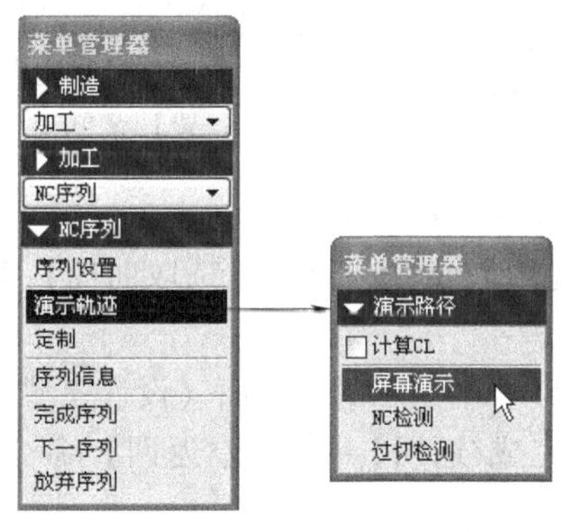

图 11-30　演示刀具路径的菜单操作

图 11-31　【播放路径】对话框

2）单击【播放路径】对话框的 ▶ 按钮，在屏幕上动态演示加工过程和刀具路径。演示完毕后单击对话框的 关闭 按钮。图 11-32 所示为生成的本端面加工工序的刀具路径。

3）至此，该 NC 工序定义完毕。选择【菜单管理器】中的【NC 序列】→【完成序列】

命令，返回【加工】菜单，单击【完成/返回】，返回最顶层菜单。

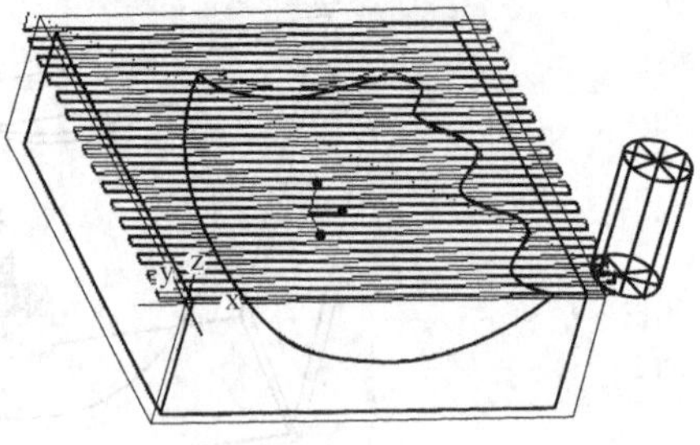

图 11-32　端面加工工序的刀具路径

11.2.5　轮廓铣削

采用“轮廓”铣削来加工零件的四个侧表面。

1. 创建 NC 工序

1）选择【菜单管理器】中的【加工】→【NC 序列】→【新序列】→【轮廓】→【完成】命令。

2）在【菜单管理器】中显示图 11-33 所示的【序列设置】菜单，其中列出了创建一个完整的轮廓加工 NC 工序所需定义的项目，其中前面有☑复选标记的必须定义项目只有“参数”和“曲面”两项，是因为“刀具”、“坐标系”、“退刀”项都可以使用前一 NC 工序的设置值。

3）用鼠标选中“名称”和“刀具”前面的复选框，单击【完成】。接下来需要依次定义本工序的工序名称、刀具、加工参数和加工表面。

4）信息提示区提示 输入NC序列名 []. NO2_profile milling ，输入本工序的名称为“NO2_profile milling”并回车。

2. 设置加工刀具

系统进入刀具设置步骤，弹出图 11-34 所示的【刀具设定】对话框中，依照图中所示输入刀具几何参数，单击 应用 按钮后，刀具“T0002”显示在刀具列表中，并自动成为本道工序使用的刀具，单击 确定 按钮。

3. 设置加工参数

系统进入加工参数设置步骤，选择【菜单管理器】中的【制造参数】→【设置】命令，弹出图 11-35 所示的【参数树】对话框，依照图中所示设置加工参数。选择【参数树】对话框中的【文件】→【退出】命令，完成加工参数的设置。选择【制造参数】子菜单的【完成】命令。

图 11-33　【序列设置】菜单

4. 指定加工表面

1）系统进入加工表面定义步骤，【菜单管理器】中弹出图 11-36a 所示的【NC 序列曲面】子菜单，在其中选择【模型】→【完成】命令，弹出【选取曲面】菜单，接受默认的【增加】→【曲面】选项。

2）隐藏工件模型后，按住键盘的 Ctrl 键依次选取图 11-36b 所示的四个面（设计模型的四个侧面），依次选择【菜单管理器】中的【完成】→【完成/返回】→【完成/返回】命令，返回【NC 序列】菜单。

5. 演示刀具路径

选择【菜单管理器】中的【NC 序列】→【演示轨迹】→【屏幕演示】命令，弹出【播放路径】对话框，单击其中的 ▶ 按钮，在屏幕上动态演示加工过程和刀具路径后，单击对话框的 关闭 按钮。图 11-37 所示为生成的本轮廓铣削工序的刀具路径。

至此，该轮廓加工工序定义完毕，选择【菜单管理器】中的【NC 序列】→【完成序列】

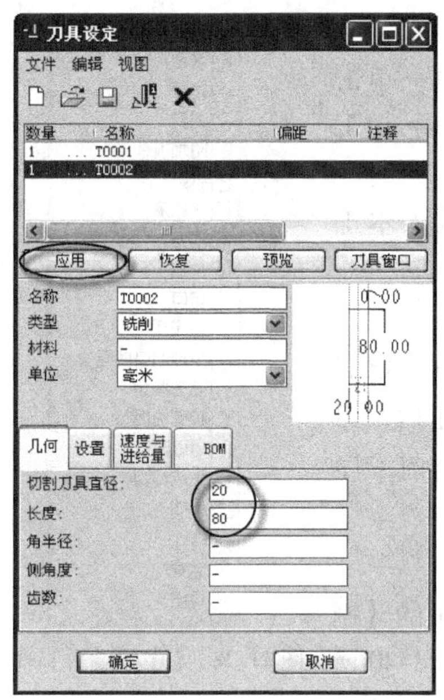

图 11-34　设置加工刀具

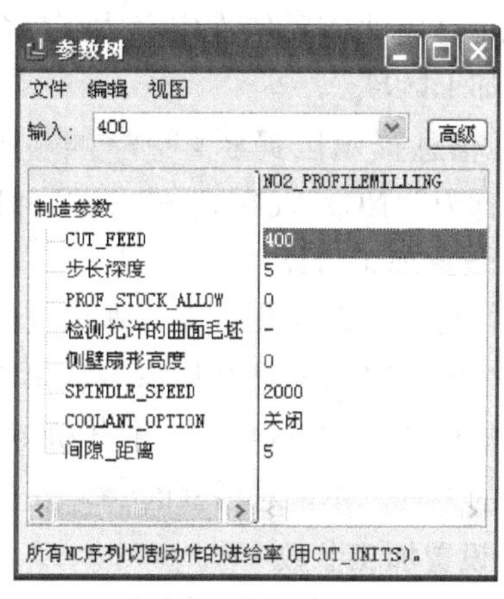

图 11-35　设置加工参数

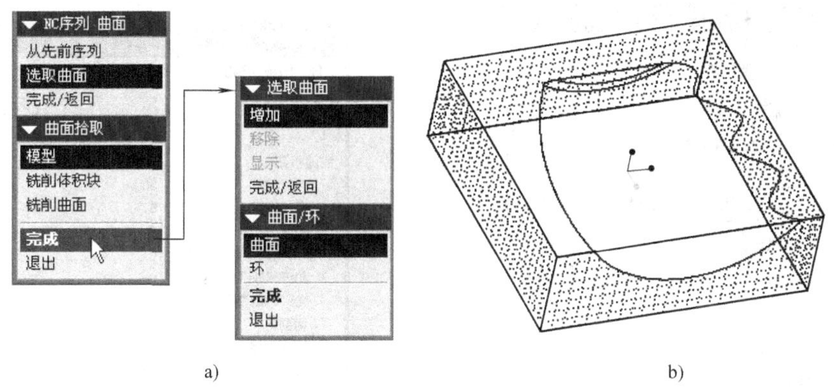

图 11-36　指定加工表面

命令，返回【加工】菜单，单击【完成/返回】，返回最顶层菜单。

11.2.6　体积块铣削

采用“体积块铣削”来加工零件的曲面凹腔。

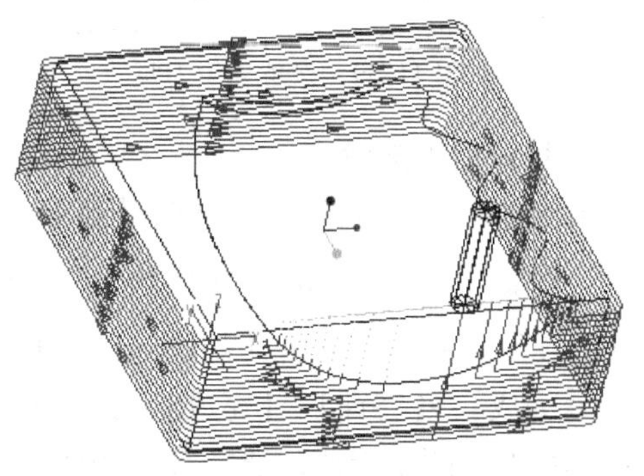

图 11-37　轮廓铣削工序的刀具路径

1. 创建 NC 工序

1）选择【菜单管理器】中的【加工】→【NC 序列】→【新序列】→【体积块】→【完成】→【序列设置】命令，在【菜单管理器】中显示图 11-38 所示的【序列设置】菜单，其中列出了创建一个完整的体积块铣削工序所需定义的项目。

2）用鼠标选中“名称”和“刀具”前面的复选框，单击【完成】。接下来需要依次定义本工序的工序名称、刀具、加工参数和加工区域。

3）信息提示区提示 输入NC序列名 []. NO3_Volume milling ，输入本工序的名称为“NO3_Volume milling”并回车。

2. 设置加工刀具

系统进入刀具设置步骤，弹出【刀具设定】对话框。依照图 11-39 所示输入刀具几何参数，单击 应用 按钮后，刀具列表框增加了“T0003”，并自动将“T0003”作为当前工序所使用的刀具。单击对话框的 确定 按钮。

3. 设置加工参数

系统进入加工参数设置步骤，选择【菜单管理器】中的【制造参数】→【设置】命令，弹出【参数树】对话框，依照图 11-40 所示设置加工参数。选择【参数树】对话框中的【文件】→【退出】命令，完成加工参数的设置。选择【制造参数】子菜单的【完成】命令。

▼ 序列设置
☑名称
☐注释
☑刀具
☐附加项
☑参数
☐坐标系
☐退刀
☑体积
☐窗口
☐封闭环
☐扇形凹口曲面
☐除去曲面
☐顶部曲面
☐逼近薄壁
☐生成切割
☐起始
☐终止
完成
退出

图 11-38 【序列设置】菜单

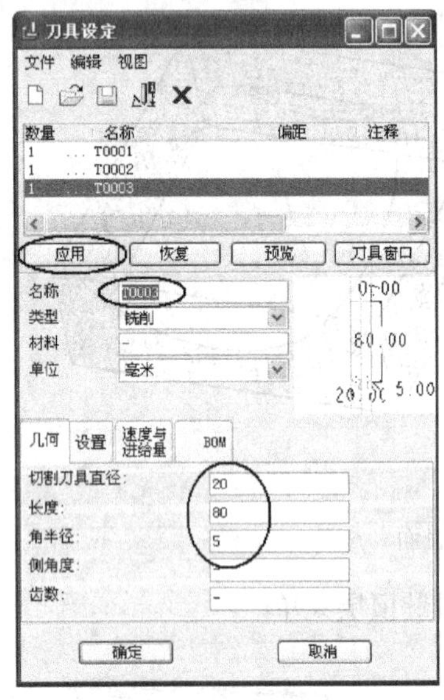

图 11-39 设置加工刀具

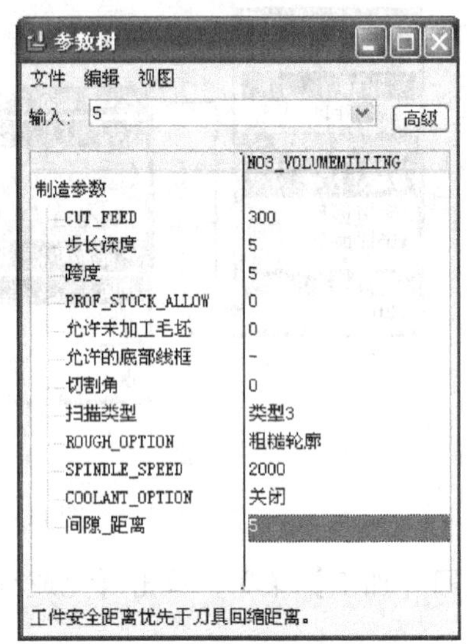

图 11-40 设置加工参数

4. 指定加工区域

系统进入加工区域定义步骤，【菜单管理器】中弹出图 11-41 所示的【定义体积块】子菜单，在其中单击【创建体积块】，信息提示区提示 给铣削体积块输入名字[退出] volume1 ，输入“volume1”并回车，弹出【创建体积块】子菜单，依次照图 11-41 所示选择【聚合】→【定义】→【完成】→【特征】→【完成】→【增加】命令，按住键盘上的 Ctrl 键选取图 11-42 所示的设计模型上的两个特征，选择【菜单管理器】的【完成参考】→【完成】→【完成/返回】命令，返回【NC 序列】菜单。

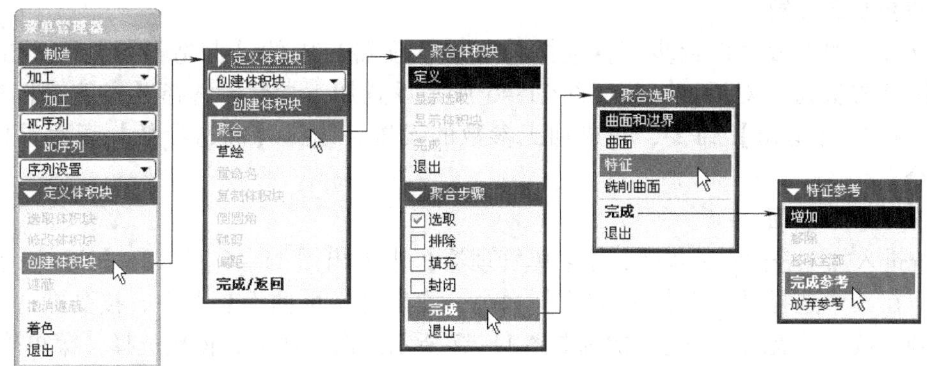

图 11-41　指定加工区域的菜单操作

5. 演示刀具路径

1）选择【菜单管理器】中的【NC 序列】→【演示轨迹】→【屏幕演示】命令，弹出【播放路径】对话框，单击 ▶ 按钮，在屏幕上动态演示加工过程和刀具路径后，单击 关闭 按钮。图 11-43 所示为生成的本体积块铣削工序的刀具路径。

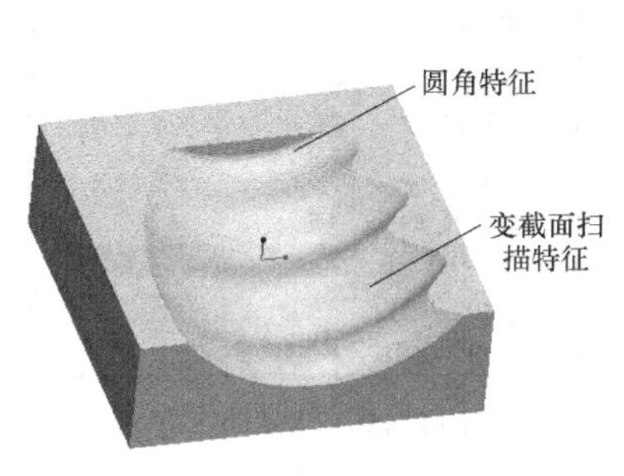

图 11-42　指定加工区域

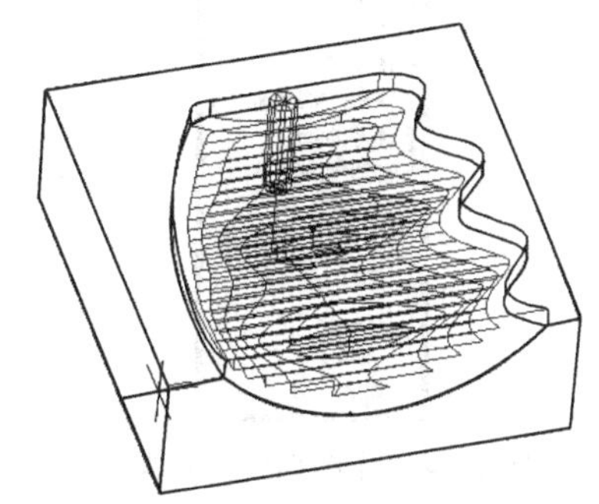

图 11-43　本体积块铣削工序的刀具路径

2）至此，该体积块铣削工序定义完毕，单击【菜单管理器】中的【NC 序列】→【完成序列】命令，返回【加工】菜单，选择【完成/返回】命令，返回最顶层菜单。

11.2.7　曲面铣削

采用“曲面铣削”来加工零件的型腔表面。

1. 创建 NC 工序

1）选择【菜单管理器】中的【加工】→【NC 序列】→【新序列】→【曲面铣削】→【完成】→【序列设置】命令，在【菜单管理器】中显示图 11-44 所示的【序列设置】菜单，其中列出了创建一个完整的曲面铣削工序所需定义的项目。

2）用鼠标选中“名称”前面的复选框，单击【完成】。接下来需要依次定义本工序的工序名称、加工参数、加工表面和切割选项。由于本工序准备使用与上一道工序相同的刀具“T0003”，因此“刀具”选项不再需要重新定义。

3）信息提示区提示 ➡ 输入NC序列名 []。 NO4_surface milling ，输入本工序的名称为“NO4_surface milling”并回车。

2. 设置加工参数

系统进入加工参数设置步骤，选择【菜单管理器】中的【制造参数】→【设置】命令，弹出【参数树】对话框，依照图 11-45 所示设置加工参数。选择【参数树】对话框中的【文件】→【退出】命令，完成加工参数的设置。选择【制造参数】子菜单的【完成】命令。

3. 指定加工表面

系统进入加工表面定义步骤，【菜单管理器】中弹出图 11-46 所示的【NC 序列曲面】子菜单，在其中选择【模型】→【完成】命令，弹出【选取曲面】菜单，接受默认的【增加】选项，按住键盘的 Ctrl 键依次选取图 11-47 所示的两个曲面，依次选择【菜单管理器】中的【完成/返回】→【完成/返回】命令。

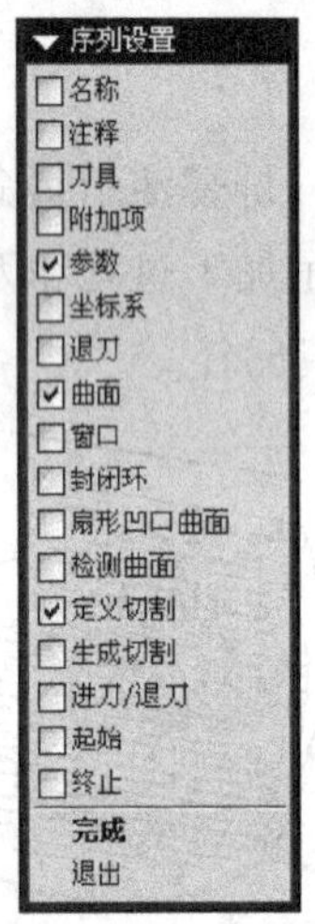

图 11-44 【序列设置】菜单

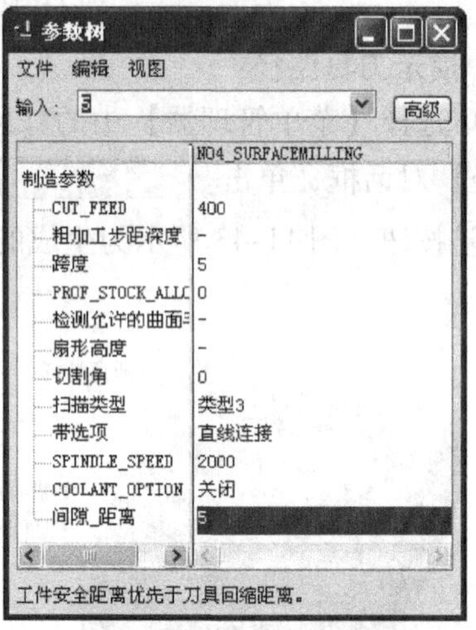

图 11-45　设置加工参数

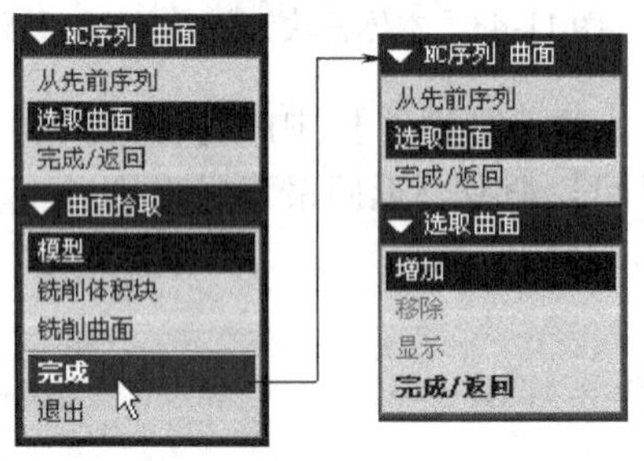

图 11-46　指定加工表面的菜单操作

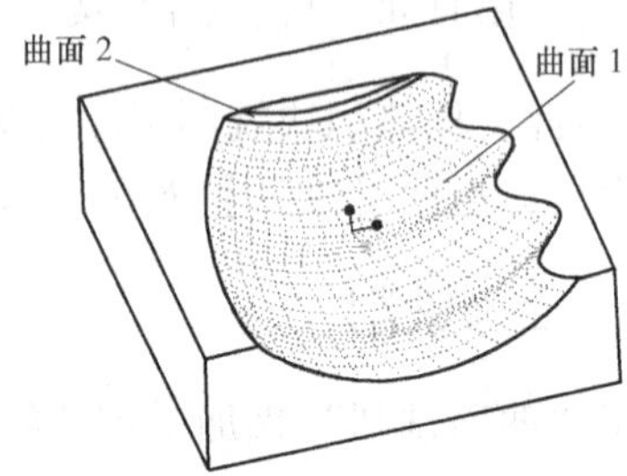

图 11-47　选取加工表面

4. 切削定义

系统弹出图 11-48 所示的【切削定义】对话框，在此可以进行刀具路径选项的设定。将切削角度设为“30”，接受对话框中的其他默认选项，单击确定按钮。

5. 演示刀具路径

选择【菜单管理器】中的【NC 序列】→【演示轨迹】→【屏幕演示】命令，弹出【播放路径】对话框，单击▶按钮，在屏幕上动态演示加工过程和刀具路径后，单击关闭按钮。图 11-49 所示为生成的本区面铣削工序的刀具路径。

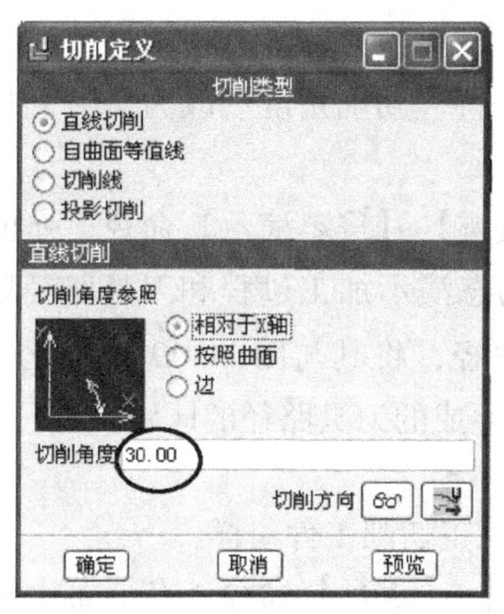

图 11-48　【切削定义】对话框

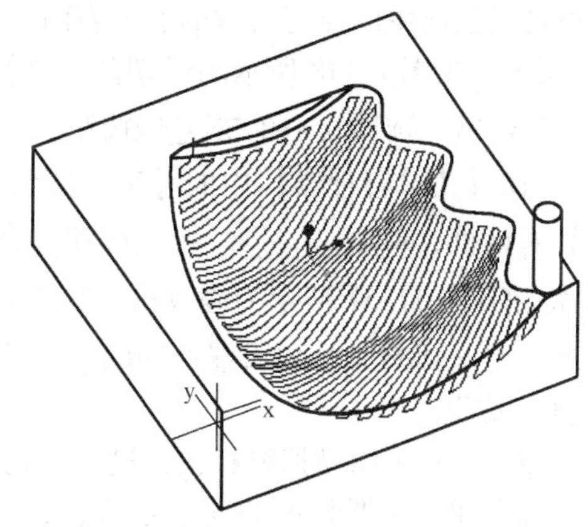

图 11-49　面铣削工序的刀具路径

至此，该曲面铣削工序定义完毕，选择【菜单管理器】中的【NC 序列】→【完成序列】命令，返回【加工】菜单，单击【完成/返回】，返回最顶层菜单。

6. 修改加工设置

1）如图 11-50 所示选择【菜单管理器】中的【加工】→【NC 序列】命令，选择序列“NO4_surface milling”→【序列设置】命令，系统弹出【序列设置】菜单，由于该 NC 序列已经定义完毕，因此所有菜单选项前都没有☑复选标记。

2）用鼠标选中“曲面”和“定义切割”前面的复选框，单击【完成】。接下来可以重新定义本工序的加工表面和切割选项。

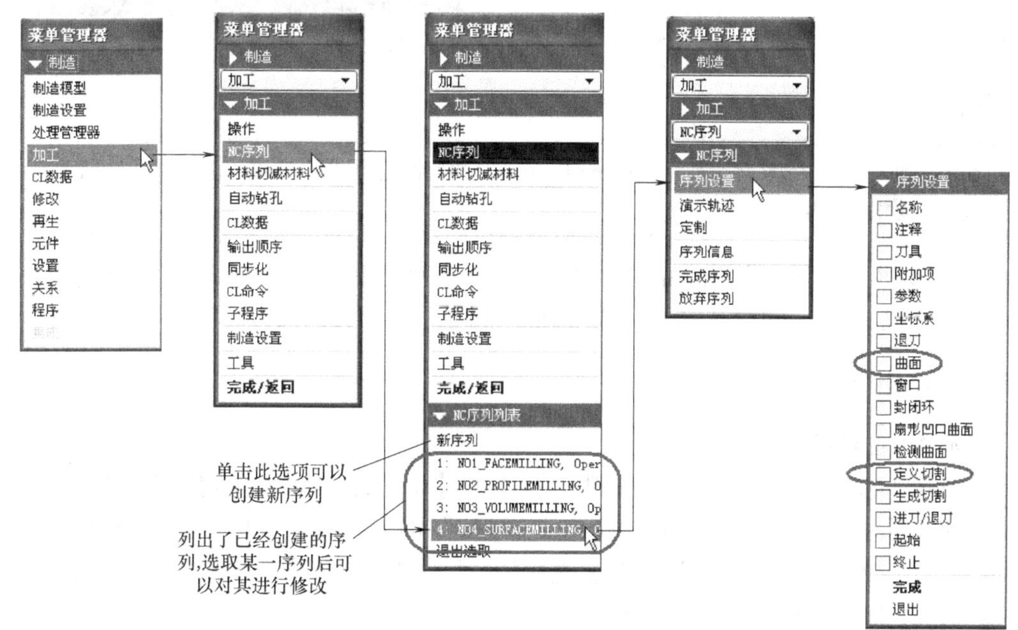

图 11-50　修改加工设置的菜单操作

3）系统进入加工表面定义步骤，【菜单管理器】中弹出【NC 序列曲面】子菜单，在其中选择【模型】→【完成】→【完成/返回】→【完成/返回】命令。在这里未重新定义加工表面，意思是仍然使用前面定义过的加工表面。

4）系统弹出图 11-48 所示的【切削定义】对话框，将“切削角度”改为“0”，接受对话框中的其他默认选项，→单击［确定］按钮。

5）选择【菜单管理器】中的【NC 序列】→【演示轨迹】→【屏幕演示】命令，弹出【播放路径】对话框，单击［▶］按钮，在屏幕上动态演示加工过程和刀具路径后，单击［关闭］按钮。图 11-51 所示为修改设置后生成的刀具路径，将其与图 11-49 相对比，可以看出通过“定义切割”选项设置不同的刀具切割角度所生成的刀具路径的区别。

7. 加工仿真

通过加工仿真可以模拟材料去除过程，就像刀具在真正切削工件一样。

选择【菜单管理器】中的【演示轨迹】→【NC 检测】→【运行】命令，在屏幕上动态演示加工过程，图 11-52 所示为加工动画的一帧画面。

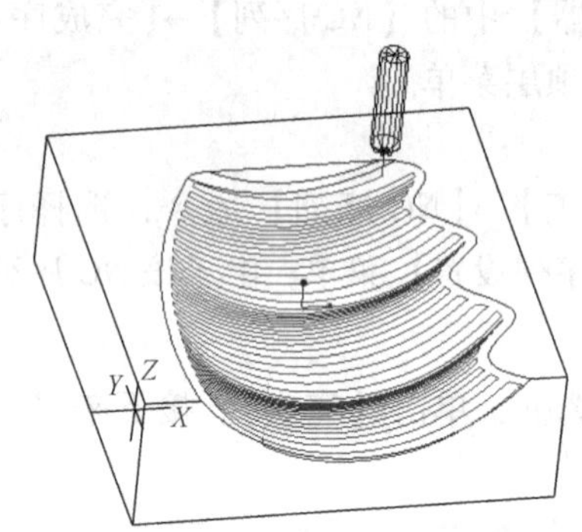

图 11-51　修改设置后生成的刀具路径

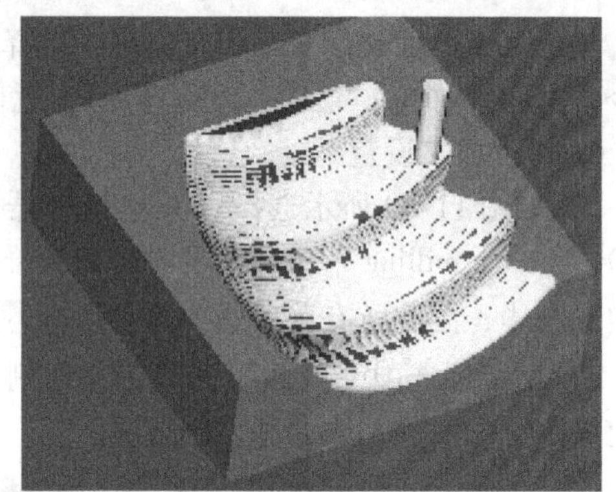

图 11-52　加工动画的一帧画面

提示：

> 要运行加工仿真，须将环境变量“nccheck_ type”的值设定为“nccheck”，有关环境变量的设定方法参见其他相关内容。

至此，该曲面铣削工序修改完毕，单击【菜单管理器】中的【NC 序列】→【完成序列】命令，返回【加工】菜单，选择【完成/返回】命令，返回最顶层菜单。

11.2.8　输出 NC 程序

1. 创建刀位数据文件（CL 文件）

1）如图 11-53 所示选择【菜单管理器】中的【CL 数据】→【输出】→【选取一】→【操作】→【OP010】→【文件】命令，输出操作“OP010”的刀位数据文件。在【输出类型】菜单中默认“CL 文件”和“交互”前的复选标记☑。【输出类型】菜单中各选项的含义为：

- ☑CL文件：生成刀位数据文件。
- ☐MCD文件：生成机床控制数据（MCD）文件，如果复选此项，则系统在生成 CL 文件后，自动对其进行后处理，生成 MCD 文件。
- ☑交互：在当前进程中执行刀具路径计算。

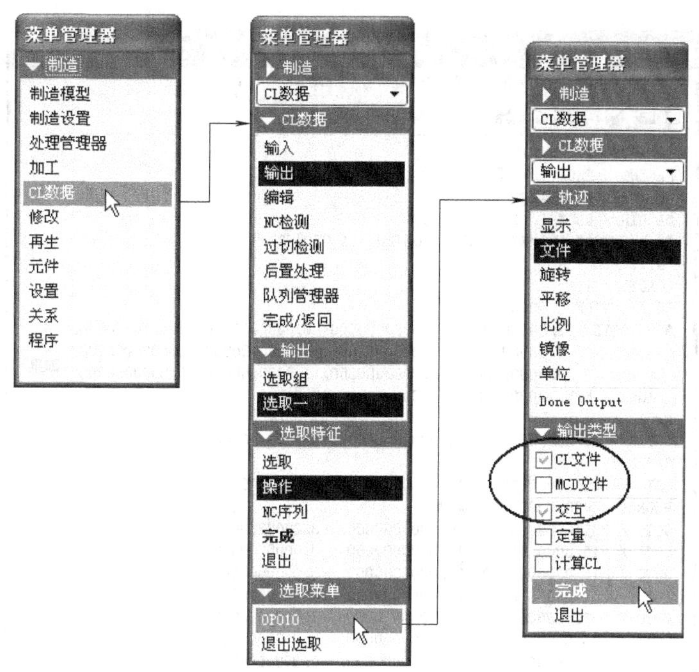

图 11-53　创建刀位数据文件的菜单操作

2）选择【输出类型】菜单的【完成】命令后，系统弹出图 11-54 所示的【保存副本】对话框，要求给定刀位文件名称，用户可以在“新建名称”后的文本框中输入要保存的刀位文件名称。在此接受系统给出的默认文件名“op010. ncl”（意为操作 op010 的刀位数据文件），→单击对话框的确定按钮。

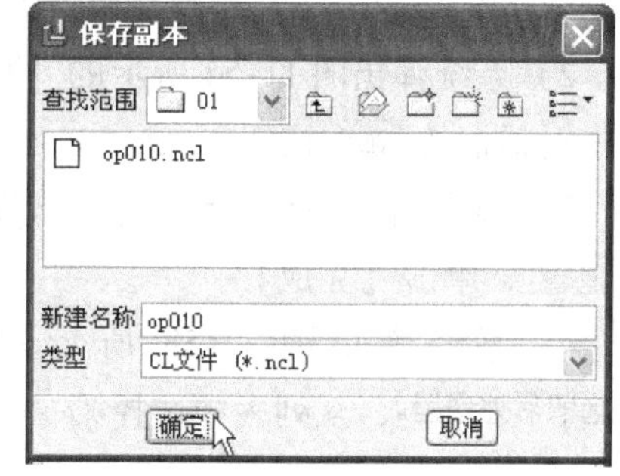

图 11-54　【保存副本】对话框

3）系统生成刀位数据文件并返回图 11-53 所示的【轨迹】菜单，选择【Done Output】→【完成/返回】命令，系统返回顶层菜单，至此，刀位数据文件创建完成。

4）在 Windows 环境下找到 ch11 \ 01 文件夹下的“op010. ncl. 1”文件，其中“. ncl”是刀位数据文件的后缀名，“. 1”是该刀位数据文件的版本号。用写字板打开该文件，如图 11-55所示，从中可以了解 ncl 文件的格式和内容。

2. 后处理及生成机床控制数据（MCD）文件

Pro/NC 可以生成通用的刀位数据文件，这个文件包含以 ASCII 码格式存储的刀具运动轨迹和加工工艺参数等重要数据信息。但是一般工程上要求被加工对象能够在特定的机床上进行加工，这时就需要把刀位数据文件转化为特定机床所配置的数控系统能识别的 G 代码程序，这一转化过程称为 NC 加工的后处理，后处理的目的是创建机床控制数据（MCD）文件，以驱动机床进行加工。

1）选择【菜单管理器】中的【CL 数据】→【输出】→【选取一】→【操作】→【OP010】→【文件】命令，在【输出类型】菜单中进行图 11-56 所示的设置，单击【完成】。

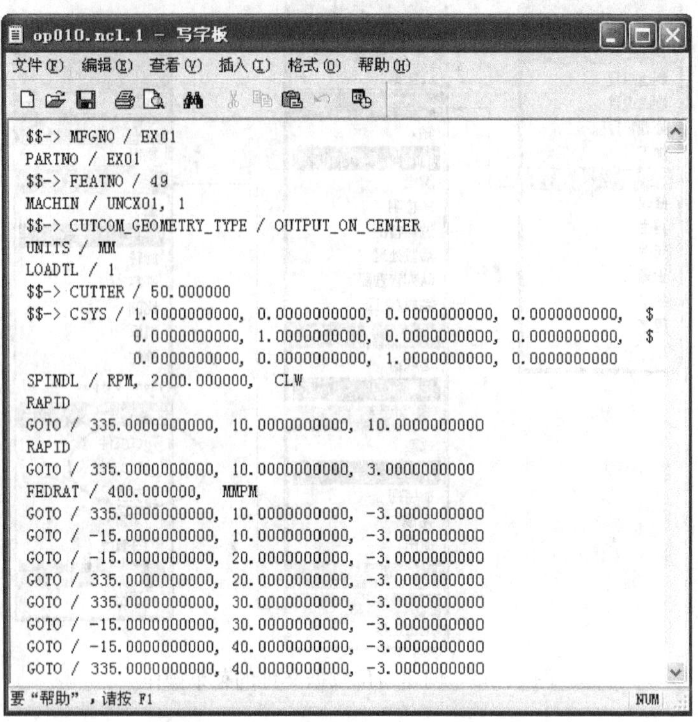

图 11-55 刀位数据文件

2）系统弹出图 11-54 所示的【保存副本】对话框，接受系统给出的默认刀位文件名，单击对话框的 确定 按钮。

3）弹出图 11-57 所示的【后置期处理选项】菜单，默认“全部”和“跟踪”前的复选标记☑，单击【完成】。

4）系统弹出图 11-58 所示的【后置处理列表】菜单，并在信息提示区提示 ➡选取后处理器。，从列表中选择第一项“UNCX01. P11”，其对应的机床为“HASS VF8”。

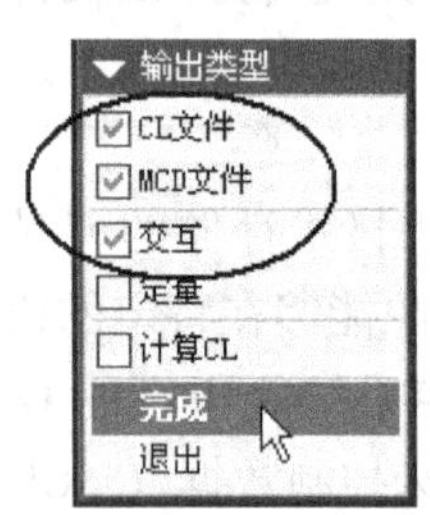

图 11-56 设置输出类型

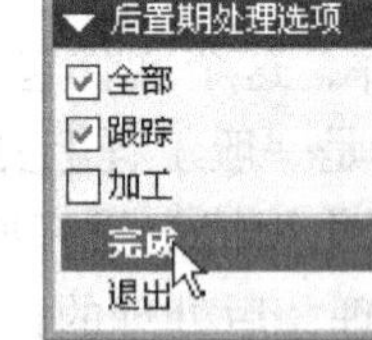

图 11-57 【后置期处理选项】菜单

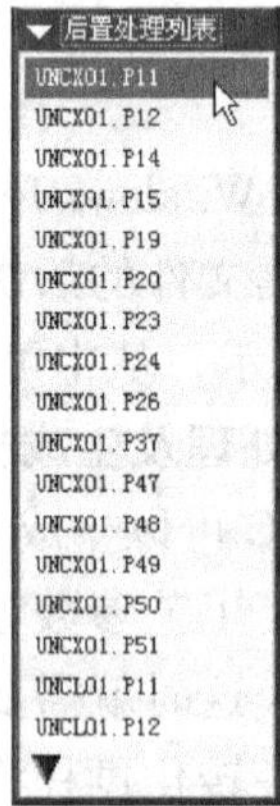

图 11-58 【后置处理列表】菜单

5）系统弹出图 11-59 所示的编辑窗口，在其中输入程序的起始号“001”并回车。接着系统显示一个信息窗口，其中显示一些后处理的结果，单击其 关闭 按钮关闭该窗口。

6）这时后处理操作完成，并生成了 MCD 文件，信息提示区提示 • 后置处理文件 op010. tap成功创建。，选择【菜单管理器】中的【Done Output】→【完成/返回】命令，返回顶层菜单。

7）在 Windows 环境下找到 ch12 \ 01 目录下的“op010. tap”文件，其中“. tap”是机床控制数据文件的后缀名，用写字板打开该文件，如图 11-60 所示，从中可以了解 tap 文件的格式和内容。

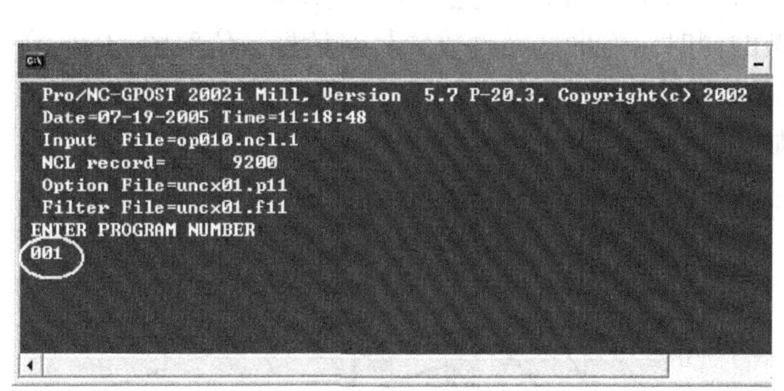

图 11-59　编辑窗口

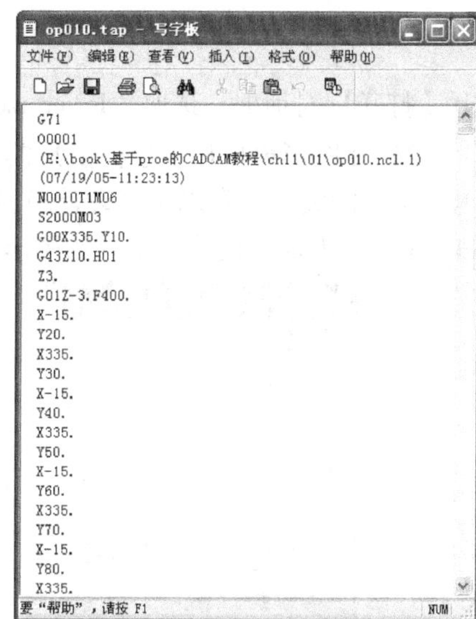

图 11-60　机床控制数据文件

至此，该零件的 NC 加工设定完毕，单击主工具栏中的按钮，保存 NC 加工文件，文件名为“ex01. mfg”，“. mfg”是 NC 加工文件的后缀名。

11.3　连杆模具型腔加工范例

本范例介绍连杆模具型腔的 NC 加工过程。

11.3.1　创建制造模型

1. 新建 NC 加工文件

1）启动 Pro/E 后，将工作目录切换到“ch12 \ 02 \ ”下。该目录下的文件“lower-mold. prt”是连杆模具的下模，如图 11-61 所示。文件“lower-workpiece. prt”是下模的坯料，如图 11-62 所示。

2）单击主工具栏中的按钮，弹出【新建】对话框，选择文件“类型”为 制造，“子类型”为 NC组件，在“名称”后的文本框中输入文件名称为 ex02。然后单击对话框中的确定按钮，进入 NC 加工界面。

2. 加入设计模型

1）选择【菜单管理器】中的【制造】→【制造模型】→【装配】→【参照模型】命令，弹

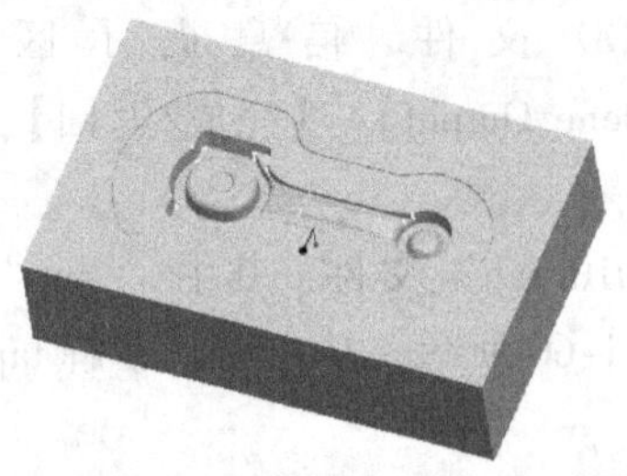

图 11-61　连杆模具的下模

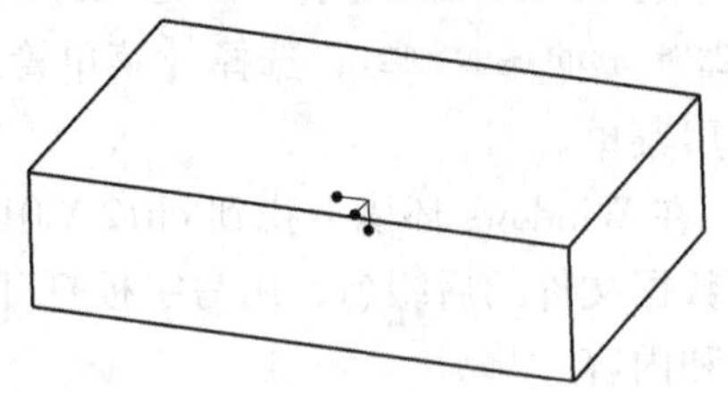

图 11-62　下模的坯料

出【打开】对话框，选取“lower-mold. prt”后，单击 打开(O) 按钮。

2）在图形窗口显示连杆模具模型的同时，弹出【元件放置】对话框，依照图 11-63 所示定义装配关系，意思是将设计模型上的默认坐标系与 NC 加工界面的默认坐标系对齐。图 11-64 所示为加入设计模型后的图形显示。

图 11-63 【元件放置】对话框

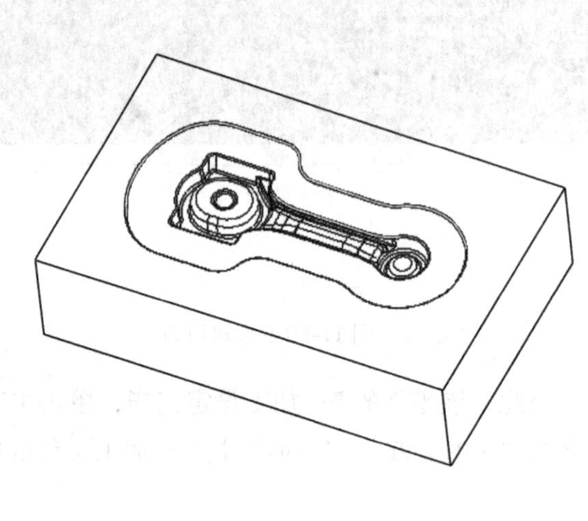

图 11-64　加入设计模型后的图形显示

3. 加入工件

1）选择【菜单管理器】中的【制造模型】→【装配】→【工件】命令，弹出【打开】对话框，选取“lower-workpiece. prt”后，单击 打开(O) 按钮。

2）在图形窗口显示坯料模型的同时，弹出【元件放置】对话框，依然使用“在默认位置装配元件”的装配关系将坯料装配到 NC 加工界面，单击 确定 按钮。

3）设计模型和工件组成了制造模型，如图 11-65 所示，其中工件显示为绿色。选择【菜单管理器】的【完成/返回】命令，

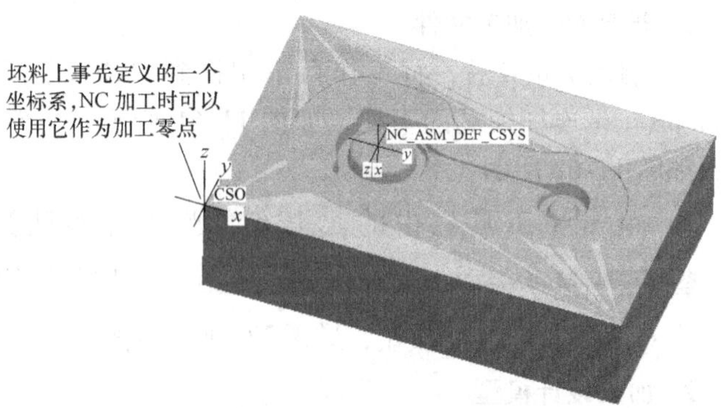

图 11-65　制造模型

返回顶层菜单。

11.3.2　定义操作和加工环境

1. 定义 NC 机床

选择【菜单管理器】中的【制造】→【制造设置】命令，系统弹出【操作设置】对话框，如图 11-66 所示的接受默认的操作名“OP010”。单击【NC 机床】后的按钮，弹出【机床设置】对话框，接受默认的机床名称“MACH01”，指定机床类型为“铣削”，轴数为“3 轴”，其他选项均不作定义，单击 确定 按钮，完成机床的定义，重新返回【操作设置】对话框。

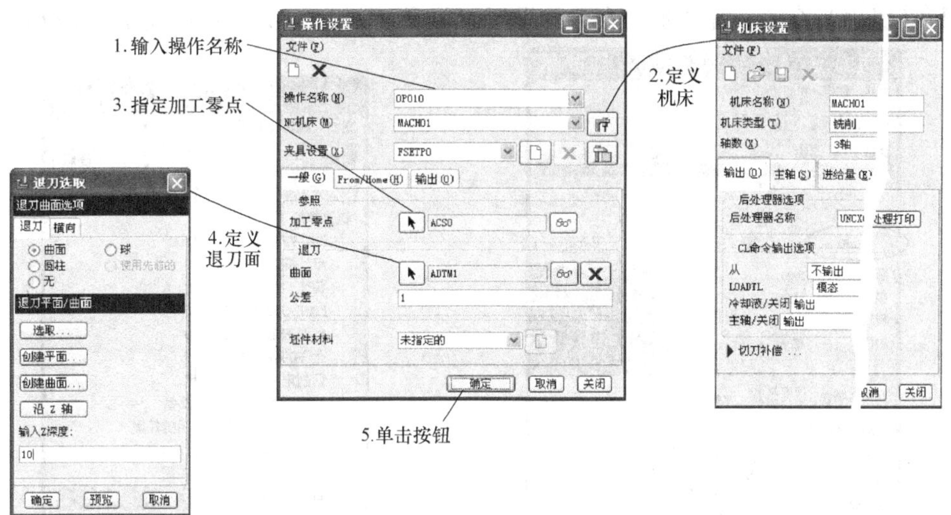

图 11-66　定义 NC 机床、加工坐标系和退刀面

2. 定义加工坐标系

如图 11-66 所示，单击【操作设置】对话框【加工零点】后的按钮，在弹出的【菜单管理器】中选择【选取】命令，单击图 11-65 中标示的坐标系“CS0”。

3. 定义退刀面

如图 11-66 所示单击【操作设置】对话框【退刀】后的按钮，系统弹出【退刀选取】对话框，单击 沿 Z 轴 按钮，在“输入 Z 深度”下面的文本框中输入退刀距离为“10”，单击 确定 按钮。单击【操作设置】对话框的 确定 按钮。

11.3.3　体积块铣削型腔

下面采用“体积块铣削”方式加工模具型腔。

1. 创建 NC 工序

1）选择【菜单管理器】中的【制造】→【加工】→【NC 序列】→【体积块】→【完成】→【序列设置】命令，在【菜单管理器】中显示【序列设置】菜单，用鼠标选中“名称”、“刀具”、“参数”、“窗口”前面的复选框，单击【完成】。

2）接下来需要依次定义本工序的工序名称、刀具、加工参数和加工区域。由于在前面已经定义了加工零点和退刀面，因此在这里可以不再对坐标系和退刀面重新定义。

3）信息提示区提示 输入NC序列名 []. volumemilling ，输入本工序的名称为“volume milling”并回车。

2. 设置加工刀具

系统进入刀具设置步骤，打开【刀具设定】对话框，依照图 11-67 所示输入刀具几何参数，单击 应用 按钮，单击 确定 按钮。

3. 设置加工参数

系统进入加工参数设置步骤，选择【菜单管理器】中的【制造参数】→【设置】命令，弹出【参数树】对话框，依照图 11-68 所示设置加工参数。选择【参数树】对话框中的【文件】→【退出】命令，完成加工参数的设置。单击【制造参数】子菜单的【完成】命令。

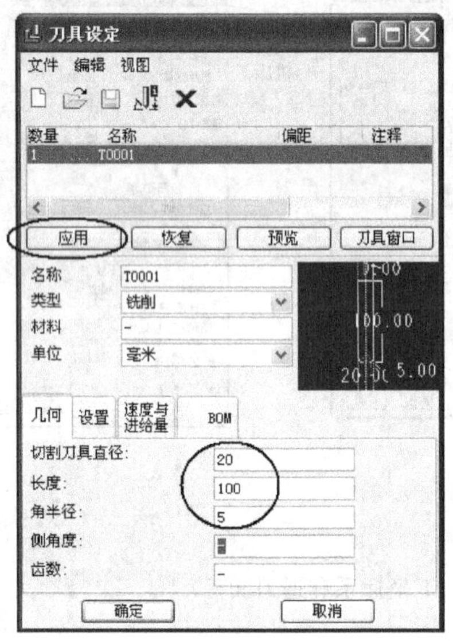

图 11-67　设置加工刀具

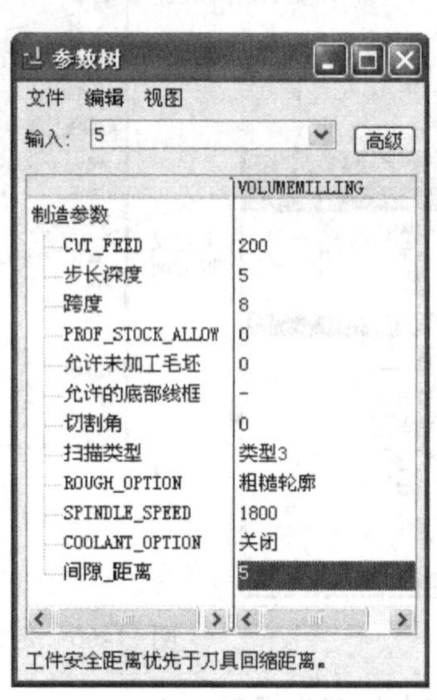

图 11-68　设置加工参数

4. 指定加工区域

1）系统进入加工区域定义步骤，【菜单管理器】中弹出图 11-69 所示的【定义窗口】子菜单，在其中选择【创建窗口】命令，信息提示区提示 输入加工窗口名[退出] volume_window ，输入“volume_window”并回车，弹出图 11-70 所示的【加工窗口】对话框和图 11-71 所示的【铣削窗口】子菜单，选择菜单中的【草绘】命令，进入草绘界面。

2）绘制图 11-72 所示的矩形，单击草绘工具栏中的 ✔ 按钮，单击【加工窗口】对话框的 确定 按钮，加工区域定义完毕。

5. 演示刀具路径

选择【菜单管理器】中的【NC 序列】→【演示轨迹】→【屏幕演示】命令，弹出【播放路径】对话框，单击 ▶ 按钮，在屏幕上动态演示加工过程和刀具路径后。单击 关闭 按钮。图 11-73 所示为生成的本工序的刀具路径。

至此，该体积块铣削工序定义完毕，选择【菜单管理器】中的【NC 序列】→【完成序列】→【完成/返回】命令，返回最顶层菜单。

图 11-69　【定义窗口】子菜单

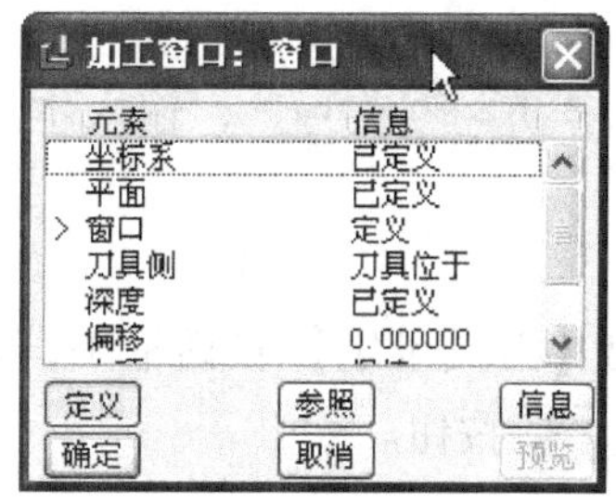

图 11-70　【加工窗口】对话框

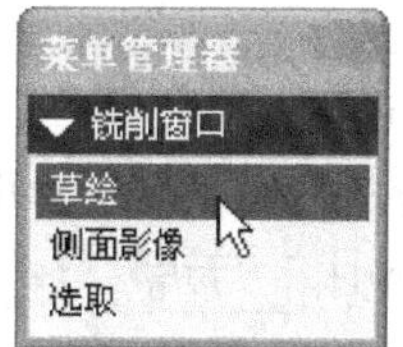

图 11-71　【铣削窗口】子菜单

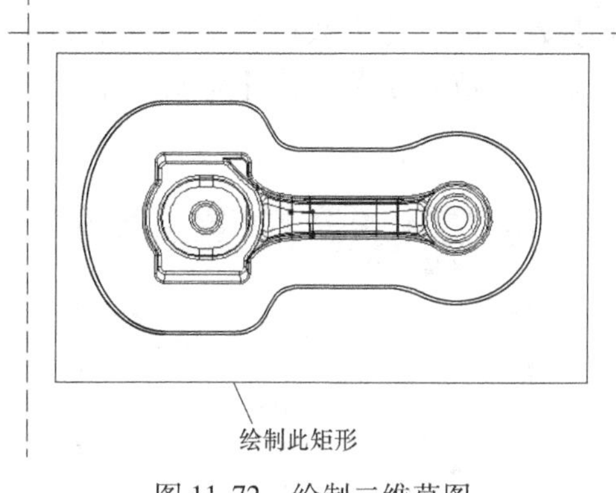

图 11-72　绘制二维草图

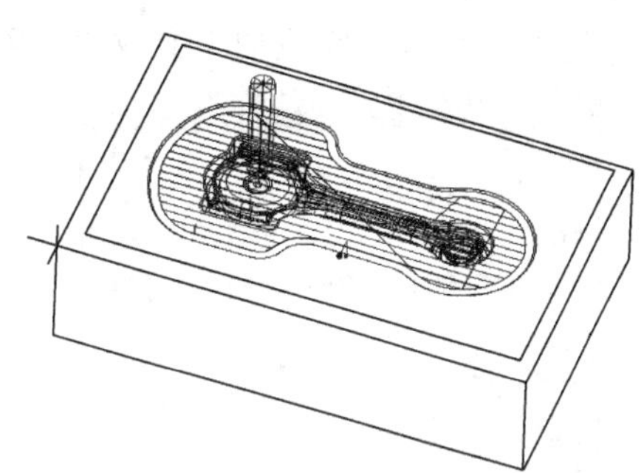

图 11-73　体积块铣削工序的刀具路径

11.3.4　局部铣削-清根加工

下面采用“局部铣削”进行模具型腔的清根加工。

1. 创建 NC 工序

1）选择【菜单管理器】中的【制造】→【加工】→【NC 序列】→【新序列】→【局部铣削】→【完成】命令，【菜单管理器】中显示【局部选项】菜单，依照图 11-74 所示的流程进行操作（对上一道工序进行清根加工），并在【序列设置】菜单选中“名称”、“刀具”、“参数”前的复选框，单击【完成】。

2）接下来需要依次定义本工序的工序名称、刀具和加工参数。由于要对上一道工序进

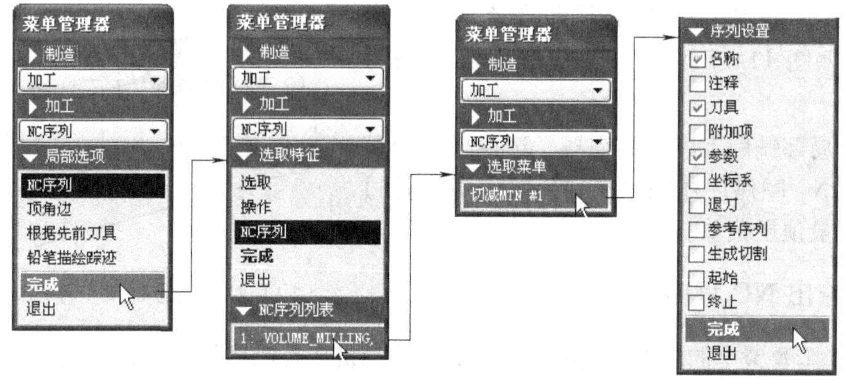

图 11-74　局部铣削的菜单操作

行清根加工，系统将自动对“volume_window”工序残留的材料进行清理，因此无需重新定义加工区域。

3）信息提示区提示：输入NC序列名 []. local_milling，输入本工序的名称为“local_milling”并回车。

2. 设置加工刀具

系统进入刀具设置步骤，弹出【刀具设定】对话框中，如图 11-75 所示输入刀具几何参数，单击 应用 按钮，单击 确定 按钮。

3. 设置加工参数

系统进入加工参数设置步骤，选择【菜单管理器】中的【制造参数】→【设置】命令，弹出【参数树】对话框，如图 11-76 所示设置加工参数。选择【参数树】对话框中的【文件】→【退出】命令，完成加工参数的设置。选择【制造参数】子菜单的【完成】命令。

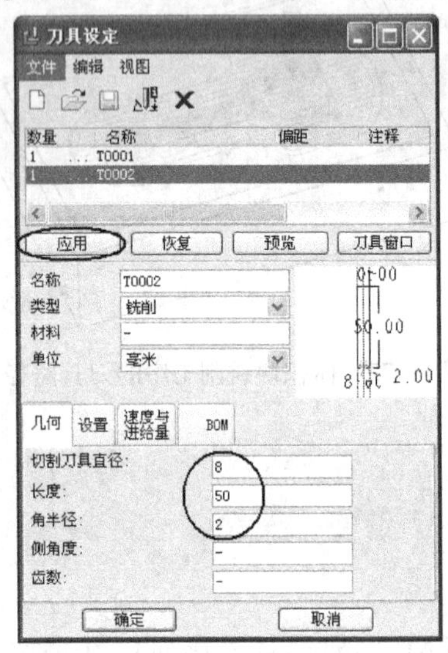

图 11-75　设置加工刀具

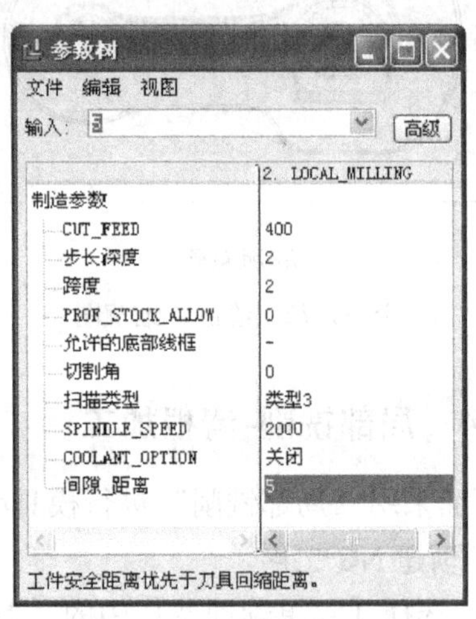

图 11-76　设置加工参数

4. 演示刀具路径

选择【菜单管理器】中的【NC 序列】→【演示轨迹】→【屏幕演示】命令，弹出【播放路径】对话框，单击 ▶ 按钮，在屏幕上动态演示加工过程和刀具路径后，单击 关闭 按钮。图 11-77 所示为生成的本工序的刀具路径。

至此，局部铣削工序定义完毕，选择【菜单管理器】中的【NC 序列】→【完成序列】→【完成/返回】命令，返回最顶层菜单。

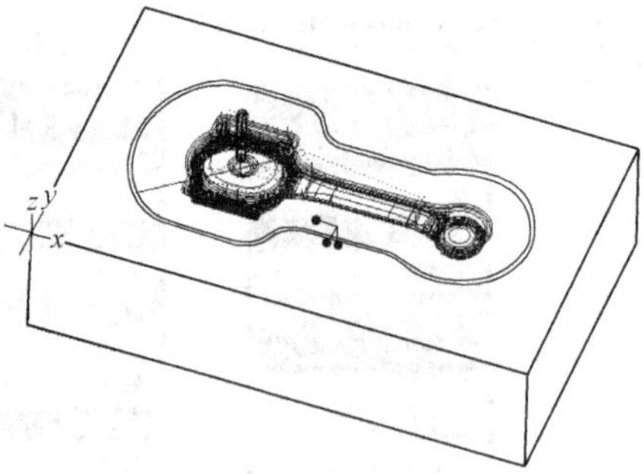

图 11-77　清根加工工序的刀具路径

11.3.5　输出 NC 程序

参照 11.2.8 节中的步骤，生成刀位数据文件和机床控制数据文件，此处不再赘述。

至此，该 NC 加工设定完毕，单击主工具栏中的 按钮，保存 NC 加工文件。

11.4　孔加工范例

11.4.1　创建制造模型

1. 新建 NC 加工文件

1）启动 Pro/E 后，将工作目录切换到“\ ch12 \ 03 \”。该目录下的文件“holemaking. prt”和“holemaking-workpiece. prt”的三维模型分别如图 11-78 和图 11-79 所示，他们将作为本加工范例的设计模型和坯料。

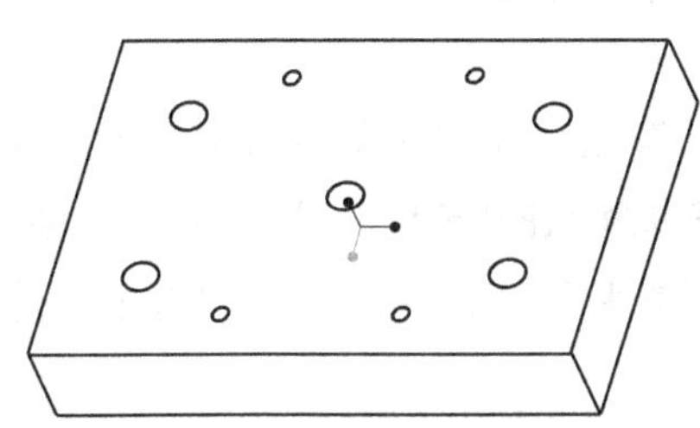

图 11-78　holemaking. prt 的三维模型

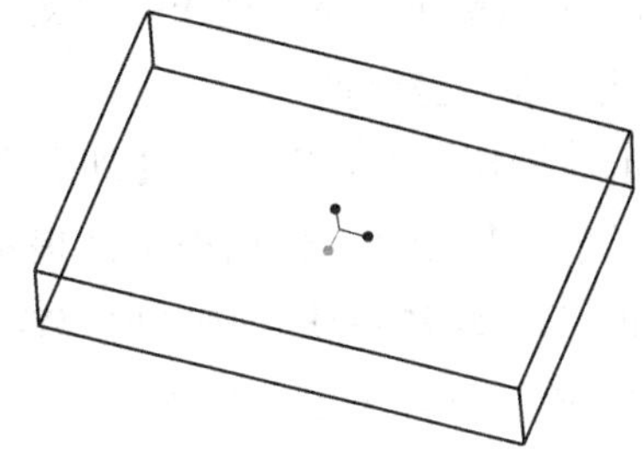

图 11-79　holemaking-workpiece. prt 的三维模型

2）单击主工具栏中的按钮，弹出【新建】对话框，选择文件“类型”为 制造，“子类型”为 NC组件，在“名称”后的文本框中输入文件名称为“ex03”。然后单击对话框中的确定按钮，进入 NC 加工界面。

2. 加入设计模型

1）选择【菜单管理器】中的【制造】→【制造模型】→【装配】→【参照模型】命令，弹出【打开】对话框，选取“holemaking. prt”后，单击打开(O)按钮。

2）在图形窗口显示参考零件模型的同时，弹出【元件放置】对话框，单击其中的按钮，单击确定按钮。图 11-80 所示为加入设计模型后的图形显示。

3. 加入工件

1）选择【菜单管理器】中的【制造模型】→【装配】→【工件】命令，弹出【打开】对话框，选取“holemaking-workpiece. prt”后，单击打开(O)按钮。

2）在图形窗口显示坯料模型的同时，再次弹出【元件放置】对话框，依然使用的装配关系将坯料装配到 NC 加工界面，单击确定按钮。

3）设计模型和工件组成了制造模型，如图 11-81 所示，其中工件显示为绿色。选择【菜单管理器】中的【完成/返回】命令，返回顶层菜单。

11.4.2　定义操作和加工环境

1. 定义 NC 机床

选择【菜单管理器】中的【制造】→【制造设置】命令，弹出【操作设置】对话框，接受默认的操作名 OP010。单击【NC 机床】后的按钮，弹出【机床设置】对话框，接受

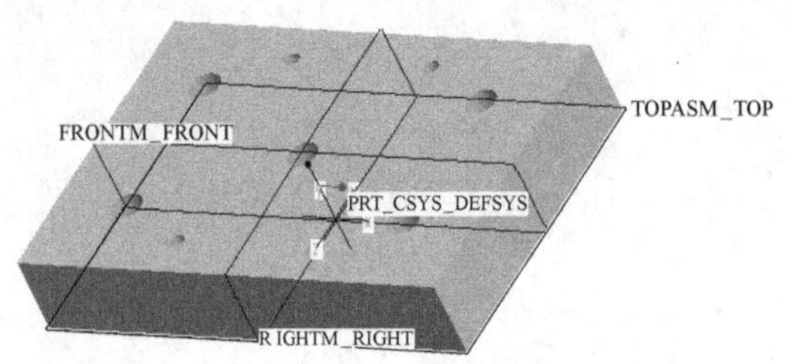

图 11-80 加入设计模型后的图形显示

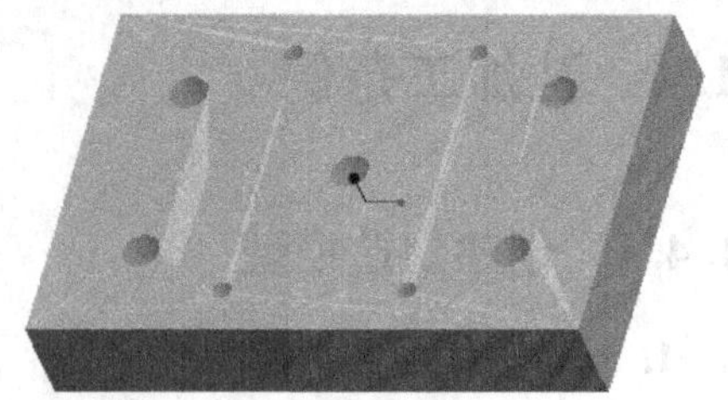

图 11-81 制造模型

默认的机床名称 MACH01，指定机床类型为“铣削”，轴数为“3 轴”，其他选项均不作定义，单击【确定】按钮，完成机床的定义，重新回到【操作设置】对话框。

2. 定义加工坐标系

单击【操作设置】对话框【加工零点】后的按钮，在弹出的【制造坐标系】菜单中选择【创建】命令，信息提示区提示“拾取模型于其内创建坐标系。”，单击工件模型，信息提示区提示“选取3个参照(例如平面、边、坐标系或点)以放置坐标系。”，同时弹出【坐标系】对话框，按住键盘的 Ctrl 键，依次单击图 11-81 所示工件模型的上表面、前侧面和左侧面，得到三个面交点处的一个坐标系，在【坐标系】对话框中切换到【定向】选项卡，将坐标轴及其方向调整到图 11-82 所示，单击【确定】按钮，完成坐标系的设置，重新返回【操作设置】对话框。

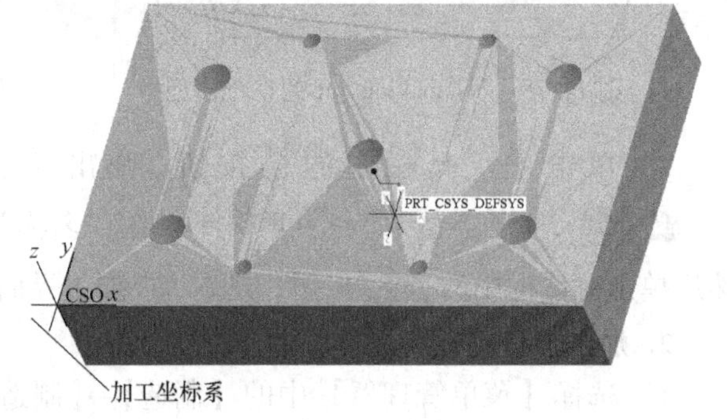

图 11-82 加工坐标系

3. 定义退刀面

单击【操作设置】对话框【退刀】后的按钮，系统弹出【退刀选取】对话框，单击【沿 Z 轴】按钮，在“输入 Z 深度”下面的文本框输入退刀距离为“10”，单击【确定】按钮。返回【操作设置】对话框，单击【确定】按钮。

11.4.3 加工四个 ϕ10 的孔

1. 创建 NC 工序

1）选择【菜单管理器】中的【制造】→【加工】→【NC 序列】→【孔加工】→【完成】命令，在【菜单管理器】中弹出图 11-83 所示的【孔加工】菜单，列出孔加工的类型包括【钻孔】（又分标准、深孔加工、断屑钻孔、断续钻孔、反向镗孔五种类型）、【表面】（盲孔加工）、【镗孔】、【沉孔】、【攻丝】、【铰孔】、【定制】（自定义孔加工）等七种。

2）选择【钻孔】→【标准】→【完成】命令，弹出【序列设置】菜单，如图 11-84 所示用鼠标选中“名称”、“刀具”、“参数”、“孔”前面的复选框，单击【完成】。

3）接下来需要依次定义本工序的工序名称、刀具、加工参数和加工区域。由于在前面已经定义了加工坐标系和退刀面，因此在这里可以不再对坐标系和退刀面重新定义。

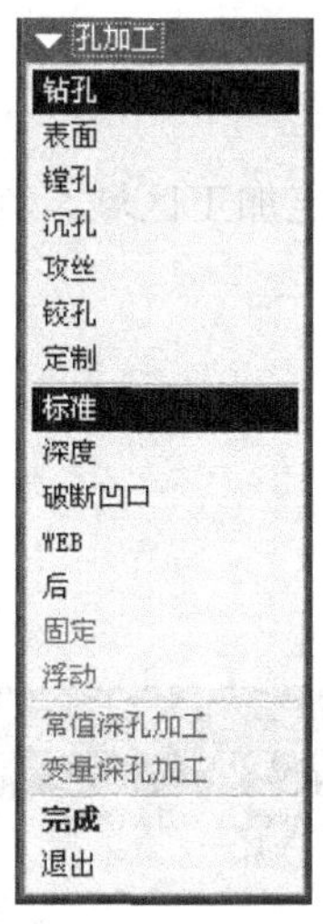

图 11-83 【孔加工】菜单

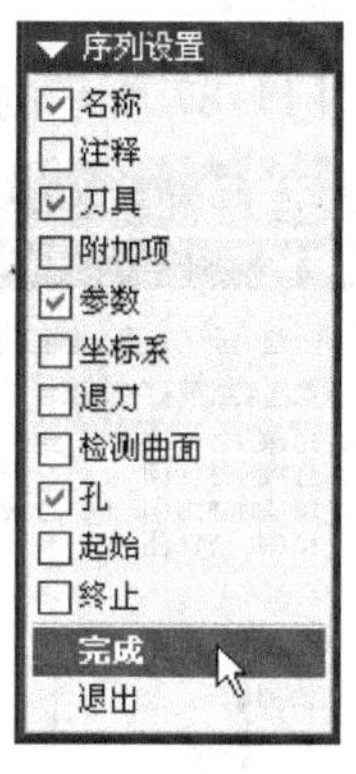

图 11-84 【序列设置】菜单

4）信息提示区提示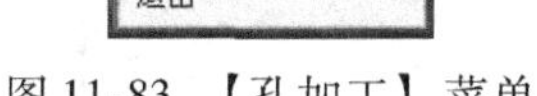，输入本工序的名称为“NO1_4hole_10”并回车。

2. 设置加工刀具

系统进入刀具设置步骤，弹出【刀具设定】对话框，如图 11-85 所示输入刀具几何参数，单击 应用 按钮，单击 确定 按钮。

3. 设置加工参数

系统进入加工参数设置步骤，选择【菜单管理器】中的【制造参数】→【设置】命令，弹出【参数树】对话框，如图 11-86 所示设置加工参数。选择【参数树】对话框中的【文件】→【退出】命令，完成加工参数的设置。选择【制造参数】子菜单的【完成】命令。

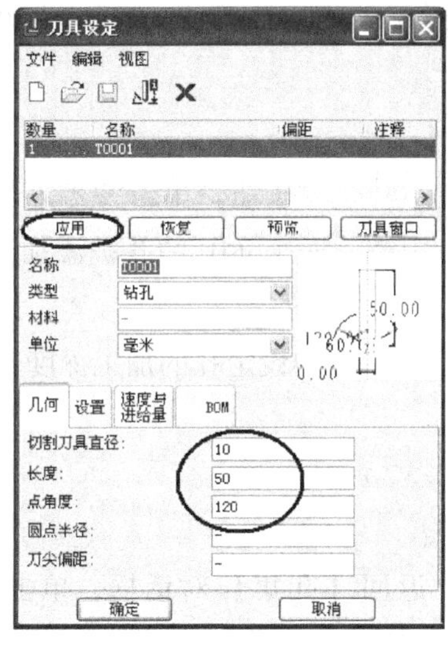

图 11-85 设置加工刀具

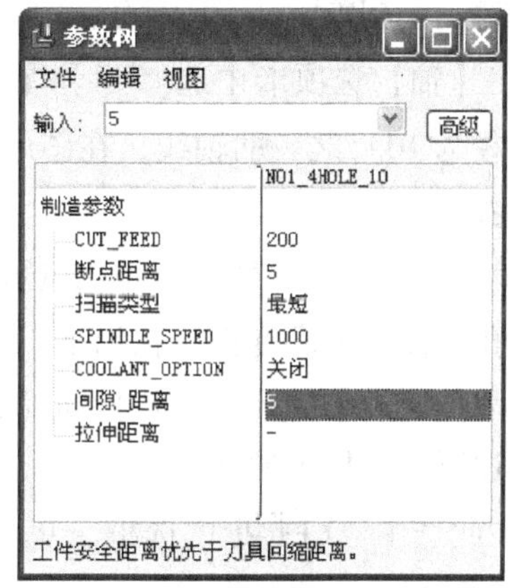

图 11-86 设置加工参数

图 11-86 所示的孔加工参数中：

- 断点距离：在钻削深度为通孔时，钻削深度延伸的设置值。

● 拉伸距离：钻削提刀长度的设置值。

4. 指定加工区域

1）系统弹出图 11-87 所示的【孔集】对话框，用于指定加工区域，其中：

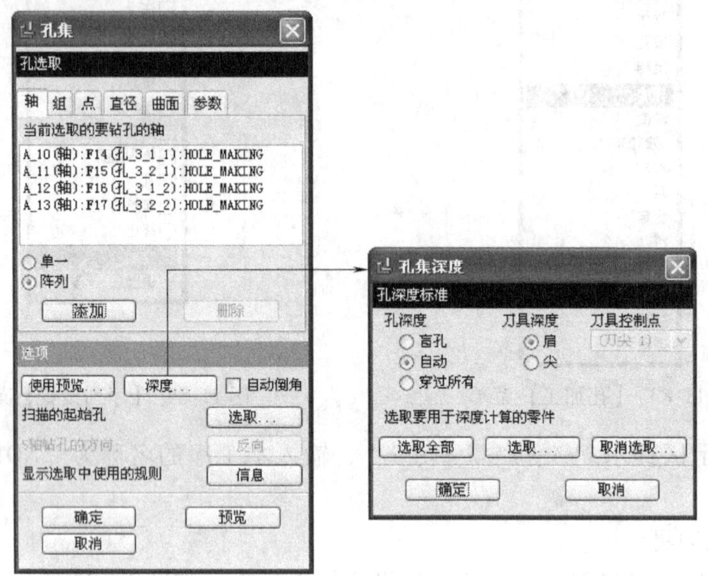

图 11-87 【孔集】对话框

●【轴】选项卡：通过选取孔的轴线（或内孔表面）来指定孔。

●【组】选项卡：选取预定义的孔加工组。

●【点】选项卡：通过选取基准点或读入带有基准点坐标的文件来指定孔加工位置。

●【直径】选项卡：通过输入直径值来指定孔，系统自动抓取指定直径的所有孔。

●【曲面】选项卡：通过选取参考零件或工件的曲面来指定孔，系统自动选取位于所选曲面上的所有孔。

●【参数】选项卡：选取带有特定参数值的孔。

2）在【轴】选项卡中选 阵列 单选框，单击 添加 按钮，单击参考零件上四个小孔（直径为 10）之一的轴线，在图形窗口按下鼠标中键，四个 $\phi 10$ 的孔被添加到对话框的选取列表中。

3）单击 深度... 按钮，弹出【孔集深度】对话框，从中设定孔的加工深度，其中：

● 盲孔：按指定深度进行孔加工。

● 自动：通过孔的几何形状自动确定其加工深度。

● 穿过所有：加工通孔。

4）在此选中 自动 单选框，单击 确定 按钮，返回【孔集】对话框，单击 确定 按钮。指定的欲进行加工的孔是图 11-88 中显示有轴线的四个孔。

5）选择【菜单管理器】的【完成/返回】命令，返回【NC 序列】菜单。

5. 演示刀具路径

选择【菜单管理器】中的【NC 序列】→【演示轨迹】→【屏幕演示】命令，弹出【播放路径】对话框，单击[▶]按钮，在屏幕上演示加工过程和刀具路径后，选择单击[关闭]按钮。

图 11-89 所示为生成的本工序的刀具路径。至此，该孔加工工序定义完毕，选择【菜单管理器】中的【NC 序列】→【完成序列】→【完成/返回】命令，返回最顶层菜单。

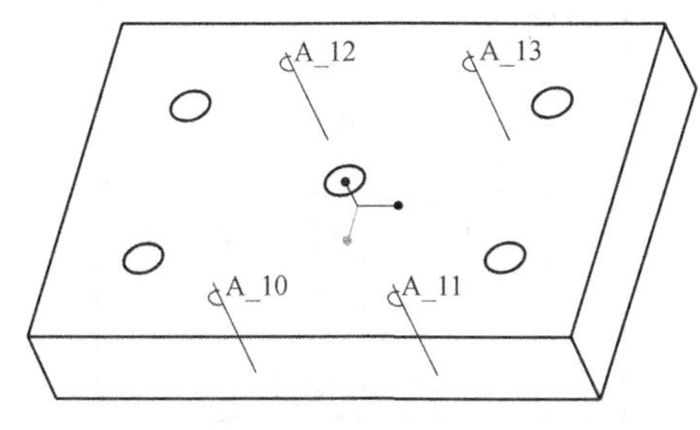

图 11-88　欲进行加工的孔

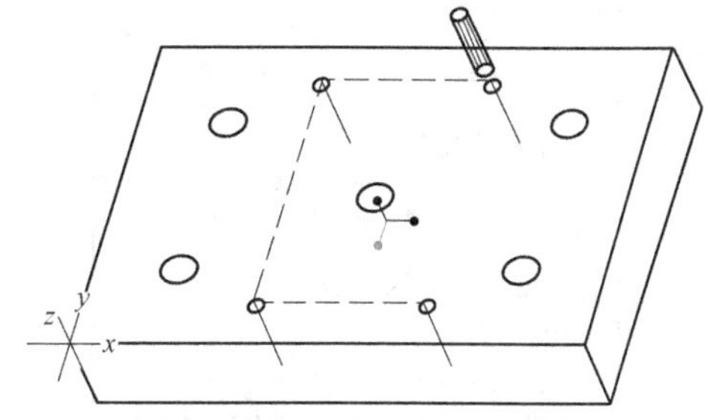

图 11-89　孔加工工序的刀具路径

11.4.4　加工五个 ϕ20 的孔

1. 创建 NC 工序

1）选择【菜单管理器】中的【加工】→【NC 序列】→【新序列】→【孔加工】→【完成】→【钻孔】→【标准】→【完成】命令，弹出【序列设置】菜单，依然如图 11-84 所示用鼠标选中“名称”、“刀具”、“参数”、“孔”前面的复选框，单击【完成】。

2）信息提示区提示 ➾ 输入NC序列名 []。 NO2_5hole_20 ，输入本工序的名称为“NO2_ 5hole_ 20”并回车。

2. 设置加工刀具

系统进入刀具设置步骤，弹出【刀具设定】对话框中，如图 11-90 所示输入刀具几何参数，单击[应用]按钮，单击[确定]按钮。

3. 设置加工参数

系统进入加工参数设置步骤，选择【菜单管理器】中的【制造参数】→【设置】命令，弹出【参数树】对话框，如图 11-91 所示设置加工参数。选择【参数树】对话框中的【文件】→【退出】命令，完成加工参数的设置。单击【制造参数】子菜单的【完成】命令。

4. 指定加工区域

系统弹出图 11-92 所示的【孔集】对话框，切换到【直径】选项卡，单击[添加]按钮，弹出【选取孔直径】对话框，选取直径“20.00”，单击[确定]按钮，返回【孔集】对话框，单击[确定]按钮。

指定进行加工的孔是图 11-93 中显示有轴线的五个孔。选择【菜单管理器】的【完成/返回】命令，返回【NC 序列】菜单。

5. 演示刀具路径

选择【菜单管理器】中的【NC 序列】→【演示轨迹】→【屏幕演示】命令，弹出【播放

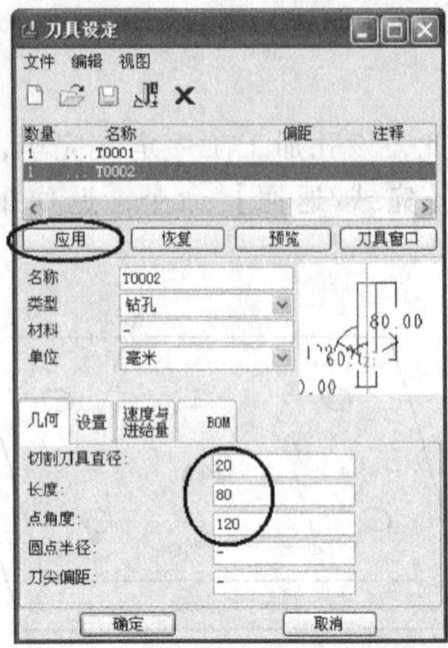

图 11-90　设置加工刀具

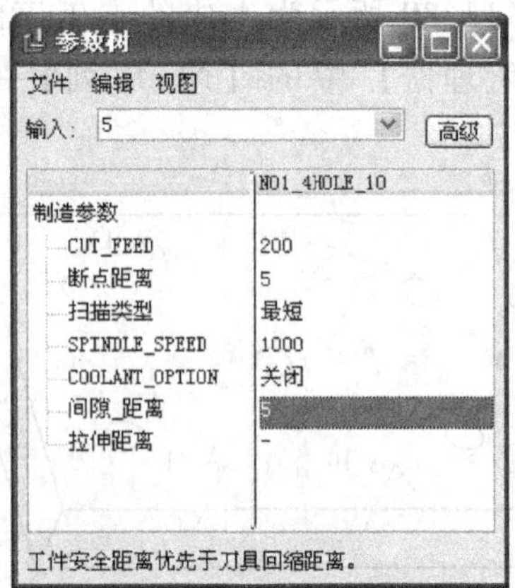

图 11-91　设置加工参数

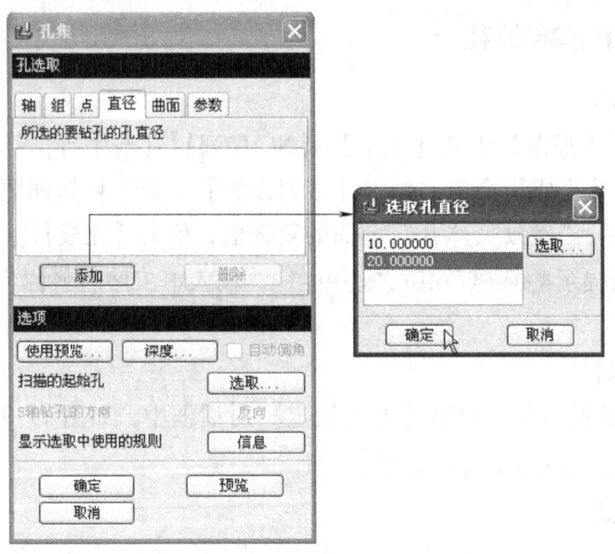

图 11-92　【孔集】对话框

路径】对话框，单击［▶］按钮，在屏幕上演示加工过程和刀具路径后，单击［关闭］按钮。图 11-94 所示为生成的本工序的刀具路径。

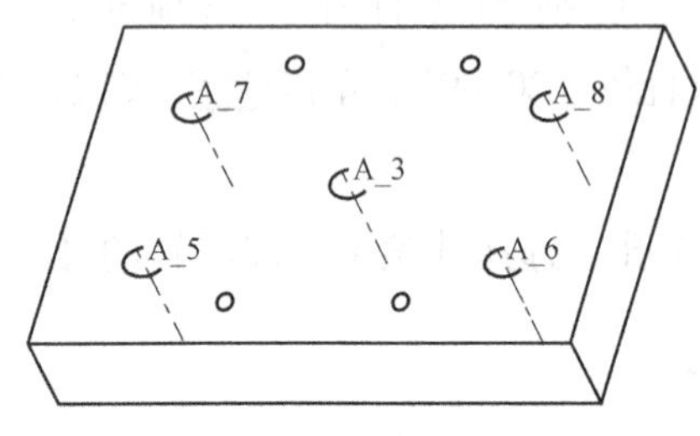

图 11-93　欲进行加工的孔

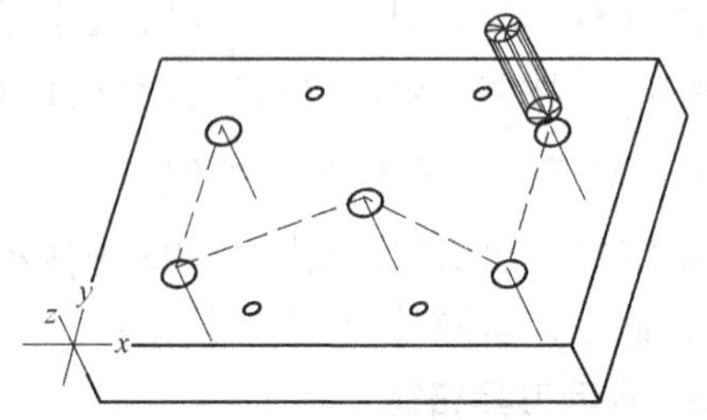

图 11-94　孔加工工序的刀具路径

6. 加工仿真

选择【菜单管理器】中的【演示轨迹】→【NC 检测】→【运行】命令，在屏幕上动态演示加工过程，图 11-95 所示为加工动画的一帧画面。

至此，该孔加工工序定义完毕，选择【菜单管理器】中的【NC 序列】→【完成序列】→【完成/返回】命令，返回最顶层菜单。

11.4.5　输出 NC 程序

参照 11.2.8 节中的步骤，生成刀位数据文件和机床控制数据文件，此处不再赘述。

至此，该 NC 加工设定完毕，单击主工具栏中的按钮，保存该 NC 加工文件。

11.5　练习题

1. 光盘“exercise \ ch11 \ ”目录下的 3 个文件 exercise-1. prt、exercise-2. prt 和 exercise-3. prt 是 3 个零件的 Pro/E 模型，如图 11-96、图 11-97 和图 11-98 所示，请分别以这三个零件为设计模型，进行 NC 加工训练。

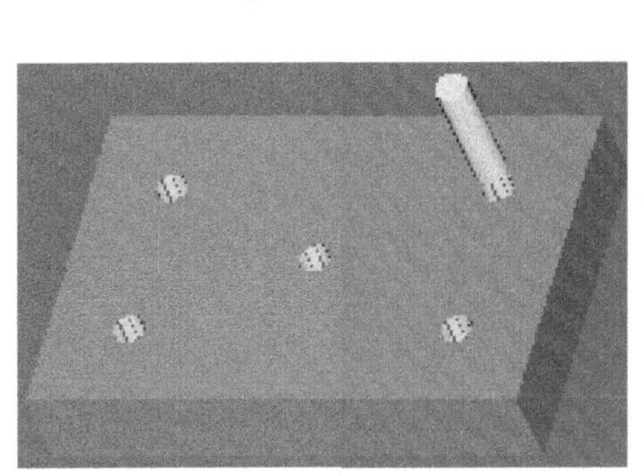

图 11-95　加工动画的一帧画面

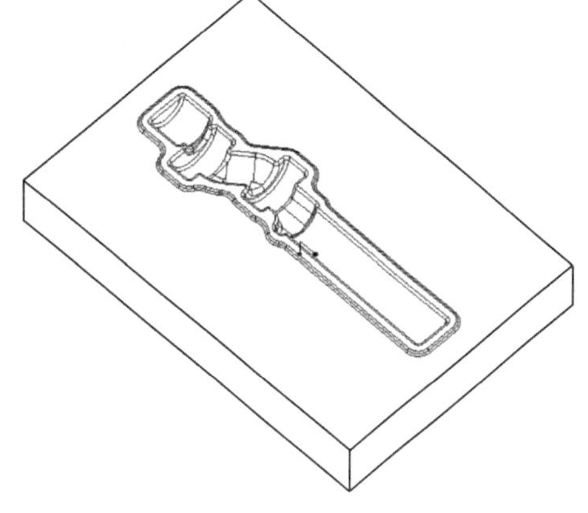

图　11-96

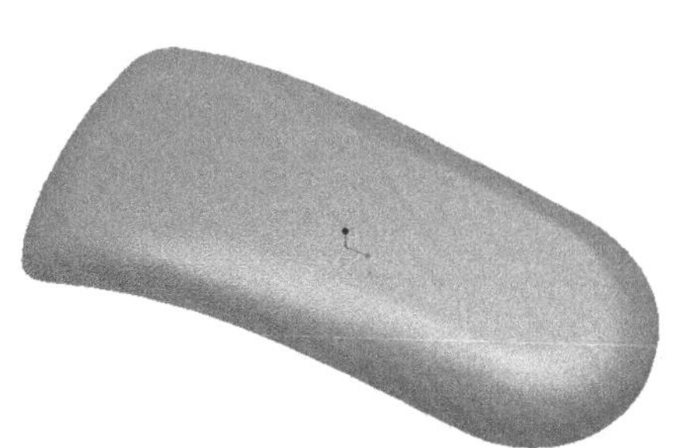

图　11-97

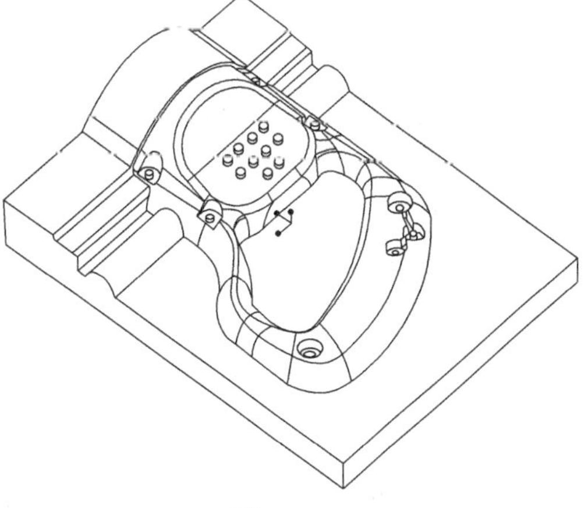

图　11-98

2. 参照图 11-99 所示的模型进行孔加工训练。

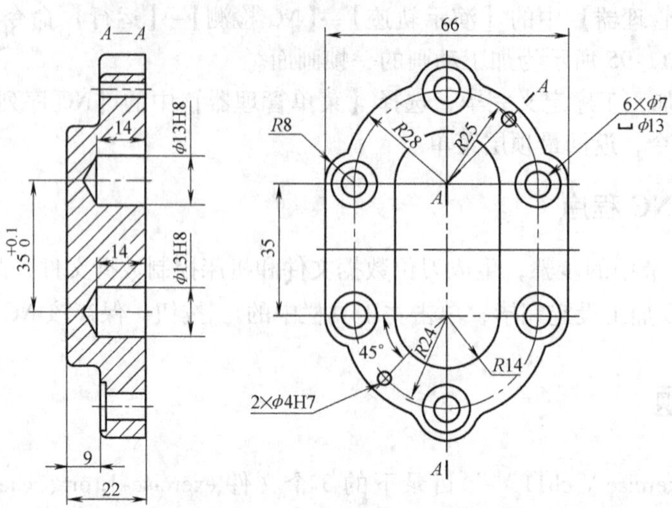

图　11-99

参 考 文 献

[1] 陈英. 轻松跟我学 Pro/E Wildfire 2. 0 中文版 [M]. 北京：电子工业出版社，2006.

[2] 林清安. Pro/ENGINEER Wildfire 零件设计基础篇：上册 [M]. 北京：中国铁道出版社，2004.

[3] 林清安. Pro/ENGINEER Wildfire 零件设计基础篇：下册 [M]. 北京：中国铁道出版社，2004.

[4] 林清安. Pro/ENGINEER Wildfire 零件设计进阶篇：上册 [M]. 北京：中国铁道出版社，2004.

[5] 孙江宏，陈秀梅. Pro/ENGINEER 2001 数控加工教程 [M]. 北京：清华大学出版社，2003.

[6] 易际明，彭浩舸，吴莉华. Pro/ENGINEER Wildfire 模具设计与数控加工 [M]. 北京：清华大学出版社，2004.

参考文献

[1] [illegible] 中文版[M]. 北京: 中国[illegible]出版社, 2005.
[2] [illegible] Pro/ENGINEER Wildfire [illegible][M]. 北京: [illegible], 2004.
[3] [illegible] Pro/ENGINEER Wildfire [illegible][M]. 北京: [illegible], 2004.
[4] 林清安. Pro/ENGINEER Wildfire [illegible][M]. 北京: 中国铁道出版社, 2004.
[5] [illegible] Pro/ENGINEER 2001 [illegible][M]. 北京: 清华大学出版社, 2002.
[6] [illegible] Pro/ENGINEER Wildfire [illegible][M]. 北京: 清华大学出版社, 2004.